三菱 FX3U PLC 编程及应用

于 水　闫 兵　王宏宇　等 编著

化学工业出版社
·北京·

内容简介

本书针对三菱FX3U PLC，从初学者的角度出发，系统地介绍了三菱FX3U PLC编程的基础知识和应用案例，主要包括三菱FX3U PLC编程基础，步进指令、顺序控制程序设计及应用，GX Works2编程软件的应用，三菱FX3U PLC的功能指令及应用，FX3U PLC的特殊功能模块及应用，FX3U通信及应用，触摸屏和变频器，三菱PLC控制系统综合应用实践等内容。

本书讲解全面详细，内容由浅入深，语言通俗易懂。通过学习本书，读者不仅能快速入门、夯实基础，也能扩展思路、提升技能。

本书适合PLC初学者学习使用，也可用作大中专院校相关专业的教材及参考书。

图书在版编目（CIP）数据

三菱FX3U PLC编程及应用 / 于水等编著. -- 北京 ：化学工业出版社，2024. 8. -- ISBN 978-7-122-46394-4

Ⅰ. TM571.61

中国国家版本馆CIP数据核字第2024LN5682号

责任编辑：万忻欣　　文字编辑：侯俊杰　温潇潇

责任校对：宋　夏　　装帧设计：张　辉

出版发行：化学工业出版社

（北京市东城区青年湖南街13号　邮政编码100011）

印　　装：高教社（天津）印务有限公司

787mm×1092mm　1/16　印张$22^1/_2$　字数563千字

2025年1月北京第1版第1次印刷

购书咨询：010-64518888　　售后服务：010-64518899

网　　址：http://www.cip.com.cn

凡购买本书，如有缺损质量问题，本社销售中心负责调换。

定　　价：88.00元

版权所有　违者必究

前言

PLC (programmable logic controller) 即可编程控制器，是一种专用于工业控制的计算机，使用可编程存储器储存指令，执行诸如逻辑、顺序、计时、计数与计算等功能，并通过模拟或数字 I/O 组件，控制各种机械或生产过程的装置。PLC 是工业控制系统的“大脑”，几乎可以控制工业过程中的所有关键要素。

PLC 广泛用于冶金、石油、化工、建材、电力、汽车、轻工等各行各业，具有明显的通用性特点。

在三菱小型 PLC FX1N、FX2N 及 FX3U 三代产品中，三菱 FX3U PLC 以其高速、大容量、多功能的特点，支持广泛的通信协议和控制需求，可提供高度的灵活性和可扩展性，同时具有易于编程和维护的优势，是现代工业控制系统中不可或缺的重要组件。为了便于读者学习和理解 FX3U PLC 控制系统的相关技术，特编写此书。

全书从初学者的角度出发，对 PLC 工程技术人员需要掌握的基础知识和应用作了全面的介绍，力求内容实用，语言通俗易懂，希望帮助读者夯实基础，提高技能。本书分为 9 章，内容包括：PLC 简介，三菱 FX3U PLC 编程基础，步进指令、顺序控制程序设计及应用，GX Works2 编程软件的应用，三菱 FX3U PLC 的功能指令及应用，FX3U PLC 的特殊功能模块及应用，FX3U 通信及应用，触摸屏和变频器，三菱 PLC 控制系统综合应用实践。

本书由辽宁石油化工大学于水、闫兵、王宏宇、孙延辉以及抚顺矿业集团有限责任公司高级工程师闫欣共同编著。

由于水平有限，书中不足之处在所难免，恳请读者批评指正。

编著者

目录

第 1 章 PLC 简介 001

1.1 PLC 概述 001

1.1.1 PLC 的定义及发展趋势 001

1.1.2 PLC 的特点、功能及应用 002

1.2 PLC 的性能指标及分类 004

1.2.1 PLC 的性能指标 004

1.2.2 PLC 的分类 005

1.3 PLC 的基本结构及工作原理 006

1.3.1 PLC 的基本结构 006

1.3.2 PLC 的工作原理 007

1.4 三菱 FX3U PLC 型号与性能规格 009

第 2 章 三菱 FX3U PLC 编程基础 011

2.1 编程基础知识 011

2.1.1 脉冲信号与时序图 011

2.1.2 指令、指令格式和寻址方式 013

2.1.3 位和字 014

2.1.4 编程软元件 015

2.2 FX3U PLC 的编程语言 022

2.2.1 PLC 编程语言的国际标准 022

2.2.2 梯形图及其编程规则 022

2.2.3 指令表 024

2.2.4 顺序功能图 024

2.3 基本指令系统 024
2.3.1 基本指令概述 024
2.3.2 基本逻辑指令 025
2.4 定时器和计数器 031
2.4.1 定时器 031
2.4.2 计数器 034
2.5 基本指令的应用 039
2.5.1 定时器控制电路 039
2.5.2 三相交流异步电动机正反转联锁控制电路 044
2.5.3 顺序控制电路 045
2.5.4 三相交流异步电动机的星 - 角启动电路 047
2.5.5 交通信号灯的 PLC 控制系统开发实例 050

第 3 章
步进指令、顺序控制程序设计及应用 054

3.1 顺序控制与顺序功能图 054
3.1.1 顺序控制 054
3.1.2 顺序功能图的结构 055
3.1.3 顺序功能图的编程方法 059
3.2 步进指令与步进梯形图 063
3.2.1 步进指令及其应用 063
3.2.2 步进指令的顺序功能图 068
3.2.3 顺序控制应用实例 069

第 4 章
GX Works2 编程软件的应用 072

4.1 GX Works2 软件的梯形图编程 072
4.1.1 GX Works2 软件简介 072

4.1.2 GX Works2 软件的安装和启动 072
4.1.3 GX Works2 的梯形图编辑 076
4.1.4 在线监控与诊断 080
4.1.5 GX Works2 编辑环境下的仿真分析 081
4.2 GX Works2 编程软件的 SFC 编程 091
4.2.1 SFC 编程概述 091
4.2.2 SFC 编程示例 096
4.2.3 仿真和监控 104
4.3 GX Works3 简介 106

第 5 章 三菱 FX3U PLC 的功能指令及应用 110

5.1 功能指令的基本格式 110
5.1.1 功能指令的表示方法 110
5.1.2 位软元件与字软元件 112
5.1.3 数据长度 113
5.1.4 变址寄存器 113
5.2 常用功能指令及应用 114
5.2.1 程序流程控制指令 114
5.2.2 传送与比较指令 125
5.2.3 四则运算与逻辑运算指令 134
5.2.4 循环与移位指令 142
5.2.5 数据处理指令 149
5.2.6 高速处理指令 156

第 6 章 FX3U PLC 的特殊功能模块及应用 172

6.1 FX3U PLC 的特殊功能模块概述 172
6.1.1 特殊功能模块分类 172

6.1.2 特殊功能模块应用与编程 173
6.2 模拟量输入输出模块 177
6.2.1 模拟量控制功能概述 177
6.2.2 模拟量输入模块 181
6.2.3 模拟量输出模块 197
6.3 FX3U PLC 的特殊功能模块的应用 213
6.4 PID 控制 215
6.4.1 PID 控制简介 215
6.4.2 PID 指令 217
6.4.3 PID 指令应用程序设计 222
6.4.4 PID 控制参数自整定 225

第 7 章 FX3U 通信及应用 231

7.1 数据通信的基础知识 231
7.1.1 数据通信方式 232
7.1.2 通信介质 236
7.1.3 串行通信的接口标准 238
7.2 FX3U 通信基本概况 240
7.2.1 FX3U 的串行通信 240
7.2.2 CC-Link 总线通信 245
7.3 FX3U PLC 通信的接口设备 257
7.4 FX3U PLC 通信的应用实践 262

第 8 章 触摸屏和变频器 273

8.1 触摸屏 273
8.1.1 触摸屏的特点与功能 273

8.1.2 三菱触摸屏的型号及参数 274
8.1.3 三菱触摸屏 GT Designer 软件的使用 276
8.1.4 触摸屏在 PLC 控制中的应用实践 282
8.2 变频器 289
8.2.1 变频器概述 289
8.2.2 三菱 FR-740 变频器 293
8.2.3 变频器在 PLC 控制中的应用实践 307

第 9 章 三菱 PLC 控制系统综合应用实践 311

9.1 PLC 控制系统的设计 311
9.1.1 PLC 控制系统的设计原则和内容 311
9.1.2 PLC 控制系统的设计步骤 312
9.1.3 PLC 控制系统的硬件设计 313
9.1.4 PLC 控制系统的软件设计 317
9.2 恒压供水系统 318
9.3 仓储控制系统 320
9.4 带式传送机的无级调速系统 336
9.5 PID 过程控制系统应用实践 343
9.6 采用伺服驱动的机械手控制系统应用实践 347

参考文献 352

FX3U PLC

第1章 PLC简介

1.1 PLC概述

可编程序控制器，英文为programmable logic controller，简称PLC，是20世纪60年代以来发展极为迅速的一种新型工业控制装置。现代PLC综合了计算机技术、自动控制技术和网络通信技术，其功能十分强大，远远超出了原先PLC的概念，应用越来越广泛、深入，已进入系统的运动控制、过程控制、通信网络、人机交互等领域。

1.1.1 PLC的定义及发展趋势

（1）PLC的定义

PLC是一种以微处理器为核心的基于数字电路技术的控制装置，专为在工业现场应用而设计，它采用可编程序存储器，用以在其内部存储执行逻辑运算、顺序控制、定时/计算和算术运算等操作指令，并通过输入模块采集外部信号，然后根据用户编写的程序指令，控制输出模块输出相应的控制信号，从而实现对工业生产过程的控制。可编程序控制器及其有关的外围设备，都应按易于与工业控制系统形成一个整体并易于扩充其功能的原则进行设计。PLC的程序编制采用了一套以继电器梯形图为基础的简单指令形式，使编程更加形象、直观、易学易用。PLC的出现，不仅极大地提高了工业生产的自动化程度，还大大降低了控制系统的成本和维护难度。PLC具有可编程、可扩展、可靠性高、运行稳定、易于维护等优点，已经成为工业自动化领域中不可或缺的控制设备。

PLC的程序指令可以使用各种编程语言编写，如Ladder Diagram（梯形图）、Instruction List（指令表）、Function Block Diagram（功能块图）等。三菱FX3U PLC是一种功能强大、性能稳定、易于使用的PLC设备。它具有多种输入输出模块，可以满足不同的应用需求。

（2）PLC的发展趋势

PLC经过多年的发展，在美、德、日等工业发达国家已成为重要的产业之一。世界总销售额不断上升，生产厂家不断涌现，品种不断翻新。PLC产量产值大幅度上升而价格则不断下降。长期以来，PLC始终处于工业自动化控制领域的主战场，为各种各样的自动化控制设备提供了非常可靠的控制应用。其原因在于它能够为自动化控制应用提供安全可靠和比较完善的解决方案，能满足当前工业企业对自动化的需要。

① 为了实现某些特殊的控制功能，PLC制造商将开发出一些智能化的I/O模块。这些模块本身带有CPU，使得占用主CPU的时间很少，减少了对PLC扫描速度的影响。

② 人机界面（接口）的发展：PLC将更加注重人机界面（接口）的发展，以提供更好的用户体验和操作便利性。

③ 在过程控制领域的使用以及PLC的冗余特性：PLC将在过程控制领域得到更广泛的应用，并增强其冗余特性，以保证工业控制系统的稳定性和可靠性。

④ 开放性和标准化：PLC将更加开放和标准化，以便与其他工业控制系统集成，实现更广泛的应用。

⑤ 通信联网功能的极大增强：PLC的通信联网功能将得到极大的增强，为实现工业信息化和智能化提供支撑。

总之，未来PLC将不断向高集成、高性能、高速度、高可靠性、模块化、开放性和灵活性、人性化的方向发展，并且将与其他工业控制技术相结合，实现更广泛的应用。

1.1.2 PLC的特点、功能及应用

（1）PLC的主要特点

为适应工业环境使用，与一般控制装置相比较，PLC具有以下特点。

① 可靠性高，抗干扰能力强　PLC采用了先进的抗干扰技术，具有极强的稳定性。与同等规模的继电接触器系统相比，PLC的电气接线及开关接点已减少到数百甚至数千分之一，大幅降低了故障率。

② 灵活性强，使用方便　PLC采用软件来取代继电器控制系统中大量的继电器、计数器等器件，控制柜的设计安装接线工作量大为减少。同时，PLC的用户程序可以在实验室模拟调试，减少了现场的调试工作量。PLC的编程语言直观易学，更适用于初学者。同时，PLC的内部程序可以修改，以适应不同的控制要求，无须更改硬件结构。其模块化设计也使得系统配置更加灵活，以满足不同规模和功能的控制需求。

③ 功能完善，适用范围广泛　PLC具有完善的运算、控制、诊断和通信等功能，可以实现复杂的控制系统。不仅可以实现逻辑控制和顺序控制，还可以进行模拟量控制、运动控制、过程控制和数据处理等。既可以控制一台生产机械、一条生产线，又可以控制一个生产过程。

④ 体积小，能耗低，易于维护　PLC是将微电子技术应用于工业设备的产品，其结构紧凑、坚固、体积小、重量轻、功耗低。并且由于PLC的故障自我诊断功能使其易于维护。当系统出现故障时，PLC能够通过自诊断程序快速找到故障原因，缩短维修时间。

三菱FX3U PLC具有以下特点。

① 多种输入输出模块　三菱FX3U PLC具有多种输入输出模块，可以满足不同的应用需求。例如，可以选择数字输入模块、模拟输入模块、数字输出模块、模拟输出模块等，以满足不同应用领域的需求。

② 多种编程语言　三菱FX3U PLC支持多种编程语言，如Ladder Diagram、Instruction List、Structured Text等，方便用户进行编程。用户可以根据自己的需要选择最适合自己的编程语言进行编程。

③ 易于使用　三菱FX3U PLC设备易于使用，可以方便地进行安装和调试。同时，三菱FX3U PLC还提供了丰富的应用案例和技术支持，方便用户进行学习和应用。

④ 高性能和稳定性　三菱FX3U PLC设备具有高性能和稳定性，可以满足不同应用领域的需求。三菱FX3U PLC设备采用了先进的技术和材料，可以保证系统的高性能和稳定性。

⑤ 可靠性高　三菱FX3U PLC设备具有很高的可靠性，可以长时间稳定运行。三菱FX3U PLC设备采用了很多先进的技术，如故障诊断、自动重启、数据备份等，可以保证系统的可靠性。

PLC是工业自动化领域中不可或缺的控制设备，具有可编程、可扩展、可靠性高、运行稳定、易于维护等优点。三菱FX3U PLC是一种功能强大、性能稳定、易于使用的PLC设备，具有多种输入输出模块、多种编程语言、易于使用、高性能和稳定性、可靠性高等特点。在工业自动化领域中，三菱FX3U PLC可以发挥重要的作用，帮助用户提高工业生产的自动化程度，提高生产效率和产品质量。

FX3U PLC的外形如图1-1所示。

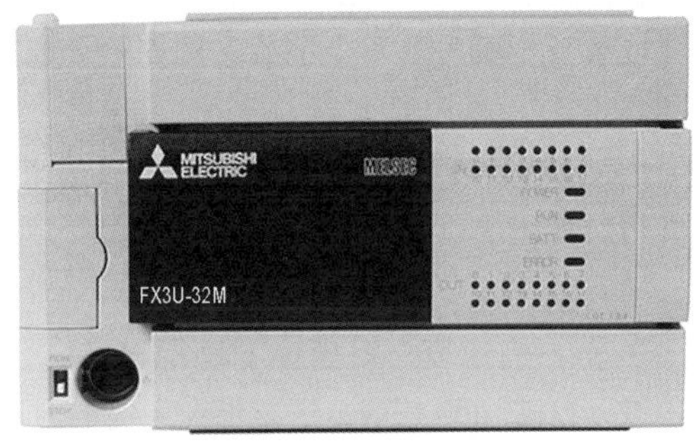

图1-1　FX3U PLC的外形

（2）PLC的主要功能及应用领域

PLC是一种存储程序的控制器。用户根据某一对象的具体控制要求，编制好控制程序后，用编程器将程序输入到PLC（或用计算机下载到PLC）的用户程序存储器中寄存。PLC可以实现的主要功能如下所示。

① 开关量逻辑控制功能　通过利用PLC最基本的逻辑运算、定时、计数等功能从而取代继电器，实现逻辑控制和顺序控制，用于单机控制、多机群控制、生产自动线控制等，例如机床、注塑机、印刷机械、装配生产线、电镀流水线、电梯的控制等。这是PLC最基本的功能。

② 数据处理功能　PLC具有数据采集、分析和处理的能力，将处理后的数据与存储器中的参考数据进行比较，完成大型设备的控制操作。此功能可以应用于数控机床、柔性制造系统、机器人控制系统等。

③ 过程控制功能　大中型PLC都具有多路模拟量I/O模块和PID控制功能，有的小型PLC也具有模拟量输入输出功能。所以PLC能够通过相应的A/D和D/A转换模块及各种各样的控制算法程序来实现对模拟量的控制，而且具有PID 控制功能的PLC可以构成闭环控制，用于过程控制。这一功能已广泛应用于锅炉控制、冶金、精细化工、反应堆、水处理、酿酒以及闭环位置控制和速度控制等方面。

④ 运动控制功能　PLC能够驱动步进电机或伺服电机的单轴或多轴位置控制模块，广泛用于各种机械、机床、机器人、电梯等场合。

⑤ 远程I/O控制功能　PLC可以通过I/O模块实现对远程I/O的控制，也可以通过通信模块实现对其他设备的远程控制。PLC的通信包括PLC与PLC、PLC与上位机、PLC与其他智能设备之间的通信，PLC系统与通用计算机可直接通过通信处理单元、通信转换单元相连构成网络，以实现信息的交换，并可构成“集中管理、分散控制”的多级分布式控制系统，满足工厂自动化（FA）系统发展的需要。

总之，PLC以其高可靠性、灵活性、完善的功能和易于维护等特点，在工业自动化和多个领域得到广泛应用。三菱FX3U PLC作为一种通用型、工业型、离散型、单机型的PLC，能够满足不同行业和不同领域的控制需求，为工业自动化控制领域的发展作出了重要贡献。

1.2 PLC的性能指标及分类

1.2.1 PLC的性能指标

PLC的性能通常是用以下各种指标来综合表述的。

① 存储容量　存储容量是指用户程序存储器的容量。用户程序存储器的容量大，可以编制出复杂的程序。在PLC中程序指令是按“步”存放的，1“步”占用1个地址单元，1个地址单元一般占用两个字节。例如一个内存容量为1000步（1K步）的PLC，其存储容量是2KB。

② I/O点数　I/O点数是PLC可以用来接收输入信号和输出控制信号的路数总和，是衡量PLC性能的重要指标。I/O点数越多，外部可接的输入设备和输出设备就越多，控制规模就越大。

③ 扫描速度　扫描速度是指PLC执行用户程序的速度，是衡量PLC性能的重要指标。一般以扫描1000条基本逻辑指令所需的时间来衡量扫描速度，通常以千步/ms为单位。

④ 指令的功能与数量　指令功能的强弱、数量的多少也是衡量PLC性能的重要指标。

⑤ 内部元件的种类与数量　在编制PLC程序时，需要用到大量的内部元件来存放变量、中间结果、保存数据、定时计数、模块设置和各种标志位等信息。

⑥ 特殊功能单元　特殊功能单元种类的多少与功能的强弱是衡量PLC产品的一个重要指标。有的PLC具有某些特殊功能，例如自诊断功能、通信联网功能、监控功能、远程I/O能力等。

⑦ 可扩展能力　PLC的可扩展能力包括I/O点数的扩展、存储容量的扩展、功能的扩展以及通信能力的扩展等。

以上是PLC的主要性能指标，这些指标可以用来评估PLC的性能和选型。在选择PLC时，需要根据实际需求和预算来综合考虑这些指标，以及PLC的易用性、可靠性、灵活性等因素。

下面简单介绍一下三菱FX3U PLC的性能指标。

① 处理器性能　PLC的处理器性能是指其处理速度和计算能力。三菱FX3U PLC采用高速CPU，能够实现高速的运算和响应速度。其处理速度可达到0.08μs/指令，计算能力强，能够满足复杂控制系统的需求。

② 存储器性能　PLC的存储器性能是指其存储容量和存储速度。三菱FX3U PLC采用大容量存储器，能够存储大量的程序和数据。其存储速度快，能够快速读取和写入数据，提高控制系统的响应速度。

③ 输入/输出性能　PLC的输入/输出性能是指其输入/输出点数和速度。三菱FX3U PLC支持多种输入/输出方式，包括数字输入/输出、模拟输入/输出、高速计数输入等。其

输入/输出速度快，能够满足高速控制系统的需求。

④ 通信性能 PLC的通信性能是指其通信速度和通信方式。三菱FX3U PLC支持多种通信协议，包括RS232、RS485、以太网等。其通信速度快，能够实现高速数据传输和远程控制。

⑤ 可编程性能 PLC的可编程性能是指其编程能力和编程语言。三菱FX3U PLC采用易于编程的Ladder语言，支持多种编程方式，包括手动编程、在线编程、离线编程等。其编程能力强，能够实现复杂控制系统的编程需求。

⑥ 可靠性能 PLC的可靠性能是指其稳定性和可靠性。三菱FX3U PLC采用高品质的元器件和先进的生产工艺，能够保证其稳定性和可靠性。其具有自动备份和自动恢复功能，能够保障控制系统的稳定运行。

⑦ 扩展性能 PLC的扩展性能是指其可扩展性和可升级性。三菱FX3U PLC支持多种扩展模块，包括数字输入/输出模块、模拟输入/输出模块、高速计数输入模块等。其可升级性强，能够满足不同控制系统的扩展需求。

总之，三菱FX3U PLC具有优异的性能指标，能够满足复杂控制系统的需求。其高速处理器、大容量存储器、快速输入/输出、多种通信方式、易于编程等特点，使其成为工业自动化控制领域中不可或缺的电子设备之一。

1.2.2 PLC的分类

PLC是一种广泛应用于工业自动化控制领域的电子设备。它能够实现数字和模拟信号的输入、处理和输出，以控制机器设备、生产线、流水线等工业设备的运作。PLC的分类是根据其应用范围、使用环境、控制方式等方面进行的，接下来将为大家介绍三菱FX3U PLC的分类。

（1）按应用范围分类

按照应用范围的不同，PLC可以分为通用型PLC和专用型PLC两种。通用型PLC是指能够适用于不同行业和不同领域的控制系统，具有广泛的适用性和通用性。三菱FX3U PLC就是一种通用型PLC，能够适用于不同行业的控制系统，如机械制造、冶金、化工、电力等。专用型PLC是指针对特定行业和特定领域的控制系统而设计的PLC，具有特定的功能和性能，例如纺织行业的PLC需要具有纱线控制、织布控制等特殊功能，而食品行业的PLC需要具有清洗、消毒等特殊性能。

（2）按使用环境分类

按照使用环境的不同，PLC可以分为工业型PLC和特殊型PLC两种。工业型PLC是指适用于工业生产环境的PLC，具有抗干扰、耐高温、防尘防水等特点。三菱FX3U PLC就是一种工业型PLC，能够适应工业生产环境的复杂、恶劣的工作条件。特殊型PLC是指适用于特殊环境的PLC，如核电站、航空航天、海洋工程等。这些环境的特殊性要求PLC具有极高的可靠性、稳定性和安全性。

（3）按控制方式分类

按照控制方式的不同，PLC可以分为离散型PLC和连续型PLC两种。离散型PLC是指对离散信号进行控制的PLC，如数字开关、按钮等。它们的输入和输出信号是离散的，控制的过程是离散的。连续型PLC是指对连续信号进行控制的PLC，如温度、压力、流量等。它们的输入和输出信号是连续的，控制的过程是连续的。

（4）按控制级别分类

按照控制级别的不同，PLC可以分为单机PLC和网络PLC两种。单机PLC是指只能单独控制一个设备或一个系统的PLC，它的控制范围有限，适用于较小的控制系统。网络PLC是指能够通过网络连接多个PLC，实现分布式控制的PLC。它的控制范围广，能够控制多个设备或多个系统，适用于大型控制系统。

总之，PLC的分类是根据其应用范围、使用环境、控制方式等方面进行的。三菱FX3U PLC是一种通用型、工业型、离散型、单机型的PLC，具有广泛的适用性和通用性，能够满足不同行业和不同领域的控制需求。以上是PLC的一些常见的分类方式，根据不同的分类标准，PLC还可以分为其他类型的分类。

1.3 PLC的基本结构及工作原理

1.3.1 PLC的基本结构

传统的继电接触控制系统一般由输入设备、继电器控制电路和输出设备三部分组成，如图1-2所示。这是由许多“硬”的元器件连接起来组成的控制系统。PLC及其控制系统是由继电接触系统和计算机控制系统发展而来的，因此PLC与它们有许多相同或相似之处。PLC的输入输出部分与继电接触控制系统大致相同，PLC的控制部分用微处理器和存储器取代了继电器控制电路，其控制作用是通过用户软件来实现的。PLC由于生产厂家众多，型号千差万别，但不同种类的PLC其基本组成和工作原理基本相同。一台典型的PLC主要包括中央处理器（CPU）、输入/输出接口（包括输入接口、输出接口、外部设备接口、扩展接口等）、外部设备编程器及电源模块等，它的结构框图如图1-3所示。

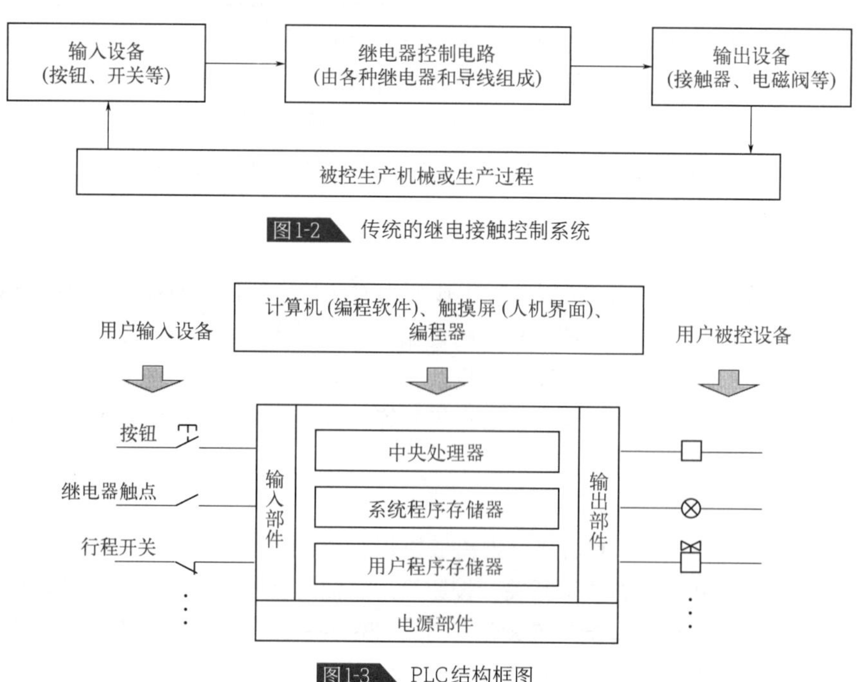

图1-2 传统的继电接触控制系统

图1-3 PLC结构框图

PLC内部各组成单元之间通过电源总线、控制总线、地址总线和数据总线连接，外部则根据实际控制对象配置相应设备与控制装置构成PLC控制系统。

（1）中央处理器

中央处理器又称CPU或微处理器，是PLC的控制中枢，其性能对PLC工作速度和效率有较大的影响。CPU一般由控制器、运算器和存储器等组成。CPU是可编程序控制器用来完成信息操作的单元。这些操作包括信息的转移、转换、计算、同步和译码等。由它实现逻辑运算、数学运算、协调控制系统内部各部分的工作。中央处理器包含指令计数器、指令存储器和地址寄存器、变址和基址寄存器、累加器和通用寄存器。按工作原理，可将中央存储器划分为数据、程序和监控三部分。数据部分包含有输入变量、中间变量和输出变量的映像区，程序部分主要存放用户程序，监控部分存放PLC的监控程序。

三菱FX3U PLC的中央处理器采用高速CPU，能够实现高速的运算和响应速度。其存储器容量大，能够存储大量的程序和数据。通信接口支持多种通信协议，能够实现PLC之间的数据传输和远程控制。

（2）输入与输出部件

PLC与输入控制信号和被控设备连接起来的部件称为输入与输出部件。输入部件接收从用户输入设备按钮、开关、继电器触点和传感器等输入的现场控制信号，并将这些信号转换成中央处理器能接收和处理的数字信号。输出部件接收经过中央处理器处理过的输出数字信号，并把它转换成被控设备或显示装置所能接收的电压或电流信号，以驱动接触器、电磁阀和指示器件等。

三菱FX3U PLC的输入模块采用模块化设计，能够根据不同的输入信号类型和数量，选择不同的输入模块进行组装。输入模块的信号采样率和精度高，能够确保输入信号的精确性和稳定性。三菱FX3U PLC的输出模块采用模块化设计，能够根据不同的输出信号类型和数量，选择不同的输出模块进行组装。输出模块的控制精度高，能够确保输出信号的精确性和稳定性。

（3）电源部件

电源部件将交流电源转换成供PLC的中央处理器、存储器等电子电路工作所需要的直流电源，使PLC能正常工作，PLC内部电路使用的电源是整机的能源供给中心，它的好坏直接影响PLC的功能和可靠性，因此目前大部分PLC采用开关稳压电源供电，用锂电池作停电时的后备电源。许多PLC电源还可向外部提供直流24V稳压电源，用于向输入接口上的接入电气元件供电，从而简化外围配置。

（4）编程器、计算机、触摸屏

编程器、计算机、触摸屏是PLC必不可少的、进行通信的外围设备。主要用于对用户程序进行输入、检查、调试和修改，并监视PLC的工作状态。

1.3.2 PLC的工作原理

（1）PLC的工作方式

PLC有两种工作状态，即运行（RUN）状态和停止（STOP）状态。

在运行状态，PLC通过执行反映控制要求的用户程序来实现控制功能。为了使PLC的输出及时地响应随时可能变化的输入信号，用户程序不是只执行一次，而是反复不断地重复执行，直到PLC停机或切换到STOP工作状态。

除了执行用户程序外，每次循环过程中，PLC还要完成内部处理、通信处理等工作，一次循环可分为5个阶段，如图1-4所示。PLC这种周而复始的循环工作方式称为扫描工作方式。

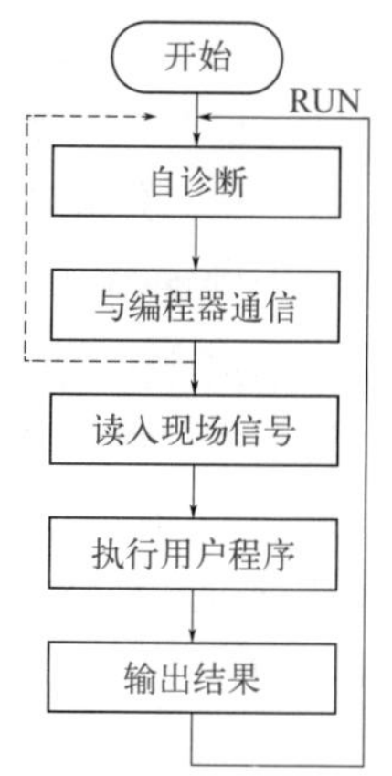

图1-4 PLC循环工作方式

一般来说，PLC的扫描周期还包括自诊断、信息交换、通信等过程，即一个扫描周期等于自诊断、信息交换通信、输入采样、用户程序执行、输出刷新等所有时间的总和。用于完成扫描工作的时间称扫描时间，整个扫描时间包括程序扫描时间和I/O刷新时间。前者取决于用户程序的长短和采用的指令类型，后者是固定的，随PLC机型不同而不同。

（2）PLC的工作过程

PLC的工作过程可以概括为三个阶段：输入采样、用户程序执行和输出刷新。工作过程如图1-5所示。

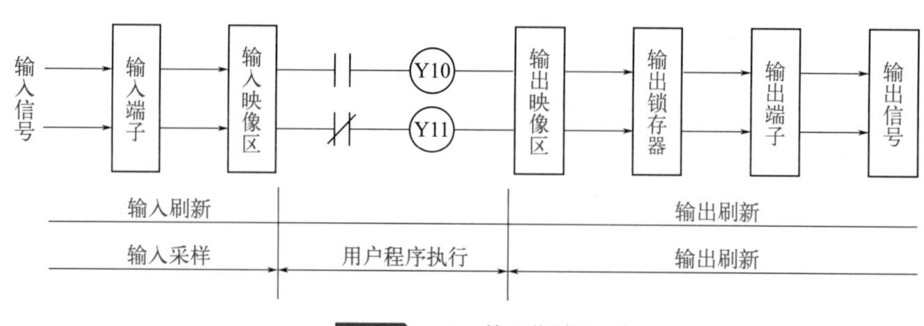

图1-5 PLC的工作过程

① 输入采样　PLC首先扫描所有输入端子，并将各输入状态存入内存中各对应的输入映像寄存器中。此时，输入映像寄存器被刷新。接着进入程序执行阶段，此时输入映像寄存器与外界隔离，无论输入信号如何变化，其内容保持不变，直到下一个扫描周期的输入采样阶段，才重新写入输入端的新内容。

② 用户程序执行　PLC按顺序对程序进行扫描，即从上到下、从左到右地扫描每条指令，并分别从输入映像寄存器中获得所需的数据进行运算、处理，再将程序执行的结果写入寄存执行结果的输出映像寄存器中保存。但这个结果在全部程序未执行完毕之前不会送到输出端口上。

③ 输出刷新　在所有用户程序执行完成后，CPU刷新输出映像寄存器，并将输出映像寄存器的状态输出到输出模块，驱动外部负载。

从上述PLC工作过程中可以看出：PLC采用循环扫描的工作方式，即按照一定的顺序逐行执行用户程序，直至程序结束，然后重新返回第一条指令，开始下一轮新的扫描。PLC工作的主要特点是输入信号集中批处理，执行过程集中批处理和输出控制也集中批处理。PLC的这种“串行”工作方式，可以避免继电接触控制中触点竞争和时序失配的问题。这是PLC可靠性高的原因之一，但是又导致输出对输入在时间上的滞后，这是PLC的缺点之一。

PLC在执行程序时所用到的状态值不是直接从实际输入端口所获得的，而是来源于输入映像寄存器和输出映像寄存器。输入映像寄存器的状态值，取决于上一扫描周期从输入端子中采样取得的数据，并在程序执行阶段保持不变。输出映像寄存器中的状态值，取决于执行程序输出指令的结果。输出锁存器中的状态值是由上一个扫描周期的刷新阶段从输出映像寄存器转入的。

还需指出一点：在PLC中常采用一种称之为"看门狗"的定时监视器来监测PLC的实际工作时间周期是否超出预定的时间，以避免PLC在执行程序过程中进入死循环，或PLC执行非预定的程序而造成系统故障瘫痪。

1.4 三菱FX3U PLC型号与性能规格

（1）三菱FX PLC的分类

FX PLC产品，包括FXON、FX1S、FX1N、FX2N、FX3U等基本类型，适合于大多数单机控制的场合，是三菱PLC产品中用量最大的PLC产品。其中FX3U是第三代微型可编程控制器，内置高达64KB大容量的RAM存储器，内置业界最高水平的高速处理0.065μs/基本指令。

FX系列PLC型号名称的含义如下：

FX□□—□□□□—□

① ② ③④ ⑤

① 系列序号，如1S、1N、2N、3U等。

② I/O总点数，10 ～ 256。

③ 单元类型，M为基本单元，E为I/O混合扩展单元与扩展模块，EX为输入专用扩展模块，EY为输出专用扩展模块。

④ 输出形式，R为继电器输出，T为晶体管输出，S为双向晶闸管输出。

⑤ 电源的形式，D为DC 24V电源，24V直流输入，无标记为AC电源，输入信号为24V直流输入，横式端子排。

（2）FX PLC的一般技术指标

FX PLC的一般技术指标主要包括基本性能指标、输出技术指标，其具体内容如表1-1和表1-2所示。

表1-1 FX PLC的基本性能指标

项目		FX1S	FX1N	FX2N和FX2NC
运算控制方式		存储程序，反复运算		
I/O控制方式		批处理方式（在执行END指令时），可以使用I/O刷新指令		
运算处理速度	基本指令	0.55 ～ 0.7μs/指令		0.08μs/指令
	应用指令	3.7μs/指令到数百微秒/指令		1.52μs/指令到数百微秒/指令
程序语言		逻辑梯形图和指令表，可以用步进梯形指令来生成顺序控制指令		
程序容量（EEPROM）		内置2K步	内置8K步	内置8K步，扩展存储器可达16K步
指令数量	基本、步进指令	基本指令27条，步进指令2条		
	功能指令	85条	89条	128条
I/O设置		最多30点	最多128点	最多256点

表1-2 FX PLC的输出技术指标

项目		继电器输出	晶闸管输出	晶体管输出
外部电源		最大AC 240V或DC 30V	AC 85 ～ 242V	DC 5 ～ 30V
最大负载	电阻负载	2A/1点，8A/COM	0.3A/1点，0.8A/COM	0.5A/1点，0.8A/COM
	感性负载	80VA,120/AC 240V	36VA/AC 240V	12W/DC 24V
	灯负载	100W	30W	0.9W/DC 24V（FX1S），其他系列1.5W/DC 24V
最小负载		电压<DC 5V时2mA，电压<DC 24V时5mA（FX2N）	2.3VA/AC 240V	

FX3U型号的PLC，是适应三菱PLC小型化趋势发展的一款高性能产品，其基础功能较以前的PLC功能得到了极大的提升，主要表现在以下几个方面：

① CPU处理速度达到了0.065μs/基本指令。

② 内置了高达64K步的大容量RAM存储器，可以扩展存储器闪存卡16K步。

③ 通过CC-LINK网络的扩展可以实现多达384点的控制。

④ 大幅增加了内部软元件的数量。

⑤ 晶体管输出型的基本单元内置了3轴独立、最高100kHz的定位功能，并且增加了新的定位指令，带DOG搜索的原点回归（DSZR）、中断单速定位（DVIT）和表格设立定位（TBL），从而使得定位控制功能更加强大，使用更为方便。

⑥ 内置了6点同时具有100kHz的高速计数功能。

⑦ 专门增强了通信的功能，内置的编程口可以达到115.2KB/s的高速通信。

⑧ 新增了高速输入/输出模块，模拟量输入/输出模块和温度输入模块。

第2章 三菱FX3U PLC编程基础

2.1 编程基础知识

2.1.1 脉冲信号与时序图

（1）脉冲信号

在数字电子系统中，所有传送的信号均为开关量，即只有两种状态的电信号，这种电信号称作脉冲信号，是所有数字电路中的基本电信号。

一个标准的脉冲信号如图2-1所示。

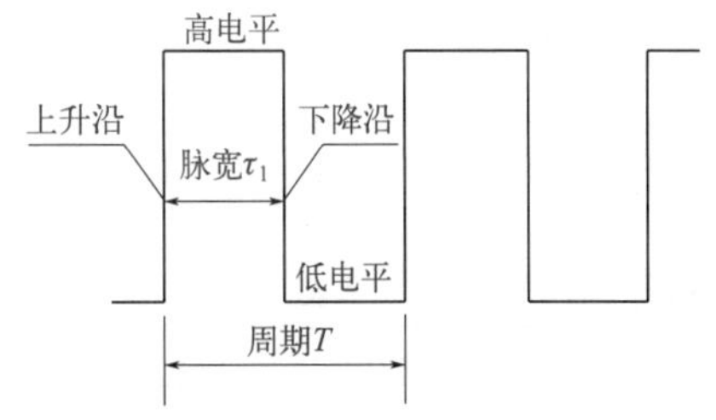

图2-1 一个标准的脉冲信号

脉冲信号的各部分名称说明如下所述。

高电平、低电平：把电压高的称为高电平，电压低的称为低电平。在实际电路中，高电平是几伏，低电平是几伏，没有严格的规定，例如在TTL电路中，高电平为3V左右，低电平为0.5V左右，而在CMOS电路中，高电平为3～18V或者7～15V，低电平为0V。

上升沿、下降沿：把脉冲信号由低电压跳变至高电压的脉冲信号边沿称为上升沿，把由高电压跳变至低电压的边沿称为下降沿，有的资料上又称前沿、后沿。

周期T：脉冲信号变化一次所需要的时间。脉冲信号是一种不断重复变化的信号，每过一个周期，会重复原来的波形。

脉冲宽度τ_1：脉冲信号的宽度，即有脉冲信号的时间。

频率f：指1s内脉冲信号周期变化的次数，即$f=1/\tau$。周期越小，频率越大。

占空比：指脉冲宽度τ_1与周期T的比例百分比，即$\tau_1/T\%$。占空比的含义是脉冲所占据周期的空间，占空比越大，表示脉冲宽度越接近周期T，也表示脉冲信号的平均值越大。

正逻辑与负逻辑：脉冲信号只有两种状态，高电平和低电平，与数字电路的两种逻辑状态“1”和“0”相对应，但是高电平表示“1”还是低电平表示“1”可因人而设，如果设定高电平为“1”低电平为“0”则叫正逻辑，如果反过来，设定低电平为“1”高电平为“0”则为负逻辑。在一般情况下，没有加以特殊说明，我们均采用正逻辑关系。

（2）时序图

时序图的广义定义是：用来显示对象之间的关系，并强调对象之间消息的时间顺序，同时显示了对象之间的交互。具体到数字电子技术上，时序图就是按照时间顺序画出各个输入、输出脉冲信号的波形对应图。

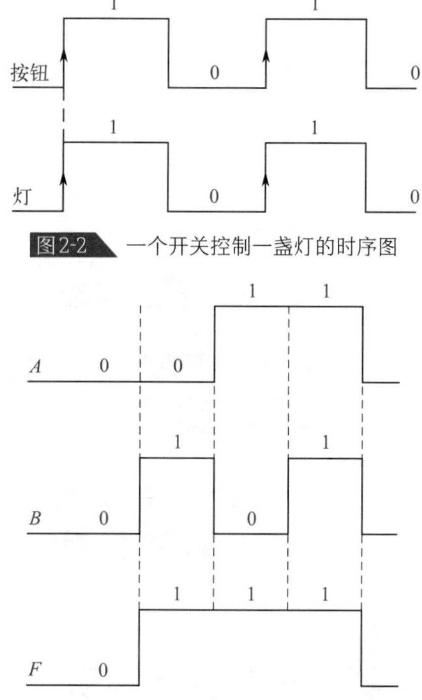

图2-2 一个开关控制一盏灯的时序图

图2-3 反映输出和输入逻辑关系的时序图

图2-2是一个开关控制一盏灯的时序图。这里按钮是输入，灯是输出。设定开关断开为“0”，接通为“1”，而灯通电为“1”，断开为“0”。图中，表示了开关和灯的对应关系是开关通，灯亮，开关断，灯灭，非常清楚。非常简约、清楚地表示了两个或多个信号之间的关系，这就是时序图的特点。

时序图又叫逻辑控制时序图，因为它也可以反映输出与其相应的输入之间的逻辑关系如图2-3所示。

图2-3中，A、B是F的输入，即F和A、B之间存在一定的逻辑关系，那么如何从时序图中找出它们之间的逻辑关系呢？我们只有按照从上到下、从左到右的顺序关注每一个输入的上升沿和下降沿，写出相应的输入和输出逻辑关系，会得到一张真值表，通过真值表就可分析得到其相应的逻辑关系。

如上所述A、B和F的真值表，如表2-1所示。

表2-1 A、B、F真值表

A	B	F
0	0	0
0	1	1
1	0	1
1	1	1

由逻辑电路知识可知，这是一个“或”逻辑关系，即$F=A+B$。有了逻辑代数式，就可以设计出完成上述功能的电路，还可以设计出在PLC中能完成上述功能的梯形图程序。

当然，上面是一个最基本的逻辑关系时序图，如果是复杂逻辑关系时序图，同样也可以先列出输入和输出之间的真值表，再利用逻辑代数的理论进行化简，得到最简的逻辑代数表达式。从而进一步设计出满足逻辑关系的电路图和梯形图程序。进一步的知识大家可查看相关的书籍和资料。

在PLC的开关量控制系统中，每一个输出都是一个或多个输入逻辑关系的表达，而时序图是这种关系的最简约的图形表达。在时序图上，可以反映每一时刻各个信号之间的对应关系，我们要注意的也是每个信号的上升沿或下降沿所发生的信号变化。因此，时序图是数字电路和数字电子技术中一个非常有用的工具。

对刚开始了解PLC的学习者来说，学会通过时序图进行逻辑关系分析和根据工程的实际情况所画出的时序图进一步进行应用程序设计，对加深理解PLC及快速提高PLC知识都是十分重要的。

2.1.2 指令、指令格式和寻址方式

（1）指令

指令语句表编程语言是所有PLC都具有的最基本的编程语言，而指令语句表程序是由一条一条的指令组成的，因此，有必要对指令及PLC的指令系统进行进一步的说明和解读。

所谓指令就是指对PLC的一种操作命令，告诉PLC怎么做、做什么。人们设计了一系列的操作命令，并对其进行二进制编码，但是对于人们的设计和交流沟通来说，二进制编码十分不便于记忆、阅读和书写，于是又进一步设计出了用符号来表示二进制编码的方法，把这种用符号表示的形式叫助记符。

助记符指令十分好记，方便阅读、书写和交流，更方便的是它可以直接用键盘输入。PLC的CPU就是一个单片机，在这方面它沿袭了单片机汇编语言的形式。开发了PLC自己的助记符形式的指令及指令语句表编程语言。当用键盘把一条条助记符指令输入后，PLC通过内部的编译程序把它变成一系列的二进制操作编码，由PLC的CPU来执行。因此，PLC的指令语句表程序和单片机汇编语言程序非常相似。

PLC所有指令的集合便是PLC的指令系统，指令系统按其功能可以分成下面三个类型。

① 基本指令　基本指令也称基本逻辑操作指令，基本指令是对位元件和二进制位进行逻辑操作的指令，是PLC最简单、最基本，也是最重要的指令，所有品牌的PLC都有这类指令，是初学者必须重点学习和掌握的指令。

基本指令主要处理各个开关量（位元件）之间的逻辑关系，对开关量状态进行读取、置位、复位等操作。基本指令是程序中不可缺少的、使用最广泛的指令。当采用梯形图编程时，可以直接用触点、线圈和连线来表示。仅用基本指令就可以编制出开关量控制系统的用户程序，例如把继电控制系统电路转换成PLC控制。

② 步进顺控指令　这是PLC专门为顺序功能控制程序（SFC）而设计的特定指令，由步进顺控指令设计的顺控程序叫STL步进指令梯形图程序。

③ 功能指令　功能指令又叫应用指令，是PLC为强化在其他领域中的应用所开发的功能指令，例如模拟量及PID控制、运动量及定位控制、网络通信控制等功能指令的出现使PLC的应用范围大大扩展。功能指令数众多，它又可分为数据处理、流程控制、I/O处理、通信、监控和内存管理等。某些功能指令还对基本指令程序进行了简化，即一条功能指令可以代替多行指令语句表程序。

一个PLC的指令系统代表PLC的性能或功能。通常，功能强、性能好的PLC，其指令系统必然丰富，不但指令多，而且功能强，所应用的场合也广。需要指出的是，PLC的指令系统是基于硬件的，加上目前国际上对指令语句表语言并没有标准化，所以各厂家PLC的指令系统都不相同，即使是同一厂家，系列型号不同，也不尽相同。特别是助记符符号，相差甚大，功能含义也不尽相同。

（2）指令格式

指令格式是指组成操作指令的形式和内容。一般来说，一条指令是由操作码和操作数组成。在助记符形式的指令中，操作码由助记符表示。

助记符表示这条指令的性质和功能。对于一条指令，操作码是必不可少的。操作数又叫

地址码、操作数地址，表示参与操作的数据或数据存储的地址。在PLC中，操作数是由指令规定的编程元件或具体的数据组成，操作数可有可无，可多可少，没有操作数的指令只表示完成一种功能。

图2-4 指令LD X0

一条指令中，助记符是要求PLC怎么做，操作数是告诉PLC做什么。例如：试说明如图2-4所示指令LD X0的功能含义。

该指令完成功能：取出X0准备逻辑运算。在梯形图上的含义是X0常开触点与左母线连接。

（3）寻址方式

寻址就是寻找指令操作数的存放地址。大部分指令都有操作数，而寻址方式的快慢直接影响到PLC的扫描速度。了解寻址方式也有助于加强对指令特别是功能指令执行过程的理解。单片机、微机中的寻址方式较多，而PLC的指令寻址方式相对较少，一般有下面三种。

① 直接寻址 操作数就是存放数据的地址。在基本逻辑指令和功能指令中，很多都是直接寻址方式。例如：

LD X0 X0就是操作地址，直接取X0状态。

MOV D0 D10 源址就是D0，终址就是D10，把D0内的数据传送到D10。

② 立即寻址 其特点是操作数（一般为源址）就是一个十进制或十六进制的常数。立即寻址仅存在于功能指令中，基本指令中没有立即寻址方式。

例如：MOV K100 D10，源址就是操作数K100，为立即寻址，终址为D10，为直接寻址，把数K100送到D0中。

③ 变址寻址 这是一种最复杂的寻址方式，三菱FX系列PLC有两个特别的数据寄存器V、Z，它们主要是用作运算操作数地址的修改。变址寄存器为V0～V7，Z0～Z7共16个，其中V0、Z0也可写成V、Z。利用V0～V7，Z0～Z7来进行地址修改的寻址方式称为变址寻址。变址就是把操作数的地址进行修改，要到修改后的地址（变址）去寻找操作数，而这个功能是由变址操作数完成的。变址操作数是由两个编程元件组合而成，前一个编程元件为可以进行变址操作的软元件，后一个编程元件为变址寄存器V、Z中的一个。

对FX系列来说，可以进行变址操作的软元件有X、Y、M、S、KnX、KnY、KnM、KnS、T、C、D、P及常数K、H，因此，下列组合都是合法的变址操作数：

X0V2 D10Z3 K2X10V0 K15Z5 T5Z1 C10V4

变址操作数是如何进行变址的呢？变址寻址的方式规定是：

a. 变址后的操作软元件不变。

b. 变址后的操作数地址为变址操作软元件的编号加上变址寄存器的数值。

利用变址寻址方式可以使一些程序设计变得十分简短。

2.1.3 位和字

PLC是一个只能处理开关量信号（脉冲信号）的数字控制器件，但技术的发展使PLC不但具有对开关量的逻辑处理功能，还具有数据运算和处理功能。那么，PLC是如何进行数据运算和处理的，这就涉及位、字节、字、双字等基本概念。

二进制数和十进制数一样，能够进行各种算术运算。同时，一个多位二进制的不同组合也可以用来进行编码以表示各种字符数据，这就有了“位”和“字”的概念。

“位”就是1位二进制数，它的特点是只有两种状态，“1”或“0”。因此，把凡是只有两种状态的元件称作位元件，具体到PLC控制中，输入端口X，输出端口Y，内部继电器M等都是位元件，“位”又称开关量。多个二进制位就可以组成一个二进制数。

“字”就是多个二进制位的组合。它的特点是该多个二进制位是一个整体，它们在同一时刻同时被处理。该多个二进制位的整体中，每一个二进制位都只有两种状态，“1”或“0”。根据组成“字”的二进制的位数不同，形成了数位、字节、字、双字等名词术语。“字”又称为数据量。

数位：由4个二进制位组成的数据。数位这个名词因4位机很快由8位机所代替，所以几乎没有留下什么记忆，现在也没有这个叫法了。

字节：由8个二进制位组成的数据。8位机曾经存在很长一段时间，并由此派生出来一些高低位的术语。

字：由16个二进制位组成的数据。字是目前在PLC中最常用的数据，三菱FX系列PLC的数据存储器就是一个16位的存储单元。

双字：由32个二进制位组成的数据。在FX系列PLC中，双字是由两个相邻的16位存储单元所组成的数据整体。当用字来处理数据时，当所表达的数不够或处理精度不能满足时，就用双字来进行处理。

关于位、字节、字、双字的含义，PLC基本上是一致的，没有什么不同。但关于位、字节、双字的关系处理，不同的PLC是不一样的。例如PLC的数据存储器容量，三菱FX系列PLC中是以字计的，而西门子则是以字节计，在三菱FX系列PLC中字节的使用很少，数据的处理一律按16位进行。

在对字的数据处理中，会碰到高位和低位的说法。一般把数据按位排列，排在最右面的为最低位（LSD），记作b0，排在最左面的为最高位（MSD），记作bn，如图2-5所示。

所谓高位、低位就是一个字从中间分开，包含MSD位的一半称高位，包含LSD位的一半称低位。图2-6～图2-8为字节、字、双字高低位的划分。

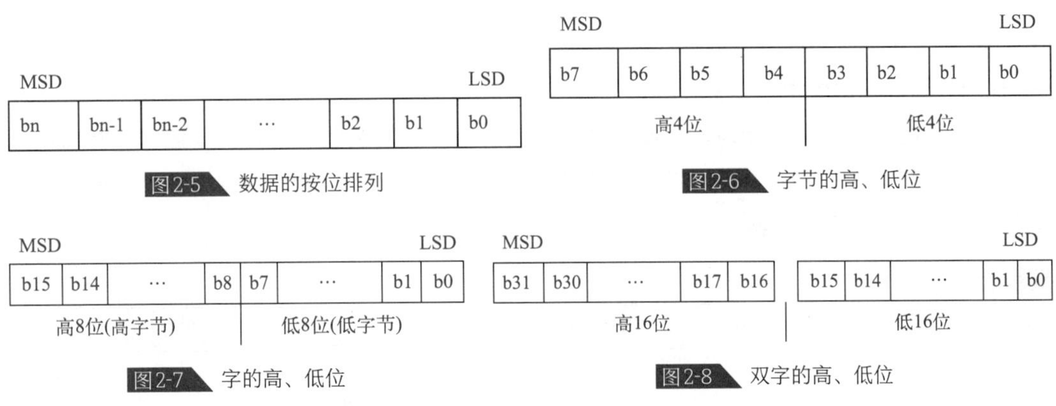

图2-5 数据的按位排列

图2-6 字节的高、低位

图2-7 字的高、低位

图2-8 双字的高、低位

2.1.4 编程软元件

PLC中常利用内部存储单元模拟各种常规控制电器元件，这些模拟的电器元件称为软元件。这些元件用来完成程序所赋予的逻辑运算、算术运算、定时、计数等功能。它们的工作方式和使用概念与硬件继电器类似，具有常开、常闭触点。但它们又与实际的继电器不同，它们本质上是与二进制数据相对应的，没有实际的物理触点和线圈。我们在编程时，必须充分熟悉这些组件的符号、编号特性、使用方法和技巧。

从编程者的角度看，可以不管这些器件的物理实现，只需注重其功能，像在继电器接触器电路中一样使用。每种软元件根据其功能分配一个名称并用相应的字母表示，如输入继电器X、输出继电器Y、定时器T、计数器C、辅助继电器M、状态继电器S、数据寄存器D、指针、常数等。当有多个同类软元件时，在字母的后面加以数字编号，该数字也是软元件的存储地址。FX3U PLC所用编程元件的名称和编号由字母和数字两部分组成，字母表示元件的类型，数字表示元件的编号。其中的输入继电器、输出继电器用八进制编号，其他均采用十进制编号。

PLC编程软元件有多种，可以分为以下三类。

第一类是位元件，相当于继电器的线圈和接点，包括输入继电器X、输出继电器Y、辅助继电器M、状态继电器S。在存储单元中，一位表示一个继电器，其状态为1或0，1表示继电器通电，0表示继电器失电。图2-9为PLC利用内部存储单元来模拟的8位输入继电器，相当于8个输入继电器线圈。例如X0=0相当于X0线圈失电，X3=1相当于X3线圈得电。

X7	X6	X5	X4	X3	X2	X1	X0
0	0	0	0	1	0	1	0

图2-9 PLC的8位输入继电器

第二类是字元件，如图2-9所示，PLC的8位输入继电器也可以表示8位二进制数00001010，相当于进制数的十，可见字元件可以表示一个数据。

PLC中的字元件有数据寄存器D、变址寄存器V/Z，文件寄存器R、扩展文件寄存器ER等，最典型的字元件为数据寄存器D，一个数据寄存器可以存放16位二进制数。在PLC控制中用于数据处理。定时器T和计数器C也可以作为数据寄存器来使用。

第三类是位与字混合的元件，例如定时器T和计数器C，它们的线圈和接点是位元件，而设定值寄存器和当前值寄存器是字元件。

熟悉FX3U的编程元件，了解它们的特征，是学习和使用FX3U PLC的重要基础。

（1）输入/输出继电器（X、Y）

输入继电器通过输入端口与外部的输入开关、接点连接接收外部开关量信号，并通过梯形图进行逻辑运算，其运算结果由输出继电器输出，驱动外部负载。表2-2所示为输入继电器和输出继电器元件分配表。

表2-2 输入继电器和输出继电器元件分配表

型号	FX3U-16M	FX3U-32M	FX3U-48M	FX3U-64M	FX3U-80M	FX3U-128M	扩展时
输入继电器	X0～X7 8点	X0～X17 16点	X0～X27 24点	X0～X37 32点	X0～X47 40点	X0～X77 64点	X0～X367 248点
输出继电器	Y0～Y7 8点	Y0～Y7 8点	Y0～Y7 8点	Y0～Y7 8点	Y0～Y7 8点	Y0～Y7 8点	Y0～Y7 8点

输入继电器（X）和输出继电器（Y）在PLC中起着承前启后的作用，是在PLC中较常使用的元件。在PLC中各有248点，采用八进制编号。输入继电器编号为X0～X7、X10～X17、X20～X27、……、X360～X367。输出继电器编号为Y0～Y7、Y10～Y17、Y20～Y27、……、Y360～Y367。但需要注意，输入继电器和输出继电器点数之和不得超过256，如接入特殊单元或特殊模块时，每个模块占8点，应从256点中扣除。

（2）辅助继电器（M）

辅助继电器（M）相当于中间继电器，它只能在内部程序（梯形图）中使用，不能对外驱动外部负载。在梯形图中用于逻辑变换和逻辑记忆作用。

同输出继电器一样，辅助继电器的线圈由PLC内部编程组件的触点驱动，线圈一般只能使用一次。其常开常闭触点供内部程序使用，使用次数不受限制。

注意，在FX3U PLC中，除了输入继电器和输出继电器的元件编号采用八进制外，其他软元件的元件号均采用十进制，可分为通用辅助继电器、断电保持辅助继电器和特殊辅助继电器三个类型。其中的断电保持辅助继电器又分为可变、固定两种类型。常用的一些辅助继电器的编号和功能见表2-3。在表2-3中，特殊型辅助继电器只列出了几个常用的编号，其他编号读者可查阅FX3U的使用手册。

表2-3 常用辅助继电器的编号和功能

类型		组件编号	占用点数
通用型		M0 ～ M499	共500点
保持型	可变	M500 ～ M1023	共524点
	固定	M1024 ～ M7679	共6656点
特殊型		M8000 ～ M8511	共512点

① 通用辅助继电器　其编号为M0 ～ M499，共计500点。它和普通的中间继电器一样，没有断电保持功能。如果线圈得电时突然停电，线圈就会失电，再次来电时，线圈仍然失电。

② 断电保持辅助继电器　其编号为M500 ～ M7679，共计7180点。其中:

a. M500 ～ M1023，共524点，是可变的，可以通过参数的设置改为通用辅助继电器。

b. M1024 ～ M7679，共6656点，是固定作为专用的断电保持继电器

断电保持辅助继电器具有停电保持功能，当线圈得电时如果突然停电，它借助PLC内装的备用电池或EEPROM，仍然可以保持断电之前的状态。

③ 特殊辅助继电器　其编号是M8000 ～ M8511，共512点。但是其中有些编号没有定义，也没有什么用途。特殊辅助继电器用来执行PLC的某些特定功能，它具有两大类：第一类的线圈由PLC自行驱动，如M8000（运行监视）、M8002（初始脉冲）、M8013（1s时钟脉冲）等，它们不需要编制程序，可以使用它们的触点：第二类是可以对线圈进行驱动的特殊辅助继电器，被用户程序驱动后，可以执行特定的动作，例如M8033指定PLC在停止时保持其输出M8034禁止全部输出。

（3）状态继电器（S）

在一般情况下，状态继电器与步进顺序控制指令配合使用，以编写顺序控制程序，完成对某一工序的步进顺序控制。其类型、编号和功能见表2-4。

表2-4 状态继电器的类型、编号和功能

类型	组件编号	占用点数	功能和用途
初始化状态继电器（可变）	S0 ～ S9	10	可以变更为保持或非保持
通用状态继电器（可变）	S10 ～ S499	490	
保持状态继电器（可变）	S500 ～ S899	400	
报警用状态继电器（可变）	S900 ～ S999	100	
保持状态继电器（固定）	S1000 ～ S4095	3096	不能变更

状态继电器的编号采用十进制，它又可以分为以下5种类型：

① 初始化状态继电器（可变），用于初始化。

② 通用状态继电器（可变），它没有断电保持功能。

③ 保持状态继电器（可变），断电后可以保持原来的状态不变。

④ 报警用状态继电器（可变），它与应用指令ANS、ANR相配合，组成故障诊断和报警电路。

⑤ 保持状态继电器（固定），断电后可以保持原来的状态不变。

第①～④类状态继电器通过参数的设置，可以变更为保持型或非保持型。

当状态继电器不用于步进控制时，可以作为一般的辅助继电器使用，使用方法与辅助继电器相同。

（4）定时器（T）

同其他PLC一样，FX3U中的定时器相当于继电器控制系统中的时间继电器，它通过对时钟脉冲的累积来计时。时钟脉冲一般有1ms、10ms、100ms三种，以适应不同的要求。定时器的设定值可以采用内存的常数K，在K0～K32767之间选择。也可以用数据寄存器D的内容作为设定值。

定时器可以分为两类。一类是通用定时器，它不具备断电保护功能，当停电或输入回路断开时，定时器清零（复位）。它的时标有1ms、10ms和100ms三种。另一类是积算型的定时器，具有计数累积的功能，如果停电或定时器线圈失电，能记忆当前的计数值。通电或线圈重新得电后，在原有数值的基础上继续累积。只有将它复位，当前值才能变为0。它的时标只有1ms和100ms两种。

每个定时器只有一个输入，设定值由用户根据工艺要求确定。与常规的时间继电器一样，当所计的时间达到设定值时，线圈得电，常闭触点断开，常开触点闭合。但是PLC中的定时器没有瞬动触点，这一点有别于普通的时间继电器。

定时器的线圈一般只能使用一次，但触点的使用次数没有限制。

FX3U PLC可以提供512个定时器，编号按十进制分配，其范围是T0～T511，编号的分配见表2-5。

表2-5 定时器的类型和编号

类型	编号	数量	时钟/ms	定时范围/s
常规定时器	T0～T191	192	100	0.1～3276.7
	T192～T199（子程序用）	8	100	0.1～3276.7
	T200～T245	46	10	0.01～327.67
	T256～T511	256	1	0.001～32.767
积算定时器	T246～T249	4	1	0.001～32.767
	T250～T255	6	100	0.1～3276.7

（5）计数器（C）

计数器（C）用于对各种软元件接点的闭合次数进行计数，每一个计数脉冲上升沿到来时，原来的数值加1。如果当前值达到设定值，便停止计数，此时触点动作，常闭触点断开，常开触点闭合。当复位信号的上升沿到来时，计数器被复位。复位信号断开后，计数器再次进入计数状态，触点恢复到常态，常开触点断开，常闭触点闭合。

定时器的设定值可以采用内存内的常数K，也可以用数据寄存器D的内容作为设定值多数计数器具有断电记忆功能，在计数过程中如果系统断电，当前值一般可以自动保存下来，通电后系统重新运行时，计数器延续断电时的数值继续计数。也有一部分计数器没有断电记忆功能。

计数器的线圈一般只能使用一次，但触点的使用次数没有限制。

FX3U计数器可分为两大类：内部信号计数器和外部信号计数器（高速计数器）。

① 内部信号计数器　内部信号计数器用于对PLC中的内部软元件（如X、Y、M、S、T、C、D）的信号进行计数，可分为16位加计数器（共200点）和32位加/减计数器（共35点）。

② 外部信号计数器（高速计数器）　由于内部信号计数器的计数方式和扫描周期有关，所以不能对高频率的输入信号计数，而由于高速计数器采用中断工作方式，和扫描周期无关，所以可以对高频率的输入信号计数。

FX3U PLC中共有21点高速计数器（C235～C255），具有停电保持功能，也可以利用参数设定变为非停电保持型。如果不作为高速计数器使用时，也可作为32位数据寄存器使用。

高速计数器的输入继电器（X0～X7）不能重复使用，例如梯形图中使用了C241，由于C241占用了X0、X1，所以C235、C236、C244、C246等就不能使用了。因此，虽然高速计数器有21个，但最多可以使用6个。高速计数器设定值的设定方法和普通计数器相同，也有直接设定和间接设定两种方式。同时，也可以使用功能指令修改高速计数器的设定值及当前值。当高速计数器的当前值达到设定值时，如果要将结果立即输出，则需要采用高速计数器的专用比较指令。

计数器的种类和编号如表2-6所示。

表2-6　计数器的类型和编号

类型			编号	点数	备注
通用计数器	16位加计数器	通用型	C0～C99	100	计数设定值为1～32767
		断电保护	C100～C199	100	
	32位加/减计数器	通用型	C200～C219	20	计数设定值为 −2147483648～+2147483647
		断电保护	C220～C234	15	
高速计数器	32位单相单计数加/减计数器		C235～C245	11	C235～C255中最多可以使用8点；更改参数可变更为保持或非保持；设定值为 −2147483648～+2147483647
	32位单相双计数加/减计数器		C246～C250	5	
	32位双相双计数加/减计数器		C251～C255	5	

（6）数据寄存器（D）

数据寄存器（D）主要用于数据处理，其类型、编号和功能如表2-7所示。

表2-7　数据寄存器的类型、编号和功能

普通用	停电保持用	停电保持专用	特殊用	变址用	扩展用	扩展文件用
D0～D199（200点）①	D200～D511（312点）②	D512～D7999（7488点）③	D8000～D8511（512点）	V0～V7Z0～Z7（16点）	R0～R32767（32768点）	ER0～ER32767（32768点）

① 非停电保持型，但可利用参数设定变为停电保持型。
② 停电保持型，但可利用参数设定变为非停电保持型。
③ 不能利用参数设定变为非停电保持型。

数据寄存器都是16位的，最高位为正负符号位，可存放16位二进制数。也可将两个数据寄存器组合，存放32位二进制数，最高位是正负符号位。一个数据寄存器（16位）处理的数值范围为−32768 ～ +32767，寄存器的数值读出与写入一般采用功能指令，但同时也可以采用数据存取单元（显示器）或编程器等设备。两个相邻的数据寄存器可以表示32位数据，可处理−2147483648 ～ +2147483647的数值，在指定32位时（高位为大号，低位为小号。在变址寄存器中，V为高位，Z为低位），如指定D0，则实际上是把高16位存放在D1中，把低16位存放在D0中。低位可用奇数或偶数元件号，考虑到外围设备的监视功能，低位可采用偶数元件号。数据寄存器不能使用线圈和触点。

① 16位通用数据寄存器　其编号为D0 ～ D199，共200点。在默认状态下，各个单元的数据均为零。如果不写入其他数据，已经写入的数据就不会变化。

当M8033为ON时，D0 ～ D199具有断电保护功能。当M8033为OFF时，D0 ～ D199没有断电保护功能，一旦停电或PLC由运行转为停止，通用数据寄存器中的各种数据将全部清零。

通过参数设定，可以将这部分通用数据寄存器设置为断电保持用数据寄存器。

② 16位断电保持用数据寄存器　其编号为D200 ～ D511，共312点，具有断电保持功能。其中的D490 ～ D509（共20点）供通信使用。

通过参数设定，可以将这部分断电保持数据寄存器设置为通用的非断电保持型。

③ 16位保持用文件数据寄存器　其编号为D512 ～ D7999，共7488点。它们的断电保持功能不能通过参数设定而改变。如果需要改变断电保持功能，可以在程序的起始步中，采用初始化脉冲（M8002）、复位指令（RST）或区间复位（ZRST）指令，将它们的内容清除。

④ 16位特殊数据寄存器　也称为专用资料寄存器，其编号为D8000 ～ D8511，共512点。它们与特殊辅助继电器类似，每一个都有特定的用途，可以监控PLC的运行状态，如扫描时间、电池电压等。有些特殊数据寄存器没有给出定义，但是用户不能使用它们。

⑤ 16位变址寄存器（V、Z）　V和Z的组件号分别为V0 ～ V7、Z0 ～ Z7，均为8点。它们实际上是特殊用途的数据寄存器，可以用于数据的读写和操作，但是主要用于操作数地址的修改。在处理32位数据时，可以将V0 ～ V7、Z0 ～ Z7组合使用，组成8个32位的变址寄存器。其中V为高16位，Z为低16位。

V0 ～ V7、Z0 ～ Z7单独使用，可组成16个16位变址寄存器，如图2-10（a）所示。V0 ～ V7、Z0 ～ Z7组合使用，可组成8个32位变址寄存器，如图2-10（b）所示。

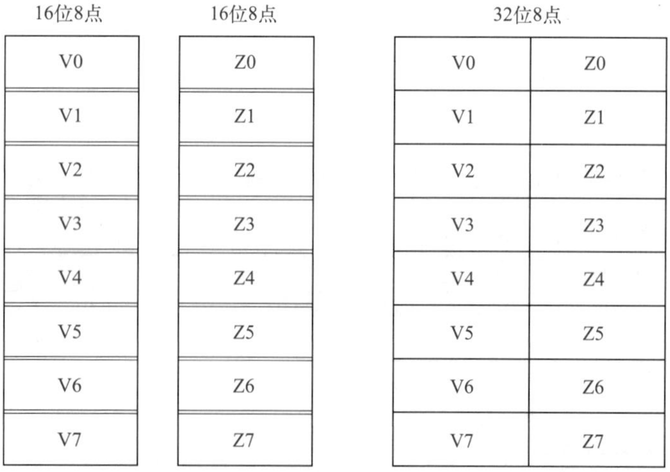

16位8点
V0
V1
V2
V3
V4
V5
V6
V7

16位8点
Z0
Z1
Z2
Z3
Z4
Z5
Z6
Z7

(a) 16位变址寄存器

32位8点	
V0	Z0
V1	Z1
V2	Z2
V3	Z3
V4	Z4
V5	Z5
V6	Z6
V7	Z7

(b) 32位变址寄存器

图2-10 变址寄存器

（7）指针（P、I）

在FX3U PLC中，指针包括两个部分：分支用指针和中断用指针。指针的类型和编号见表2-8。

表2-8 指针的类型和编号

类型		编号	点数
分支用		P0 ～ P4095	4096
		其中END跳转用：P63	1
中断用	输入中断	I00□～ I50□	6
	定时器中断	I6□□～ I8□□	3
	计数器中断	I010 ～ I060	6

① 分支用指针　分支用指针用来表示跳转指令（CJ）的跳转目标，或表示子程序调用指令（CALL）在调用子程序时的人口地址。其编号是P0 ～ P4095，共4096点，其中的P63为END跳转用。

② 中断用指针　中断用指针是用于指示某一中断程序的入口位置，共15点。它又分为输入中断用指针（6点）、定时器中断用指针（3点）、计数器中断用指针（6点）。

a. 输入中断用指针。其编号为I00□、I10□、I20□、I30□、I40□、I50□。当□=1时，为上升沿中断，当□=0时，为下降沿中断。这6个指针只能接收特定的输入继电器X000 ～ X005的触发信号，而且要一一对应，例如I00□必须对应X005，才能执行中程序。

这类中断不受PLC扫描周期的影响，可以及时处理外界信息。发生中断时，CPU从标号开始执行中断，进入中断返回指令（IRET）时，返回主程序。

b. 定时器中断用指针。其编号为I6□□、I7□□、I8□□。这里的“□□”是中断间隔时间，范围是10 ～ 99ms。这类中断的用途是：以指定的周期定时执行中断服务程序，周期性地处理某些任务，处理的时间也不受扫描周期的限制。例如I850表示每隔50ms就执行一次标号为I850后面的中断程序，在中断返回指令处返回。

c. 计数器中断用指针。其编号为I010、I020、I030、I040、I050、I060。这6个指针与高速计数置位指令（HSCS）组合后，用于利用高速计数器优先处理计数结果的场合。根据高速计数器当前值与设定值的比较结果，确定是否执行中断服务程序。

（8）常数K、H、E

常数是在编程中进行数据处理不可或缺的组件，用字母K、H和E表示。常数的类型见表2-9。

表2-9 常数K、H、E的类型

类型	位数	范围
十进制（K）	16	−32768 ～ +32767
	32	−2147483648 ～ +2147483647
十六进制（H）	16	0 ～ FFFF
	32	0 ～ FFFFFFFF
浮点数（E）	32	$\pm1.175\times10^{-38}$ ～ $\pm3.403\times10^{38}$

① 常数K　它表示十进制整数，可用于指定定时器或计数器的设定值，以及应用指令中操作数的数值。16位常数的范围是−32768 ～ +32767，32位常数的范围

是−2147483648 ~ +2147483647。

② 常数H　它用来表示十六进制的整数，主要用于设定应用指令中的操作数值。它包括0 ~ 9和A ~ F这16个数字。16位常数的范围是0 ~ FFFF，32位常数的范围是0 ~ FFFFFFFF。

③ 浮点数（实数）E　它用来执行高精度的浮点数运算。一般采用二进制浮点数（实数）进行运算，而采用十进制浮点数（实数）进行监控。

2.2 FX3U PLC的编程语言

PLC的控制作用是靠执行用户程序来实现的，因此必须将控制系统的控制要求用程序的形式表达出来。程序编制就是通过PLC的编程语言将控制要求描述出来的过程。

2.2.1 PLC编程语言的国际标准

PLC编程语言的国际标准是国际电工委员会（IEC）规定的IEC61131-3，它规定了以下五种编程语言。

梯形图（ladder diagram）：这种图形化语言是最常用的PLC编程语言之一，它以梯形的方式表示电路，易于理解和使用。在梯形图中，电源线在最左边，然后按照从上到下的顺序依次为常开触点、常闭触点、线圈等。

指令列表（instruction list）：这种语言是一种基于文本的编程语言，它以指令的形式描述PLC应该执行的操作。

顺序功能图（sequential function chart）：这种图形化语言用于描述系统的顺序行为，它由多个状态组成，每个状态可以包含多个输出和输入。

功能块图（function block diagram）：这种语言基于逻辑功能块的概念，用于描述系统的功能和行为。它使用方框和箭头来表示不同的功能块和信号流向。

结构文本（structured text）：这种语言是一种基于文本的编程语言，它使用类似于计算机程序的语法来描述PLC应该执行的操作。

其中最为常用的是前3种，后面将分别介绍。

2.2.2 梯形图及其编程规则

（1）梯形图

梯形图是一种图形化的编程语言，也是PLC程序设计中最常用的、与继电器电路类似的一种编程语言。由于电气技术人员对继电器控制电路非常熟悉，因此，梯形图编程语言很受欢迎，得到了广泛的应用。

梯形图编程语言的特点是：通过联机把PLC的编程组件连接在一起，用以表达PLC指令及其顺序。梯形图沿用了电气工程技术人员熟悉的继电器控制原理图，以及相关的一些形式和概念，例如继电器线圈、常开触点、常闭触点、串联、并联等术语和图形符号（见表2-10），并与计算机的特点相结合，增加了许多功能强大、使用灵活的指令，使得编程更容易。所以，梯形图具有直观、形象等特点，分析方法也与继电器控制电路类似，只要具备电气控制系统的基础知识，熟悉继电器控制电路，就很容易接受它。

表2-10 继电器符号与梯形图编程软件符号

电路中的元器件	继电器符号	梯形图编程软件符号
继电器线圈	—□—	—(　)—
时间继电器	—⊠—	—(K×× T×)—
常开触点	—/—	—| |—
常闭触点	—┐—	—|/|—
触点串联	—/—┐—	—| |——|/|—
触点并联	常开与常闭并联	—| |— 与 —|/|— 并联

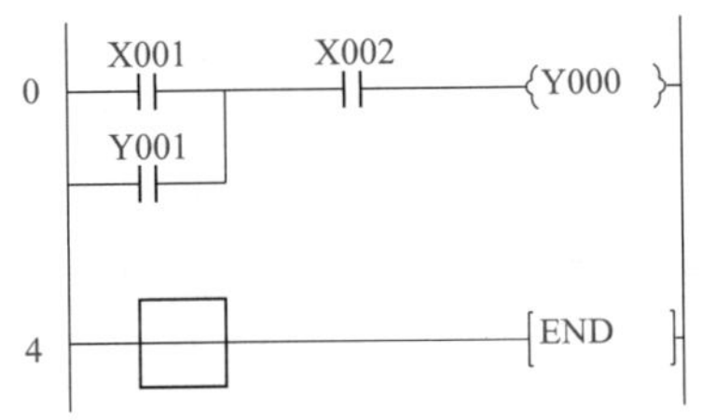

图2-11 梯形图编程示意图

图2-12 梯形图编程规则1

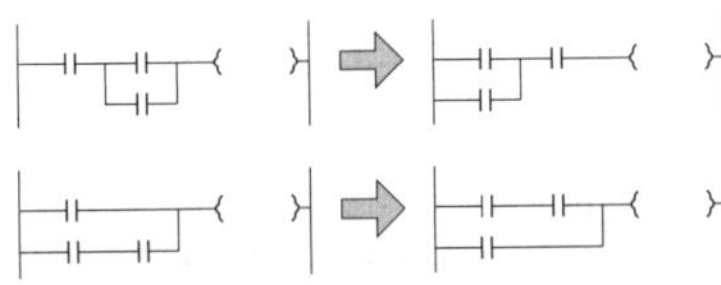
图2-13 梯形图编程规则2

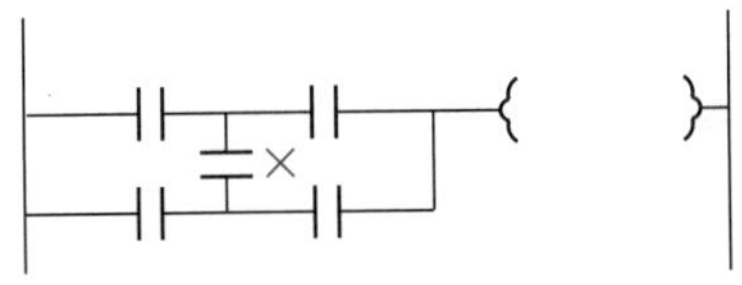
图2-14 梯形图编程规则3

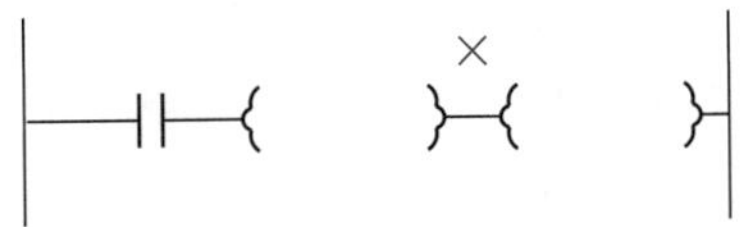
图2-15 梯形图编程规则4

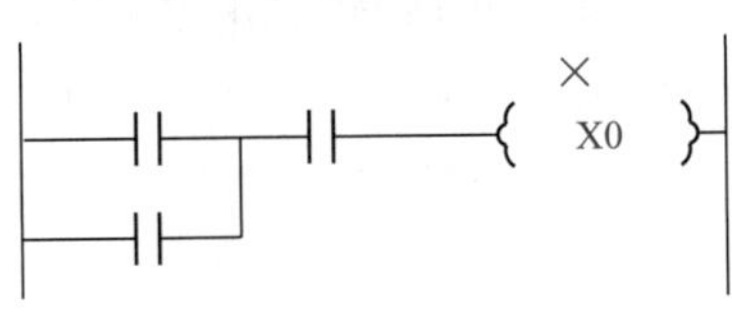

图2-16 梯形图编程规则5

梯形图的联机有两种：一种是左侧和右侧的母线，另一种是内部的横线和竖线。母线是用来连接指令组的，内部的横线和竖线则把一个又一个的梯形图符号连接成指令组，每个指令组都是从放置LD指令开始，再加入若干个输入指令，以建立逻辑关系。最后为输出类指令，以实现对设备的控制。

梯形图编程语言与原有的继电器控制不同之处是：梯形图中的联机不是实际的导线，能流不是实际意义的电流，内部的继电器也不是实际存在的继电器。实际应用时，需要与原有继电器控制的概念区别对待。

用语句表达的PLC程序很不直观，较复杂的程序更是难以读懂，所以一般的程序都采用梯形图的形式，学习PLC技术的电气技术人员都需要掌握梯形图。梯形图编程示意图如图2-11所示。

（2）梯形图的编程规则

梯形图编程要遵循一些基本规则，这里介绍如下几条：

① 触点不能接在线圈的右边。线圈也不能直接与左母线相连，必须通过触点连接，如图2-12所示。

② 在每个逻辑行上，当几条支路并接时，串联触点多的应排在上面，几条支路串联，并联触点多的应排在左面，这样可以减少编程指令，如图2-13所示。

③ 梯形图的触点应画在水平支路上，不能画成垂直支路，如图2-14所示。

④ 梯形图的触点可以任意组合，但输出线圈只能并联，不能串联，如图2-15所示。

⑤ 梯形图中除了输入继电器X没有线圈只有触点外，其他继电器既有线圈又有触点，如图2-16所示。

⑥ 外部输入、输出继电器、内部继电器、定时器、

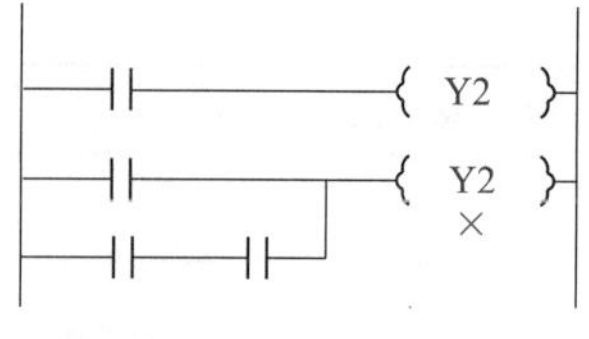

图2-17 梯形图编程规则7

LD	X0
AND	X1
OUT	Y0
OR	Y0

图2-18 指令语句表

计数器等器件的触点可多次重复使用，无须用复杂的程序结构来减少接点的使用次数。

⑦ 不可双线圈输出。双线圈输出是指在一个程序中，同样一个输出线圈不能使用二次和二次以上，如图2-17所示。

2.2.3 指令表

指令语句表编程语言是一种类似于计算机汇编语言的助记符编程方式，用一系列操作指令组成的语句将控制流程表达出来，并通过编程器送到PLC中去。需要指出的是，不同的厂商的PLC指令语句表使用的助记符有所不同。

指令语句表是由若干个语句组成的程序，语句是程序的最小独立单元。PLC指令语句表的表达式与一般的微机编程语言的表达式类似，也是由操作码和操作数两部分组成。操作码由助记符表示，如LD、AND等，如图2-18所示，用来说明要执行的功能。操作数一般由操作码和操作数组成。标识符表示操作数的类型，例如表明输入继电器、输出继电器、定时器、计数器、数据寄存器等，参数表明操作数的地址或一个预先设定值。

2.2.4 顺序功能图

顺序功能图如图2-19所示。它是一种介于其他编程语言之间的图形语言，用来编制顺序控制程序。它提供了一种组织程序的图形方法，在顺序功能图中可以用别的语言嵌套编程。步、转换和动作是顺序功能图中的3种主要元素。顺序功能图主要用来描述开关量顺序控制系统，根据它可以很容易地编写出顺序控制梯形图程序。

FX3U PLC的编程，主要采用以上3种编程语言。

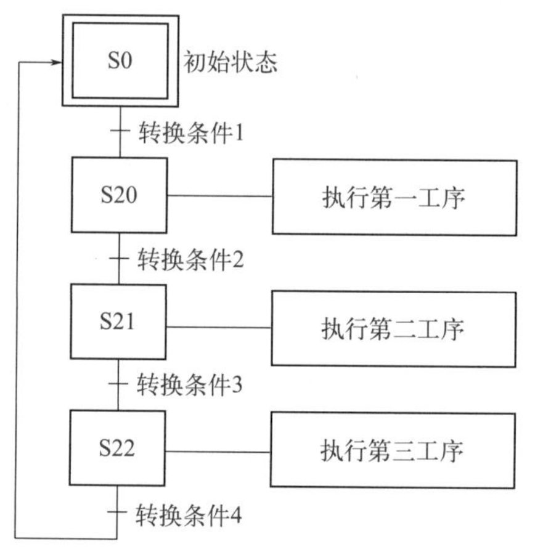

图2-19 顺序功能图

2.3 基本指令系统

2.3.1 基本指令概述

三菱FX3U PLC的基本指令有：基本位操作指令，包括LD、LDI、OUT指令；单个常开、常闭触点与前面的触点（或电路块）串联连接的指令，包括AND与ANI指令；单个常开、常闭触点（或电路块）并联连接的指令，包括OR与ORI指令；块操作指令，包括ORB、ANB指令；堆栈指令，包括MPS、MRD、MPP指令；主控指令，包括MC、MCR指令；置位与复位指令，包括SET、RST指令；取反、空操作及程序结束指令，包括INV、NOP、END指令；脉冲触点指令，包括LDP、LDF、ANDP、ANDF、ORP、ORF指令；脉冲微分输出指令，包括PLS、PLF指令。

PLC规定：如果触点是常开触点，则常开触点“动作”认为是“1”，常开触点“不动作”认为是“0”；如果触点是常闭触点，则常闭触点“动作”认为是“0”，常闭触点“不动作”认为是“1”。

2.3.2 基本逻辑指令

（1）基本位操作指令

LD是常开触点与起始左母线连接的指令。LDI是常闭触点与起始左母线连接的指令。OUT是线圈驱动指令。

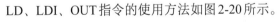

LD、LDI、OUT指令的使用方法如图2-20所示。

步	指令	元件	常数
0	LD	X000	
1	OUT	Y000	
2	LDI	X001	
3	OUT	T1	K20
6	OUT	M1	
7	LD	T1	
8	OUT	Y001	

图2-20 LD、LDI、OUT指令使用说明

指令说明:

① LD与LDI指令的对象器件是X、Y、M、T、C、S，它们可以与ANB及ORB指令配合，用于分支电路的起点。

② OUT指令的对象器件是Y、M、T、C、S，但是不能用于输入继电器。OUT指令可以连续使用若干次，相当于线圈的并联。

③ OUT指令用于计数器、定时器和功能指令线圈时必须设定合适的常数。

（2）AND与ANI指令

AND是单个常开触点与前面的触点（或电路块）串联连接的指令。ANI是单个常闭触点与前面的触点（或电路块）串联连接的指令。

AND、ANI指令的使用方法如图2-21所示。

指令说明:

① 单个触点与左边的电路串联时，使用AND和ANI指令的次数没有限制。

② 在图2-21中，OUT M0指令之后通过X002的触点去驱动Y001，称为连续输出。只要电路设计正确，连续输出可以多次使用。

③ 图2-21中的M0和Y001线圈所在的并联支路如果改为图2-22电路，就必须使用后面要讲到的MPS和MPP指令，从而使得指令条数较多，所以这种编程方法不易使用。

④ AND和ANI指令的对象器件是X、Y、M、T、C、S。

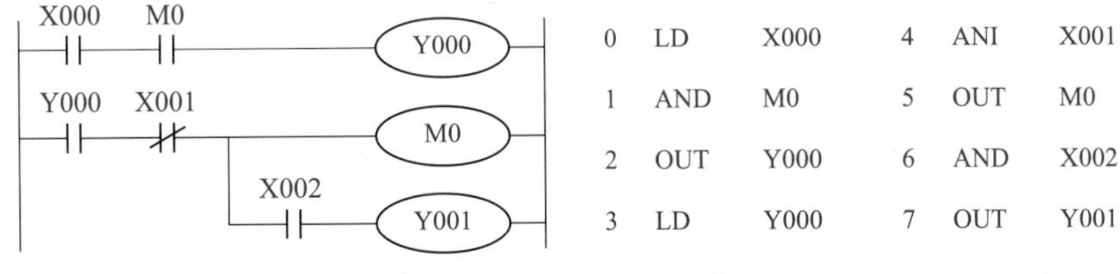

图2-21 AND、ANI指令的使用说明

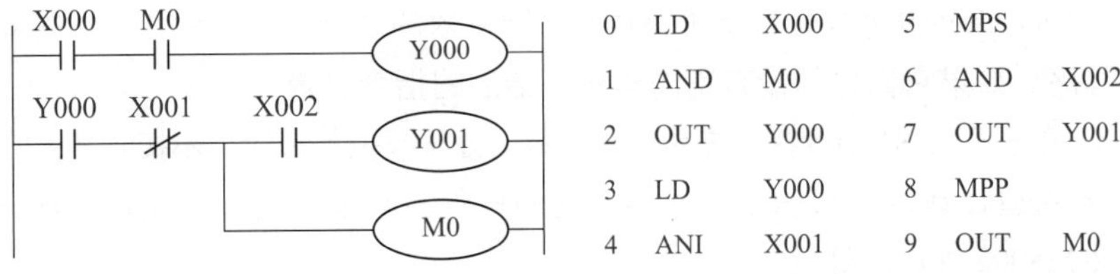

图2-22 AND和ANI指令应用

（3）OR与ORI指令

OR是单个常开触点（或电路块）并联连接的指令。ORI是单个常闭触点（或电路块）并联连接的指令。

OR、ORI指令的使用方法如图2-23所示。

指令说明：

① OR和ORI指令的对象器件是X、Y、M、T、C、S。

② 与LD、LDI指令触点并联的触点要使用OR和ORI指令，并联触点个数没有限制，但限于编程器的幅面限制，尽量做到24行以下。

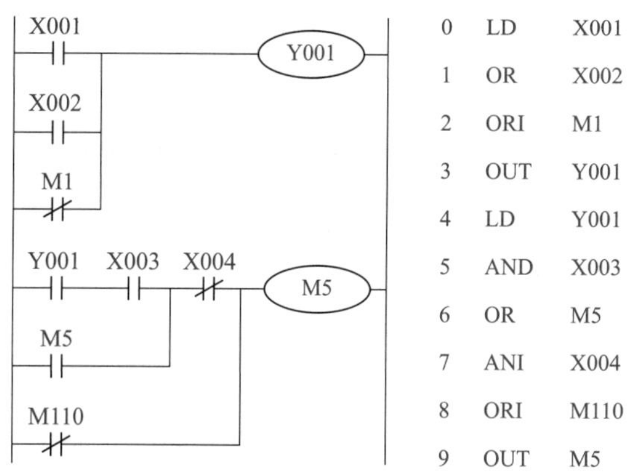

图2-23 OR与ORI指令的使用说明

（4）置位与复位指令

这里包括SET、RST两种指令，其中：SET是置位指令，使操作保持置1的指令；RST是复位指令，使操作保持置0的指令。

SET与RST指令的使用方法如图2-24和图2-25所示。

在图2-24中X000的常开触点接通，Y000变为ON并保持该状态，即使X000的常开触点断开，它也仍然保持ON状态。当X001的常开触点闭合时，Y000变为OFF并保持该状态，即使X001的常开触点断开，它也仍然保持OFF状态。

图2-25中X000的常开触点接通时，积算定时器T250复位，X003的常开触点接通时，计数器C210复位，当前值变为0。

指令说明：

① SET指令可用于Y、M和S。

② RST指令可用于Y、M、S、T、C、D、V和Z。

③ 对同一编程元件，可多次使用SET和RST指令。RST指令可将数据寄存器D、变址寄存器V、Z，的内容清零，RST指令还用于复位累积型定时器T246～T255和计数器。

④ SET、RST指令的功能与数字电路中R-S触发器的功能相似，SET与RST指令之间可以插入别的程序。如果它们之间没有别的程序，最后的指令有效。

⑤ 在任何情况下，RST指令都优先执行。计数器处于复位状态时，不接收输入的计数脉冲。

⑥ 如果不希望计数器和累积型定时器具有断电保持功能，可以在用户程序开始运行时用初始化脉冲M8002将它们复位。

⑦ 为保证程序的可靠运行，SET与RST指令的驱动通常采用短脉冲信号。

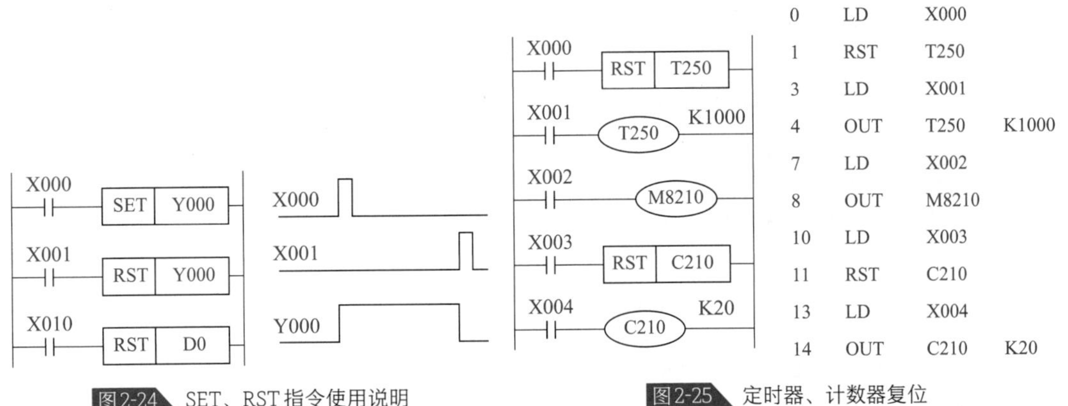

图2-24 SET、RST指令使用说明

图2-25 定时器、计数器复位

（5）取反指令

INV是取反指令。INV指令是将执行该指令之前的运算结果取反（运算结果为“0”，取反后将变“1”；运算结果为“1”，取反后将变“0”）。指令的使用如图2-26所示。

如果X001常开触点断开，则Y001线圈接通，如果X001常开触点接通，则Y001线圈断开。

（6）脉冲触点指令

这里包括LDP、LDF、ANDP、ANDF、ORP、ORF六个指令，其中：LDP、ANDP和ORP是用来作上升沿检测的触点指令，仅在指定元件的上升沿时使输出元件接通一个扫描周期；LDF、ANDF和ORF是用来作下降沿检测的触点指令，仅在指定元件的下降沿时使输出元件接通一个扫描周期。

上述指令可以用于X、Y、M、T、C和S。

指令的使用如图2-27所示。

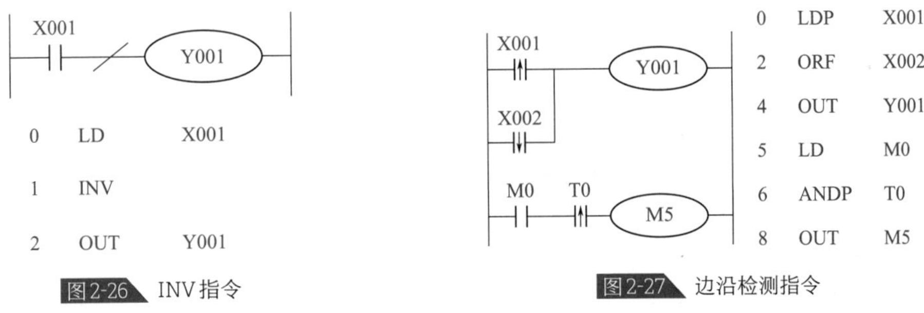

图2-26 INV指令

图2-27 边沿检测指令

在X001的上升沿或X002的下降沿，Y001接通一个扫描周期。

（7）块操作指令

① ORB指令　ORB是串联电路块的并联连接指令。

两个或两个以上的触点串联连接而成的电路称为“串联电路块”，串联电路块并联连接时用ORB指令。

ORB指令的使用方法如图2-28所示。

指令说明：

a. ORB指令用于将串联电路块并联连接，在使用ORB指令之前，应先完成串联电路块的内部连接。

b. ORB指令不带器件号，是没有对象器件的一条独立指令，它相当于触点间的一段垂直连线。

c. 每个串联电路块的起点都要用LD或LDI指令，电路块的后面用ORB指令。

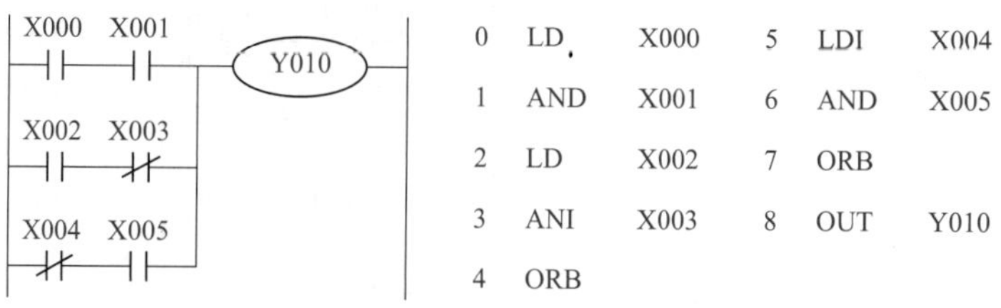

图2-28 ORB指令使用说明

② ANB指令　ANB是并联电路块的串联连接指令。

两个或两个以上的触点并联的电路称为“并联电路块”，将并联电路块串联连接时用ANB指令。

ANB指令的使用方法如图2-29所示。

指令说明：

a. ANB指令将并联电路块与前面的电路串联，在使用ANB指令之前，应先完成并联电路块的内部连接。

b. 并联电路块中各支路的起始触点使用LD或LDI指令。

c. ANB指令不带器件号，是没有对象器件的一条独立指令，相当于两个电路块之间的串联连线，该点也可以视为它右边的并联电路块的LD点。

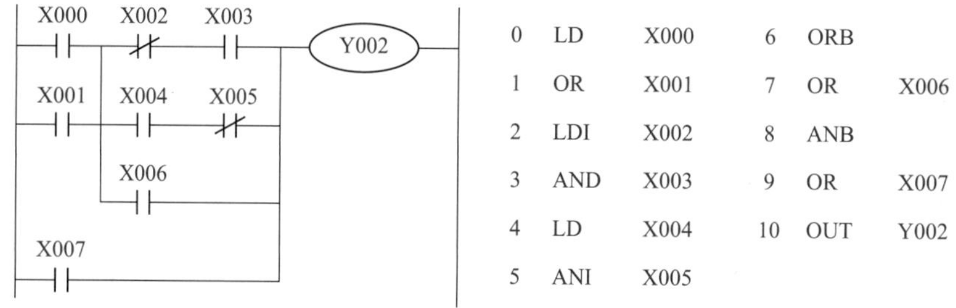

图2-29 ANB指令使用说明

（8）空操作指令

NOP是空操作指令。

NOP指令使该步序作空操作。编程过程中加入空操作指令，可以使修改或追加程序较为方便。

（9）程序结束指令

END是结束指令

END指令表示程序结束。在程序结束处写入END指令，则PLC只执行第一步至END之间的程序，END以后的程序不再执行，从而可以缩短扫描周期。若不写END指令，则PLC将从用户程序存储器的第一步执行到最后一步，使得扫描周期过长。

在调试和检查程序时，可以在各段程序之后插入END指令，分段调试每段程序，调试好以后再依次删去程序中间的END指令。

（10）堆栈指令

栈操作指令有MPS、MRD、MPP指令。

MPS、MRD和MPP指令分别是进栈、读栈和出栈指令，它们用于多重输出电路。MPS、MRD、MPP指令的使用方法如图2-30和图2-31所示。

指令说明：

① FX系列有11个存储中间运算结果的栈存储器。使用一次MPS指令，当时的逻辑运算结果压入栈的第一层，栈中原来的数据依次向下一层推移。

② 使用MPP指令时，各层的数据向上移动一层，最上层的数据在读出后从栈内消失。

③ MRD用来读出堆栈最上层的数据，栈内的数据不会上移或下移。

④ MPS、MRD、MPP指令都是不带器件号，没有对象器件的独立指令。

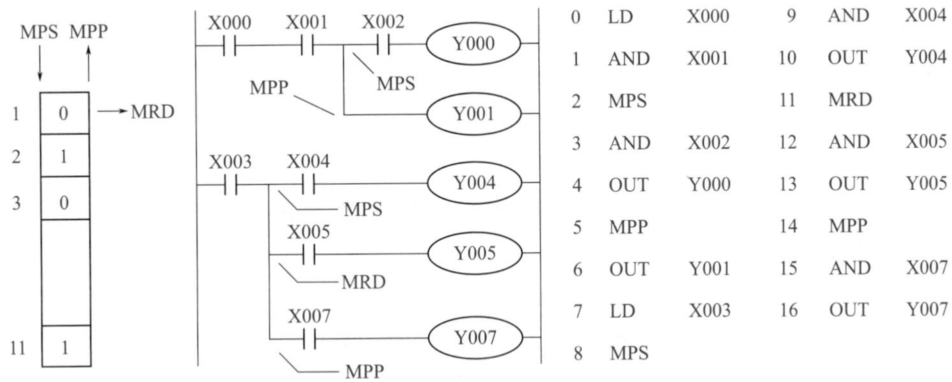

图2-30 堆栈操作指令使用说明

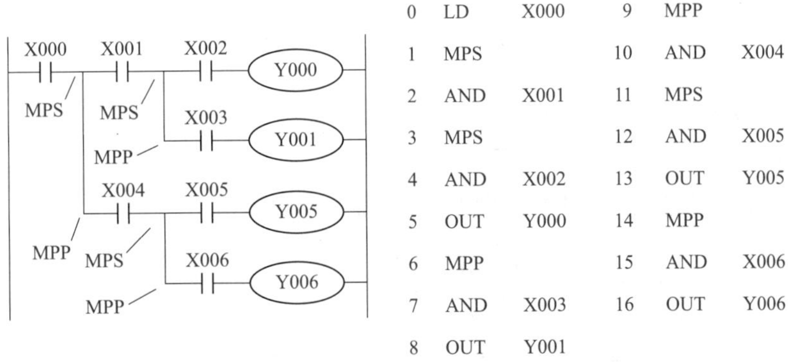

图2-31 二层堆栈操作指令使用说明

（11）主控指令

这里包括MC、MCR两种指令，其中：MC是主控指令，或公共触点串联连接指令；MCR是主控指令MC的复位指令。

MC、MCR指令的使用方法如图2-32所示。

图2-32中X000的常开触点接通时，执行从MC到MCR的指令。MC指令的输入触点断开时，积算定时器、计数器、用复位／置位指令驱动的软元件保持其当时的状态。非积算定时器和用OUT指令驱动的元件变为OFF。

指令说明：

① 在编程时，经常会遇到许多线圈同时受一个或一组触点控制的情况，如果在每个线圈的控制电路中都串入同样的触点，将占用很多存储单元，主控指令可以解决这一问题。它

在梯形图中与一般的触点垂直。

② 使用主控指令的触点称为主控触点，主控触点是控制一组电路的总开关。

③ MC指令对象器件为输出继电器Y和辅助继电器M。

④ 与主控触点相连的触点必须用LD或LDI指令，即使用MC指令后，母线移到主控触点的后面去了，MCR使母线（LD点）回到原来的位置。

⑤ 在MC指令区内再使用MC指令称为嵌套。在没有嵌套结构时，通常用N0编程，N0的使用次数没有限制。有嵌套结构时，嵌套级N的编号（0～7）顺序增大。

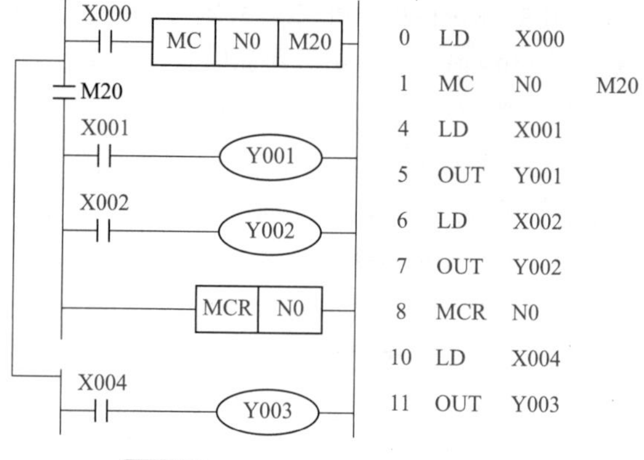

图2-32 MC、MCR指令的使用说明

（12）脉冲微分输出指令

脉冲微分输出指令包括PLS、PLF两个指令。PLS是上升沿微分输出指令。PLF是下降沿微分输出指令。

PLS与PLF指令的使用方法如图2-33所示。

图2-33中的M0仅在X000的常开触点由断开变为接通（即X000的上升沿）时的一个扫描周期内为ON，M1仅在X000的常开触点由接通变为断开（即X000的下降沿）时的一个扫描周期内为ON。

指令说明:

① 当驱动PLS指令的触点由断到通时，其相应的辅助继电器或输出继电器将接通一个扫描周期的时间。

② 当驱动PLF指令的触点由通到断时，其相应的辅助继电器或输出继电器将接通一个扫描周期的时间。

③ PLS和PLF指令只能用于输出继电器Y和辅助继电器M。

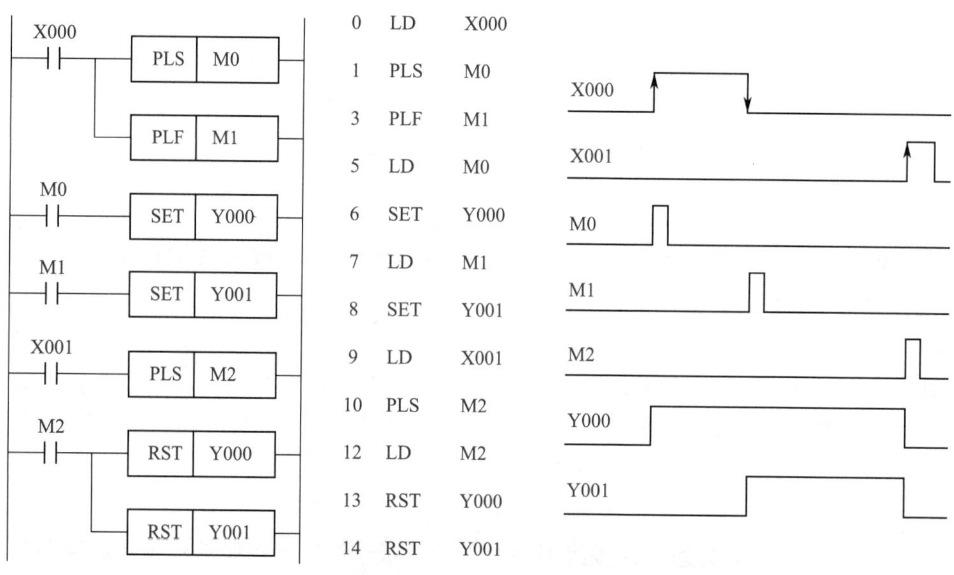

图2-33 PLS、PLF指令使用说明

定时器和计数器

2.4.1 定时器

定时器又称计时器，用于时间控制。根据设定时间值与当前时间值的比较，当所计时间达到设定值时，输出触点动作，即定时器只提供线圈“通电”后延时动作的触点。如果需要定时器提供瞬动触点，可以在定时器的线圈两端并联一个辅助继电器的线圈，并将该辅助继电器的触点作为定时器的瞬动触点。利用基于定时器的时钟脉冲，可计测到0.001 ～ 3276.7s。

时钟脉冲有1ms、10ms、100ms三种。定时器可以用用户程序储存器内的常数K作为设定值，也可以用数据寄存器（D）的内容作为设定值。

定时器（T）的地址号以十进制分配，如表2-11所示。

表2-11 定时器的地址号

项目	100ms普通型 0.1 ～ 3276.7s	10ms普通型 0.01 ～ 327.67s	1ms累积型 0.001 ～ 32.767s	100ms累积型 0.1 ～ 3276.7s
定时器	T0 ～ T199 200点 子程序用 T192 ～ T199	T200 ～ T245 46点	T246 ～ T249 4点 执行中断电池备用	T250 ～ T255 6点 电池备用

定时器的地址号范围如下:

① 100ms定时器T0 ～ T199，共200点，设定值为0.1 ～ 3276.7。

② 10ms定时器T200 ～ T245，共46点，设定值为0.01 ～ 327.67s。

③ 1ms累积型定时器T246 ～ T249，共4点，设定值为0.001 ～ 32.767s。

④ 100ms累积型定时器T250 ～ T255，共6点，设定值为0.1 ～ 3276.7s。

定时器分为通用型定时器和累积型定时器两种。

（1）通用型定时器

通用型定时器的工作原理如图2-34所示，如果定时器T0线圈的驱动输入X000接通，则T0的当前值计数器将100ms时钟脉冲相加计算，如果该值等于设定值K20，定时器的触点动作，常开触点闭合，常闭触点断开。即输出触点在线圈驱动2s后动作。驱动输入X000断开或停电，定时器复位，其常开触点断开，常闭触点闭合。

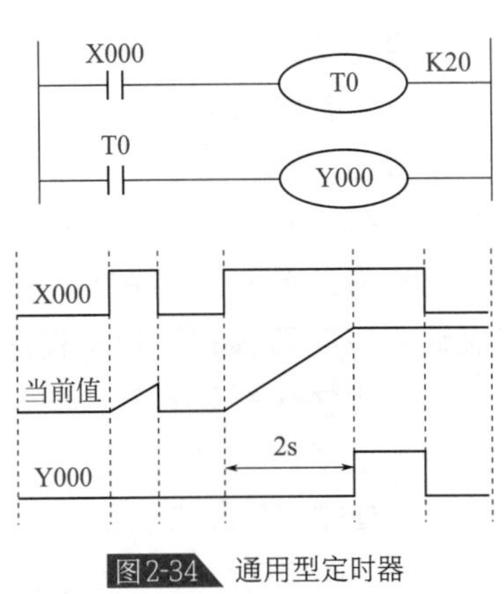

图2-34 通用型定时器

（2）累积型定时器

累积型定时器的工作原理如图2-35所示，如果定时器线圈T250的驱动输入X001接通，则T250用的当前值计数器将100ms时钟脉冲相加计算。如果该值等于设定值

K300（30s），则定时器的触点动作。在计算过程中，即使输入X001断开或停电，在再动作时，继续计算，其计算动作时间为30s。如果复位输入X002接通，定时器复位，输出触点复位。

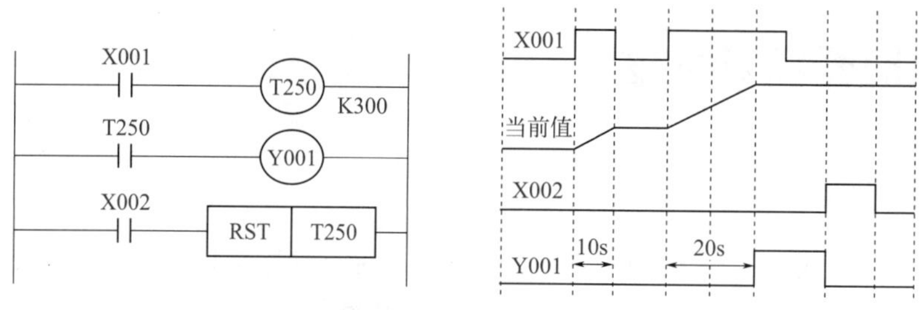

图2-35 累积型定时器

设定值的指定方法

① 指定常数（K） 如图2-36所示，T10是以100ms为单位的定时器，将常数设定为100，则定时器定时的时间为100×100ms=10s。

② 间接指定（D） 如图2-37所示，把常数100写入到数据寄存器D5中。再把D5设为定时器的设定值。定时器设定的时间为D5中的数乘以100ms，即为10s。

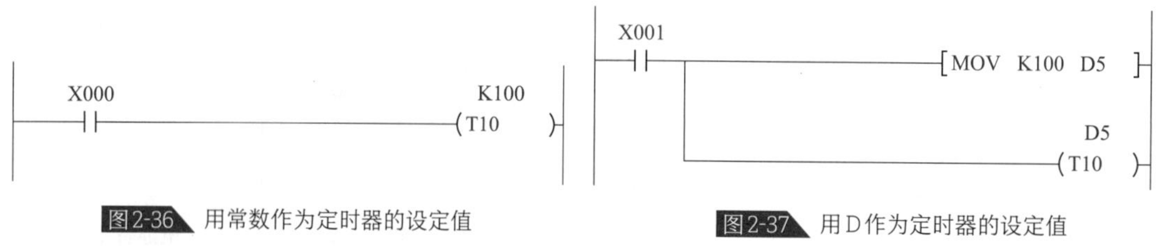

图2-36 用常数作为定时器的设定值

图2-37 用D作为定时器的设定值

定时器在子程序内使用的注意事项如下所述。

在子程序和中断程序中，请使用T192～T199定时器。这种定时器在使用线圈指令或执行END指令的时候进行计时，如果达到设定值，则在执行线圈指令或是执行END指令的时候输出触点动作。

由于一般通用的定时器，仅仅在执行线圈指令的时候进行计时，所以在某种特定情况下才执行线圈指令的子程序和中断程序中，如果使用通用定时器，计时就不能执行，不能正常动作。

在子程序和中断程序中，如果使用了1ms累积型定时器，当它达到设定值后，会在最初执行的线圈指令处输出触点动作。

（3）定时器的应用

① 子程序定时器 在子程序和中断子程序中，如果用到定时器，可使用T192～T199定时器，这种定时器在执行子程序或执行END指令的时候进行计时，如果计时达到设定值，也是在执行子程序或是执行END指令的时候，输出触点才动作。而一般通用定时器仅在执行子程序时才进行计时，如果不执行子程序则会停止计时。因此，如果子程序执行是有条件的，在子程序中使用非指定的定时器，则会发生计时的误差。另外，在子程序中，使用了1ms累积型定时器，则它到达设定值后，会在最初调用子程序指令处触点动作。

子程序定时器使用案例如图2-38所示。

```
0   X000                          [CALL  P0 ]
4   T0                            (Y000)
6   T192                          (Y001)
8                                 [FEND]
9   X001                          (T0    K100)
14  X002                          (T192  K100)
18                                [SRET]
19                                [END]
```

图2-38 子程序定时器使用案例

在程序中，如果X000接通，那么X001和X002同时接通，此时T0和T192启动计时，如果在计时的过程中断开X000，则会发现T0停止计时，而T192继续计时，甚至断开X002，T192仍然计时，与是否执行调用子程序指令和其驱动条件是否成立均无关。这样就保证了定时器执行时间的准确性。

在子程序中定时器的复位是执行子程序且其驱动条件断开时进行的，如果不再执行子程序，即使驱动条件断开，也不会进行复位。

② OFF延时定时器程序　OFF延时定时器程序的工作时序图如图2-39所示。当X001为ON时，Y000动作为ON，当X001断开为OFF时，Y000继续为ON，计时20s后断开为OFF。对应程序如图2-40所示。

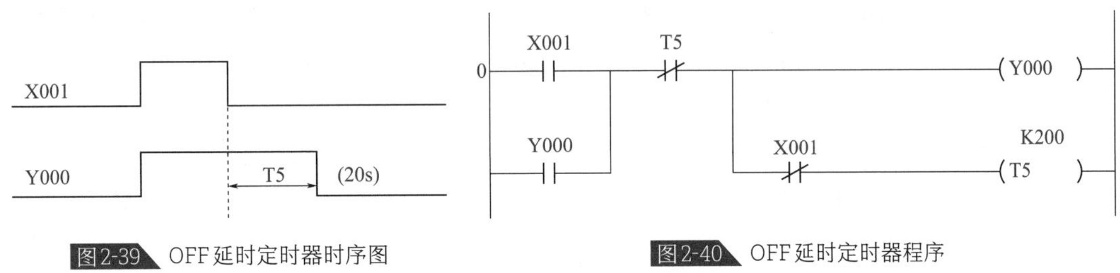

图2-39 OFF延时定时器时序图

图2-40 OFF延时定时器程序

③ 单稳态电路　单稳态电路如图2-41。

在数字电路中，有一种电路叫作单稳态电路，它的特点是在输入端被触发后，其输出会形成一个单脉冲。假设其脉宽为5s，那么输入信号X000接通的时间无论长于还是短于5s，均只输出一个脉冲波。甚至在5s内，X000多次抖动输入均只输出一个脉冲。单稳态电路常用在定时器和定时控制中。如图2-41所示，当X000的上升沿置位Y000时，M1接通一个扫描周期。而M1又启动定时器T10，定时时间到，其常闭触点使定时器T10复位，常开触点使Y000复位，这样，输出Y000的时间就是定时器T10的设定值，这期间无论X000在5s内动作几次都不会影响Y000的输出。

图2-41 单稳态电路定时器使用案例

④ 闪烁程序　如图2-42所示的闪烁动作时序图，当X001为ON时，Y000断开2s、接通1s，再断开2s、接通1s......依次循环闪烁。对应程序如图2-43所示。

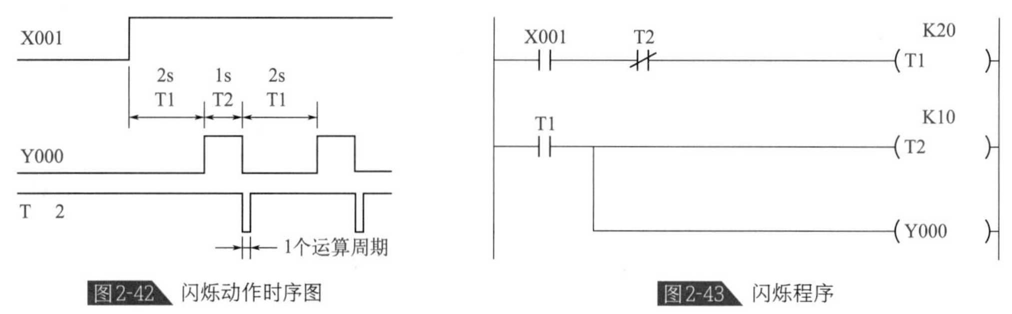

图2-42 闪烁动作时序图

图2-43 闪烁程序

2.4.2 计数器

计数器和继电控制系统中的计数器类似，它也是位元件和字元件的组合，其触点为位元件，其预置计数值和当前值为字元件。

计数器分为内部信号计数器和高速计数器两大类，每种都有普通用途和停电保持使用。内部信号计数器中16位计数器，只能增计数使用，计数范围1～32767。32位计数器可增/减计数使用，计数范围−2147483648～+2147483647。这些计数器供可编程控制器的内部信号使用，其响应速度通常为数十赫兹以下。

高速计数器为32位计数器，可以进行增/减计数，具有停电保持功能。计数范围为−2147483648～+2147483647，高速计数器可进行几千赫兹的计数，而与可编程控制器的运算无关。

普通计数器的地址号以十进制分配，如表2-12所示。

表2-12 计数器的地址号

项目	16位增计数型计数器 1～32767		32位增/减计数型计数器 −2147483648～+2147483647	
	普通用途	停电保持用	普通用途	停电保持用
计数器	C0～C99 100点	C100～C199 100点	C200～C219 20点	C220～C234 15点

（1）内部计数器

① 16位增计数器　16位增计数器可以对输入的脉冲信号进行累加计数，其计数终值的

设定通常用十进制常数K，也可以通过数据寄存器D间接设定。工作情况如图2-44所示计数器。X001驱动C0线圈，每接通一次，C0的当前值加1，当前值加到设定值10时，计数器触点动作，常开触点闭合，常闭触点断开，以后即使驱动输入X001再动作，计数器的当前值和触点状态不再变化，只有在计数器的复位驱动X000常开触点接通时，计数器C0才复位，这时其常开触点断开，常闭触点闭合，当前值被置为0。

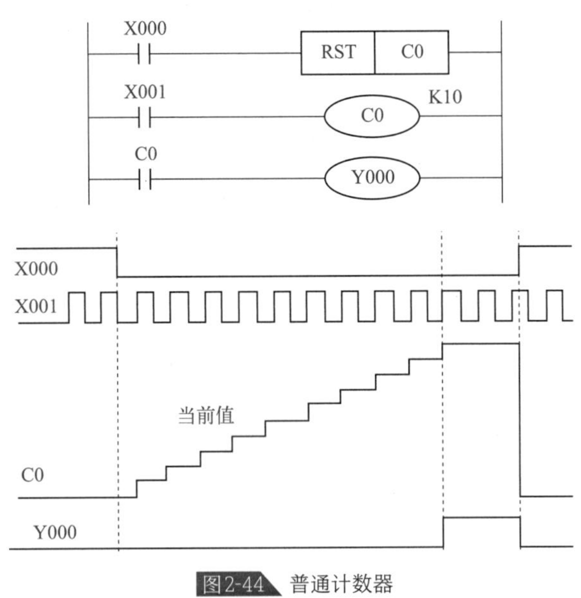

图2-44 普通计数器

② 32位增/减计数型计数器　32位增/减计数型计数器C200～C234可以递增计数，也可以递减计数，计数方向由特殊辅助继电器M8200～M8234设定，对应的特殊辅助继电器线圈接通时为递减计数，否则为递增计数。工作情况如图2-45所示，图中C200的设定值为9，递增计数时，若计数器的当前值由8变为9，则计数器C200的触点动作，常开触点闭合，常闭触点断开，当前值≥9时，触点仍然保持动作后的状态。递减计数时，若计数器的当前值由9变为8，则计数器C200的触点动作，当前值≤8时，触点仍然保持动作后的状态。C200的复位输入X013的常开触点接通时，C200复位。

（2）高速计数器

高速计数器共有21点，地址号以十进制分配，编号为C235～C255。高速计数器采用中断的方法输入，外部计数信号输入端、启动信号输入端及复位信号输入端为X000～X007。

高速计数器是以中断方式对机外高频信号计数的计数装置。高速计数器与普通计数器的主要差别在于以下几点：

a. 对外部信号计数，工作在中断方式；

b. 计数范围较大、计数频率较高；

c. 工作设置较灵活；

d. 具有专用的工作指令。

① 高速计数器简介　FX2N PLC中C235～C255为高速计数器。它们共同用一个PLC输入端上的6个高速计数器输入端口（X000～X005）。使用某个高速计数器

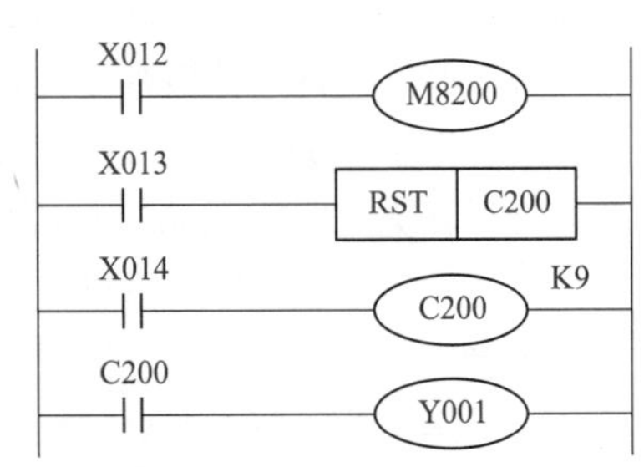

图2-45 32位增/减计数型计数器

可能要同时使用多个输入端口，而这些输入端口又不可能被多个高速计数器重复使用，实际工作中最多只能有6个高速计数器同时工作。这样设置的目的是使高速计数器有多种工作方式，方便在各种控制下的工程中选用。

高速计数器分为:

a. 1相无启动/复位单输入高速计数器C235 ～ C240;

b. 1相带启动/复位单输入高速计数器C241 ～ C245;

c. 1相2计数输入双向计数器C246 ～ C250;

d. 2相双计数输入型C251 ～ C255。

表2-13给出了它们和各输入端之间的对应关系。由表可以看出，X006、X007也可参与高速计数工作，但只能作为启动信号的输入而不能用于计数脉冲的输入。

上述高速计数器具有停电保持功能，但也可以利用参数设定变为非停电保持型。当不作为高速计数器使用时，也可作为32位数据寄存器使用。

表2-13 FX2N PLC可编程控制器的高速计数器分类一览表

中断输入	1相无启动/复位单输入						1相带启动/复位单输入					1相2计数输入					2相双计数输入				
	C235	C236	C237	C238	C239	C240	C241	C242	C243	C244	C245	C246	C247	C248	C249	C250	C251	C252	C253	C254	C255
X000	U/D						U/D			U/D		U	U		U		A	A		A	
X001		U/D					R			R		D	D		D		B	B		B	
X002			U/D					U/D			U/D		R		R			R		R	
X003				U/D				R			R			U		U			A		A
X004					U/D				U/D					D		D			B		B
X005						U/D			R					R		R			R		R
X006										S					S					S	
X007											S					S					S

② 高速计数器的使用方法

a. 1相无启动/复位端子。1相无启动/复位端子高速计数器的编号是C235 ～ C240，共计6点。它们的计数方式及触点动作与普通32位计数器相同。其计数方向由对应的计数方向标志继电器M8235 ～ M8240决定。当作增计数时，计数值达到设定值，其触点动作并保持。作减计数时，到达计数值则复位。

1相无启动/复位端子高速计数器的梯形图和外部信号的连接如图2-46所示。由图可知，高速计数器为C235，X000为脉冲输入端，X010为程序安排的计数方向选择信号，M8235高电平时，为减计数，M8235低电平时，为增计数（若程序中无M8235相关驱动程序时，机器默认为增计数）。X011为复位信号，X011置1时，C235高速计数器复位。X012是C235的启动信号，是由程序设定的启动信号。Y010是高速计数器C235的控制对象。当C235的当前值大于等于设定值时，Y010置1，反之小于设定值时，Y010则置0。

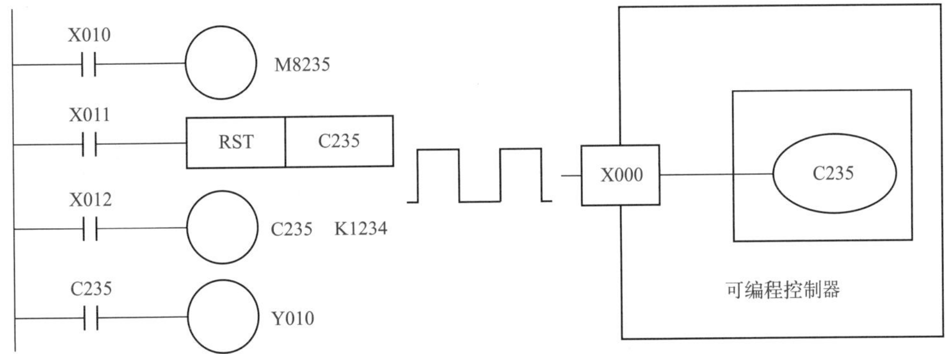

图2-46 1相无启动/复位端子高速计数器

b. 1相带启动/复位端子。1相带启动/复位端子高速计数器的编号是C241～C245，共计5点，图2-47是1相带启动/复位端子的高速计数器的梯形图和外部信号的连接。由图可知，高速计数器增加了外部启动、复位控制端子X007、X003。其他与1相无启动/复位端子的功能基本是一样的。在使用中应注意的是，X007端子上输入的外部控制启动信号只有在X015接通，计数器C245被选中时才有效。X003及X014两个复位信号则并行有效。

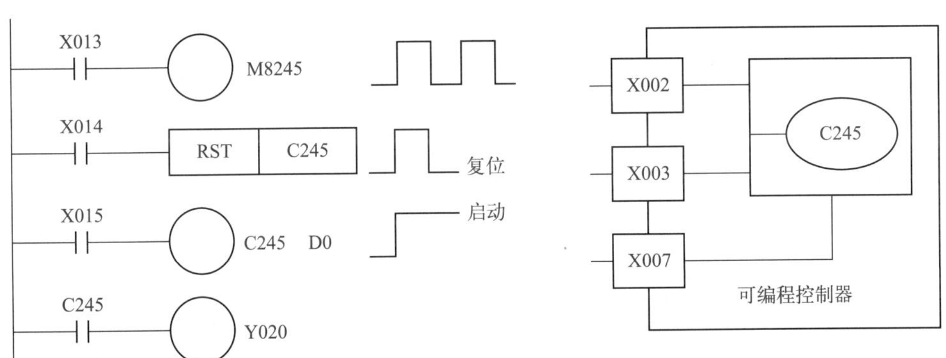

图2-47 1相带启动/复位端子高速计数器

c. 1相2计数输入。1相2计数输入型高速计数器（1相双输入型高速计数器）的编号是C246～C250，共计5点。这些计数器有两个输入端，一个输入端专门用于增计数信号输入，而另一个输入端专门用于减计数信号输入。

图2-48是1相双输入型高速计数器指令的梯形图和外部信号的连接情况。由图可知，该计数器有两个外部信号计数输入端，一个是输入增计数脉冲端子X000，另一个是输入减计数脉冲端子X001。在计数器的线圈接通后，X000的上升沿使得计数器的当前值加1，X001的上升沿使得计数器的当前值减1。C246是通过程序控制启动/复位的，如图2-48（a）所示。C250是带有外启动/复位的，如图2-48（b）所示。它们的工作情况和1相带启动/复位端子计数器的相应端子相同。

d. 2相双计数输入。2相双计数输入型高速计数器的编号是C251～C255，共计5点，它们有两个计数输入端，有的计数器还有复位和启动输入端。其梯形图与外部信号的连接如图2-49所示。2相双计数输入型高速计数器的两个脉冲信号输入端是同时工作的，外部信号计数的控制方向由2相脉冲信号间的相位决定。如图2-49中的A、B脉冲信号所示。

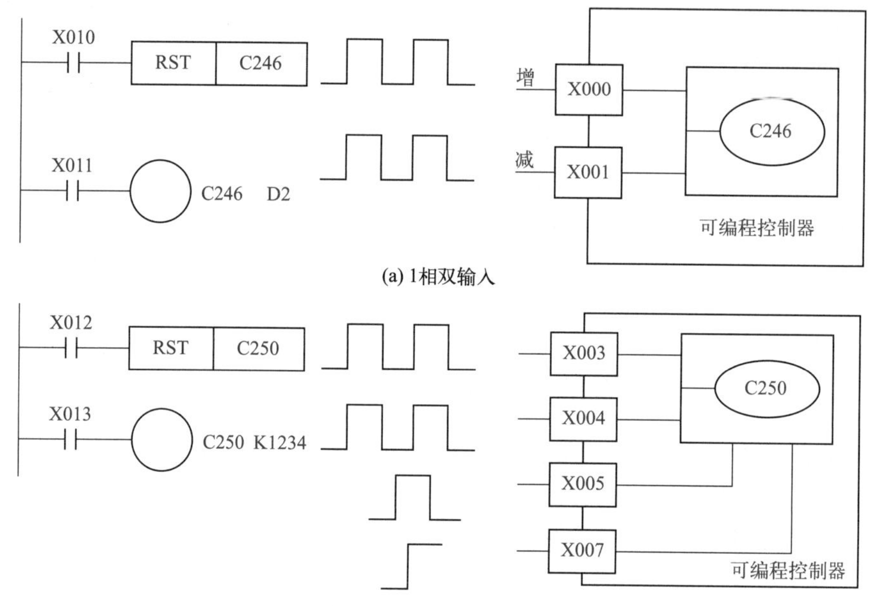

图2-48 1相双输入型高速计数器

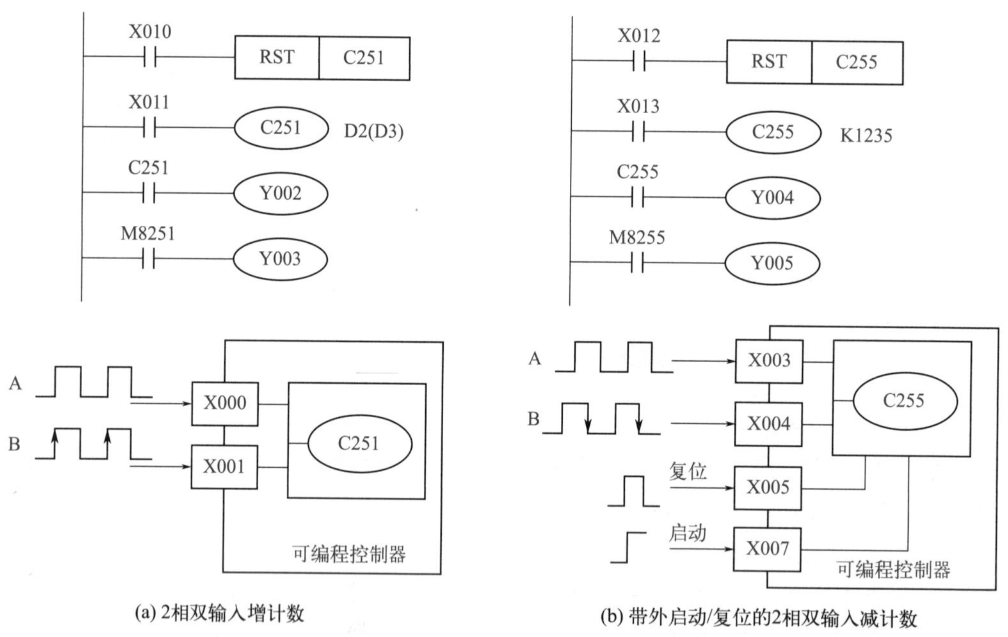

图2-49 2相双计数输入型高速计数器

由图2-49可知，当A相信号为高电平时，B相信号此期间产生上升沿脉冲为增计数。反之，B相信号此期间产生下降沿脉冲为减计数。其他功能与1相2输入型相同。

由图2-49可知，带有外计数方向控制端的高速计数器也配有编号相对应的特殊辅助继电器，只是在这里它们没有控制功能，而只有指示功能了，特殊辅助继电器的状态随着计数方向的变化而变化。

高速计数器设定值的设定方法和普通计数器相同，也有直接设定和间接设定两种，也可使用传送指令修改高速计数器的设定值及当前值。

（3）计数器的应用

图2-50所示的梯形图中，Y0控制一盏灯，请分析：当输入X11接通10次时，灯的明暗状况如何？若当输入X11接通10次后，再将X11接通，灯的明暗状况如何？

分析：当输入X11接通10次时，C0的常开触点闭合，灯亮。若当输入X11接通10次后，灯先亮，再将X11接通，灯灭。

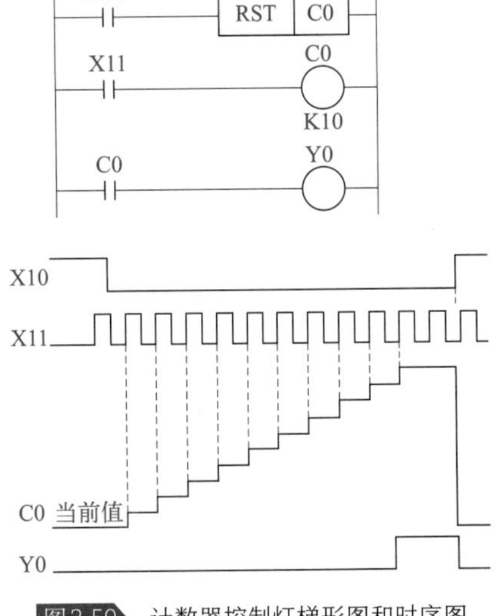

图2-50 计数器控制灯梯形图和时序图

2.5 基本指令的应用

2.5.1 定时器控制电路

三菱FX系列PLC的定时器为通电延时定时器，其工作原理是：定时器线圈通电后，开始延时，待定时时间到，触点动作；在定时器的线圈断电时，定时器的触点瞬时复位。但是在实际应用中，我们常遇到如断电延时、限时控制、长延时等控制要求，这些都可以通过程序设计来实现。

（1）长时间延时控制

在FX系列PLC中，定时器的定时时间是有限的，最长为3276.7s，不足1h。要想获得较长时间的定时，可用两个或两个以上的定时器串级实现，或将定时器与计数器配合使用，也可以通过计数器与时钟脉冲配合使用来实现。

① 定时器串级使用的长时间延时控制　定时器串级使用时，其总的定时时间为各个定时器设定时间之和。图2-51是用三个定时器完成1.5h的定时，定时时间到，Y0得电。

工作原理分析如下：

当按下启动按钮，X0接通，线圈M0得电并自锁，其常开触点闭合自锁，定时器T0开始定时，1800s后常开触点T0闭合，定时器T1开始定时，1800s后常开触点T1闭合，定时器T2开始定时，1800s后常开触点T2闭合，线圈Y0接通。从X0接通到Y0接通总共延时时间=1800s+1800s+1800s=5400s=1.5h。若在线圈M0之前接一个常闭开关X1作为停止按钮，当按下停止按钮时，X1断开，线圈M0失电，T0、T1复位，Y0无输出。

② 定时器和计数器组合使用的长时间延时控制　将定时器和计数器连接来实现长延时，其本质是形成一个等效倍乘定时器。图2-52就是用一个定时器和计数器组合使用完成1h的定时。

工作原理分析如下：

当X0接通时，M0得电并自锁，定时器T0依靠自身复位产生一个周期为100s的脉冲序列，作为计数器C0的计数脉冲。当计数器计满36个脉冲后，其常开触点闭合，使输出Y0接通。从X0接通到Y0接通，延时时间为100s×36=3600s，即1h。

（2）限时控制

在实际工程中，常遇到将负载的工作时间限制在规定时间内的控制。如图2-53所示的程序，它所实现的控制功能是：控制负载的最长工作时间为10s。

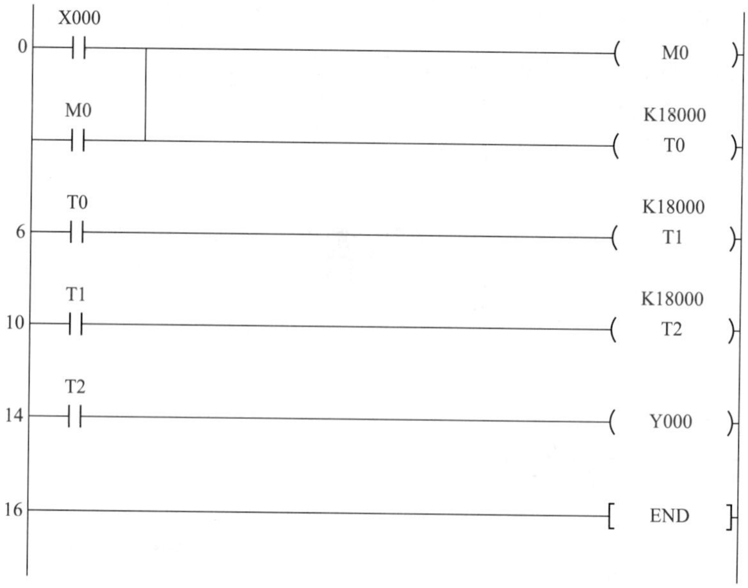

图2-51 定时器串级使用的长时间延时控制程序

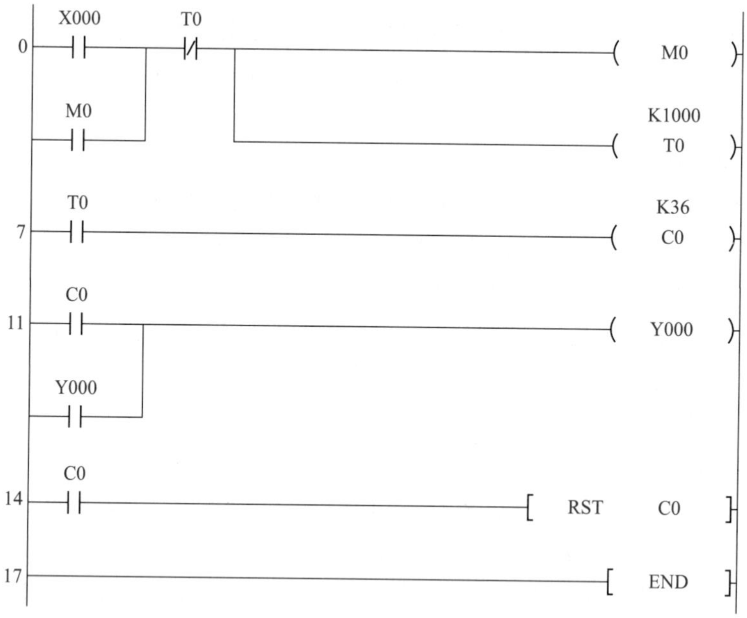

图2-52 定时器和计数器组合使用的控制程序图

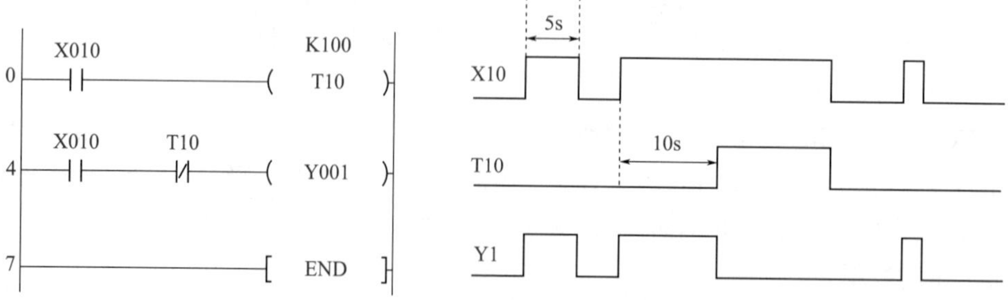

(a) 梯形图

(b) 时序图

图2-53 控制负载的最长工作时间程序图及时序图

（3）通电延时控制

通电延时控制程序如图2-54所示。它所实现的控制功能是延时接通控制，X1接通5s后，Y0才有输出。工作原理分析如下：

当按下启动按钮X1时，辅助继电器M0的线圈接通，其常开触点闭合自锁，可以使定时器T0的线圈一直保持得电状态。T0的线圈接通5s后，T0的当前值与设定值相等，T0的常开触点闭合，输出继电器Y0的线圈接通。当按下停止按钮X2时，辅助继电器M0的线圈断开，定时器T0被复位，其常开触点断开，使输出继电器Y0的线圈断开。

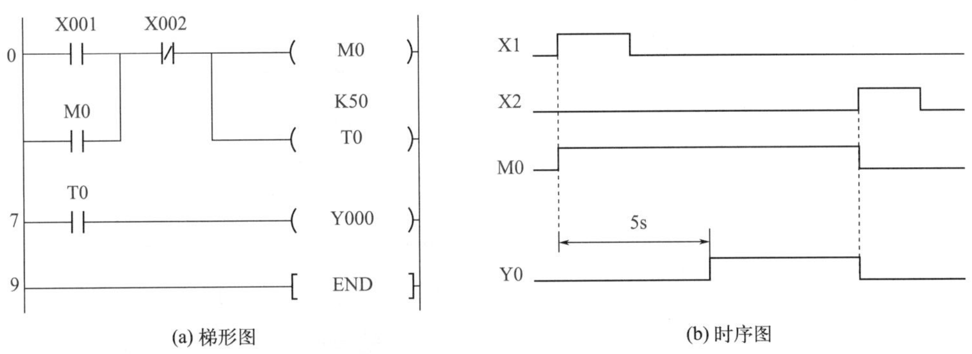

图2-54 通电延时控制程序图及时序图

（4）断电延时控制

断电延时控制程序如图2-55所示。它所实现的控制功能是延时断开控制，当输入信接通时，立即有输出信号，而当输入信号断开时，输出信号要延时一段时间后再停止。

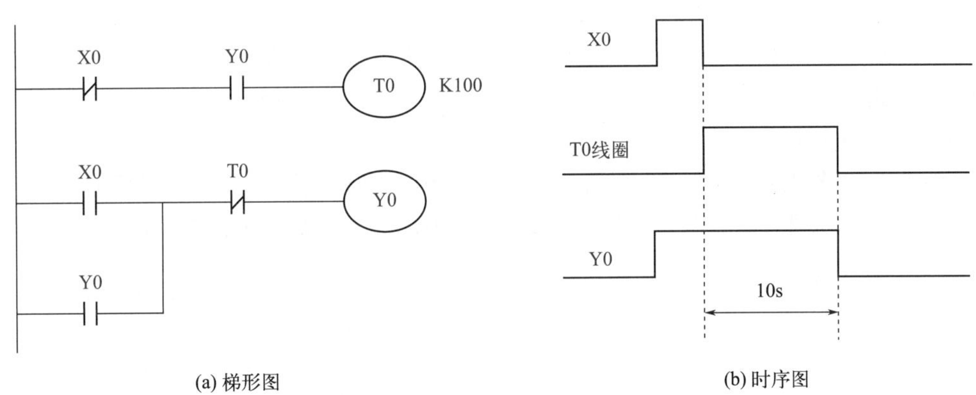

图2-55 断电延时控制程序图及时序图

工作原理分析如下：

当按下启动按钮，常开触点X0接通，线圈Y0立即输出并自锁；当松开启动按钮后，定时器T0开始定时，延时10s后，线圈Y0断开，且T0复位。

如图2-56所示也可实现断电延时控制。其工作原理同上。

（5）通电/断电延时控制

通电/断电延时控制程序如图2-57所示。它所实现的控制功能是延时接通/断开控制，当输入信号接通时，延时一段时间后输出信号才接通，而当输入信号断开时，要延时一段时间后输出信号才断开。

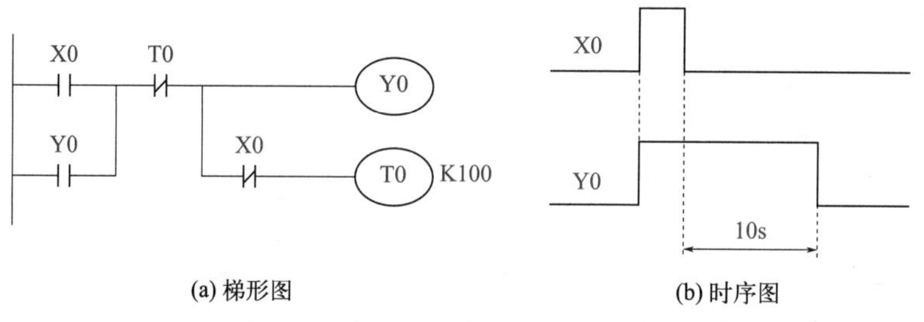

图2-56 另一种断电延时控制程序图及时序图

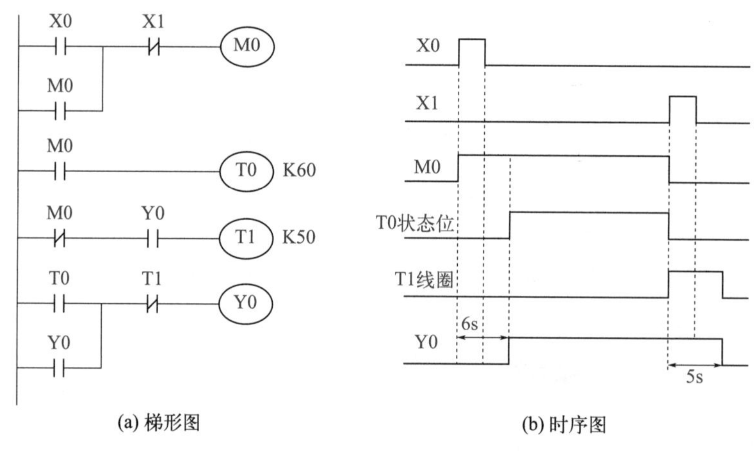

图2-57 通电/断电延时控制程序图及时序图

工作原理分析如下：

当按下启动按钮，常开触点X0接通，线圈M0得电并自锁，其常开触点闭合，定时器T0开始定时，6s后常开触点T0闭合，线圈Y0接通；当按下停止按钮，X1断开，线圈M0失电，定时器T0复位，与此同时，T1开始定时，5s后定时器常闭触点T1断开，致使线圈Y0断电，T1也被复位。

（6）脉冲发生电路

脉冲发生电路是应用广泛的一种控制电路，它的构成形式很多，具体如下所述。

① 顺序脉冲发生电路　三个定时器构成的顺序脉冲发生电路，如图2-58所示。

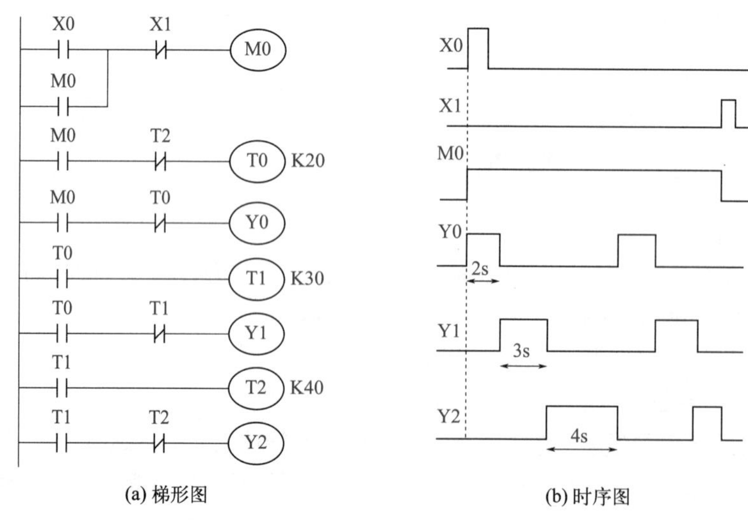

图2-58 三个定时器构成的顺序脉冲发生电路程序图及时序图

第2章

工作原理分析如下：

当按下启动按钮时，X0闭合，线圈M0接通并自锁，M0的常开触点闭合，T0开始定时，同时Y0接通；T0定时2s时间到，其常闭触点断开，Y0断电；T0常开触点闭合，T1开始定时，同时Y1接通；T1定时，3s后定时时间到，其常闭触点断开，Y1断电；T1常开触点闭合，T2开始定时，同时Y2接通；T2定时，4s后定时时间到，其常闭触点断开，Y2断电；若M0线圈一直接通，该电路会重新开始产生顺序脉冲，直到按下停止按钮，常闭触点X1断开，M0失电，定时器复位，线圈Y0、Y1和Y2全部断开。

② 单个定时器构成的脉冲发生电路　单个定时器构成的脉冲发生电路，如图2-59所示。

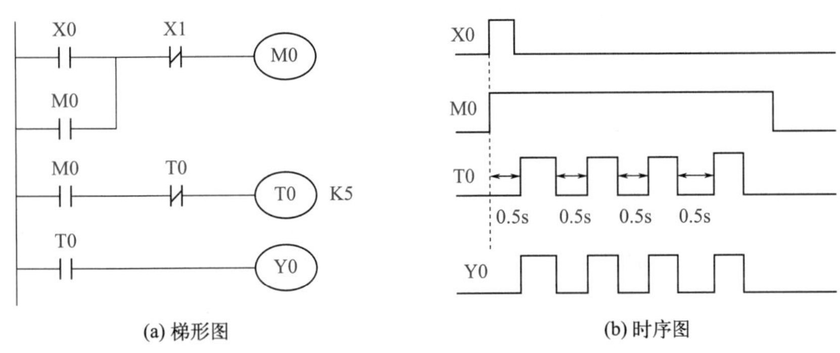

图2-59　单个定时器构成的脉冲发生电路程序图及时序图

工作原理分析如下：

单个定时器构成的脉冲发生电路的脉冲周期可调，通过改变T0的设定值，从而改变延时时间，进而改变脉冲的发生周期。当按下启动按钮时，X0闭合，线圈M0接通并自锁，M0的常开触点闭合，T0计时0.5s后，定时时间到，T0线圈得电，其常开触点闭合，Y0接通。T0常开触点接通的同时，其常闭触点断开，T0线圈断电，从而Y0断电，接着T0又从0开始计时，如此周而复始会产生间隔为0.5s的脉冲，直至按下停止按钮，才停止脉冲发生。

③ 多个定时器构成的脉冲发生电路　多个定时器构成的脉冲发生电路，如图2-60所示。

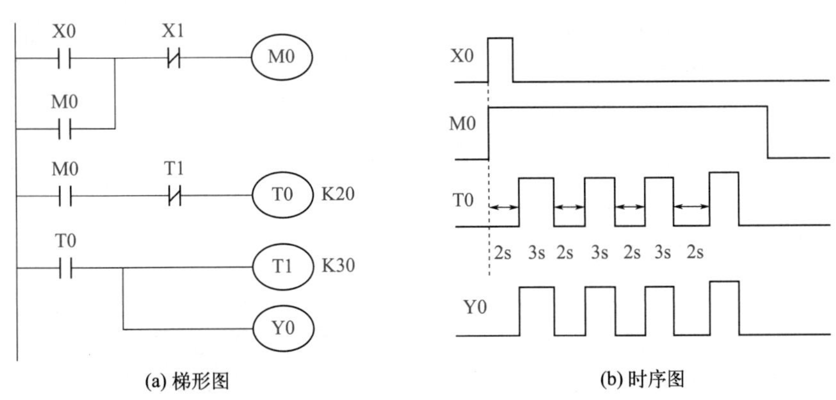

图2-60　多个定时器构成的脉冲发生电路程序图及时序图

工作原理分析如下：

当按下启动按钮时，X0闭合，线圈M0接通并自锁，M0的常开触点闭合，T0计时2s后，

T0定时时间到，其常开触点闭合，Y0接通。T0常开触点接通的同时，T1定时，3s后定时时间到，其常闭触点断开，T0线圈断电，其常开触点断开，从而Y0和T1断电，T1的常闭触点复位，T0又从0开始计时，如此周而复始会产生一个个脉冲。

2.5.2 三相交流异步电动机正反转联锁控制电路

三相交流异步电动机正反转联锁控制的主电路和继电器控制电路如图2-61（a）所示，其中KM1和KM2分别是控制电动机正转运行和反转运行的交流接触器。

通过KM1和KM2的主触点改变进入电动机的三相电源的相序，即可改变电动机的旋转方向。图2-61（a）中的FR是热继电器，在电动机过载时，它的常闭触点断开，使KM1或KM2的线圈断电，电动机停转。

本控制系统的输入元件有三个，分别为正转启动按钮SB1、反转启动按钮SB2、停止按钮SB3。在梯形图中，用两个起保停电路来分别控制电动机的正转和反转。输出元件有两个，分别为正转接触器KM1线圈、反转接触器KM2线圈。热继电器FR的触点也可以作为输入元件，但由于PLC的输入输出点造价较高，为了减少PLC的输入点，我们没有将热继电器FR的常闭触点作为一个单独输入。

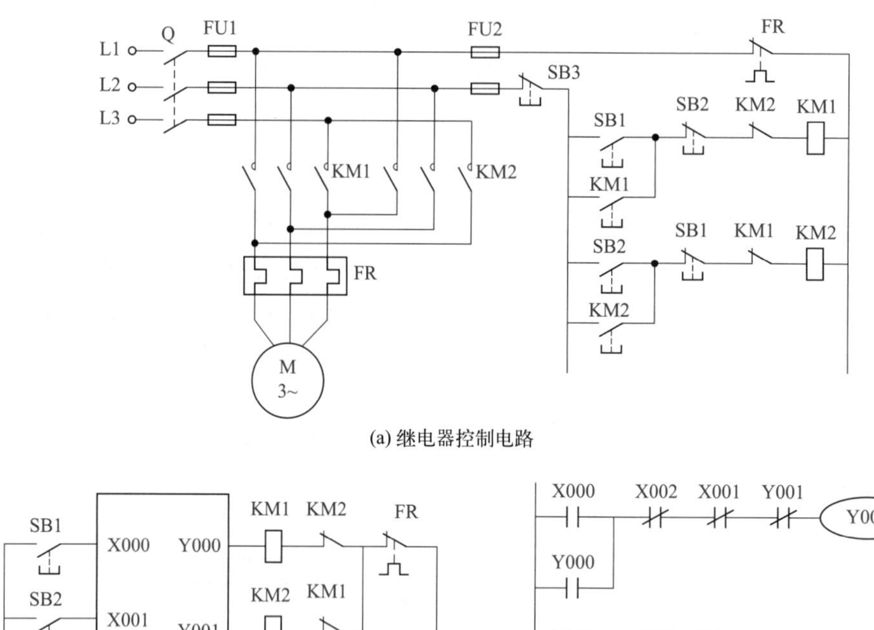

(a) 继电器控制电路

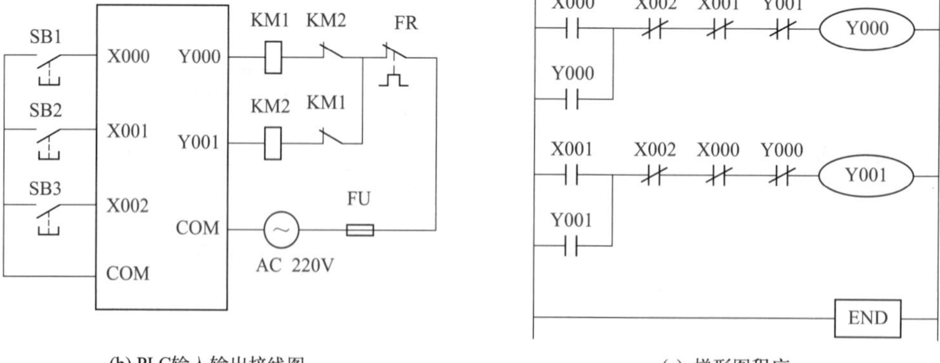

(b) PLC输入输出接线图

(c) 梯形图程序

图2-61 电动机连续正反转控制

PLC控制系统的I/O分配如表2-14所示。图2-61（b）是PLC控制系统的I/O接线图，即输入输出接线电路。图2-61（c）是PLC控制系统的梯形图程序。

表2-14 PLC控制系统的I/O分配表

输入元件	输入点	输出元件	输出点
正转启动按钮SB1	X000	正转接触器KM1线圈	Y000
反转启动按钮SB2	X001	反转接触器KM2线圈	Y001
停止按钮SB3	X002		

通常情况下，要求PLC输入端均接入常开触点，这时其梯形图程序与原有的继电器控制电路形式完全一致。例如本例中的停止按钮SB3，在继电器控制电路中为常闭触点，在PLC输入端接的却是常开触点。若PLC输入端的停止按钮SB3也接为常闭触点，则梯形图程序中与之对应的X003的触点就应改变为常开触点，从而使得梯形图程序的形式与常见的“启-保-停”电路的形式不一致。

在梯形图中，为了保证Y000和Y001线圈不会同时接通，我们在程序中设置了软件互锁，将它们的常闭触点分别与对方的线圈串联，因此KM1和KM2的线圈不会同时通电。

除此之外，为了进行电动机连续正反转运行的直接切换和保证Y000和Y001不会同时接通，在梯形图中还设置了“按钮联锁”，即将反转启动按钮控制的X001的常闭触点与控制正转的Y000的线圈串联，将正转启动按钮控制的X000的常闭触点与控制反转的Y001的线圈串联。设Y000接通，电动机正转，这时如果想改为反转运行，可以不按停止按钮SB3，直接按反转启动按钮SB2，X001变为ON，它的常闭触点断开，使Y000线圈“失电”，同时X001的常开触点接通，使Y001的线圈“得电”，电机由正转变为反转。

梯形图中的互锁和按钮联锁电路只能保证输出模块中与Y000和Y001对应的硬件继电器的常开触点不会同时接通，如果因主电路电流过大或接触器质量不好，某一接触器的主触点被断电时产生的电弧熔焊而被黏结，其线圈断电后主触点仍然是接通的，这时如果另一接触器的线圈通电，仍将造成三相电源短路事故。为了防止出现这种情况，应在可编程序控制器外部设置由KM1和KM2的辅助常闭触点组成的硬件互锁电路［见图2-42（b）］，假设KM1的主触点被电弧熔焊，这时它的与KM2线圈串联的辅助常闭触点处于断开状态，因此KM2的线圈不可能得电。

2.5.3 顺序控制电路

（1）控制要求

典型的PLC顺序控制电路是：有红、绿、黄三盏小灯，当按下启动按钮，三盏小灯每隔3s轮流点亮并循环，当按下停止按钮时，三盏小灯都熄灭。

（2）硬件电路设计

输入端直流电源由PLC内部提供，可直接将PLC电源端子接在开关上。交流电源由外部供给。

根据顺序控制电路的控制要求，系统需要红、绿、黄三个小灯，还需要一个启动按钮和一个停止按钮。所以，硬件方面需要的器件，除PLC主机外，还需配备三个小灯和两个按钮。

根据控制要求，对输入/输出进行I/O分配，如表2-15所示。

表2-15 顺序控制电路的I/O分配表

输入量		输出量	
启动按钮SB1	X0	红灯	Y0
停止按钮SB2	X1	绿灯	Y1
		黄灯	Y2

I/O接线图如图2-62所示。

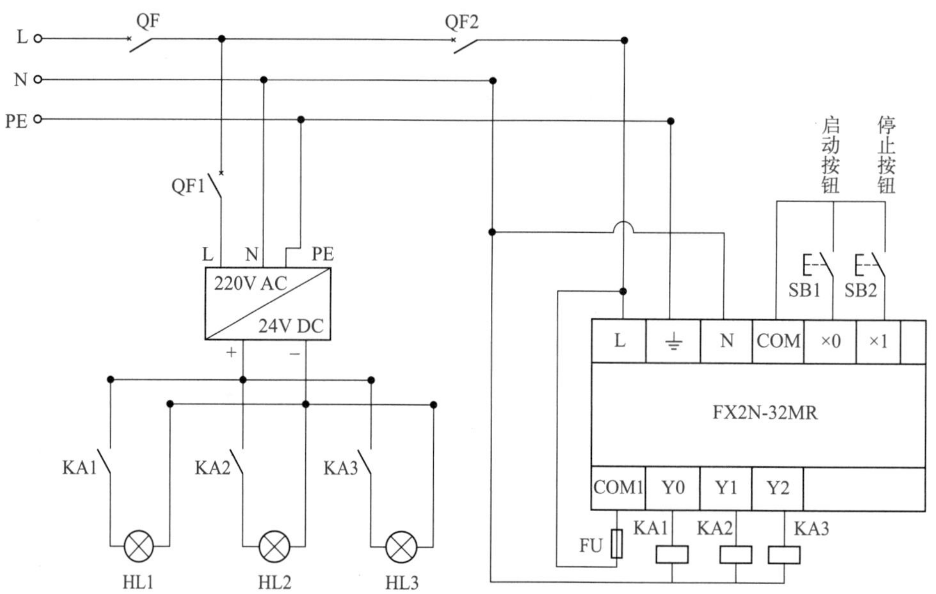

图2-62 顺序控制电路的I/O接线图

（3）绘制顺序功能图

小灯顺序控制有两种方案。

① 小灯顺序控制方案一，如图2-63所示。

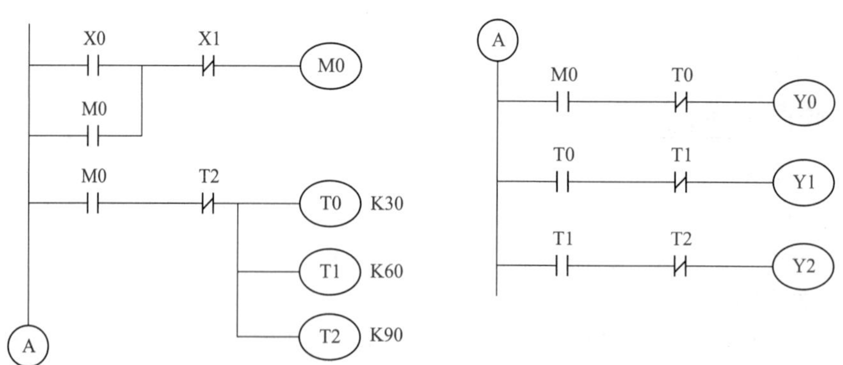

图2-63 小灯顺序控制程序方案一

工作原理分析如下：

当按下启动按钮时，X0的常开触点闭合，辅助继电器M0线圈得电自锁，M0的常开触点闭合，输出继电器线圈Y0得电，红灯亮；与此同时，定时器T0、T1和T2开始定时，当

T0定时时间到，其常闭触点断开，常开触点闭合，Y0断电、Y1得电，对应的红灯灭、绿灯亮；当T1定时时间到，Y1断电、Y2得电，对应的绿灯灭、黄灯亮；当T2定时时间到，其常闭触点断开，Y2失电且T0、T1和T2复位，接着定时器T0、T1和T2又开始新的一轮计时，红、绿、黄灯依次点亮往复循环；当按下停止按钮时，X1常闭触点断开，M0失电，其常开触点断开，定时器T0、T1和T2断电，三盏灯全熄灭。

② 小灯顺序控制方案二，如图2-64所示。

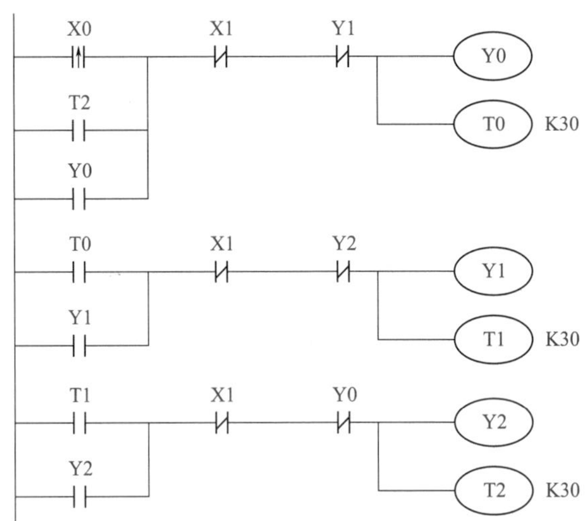

图2-64 小灯顺序控制程序方案二

工作原理分析如下：

当按下启动按钮时，X0的常开触点闭合，线圈Y0得电并自锁，且定时器T0开始定时，3s后定时时间到，其常开触点闭合，Y1得电且T1定时，Y1常闭触点断开，Y0失电；3s后T1定时时间到，Y2得电并自锁且T2定时，Y2常闭触点断开，Y1失电；3s后T2定时时间到，Y0得电并自锁且T0定时，Y0常闭触点断开，Y2失电；T0再次定时，重复上面的动作。

当按下停止按钮时，Y0、Y1和Y2断电。

2.5.4 三相交流异步电动机的星-角启动电路

三相交流异步电动机的星-角启动电路是一个很常用的电路。对于这种比较简单的控制电路在进行PLC编程时，其梯形图程序可以直接由原来的继电器电路转化而来，具体步骤如下：

a. 认真研究继电器控制电路及有关资料，深入理解控制要求；

b. 对继电器控制电路中用到的输入设备和输出负载进行分析、归纳；

c. 将归纳出的输入输出设备进行PLC控制的I/O编号设置，并画出PLC的I/O接线图即输入输出接线图。要特别注意对原继电器控制电路中作为输入设备的动断触点的处理；

d. 用PLC的软继电器符号和输入输出编号取代原继电器控制电路中的电气符号及设备编号；

e. 整理梯形图（注意避免因PLC的周期扫描工作方式可能引起的错误）。

三相交流异步电动机采用直接启动时，虽然控制线路结构简单、使用维护方便，但启动电流很大（约为正常工作电流的4～7倍），如果电源容量不比电动机容量大许多倍，则启动电流可能会明显地影响同一电网中其他电气设备的正常运行。因此，对于笼型异步电动机可采用星形（Y）-三角形（△）降压启动方法。

对于正常运行时电动机额定电压等于电源线电压，定子绕组为三角形连接方式的三相交流异步电动机，可以采用星形-三角形降压启动。它是指启动时，将电动机定子绕组接成星形，待电动机的转速上升到一定值后，再换接成三角形连接。这样，电动机启动时每相绕组的工作电压为正常时绕组电压的 $1/\sqrt{3}$，启动电流为三角形直接启动时的1/3。

自动控制星形-三角形降压启动线路如图2-65所示。

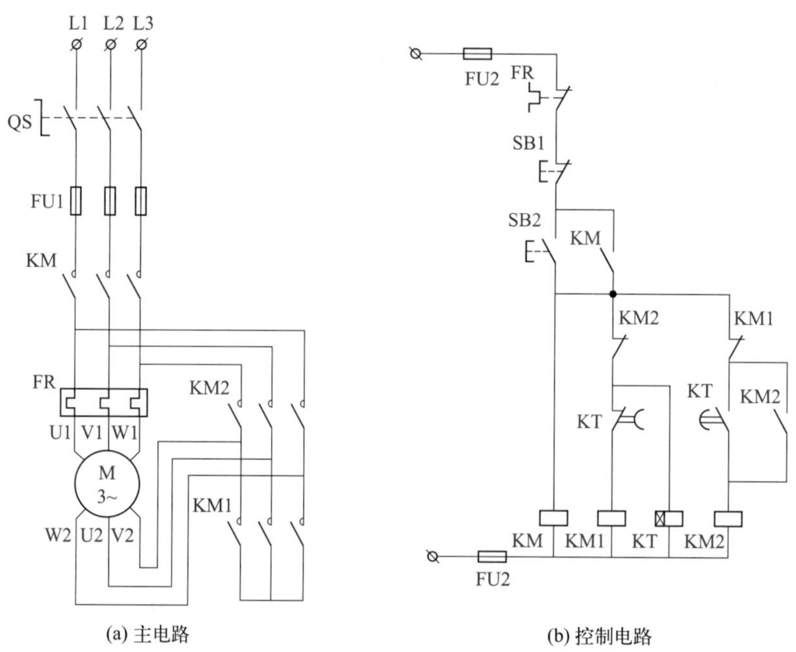

(a) 主电路　　(b) 控制电路

图2-65 自动控制星形-三角形降压启动线路

图2-65中使用了三个接触器KM、KM1、KM2和一个通电延时型的时间继电器KT，当接触器KM、KM1主触点闭合时，电动机M星形连接，当接触器KM、KM2主触点闭合时，电动机M三角形连接。

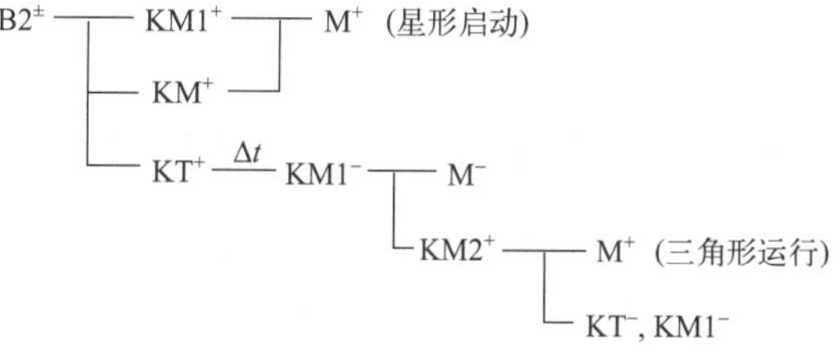

图2-66 线路动作原理

线路动作原理如图2-66所示。

（1）三相异步电动机Y-△启动电路PLC输入输出点分配

三相异步电动机Y-△启动电路PLC输入输出点分配表见表2-16。

表2-16 三相异步电动机Y-△启动电路PLC输入输出点分配表

输入信号			输出信号		
名称	代号	输入点编号	名称	代号	输出点编号
停止按钮	SB1	X0	电动机电源接通接触器	KM1	Y0
启动按钮	SB2	X1	定子绕组△接法接触器	KM2	Y1
热继电器	KR	X2	定子绕组Y接法接触器	KM3	Y2

（2）PLC与控制电路的接线

PLC与控制电路的接线图如图2-67所示。

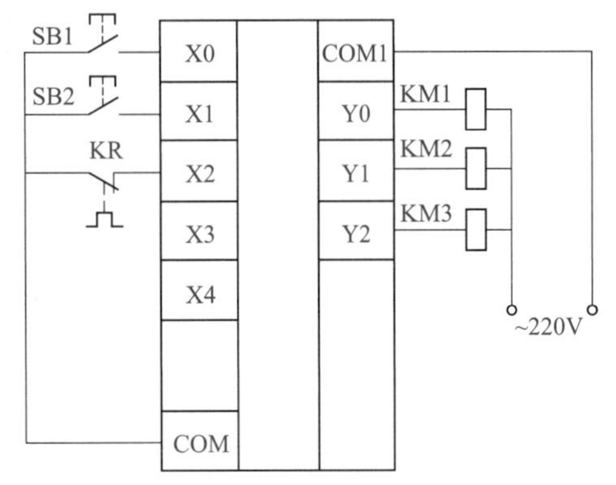

图2-67 三相异步电动机Y-△启动电路PLC控制接线图

（3）梯形图的设计

为了能够更多地了解各类指令的用法，本例中分别用串并联指令、栈操作指令和主控功能指令分别编写了三种梯形图，供同学们参考。

① 用串并联指令编写Y-△启动梯形图　梯形图如图2-68所示，分析原理如下：系统当按下启动按钮SB1时，X0的常开触点闭合，辅助继电器M0线圈接通，M0的常开触点闭合，Y0、Y1线圈接通，即接触器KM1、KM2的线圈通电，电动机以Y形启动；同时定时器T0开始计时，当启动时间达到T0设定时间t1时，T0的常闭触点断开，Y1断开，接触器KM2线圈断电；T0的常开触点闭合，定时器T1开始计时，经过T1设定时间t2延时后，Y2线圈接通，即接触器KM3线圈通电，电动机转接成△形联结。启动完毕，电动机以△形联结运转。定时器T1的作用是使主电路中KM2断开t2后KM3才闭合，避免电源短路。SB2为停止按钮，KR为热继电器，用于电动机过载保护。

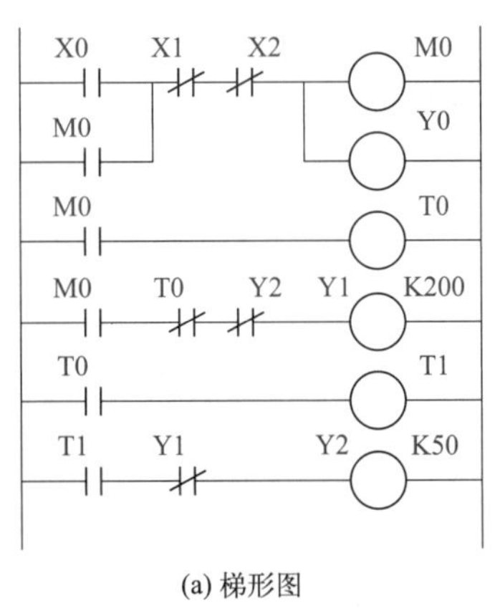

(a) 梯形图

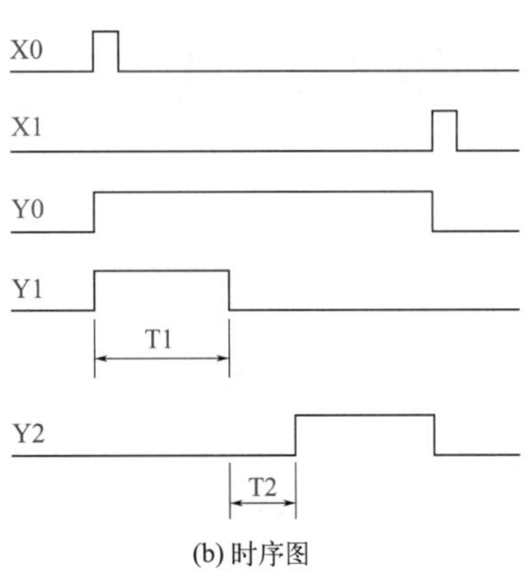

(b) 时序图

图2-68 用串并联指令编写的Y-△启动梯形图

② 用栈操作指令编写Y-△启动梯形图　梯形图如图2-69所示，动作原理自行分析。

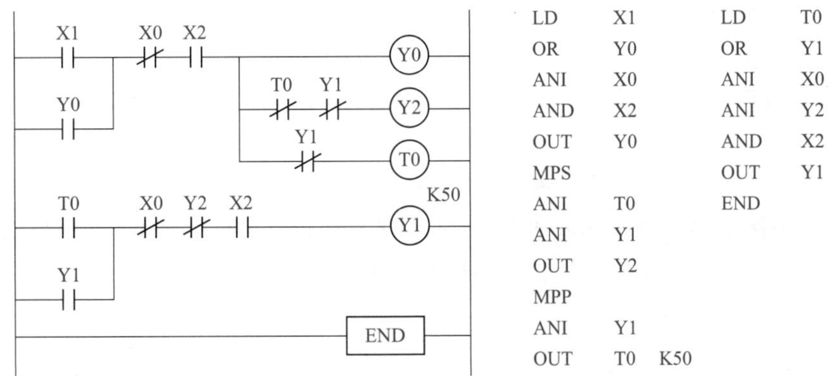

图2-69 用栈操作指令编写的Y-△启动梯形图

③ 用主控功能指令编写Y-△启动梯形图　梯形图如图2-70所示，动作原理自行分析。

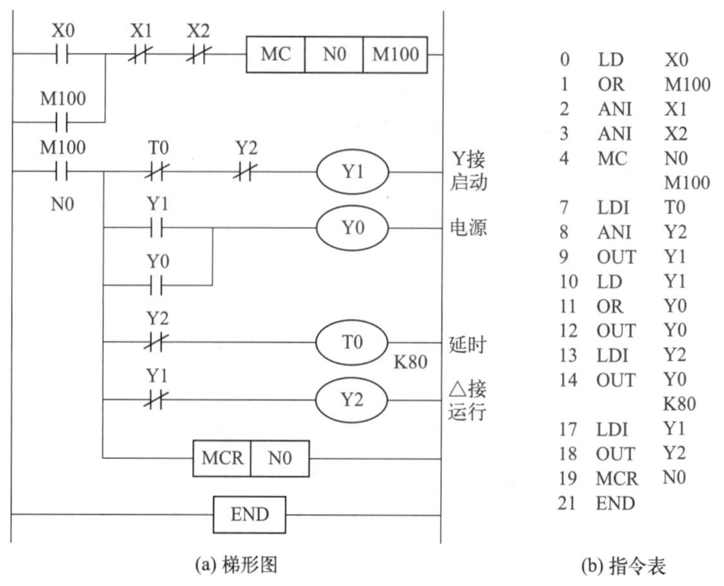

图2-70 用主控功能指令编写的Y-△启动梯形图

2.5.5 交通信号灯的PLC控制系统开发实例

（1）控制要求

交通灯PLC控制要求如下：

① 车道（东西方向）是绿灯时，人行道（南北方向）是红灯。

② 行人按下横穿按钮X0或X1后，30s内交通信号灯状态不变，车道是绿灯，人行道是红灯。30s以后车道为黄灯，再过10s以后变成车道为红灯。

③ 车道变为红灯后，再过5s人行道变为绿灯。15s以后，人行道绿灯闪烁，闪烁频率1Hz，闪烁次数5次后人行道变为红灯。再过5s后车道变为绿灯，并返回平时状态。

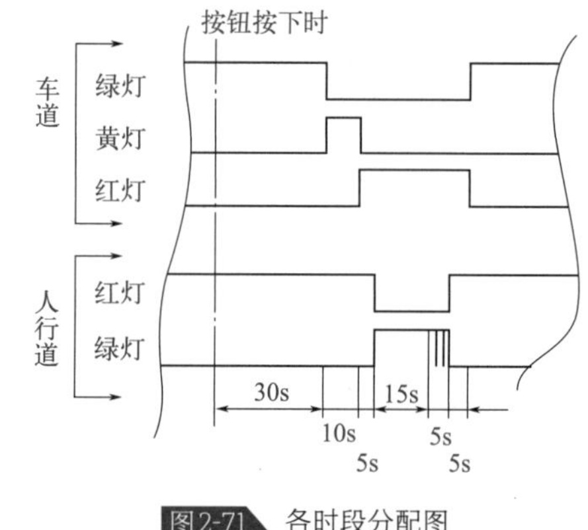

图2-71 各时段分配图

各段时间分配如图2-71所示。

（2）被控对象分布

按单流程编程，如果把东西方向和南北方向信号灯的动作视为一个顺序动作过程，其中每一个时序同时有两个输出，一个输出控制东西方向的信号灯，另一个输出控制南北方向的信号灯，这样就可以按单流程进行编程。

按双流程编程，东西方向和南北方向信号灯的动作过程也可以看成是两个独立的顺序动作过程，它具有两条状态转移支路，其结构为并联分支与汇合。按启动按钮SB1或SB2，信号系统开始运行，并反复循环。

（3）硬件电路设计

输入端直流电源由PLC内部提供，可直接将PLC电源端子接在开关上。交流电源由外部供给。

根据人行道交通信号灯的控制要求，系统需要车道（东西方向）红、绿、黄各3个信号灯，人行道（南北方向）红、绿各2个信号灯，南北方向各需1个按钮。所以，硬件方面需要的器件，除PLC主机外，还需配备5个信号灯箱和两个按钮。

根据控制要求，对输入/输出进行I/O分配，如表2-17所示。

表2-17 交通灯控制系统的I/O分配表

PLC元件名称	连接的外部设备	功能说明
X000	SB1	人行道北按钮
X001	SB2	人行道南按钮
Y000	HL0	车道红灯
Y001	HL1	车道黄灯
Y002	HL2	车道绿灯
Y003	HL3	人行道红灯
Y004	HL4	人行道绿灯

I/O接线图如图2-72所示。

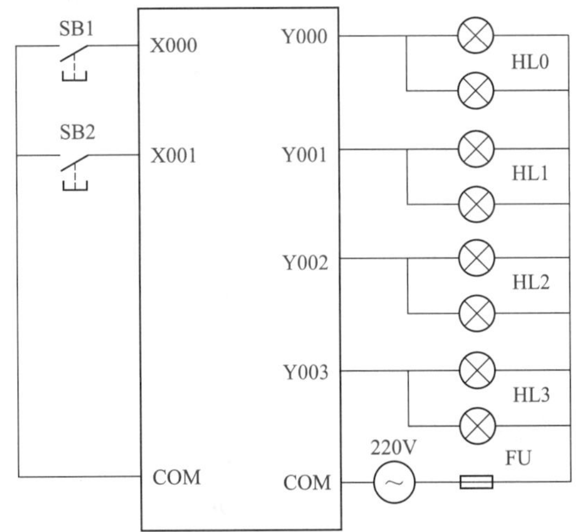

图2-72 交通灯控制系统的I/O接线图

（4）绘制顺序功能图

在本任务中，我们采用步进梯形图指令并联分支、汇合编程的方法来实现人行道信号灯的功能。其顺序功能图如图2-73所示。

由图2-73可知，我们把车道（东西方向）信号灯的控制作为左面的并联分支，人行道（南北方向）信号灯的控制作为并联分支的右面支路，并联分支的转移条件是人行道南北两只按钮“或”的关系，灯亮的时间长短利用PLC内部定时器控制，人行道绿灯闪是利用子循环加计数器来实现的。

顺序功能图在S33后有一个选择性分支，其转移条件分别是C0、T5串联和$\overline{\text{C0}}$、T5串联，在编程时应引起注意。

（5）编辑程序

用梯形图编辑程序：在X000“或”X001之后，连续用“SET S20”“SET S30”实现并行分支。连续用“STL S23”“STL S34”实现分支的汇合。用梯形图编程的参考语句如下：

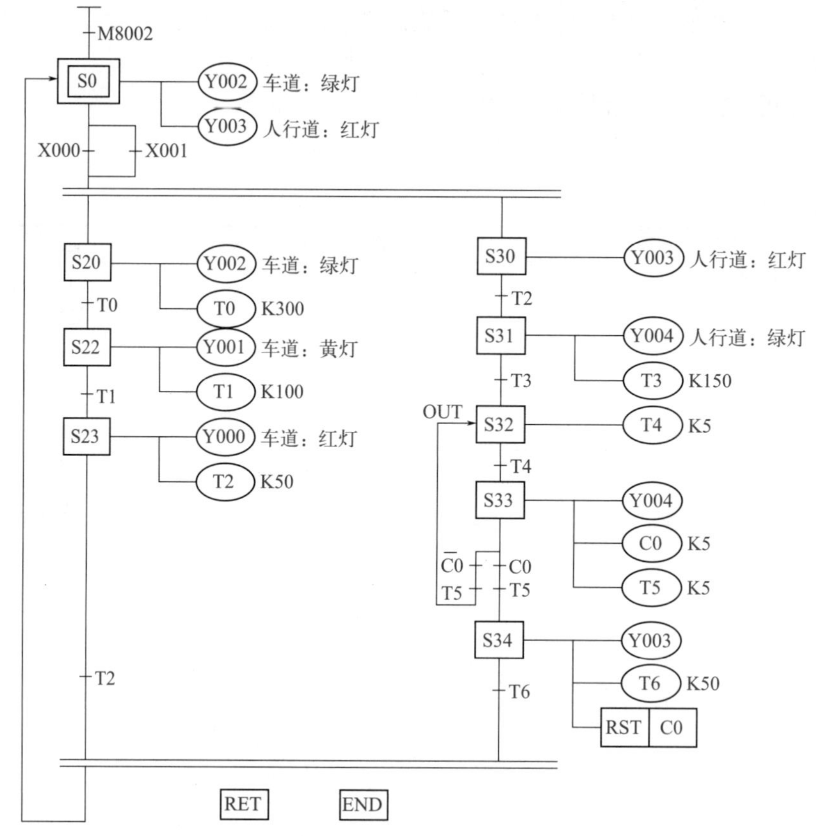

图2-73 交通灯控制系统顺序功能图

```
LD      M8002
SET     S0
STL     S0
OUT     Y2
OUT     Y3
LD      X0
OR      X1
SET     S20
SET     S30
STL     S20
OUT     Y2
OUT     T0    K300
LD      T0
SET     S22
STL     S22
OUT     Y1
OUT     T1    K100
LD      T1
SET     S23
STL     S23
OUT     Y0
OUT     T2    K50
STL     S30
OUT     Y3
LD      T2
SET     S31
STL     S31
OUT     Y4
LD      T3
OUT     T3    K150
LD      T3
SET     S32
STL     S32
OUT     T4    K5
LD      T4
SET     S33
STL     S33
OUT     Y4
```

```
OUT    C0    K5
OUT    T5    K5
LD     C0
AND    T5
SET    S34
LDI    C0
AND    T5
OUT    S32
STL    S34
OUT    Y3
RST    C0
OUT    T6    K50
STL    S23
STL    S34
OUT    S0
RET
END
```

FX3U PLC

第3章 步进指令、顺序控制程序设计及应用

PLC程序的传统编程采用经验设计法，即根据PLC与电路元件之间的逻辑控制关系直接设计PLC梯形图。对于一般电路的设计，编程容易，但对于复杂系统的设计，编程很困难，修改也不顺利，可能花费很长时间还得不到满意的效果。顺序控制设计法即可轻松解决这一难题。

顺序控制设计法编程步骤较为固定，且可读性强，初学者比较容易掌握，对有经验的工程师亦会提高设计效率。而且，为了方便顺序功能图与传统梯形图的对应与转换，在三菱FX系列的PLC中，公司又开发了一种专用的步进梯形图语言。本章通过实例对顺序功能图与步进梯形图的基本概念、编程方法及几种不同的顺序功能图设计方法作详细介绍。

3.1 顺序控制与顺序功能图

3.1.1 顺序控制

顺序控制，是指按照预先规定的生产工艺顺序，在各个转移控制信号的作用下，根据内部状态和时间的顺序，各个被控执行机构自动有序地进行操作。相应的设计方法就称为顺序控制设计法。利用顺序控制法进行编程的图形化语言称为顺序功能图（sequential function chart，SFC）。顺序控制设计法设计效率高，对于程序的调试和修改来说也非常方便，可读性很高。

顺序控制设计法基本思想是将控制系统的一个执行周期划分成一系列顺序相连却又相互独立的阶段，这些阶段称为步（step），在PLC中用软元件来实现，如辅助继电器M或状态继电器S等。步由输入量X控制，然后再去控制输出量Y。步划分的依据是输出量的状态变化，在任意一步内，各输出量的状态是保持不变的，但相邻两步间的输出量状态成一种“非”的关系，即各元件的“ON/OFF”状态是依次顺序变化的，也就解决了经验设计法中的

记忆、连锁等问题。步与步之间的转换依靠转换条件进行。转换条件是改变步状态的输入信号，此信号既可以是外部信号，也可以是PLC内部产生的信号，还可以是若干个信号简单或复杂的逻辑组合。

3.1.2 顺序功能图的结构

顺序功能图，又称状态转移图或功能表图，是顺序控制法编程的一种图形化语言，在IEC的PLC编程语言标准（IEC61131-3）中被确定为PLC位居首位的编程语言。它不涉及所描述控制功能的具体技术，只是一种通用性语言，或者说是一种组织编程的工具，需要用梯形图或指令表将其转化成PLC可以执行的程序。因此更确切地说，顺序功能图是一种编程的辅助工具。

（1）顺序功能图的基本要素

顺序控制设计法编写程序时，往往先进行I/O分配，接着根据控制系统的工艺要求，绘制顺序功能图，最后根据顺序功能图设计梯形图。其中在顺序功能图的绘制中，会根据控制系统的工艺要求，将生产过程的一个周期划分为若干个顺序相连的阶段，每个阶段都对应顺序功能图一步。顺序功能图主要由步（steps）、转换（transitions）、转换条件、有向连线和动作（actions）组成，如图3-1所示。其中，构成SFC的基本要素是步、动作和转移。

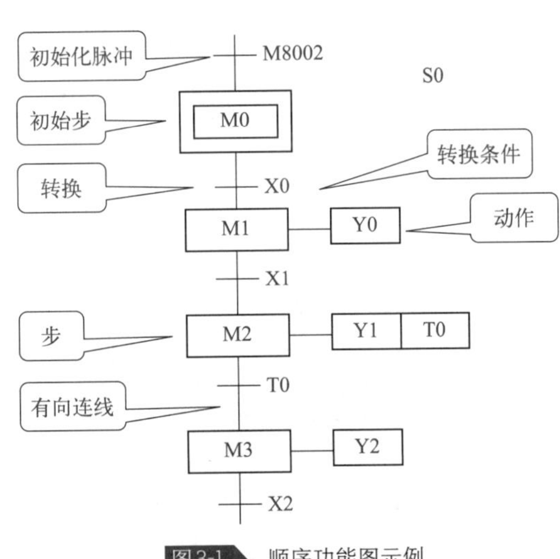

图3-1 顺序功能图示例

① 步 步在SFC程序中也叫作状态，它是一种逻辑块，指控制对象的某一特定的工作情况。在顺序功能图中，步用方框表示，方框里的数字是步的编号，也就是程序执行的顺序。在三菱PLC中，为了方便设计梯形图，也可以用PLC的内部元件地址来代表各步，作为步的编号，例如PLC辅助继电器“M***”等，还可以利用专门的软元件“S***”表示，表3-1和表3-2分别为三菱公司FX3U的辅助继电器和软元件一览表。

表3-1 三菱公司FX3U辅助继电器一览表

FX3U/FX3UC	一般用	停电保持用（电池保持）	停电保持用（电池保持）	特殊用
辅助继电器	M0 ~ M499 500点	M500 ~ M1023 524点	S1024 ~ S7679 6656点	S8000 ~ S8511 512点

表3-2 三菱公司FX3U软元件一览表

FX3U/FX3UC	初始化用	一般用	停电保持用（电池保持）	固定停电保持专用（电池保持）	信号报警器用
软元件	S0 ~ S9 10点	S10 ~ S499 490点	S500 ~ S899 400点	S1000 ~ S4095 3096点	S900 ~ S999 100点

步有两种状态：活动态和非活动态。在某一时刻，某一步可能处于活动态，也可能处于非活动态。当步处于活动态时称其为“活动步”，与之相对应的命令或动作将被执行；与初始状态相对应的活动步称为“初始步”，每个顺序功能图中至少应该有一个“初始步”，初始步用带步编号的双线框表示。某步处于非活动态时为“静止步”，相应的非保持型动作被停止执行，而保持型动作则继续执行。某步的状态用二进制逻辑值“0”或“1”表示。

另外，顺序功能图中具有相对顺序关系的步一般称为前级步和后续步，如图3-2所示。对于M2步来说，M1是它的前级步，M3步是它的后续步；对于M1步来说，M2是它的后续步，M0步是它的前级步。需要指出，一个顺序功能图中可能存在多个前级步和多个后续步，如M0就有两个后续步，分别为M1和M4，M7也有两个前级步，分别为M3和M6。

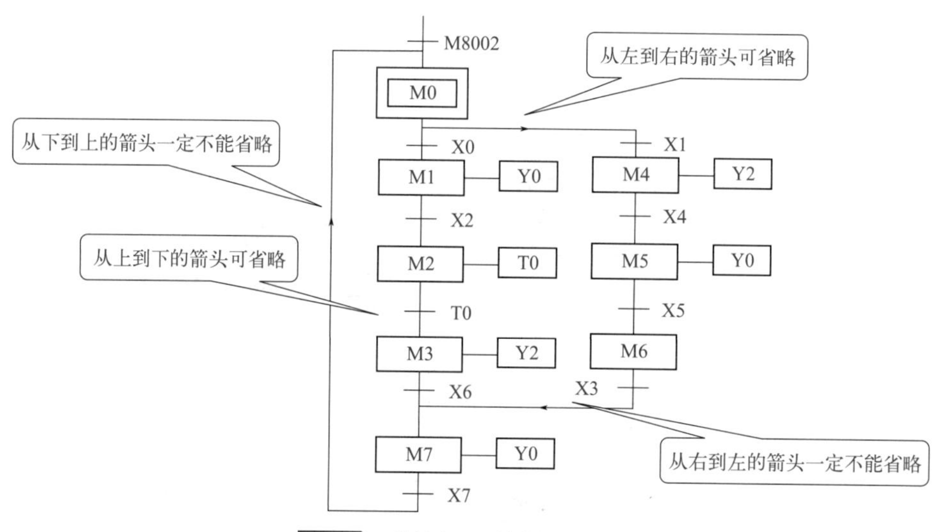

图3-2 前级步、后续步与有向连线

② 有向连线　有向连线是连接步与步之间的连线，它规定了活动步的进展路径与方向，也称为路径。有向连线的方向可以是水平的或垂直的，有时也可以用斜线表示。由于PLC的扫描顺序遵循从上到下、从左至右的原则，通常规定有向连线的方向从左到右或从上到下的箭头可省略，而从右到左或从下到上的箭头一定不可省略，如图3-2所示。

步、有向连线、转换的关系：步经有向连线连接到转换，转换经有向连线连接到步。为了能在全部操作完成后返回初始状态，步和有向连线应构成一个封闭的环状结构。当工作方式为连续循环时，最后一步应该能够回到下一个流程的初始步，也就是循环不能够在某步被终止。

③ 转换　转换是结束某一步的操作而启动下一步操作的条件。转换用一条与有向连线垂直的短划线表示，将相邻的两步分隔开。步的活动状态的进展是由转换的实现来完成，并与控制过程的发展相对应。

④ 转换条件　转换条件是系统从当前步跳到下一步的信号。转换条件可以由PLC内部

信号提供，如定时器和计数器常开触点等的通断信号，也可由外部信号提供，如按钮、传感器、接近开关、光电开关等的通断信号。转换条件是与转换相关的逻辑命题，可以用文字语言、布尔代数表达式或图形符号标注在表示转换的短划线旁，使用较多的是布尔代数表达式，如图3-3所示。

⑤ 动作　被控系统每一个需要执行的任务或者是施控系统每一发出的命令都叫动作，在活动步阶段这些动作被执行。注意，动作是指最终的执行线圈或定时器计数器等，一步中可能有一个动作或几个动作。动作通常用矩形框表示，矩形框内标有文字或符号，矩形框用相应的步符号相连，如图3-4所示。

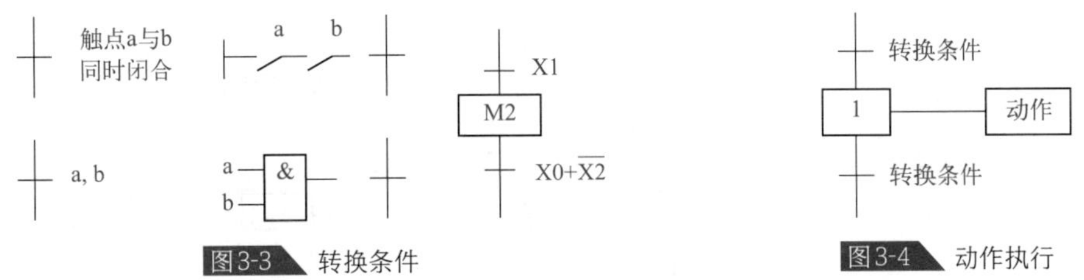

图3-3 转换条件　　图3-4 动作执行

一个步可以同时与多个动作或命令相连，这些动作可以水平布置或垂直布置。一般多个动作或命令与同一步相连，采用水平布置如图3-5（a）所示，若采用垂直布置则如图3-5（b）所示。这些动作或命令是同时执行的，没有先后之分。

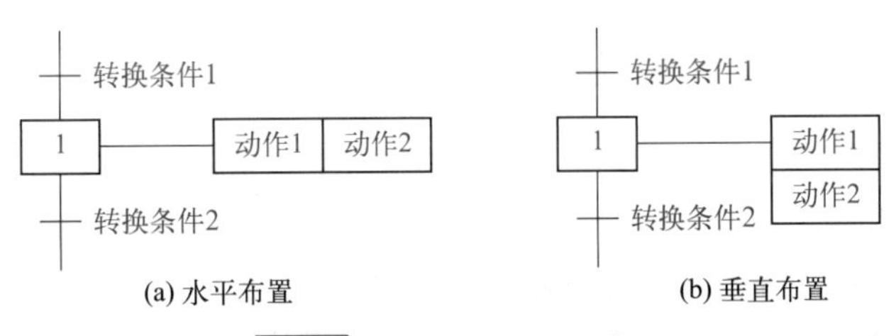

图3-5 多个动作的执行方案

动作或命令的类型有很多种，如定时、延时、脉冲、保持型和非保持型等。动作或命令说明语句应正确选用，以明确表明该动作或命令是保持型还是非保持型，并且正确地说明语句还可区分动作与命令之间的差别。

（2）顺序功能图的结构形式

在顺序功能图中，步与步之间根据需要连接成不同的结构形式，其基本的结构形式可分为单流程串联结构和多流程并联结构两种。在并联结构中，根据转换是否为同时又可分为选择与并行两种结构。

① 单序列　单序列是指没有分支和合并，步与步之间只有一个转换，每个转换两端仅有一个步，各步依次变为活动步。在此结构中，初始步只有一个，步的转换方向始终自上而下、固定不变，如图3-6所示。

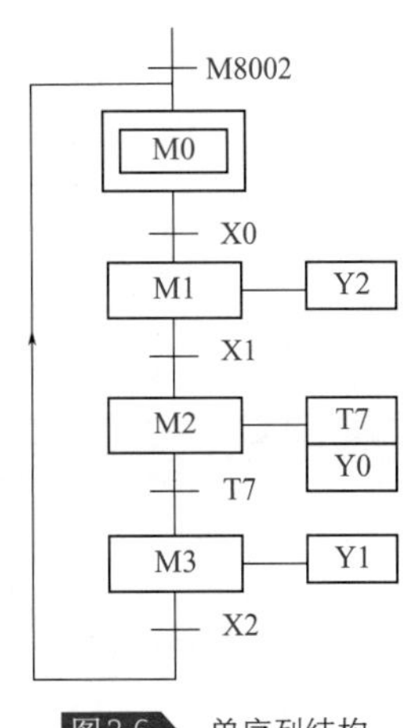

图3-6 单序列结构

② 选择序列　选择序列的某一步后有若干个单序列等待选择，一次只能选择一个序列进入。

选择序列的开始部分称为分支，转换条件只能标在选择序列开始的水平线之下，如图3-7上半部所示。如果步M0是活动步，当转换条件X0=1时，则步M0进展为步M1。与之类似，当转换条件X3=1时，步M0也可以进展为步M4，但是一次只能一个转换条件满足“1”，且选择一个序列。

选择序列的结束称为合并，几个选择序列合并到一个公共序列上时，用一条水平线和与需要重新组合序列数量相同的转换条件表示，转换条件只能标在结束水平线的上方如图3-7下半部所示。

需要指出，在选择程序中，某一步可能存在多个前级步或后续步，如M0就有两个后续步M1、M4，M3就有两个前级步M2、M5。

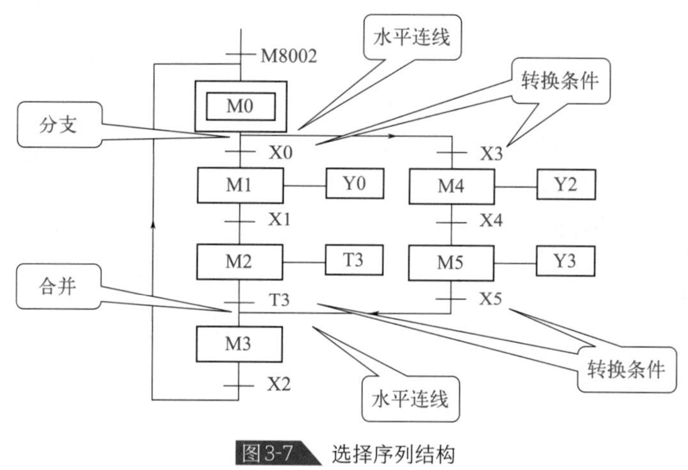

图3-7 选择序列结构

③ 并行序列　在某一转换实现时，同时有几个序列被激活，也就是同步实现，这些同时被激活的序列称为并行序列。并行序列表示的是系统中同时工作的几个独立部分的工作状态。

并行序列的开始称为分支，当转换满足的情况下，导致几个序列同时被激活，为了强调转换的同步实现，水平连线用双线表示，且水平双线之上只有一个转换条件，如图3-8上半部所示。当步M0是活动的且X0=1时，步M1、步M4这两步同时变为活动步，而步M0变为静止步。转换条件只允许标在表示开始同步实现的水平线上方。

并行序列的结束称为合并，转换条件只允许标在表示合并同步实现的水平线下方，如图3-8下半部所示。并行序列的活动和静止可以分成一段或几段实现。

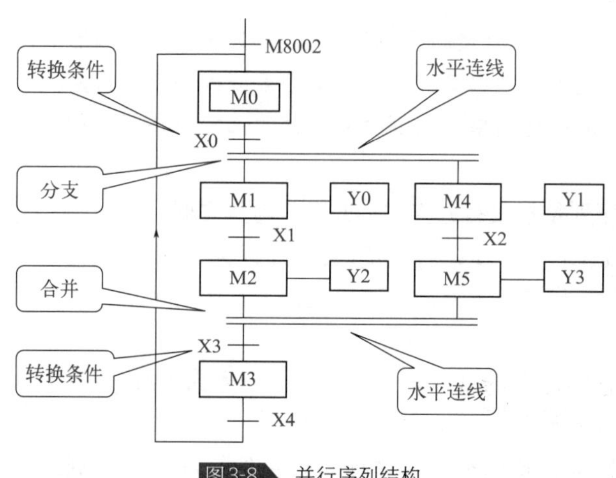

图3-8 并行序列结构

在三菱FX系列PLC中，每一个分支点最多允许8条支路，每条支路的步数不受限制，如果同时使用选择序列和并行序列时，最大支路数为16条。

3.1.3 顺序功能图的编程方法

顺序功能图编程方法的一般步骤如下：

a. 根据系统的生产工艺流程或工作过程，确定各步执行的顺序和相对应的动作，以及步与步之间转换的条件。

b. 在分析的基础上编写系统的顺序功能图。

c. 选取某一具体的设计方法将顺序功能图转化为顺序控制梯形图。如果PLC支持顺序功能图语言，则可直接使用此语言进行编程。

常用的顺序功能图转化为顺序控制梯形图设计方法有以下两种。

（1）使用启-保-停电路设计法

在顺序控制中，各步按照顺序先后接通和断开，犹如电动机顺序地接通和断开，因此可以像处理电动机的启动、保持、停止那样，用典型的启-保-停电路解决顺序控制的问题。此种设计方法使用辅助继电器M来代表各步，当某一步为活动步时，对应的继电器为得电状态“1”。

① 单序列编程　在图3-9中，设M_{i-1}、M_i、M_{i+1}是顺序功能图中依次相连的三步，X_i及X_{i+1}是其转换条件，根据顺序功能图理论，步M_i的前级步是活动的M_{i-1}=1且转换条件成立X_i=1，步M_i应变为活动步。如果将M_i视为电动机，而M_{i-1}和X_1视为其启动开关，则M_i的启动电路由M_{i-1}和X_i的常开触点串接而成。X_i一般为非存储型触点，所以还要用M_i的常开触点实现自锁。同样，当M_i的后续步M_{i+1}变为活动步时，M_i应变为静态步，因此应将M_{i+1}的常闭触点与M_i的线圈串联。

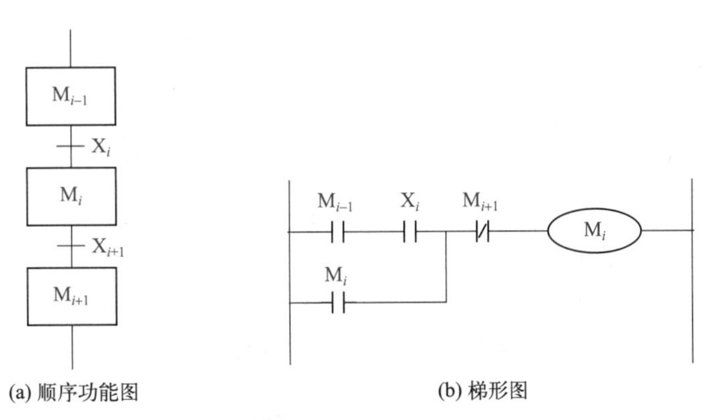

图3-9　单序列编程方式

单序列编程仅使用与PLC的触点和输出线圈相关的指令，适用于各种型号的PLC，是顺序功能图最基本的编程方法。

② 选择序列编程　选择序列编程的关键在于对其分支和合并的处理，转换实现的基本规则是设计复杂系统梯形图的基本规则。

a. 分支编程。如果某一步的后面有一个由N条分支组成的选择序列，该步可能转换到不同的分支，应将这N个后续步对应的辅助继电器的常闭触点与该步的线圈串联，作为结束该步的条件。如图3-10所示，步M_i之后有一个选择序列的分支，当它的后续步M_{i-1}、M_{i+2}或

M_{i+3}变为活动步时，它应变为静止步。所以，需将M_{i+1}、M_{i+2}和M_{i+3}的常闭触点串联作为步M_i的停止条件。

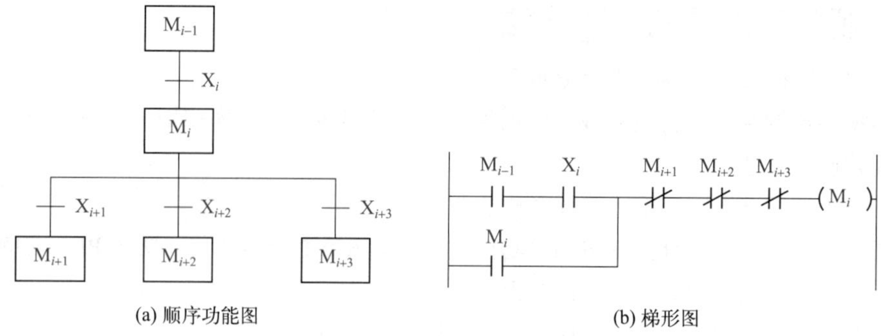

图3-10 选择序列分支编程方式

b.合并编程。对于选择序列的合并，如果某一步之前有N个转换，即有N条分支在该步之前合并后进入该步，则代表该步的辅助继电器的启动电路由N条支路并联而成，各支路由某一前级步对应的辅助继电器的常开触点与相应转换条件对应的触点或电路串联而成。如图3-11所示，步M_i之前有一个选择序列的合并。当步M_{i-1}为活动步且转换条件满足$X_{i-1}=1$，或者步M_{i-2}为活动步且转换条件满足$X_{i-2}=1$，或者步M_{i-3}为活动步且转换条件满足$X_{i-3}=1$，步M_i都应变为活动步，即控制步M_i的“启-保-停”电路的启动条件应为$M_{i-1}X_{i-1}+M_{i-2}X_{i-2}+M_{i-3}X_{i-3}$，对应的启动条件由3条并联支路组成，每条支路分别由M_{i-1}、X_{i-1}，M_{i-2}、X_{i-2}，M_{i-3}、X_{i-3}的常开触点串联而成。

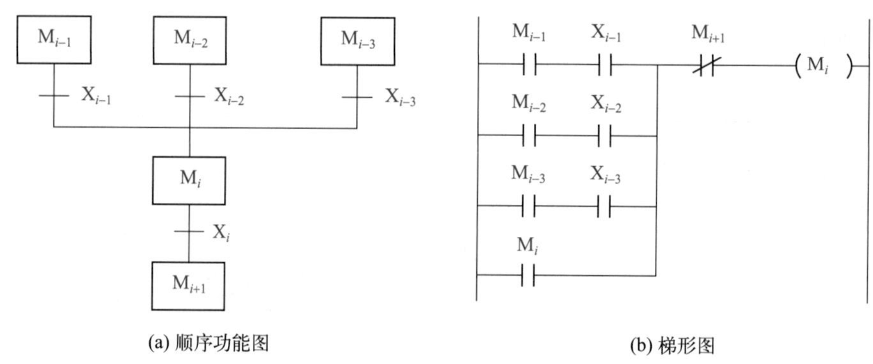

图3-11 选择序列合并编程方式

③ 并行序列编程

a.分支的编程。某并行序列某一步M_i的后面有N条分支，如果转换条件成立，并行序列中各单序列中的第一步应同时变为活动步，对控制这些步的启动、保持、停止电路使用相同的启动电路，实现这一要求，只需将N个后续步对应的软继电器的常闭触点中的任意一个与M_i的线圈串联，作为结束步M_i的条件即可，如图3-12所示。

b.合并的编程。当并行序列合并时，只有当各并行序列的最后一步都是活动步且转换条件成立时，才能完成并行序列的合并。因此，合并后的步的启动电路应由N条并联支路中最后一级步的软继电器的常开触点与相应转换条件对应的电路串联而成。而合并后的步的常闭触点分别作为各并行序列的最后一步断开的条件，如图3-13所示。

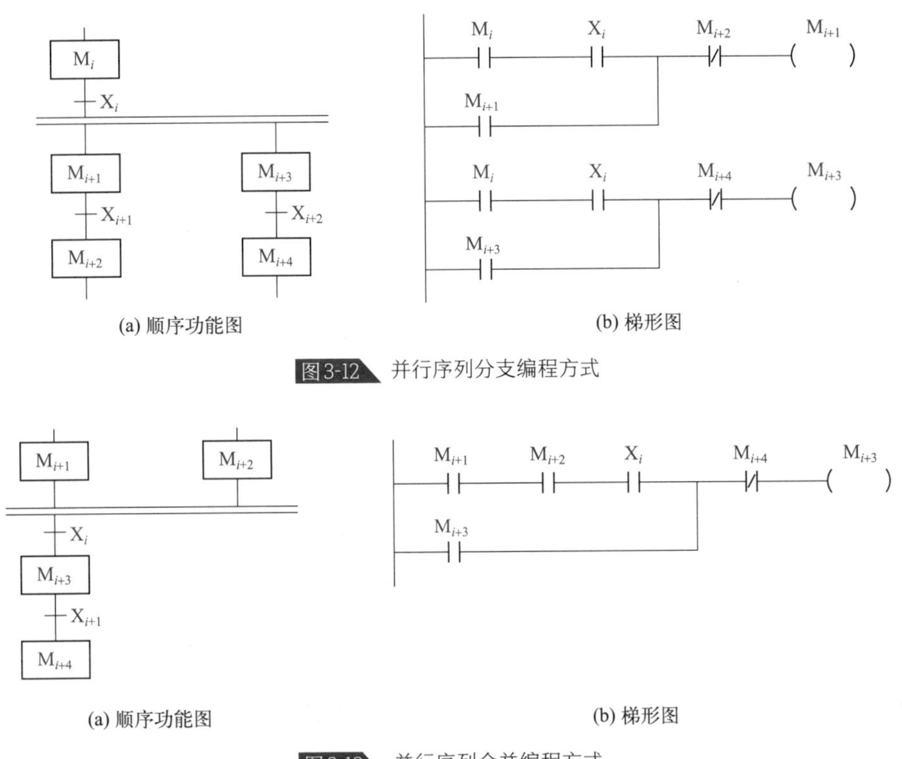

图3-12 并行序列分支编程方式

图3-13 并行序列合并编程方式

（2）使用置位/复位的设计方法

几乎各种型号PLC都有置位/复位（SET/RST）指令相同功能的编程元件。使用通用逻辑指令实现的顺序功能控制同样也可以利用SET、RST指令实现。下面介绍使用SET、RST指令，以转换条件为中心的编程方法。

所谓以转换条件为中心，是指同一种转换在梯形图中只能出现一次，而对辅助器位可重复进行置位、复位。设步M_i是活动的M_i=1，并且其后的转换条件成立X_{i+1}=1，则步M_i应被复位，而后续步M_{i+1}应被置位（接通并保持）。因此可将M_i的常开触点和X_{i+1}对应的常开触点串联作为M_i复位和M_{i+1}置位的条件，该串联电路即通用逻辑电路中的启动电路。而置位、复位则采用置位、复位指令。在任何情况下，代表步的存储器位的控制电路都可以用这一方法设计，每一个转换对应一个这样的控制置位和复位的电路块，有多少个转换就有多少个这样的电路块。这种方法特别有规律，梯形图与实现转换的基本规则之间有着严格的对应关系，用于复杂功能图的梯形图设计时不容易遗漏和出错。

① 单序列编程　图3-14所示为以转换条件为中心单一序列编程方式的梯形图与功能表图的对应关系。图中要实现X_i对应的转换必须同时满足两个条件：前级步为活动步M_{i-1}=1和转换条件满足X_i=1，所以用M_{i-1}和X_i的常开触点串联组成的电路来表示上述条件。两个条件同时满足时，该电路接通，此时应完成两个操作：将后续步变为活动步（用SET M_i指令将M_i置位），将前级步变为静止步（用RST M_{i-1}指令将M_{i-1}复位）。这种编程方式与转换实现的基本规则之间有着严格的对应关系，用它编制复杂的功能表图的梯形图时，更能显示出它的优越性。

使用这种编程方式时，不能将输出继电器的线圈与SET、RST指令并联，这是因为图3-14中前级步和转换条件对应的串联电路接通的时间是相当短的，转换条件满足后前级步

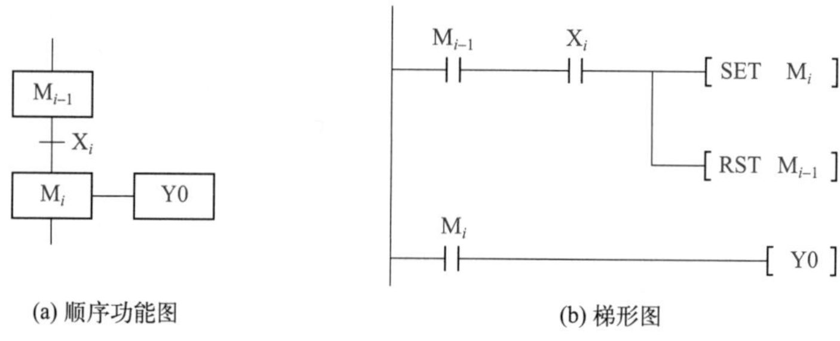

(a) 顺序功能图　(b) 梯形图

图3-14 单序列编程方式

马上被复位，该串联电路被断开，而输出继电器线圈至少应该在某一步活动的全部时间内接通，因此只能用代表步的存储器位的常开触点或它们的并联电路来驱动线圈。

② 选择序列编程　选择序列的分支与合并的编程与单序列的完全相同，除了与合并序列有关的转换以外，每一个控制置位、复位的电路块都由前级步对应的存储器位的常开触点和转换条件对应的触点组成的串联电路、一条置位指令和一条复位指令组成。

③ 并行序列编程　对于并行序列的分支，如果某一步M_i的后面由N条分支组成，当M_i符合转换条件后，其后的N个后续步同时激活，所以只要用M_i与转换条件的常开触点串联使后续N步同时置位，而M_i则使用置位指令复位即可，如图3-15所示。

对于并行序列的合并，如果某一步M_i之前有N个分支，则将所有分支的最后一步的辅助继电器常开触点串联，再与转换条件串联作为步M_i置位和N个分支复位的条件，如图3-15所示。

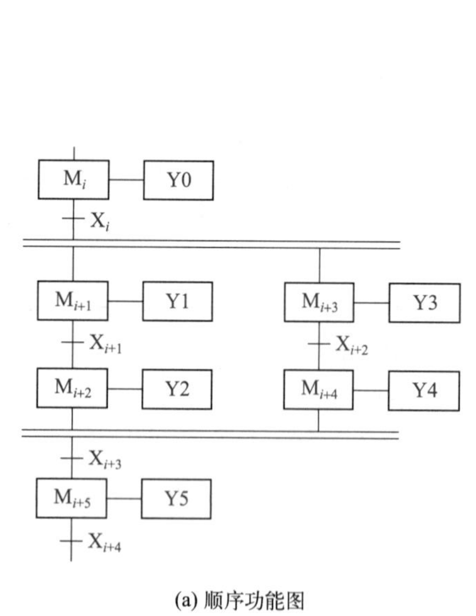

(a) 顺序功能图

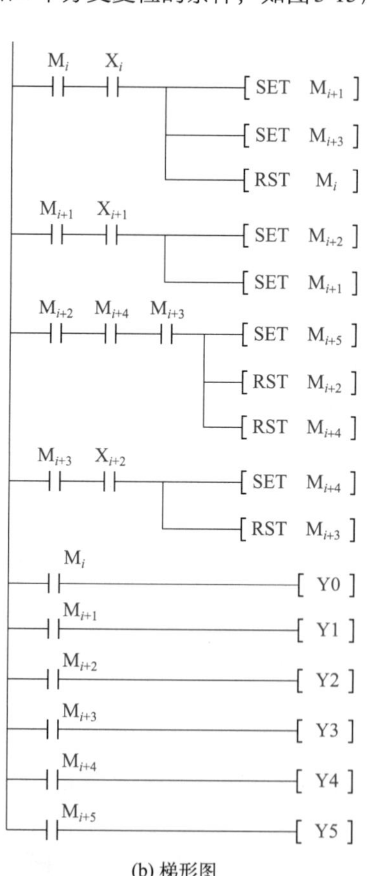

(b) 梯形图

图3-15 并行序列分支和合并编程方式

3.2 步进指令与步进梯形图

顺序控制程序的编制生产厂家都有专门的指令和编程元件，如三菱公司的步进指令、西门子公司的顺序控制继电器、欧姆龙公司的步进控制指令和东芝公司的步进顺序指令等。三菱PLC步进指令是一种用于编程控制的指令集，通过编程设置指令，可以使设备按照预定的步进进行运动，实现精确的控制。

3.2.1 步进指令及其应用

FX3U、FX3UC可编程控制器支持下面3种编程语言。

（1）指令表

指令表是指形成程序基础的指令表编程方式，通过“LD”“AND”“OUT”等指令语言输入顺控指令。该方式是顺控程序中基本的输入形态。

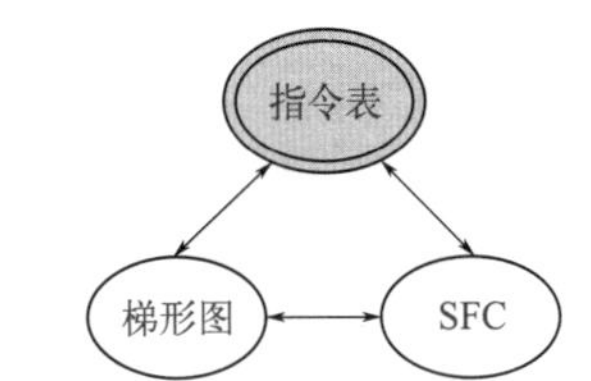

图3-16 SFC顺序功能图、步进梯形图和指令表转换关系图

（2）梯形图

梯形图是指在图示的画面上画梯形图符号的梯形图编程方式，使用顺序符号和软元件编号在图示的画面上画顺控梯形图。

由于顺控回路是通过触点符号和线圈符号来表现的，所以程序的内容更加容易理解。即使在梯形图显示的状态下也可以执行可编程控制器的运行监控。

（3）SFC

SFC（顺序功能图）是根据机械的动作流程进行顺控设计的输入方式。

指令表程序与梯形图程序可以相互转换，如果依照一定的规则编制，也可以倒过来转换成SFC图，如图3-16所示。

步进基本指令的种类及其功能如表3-3所示。

表3-3 步进基本指令

记号		称呼	符号	功能	对象软元件
触点指令	LD	取	*对象软元件	a触点的逻辑运算开始	X，Y，M，S，D□.b，T，C
	LDI	取反	*对象软元件	a触点的逻辑运算开始	X，Y，M，S，D□.b，T，C
	LDP	取脉冲上升沿	*对象软元件	检测到上升沿运算开始	X，Y，M，S，D□.b，T，C
	LDF	取脉冲下降沿	*对象软元件	检测到下降沿运算开始	X，Y，M，S，D□.b，T，C

续表

记号		称呼	符号	功能	对象软元件
触点指令	AND	与	*对象软元件	串联a触点	X，Y，M，S，D□.b，T，C
	ANI	与反转	*对象软元件	串联b触点	X，Y，M，S，D□.b，T，C
	ANDP	与脉冲上升沿	*对象软元件	上升沿检出的串联连接	X，Y，M，S，D□.b，T，C
	ANDF	与脉冲下降沿	*对象软元件	下降沿检出的串联连接	X，Y，M，S，D□.b，T，C
	OR	或	*对象软元件	并联a触点	X，Y，M，S，D□.b，T，C
	ORI	或反转	*对象软元件	并联b触点	X，Y，M，S，D□.b，T，C
	ORP	或脉冲上升沿	*对象软元件	上升沿检出的并联连接	X，Y，M，S，D□.b，T，C
	ORF	或脉冲下降沿	*对象软元件	下降沿检出的并联连接	X，Y，M，S，D□.b，T，C
主控指令	MC	主控	MC N 对象软元件	连接到公共触点	
	MCR	主控复位	MCR N	解除连接到公共触点	
其他指令	NOP	空操作		无处理	
结束指令	END	结束	END	程序结束	

常用基本指令功能和动作对应关系如下所述。

① LD指令（a触点的逻辑运算开始） LD、LDI指令是连接在母线上的触点。与后述的ANB指令组合后，也可用在分支起点处。LD、LDI指令梯形图程序和指令表程序对应关系

如图3-17、图3-18所示。

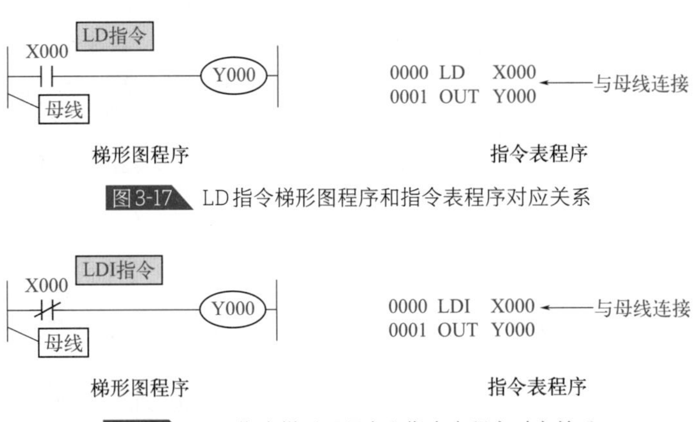

图3-17 LD指令梯形图程序和指令表程序对应关系

图3-18 LDI指令梯形图程序和指令表程序对应关系

② OUT指令　OUT指令是对输出继电器（Y）、辅助继电器（M）、状态（S）、定时器（T）、计数器（C）的线圈驱动的指令。用OUT指令编写的软元件，根据驱动触点的状态执行ON/OFF。并联的OUT指令能够多次连续使用。指令梯形图程序和指令表程序对应关系如图3-19所示。

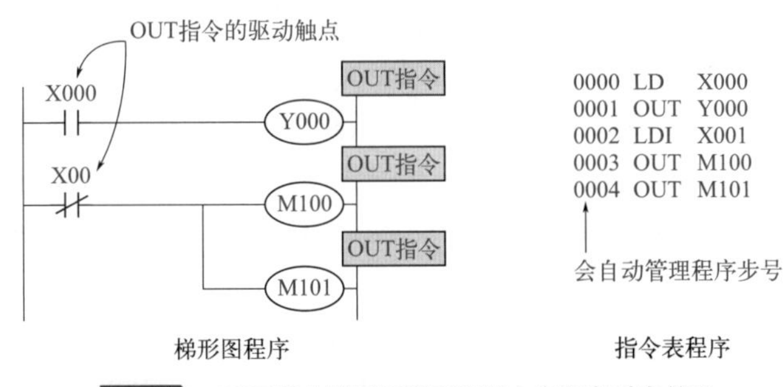

图3-19 OUT指令梯形图程序和指令表程序对应关系

③ AND指令　AND、ANI指令是执行串联连接1个触点。串联触点的数量没有限制，该指令可以连续多次使用。OUT指令后，通过触点对其他的线圈使用OUT指令，称为纵接输出。只要顺序不错，这样的纵接输出可以重复使用多次。AND、ANI指令梯形图程序和指令表程序对应关系如图3-20、图3-21所示。

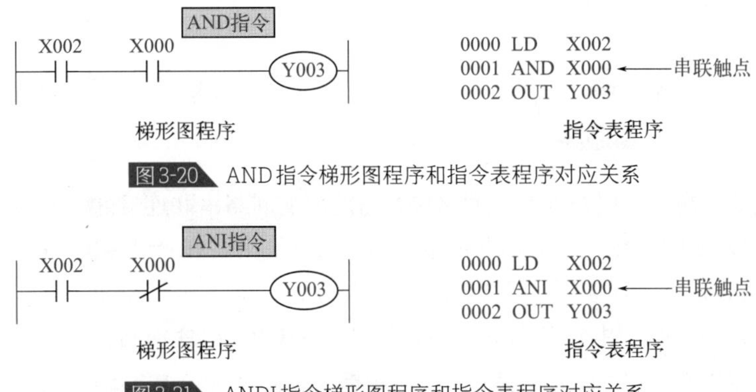

图3-20 AND指令梯形图程序和指令表程序对应关系

图3-21 ANDI指令梯形图程序和指令表程序对应关系

④ OR指令　OR、ORI指令可以作为并联连接1个触点的指令使用。串联连接了2个以上的触点时，要将这样的串联回路块与其他回路并联的时候，采用后述的ORB指令。OR、ORI是从这个指令的步开始，与前面的LD，LDI指令的步进行并联连接。并联连接的次数不受限制。OR、ORI指令梯形图程序和指令表程序对应关系如图3-22、图3-23所示。

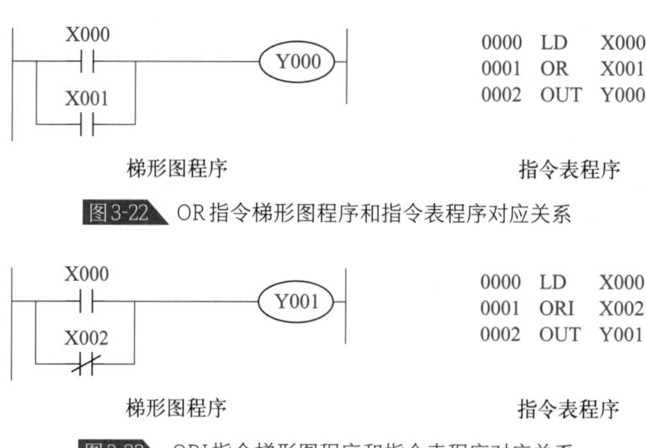

图3-22 OR指令梯形图程序和指令表程序对应关系

图3-23 ORI指令梯形图程序和指令表程序对应关系

⑤ ORB指令　由2个以上的触点串联连接的回路称为串联回路块。并联连接串联回路块时，分支的起点使用LD、LDI指令，分支的结束使用ORB指令。ORB指令与后述的ANB指令等相同，都是不带软元件编号的独立指令。有多个并联回路时，在每个回路块中使用ORB指令，从而连接。使用ORB指令连接的并联回路数量没有限制。上述为理想程序的场合。此外，虽然成批使用ORB指令也无妨，但是由于LD、LDI指令的重复使用次数限制在8次以下，因此请务必注意上述为不理想程序的场合。ORB指令梯形图程序和指令表程序对应关系如图3-24所示。

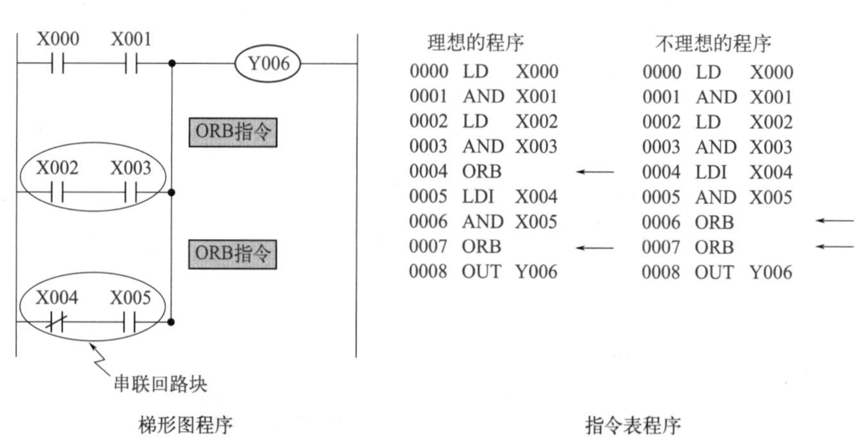

图3-24 ORB指令梯形图程序和指令表程序对应关系

⑥ ANB指令　当分支回路（并联回路块）与前面的回路串联连接时，使用ANB指令。分支的起点使用LD、LDI指令，并联回路块结束后，可以使用ANB指令和前面的回路串联连接。有多个并联回路的时候，对每个回路块使用ANB指令，从而连接。ANB指令的使用次数没有限制。此外，允许成批使用ANB指令，但是请注意和ORB指令相同，LD、LDI指令的使用次数有限制（8次以下）。ANB指令梯形图程序和指令表程序对应关系如图3-25所示。

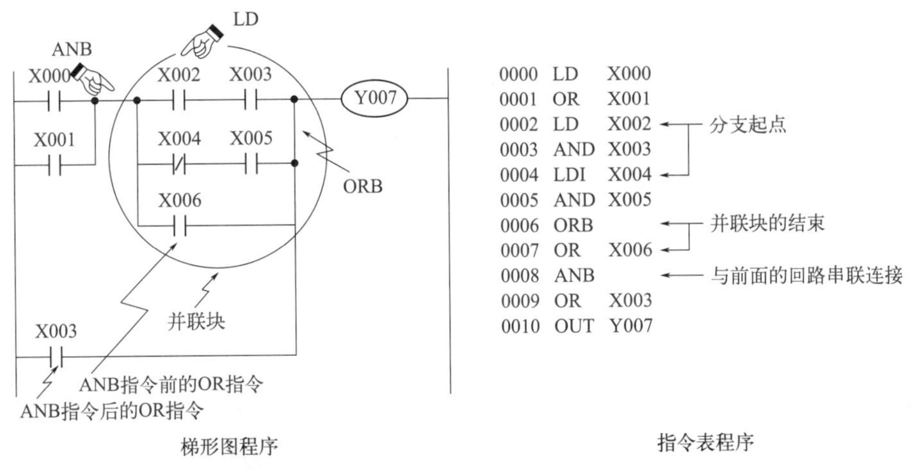

图3-25 ANB指令梯形图程序和指令表程序对应关系

⑦ SET、RST指令　SET（位软元件的置位）指令是当指令输入为ON时，对输出继电器（Y）、辅助继电器（M），状态（S）以及字软元件的指定位置ON的指令。即使指定输入为OFF，通过SET指令置ON的软元件也可以保持ON动作。并联的SET指令，可以连续使用多次。

RST（位软元件的复位）指令是对输出继电器（Y）、辅助继电器（M）、状态（S）、定时器（T）、计数器（C）以及字软元件的指定位进行。可以对用SET指令置ON的软元件进行复位（OFF处理）。RST指令还可以清除（T）、计数器（C）、数据寄存器（D）、文件寄存器（R）、变址寄存器（V）（Z）的当前值数据的指令。此外，要将数据寄存器（D）和变址寄存器（V）（Z）的内容清零时，也可使用RST指令。

可以对于同一软元件，多次使用SET、RST指令，而且顺序也可随意。SET、RST指令梯形图程序和指令表程序对应关系如图3-26所示。

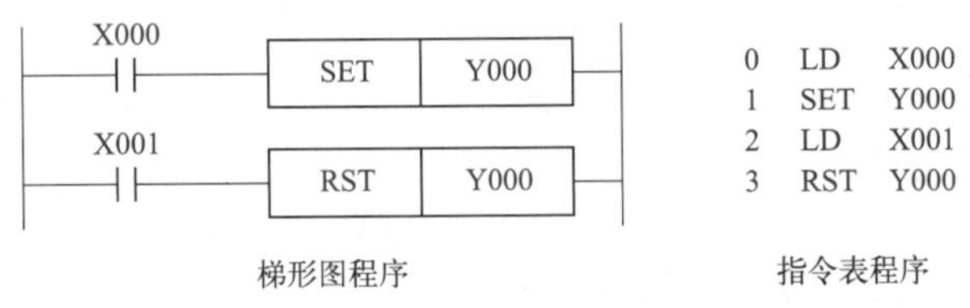

图3-26 SET、RST指令梯形图程序和指令表程序对应关系

⑧ NOP指令　NOP指令为空操作的指令。将程序全部清除时，所有指令都成为NOP。在一般的指令和指令之间加入NOP时，可编程控制器会无视其存在而继续运行。如在程序的中间加入NOP，当需要更改、增加程序的时候，只需要很小地变动步编号就能实现，但是要求程序有余量。

写在程序中时，可编程控制器会无视其存在而继续运行。更改现有的程序，改写成NOP指令时，等同于执行删除指令的操作。NOP指令梯形图程序和指令表程序对应关系如图3-27所示。

⑨ END指令　END指令表示程序结束的指令。请勿在程序中间写入END指令。

可编程控制器重复执行“输入处理”→“执行程序”→“输出处理”，若在程序的最后写入END指令，则不执行此后的剩余的程序步，而直接进行输出处理。在程序的最后

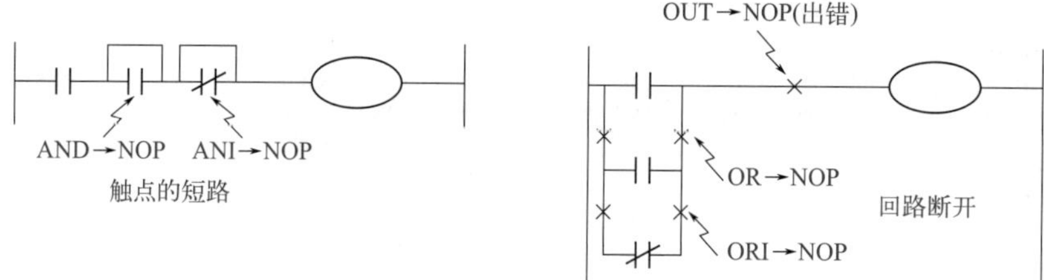

图3-27 NOP指令梯形图程序和指令表程序对应关系

没有写END指令的时候，FX可编程控制器会执行到程序的最后一步，然后才执行输出处理。

此外，第一次执行开始RUN时，是从END指令开始执行的。执行END指令时，也刷新看门狗定时器通过编程工具传送时，END指令以后都成为NOP指令（空操作）。END指令梯形图程序和指令表程序对应关系如图3-28所示

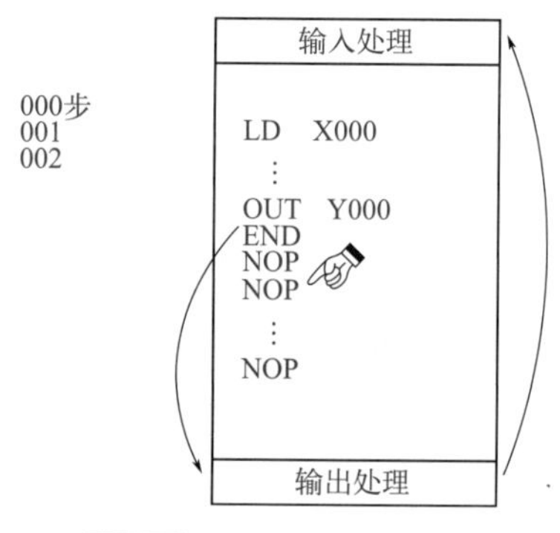

图3-28 END指令程序图

3.2.2 步进指令的顺序功能图

步进指令的顺序功能图是将工序执行内容与工序转移要求以状态执行和状态转移的形式反映在步进程序中，控制过程明确，是对顺序控制过程进行编程的好方法。三菱FX PLC有两条专门用于顺序控制的步进指令，即STL（step ladder instruction，步进梯形图）指令和RET（返回）指令。步进控制指令功能如表3-4所示。

表3-4 步进控制指令功能

记号	称呼	符号	功能	对象软元件
STL	步进梯形图	STL 对象软元件	步进梯形图的开始	S
RET	返回	RET	步进梯形图的结束	—

在步进梯形图中，每个STL指令都要与SET指令共同使用，即每个状态都要先用SET指令置位，再用STL指令去驱动状态的执行。

在顺序功能图中，步表示的状态用框图表示，框内是步地址编号，步之间用有向连线连

接。其中从上到下、从左到右的箭头可以省略不画，有向连线上的垂直短线和它旁边标注的文字符号或逻辑表达式表示转移条件。转移条件STL指令如图3-29所示，其中：图3-29（a）表示转移条件X1接通，状态S20复位，S21就置位；图3-29（b）表示转移条件X11与X12串联；图3-29（c）表示转移条件为X11与X12并联，只要满足状态转移条件，状态器S20就会复位，而状态器S21就置位，也就是说，状态由S20转到S21。

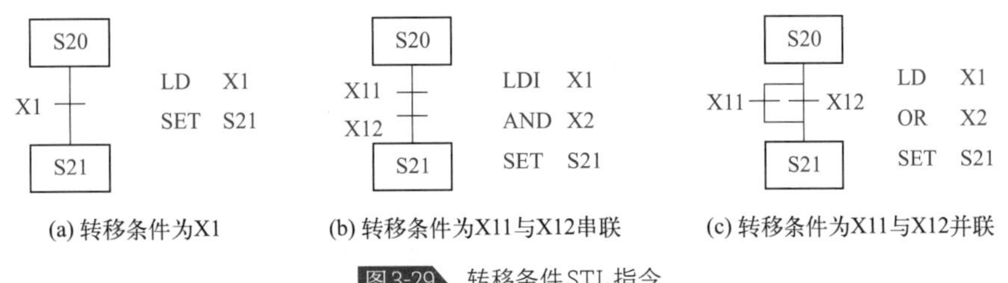

(a) 转移条件为X1　(b) 转移条件为X11与X12串联　(c) 转移条件为X11与X12并联

图3-29 转移条件STL指令

状态的转移使用SET指令。若是向上游转移，向非连续的下游转移或其他流程转移，称为顺序不连续转移，即非连续转移，这种非连续转移不能使用SET指令，而用OUT指令，例如图3-30所示。

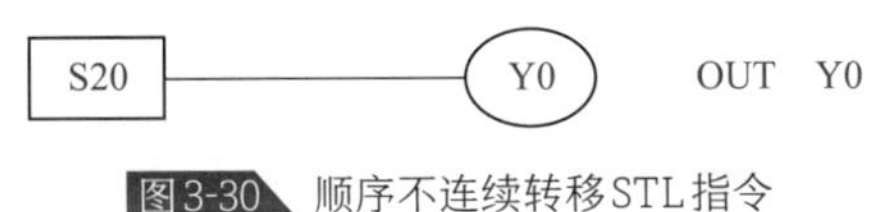

图3-30 顺序不连续转移STL指令

STL指令的作用是驱动状态的执行。对于每个状态的执行程序，可视为从左母线开始。步进程序结束一定要使用RET指令，否则程序会提示出错。

3.2.3 顺序控制应用实例

以图3-31所示的步进程序的基本结构为例来说明步进指令的顺序功能图的编程方法。图3-31中顺序功能图与步进梯形图（STL）执行的结果是完全相同的。步进指令的顺序功能图的结构是由初始状态（S0）、普通状态（S20、S23、S25）和状态转移条件所组成。

初始状态可视为设备运行的停止状态，也可称为设备的待机状态。普通状态为设备的运行工序，按顺序控制过程从上向下地执行状态转移条件：为设备运行到某一工序执行完成后，从该工序向下一工序转移的条件。显然，顺序功能图是步进程序的初步设计，方法如下。

① 要执行步进程序，首先要激活初始状态S0。一般都采用特殊辅助继电器M8002在PLC送电时产生的脉冲来激活S0。

② 在步进梯形图程序中每个普通状态执行时，与上一个状态是不接通的。当上一个状态执行完毕后，若满足转移条件，就转移到下一个状态执行，而上一状态就会停止执行，从而保证执行过程是按工序的顺序进行控制。

③ 在步进程序中，每个状态都要有一个编号，而且每个状态的编号是不能相同的。对于连续的状态，没有规定必须用连续的编号，编程时为便于程序修改，两个相邻的状态可采用相隔2～5个数的编号。例如，状态S20下面的状态也可采用S25，这样在需要时可插入4个状态，而不用改变程序的状态编号。

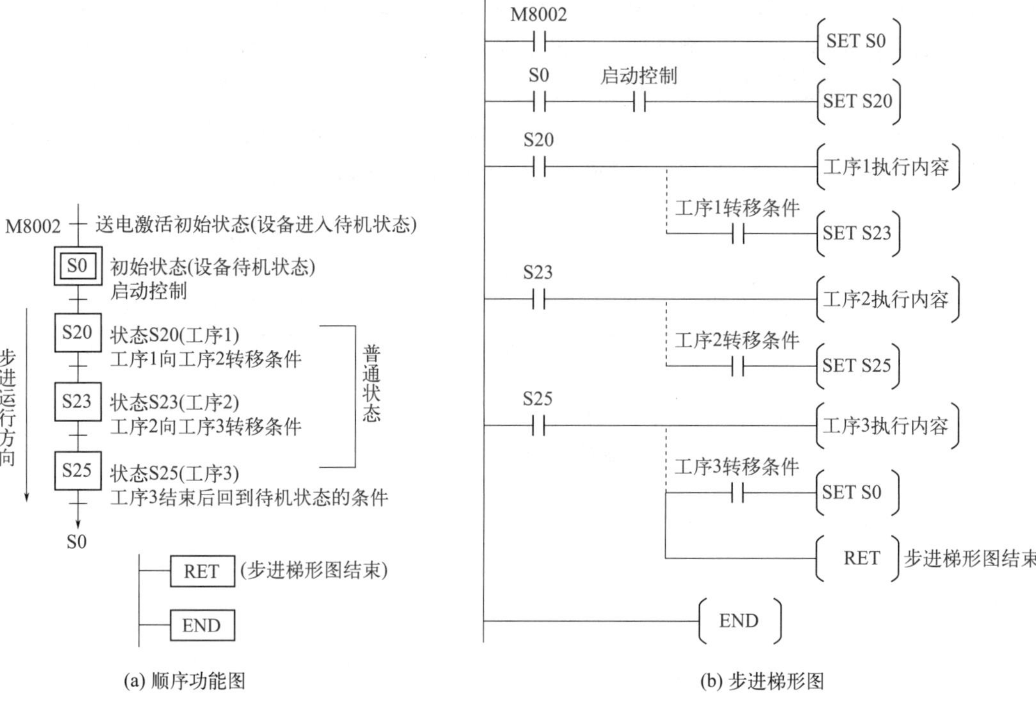

(a) 顺序功能图 (b) 步进梯形图

图3-31 步进控制程序的基本结构

④ 在同一状态内不允许出现两个相同的执行元件，即不能有元件双重输出。但若在不同状态中使用相同的执行元件，如输出继电器Y、辅助继电器M等，不会出现元件双重输出的控制问题。显然，在步进程序中，相同的执行元件在不同的状态使用是允许的。

⑤ 定时器可以在相隔1个或1个以上的状态中使用同一个元件，但不能在相邻状态中使用。

当对顺序控制进行程序设计时，首先应编写顺序功能图。虽然步进梯形图（STL）与它不太一样，但控制过程是相同的。由于编程软件没有顺序功能图程序的编写功能，编程时必须把顺序功能图先转变为步进梯形图，再输入PLC，或者把它转变为指令表方式再输入也是可以的。

图3-31中顺序功能图所示的步进运行方向为S0→S20→S23→S25→S0，没有其他去向，所以叫单流程。实际的控制系统并非一种顺序，含多种路径的叫分支流程。下面举例介绍单流程控制应用。

【例3-1】设计一套三彩灯顺序闪亮的步进梯形图程序

控制要求：按下启动按钮SB1后，红色指示灯HL1亮2s后熄灭，接着黄色指示灯HL2亮3s后熄灭，接着绿色指示灯亮5s后熄灭，转入待机状态。

根据控制要求，选择PLC型号为FX2N-32MR。

输入元件：SB1——X1。

输出元件：HL1——Y1；HL2——Y2；HL3——Y3。

三彩灯顺序闪亮控制顺序功能图如图3-32根据控制要求，定时器在状态停止执行后会自动清零和触点复位，因此不需要对定时器复位清零。

步进梯形图和指令表程序如图3-32所示。

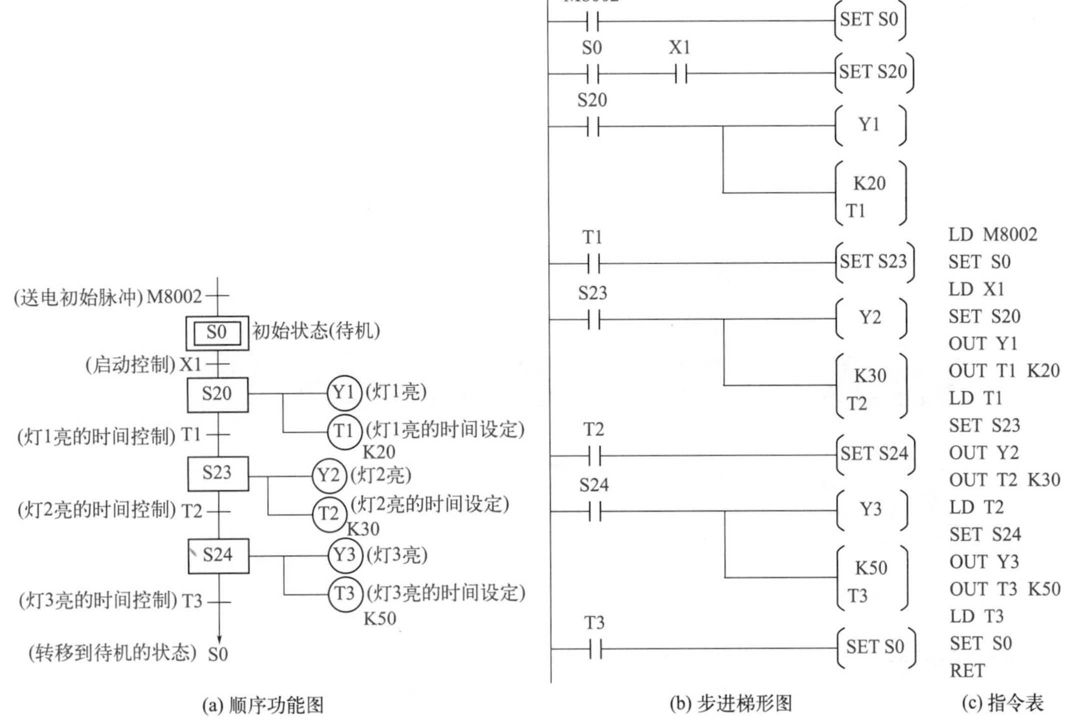

图3-32 三彩灯顺序闪亮的步进梯形图程序

FX3U PLC

第4章 GX Works2编程软件的应用

GX Works2是三菱电机新一代的综合PLC编程软件，是专门用于三菱PLC设计、调试、维护的编程工具。与传统的GX Developer软件相比．GX Works2扩展了功能，提高了操作性能，更加容易使用。在GX Developer软件中编制的PLC程序，都可以利用GX Works2打开，并进行修改、编辑或其他各种操作。

4.1 GX Works2软件的梯形图编程

4.1.1 GX Works2软件简介

GX Works2是2011年之后推出PLC编程软件，它适用于Q、QnU、L、FX等系列可编程控制器，不支持FX0N以下版本PLC和A系列PLC的编程。

GX Works2具有简单工程（simple project）和结构化工程（structured project）两种编程方式，支持梯形图、指令表、SFC、ST、结构化梯形图等编程语言，集成了程序仿真软件GX Simulator2，具备程序编辑、参数设定、网络设定、监控、仿真调试、在线更改、智能功能模块设置等功能，可实现PLC与HMI、运动控制器的数据共享。

4.1.2 GX Works2软件的安装和启动

（1）GX Works2软件的安装

GX Works2操作系统可以在Win-Vista、Win-XP和Win-2000以上系统中进行安装。

安装GX Works2编程软件时，可以使用光盘安装，也可以将软件复制到计算机硬盘上再进行安装。光盘安装时，将CD-ROM插入到CD-ROM驱动器中，双击CD-ROM内的“setup.exe”即可。硬盘安装时，首先进入GX Works2文件夹，双击“setup.exe”便可开始安装，如图4-1所示。

图4-1 安装GX Works2操作1

系统自动运行安装程序，如果安装过程中计算机上有其他应用程序正在运行，安装系统会提示关闭这些程序，如图4-2所示。

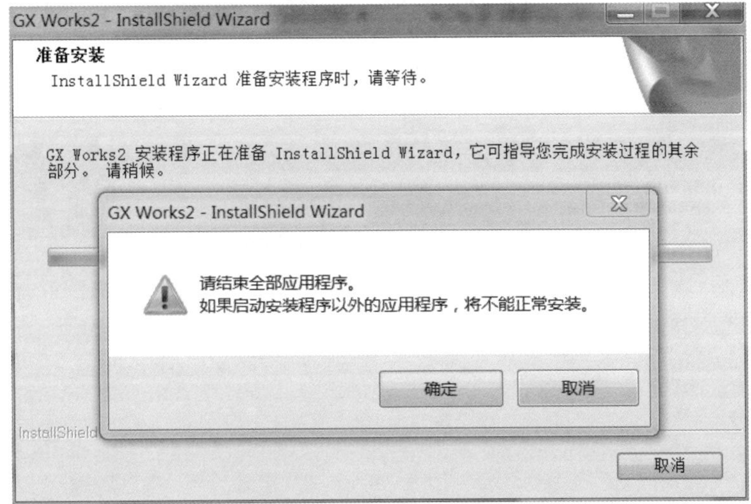

图4-2 安装GX Works2操作2

关闭运行的其他应用程序后，安装向导会提示进行GX Works2的安装，单击“下一步”，如图4-3所示。

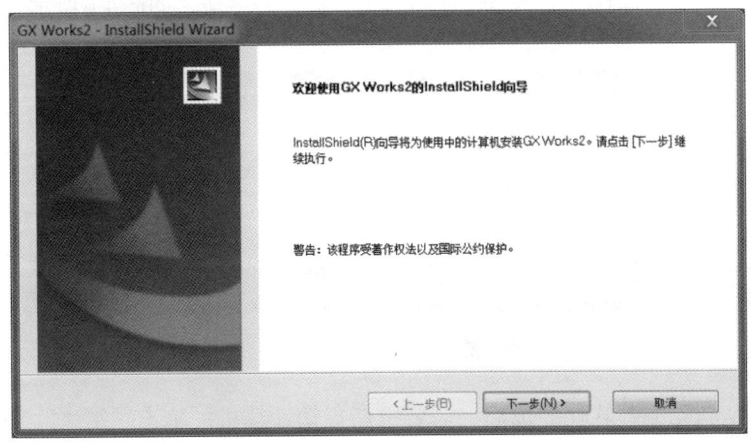

图4-3 安装GX Works2操作3

输入用户信息，即姓名、公司名和产品ID，单击“下一步”，如图4-4所示。

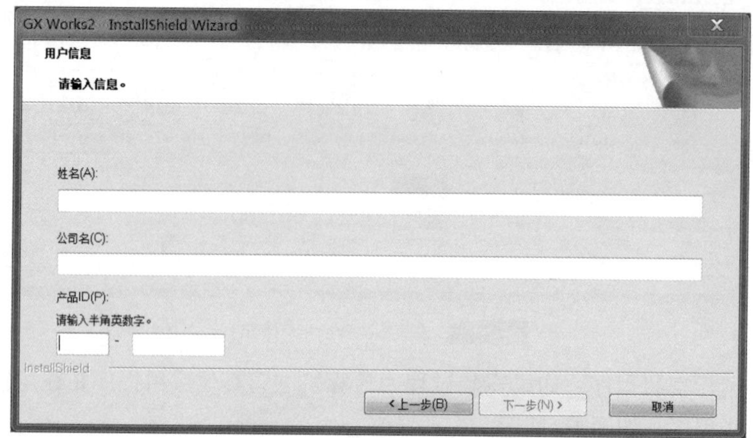

图4-4 安装GX Works2操作4

选择安装路径后，单击“下一步”，如图4-5所示，进入安装状态。

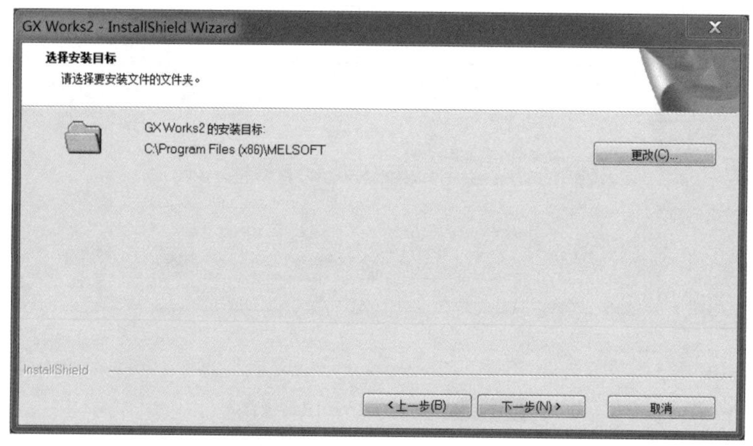

图4-5 安装GX Works2操作5

安装过程中，安装向导会提示是否显示该工具的安装手册，如图4-6所示。

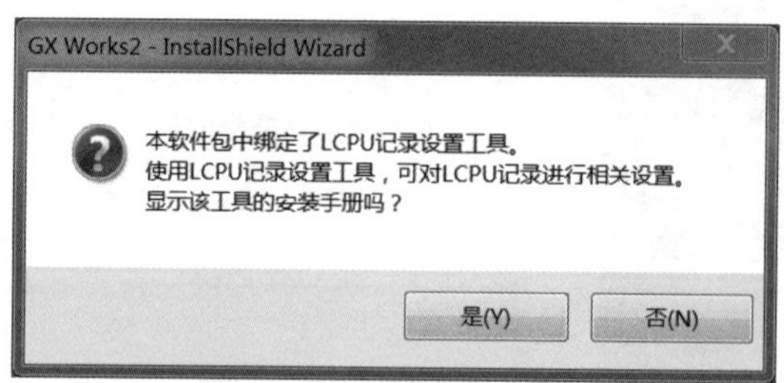

图4-6 安装GX Works2操作6

安装GX Works2编程软件完成后，需要重新启动计算机，单击“结束”，完成安装，如图4-7所示。

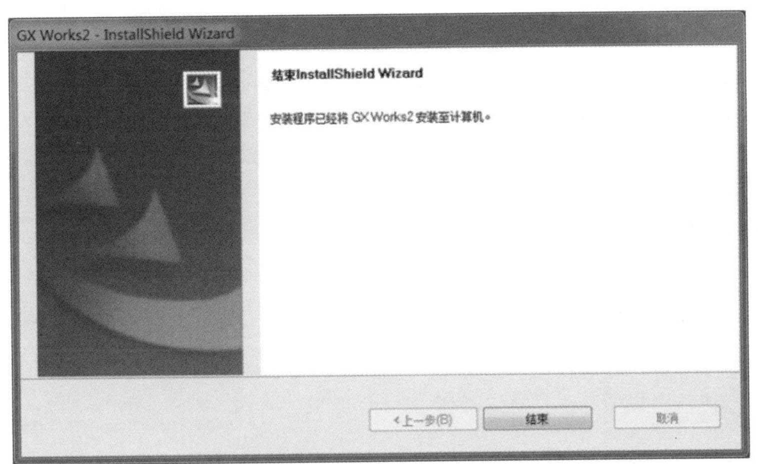

图4-7 安装GX Works2操作7

（2）GX Works2软件的启动

GX Works2软件的启动有三种方法。

① 开始菜单方法　单击“开始”→“程序”→“MELOSFT应用程序”→“GX Works2”→“GX Works2”，启动软件进入GX Works2编程界面。

② 图标方法　双击桌面上的GX Works2图标，即可进入GX Works2软件编程界面。

③ 资源管理器方法　在计算机的Windows资源管理器中，双击一个已有的GX Works2项目文件便可以轻松启动GX Works2项目。

（3）GX Works2软件的编程环境

启动GX Works2后，编程界面将显示出GX Works2的初始编程界面，如图4-8所示。编程人员可以通过这个初始的编程界面进行项目的硬件配置、编程、试运行等操作。

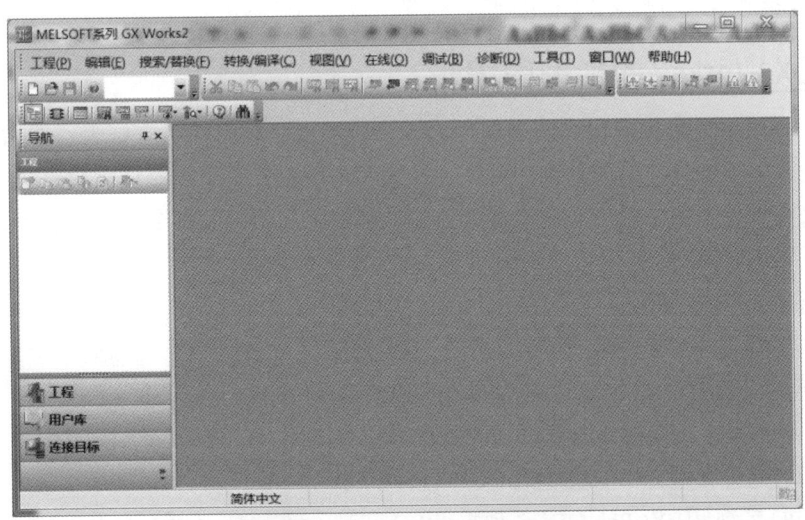

图4-8 GX Works2软件编程环境

GX Works2编辑界面包括标题栏、菜单栏、工具条、导航窗口、操作编辑窗口和状态栏等几大常用区域，其他特殊功能的窗口在不活动状态时是处于隐藏和关闭状态的，常用界面如图4-9所示。

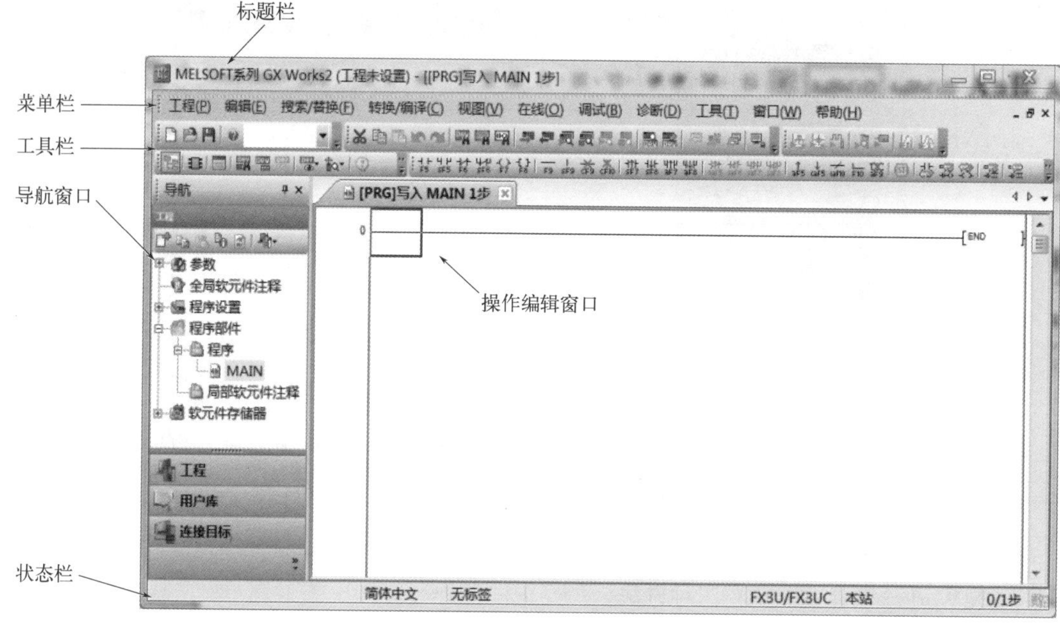

图4-9 GX Works2界面窗口

① 标题栏：显示工程名称、编辑模式、程序步数、PLC类型以及当前操作状态等。

② 菜单栏：包含工程、编辑、搜索/替换、转换/编译、视图、调试等11个菜单。单击需要的菜单，会显示相应的下拉子菜单。

③ 工具栏：由标准、程序通用、折叠窗口和智能功能模块等组成。

④ 导航窗口：包含工程、用户库和连接目标，可显示相关工程参数列表。

⑤ 状态栏：显示状态信息。

⑥ 操作编辑窗口：完成程序的编辑、修改、监控的区域。

4.1.3 GX Works2的梯形图编辑

梯形图是使用得最多的PLC图形编程语言，由触点、线圈和用方框表示的指令框组成。触点代表逻辑输入条件，例如外部的开关、按钮和内部条件等。线圈通常代表逻辑运算的结果，常用来控制外部的指示灯、交流接触器和内部的标志位等。指令框用来表示定时器、计数器或者数学运算等。

（1）创建一个新工程

执行“工程”→“新建工程”或单击“🗋”按钮，弹出新建工程对话框，设置工程类型、PLC系列、PLC类型和程序语言相关选项。其中工程类型有简单工程和结构化工程，CPU类型有QCPU系列（Q模式）、LCPU系列和FXCPU（FX系列），PLC类型有FX0S、FX1、FX2N/FX2NC、FX3U/FX3UC等，可根据PLC系列选择PLC型号。这里选择FX3U/3UC类型，梯形图程序语言，单击“确定”按钮，创建一个新工程，如图4-10所示。

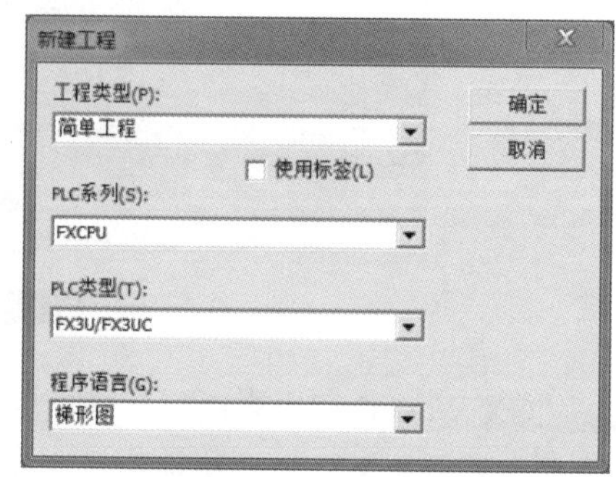

图4-10 新建工程对话框

进入新工程编辑窗口，呈现可写入程序状态，如图4-11所示。

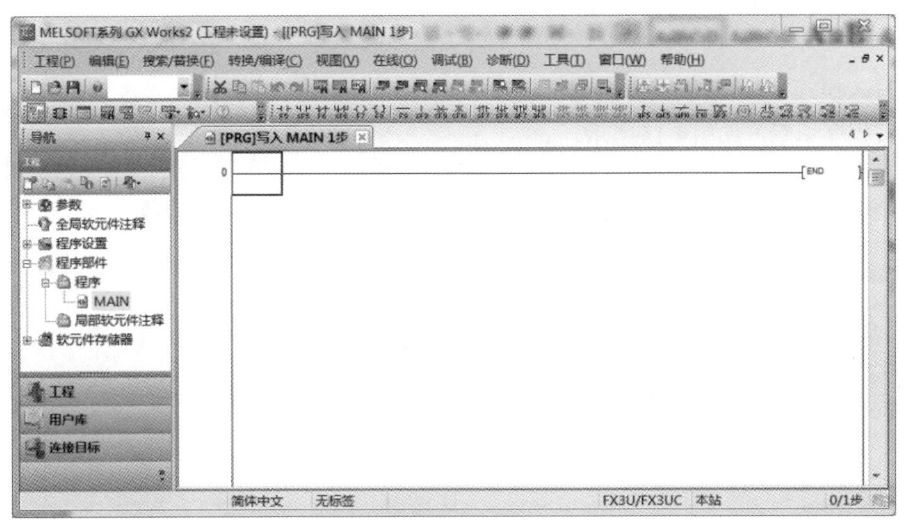

图4-11 新建工程

（2）在工程中添加新数据

执行“工程”→“数据操作”→“新建数据”，弹出新建数据对话框，选择数据类型、数据名和程序语言等。数据类型有程序、全局软元件注释、局部软元件注释和软元件存储器。数据名有MAIN等，程序语言有梯形图和SFC，编写程序使用梯形图或SCF（顺序功能图）。根据可编程控制器类型以及工程类型，可添加的数据有所不同。这里选择梯形图程序语言编辑，单击“确定”按钮，如图4-12所示。

执行“工程”→“保存工程”或单击“💾”按钮，弹出另存工程为对话框，选择“驱动器”→“路径”，并输入工程名，扩展名为“.gxw”，单击“保存”按钮，如图4-13所示。

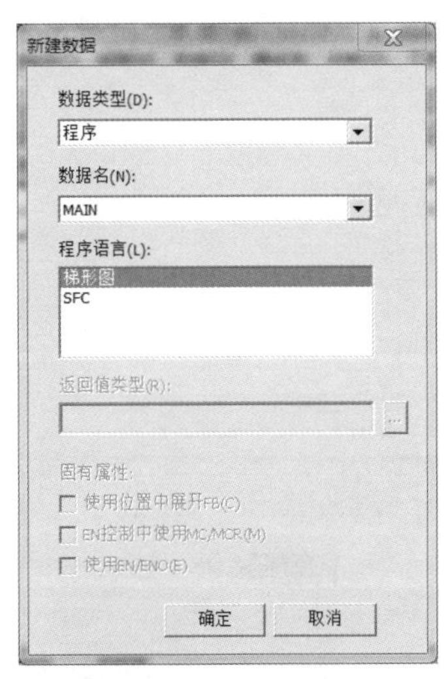

图4-12 新建数据对话框

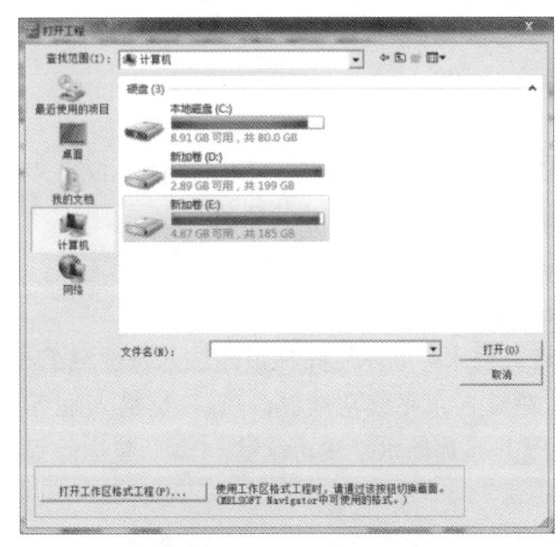

图4-13 另存工程为对话框

执行“工程”→“关闭工程”，弹出关闭工程对话框，单击“是”按钮退出工程，单击“否”按钮返回编辑窗口，如图4-14所示。

（3）梯形图编辑和程序写入

① 梯形图的编辑　执行“编辑”→“梯形图编辑模式”→“写入模式”，或单击“ ”按钮，进入梯形图编辑模式（写入模式），运用编程指令或工具栏中梯形图软元件符号进行程序编写，如图4-15所示。

工具栏中快捷键与软元件对应关系，如图4-16所示。

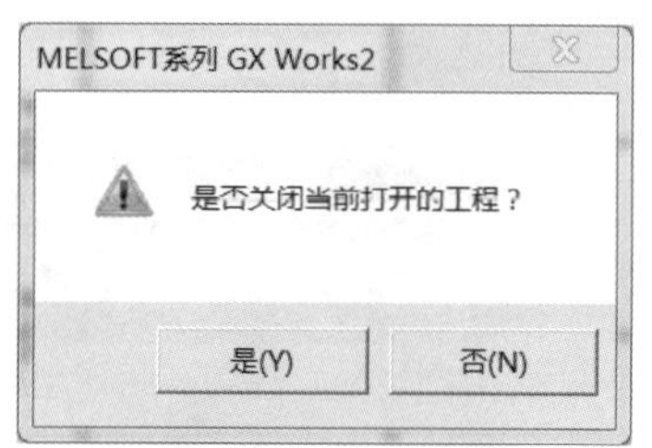

图4-14　关闭工程对话框

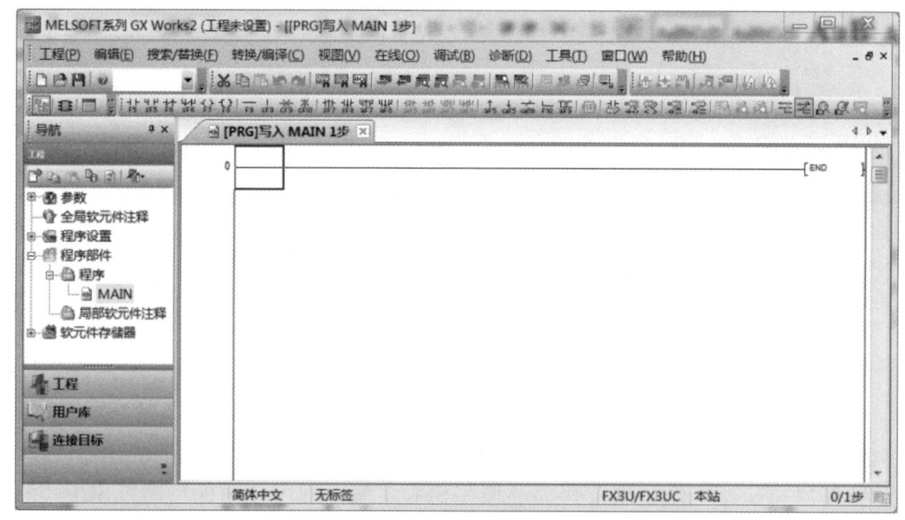

图4-15　写入模式

F5 sF5 F6 sF6 F7 F8 F9 sF9 cF9 cF10 sF7 sF8 aF7 aF8 saF5 saF6 saF7 saF8 aF5 caF5 caF10 F10 aF9

图4-16　快捷键与软元件的对应关系

单键：F5代表常开触点、F6代表常闭触点、F7代表线圈、F8代表应用指令、F9代表横线、F10代表划线输入。

组合键如下所述。

shift+单键：sF5代表常开触点并联、sF6代表常闭触点并联等。

ctrl+单键：cF9代表横线删除。

alt+单键：aF7代表上升沿脉冲并联等。

ctrl+alt+单键：caF10代表运算结果取反等。

连线输入与删除：在梯形图输入快捷键工具条中，“F9”是输入水平线功能键，“sF9”是输入垂直线功能键；“cF9”是删除水平线功能键，“cF10”是删除垂直线功能键。

图4-17　梯形图编辑例题

有些对应关系没有给出，读者可根据上述所讲自行推理。

例如输入常开触点X1和线圈Y1，如图4-17所示。

首先，单击“F5”按钮或F5键，弹出梯形图输入对话框，输入X1（或X001），单击“确定”按钮，常开触点X001出现在相应位置。然后，单击“F7”按钮或F7键，弹出梯形图输入对话框，输入Y1（或Y001），单击“确定”按钮，线圈Y001出现在相应位置，如图4-18所示。

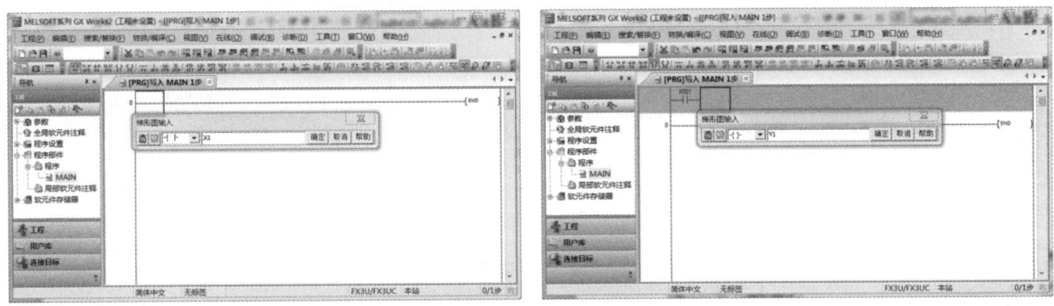

(a) 输入常开触点X1　　(b) 输入线圈Y1

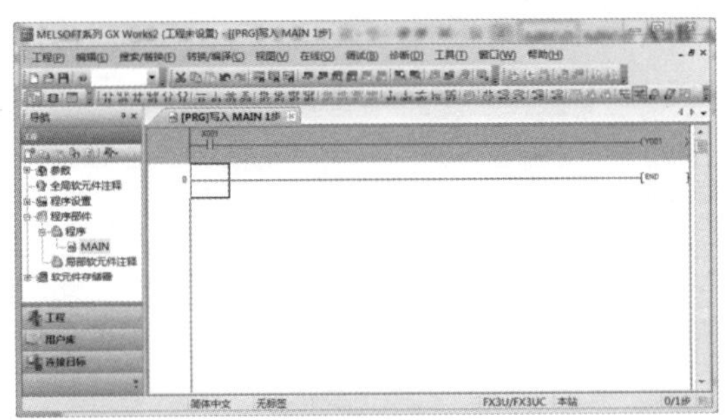

(c) 梯形图程序

图4-18 梯形图编辑

② 梯形图的转换/编译　在梯形图编写完成后，要及时把梯形图转换为顺控程序，这样才能正确地写入到PLC中。执行“转换/编译”→“转换”或者单击“”按钮，选择所需的转换方式，如图4-19所示，此时编辑窗口背景由灰色转变成白色。

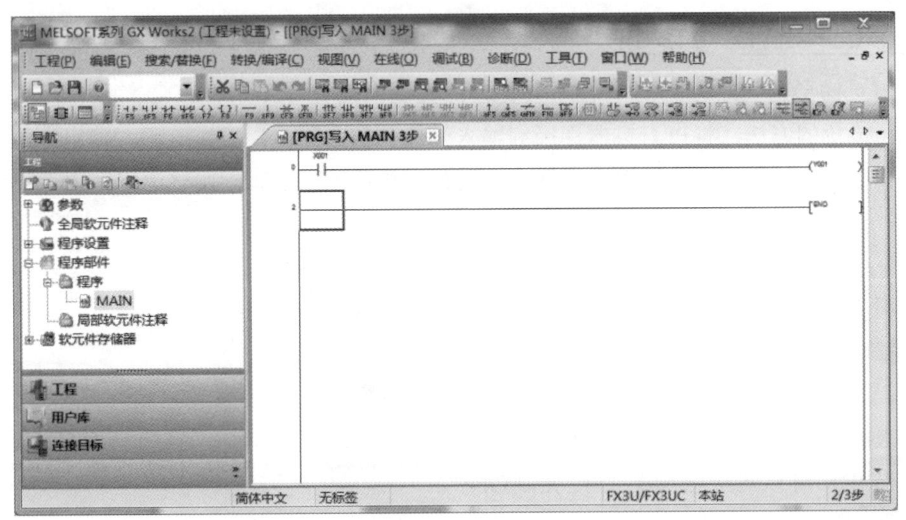

图4-19 梯形图转换

同时，也可单击“”按钮，双击需要操作软元件，进行软元件注释、声明、注解等编辑。

例如单击“”注释软元件按钮，双击选中上例中X001，弹出注释输入对话框，输入“常开触点”，单击“确定”按钮，注释文字相应出现在X001下方，同样选中Y001，输入“线圈”，如图4-20所示。

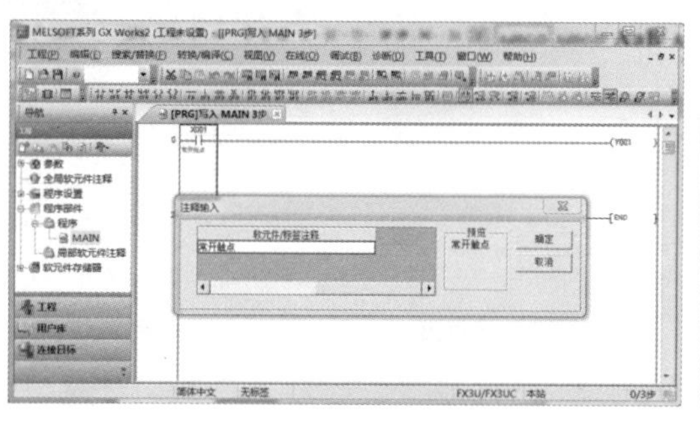

(a) X1常开触点注释

(b) Y1线圈注释

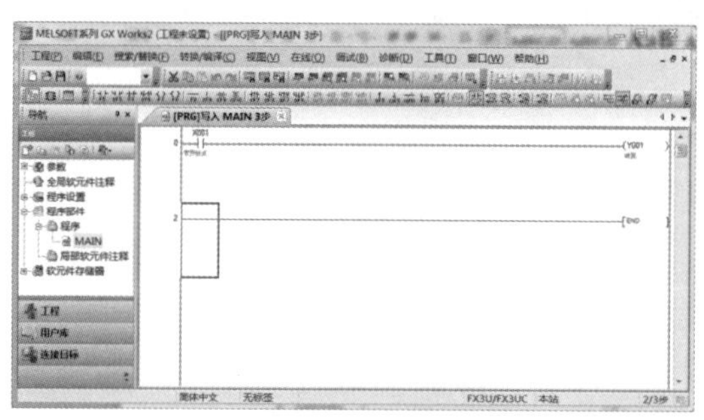

(c) 软元件注释

图4-20 注释说明

③ 程序写入 执行“在线”→“PLC写入”或者单击“”按钮，弹出PLC写入对话框，根据需求进行写入设置，如图4-21所示，完成程序写入。

4.1.4 在线监控与诊断

当PLC梯形图程序编制完毕后，需要进行调试，检查程序是否符合实际工程的控制要求。依照传统的方法，将PLC机器连接到输入元件、输出元件、工作电源、输出电源，然后通过编程电缆，把程序下载到PLC机器中，进行在线监控和诊断，调试运行，以保证程序正常工作。

（1）在线监控

执行“在线”→“监视”进入监视菜单，选择需要的监视方式，或者单击“”按钮。监视方式有监视模式、监视（写入模式）、监视开始和监视停止等。在监视模式中，可以对一些信号直接强制ON/OFF，模拟所达到的效果，如图4-22所示。

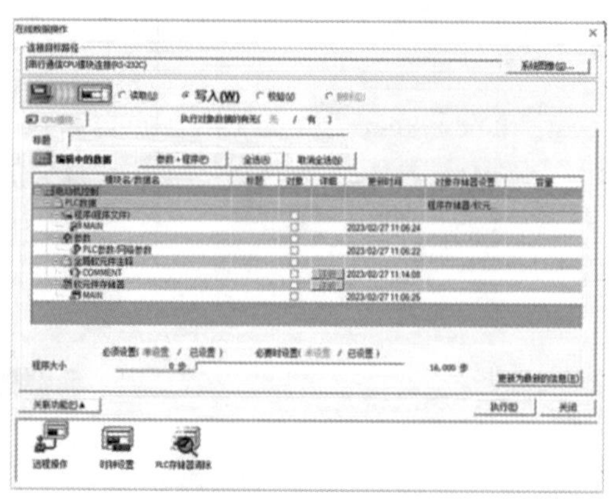

图4-21 在线数据操作界面

（2）调试

在调试界面中，可通过软元件/缓冲存储器的当前值强制更改实现对CPU的位软元件

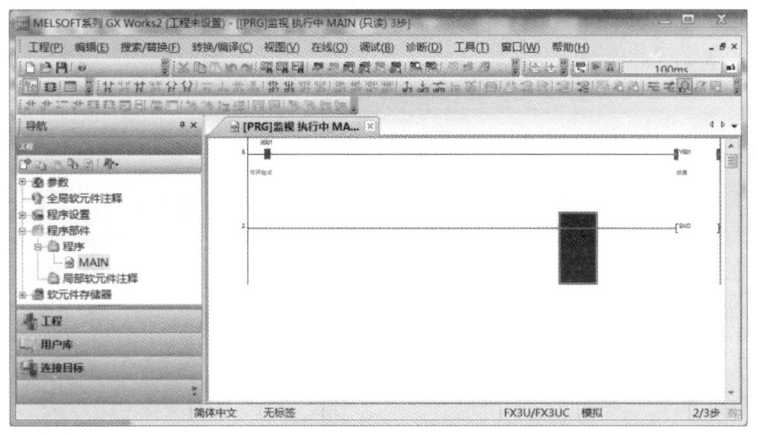

图4-22 在线监视

的ON/OFF。执行“调试”→“更改当前值”或单击“![]”，弹出当前值更改对话框，进行软元件/标签和缓冲存储器相关数值的强制更改，如图4-23所示。

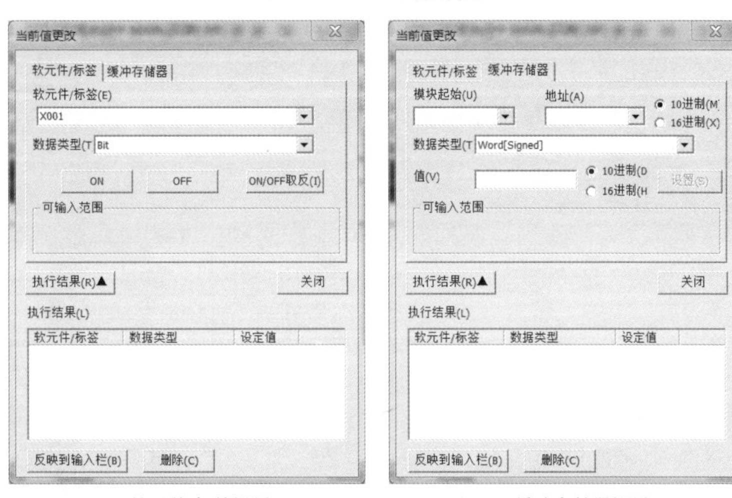

(a) 软元件/标签设置　　(b) 缓冲存储器设置

图4-23 当前值更改对话框

（3）诊断

执行“诊断”→“PLC诊断”，进入PLC诊断界面，如图4-24所示。在PLC诊断界面可以查看对应的错误信息、各元件状态信息等。

4.1.5 GX Works2编辑环境下的仿真分析

PLC在线调试实时直观，但也较烦琐麻烦，如果程序中出错，还可能造成事故。GX Works2编辑环境中带有“GX Simulator2”仿真软件，其功能是使编写好的程序在电脑中虚拟运行，以便对所设计的程序进行仿真分析，而不需要连接实际的PLC。万一程序中存在错误，出现异常的输出信号，也能够保证安全。

执行“调试”→“模拟开始/停止”或单击“![]”按钮，弹出GX Simulator2模拟操作界面，开始进行模拟，如图4-25所示。模拟功能可对实际的可编程控制器CPU进行模拟，对创建的顺控程序进行调试。

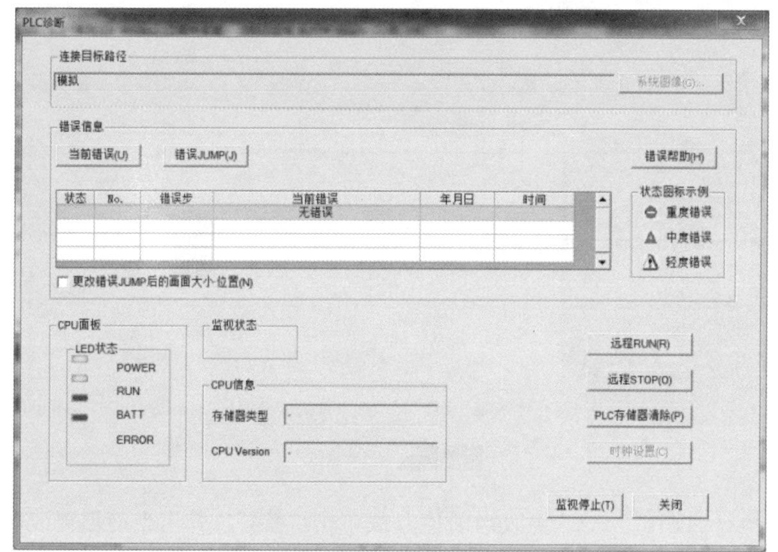

图4-24 PLC诊断界面

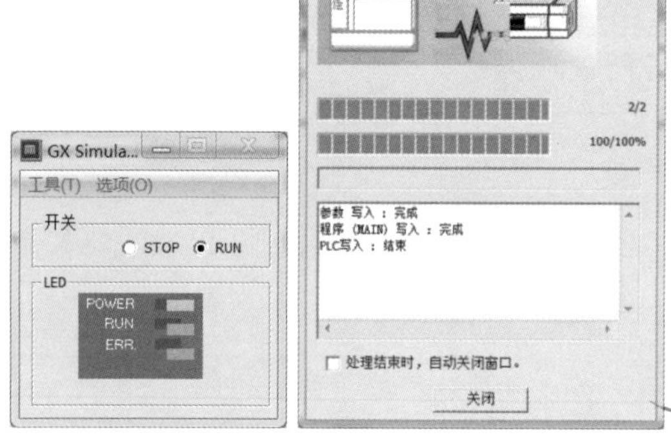

(a) GX Simulator2操作界面

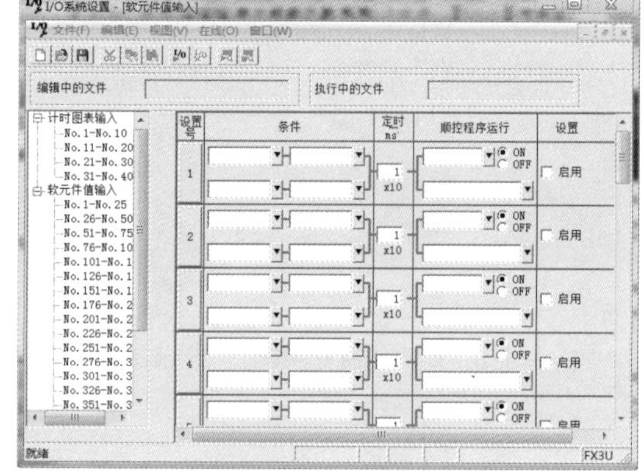

(b) I/O系统设置界面

图4-25 模拟操作界面

现以“电动机正反转梯形图”程序为例，在GX Works2编辑环境中进行仿真分析，电动机正反转梯形图如图4-26所示，I/O地址分配如表4-1所示。

表4-1 I/O地址分配表

输入			输出		
软元件代码	名称	地址	软元件代码	名称	地址
SB1	正转启动按钮	X1	KM1	正转接触器	Y1
SB2	反转启动按钮	X2	XD1	正转运行指示	Y2
SB3	停止按钮	X3	KM2	反转接触器	Y3
KH1	热继电器	X4	XD2	反转停止指示	Y4

电动机正转时，按下正转启动按钮SB1，X1接通，Y1线圈得电，接触器KM1吸合，电动机通电正向运转，指示灯XD1（Y2，正转指示）亮起。松开按钮后，由Y1的常开触点实现"自保"，维持KM1的吸合。停止正转时，按下停止按钮SB3，X3断开，Y1和Y2线圈均失电，KM1释放，XD1熄灭。

电动机反转时，按下反转启动按钮SB2，X2接通，Y3线圈得电，接触器KM2吸合，电动机通电反向运转，指示灯XD2（Y4，反转指示）亮起。松开按钮后，由Y3的常开触点实现“自保”，维持KM2的吸合。停止反转时，按下停止按钮SB3，X3断开，Y3和Y4线圈均失电，KM2释放，XD2熄灭。

当电动机过载时，KH1（X4）的常闭触点断开，Y1 ～ Y4线圈不能得电，KM1、KM2释放。

注意：KM1与KM2必须互锁，以防止线圈同时得电，造成主回路短路。对于正反转控制电路，仅仅在梯形图程序中设置“软”互锁是不行的，必须在接线中加上“硬”互锁。将KM2的辅助常闭触点串联到KM1线圈上，将KM1的辅助常闭触点串联到KM2线圈上。

对于本例所需要的梯形图我们来看一下如何编程。

（1）创建新工程

执行“工程”→“新建工程”或单击“”按钮，弹出新建工程对话框中，设置相关选项：在“工程类型（P）”中，选择“简单工程”；在“PLC系列（S）”中，选择“FXCPU”；在“PLC类型（T）”中，选择“FX3U/FX3UC”；在“程序语言（G）”中，选择“梯形图”。单击“确定”按钮，创建一个新工程，如图4-27所示。

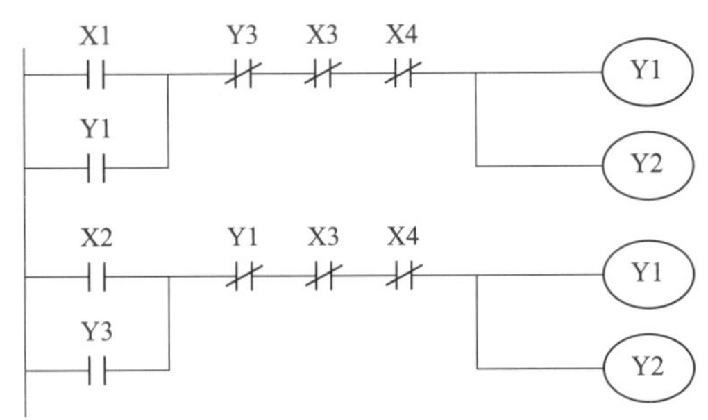

图4-26 电动机正反转梯形图

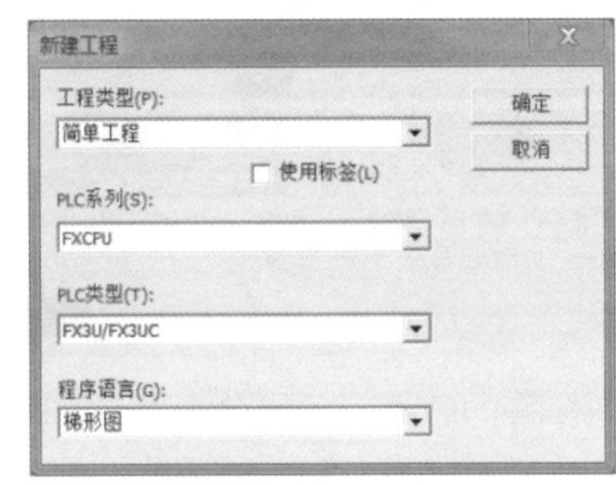

图4-27 创建新工程

（2）添加编程软元件

参照4.1.3小节中的方法进行梯形图的编辑，按照从左到右顺序添加电动机正转软元件。首先，单击“”按钮或F5键，弹出梯形图输入对话框，输入X1（或X001），单击“确定”按钮，常开触点X001出现在相应位置。然后，单击“”按钮或F6键，分别添加输入Y3（或Y003）、X3（或X003）和X4（或X004）。最后，单击“”按钮或F7键，输出Y1（或Y001），第一行梯形图编辑如图4-28所示。

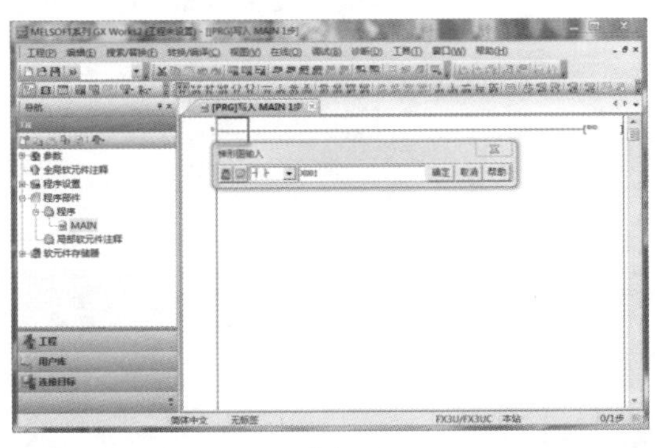

(a) 输入X1

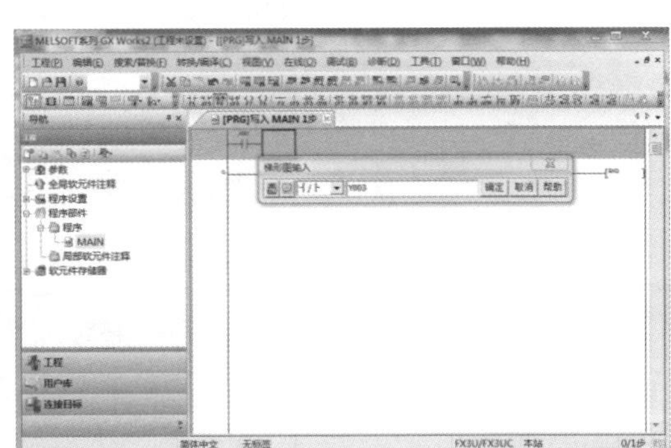

(b) 输入Y3

图4-28

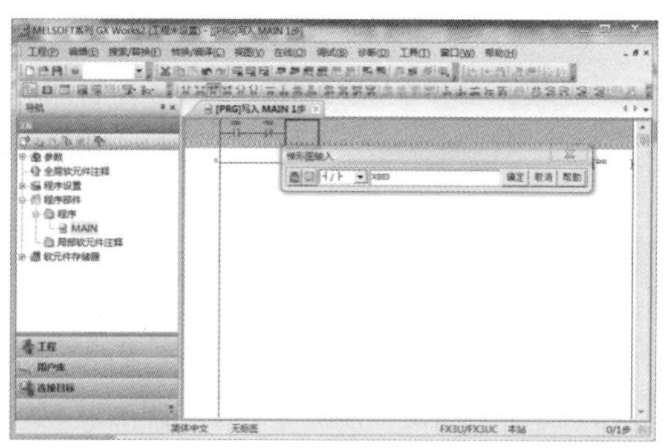

(c) 输入X3

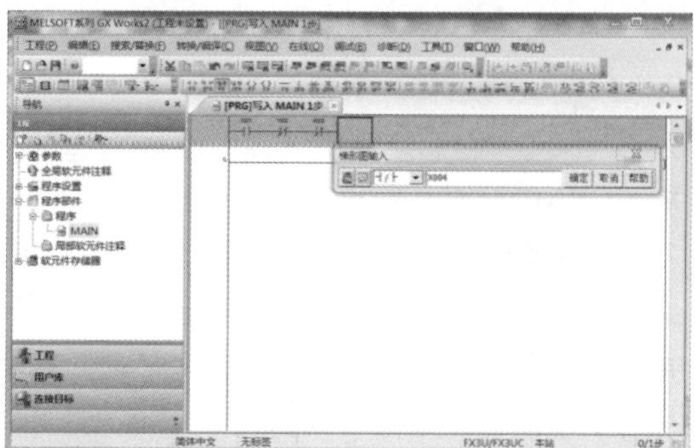

(d) 输入X4

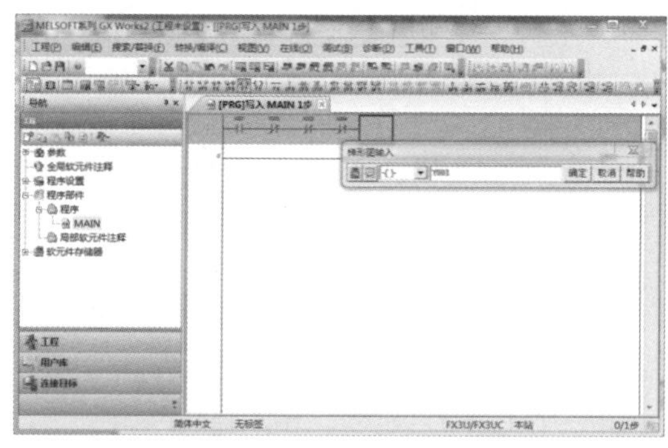

(e) 输出Y1

图4-28 第一行梯形图编辑

光标移动到第二行，单击“”按钮或F5键，输入Y1（或Y001），单击“确定”按钮，常开触点Y001出现在相应位置。然后移动光标，单击“”按钮或Shift+F6键，输入竖向连线“|”。移动光标，再次输入竖向连线“|”；最后单击“”按钮或F7键，输出Y2（或Y002），第二行梯形图如图4-29所示。

按照同样的方法，添加电动机反转软元件。在梯形同编辑区分别添加输入继电器X002～X004、输出继电器Y003、Y004，以及左侧母线、右侧母线，横向连线、竖向连线，如图4-30所示。

电动机正反转梯形图如图4-31所示。

（3）梯形图的转换和文件保存

① 梯形图的转换 “转换”是对梯形图进行查错的一个过程。没有转换的梯形图文件是

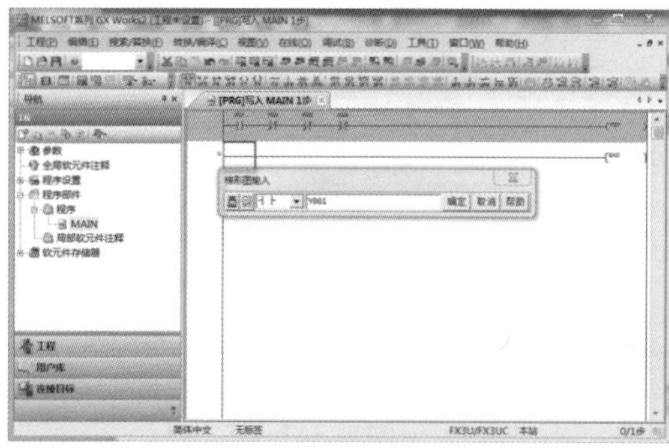

(a) 输入Y1

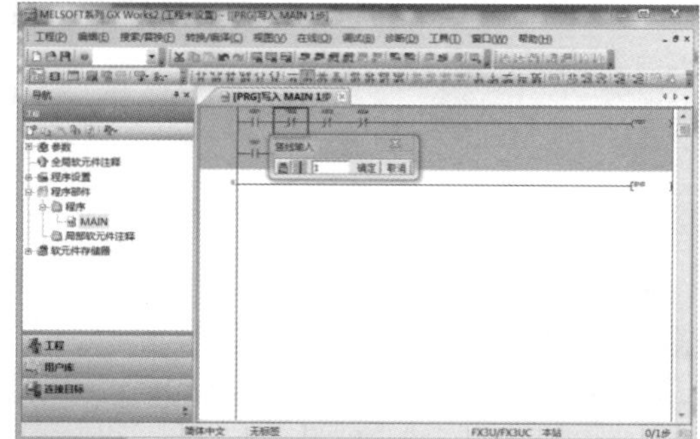

(b) 输入竖向连线

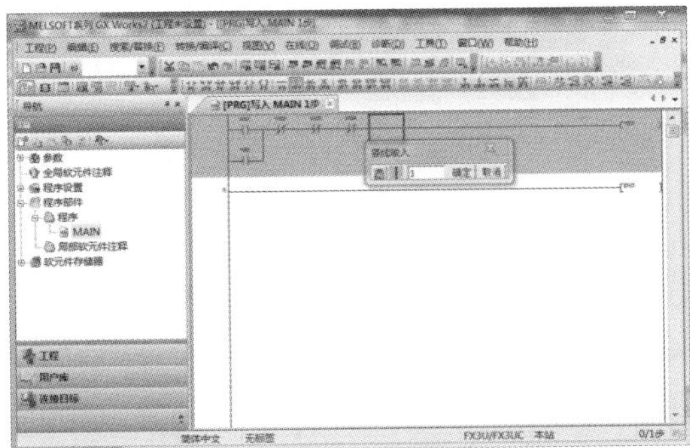

(c) 输入竖向连线

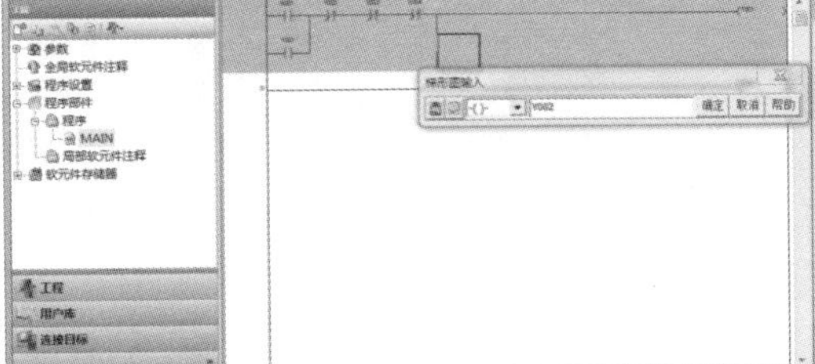

(d) 输出Y2

图4-29 第二行梯形图编辑

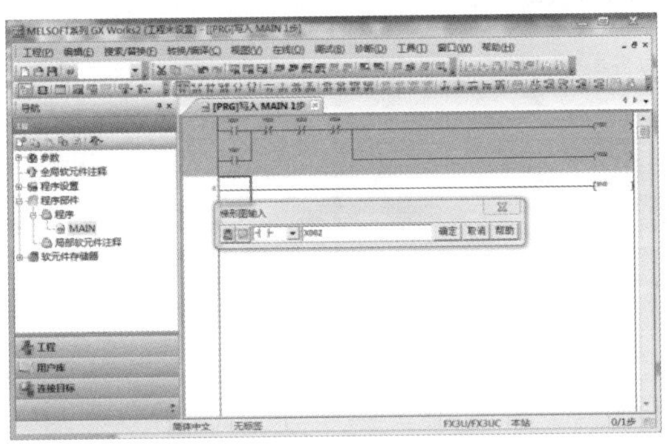

(a) 输入X2

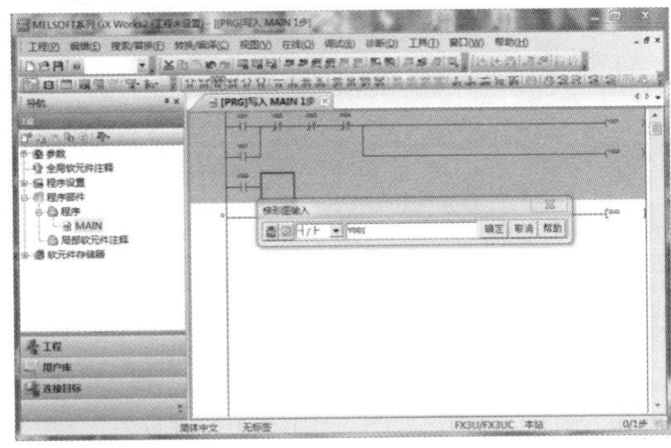

(b) 输入Y1

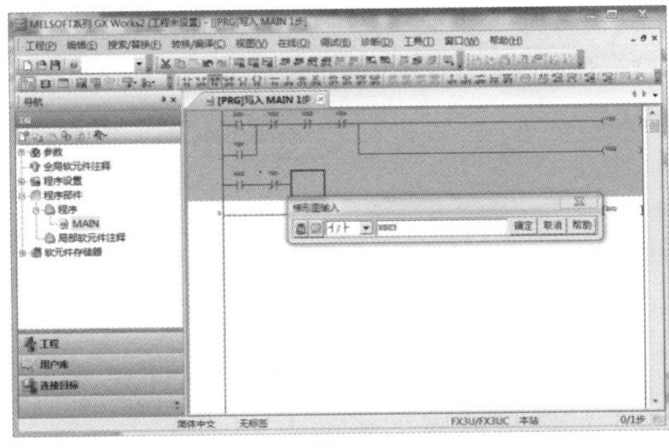

(c) 输入X3

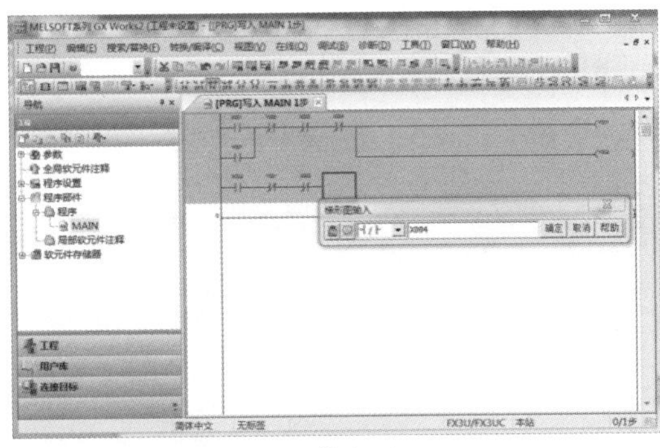

(d) 输入X4

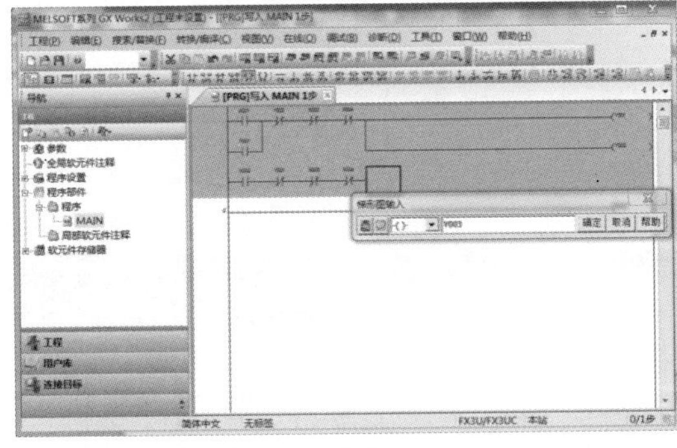

(e) 输出Y3

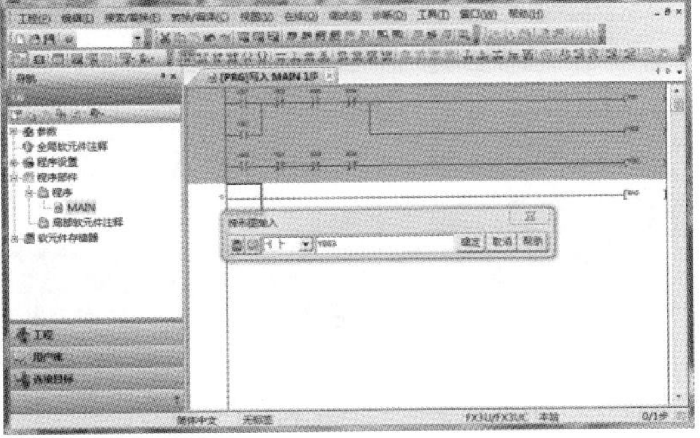

(f) 输入Y3

图4-30

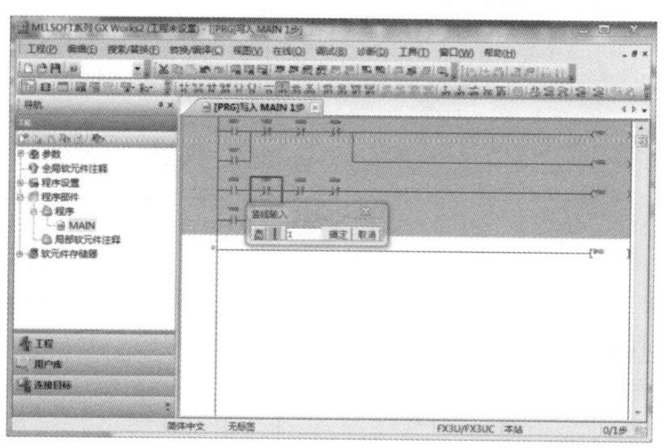

(g) 输入竖向连线

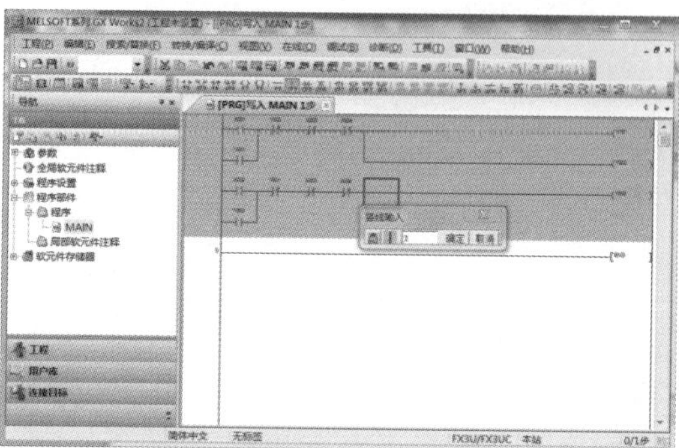

(h) 输入竖向连线

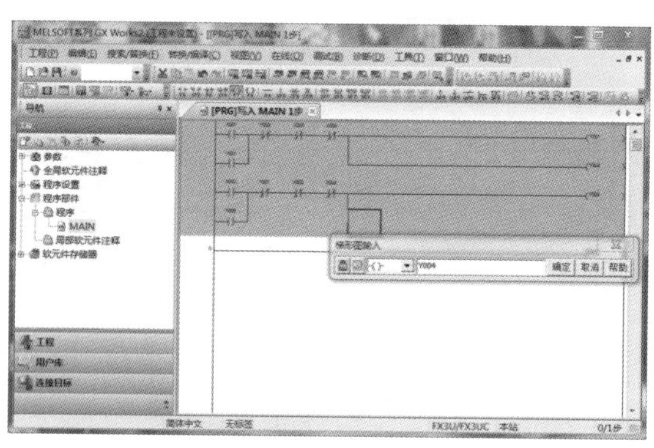

(i) 输出Y4

图4-30 第三、四行梯形图编辑

不能保存的。图4-31的背景是灰色的，执行“转换/编译”→“转换”，进行程序转换，如果梯形图编写有错误则出现无法转换提示，出错区将保持灰色，需要根据光标提示处进行修改，否则不能变换，如图4-32所示。

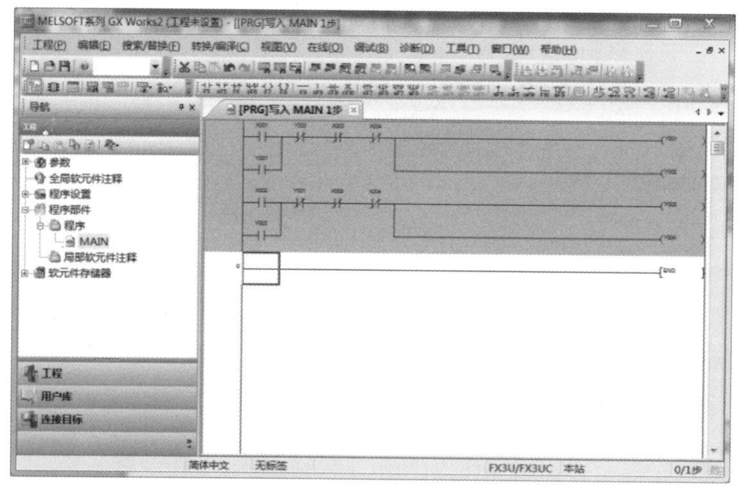

图4-31 电动机正反转梯形图

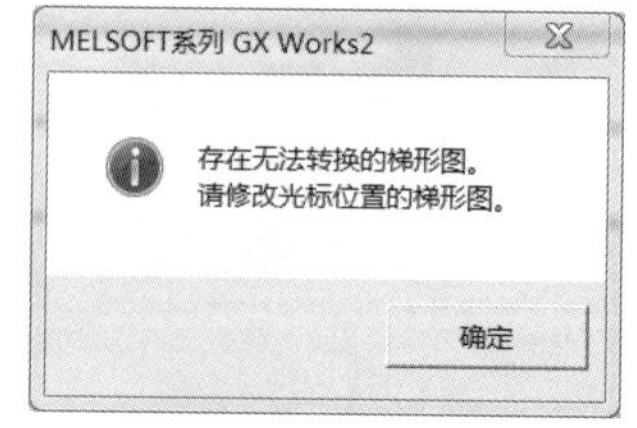

图4-32 出错提示

若无错误，编辑背景变为白色的，转换完成，如图4-33所示。

为编程软元件加上注释，可以单击“ ”按钮，逐个双击选中注释软元件分别输入说明文字。如果添加注释软元件较多也可双击导航窗口中的“工程”→“全局软元件注释”，弹

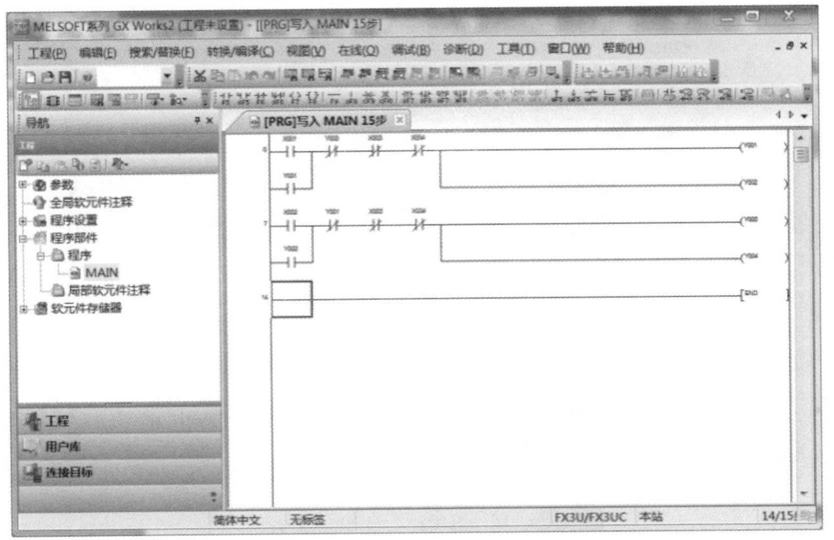

图4-33 电动机正反转梯形图转换

出软元件注释表窗口，如图4-34所示。

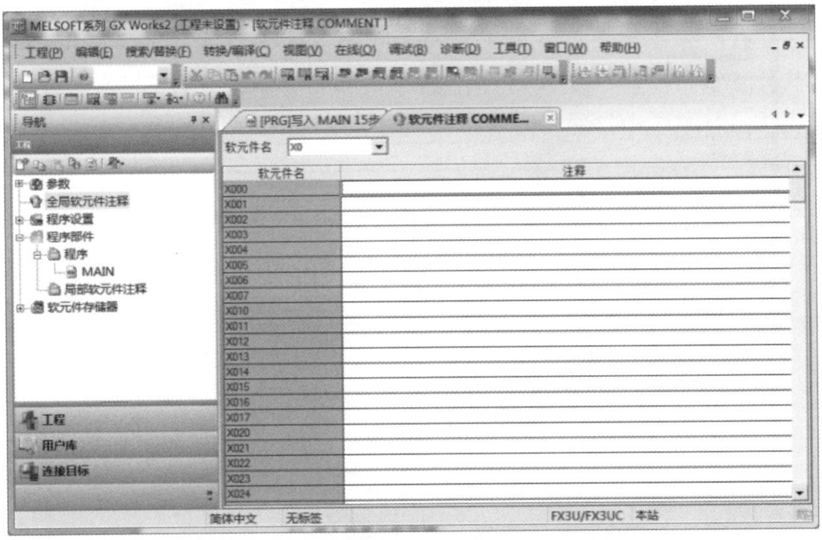

图4-34 软元件注释表

在图中左上角的“软元件名”中，写入“X000”，回车确认，则显示输入继电器X000～X377的列表，可依次为各个输入元件添加注释，如图4-35所示。按照同样的方法，在左上角“软元件名”中，写入“Y000”，则显示输出继电器Y000～Y377的列表，依次为各个输出元件添加注释，如图4-36所示。

切换回程序写入模式，单击“ ”按钮，软元件注释说明出现在梯形图对应元件下方，如图4-37所示。

② 保存文件　执行“工程”→“保存工程”，弹出另存工程为对话框，选择“驱动器”→“路径”，并输入工程名，单击“保存”按钮。

以后，只要打开保存文件夹，就能看到这个文件。可以再进行查看、编辑、修改、打

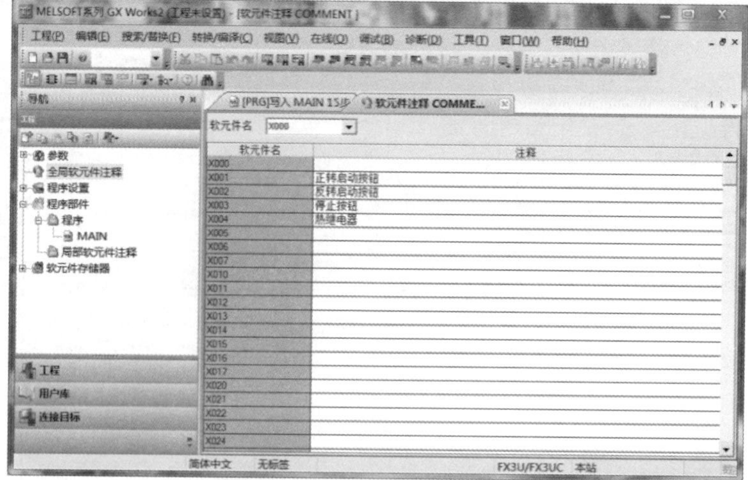

图4-35 输出继电器Y的注释（一）

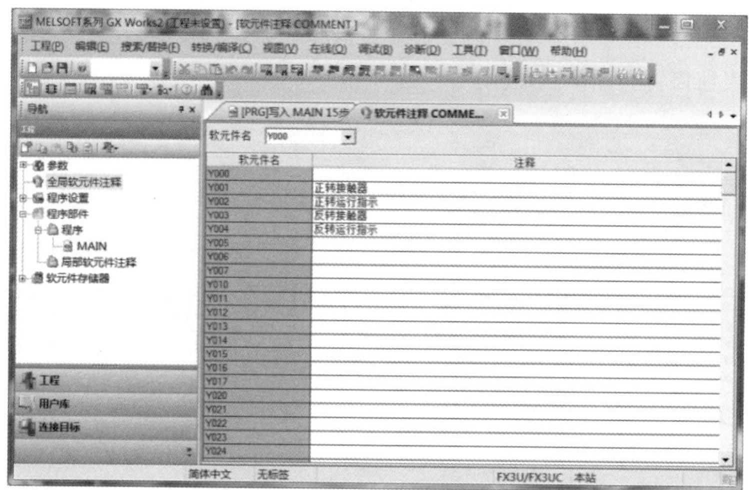

图4-36 输出继电器Y的注释（二）

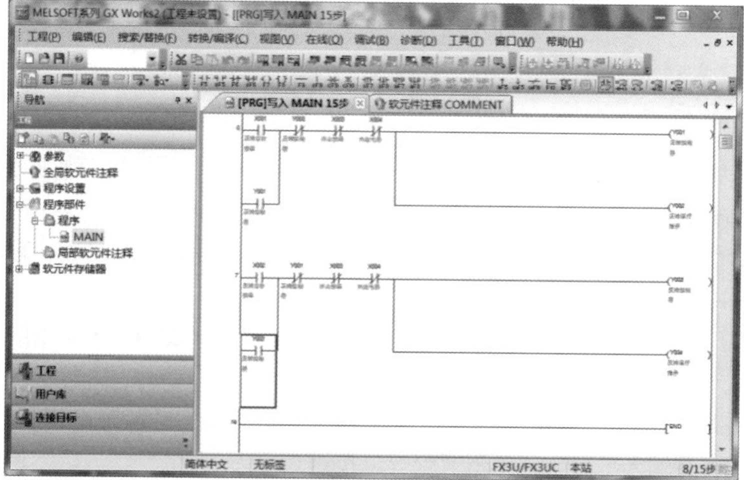

图4-37 软元件注释表

印，或下载到PLC中进行实际运行。

（4）进入仿真分析环境

执行“调试”→“模拟开始/停止”或单击“”按钮，弹出GX Simulator2模拟操作界面，提示可以进行仿真分析，如图4-38所示。与此同时，还弹出“PLC写入”画面，提示正在将所编制的程序导入到GX Simulator2仿真软件中，如图4-39所示。写入完成后，单击“关闭”按钮，将这个写入画面关闭。另外，GX Simulator2模拟操作界面最小化，放入电脑的任务栏中，以免影响程序画面。

图4-38 GX Simulator2模拟操作界面

梯形图已经进入程序仿真运行状态，如图4-40所示。原来已经闭合的触点、已经得电的输出线圈，都是深蓝色，而没有闭合的触点、没有得电的输出线圈，都保持原来的白色。从图4-40中可以看到，常闭触点X003、X001、Y003都是深蓝色，表示它们处于闭合状态，而其他触点X000、X001、X004和输出线圈Y000～Y004都没有得电，保持原来的白色。

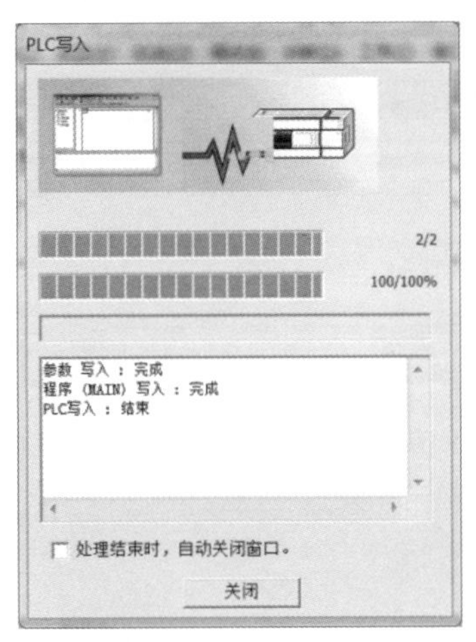

图4-39 “PLC写入”画面

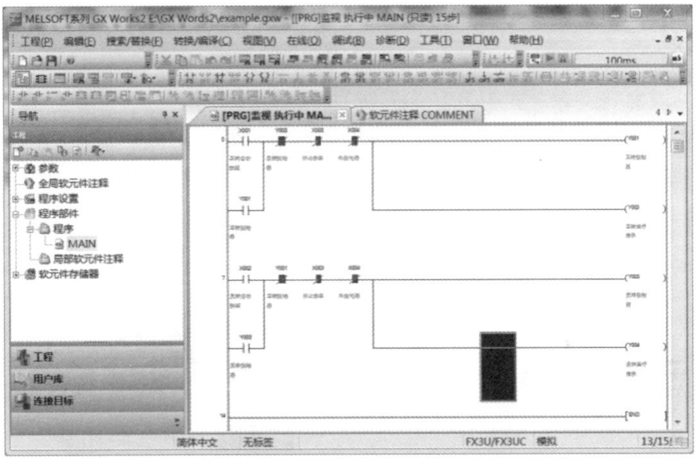

图4-40 梯形图程序仿真运行

（5）启动电动机正反转按钮，观察程序运行的结果

执行“调试”→“更改当前值”或单击“”，弹出当前值更改对话框，将输入继电器X001强制“ON”，X001闭合，X001呈现深蓝色，输出继电器Y001也呈现深蓝色，说明它得电并自保，同时Y002也得电（深蓝色），而Y003、Y004均不得电（保持白色）。电动机正向（Y001，正转接触器）运转，指示灯XD1（Y002，正转指示）亮起，如图4-41所示。输入继电器X001强制“OFF”，由Y001的常开触点实现“自保”，维持KM1的吸合，电动机保持正转，如图4-42所示。

用同样的方法，可以将X002强制“ON”，X002闭合，X002呈现深蓝色，输出继电器Y003得电并自保（深蓝色），同时Y004也得电（深蓝色），而Y001、Y002均不得电（保持白色）。电动机反向（Y003，反转接触器）运转，指示灯XD2（Y004，反转指示）亮起，如图4-43所示。输入继电器X002强制“OFF”，由Y003的常开触点实现“自保”，维持KM2的吸合，电动机保持反转，如图4-44所示。

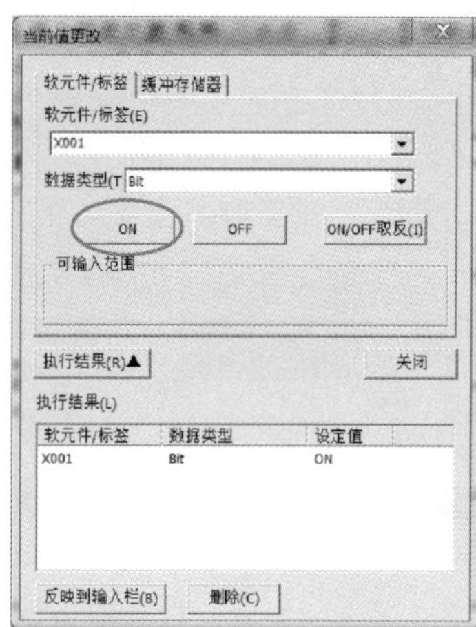

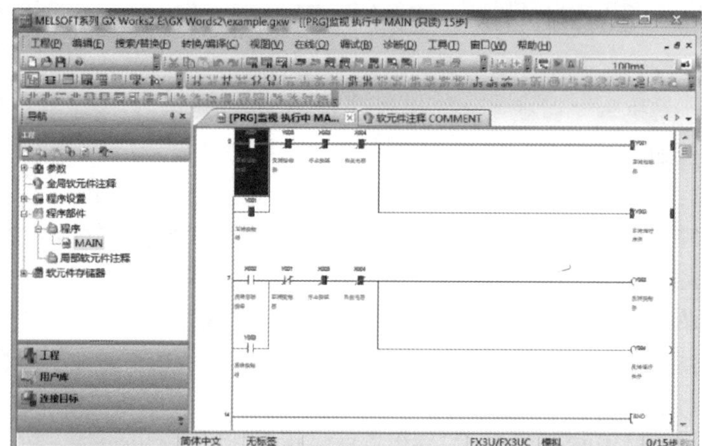

图4-41 电动机正向运转

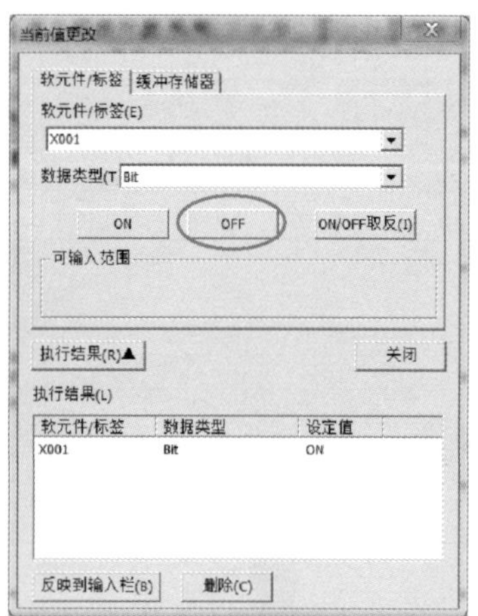

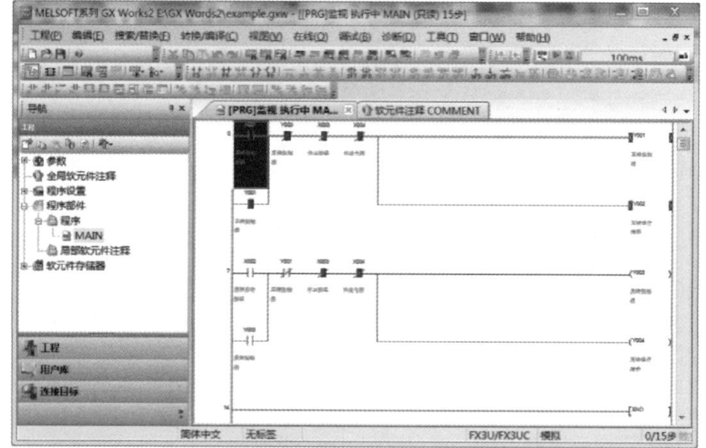

图4-42 电动机保持正转

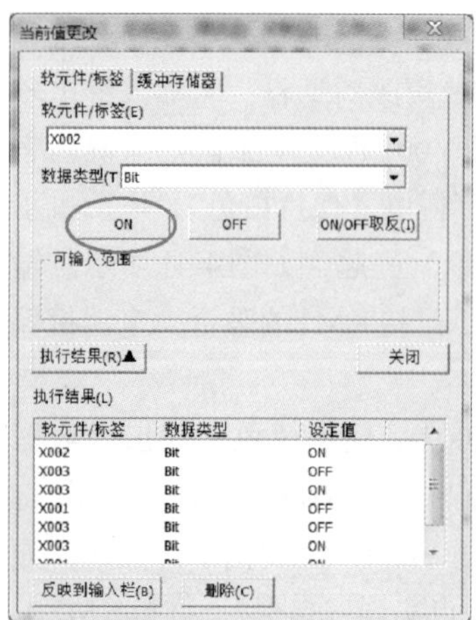

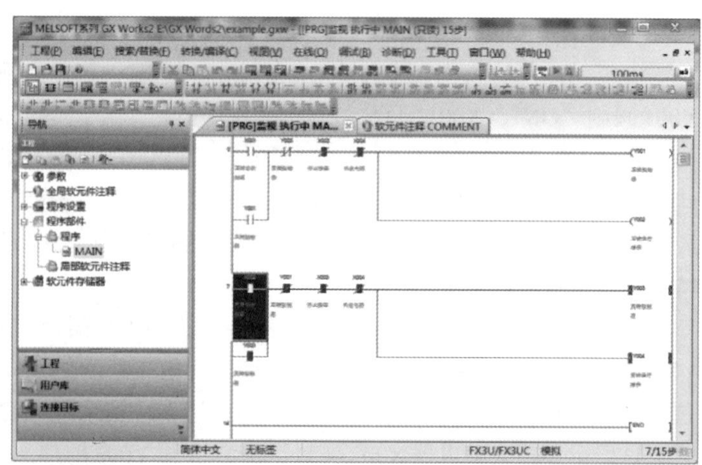

图4-43 电动机反向运转

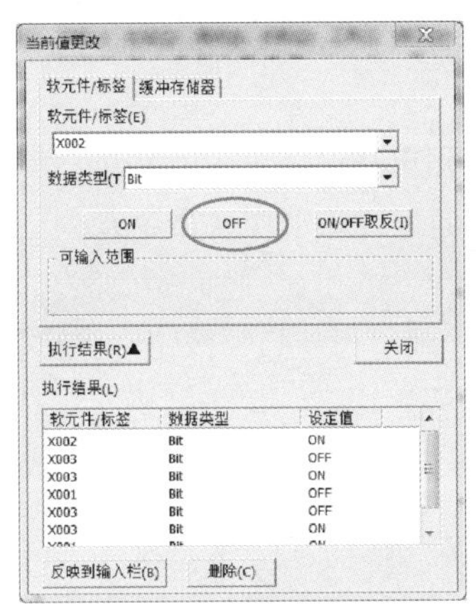

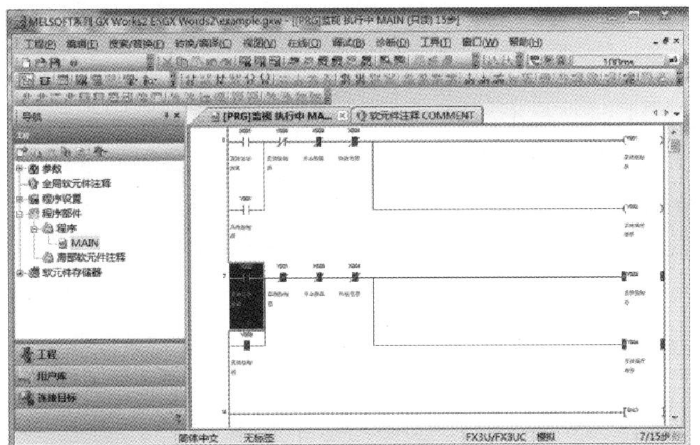

图4-44 电动机保持反转

将输入继电器X003强制“ON”，X003断开，Y001、Y002（Y003、Y004）线圈均失电，KM1（KM2）释放，电机停转，XD1（XD2）熄灭，如图4-45所示。

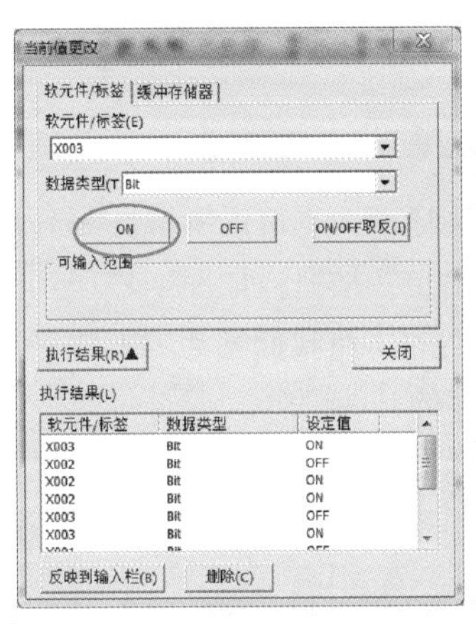

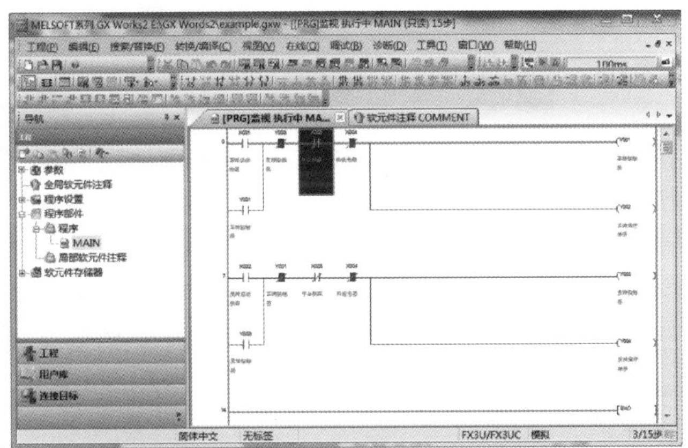

图4-45 电机停转

另外，由于Y001与Y003互锁，线圈不能同时得电，保证电机正常运行。

在梯形图中，软元件都可以用这种方法，强制其“ON”或“OFF”，然后观察程序的变化，该得电的软元件是否都得电了，不该得电的是否不得电，以此检验所设计的程序是否符合要求。

（6）退出仿真分析环境

再次执行“调试”→“模拟开始/停止”，即可退出仿真分析环境，软元件中的深蓝色标记都消失，梯形图恢复到原来的状态。

4.2 GX Works2编程软件的SFC编程

4.2.1 SFC编程概述

状态转移图（sequential function chart，简称SFC）是用状态继电器来描述工步转移的图形，主要由步、转换、转换条件、有向连线和动作组成。满足转移条件时，实现状态转移，即上一状态（转移源）复位，下一状态（转移目标）置位。利用GX Works2编写的SFC程序一般由梯形图块和SFC块组成。

a. 0号块：梯形图块。主要包括：初始化程序、手动程序和总开总停。

b. 1号块：SFC块。主要包括：步、转换、转换条件、有向连线和动作（命令）。

（1）创建一个新工程

启动GX-Work2编程软件，执行“工程”→“新建工程”或单击“🗋”按钮，弹出新建工程对话框，设置相关选项。这里选择FX3U/3UC类型，SFC程序语言，单击“确定”按钮，如图4-46所示。

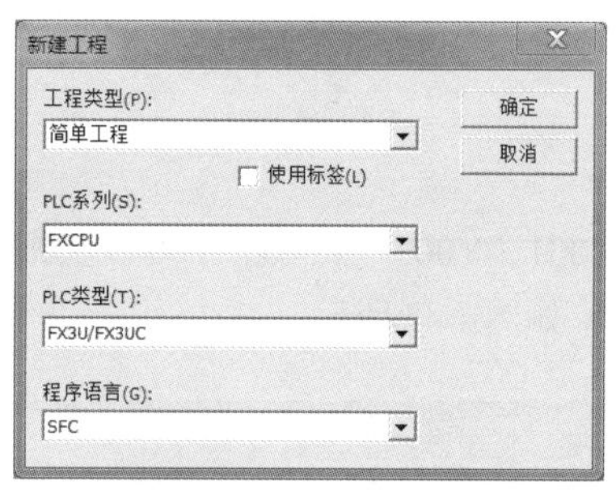

图4-46 新建工程对话框

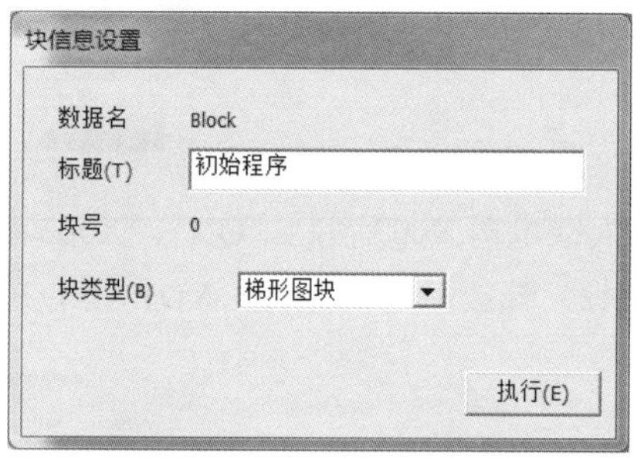

图4-47 块信息设置对话框

弹出块信息设置对话框，标题文本框中可以填入相应的块标题（也可以不填），0号块一般作为初始程序块，选择梯形图块，不要选SFC块，单击“确定”按钮，如图4-47所示。块类型中选择梯形图块是因为在SFC程序中初始状态必须是激活的，而我们激活的方法是利用一段梯形图程序，而且这一段梯形图程序必须是放在SFC程序的开头部分。

进入0号块编辑界面，左侧为SFC编辑窗口，右侧为梯形图编辑窗口，均呈现可写入程序状态，如图4-48所示。

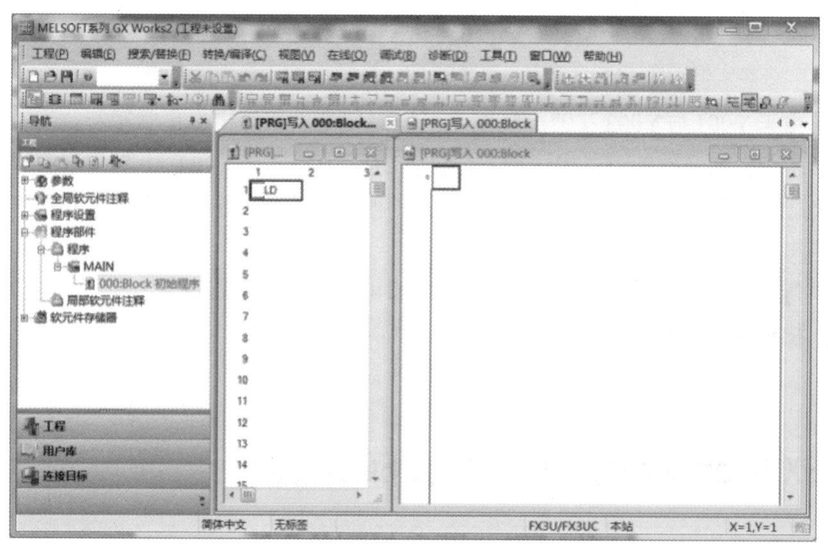

图4-48 0号块编辑界面

在右边梯形图编辑窗口中输入启动初始状态的梯形图，可选用一个辅助继电器M8002的上电脉冲使初始状态生效，将初始状态继电器s0置位并保持ON，如图4-49所示。

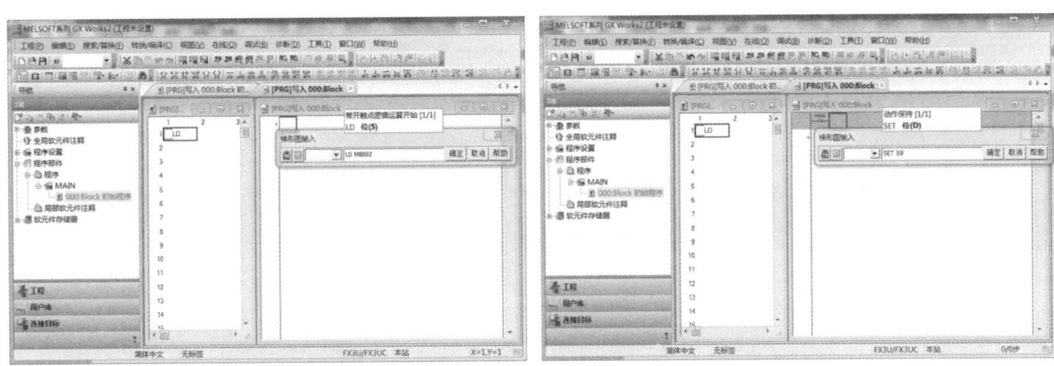

(a) 输入辅助继电器M8002　　　　(b) 置位s0

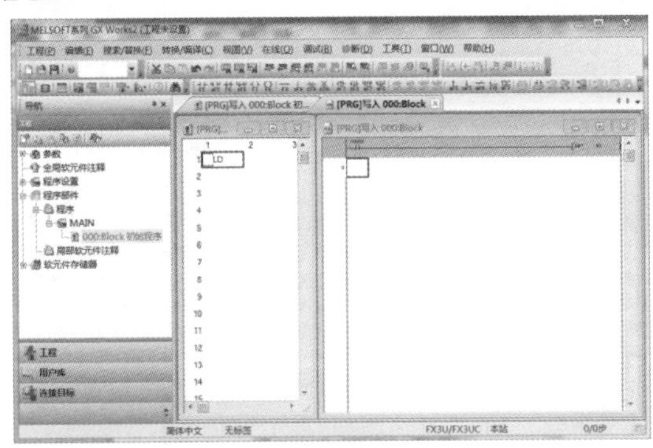

(c) 初始程序梯形图

图4-49 初始程序梯形图编辑

执行“转换/编译”→“转换”[或“转换（所有程序）”]，完成0号块初始梯形图的转换，背景由灰色转换成白色如图4-50所示。同时，工程数据列表窗口中的“程序”→“MAIN”→“程序”由红色变成黑色状态，这里“000:Block 初始程序”变成黑色，表示转换完成。

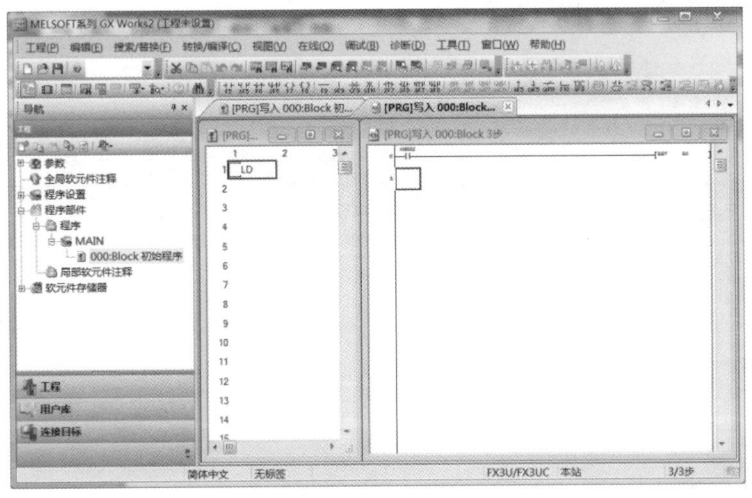

图4-50 初始化梯形图转换

编辑好0号块的初始梯形图程序后，编辑1号块SFC程序，右击工程数据列表窗口中的“程序”→“MAIN”，选择“新建数据”，弹出新建数据对话框，选择号块SFC程序，单击

“确定”按钮，如图4-51所示。

弹出1号块块信息设置对话框，1号块一般作为顺序程序块，选择SFC块，单击“执行”按钮，如图4-52所示。

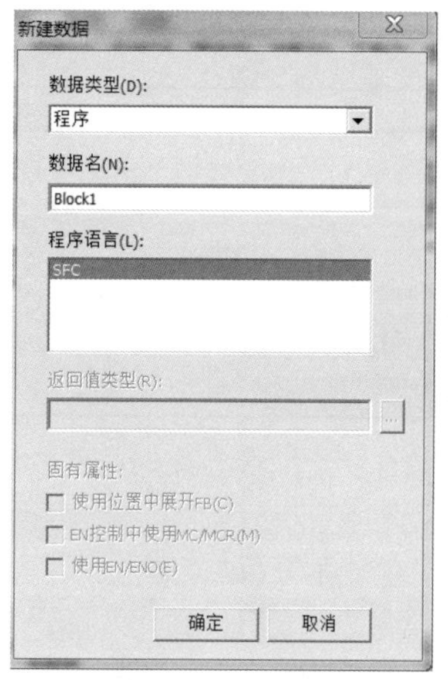

图4-51 新建数据对话框

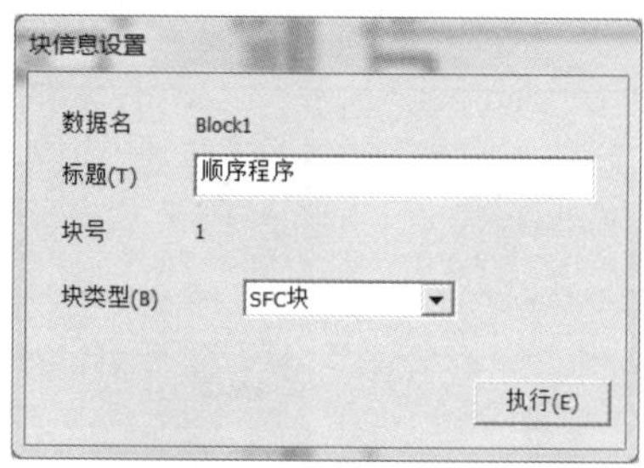

图4-52 块信息设置对话框

进入1号块SFC编程界面，左侧为SFC编辑窗口，右侧为梯形图编辑窗口，如图4-53所示。SFC编辑窗口设置步、转换和有向连线，对应梯形图编辑窗口设置转换条件和动作（命令）。

执行“工程”→“保存工程”或单击“ ”按钮，弹出另存工程为对话框，选择驱动器/路径，并输入工程名，扩展名为“.gxw”，单击“保存”按钮，如图4-54所示。

执行“工程”→“关闭工程”，弹出关闭工程对话框，单击“是”按钮退出工程，单击“否”按钮返回编辑窗口，如图4-55所示。

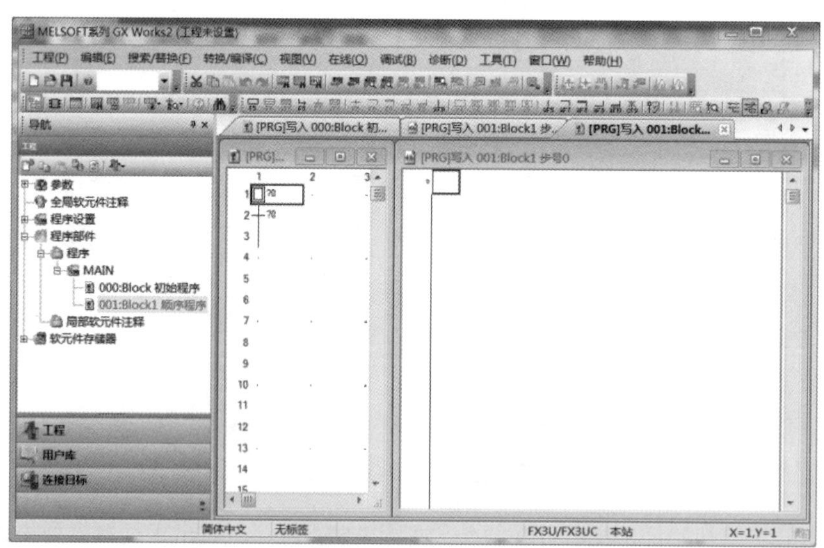

图4-53 1号块SFC编程界面

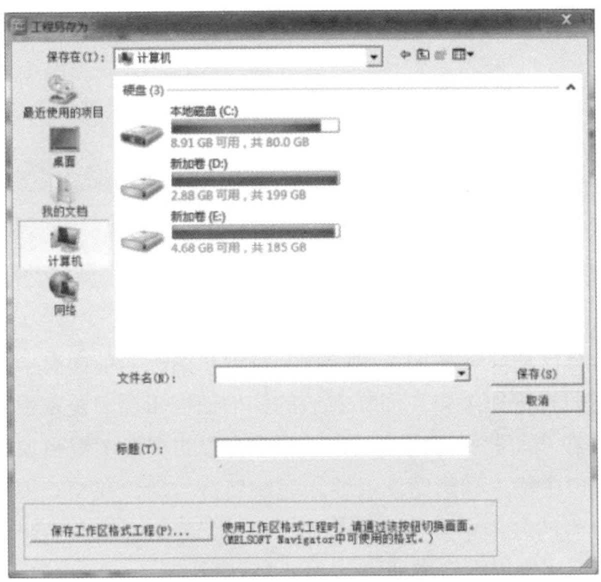

图4-54 另存工程为对话框

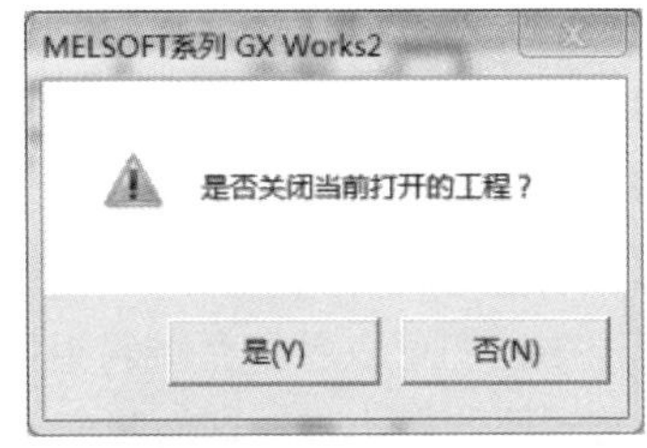

图4-55 关闭工程对话框

（2）SFC编辑和程序写入

① SFC的编辑　SFC程序运用编程指令或工具栏中软元件符号进行程序编写，如图4-56所示。当光标在右侧SFC状态步或转移处停留，即可在对应左侧编写状态梯形图。在SFC程序中每一个状态步或转移都是以SFC符号的形式出现在程序中，每一种SFC符号都对应有图标和图标号。

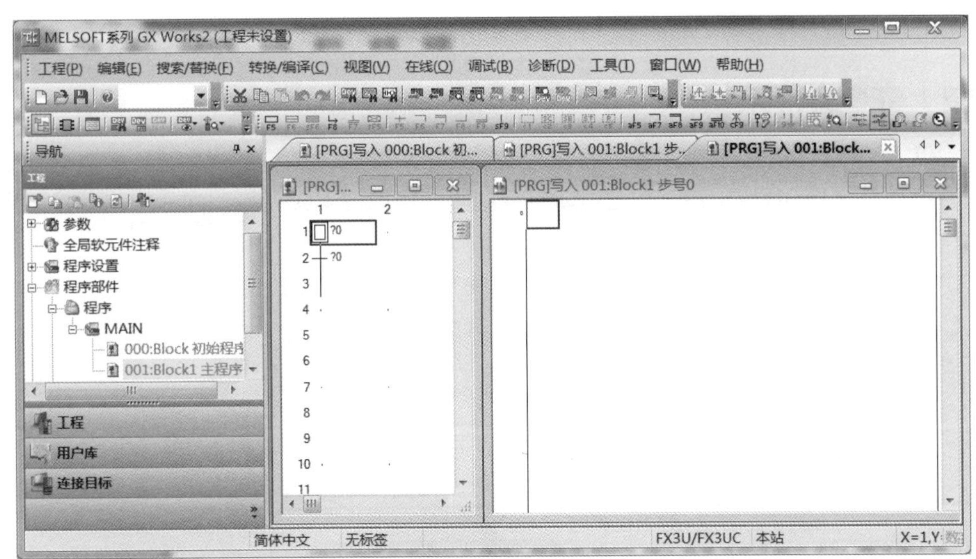

图4-56 SFC编程写入模式

工具栏中快捷键与SFC符号对应关系，如图4-57所示。

F5 F6 sF6 F8 F7 sF5 F5 F6 F7 F8 F9 sF9 c1 c2 c3 c4 c5 aF5 aF7 aF8 aF9 aF10 cF9

图4-57 快捷键与SFC符号的对应关系

步：F5代表步，F6代表块启动步-结束检查有，sF6代表块启动步-结束检查无，F8跳转，sF7代表虚拟步。

转换和转换条件：F5代表转移，F6代表选择分支，F7代表并列分支，F8代表选择合并，F9代表并列合并，sF9代表竖线。

有向连线和动作：在梯形图输入快捷键工具条中，“sF5”是输入竖线功能键，“sF7”是输入选择分支功能键，“sF8”是输入并列分支功能键，“sF9”是输入选择合并功能键，“sF10”是输入并列合并功能键，“cF9”是删除划线功能键。

有些对应关系没有给出，读者可根据上述所讲自行推理。

输入图标号后点击确定，这时光标将自动向下移动，此时我们看到步图标号前面有一个问号“？”，这表示对此步我们还没有进行梯形图编辑，同样右边的梯形图编辑窗口是灰色的不可编辑状态。将光标移到步符号处（在步符号处单击），此时再看右边的梯形图编辑窗口为可编辑状态，在右侧的梯形图编辑窗口中输入梯形图，当输入完跳转符号后，在SFC编辑窗口中我们可以看到有跳转返回的步符号的方框中多了一个小黑点儿“.”，这说明此工步是跳转返回的目标步，这为我们阅读SFC程序也提供了方便。

② SFC的转换/编译　在SFC程序的编制过程中每一个状态中的梯形图编制完成后必须进行转换，才能进行下一步工作。执行“转换/编译”→“转换”或者单击“ ”按钮，选择所需的转换方式，否则弹出出错信息如图4-58所示。

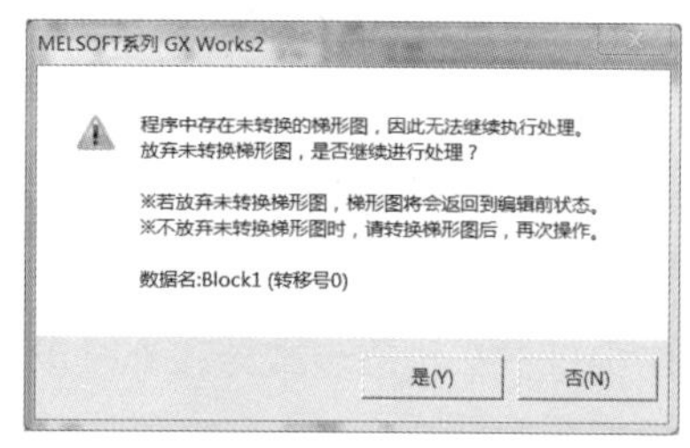

图4-58　SFC转换

编好完整的SFC程序，进行全部程序的转换，执行“转换/编译”→“转换（所有程序）”或热键Shift+Alt+F4，只有全部转换程序后才可下载调试程序。

4.2.2　SFC编程示例

现以“工作台电动机控制”SFC程序为例，在GX Works2编辑环境中进行仿真分析。某工作台电动机用FX3U控制，工作台电动机控制示意图如图4-59所示。用一个启动按钮来控制前进和后退，具体动作过程如图4-60所示。

① 按下启动按钮后，电动机前进，限位开关LS1动作后立即后退。

② 通过后退触发限位开关LS2，停止5s后再次前进。

以上为一个循环动作。

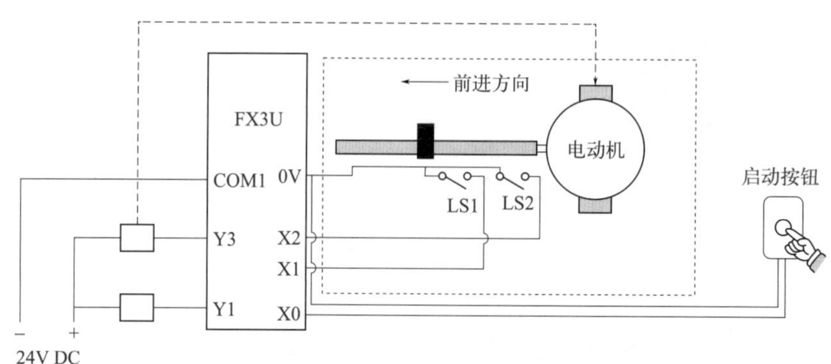

图4-59　工作台电动机控制示意图

对于本例所需要的SFC我们来看一下如何编程。

执行“工程”→“新建工程”或单击“🗋”按钮，弹出新建工程对话框中，选择简单工程、FX3U/3UC类型、SFC程序语言，单击“确定”按钮，如图4-61所示。

弹出块信息设置对话框，0号块作为初始程序块，填入“初始程序”标题，选梯形图块，单击“确定”按钮，如图4-62所示。

进入0号块编辑界面，在右边梯形图编辑窗口中选用辅助继电器M8002上电脉冲使初始

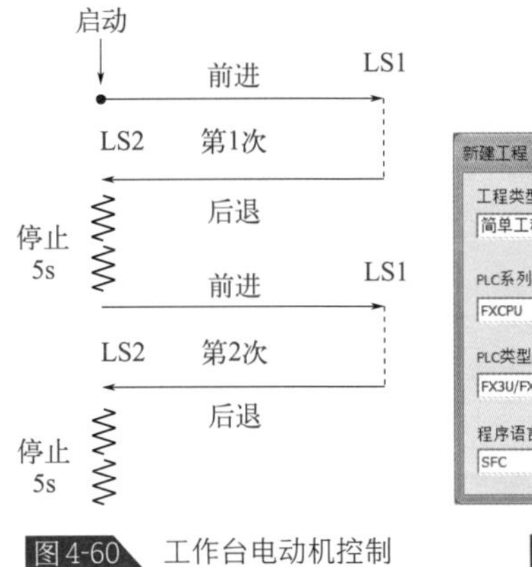

图4-60 工作台电动机控制动作过程图

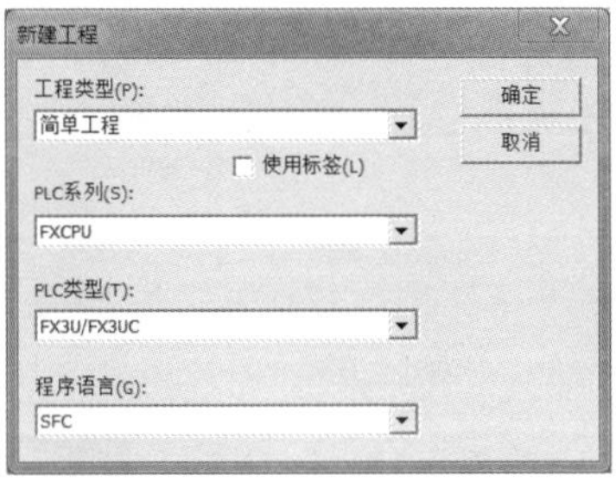

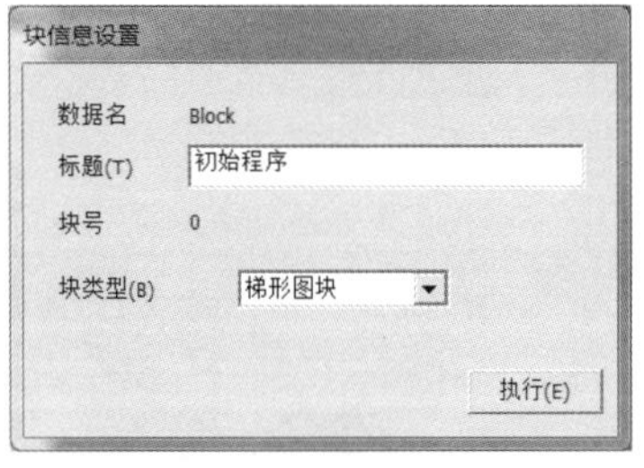

图4-61 新建工程对话框

图4-62 块信息设置对话框

状态生效，将初始状态继电器s0置位。执行“转换/编译”→“转换”，激活初始状态，如图4-63所示。

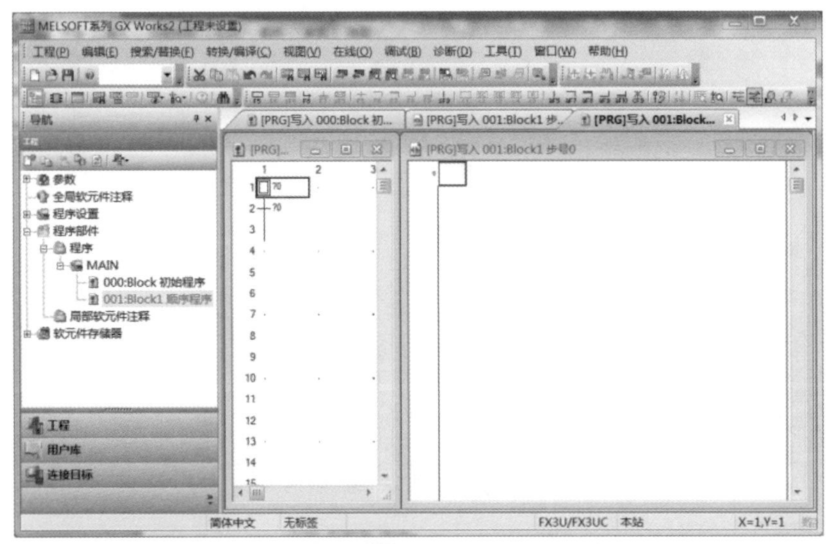

图4-63 0号块初始程序

编辑好0号块的初始梯形图程序后，编辑1号块SFC程序。右击工程数据列表窗口中的“程序”→“MAIN”，选择“新建数据”，弹出新建数据对话框，选择号块SFC程序，单击“确定”按钮，如图4-64所示。

弹出1号块块信息设置对话框，1号块一般作为主程序块，选择SFC块，单击“执行”

按钮，如图4-65所示。

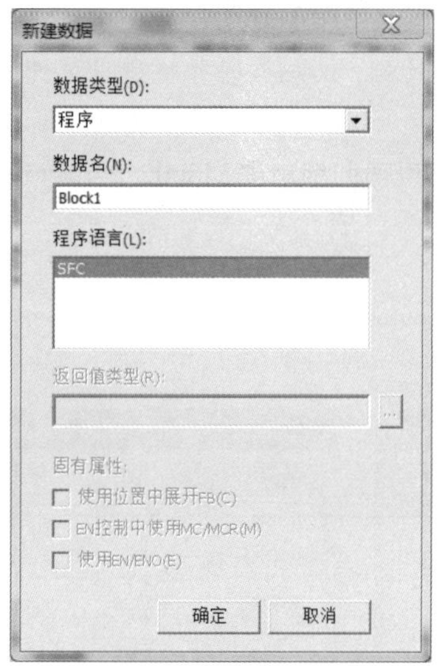

图4-64 新建数据对话框

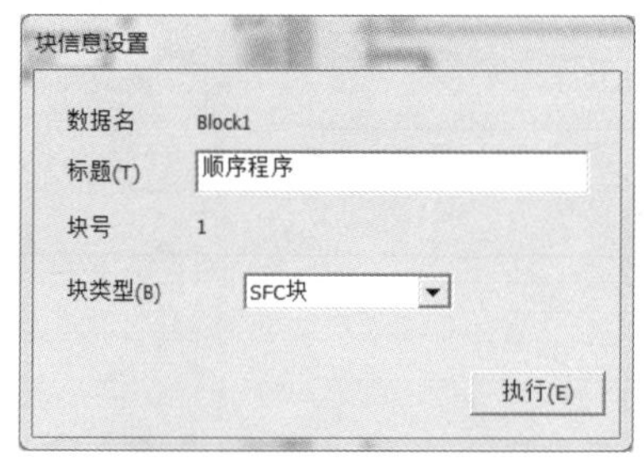

图4-65 块信息设置对话框

进入1号块SFC编程界面，如图4-66所示。左侧SFC编辑窗口中步号0“□?0”没有程序，不需要编辑。

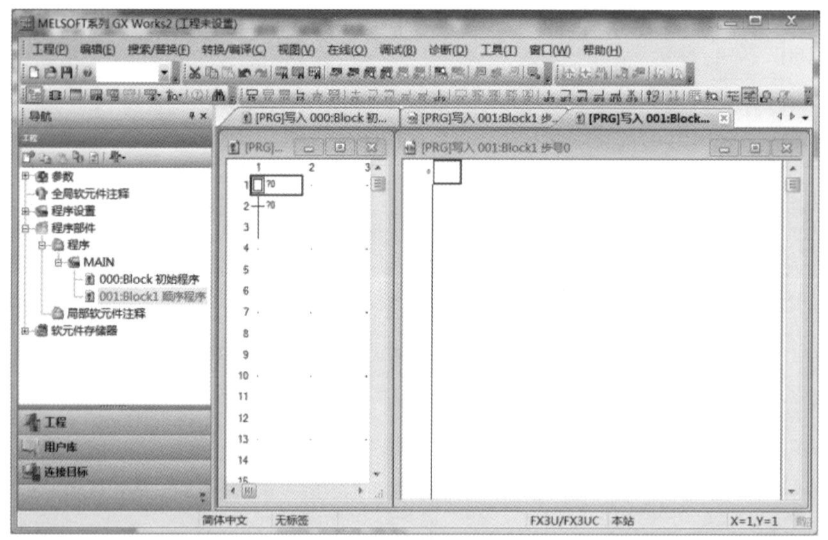

图4-66 1号块SFC编程界面

添加启动转换条件0。将光标移至左侧SFC编辑窗口转换口，双击“┼?0”，弹出SFC符号输入对话框。选择“TR”，添加转换0，单击“确定”按钮，如图4-67所示。

将光标移到转换0符号处，在右侧梯形图编辑窗口中输入转换条件0的梯形图。首先，单击“”按钮，输入启动按钮X0。然后，输入SFC转换命令“TRAN”，表示转移(transfer)，如图4-68所示。在SFC程序中所有的转移用“TRAN”表示，不可以用SET + S□语句表示，这一点请注意，否则无法继续运行。

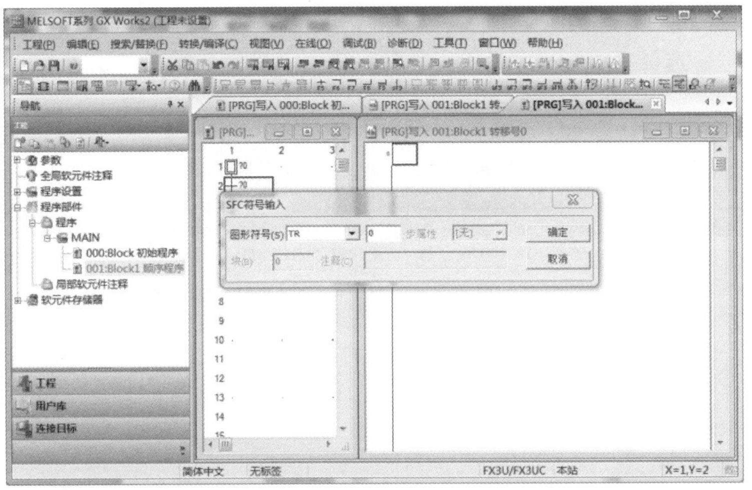

图4-67 SFC符号输入对话框

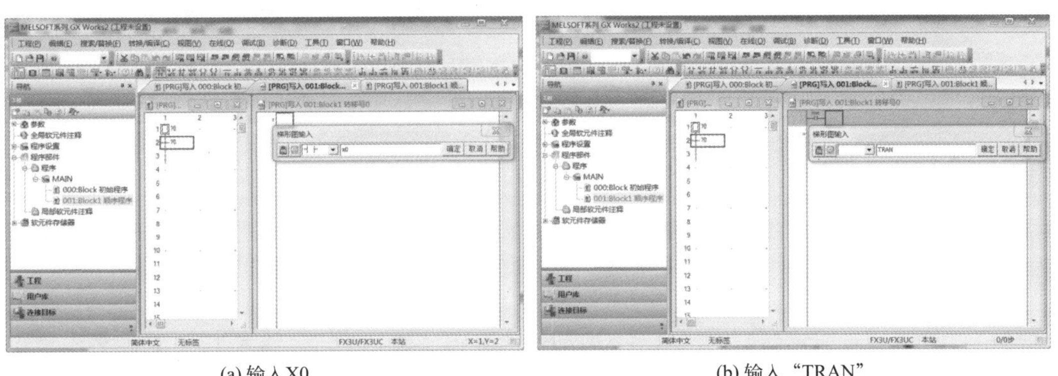

(a) 输入X0　　(b) 输入“TRAN”

图4-68 转换条件0梯形图编辑

执行“转换/编译”→“转换”[或“转换（所有程序）”]，把SFC转换为顺控程序，如图4-69所示。每步SFC编程完成后都要编译，这样才能正确地写入到PLC中，否则将出现错误提示信息，并需要重写输入。

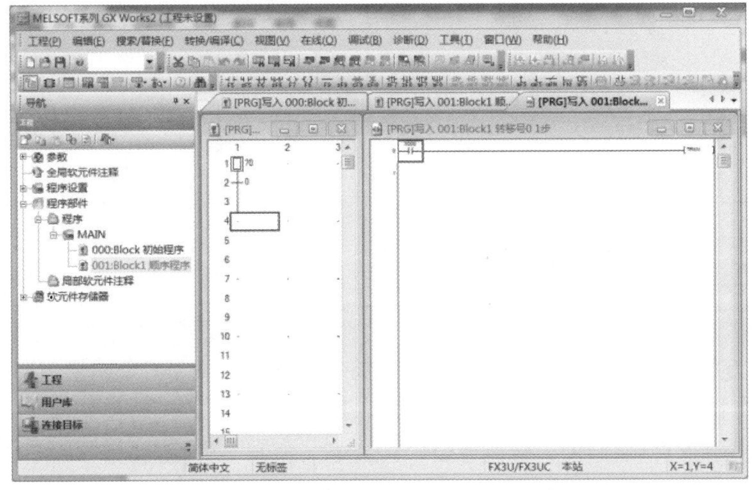

图4-69 SFC转换为顺控程序

继续添加前进步S20。将光标移至左侧SFC编辑窗口空白转换口，双击“ ”，弹出SFC符号输入对话框。选择“STEP”，添加步号20，单击“确定”按钮，如图4-70所示。

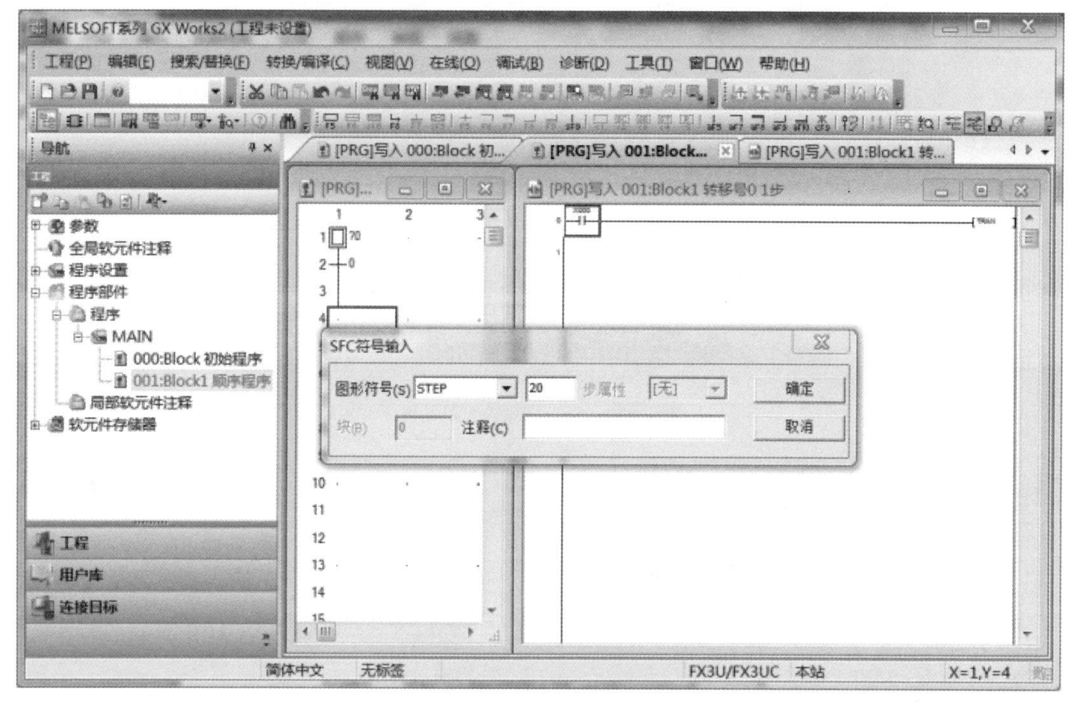

图4-70 SFC符号输入对话框

在右侧梯形图编辑窗口中输入步S20动作。单击“ ”按钮，输入Y3互锁，然后单击“ ”按钮，输出Y1，工作台电动机前进，如图4-71所示。

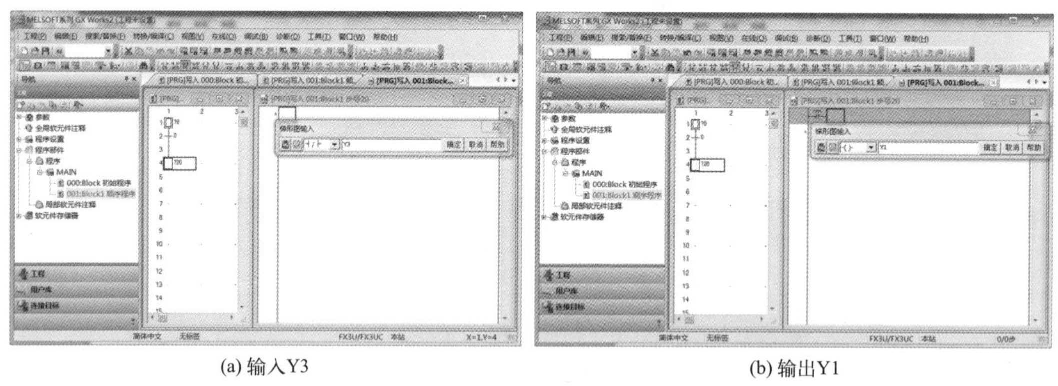

(a) 输入Y3　　(b) 输出Y1

图4-71 步S20梯形图编辑

执行“转换/编译”→“转换”[或“转换（所有程序）”]，把SFC转换为顺控程序，如图4-72所示。

参照上述方法，继续添加后退转换条件1。将光标移至左侧SFC编辑窗口空白转换口，双击“ ”，选择“TR”，添加转换1。在右侧梯形图编辑窗口中输入转换条件1，单击“ ”按钮，输入回退按钮X1，然后输入转换命令“TRAN”。执行“转换/编译”→“转换”[或“转换（所有程序）”]，把SFC转换为顺控程序，如图4-73所示。

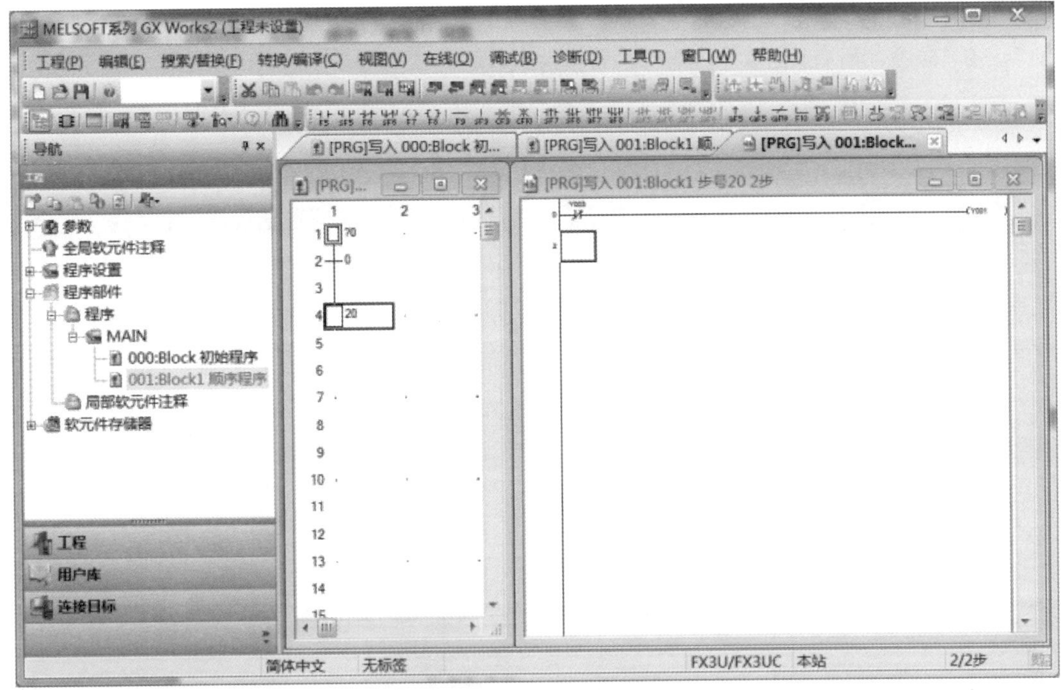

图4-72 SFC转换为顺控程序

(a) SFC符号输入对话框

(b) 输入X1

(c) 输入“TRAN”

(d) SFC转换为顺控程序

图4-73 转换条件1梯形图编辑和转换

继续添加回退步S21。将光标移至左侧SFC编辑窗口空白转换口，双击“ ”，选择“STEP”，添加步号21。在右侧梯形图编辑窗口中输入步S21动作，单击“ ”按钮，输入

Y1互锁，然后单击“ ”按钮，输出Y3，工作台电动机后退。执行“转换/编译”→“转换”[或“转换（所有程序）”]，把SFC转换为顺控程序，如图4-74所示。

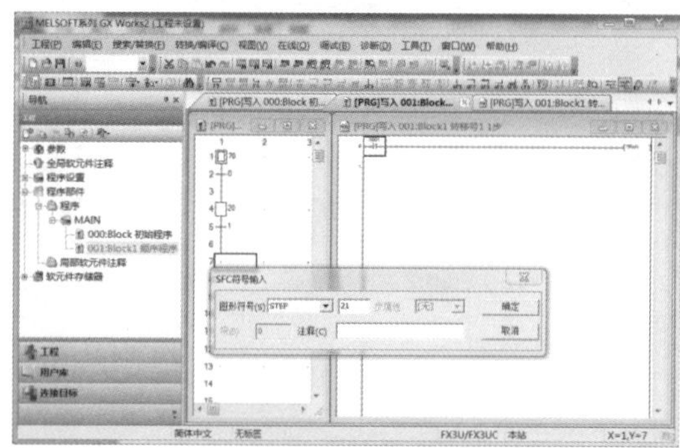

(a) SFC符号输入对话框

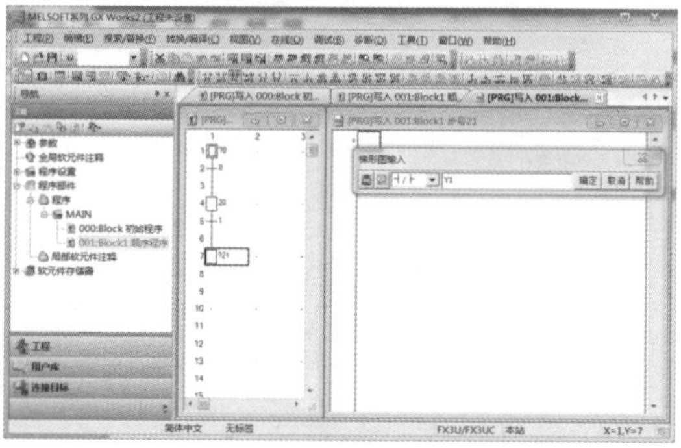

(b) 输入Y1

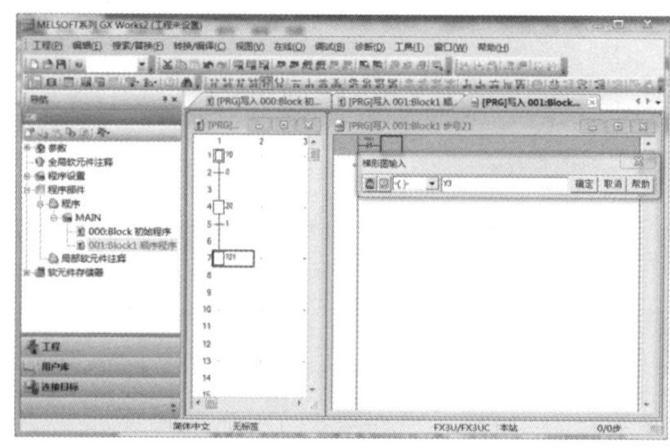

(c) 输出Y3

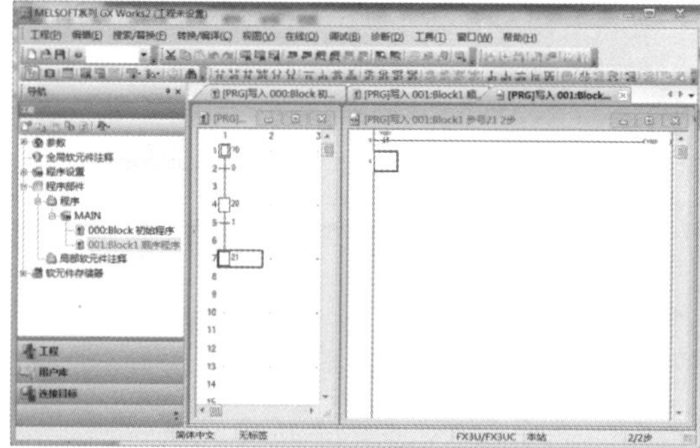

(d) SFC转换为顺控程序

图4-74 步S21梯形图编辑和转换

继续添加停止转换条件2。将光标移至左侧SFC编辑窗口空白转换口，双击“ ”，选择“TR”，添加转换2。在右侧梯形图编辑窗口中输入转换条件2，单击“ ”按钮，输入停止按钮X2，然后输入转换命令“TRAN”。执行“转换/编译”→“转换”[或“转换（所有程序）”]，把SFC转换为顺控程序，如图4-75所示。

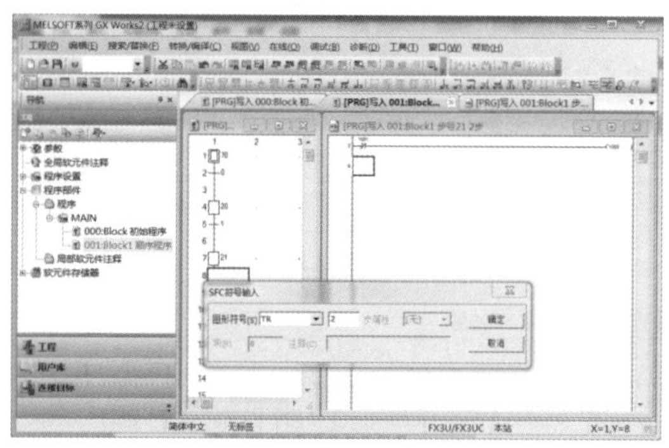

(a) SFC符号输入对话框

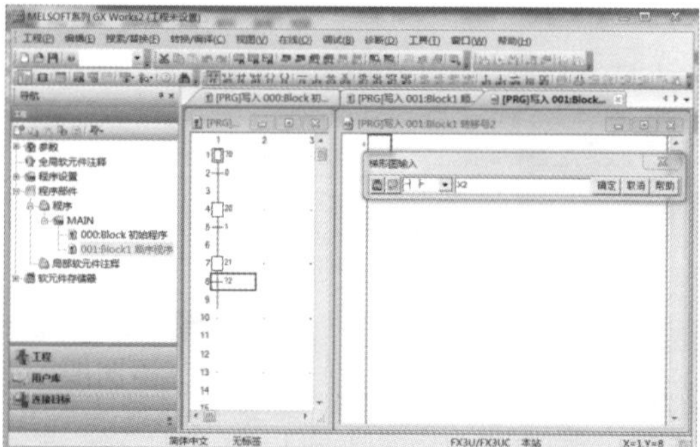

(b) 输入X2

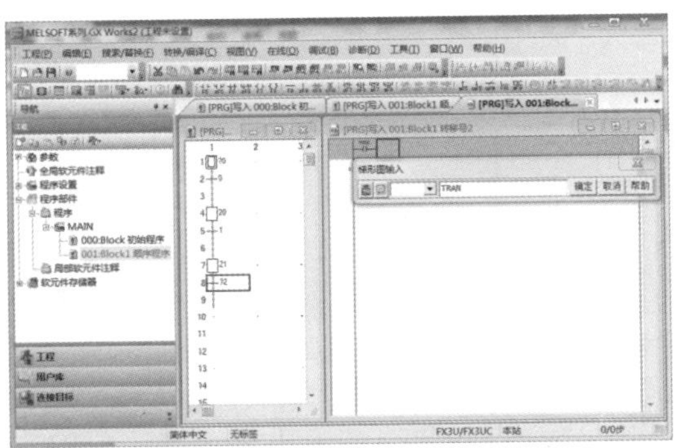
(c) 输入转换命令“TRAN”

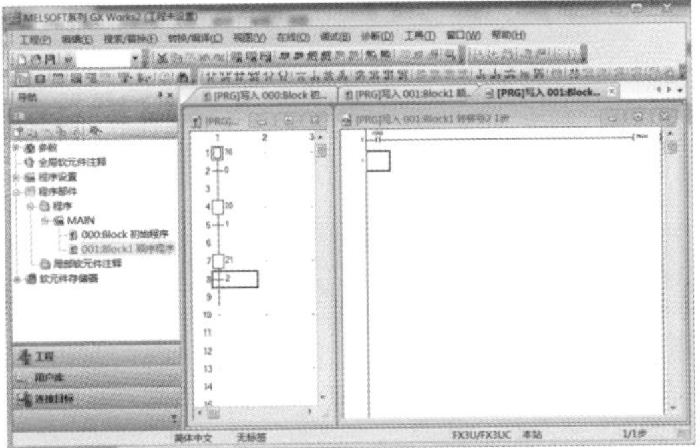
(d) SFC转换为顺控程序

图4-75 转换条件2梯形图编辑和转换

继续添加延时步S22。将光标移至左侧SFC编辑窗口空白转换口，双击“ ”，选择“STEP”，添加步号22。在右侧梯形图编辑窗口中输入步S22动作。单击“F7”按钮，输出T0，工作台电动机停机延时5s，如图4-76所示。

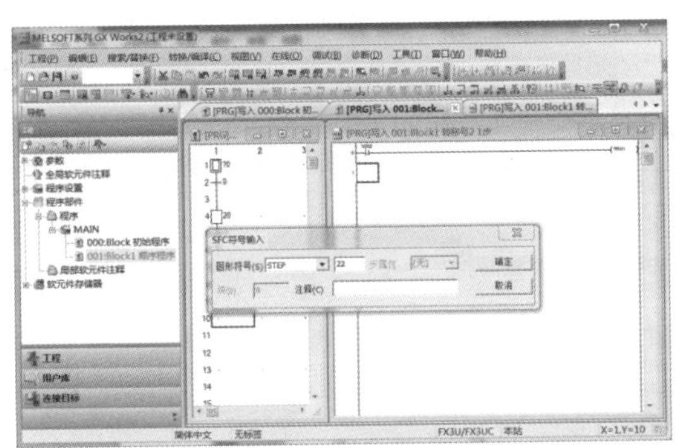
(a) SFC符号输入对话框

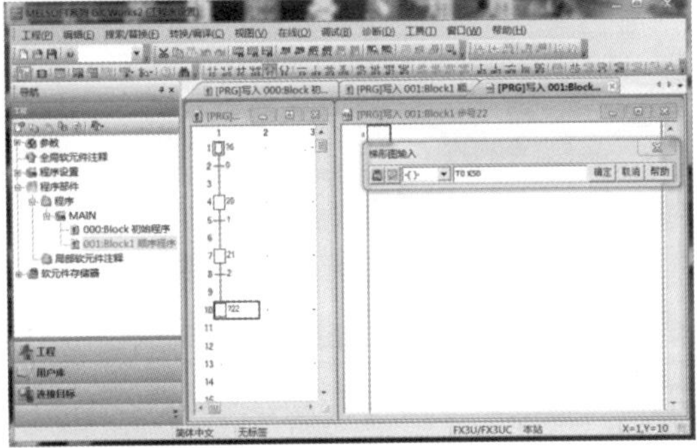
(b) 输出T0

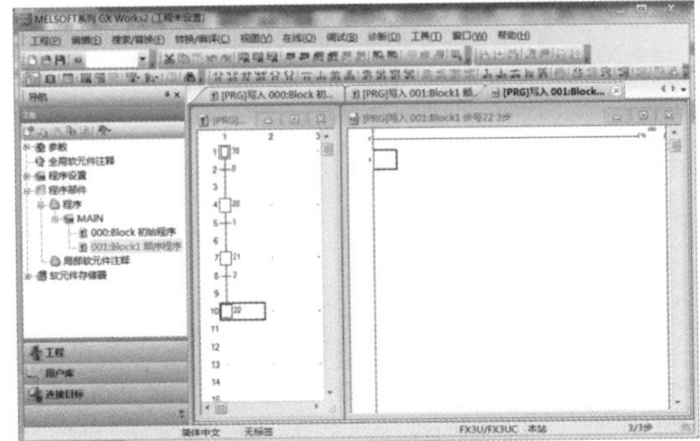
(c) SFC转换为顺控程序

图4-76 步S22梯形图编辑和转换

继续添加跳转转换条件3。将光标移至左侧SFC编辑窗口空白转换口，双击“ ”，选择“TR”，添加转换3。在右侧梯形图编辑窗口中输入转换条件3，单击“F5”按钮，输入延时T0，然后输入转换命令“TRAN”。执行“转换/编译”→“转换”[或“转换（所有程序）”]，把SFC转换为顺控程序，如图4-77所示。

电动机停止5s后，循环继续运行。将光标移至左侧SFC编辑窗口空白转换口，双击

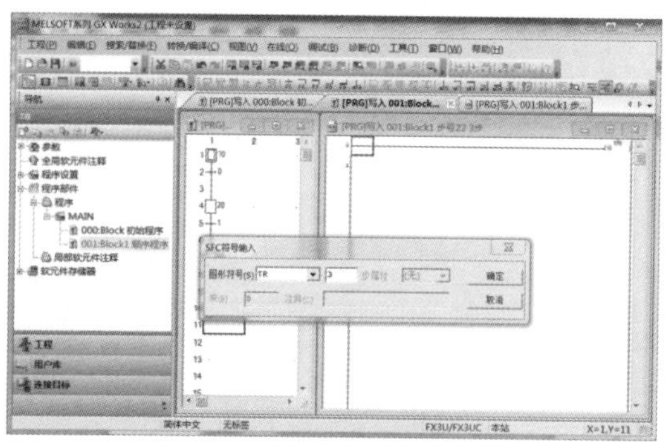

(a) SFC符号输入对话框

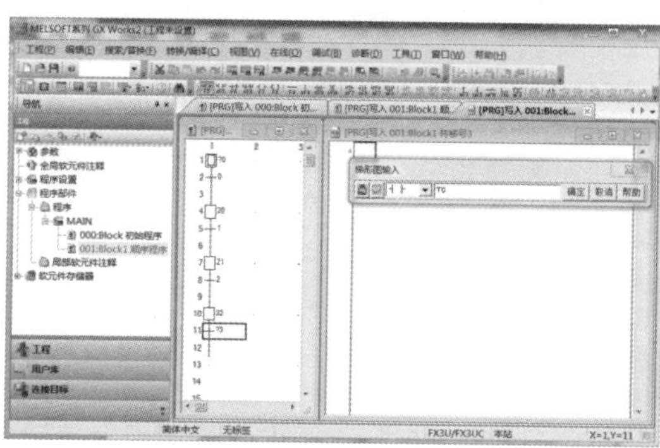

(b) 输入T0

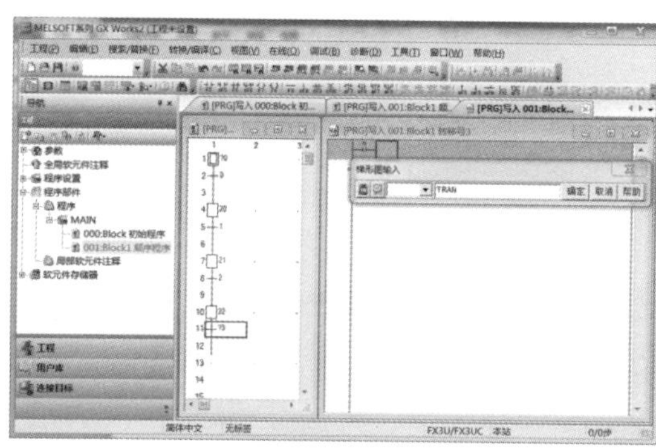

(c) 输入“TRAN”

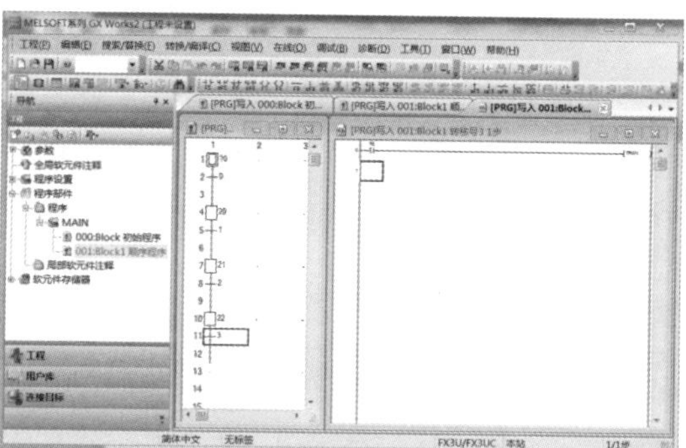

(d) SFC转换为顺控程序

图4-77 转换条件3梯形图编辑和转换

“ ”，选择“JUMP”，跳转至S0。执行“转换/编译”→“转换”[或“转换（所有程序）”]，完成SFC编写，如图4-78所示。

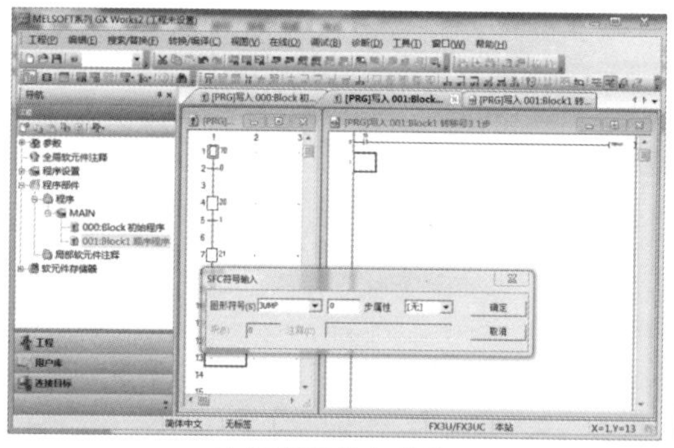

(a) SFC符号输入对话框

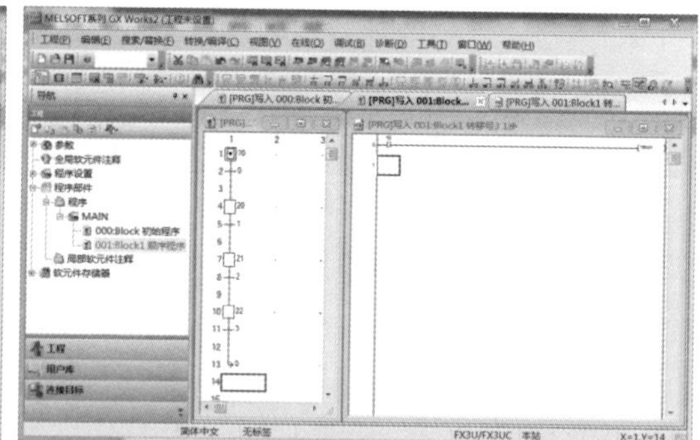

(b) SFC转换为顺控程序

图4-78 循环跳转梯形图编辑和转换

执行“工程”→“保存工程”或单击“ ”按钮，弹出另存工程为对话框，选择驱动器/路径，并输入工程名，单击“保存”按钮。

4.2.3 仿真和监控

编写好的程序可以在线调试也可以利用GX Works2离线仿真调试，执行“调试”→“模拟开始/停止”或单击“ ”按钮，弹出GX Simulator2模拟操作界面，调试方法参考梯形图仿真调试。修改输入继电器当值，观察SFC顺序程序运行情况，判断编程功能是否实现，如图4-79所示。

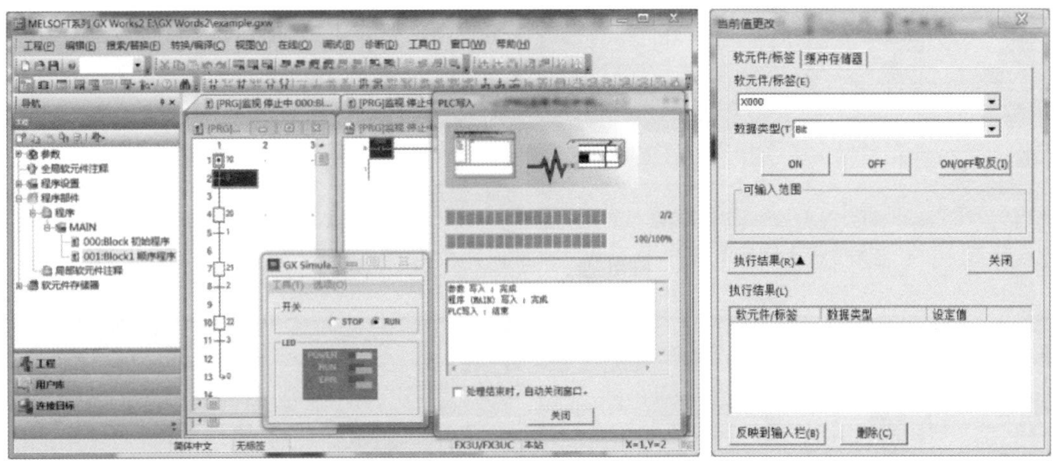

图4-79 GX Simulator2模拟操作界面

辅助继电器M8002的上电脉冲使初始状态生效，启动初始状态。如图4-80所示。

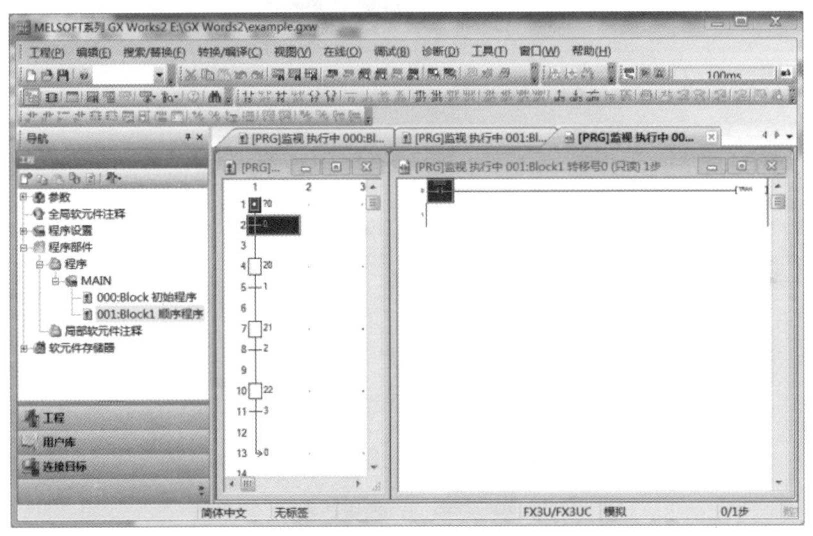

图4-80 启动初始状态

将输入继电器X0强制“ON”，X0闭合，X0呈现深蓝色，输出继电器Y1也呈现深蓝色，说明它得电并自保，电动机前进运行，如图4-81所示。

然后，将输入继电器X1强制“ON”，X1闭合，X1呈现深蓝色，输出继电器Y2也呈现深蓝色，说明它得电并自保，电动机回退运行，如图4-82所示。

之后，将输入继电器X2强制“ON”，X2闭合，X2呈现深蓝色，电动机停止运行。T0计时器开始计时，5s后电动机重复上述前进回退运行过程，如图4-83所示。

以上介绍了单序列的SFC程序的编制方法，通过学习我们基本了解了SFC程序中状态符号的输入方法。在SFC程序中仍然需要进行梯形图的设计，SFC程序中所有的状态转移用TRAN表示。

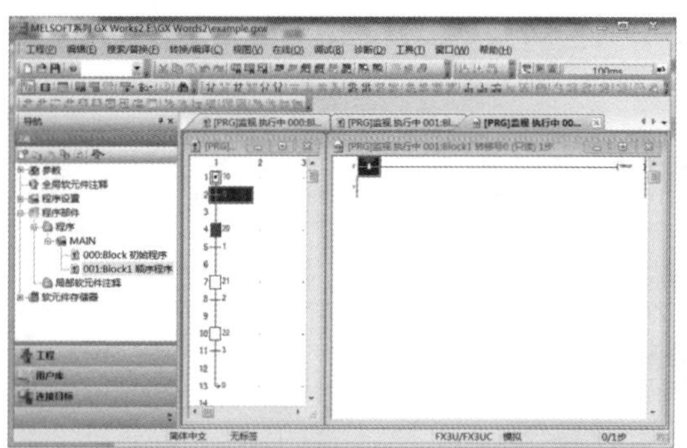
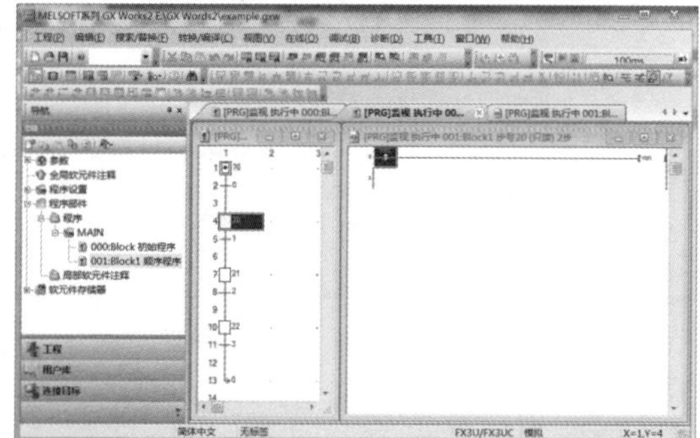

图4-81 电动机前进运行

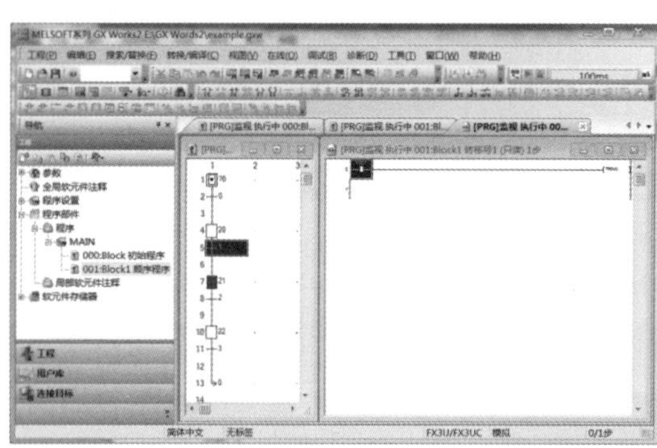
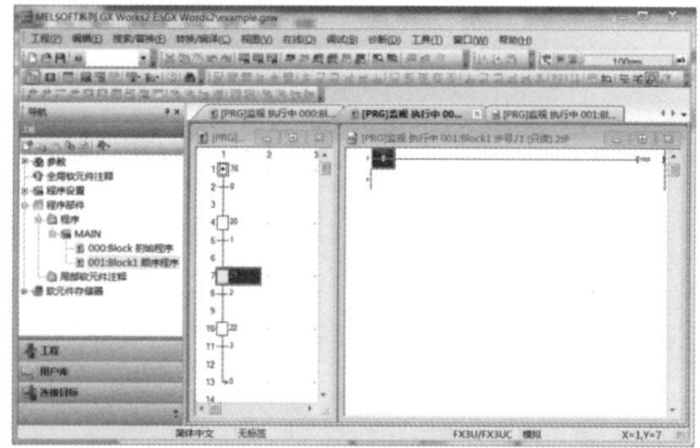

图4-82 电动机回退运行

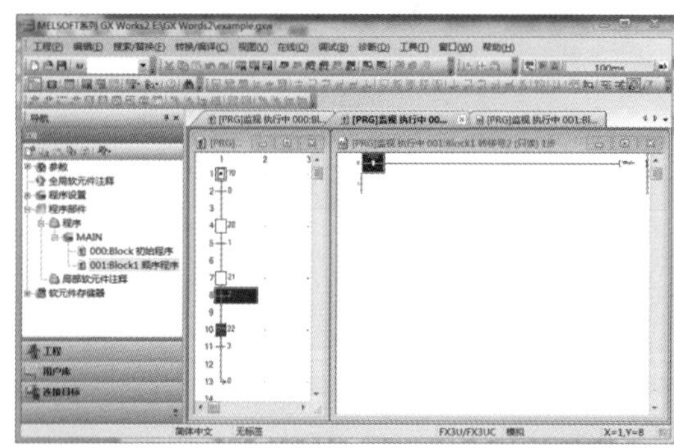
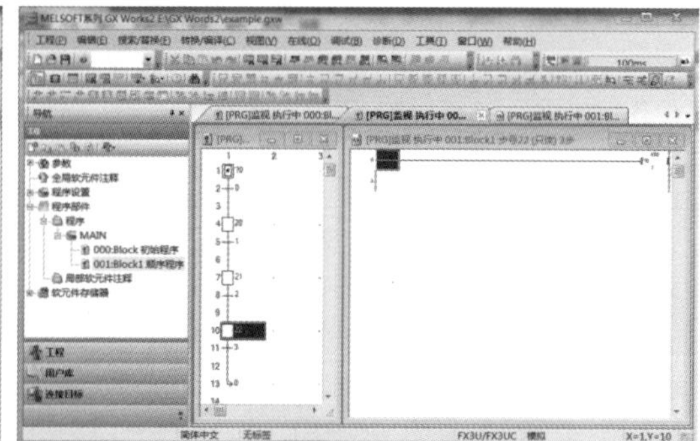

图4-83 电动机停止延时5s

4.3 GX Works3简介

GX Works3是GX Works2的升级版本，这是一款专业的三菱PLC编程软件，主要用于PLC的设计、调试和维护等操作，与GX Works2相比，在功能上和性能上都有所增强，支持FX5U和R PLC，适用于Win-7、Win-8、Win-XP、32位及64位。在GX Works3中，以工程为单位对每个CPU模块进行程序及参数的管理，主要有程序创建功能、参数设置功能、CPU模块的写入/读取功能、监视/调试功能、诊断功能。

Works3与Works2主要区别有：

① Works3可以直接导入Works2的程序，兼容性能优于Works2；

② Works3是完全结构化的编程方式；

③ Works3支持FB功能块，在程序复制与扩展性能方面强于Works2，且封装性也有优势；

④ Works3针对FX5U可以建立程序文件夹管理，支持多个程序模式，让程序结构更清晰，Works2在这方面还不能兼容。

Works3针对FX5U的功能优势还有许多，如指令更丰富，在字符串、数据处理等多了很多优势。

下面简单介绍一下GX Works3软件的特点：

① 打开GX Works3新建工程种类：R系列、FX5系列、Q系列、L系列和FX系列5种，但是L系列、FX系列和Q系列只能通过GX Works2新建（GX Works2版本只有1.513版本以上才能与GX Works3联动），如图4-84所示。

② 新建FX5U工程，通过下拉列表可发现GX Works3取消了简单工程和结构化工程的区分，并且SFC编程也没有在菜单中出现，如图4-85所示。

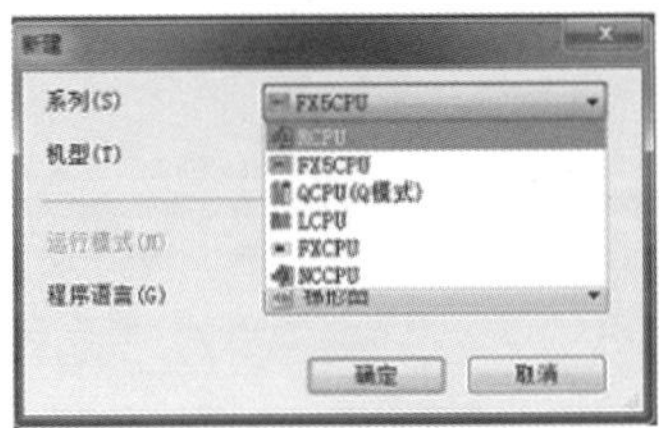

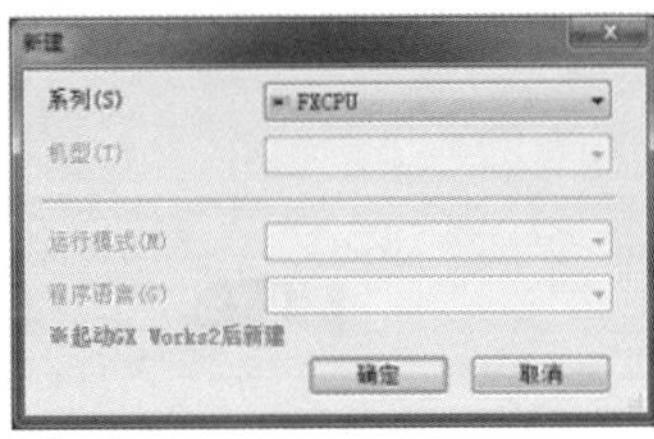

图4-84 GX Works3新建工程（一）

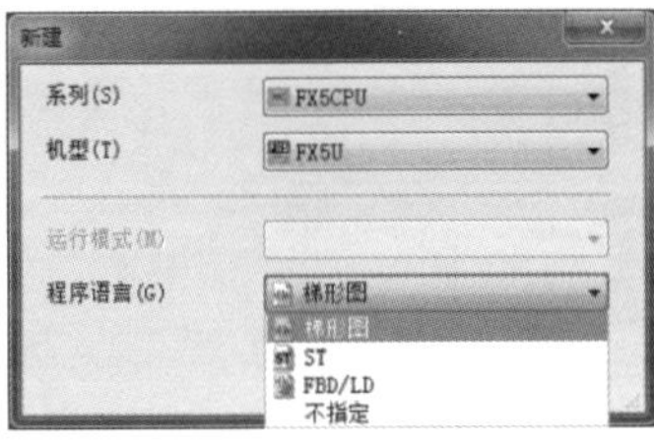

图4-85 GX Works3新建工程（二）

③ FX5U是结构化的编程设计，进入编程软件在导航栏中的工程菜单下，在模块配置图中，用户可以根据需要选择输入输出硬件或者是相关的功能模块进行配置，如图4-86所示。

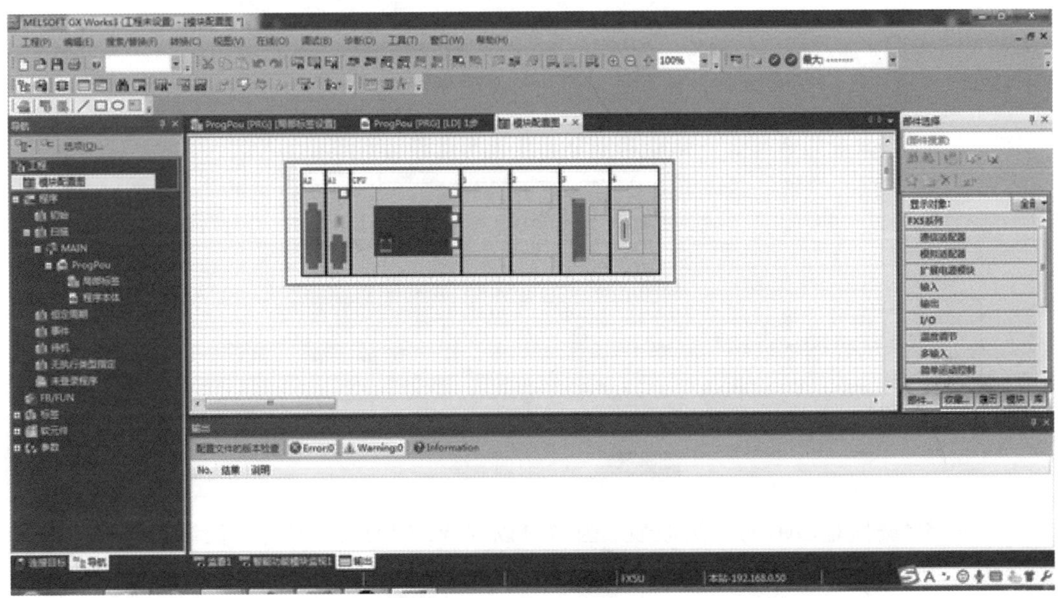

图4-86 GX Works3新建编辑界面

④ GX Works3的界面设计：其布局基本沿用了GX Works2的设计，添加了部件选择窗口选择PLC指令以及用户所登录的FB/FUN等，用户还可以对几天前使用过的指令进行查看，如图4-87所示。

⑤ FX5U的编程特点：虽然取消了简单工程和结构化工程的分类，但是可以在LAD中可以内嵌ST和调用FUN/FB功能块，不难发现FX5U可以将简单工程和结构化工程的编写混合在LAD编程中实现，如图4-88所示。

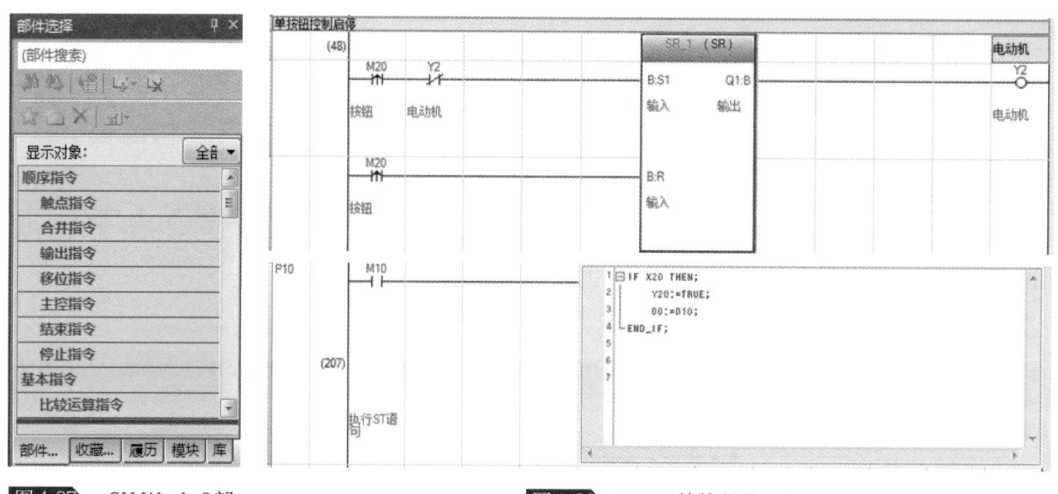

图4-87 GX Works3部件选择

图4-88 FX5U的编程（一）

⑥ FX5U编程指令的修改：比如指令中对ADD/SUB/MUL/DIV的四则运算指令进行了简化设计，用户可以通过四则运算符号进行直接输入，如图4-89所示。

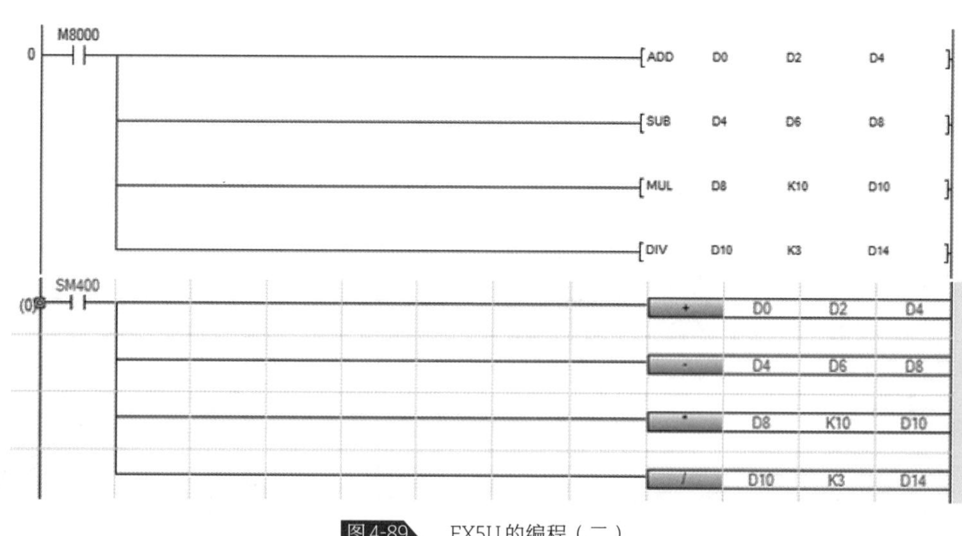

图4-89 FX5U的编程（二）

⑦ FX5U编程对LAD的算法加强，因为可以内嵌ST程序，LD的算法编程进行了很大的简化。(传统编程需要考虑小数且烦琐，内嵌ST编程简便且程序可读性增强)，如图4-90所示。

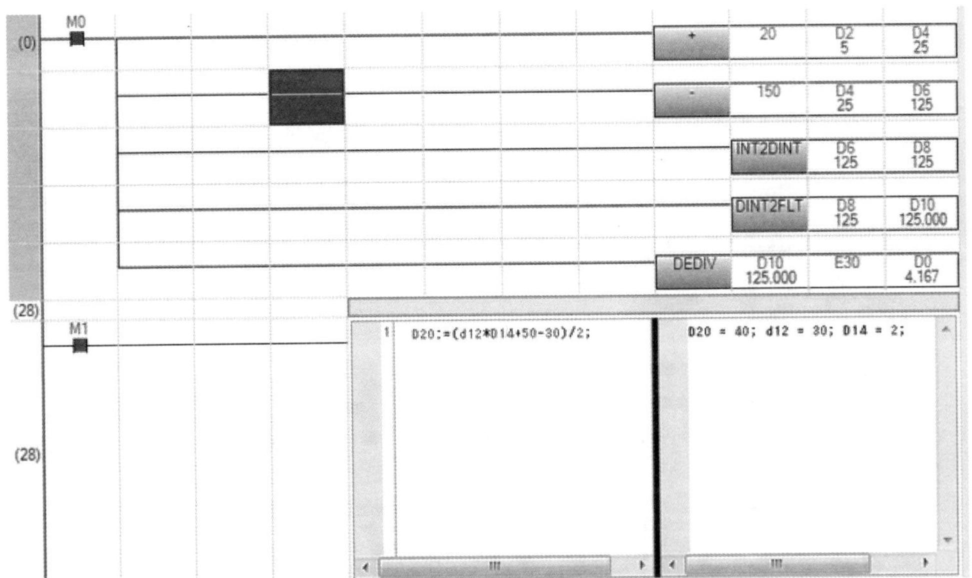

图4-90 FX5U的编程（三）

FX3U PLC

第5章 三菱FX3U PLC的功能指令及应用

PLC最初是结合计算机和继电器控制的一种通用控制装置。第一台PLC就是代替传统的继电器控制系统而获得成功的。因此，早期的PLC在控制功能上只能实现逻辑量控制（继电器控制系统的开关量控制）。但随着技术的发展，特别是计算机技术的发展，PLC的功能发生了很大的变化。当PLC采用CPU作为中央处理器后，PLC不仅具有逻辑处理功能，还具有了数据处理功能，这就为PLC在模拟量控制和运动量控制等领域的应用奠定了基础。因此，在20世纪80年代后，一些小型PLC就逐渐添加了功能指令（又称为应用指令，以区别基本逻辑控制指令）。功能指令用于数据的处理，包括数据的传送、变换、运算，以及程序流程控制，此外功能指令还用来处理PLC与外部设备的数据传送和控制。功能指令的出现使得PLC的控制功能越来越强大，应用范围也越来越广泛。

在PLC中，功能指令实际上是一个个完成不同功能的子程序。在应用中，只要按照功能指令操作数的要求填入相应的操作数，然后在程序中驱动它们（实际上是调用相应子程序），就会完成该功能指令所代表的功能操作。因为是子程序，所以PLC的功能指令越来越多，功能越来越强，应用也越来越方便。

5.1 功能指令的基本格式

一般说来，FX PLC功能指令有：程序控制类指令、数据传送和比较类指令、四则运算与逻辑运算指令、移位与循环指令、方便指令等。

5.1.1 功能指令的表示方法

（1）功能指令的梯形图表达形式

与基本指令不同的是，功能指令不含表达梯形图符号间相互关系的成分，而是直接表达本指令要做的内容。FX3U PLC在梯形图中一般是使用功能框来表示功能指令的。

图5-1是功能指令的梯形图示例，图中M8002的常开触点是功能指令的执行条件，其后的方框即为功能框。功能框中分栏表示指令的名称、相关数据或数据的存储地址。这种表达方式的优点是直观，稍有计算机程序知识的人马上就可以悟出指令的功能意义。

图5-1中指令的功能意义是：当M8002闭合时，十进制常数100将被送到数据寄存器D100中去。

（2）功能指令的表示形式

现以加法指令为例，功能指令的表示形式如图5-2所示，对其中的各部分说明如下所述。

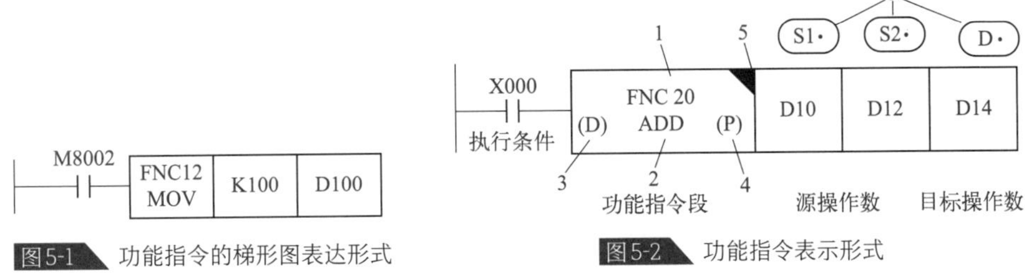

图5-1 功能指令的梯形图表达形式

图5-2 功能指令表示形式

① 助记符　如图5-2中，2所示就是加法指令的助记符。

功能指令的助记符用来指定该指令的操作功能，一般用该指令的英文单词或单词缩写表示，如加法指令“ADDITION”简写为ADD。采用这种方式容易了解指令的作用。

② 功能指令编号　如图5-2中1所示的就是功能指令编号。

每条功能指令都有对应的一个指令编号。在使用简易编程器的场合，输入功能指令时，首先输入的就是功能指令编号。

③ 操作数　如图5-2中6所示就是操作数。

操作数是功能指令涉及或产生的数据。操作数分为源操作数、目标操作数及其他操作数。

a. 源操作数是指令执行后不改变其内容的操作数，用[S（・）]表示。

b. 目标操作数是指令执行后将改变其内容的操作数，用[D（・）]表示。

c. 其他操作数用m与n表示。其他操作数常用来表示常数或者对源操作数和目标操作数的补充说明。表示常数时，K为十进制，H为十六进制。

在一条指令中，源操作数、目标操作数及其他操作数都可能不止一个，也可以一个都没有。某种操作数较多时，可用标号区别，如[S1（・）]和[S2（・）]等。

操作数从根本上来说，是参加运算数据的地址。地址是依据元件的类型分布在存储区中的，由于不同指令对参与操作的元件类型有一定限制，因此操作数的取值就有一定的范围。正确地选取操作数类型，对正确使用指令有很重要的意义。

操作数的形式如下：

a. 位元件X、Y、M和S，它们只处理ON（接通）和OFF（断开）状态。

b. 常数T、C、D、V和Z，它们可以处理数字数据。

c. 常数K、H或者指针P、I。

d. 由位软元件X、Y、M和S，指定组成的字软元件（位组合元件）。

e. [S]表示源操作数，[D]表示目标操作数，若使用变址功能，则用[S（・）]和[D（・）]表示。

④ 功能指令的执行形式　功能指令有脉冲执行型和连续执行型。如图5-2中4、5所示就

是功能指令的执行形式。

4是脉冲执行型，在指令中用“P”表示。脉冲执行型指令在执行条件满足时，仅执行一个扫描周期，这点对数据处理有很重要的意义。比如一条加法指令，在脉冲执行时，只将加数和被加数做一次加法运算。

5是连续执行型，在指令中用“◥”表示。而连续型加法运算指令在执行条件满足时，每一个扫描周期都要相加一次，使目的操作数内容变化。

⑤ 数据长度　图5-2中，3为数据长度符号。数据长度我们将会在5.1.3小节作进一步介绍。

⑥ 程序步数　程序步数为执行该指令所需的步数。

功能指令的功能号和指令助记符占一个程序步，每个操作数占2个或4个程序步（16位操作数是2个程序步，32位操作数是4个程序步）。因此，一般16位指令为7个程序步，32位指令为13个程序步。

加法指令的指令名称、指令编号、助记符、操作数范围、程序步如表5-1所示。

表5-1　加法指令表

指令名称	指令编号	助记符	操作数范围			程序步
			S1（·）	S2（·）	D（·）	
加法	FNC 20（16/32）	ADD、ADD（P）	K、H、KnX、KnY、KnM、KnS、T、C、D、V、Z		KnY、KnM、KnS、T、C、D、V、Z	ADD、ADDP...7步。DADD、DADDP...13步

5.1.2　位软元件与字软元件

在5.1.1小节中所介绍的操作数按功能分类，可分为源操作数、目标操作数和其他操作数，按组成形式分类，可分为位软元件、字软元件和常数。

（1）位软元件

① 位软元件　位软元件是指只具有通（ON或1）、断（OFF或0）两种状态的元件。位软元件主要用于开关量信息的传递、变换及逻辑处理等。

第2章中介绍了PLC的基本指令，这些指令所用到的软元件在可编程控制器内部反映的是“位”的变化，常用的位软元件有输入继电器X、输出继电器Y、辅助继电器M、状态继电器S等编程元件，如：X0、Y5、M100和S20等都是位软元件。另外，T、C的触点也是位软元件。

对位软元件只能逐个操作，例如取X0的状态用取指令“LD　X0”完成。如果取多个位软元件状态，例如取X0～X7的状态，就需要八条“取”指令语句，程序较烦琐。将多个位软元件按一定规律组合后，便可以用一条功能指令语句同时对多个位软元件进行操作，将大大提高编程效率和处理数据的能力。位软元件的有序集合称为位组合元件。

② 位组合元件　位组合元件常用输入继电器X、输出继电器Y、辅助继电器M及状态继电器S组成，4个位软元件为一组组合成单元，用Kn加首元件号表示。元件表达式为KnX、KnY、KnM、KnS等形式，其中n是组数，16位操作时为n=1～4，32位操作时为n=1～8。

例如：KnX0表示位组合元件是由从X0开始的n组位软元件组合。

若n=1，则K1X0指由X0、X1、X2、X3四位输入继电器的组合。

若n=2，则K2X0表示由X0～X7组成的8位（2组×4位=8位）数据，X0是低位，X7是高位。

若n=4，则K4X0表示由X0 ～ X15组成的16位（4组×4位=16位）数据，X0是低位，X15是高位。

当一个16位的数据传送到K1X0、K2X0、K3X0时，只传送相应的低位数据，较高位的数据不传送。32位数据传送类似。

被组合的位元件的首元件号可以是任意的，但习惯上采用以0结尾的元件，如X0、X10等。

除此之外，位组合元件还可以变址使用，如KnXZ、KnYZ、KnMZ、KnSZ等，这给编程带来很大的灵活性。FX PLC的位组合元件最少4位，最多32位。

（2）字软元件

字软元件是指处理数据的元件，如定时器和计数器的设定值寄存器、定时器和计数器的当前值寄存器、数据寄存器D。从上面对位组合元件介绍不难发现，位组合元件也就构成了字软元件进行数据处理。

5.1.3 数据长度

处理数据类指令时，数据的长度有16位和32位之分，所以此类功能指令可分为16位指令和32位指令。其中32位指令用（D）表示，无（D）符号的为16位指令。

例如：在图5-3中，在功能指令MOV前加D，即DMOV指令，表示处理32位数据。处理32位数据时，用元件号相邻的两个元件组成元件对，元件对的首地址用奇数、偶数均可。

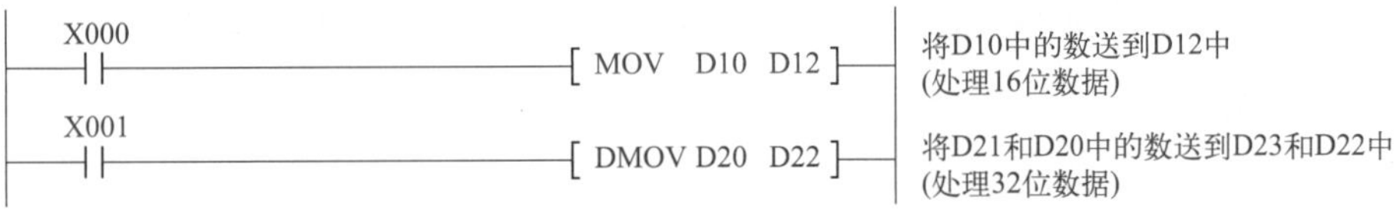

X000
MOV D10 D12
将D10中的数送到D12中
(处理16位数据)
X001
DMOV D20 D22
将D21和D20中的数送到D23和D22中
(处理32位数据)

图5-3 数据长度说明

另外，需要注意的是，32位计数器C200 ～ C255的当前值不能用作16位数据的操作数，只能用作32位数据的操作数。

5.1.4 变址寄存器

变址寄存器是用来修改操作对象的元件号，其操作方式与普通数据寄存器一样。对于16位的指令，可用V或Z表示。对于32位指令，V、Z自动组合成对使用，V为高16位，Z为低16位。

如图5-4所示，当X000为ON时，把K10传送到V0，K20传送到Z0，所以V0的数据为10，Z0的数据为20。当执行（D5V0）+（D15Z0）→（D40Z0）时，即执行（D15）+（D35）→（D60），若改变V0、Z0的值，则可完成不同数据寄存器的求和运算。这样，使用变址寄存器可以使编程简化。

X000
MOV K10 V0
MOV K20 Z0
ADD D5V0 D15Z0 D40Z0

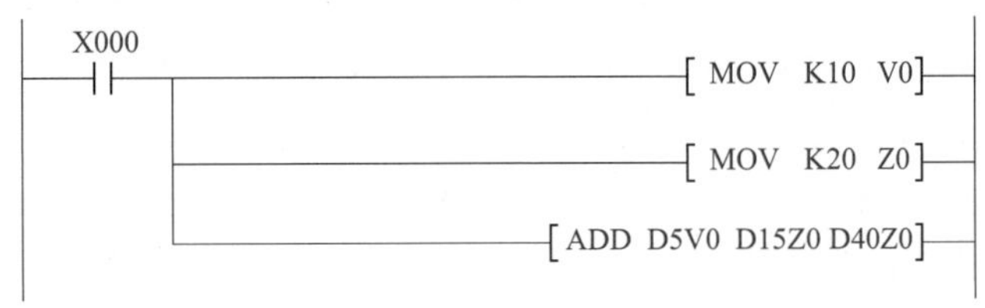

图5-4 变址寄存器举例

5.2 常用功能指令及应用

5.2.1 程序流程控制指令

程序流程控制指令用于程序结构及流程的控制。PLC用于程序流程控制的常用功能指令共10条，如表5-2所示。

表5-2 程序流程控制常用功能指令表

指令编号	指令助记符	指令名称	指令编号	指令助记符	指令名称
00	CJ	条件跳转	05	DI	禁止中断
01	CALL	子程序调用	06	FEND	主程序结束
02	SRET	子程序返回	07	WDT	警戒时钟
03	RET	中断返回	08	FOR	循环范围开始
04	EI	允许中断	09	NEXT	循环范围结束

（1）条件跳转指令CJ

① 指令表　该指令的指令名称、指令代码、助记符、操作数和程序步如表5-3所示。

表5-3 条件跳转指令表

指令名称	指令代码位数	助记符	操作数范围	程序步
			D（·）	
条件跳转	FNC00（16）	CJ、CJ（P）	P0～P127，P63即是END所在步，不需要标记	CJ和CJ（P）～3步，标号P～1步

② 指令说明

a. 跳转指令执行的意义。跳转指令执行的意义是，在满足跳转条件之后各个扫描周期中，PLC将不再扫描执行跳转指令与跳转指针Pn之间的程序，即跳转到以指针Pn为入口的程序段中执行。直到跳转的条件不再满足，跳转停止进行。

b. CJ为条件跳转指令，在程序控制中的使用如图5-5所示。图中跳转指针P8、P9分别对应CJP8及CJP9二条跳转指令。

在图5-5的跳转指令中，若X000为ON，跳转指令CJP8执行条件满足，程序跳过第二行到第十行，直接执行标号P8的第十一行程序。若X000为OFF，跳转不执行，则程序按原顺序向下执行，即执行第二行程序，这称为条件跳转。

当执行条件为M8000时，称为无条件跳转。

注意：在上述X000为ON，程序跳转到标号P8处，但由于此时第十一行程序中的X000=0，故执行最后三行程序。

c. 处于被跳过程序段中的继电器Y、M、S，由于该段程序不再执行，即使梯形图中涉及的工作条件发生变化，它们的工作状态仍将保持跳转发生前的状态不变。

d. 被跳过程序段中的时间继电器T和计数器C，无论是否具有掉电保持功能，由于相关程序停止执行，当跳转发生时其计时、计数值保持不变。当跳转中止，程序继续执行时，计时、计数将继续进行。

e. 定时器和计数器的复位指令具有优先权，即使复位指令位于被跳过的程序段中，当满足执行条件时，复位工作也将执行。

f. 在使用跳转指令时，只要保证在一个周期同样的线圈不扫描多次，允许使用多线圈输出，这为我们编写程序带来了方便。

g. 指令中的跳转标记Pn不可重复使用，但两条跳转指令可以使用同一跳转指令。

h. 使用CJP指令时，跳转只执行一个扫描周期。

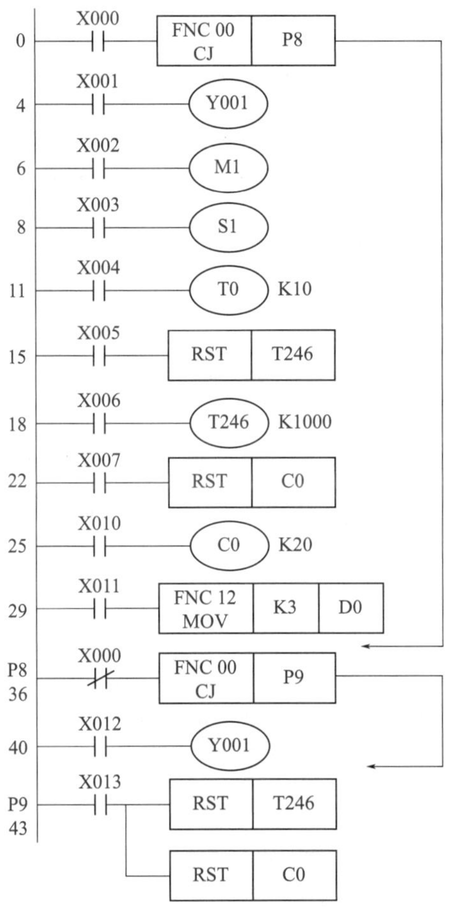

图5-5 CJ条件跳转指令说明

表5-4给出了图5-5跳转发生前后，跳转程序段中元器件在跳转执行中的工作状态，及对程序执行结果的影响。

表5-4 跳转对元器件状态的影响

元件	跳转前的触点状态	跳转后的触点状态	跳转过程中线圈的动作
Y、M、S	X001、X002、X003 断开	X001、X002、X003 接通	Y001、M1、S1 断开
	X001、X002、X003 接通	X001、X002、X003 断开	Y001、M1、S1 接通
10ms、100ms定时器	X004 断开	X004 接通	定时器不动作
	X004 接通	X004 断开	定时中断、X000 断开后继续计时
1ms定时器	X005 断开，X006 断开	X006 接通	定时器不动作
	X005 断开，X006 接通	X006 断开	定时器停止，X000 断开后继续计时

续表

元件	跳转前的触点状态	跳转后的触点状态	跳转过程中线圈的动作
计数器	X007 断开，X010 断开	X010 接通	定时器不动作
	X007 断开，X010 接通	X010 断开	定时器停止，X000 断开后继续计数
应用指令	X011 断开	X011 接通	除FNC52 ～ FNC59之外不执行的其他应用指令
	X011 接通	X011 断开	

（2）子程序指令

① 指令表　该指令的指令名称、指令代码、助记符、操作数和程序步如表5-5所示。

表5-5　子程序指令表

指令名称	指令代码位数	助记符	操作数范围	程序步
			D（·）	
子程序调用	FNC 01（16）	CALL、CALL（P）	指针P0 ～ P62、P64 ～ P127嵌套5级	3步（指令标号）1步
子程序返回	FNC 02	SRET	无	1步
主程序结束	FNC 06	FEND	无	1步

② 指令说明

a. 子程序指令是为一些特定的控制目的编制的相对主程序的独立程序。

b. 为了与主程序有所区别，规定在程序编写时，主程序排在前边，子程序排在后边，并由主程序结束指令FEND（FNC06）将这两部分隔开。

c. 子程序指令在梯形图中表示如图5-6。子程序调用指令CALL安排在主程序中，X001是子程序执行的条件。

d. 由图5-6可知，当X001置1时，执行指针标号为P10的子程序一次。子程序P10安排在主程序结束指令FEND之后。

e. 标号P10和子程序返回指令SRET之间的程序构成P10子程序的内容，当执行到子程序返回指令SRET①时，返回原断点（子程序调用的下句）继续执行原主程序。

f. 只要X001保持闭合状态，就执行相应的子程序，相当于在主程序中加入了一段程序。当X001=OFF时，程序的扫描仅在主程序中进行。

g. 若主程序带有多个子程序或子程序中嵌套子程序时，子程序可依次列在主程序结束指令之后，并以不同的标识相区别。

图5-6中，第一个子程序又嵌套了第二个子程序，当第一个子程序执行中X030为ON时，调用标号P11开始的第二个子程序，执行到SRET② 时，返回第一个子程序断点处继续执行。这样在子程序内调用指令可达四次，整个程序嵌套可以多达五次。

h. 在图5-6中，若调用指令改为非脉冲执行指令CALL P10，当X001置1并保持不变时，每当程序执行到该指令时，都转去执行P10子程序，遇到SRET指令即返回原断点继续执行原程序。

而在X001置0时，程序的扫描就仅在主程序中进行。

子程序的这种执行方式在对有多个控制功能而需要依据一定的条件有选择地实现时，是有重要意义的，它可以使系统程序的结构简洁明了。编程时将这些相对独立的功能都设置成子程序，而在主程序中再设置一些入口条件，对这些子程序的控制就可以了。根据控制系统的要求，实时调用子程序。

图5-7就是按这种思想设计的多子程序结构图。当有多个子程序排列在一起时，标号和

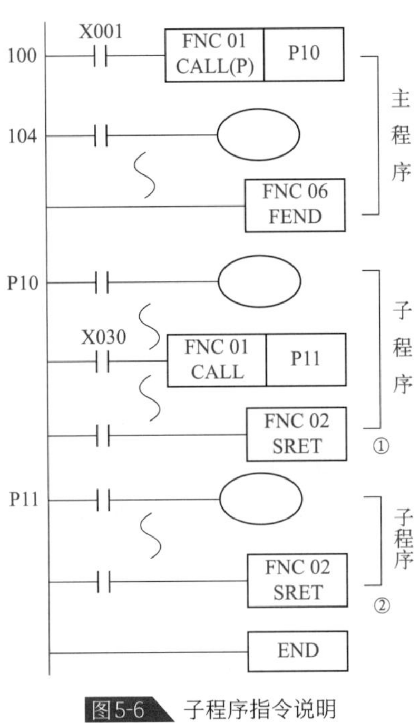

图5-6 子程序指令说明

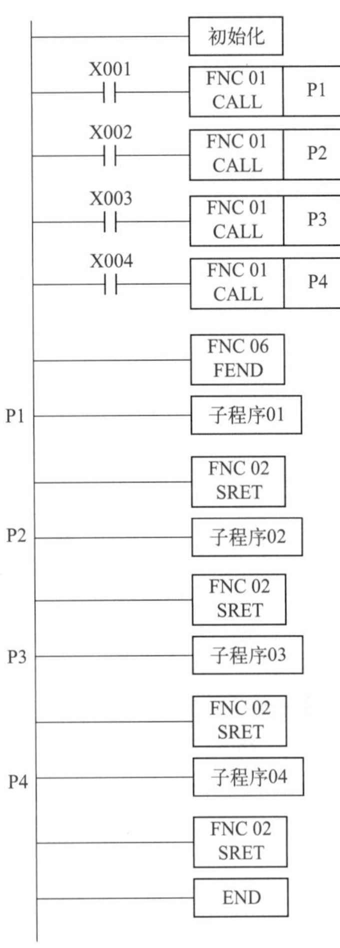

图5-7 多子程序结构图

最近的一个子程序返回指令SRET构成一个子程序。

（3）中断指令

① 指令表　该指令的名称、指令代码、助记符、操作数、程序步如表5-6所示。

表5-6 中断指令表

指令名称	指令代码	助记符	操作数	程序步
			D	
中断返回指令	FNC 03	IRET	无	1步
允许中断指令	FNC 04	EI	无	1步
禁止中断指令	FNC 05	DI	无	1步

② 中断指针I

a. 中断、中断子程序。中断是计算机所特有的一种工作方式，是指在主程序的执行过程中，中断主程序的执行，而去执行中断子程序。与前面所介绍的子程序一样，中断子程序也是为某些特定的控制功能而设定的。但和普通子程序不同点是，这些特定的控制功能都有一个共同特点，即要求响应时间小于机器的扫描周期。因此，中断子程序都不能由程序内安排的条件引出。

b. 中断源、中断指针。能引起中断的信号叫中断源，FX2N PLC有三类中断源，即输入中断、定时器中断和计数器中断。为了区别不同的中断及在程序中标明中断程序的入口，规定了中断指针标号。FX PLC中断指针I的地址如表5-7所示，并且不能重复。

表5-7 FX PLC中断指针表

分支用指针	中断用指针		
	输入中断用	定时器中断用	计数器中断用
P0 ～ P127 128点	I00□（X000） I10□（X001） I20□（X002） I30□（X003） I40□（X004） I50□（X005） 6点	I6□□ I7□□ I8□□ 3点	I010 I020 I030 I040 I050 I060 6点

c.输入中断指针。输入中断指针表示的格式如图5-8所示。输入中断信号从输入端送入，可用于机外突发随机事件的中断。

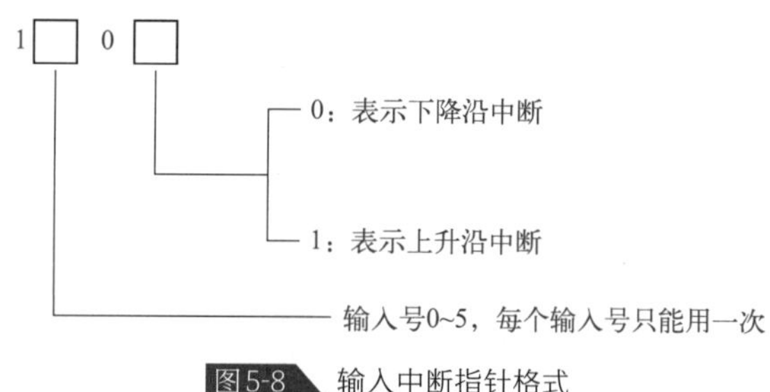

图5-8 输入中断指针格式

六个输入中断指针仅接收对应特定输入地址号X000 ～ X005（见表5-7）的信号触发，才执行中断子程序，不受PLC扫描周期的影响。由于输入中断处理可以处理比扫描周期还短的信号，因而PLC厂家在制造中已对PLC做了必要的处理和短时处理的控制使用。

如I001在输入X000从OFF→ON变化时，才执行由该指针作为标号的中断程序，并在执行中断返回指令IRET处返回。

d. 定时器中断指针。定时器中断指针格式表示如图5-9所示。

定时器中断用于需要指定中断时间执行中断子程序或不受PLC扫描周期影响的循环中断处理控制程序，多用于周期性工作场合。

定时器中断是机内信号中断，使用定时器引出。由指定编号为I6 ～ I8的专用定时器控制。设定时间在10 ～ 99ms范围每一个设定周期就中断一次。

如I610为每隔10ms就执行标号为I610后面的中断程序一次，在中断返回指令IRET处返回。

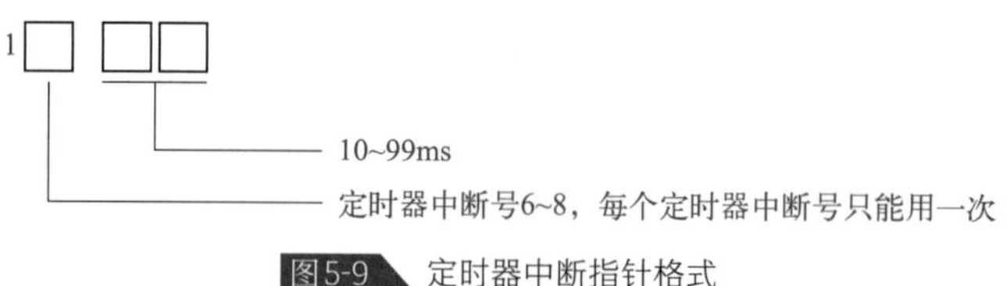

图5-9 定时器中断指针格式

e. 计数器中断指针。计数器中断指针格式表示如图5-10所示。

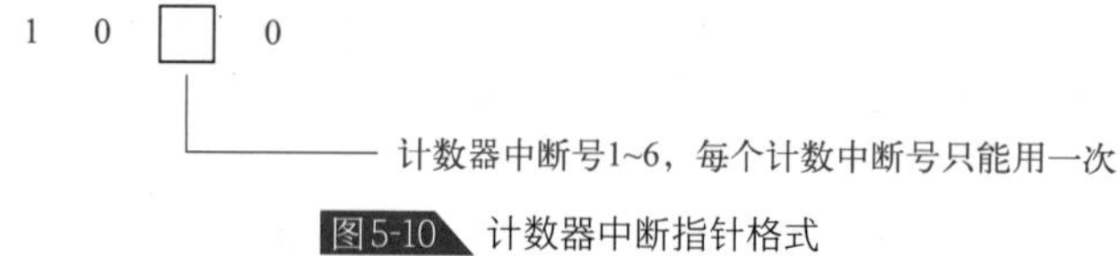

图5-10 计数器中断指针格式

计数器中断是根据PLC内部的高速计数器的比较结果，执行中断子程序，用于优先控制利用高速计数器的计数结果。该指针的中断动作要与高速计数比较置位指令HSCS组合使用。

在图5-11中，当高速计数器C255的当前值与K1000相等时，发生中断，中断指针指向中断程序，执行中断程序后返回原来的程序。

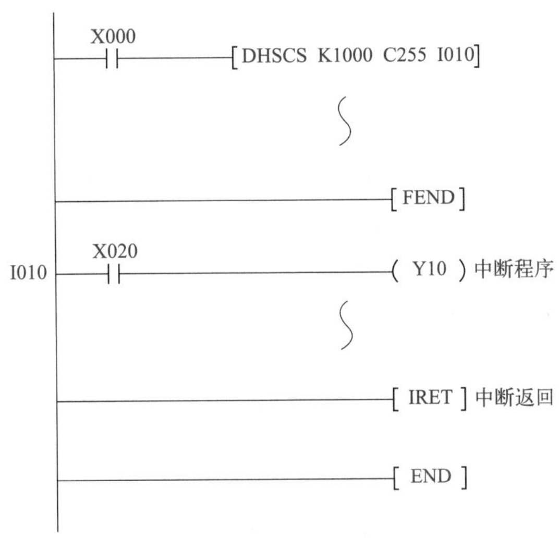

图5-11 高速计数器中断

③ 指令说明

a. 以上讨论的中断用指针的动作会受到机器内特殊辅助继电器M8050～M8059的控制，如表5-8所示。这些辅助继电器若接通，则中断禁止。如M8059接通，则计数器中断全部禁止。

表5-8 特殊辅助继电器中断禁止控制

编号、名称	备注
M8050 I00□禁止	输入中断禁止
M8051 I10□禁止	
M8052 I20□禁止	
M8053 I30□禁止	
M8054 I40□禁止	
M8055 I50□禁止	
M8056 I6□□禁止	定时器中断禁止
M8057 I7□□禁止	
M8058 I8□□禁止	
M8059 I010～I060禁止	计数器中断禁止

b. 中断指令使用如图5-12所示。

从图5-12中可以看出，中断程序作为一种子程序安排在主程序结束指令之后，主程序中允许中断指令EI及不允许中断指令DI间的区间表示可以开放中断的程序段。

c. 当主程序带有多个中断子程序时，中断标号和与其最近的一处中断返回指令构成一个中断子程序。FX3U PLC可实现不多于二级的中断嵌套。

d. 一次中断请求，中断程序一般仅能执行一次。

e. 当有多个中断同时出现时，中断优先权不同。FX3U PLC一共安排15个中断，其优先权由中断号大小决定，小号的中断优先权最高。同时，外部中断优先权高于定时器中断。

f. 由于中断子程序是为一些特定的随机事件而设计的，在主程序的执行过程中，结合不同的程序段中PLC所要完成工作的性质，决定能否响应中断。对可以响应中断的程序段，用允许中断指令EI及不允许中断指令DI标出来。

g. 如果程序中设计的中断较多，而这些中断又不一定需同时响应时，还可以通过特殊辅助继电器M8050～M8059实现中断的控制。PLC规定，当辅助继电器通过控制信号被置1时，其对应的中断被封锁。

④ 中断指令的执行过程及应用

a. 外部输入中断子程序。外部输入中断子程序如图5-13所示。

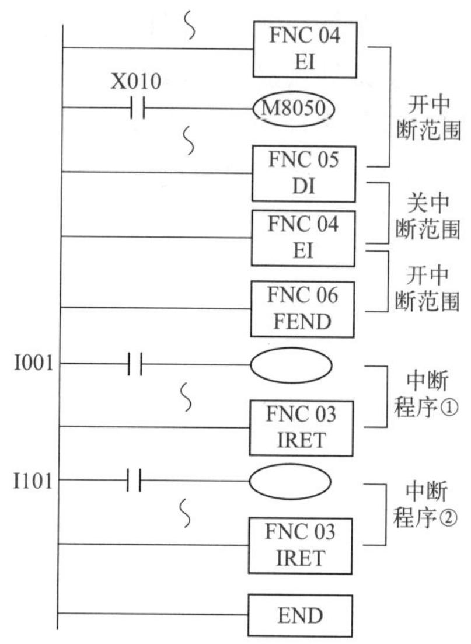

图5-12 中断指令在梯形图中的表示

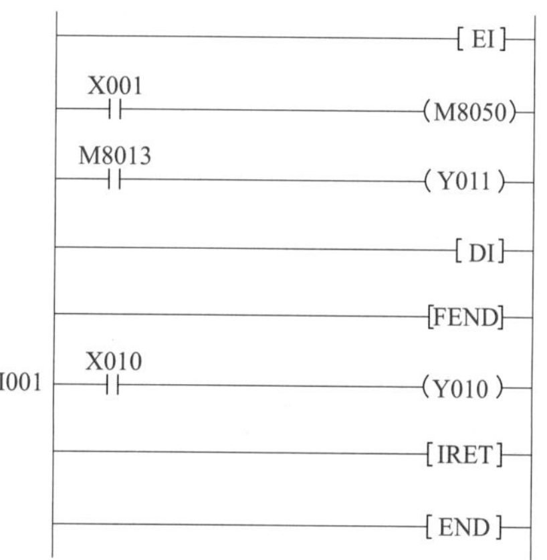

图5-13 外部输入中断子程序

在主程序段程序执行中，特殊辅助继电器M8050为0时，标号为I001的中断子程序允许执行，该中断在输入口X000送入上升沿信号时执行。上升沿信号出现一次，该中断执行一次，执行完毕后即返回主程序。中断子程序的内容为当X010为ON时，Y010也为ON。

外部中断常用来引入发生频率高于机器扫描频率的外控信号，或用于处理那些需要快速响应的信号。如在可控整流装置中，取自同步变压器的触发同步信号可以把专用输入端子引入PLC作为中断源，并以此信号作为移相角的计算起点。

b. 时间中断子程序。时间中断子程序如图5-14所示。

图5-14为一段实验性质的时间中断子程序。中断标号I610的中断序号为6，时间间隔为10ms。从程序分析可知，每执行一次中断程序，数据储存器D0加1，当加到1000时，M2为ON，使Y2置1。为了验证中断程序执行的正确性，在主程序段中设有定时器T0，设定值为100，并用此定时器控制Y001，这样当X001由ON变为OFF并经历10s后，Y001及Y002应同时置1。

c. 计数器中断子程序。计数器中断子程序如图5-15所示。

根据PLC内部的高速计数器的比较结果，执行中断子程序，用于优先控制利用高速计数

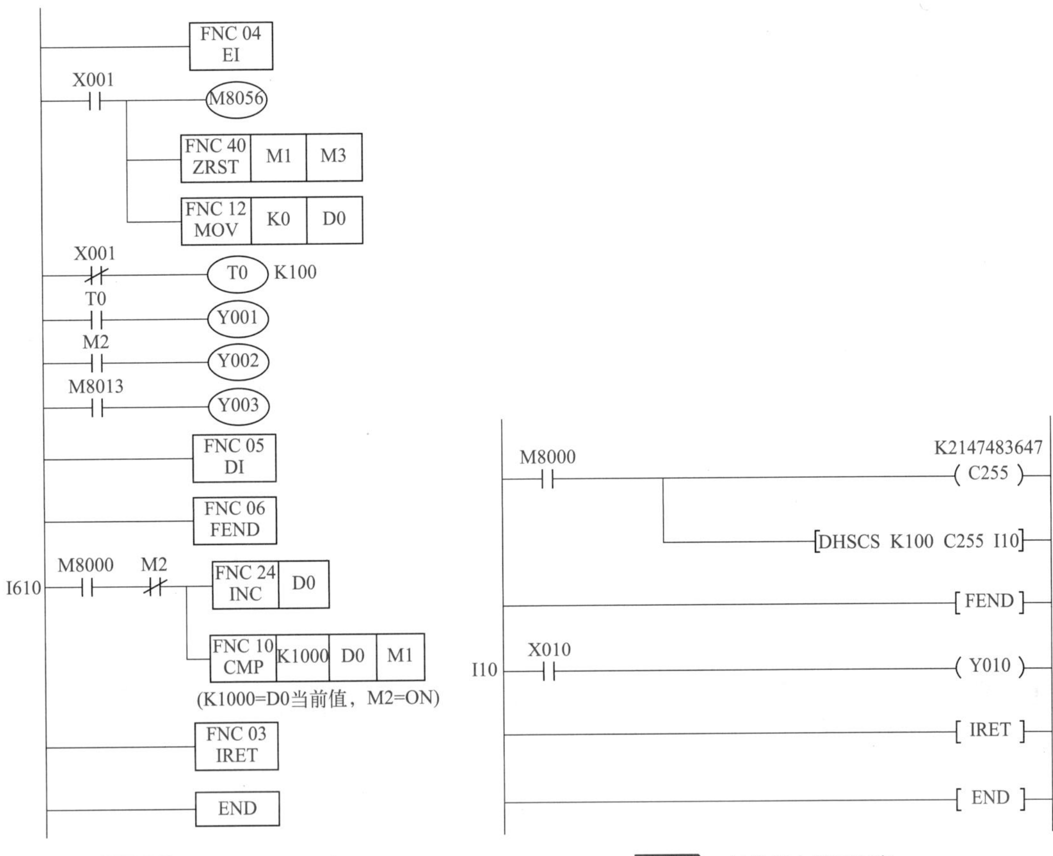

图5-14 时间中断子程序

图5-15 计数器中断子程序

器的计数结果。计数器中断指针I0□0（□为1～6）是利用高速计数器的当前值进行中断，要与比较置位指令FNC53（HSCS）组合使用，如图5-15所示。在图5-15中，当高速计数器C255的当前值与K100相等时，发生中断，中断指针指向中断程序，执行中断程序后，返回原断点程序。

（4）主程序结束指令

① 指令表　该指令的指令名称、指令代码、助记符、操作数和程序步如表5-9所示。

表5-9 主程序结束指令表

指令名称	指令代码	助记符	操作数	程序步
			D	
主程序结束指令	FNC 06	FEND	无	1步

② 指令说明

a.主程序结束指令如图5-16所示。

主程序结束指令FEND表示主程序结束，当执行到FEND指令时，PLC进行I/O处理，监视定时器刷新，完成后返回起始步。

b. 使用FEND指令时应注意：子程序和中断服务程序应放在FEND指令之后；子程序和中断服务程序必须写在FEND和END指令之间，否则会出错。

（5）监视定时器刷新指令

① 指令格式　该指令的指令名称、指令代码、助记符、操作数和程序步如表5-10所示。

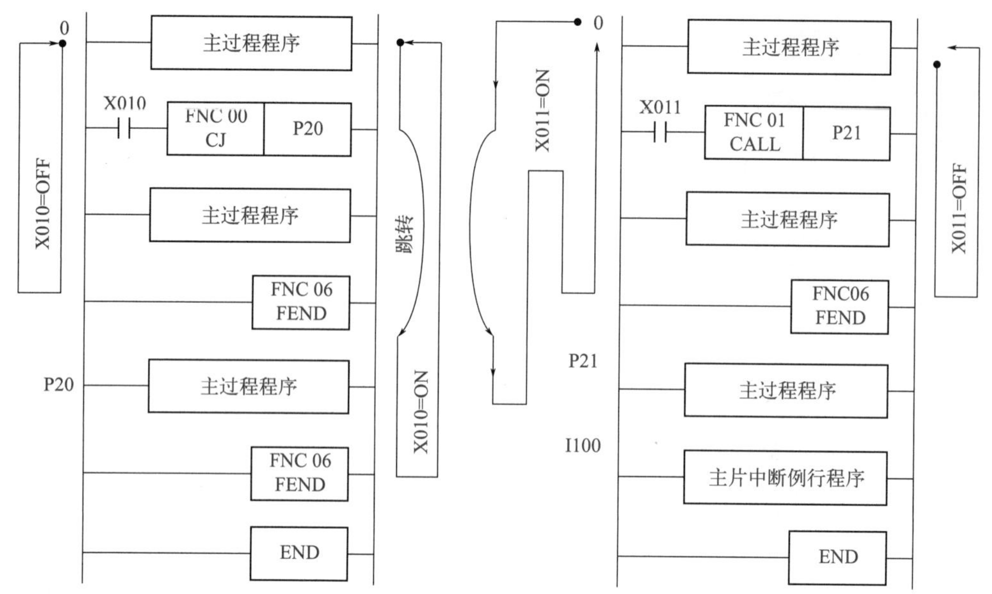

图5-16 主程序结束指令

表5-10 监视定时器刷新指令表

指令名称	指令代码	助记符	操作数	程序步
			D	
监视定时器刷新指令	FNC 07	WDT（P）	无	1步

② 指令说明

a. 监视定时器刷新指令如图5-17所示。

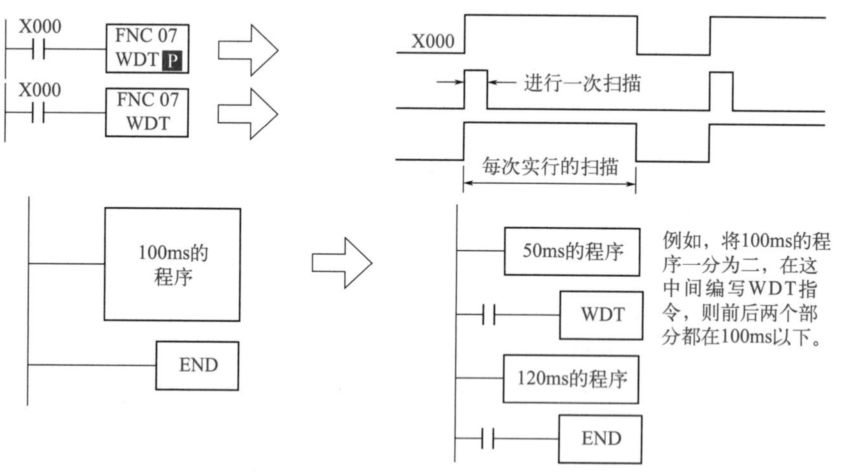

图5-17 监视定时器刷新指令

监视定时器刷新指令WDT的功能是对PLC的监视定时器进行刷新。

监视定时器刷新指令WDT是在PLC顺序执行程序中，进行监视定时器刷新的指令。WDT（P）指令为连续/脉冲执行型指令，无操作软元件。

b. FX PLC监视定时器的默认值为200ms（可用D8000来设定），正常情况下，PLC扫描周期小于此定时时间。

如果由于有外界干扰或程序本身的原因使扫描周期大于监视定时器的设定值，使PLC的CPU出错灯亮并停止工作，可通过在适当位置加WDT指令复位监视定时器，以使程序能继续执行到END指令。

c. 如果在后续的FOR-NEXT循环中，执行时间可能超过监视定时器的定时时间，可将WDT插入循环程序中。

d. 当与条件跳转指令CJ对应的指针标号在CJ指令之前时（即程序往回跳），就有可能连续反复跳步，使它们之间的程序反复执行，使执行时间超过监控时间。可在CJ指令与对应标号之间插入WDT指令。

（6）程序循环指令

① 指令表

该指令的名称、指令代码、助记符、操作数、程序步如表5-11所示。

表5-11 程序循环指令表

指令名称	指令代码	助记符	操作数	程序步
			S	
循环开始指令	FNC 08 （16）	FOR	K、H、KnX、KnY、KnM、KnS、T、C、D、V、Z	3步（嵌套5层）
循环结束指令	FNC09	NEXT	无	1步

② 指令说明

a. 循环指令由FOR及NEXT两条指令构成，这两条指令总是成对出现的。

b. FOR指令应放在NEXT指令之前，NEXT指令应在FEND指令和END指令之前，否则均会出错。

NEXT指令在FOR指令之前或无NEXT指令，或在FEND指令、END指令之后有NEXT指令，或FOR指令与NEXT指令的个数不一致时，均会出错。

c. 图5-18是由三条FOR指令和三条NEXT指令相互对应，构成的三层嵌套循环指令，这样的嵌套可达五层。

d. 梯形图中相距最近的FOR指令和NEXT指令是一对，构成最内层循环①，其次是中间的一对指令构成循环②，最外层的一对指令构成循环③，每一层中又包括了一定的程序，这就是所谓程序执行过程中需依一定的次数循环的部分。

e. 由图5-18可知，循环开始的次数由FOR指令的K1X000给出。

最内层的INC指令，实现每循环一次向数据寄存器D100中加1。

按图5-18中所设置内层K1X000=4、中层D3=3、外层为4。循环嵌套程序总是从内层执行循环开始，然后中层执行循环，最后是外层执行循环。由分析可知，多层循环间的关系是循

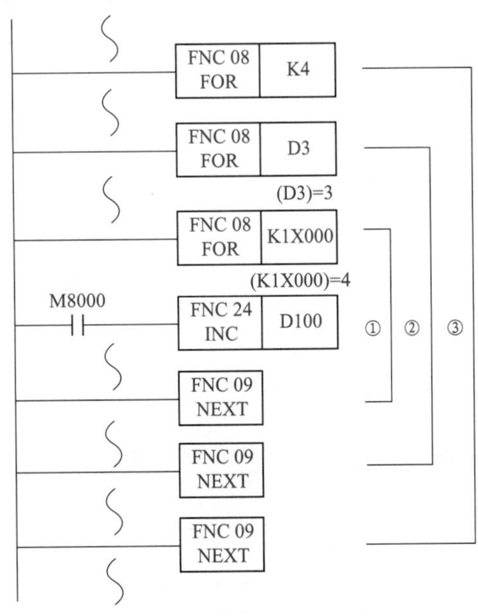

图5-18 循环指令使用说明

环次数相乘的关系。

因此，一个扫描周期中就要向数据寄存器D100中加入48个1。循环指令主要适用于某种操作反复进行的场合。

f. 在循环中可利用CJ指令在循环没结束时跳出循环体。

g. FOR指令操作软元件：K、H、KnH、KnY、KnM、KnS、T、C、D、V、Z。NEXT指令无操作软元件。

（7）程序流程控制类指令的应用

电动机顺序启动控制的程序设计。

① 控制要求　某电动机顺序启动有两种工作模式：手动控制、自动控制，如图5-19所示。试用跳转指令编程。

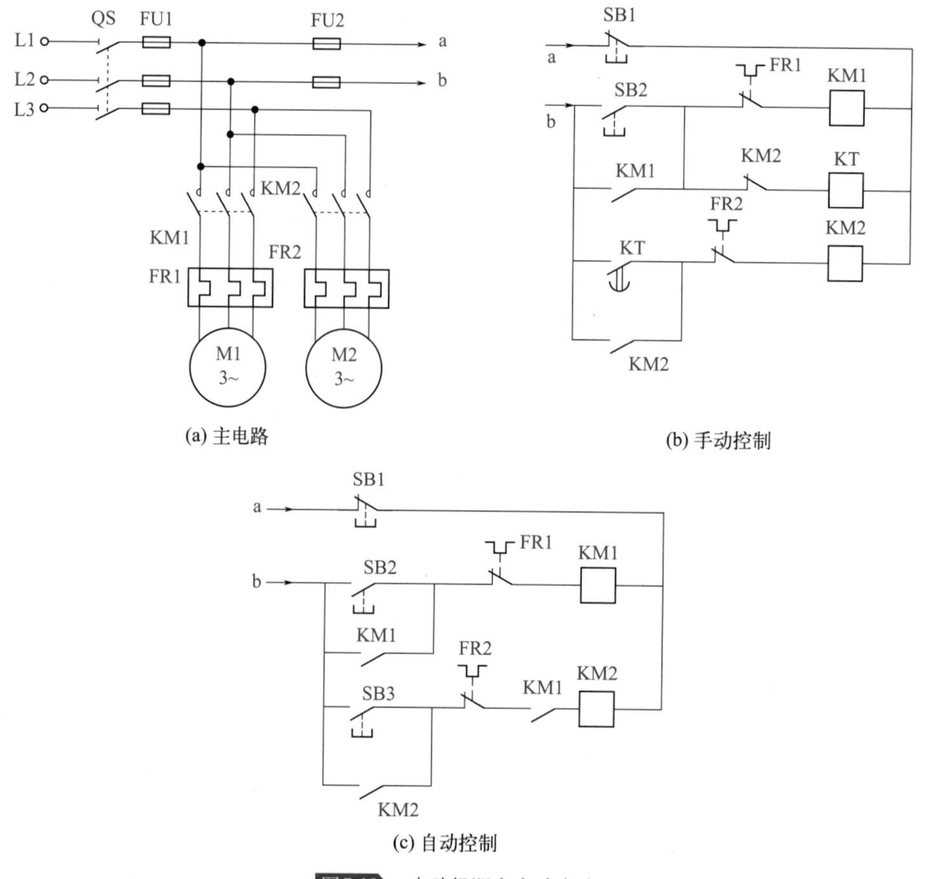

图5-19　电动机顺序启动电路

② 程序设计

a. I/O地址分配。电动机顺序启动I/O地址分配，如表5-12所示。

表5-12　电动机顺序启动I/O地址分配表

输入量		输出量	
选择按钮1	X0	接触器KM1	Y0
选择按钮2	X1	接触器KM2	Y1

续表

输入量		输出量	
M1启动按钮	X2		
M2启动按钮	X4		
停止按钮	X3		
热继电器FR1	X5		
热继电器FR2	X6		

b. 编制梯形图。电动机顺序启动梯形图如图5-20所示。

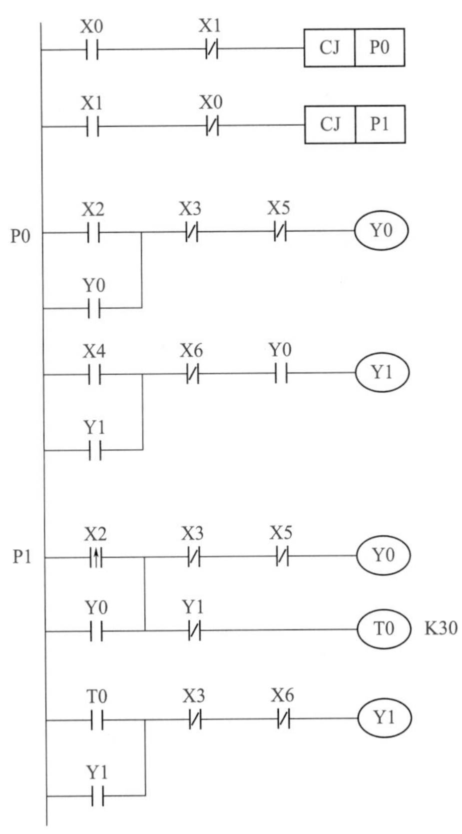

图5-20 电动机顺序启动梯形图

5.2.2 传送与比较指令

FX PLC数据传送与比较类指令（FNC10 ～ 19）包含比较、区间比较、传送、位传送、反相传送、块传送、多点传送、数据交换、BCD码交换、BIN码交换等，见表5-13。

表5-13 传送与比较指令

指令编号	助记符	指令名称	指令编号	助记符	指令名称
10	CMP	比较	15	BMOV	块传送
11	ZCP	区域比较	16	FMOV	多点传送
12	MOV	传送	17	XCH	数据交换
13	SMOV	位传送	18	BCD	BCD码交换
14	CML	反相传送	19	BIN	BIN码交换

（1）传送类指令

数据传送类指令用来完成各存储单元之间一个或多个数据的传送，传送过程中数值保持不变。

① 传送指令　传送指令MOV是将源操作数S（·）内的数据传送到指定的目标操作数D（·）内。

a. 指令表。该指令的名称、指令代码、助记符、操作数范围、程序步如表5-14所示。

表5-14　传送指令表

指令名称	指令代码	助记符	操作数范围		程序步
			S1（·）	D（·）	
传送	FNC12（16/32）	MOV、MOV（P）	K、H、KnX、KnY、KnM、KnS、T、C、D、V、Z	KnX、KnM、KnS、T、C、D、V、Z	MOV、MOVP…5步 DMOV、DMOVP…9步

b. 指令说明。传送指令MOV的使用说明如图5-21。

当X000=ON时，源操作数S（·）中的常数K10传送到目标操作数元件D10中，当指令执行时，常数K10自动转换成二进制数。

当X000断开时，指令不执行，但数据保持不变。

源操作数可取所有数据类型，目标操作数可以是KnY、KnM、KnS、T、C、D、V、Z。

16位运算时占5个程序步，32位运算时占9个程序步。

c. 传送指令使用举例

【例5-1】定时器、计数器当前值读出。如图5-22所示，当X000=ON时，T1当前值→（D21），计数器也相同。

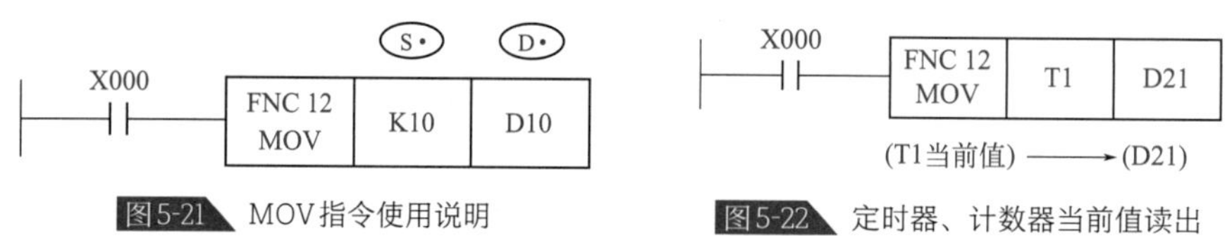

图5-21　MOV指令使用说明

图5-22　定时器、计数器当前值读出

【例5-2】定时器、计数器设定值的间接指定。如图5-23所示，当X000=ON时，K10→（D10），（D10）中的数值10作为T20的时间设定常数。

【例5-3】32位数据的传送。DMOV指令可用于将运算结果以32位数据形式进行传送，也可以把32位的高速计数器的当前值传送到数据寄存器。如图5-24所示。

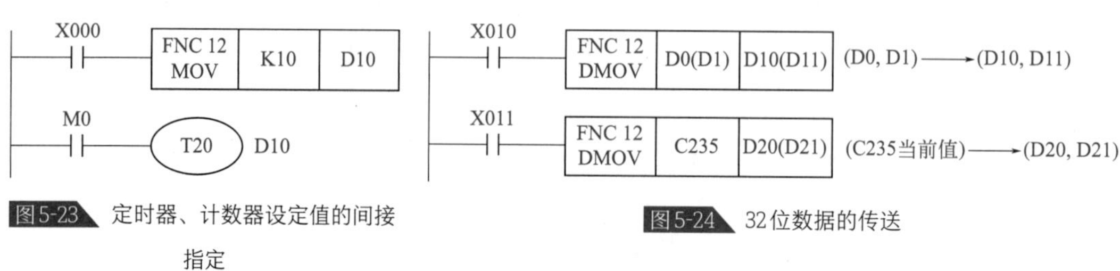

图5-23　定时器、计数器设定值的间接指定

图5-24　32位数据的传送

② 移位传送指令SMOV　移位传送指令SMOV的指令功能是将源操作数（S）中的16位二进制自动转换成4组BCD码，然后再将这4组BCD码中的第m1组起的第m2组传送到目

标操作数（D）的第n组开始的m2组中，传送后的目标操作数（D）的BCD码自动转换成二进制数。

a. 指令表。该指令的名称、指令代码、助记符、操作数范围、程序步如表5-15所示。

表5-15 移位传送指令表

指令名称	指令代码	助记符	操作数范围			程序步
			S（·）	D（·）	n	
移位传送	FNC13（16）	SMOV、SMOV（P）	KnX、KnY、KnM、KnS、T、C、D、V、Z	KnY、KnM、KnS、T、C、D、V、Z	K、H ≤512	FMOV、FMOVP…11步

b. 指令说明。移位传送指令SMOV的格式及应用举例，如图5-25所示。

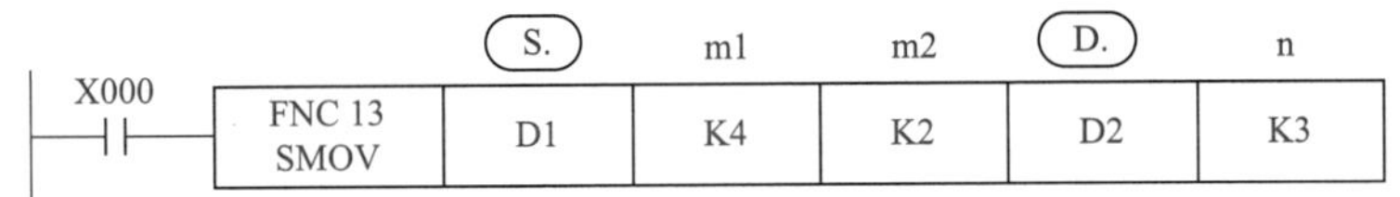

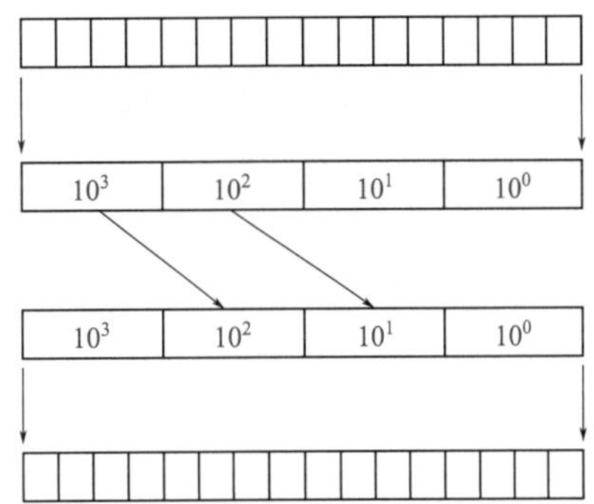

图5-25 移位传送指令格式及应用举例

指令执行有连续和脉冲两种形式。源操作数可取所有数据类型，目标操作数可以是KnY、KnM、KnS、T、C、D、V、Z。SMOV指令只有16位运算，占11个程序步。

c. 移位传送指令使用举例。

【例5-4】见图5-26。

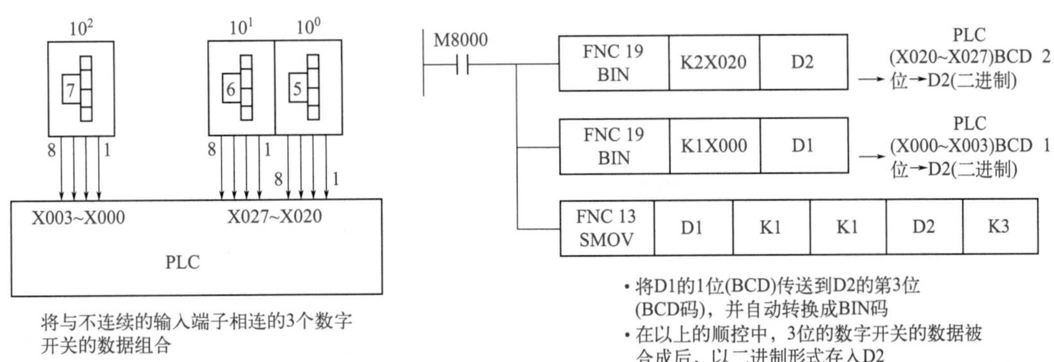

图5-26 移位传送指令的应用

③ 反相传送指令CML　反相传送指令CML的指令功能是将源操作数（S）按二进制逐位取反并传送到指定的目标操作数（D）中。

a. 指令表。该指令的名称，指令代码、助记符、操作数范围、程序步如表5-16所示。

表5-16 反相传送指令表

指令名称	指令代码	助记符	操作数范围			程序步
			S（·）	D（·）	n	
反相传送	FNC14（16/32）	CML、CML（P）	KnX、KnY、KnM、KnS、T、C、D、V、Z	KnY、KnM、KnS、T、C、D、V、Z	K、H ≤512	CML、CMLP…5步，DCML、DCMLP…9步

b. 指令说明。反相传送指令CML的格式，如图5-27所示。

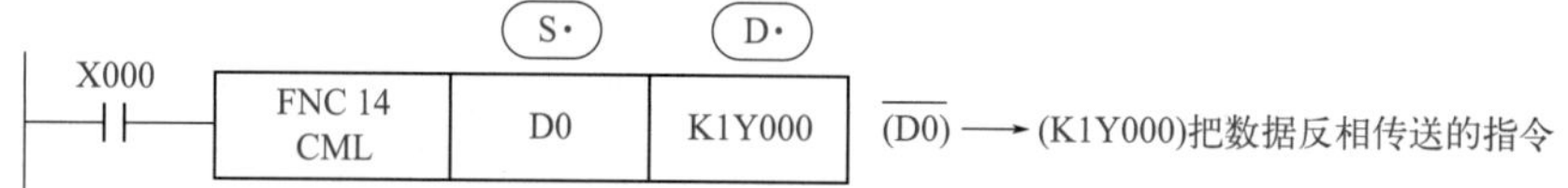

图5-27 反相传送指令CML格式

指令执行有连续和脉冲两种形式。源操作数可取所有数据类型，目标操作数可以是KnY、KnM、KnS、T、C、D、V、Z。16位运算占5个程序步，32位运算占9个程序步。

c. 反相传送指令使用举例。

【例5-5】反相输入的读取如图5-28所示。

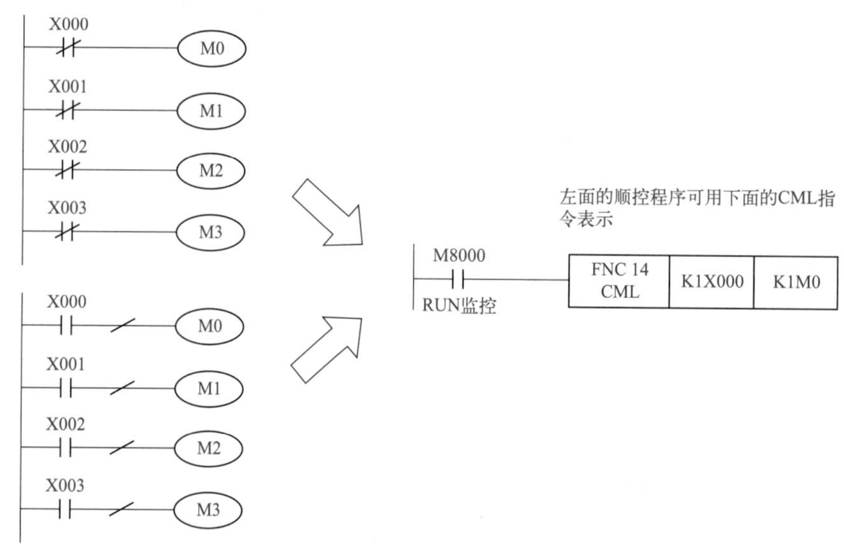

图5-28 反相传送指令CML的应用

④ 块传送指令

a. 指令表。该指令的名称，指令代码、助记符、操作数范围、程序步如表5-17所示。

表5-17 块传送指令表

指令名称	指令代码	助记符	操作数范围			程序步
			S（·）	D（·）	n	
块传送	FNC15（16）	BMOV、BMOV(P)	KnX、KnY、KnM、KnS、T、C、D	KnY、KnM、KnS、T、C、D	K、H ≤512	BMOV、BMOVP…7步

b. 指令说明。块传送指令BMOV指令功能是从源操作数指定的软元件开始的n点数据传送到指定的目标操作数开始的n点软元件。指令格式如图5-29所示。

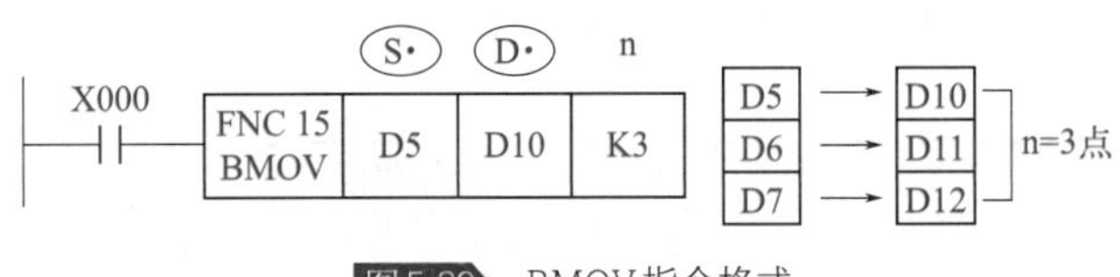

图5-29 BMOV指令格式

如果元件标号超出允许的元件号范围，数据仅传送到允许范围内。指令执行有连续和脉冲两种形式。源操作数可取KnX、KnY、KnM、KnS、T、C、D和文件寄存器，目标操作数可以是KnY、KnM、KnS、T、C、D。只有16位操作，占7个程序步。带有位指定的元件，源操作数与目标操作数的指定位数必须相同，如图5-30所示。

如果源操作数与目标操作数的类型相同，当传送编号范围有重叠时也同样能传送。为了防止源数据还没传送就被改写，可编程控制器自动确定传送顺序，按①② ③顺序传送，如图5-31所示。

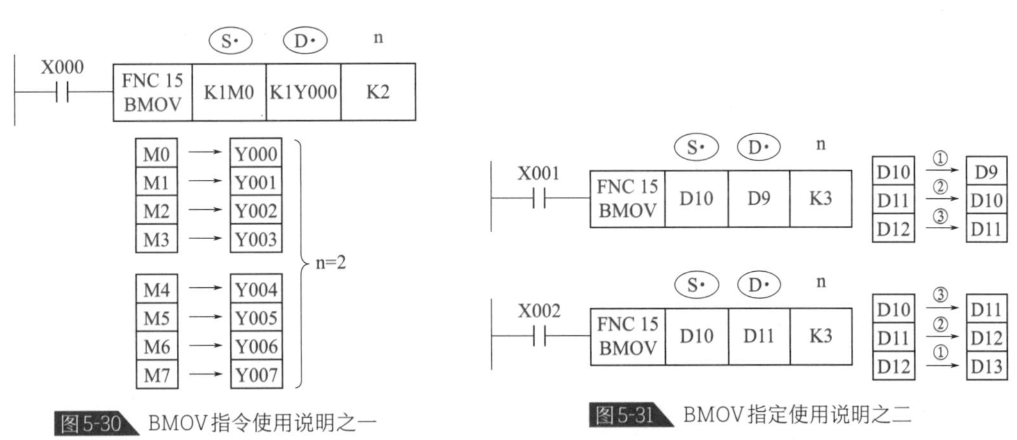

图5-30 BMOV指令使用说明之一

图5-31 BMOV指定使用说明之二

M8024=ON，传送反向。

⑤ 多点传送指令

a. 指令表。该指令的名称、指令代码、助记符、操作数范围，程序步如表5-18所示。

表5-18 多点传送指令表

指令名称	指令代码	助记符	操作数范围			程序步
			S（·）	D（·）	n	
多点传送	FNC16（16）	FMOV、FMOV（P）	K、H、KnX、KnY、KnM、KnS、T、C、D	KnY、KnM、KnS、T、C、D	K、H ≤512	FMOV、FMOVP…7步 DFMOV、DFMOVP…13步

b. 指令说明。多点传送指令FMOV的指令功能是将源操作数S（·）指定的软元件的内容向以目标操作数D（·）指定的软元件开头的n点软元件传送。指令格式如图5-32所示。

当X000=ON时，K10数值传送到D1 ～ D5中。传送n个软元件的内容完全相同。

如果元件号超出允许元件号范围，数据仅传送到允许范围的元件中。指令执行有连续和脉冲两种形式。源操作数可取所有的数据类型，目标操作数可以是KnY、KnM、KnS、T、C、

D，n≤512。16位操作占7个程序步，32位操作占13个程序步。指令有清零功能。

（2）数据交换指令

① 指令表　该指令的名称、指令代码、助记符、操作数范围、程序步如表5-19所示。

表5-19　数据交换指令表

指令名称	指令代码	助记符	操作数范围		程序步
			S（·）	D（·）	
数据交换	FNC17（16/32）	XCH、XCH（P）	KnX、KnY、KnM、KnS、T、C、D、V、Z	KnY、KnM、KnS、T、C、D、V、Z	XCH、XCHP…5步，DXCH、DXCHP…9步

② 指令说明

a. 指令XCH的指令功能是将指定的目标软元件间进行数据交换，指令格式如图5-33所示。

图5-33中，当X000=OFF时，D10和D11中的数据分别是100和130。当X000=ON时，执行XCH指令后，D10和D11中的数据分别是130和100。即D10和D11中的数据进行了交换。

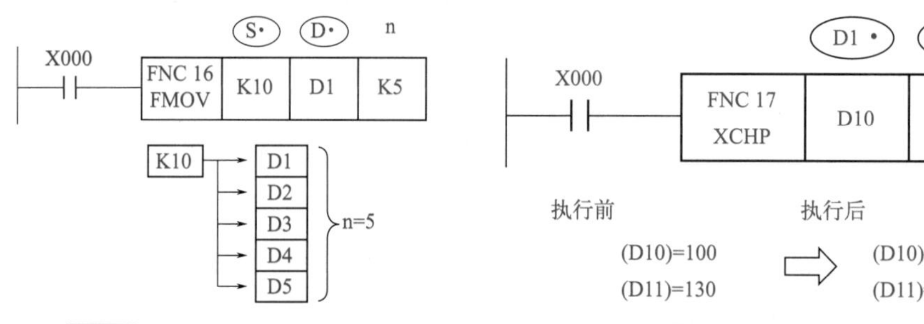

图5-32　FMOV传送指令格式

图5-33　XCH指令格式

b. 如果采用高、低位交换特殊继电器M8160，可以实现高八位与低八位数据的交换，如图5-34所示。

图5-34中，当X001接通，M8160上电时，如果目标元件D1（·）和D2（·）为同一地址标号，则16位数据进行高八位与低八位的交换，如果是32位数据亦相同。

c. 操作数可取KnY、KnM、KnS、T、C、D、V、Z。

d. 交换指令一般采用脉冲执行方式，否则在每一个扫描周期都要交换一次。

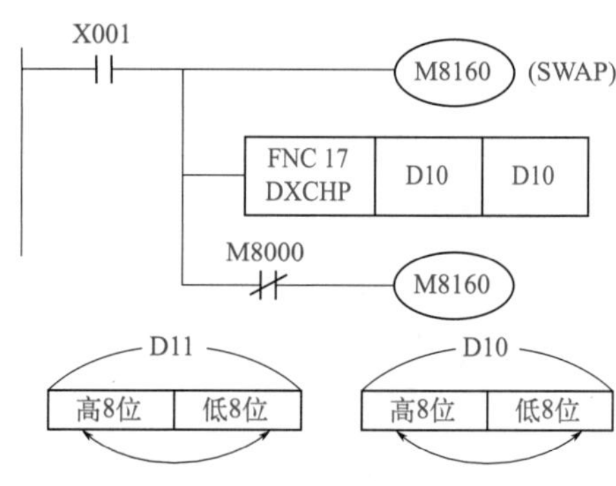

图5-34　数据交换指令扩展使用说明

e. 16位操作占5个程序步，32位操作占9个程序步。

（3）数据变换类指令

① 指令表　该指令的名称、指令代码、助记符，操作数范围、程序步如表5-20所示。

表5-20　数据变换指令表

指令名称	指令代码位数	助记符	操作数范围		程序步
			S（·）	D（·）	
BCD码数据变换指令	FNC18（16/32）	BCD、BCD（P）	KnX、KnY、KnM、KnS、T、C、D、V、Z	KnY、KnM、KnS、T、C、D、V、Z	XCH、XCHP…5步，DXCH、DXCHP…9步

续表

指令名称	指令代码位数	助记符	操作数范围		程序步
			S（·）	D（·）	
BIN码数据变换指令	FNC19（16/32）	BIN、BIN（P）	KnX、KnY、KnM、KnS、T、C、D、V、Z	KnY、KnM、KnS、T、C、D、V、Z	XCH、XCHP…5步，DXCH、DXCHP…9步

② 指令说明

a. BCD指令。指令BCD的指令功能是将源元件中的二进制数转换成BCD码送到目标元件中，指令格式如图5-35所示。

使用BCD指令时应注意:

源操作数可取KnX、KnY、KnM、KnS、T、C、D、V、Z，目标操作数可取KnY、KnM、KnS、T、C、D、V、Z。16位运算占5个程序步，32位运算占9个程序步。当指令进行16位操作时，执行结果超出0～9999范围将会出错。当指令进行32位操作时，执行结果超出0～99999999范围将会出错。

b. BIN指令。指令BCD的指令功能是将源元件中的BCD码数据转换成二进制数据送到目标元件中，指令格式如图5-36所示。

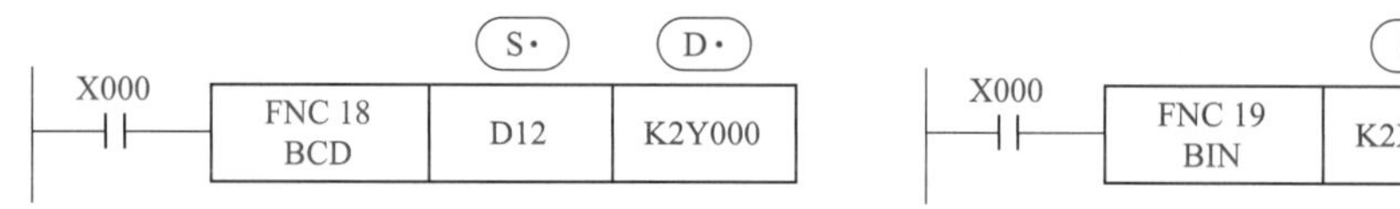

图5-35 BCD码数据变换指令

图5-36 BIN码数据变换指令

（4）比较类指令

① 比较指令　比较指令CMP是将源操作数S1（·）和S2（·）的数据进行比较，其比较结果送到目标操作数D（·）中，这里所有的源数据均按二进制数值处理。

a. 指令表。该指令的名称、指令代码、助记符、操作数范围、程序步如表5-21所示。

表5-21 比较指令表

指令名称	指令代码位数	助记符	操作数范围			程序步
			S1（·）	S2（·）	D3（·）	
比较指令	FNC10（16/32）	CMP、CMP（P）	K、H、KnX、KnY、KnM、KnS、T、C、D、V、Z		Y、MS	CMP、CMPP…7步，DCMP DCMPP…13步

b. 指令说明。比较指令CMP的使用说明如图5-37所示。

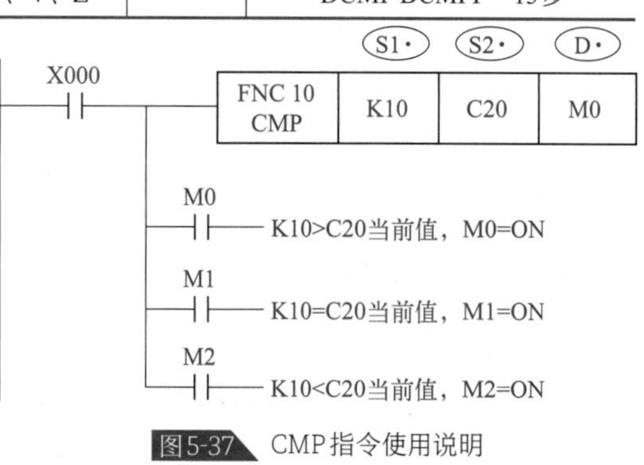

图5-37 CMP指令使用说明

在图5-37中，当X000接通时，K10与C20的当前值进行比较，比较结果分别由M0、M1、M2控制。目标操作数软元件指定M0时，其M0、M1、M2自动被占用。当X000为断开状态时，不执行CMP指令，M0、M1、M2保持X000断开前的状态。如果要清除比较结果，可以采用复位指令RST或区间复位指令ZRST，如图5-38所示。数据比较是进行代数值大小的比较（即带符号比较），当比较指令的操作数不完整时（若只指定一个或两个操作数），或者指定的操作数不符合要求，或者指定的操作数的元件号超出了允许范围等情况，则比较指令就会出错。数据长度可16位，可32位。

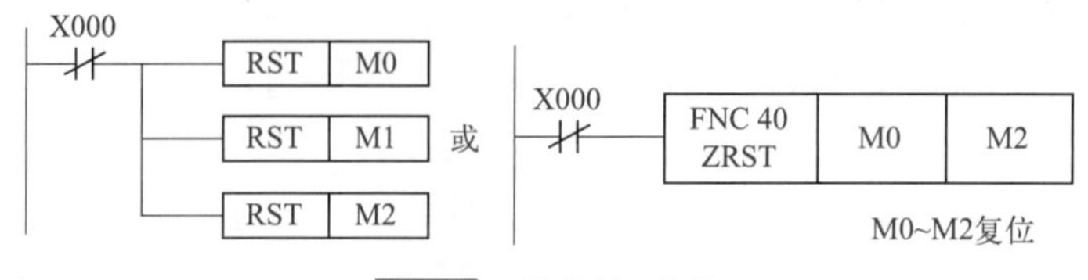

图5-38 比较结果复位

② 区间比较指令　区间比较指令ZCP是将一个数据S（·）与两个源数据S1（·）和S2（·）间的数据进行代数比较，其比较结果送到目标操作数D（·）中。

a. 指令表。该指令的名称、指令代码、助记符、操作数范围、程序步如表5-22所示。

表5-22 区间比较指令表

指令名称	指令代码位数	助记符	操作数范围		程序步
			S1（·）/S2（·）/S（·）	D（·）	
区间比较	FNC11（16/32）	ZCP、ZCP（P）	K、H、KnX、KnY、KnM、KnS、T、C、D、V、Z	Y、M、S	ZCP、ZCPP…9步，DZCP DZCPP…17步

b. 指令说明。区间比较指令ZCP的使用说明如图5-39所示。

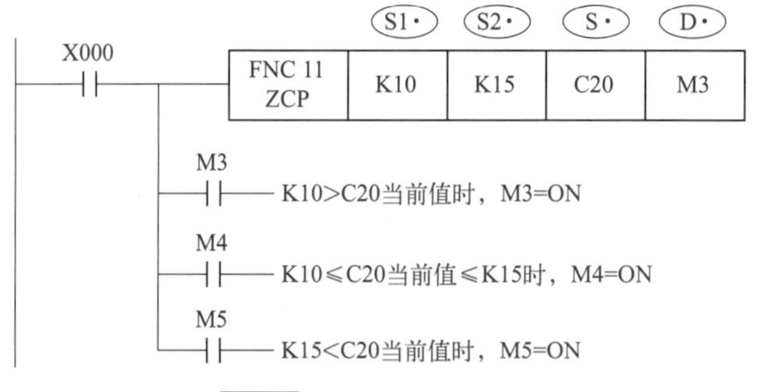

图5-39 ZCP指令使用说明

当X000为断开状态时，ZCP指令不执行。M3、M4、M5保持X000断开前的状态。当X000为闭合状态时，K10和K15区间的数与C20的当前值进行比较，比较结果分别由M3、M4、M5显示。在不执行指令拟清除比较结果时，同样应用复位指令。源操作数S1（·）的内容比源操作数S2（·）的内容要小，如果S1（·）内容比S2（·）内容大，则S2（·）被看作与S1（·）同样大。

③ 触点式比较指令

a. 指令说明。触点式比较指令与上述介绍的比较指令不同，触点式比较指令本身就相当于一个普通的触点，而触点的通断与比较条件有关，若条件成立则导通，反之则断开。

触点式比较指令，可以装载、串联和并联，具体如表5-23所示。

表5-23 触点式比较指令用法

类型	功能号	助记符	导通条件
装载类比较触点	224	LD=	[S1]=[S2]时触点接通
	225	LD>	[S1]>[S2]时触点接通
	226	LD<	[S1]<[S2]时触点接通
	228	LD<>	[S1]<>[S2]时触点接通
	229	LD≤	[S1]≤[S2]时触点接通
	230	LD≥	[S1]≥[S2]时触点接通
串联类比较触点	232	AND=	[S1]=[S2]时串联类触点接通
	233	AND>	[S1]>[S2]时串联类触点接通
	234	AND<	[S1]<[S2]时串联类触点接通
	236	AND<>	[S1]<>[S2]时串联类触点接通
	237	AND≤	[S1]≤[S2]时串联类触点接通
	238	AND≥	[S1]≥[S2]时串联类触点接通
并联类比较触点	240	OR=	[S1]=[S2]时并联类触点接通
	241	OR>	[S1]>[S2]时并联类触点接通
	242	OR<	[S1]<[S2]时并联类触点接通
	244	OR<>	[S1]<>[S2]时并联类触点接通
	245	OR≤	[S1]≤[S2]时并联类触点接通
	246	OR≥	[S1]≥[S2]时并联类触点接通

b. 应用举例。触点式比较指令的应用举例，如图5-40所示。

由图5-40可知：当C0的当前值=10，且D0中的数值>2时，Y0为ON；当T0的当前值=10，且90<D0中的数值时，Y1为ON；当T0的当前值=4，Y2为ON。

（5）传送与比较类指令应用

① 传送类指令应用　用传送指令编写控制程序，实现对三相异步电动机的Y/△降压启动。三相异步电动机Y/△降压启动控制的主电路如图5-41所示。

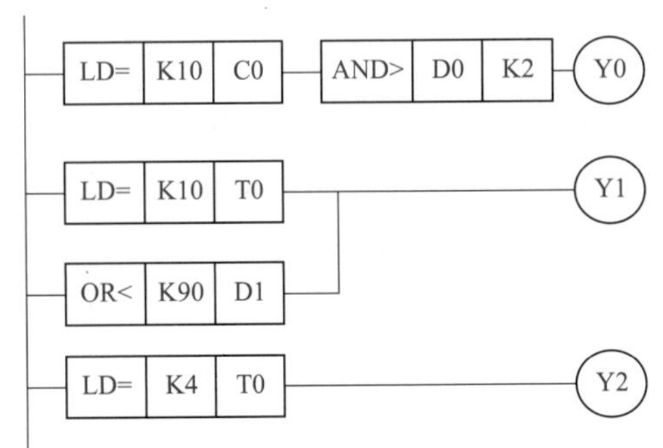

图5-40 触点式比较指令应用举例

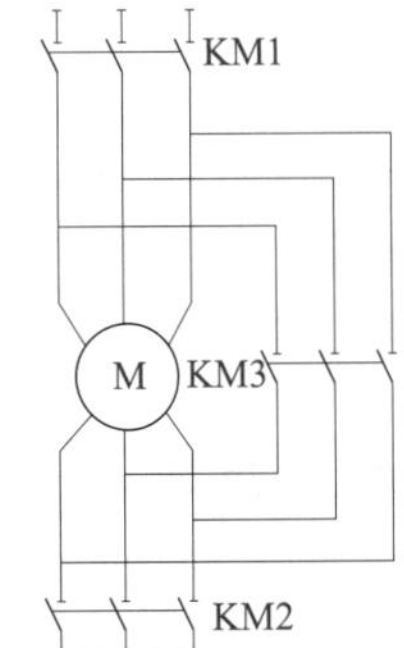

图5-41 电动机Y/△启动控制的主电路

程序编写说明：

梯形图如图5-42所示。在梯形图中，设启动按钮为X000，停止按钮为X001。主电路电源接触器KM1接于Y000，电动机Y形接法接触器KM2接于Y001，电动机Δ形接法接触器KM3接于Y002。

启动时，Y000、Y001为ON，电动机Y形接法启动，6s后，Y000继续为ON，断开

Y001，再过1s后接通Y000、Y002。按下停止按钮时，电动机停止。

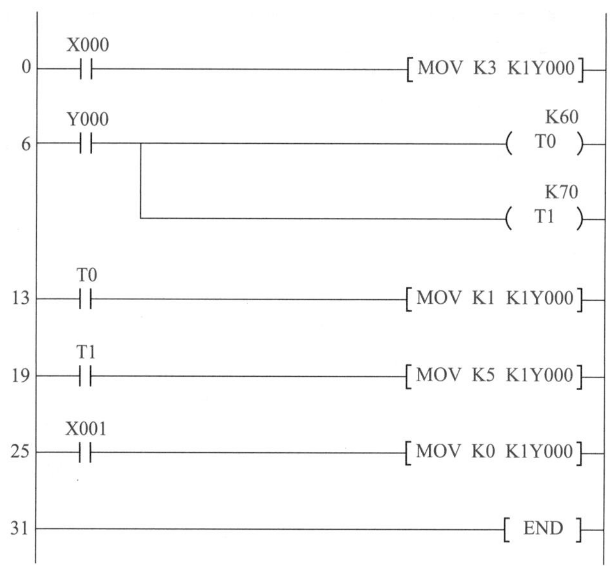

图5-42 三相异步电动机Y/Δ降压启动控制程序

② 比较类指令应用　应用计数器与比较指令，构成24h可设定定时时间的定时控制器。

a. 控制要求:

早上6：30，电铃（Y000＝1）每秒响一次，响6次后自动停止。

早上9：00至晚上5：00，启动住宅报警系统（Y001＝1）。

晚上6：00开园内照明（Y002＝1）。

晚上10：00关园内照明（Y002＝0）。

实际使用时，可在夜间0：00启动定时器。

b. 程序编写说明。梯形图如图5-43所示。

X000为启、停开关，X001为15min快速调整与试验开关，15min为一个设定单位，24h共96个时间单位，X002为格数设定的快速调整与试验开关。时间设定值为钟点数乘以4。

由图5-43可知，上电后X000闭合，按1s时钟振荡运行，早上6：30电铃响。上午9：00至晚上5:00，启动住宅报警系统。晚上6:00至10:00间开园内照明。X000断开，时间控制器停止运行。

5.2.3 四则运算与逻辑运算指令

（1）四则运算指令

四则运算的通用规则如下，四则运算指令有连续和脉冲两种执行形式。四则运算指令支持16位和32位数据，执行32位数据时，指令前需加D。四则运算标志位与数据间的关系如下:

a. 零标志位M8020：运算结果为0，则标志位M8020置1；

b. 借位标志位M8021：运算结果小于−32768（16位）或−2147483648（32位），则M8021置1；

c. M8022为进位标志。如果运算结果超过32767（16位）或2147483647（32位），则M8022置1。

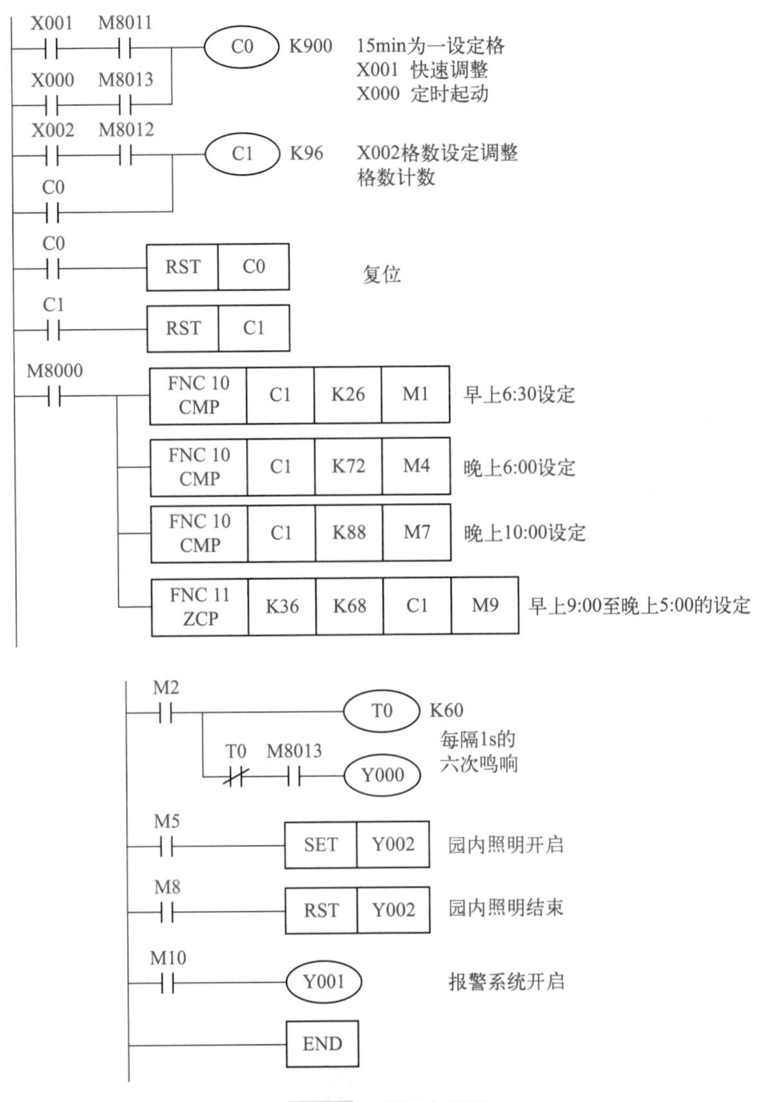

图5-43 简易定时器

① 加法指令　加法指令ADD是将指定的源元件中的二进制数相加，结果送到指定的目标元件中去。

a. 指令表。该指令的名称、指令代码、助记符、操作数，程序步如表5-24所示。

表5-24 加法指令表

指令名称	指令代码位数	助记符	操作数范围			程序步
			S1（·）	S2（·）	D（·）	
加法	FNC20（16/32）	ADD、ADD（P）	K、H、KnX、KnY、KnM、KnS、T、C、D、V、Z		KnY、KnM、KnS、T、C、D、V、Z	ADD、ADDP…7步，DADD、DADDP…13步

b. 指令说明。加法指令说明如图5-44所示。

源操作数可取所有数据类型，目标操作数可取KnY、KnM、KnS、T、C、D、V、Z。

16位运算占7个程序步，32位运算占13个程序步。

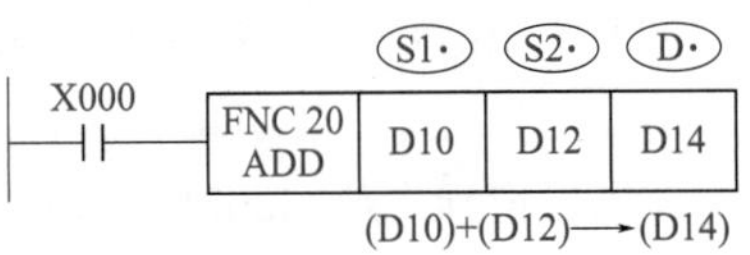

图5-44 ADD指令说明

数据为有符号二进制数，最高位为符号位（0为正，1为负）。

数据的最高位为符号位，0为正，1为负。如果运算结果为0，则零标志位M8020为ON。若为16位运算，运算结果大于32767，或32位运算结果大于2147483647时，则进位标志位M8022为ON。若为16位运算，运算结果小于−32768，或32位运算结果小于−2147483648时，则借位标志位M8021为ON。

由图5-44可知，当X000=ON时，（D10）+（D12）→（D14）运算是代数运算。

在32位运算中，被指定的起始字元件是低16位元件，而下一个字元件则为高16位元件，如D0（D1）。

源和目标可以用相同的元件号。如果源和目标元件号相同，而采用连续执行的ADD或（D）ADD指令时，加法的结果在每一个扫描周期都会改变。

若指令采用脉冲执行型ADD（P），用一个例子说明其使用方法，如图5-45所示。只有当X000从OFF→ON变化时，执行一次加法运算，此后即使X000一直闭合也不执行加法运算。

在图5-45中，每执行一次加法运算，D0的数据加1，这与下面讲到的INC（P）加1指令的执行结果相似。其不同之处在于用ADD指令时，零位、借位、进位标志位按上述说明置位。

32位加法运算的使用方法，用一个例子进行说明，如图5-46所示。

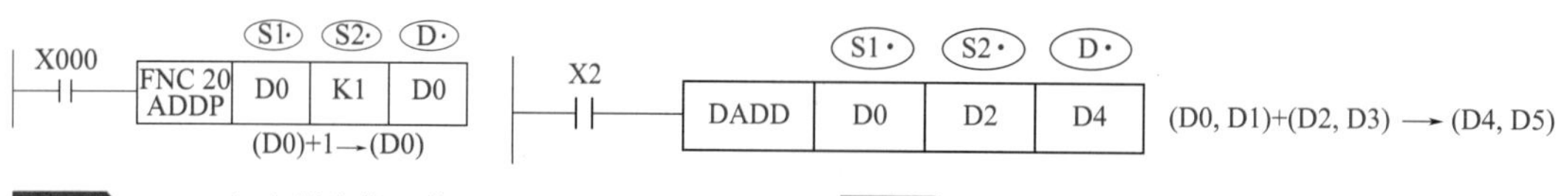

图5-45 ADD（P）指令使用说明

图5-46 DADD指令的应用

② 减法指令 减法指令SUB是将指定源元件中的二进制数相减，结果送到指定的目标元件中去。

a. 指令表。该指令名称、指令代码、助记符、操作数、程序步如表5-25所示。

表5-25 二进制减法指令表

指令名称	指令代码位数	助记符	操作数范围		程序步
			S1（·） S2（·）	D（·）	
减法	FNC21 （16/32）	SUB、 SUB(P)	K、H、KnX、KnY、KnM、KnS、T、C、D、V、Z	KnY、KnM、KnS、T、C、D、V、Z	SUB、SUBP…7步，DSUB、DSUBP…13步

b. 指令说明。减法指令说明如图5-47所示。

源操作数可取所有数据类型，目标操作数可取KnY、KnM、KnS、T、C、D、V、Z。

16位运算占7个程序步，32位运算占13个程序步。

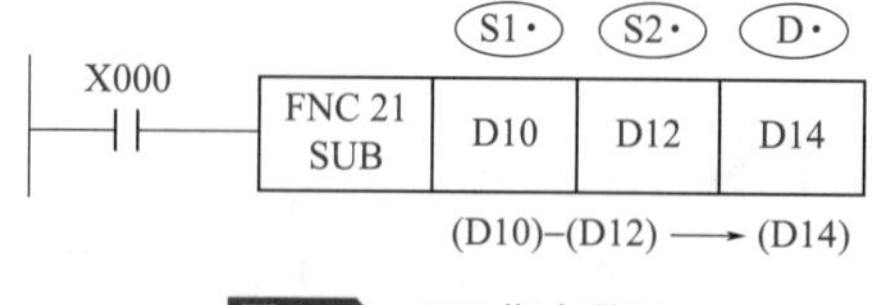

图5-47 SUB指令说明

数据为有符号二进制数，最高位为符号位（0为正，1为负）。

数据的最高位为符号位，0为正，1为负。如果运算结果为0，则零标志位M8020为ON。若为16位运算，运算结果大于32767，或32位运算结果大于2147483647时，则进位标志位M8022为ON。若为16位运算，运算结果小于−32768，或32位运算结果小于−2147483648时，则借位标志位M8021为ON。

由图5-47可知，当X000=ON时，（D10）−（D12）→（D14），运算是代数运算。

在32位运算中，被指定的起始字元件是低16位元件，而下一个字元件则为高16位元件，如D0（D1）。

源和目标可以用相同的元件号。如果源和目标元件号相同，而采用连续执行的SUB或（D）SUB指令时，减法的结果在每一个扫描周期都会改变。

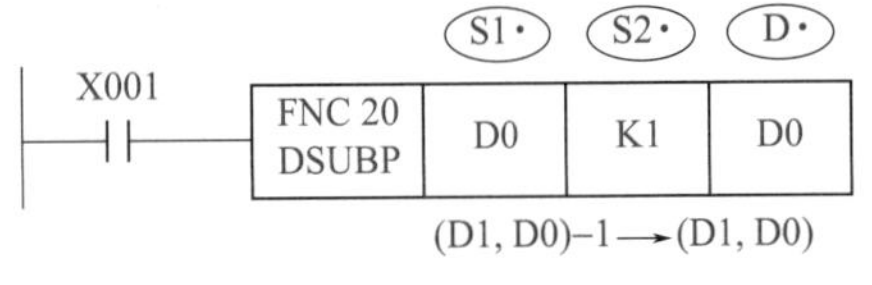

图5-48 减法使用方法

若指令采用脉冲执行型SUB（P），用一个例子说明其使用方法，如图5-48所示。只有当X001从OFF→ON变化时，执行一次减法运算，此后即使X001一直闭合也不执行减法运算。

在图5-48中，每执行一次减法运算，D1、D0的数据减1，这与下面讲到的DEC减1指令的执行结果相似。其不同之处在于采用减法指令实现减1时，零位、借位等标志位可能动作，零位、借位、进位标志位按上述说明置位。

③ 乘法指令　乘法指令MUL是将指定的源元件中的二进制数相乘，结果送到指定的目标元件中去。

a. 指令表。该指令的名称、指令代码、助记符、操作数范围、程序步如表5-26所示。

表5-26 二进制乘法指令表

指令名称	指令代码位数	助记符	操作数范围			程序步
			S1（·）	S2（·）	D（·）	
乘法	FNC22（16/32）	MUL、MUL（P）	K、H、KnX、KnY、KnM、KnS、T、C、D、Z		KnY、KnM、KnS、T、C、D、V、（Z）限16位	MUL、MUL P…7步，DMUL、DMULP…13步

b. 指令说明。乘法指令说明如图5-49所示，图5-49（a）是16位乘法运算，图5-49（b）是32位乘法运算。

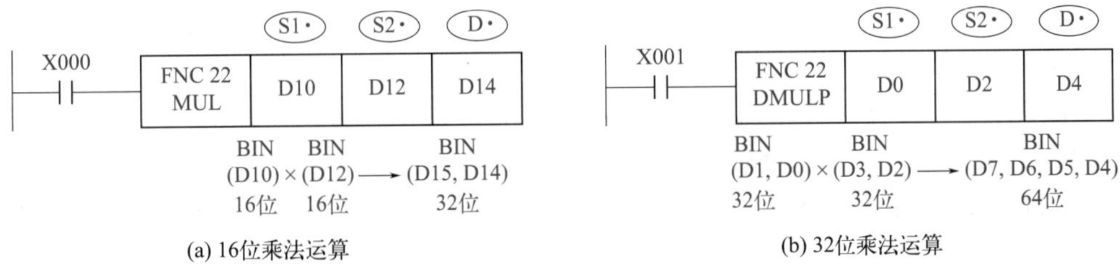

图5-49 MUL乘法指令说明

源操作数可取所有数据类型，目标操作数可取KnY、KnM、KnS、T、C、D、V、Z。要注意Z只能在16位运算中作为目标元件的指定，不能在32位运算中作为目标元件的指定。

16位运算占7个程序步，32位运算占13个程序步。

由图5-49可知，当16位运算时，X000=ON时，（D10）×（D12）→（D15，D14），源操作数是16位，目标操作数是32位。

当32位运算时，X001=ON时，（D1，D0）×（D3，D2）→（D7，D6，D5，D4），源操作数是32位，目标操作数是64位。

最高位为符号位，0为正，1为负。

32位乘法运算中，如将位组合元件用于目标操作数时，限于K的取值，只能得到乘积的低32位，高32位将丢失。

这时，应将数据移入字元件再进行计算。即使使用字元件时，也不可能一下子监视64位数据的运算结果。这种情况下建议最好进行浮点运算。

④ 除法指令　除法指令DIV是将指定的源元件中的二进制数相除，S1（·）为被除数，S2（·）为除数，商送到指定的目标元件D（·）中去。余数送到目标元件D（·）+1的元件中。

a. 指令表。该指令的名称、指令代码、助记符、操作数、程序步如表5-27所示。

表5-27　二进制除法指令表

指令名称	指令代码位数	助记符	操作数范围			程序步
			S1（·）	S2（·）	D（·）	
除法	FNC23（16/32）	DIV、DIV（P）	K、H、KnX、KnY、KnM、KnS、T、C、D、Z		KnY、KnM、KnS、T、C、D、V、（Z）限16位	DIV、DIV P…7步，DDIV、DDIVP…13步

b. 指令说明。其指令说明如图5-50所示，图5-50（a）是16位除法运算，图5-50（b）是32位除法运算。

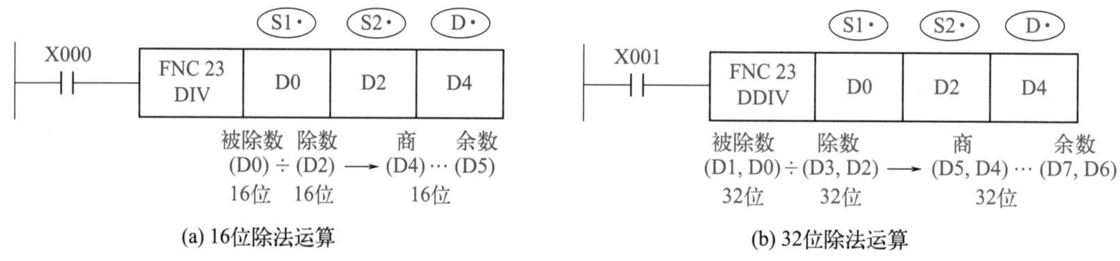

图5-50　DIV除法指令说明

源操作数可取所有数据类型，目标操作数可取KnY、KnM、KnS、T、C、D、V、Z。

16位运算占7个程序步，32位运算占13个程序步。

如将位元件指定为目标操作数，则无法得到余数，除数为0时运算错误。

由图5-50可知，当16位运算，X000=ON时，（D0）÷（D2），商在（D4）中，余数在（D5）中，例如（D0）=15，（D2）=2时，商（D4）=7，余数（D5）=1。

当32位运算，X001=ON时，（D1，D0）÷（D3，D2），商在（D5，D4），余数在（D7，D6）中。

商与余数的二进制最高位是符号位，0为正，1为负。

被除数或除数中有一个为负数时，商为负数。被除数为负数时，余数为负数。

⑤ 加1指令　加1指令INC是将目标元件D（·）中的结果加1。

a. 指令表。该指令的名称、指令代码、助记符、操作数、程序步如表5-28所示。

表5-28　加1指令表

指令名称	指令代码位数	助记符	操作数范围	程序步
			D（·）	
加1	FNC24（16/32）	INC、INC（P）	KnY、KnM、KnS、T、C、D、V、Z	INC、INCP…3步，DINC、DINCP…5步

b. 指令说明。加1指令INC的使用说明如图5-51所示。

指令的操作数可取KnY、KnM、KnS、T、C、D、V、Z。

当进行16位操作时占3个程序步，32位操作时占5个程序步。

16位运算时，+32767再加上1则变为−32768，但标志位不置位。同样，在32位运算时，+2147483647再加1就变为−2147483648，标志位也不置位。

若用连续指令时，每个扫描周期都执行。

脉冲执行型只在有脉冲信号时执行一次。

X000 FNC 24 INCP D10 D·

(D10)+1→(D10)

图5-51 INC加1指令说明

由图5-51可知，当X000由OFF→ON变化时，目标操作数D（·）指定的元件D10中的二进制数自动加1。

⑥ 减1指令　减1指令DEC是将目标元件D（·）中的结果减1。

a. 指令表。该指令的名称、指令代码、助字符、操作数、程序步如表5-29所示。

表5-29 二进制减1指令表

指令名称	指令代码位数	助记符	操作数范围 D（·）	程序步
减1	FNC25 （16/32）	DEC、DEC（P）	KnY、KnM、KnS、T、C、D、V、Z	DEC、DECP…3步， DDEC、DDECP…5步

b. 指令说明。减1指令DEC的使用说明如图5-52所示。

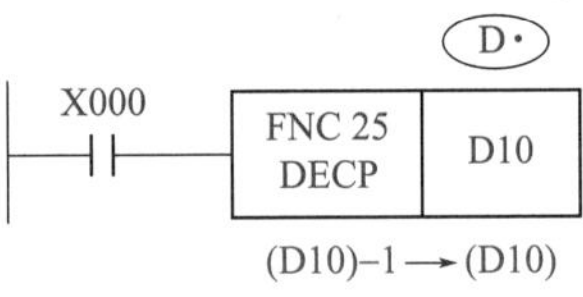

图5-52 DEC减1指令说明

指令的操作数可取KnY、KnM、KnS、T、C、D、V、Z。

当进行16位操作时占3个程序步,32位操作时占5个程序步。

16位运算时，−32768再减1则变为+32767，但标志位不置位。同样，在32位运算时，−2147483648再减1就变为+2147483647，标志位也不置位。

若用连续指令时，每个扫描周期都执行。

脉冲执行型只在有脉冲信号时执行一次。

当X000由OFF→ON变化时，目标操作数D（·）指定的元件D10中的二进制数自动减1。

以上加1、减1两条指令，在实际的程序控制中应用很多。

（2）逻辑运算指令

① 逻辑字与、或、异或指令

a. 字逻辑运算关系表。逻辑字与、或、异或指令是以位为单位作相应运算的指令，其逻辑运算关系如表5-30所示。

表5-30 字逻辑运算关系表

与（WAND）			或（WOR）			异或（WXOR）		
C=A·B			C=A+B			C=A ⊕ B		
A	B	C	A	B	C	A	B	C
0	0	0	0	0	0	0	0	0
0	1	0	0	1	1	0	1	1
1	0	0	1	0	1	1	0	1
1	1	1	1	1	1	1	1	0

b. 指令表。逻辑字与、或、异或指令的指令名称、指令代码、助字符、操作数、程序步如表5-31所示。

表5-31 逻辑字与、或、异或指令表

指令名称	指令代码位数	助记符	操作数范围			程序步
			S1（·）	S2（·）	D（·）	
逻辑字与	FNC26（16/32）	WAND、WAND（P）	K、H、KnX、KnY、KnM、KnS、T、C、D、V、Z		KnY、KnM、KnS、T、C、D、V、Z	WAND、WANDP…7步，DWAND、DWANDP…13步
逻辑字或	FNC27（16/32）	WOR、WOR（P）				WOR、WORP…7步，DWOR、DWORP…13步
逻辑字异或	FNC28（16/32）	WXOR、WXOR（P）				WXOR、WXORP…7步，DWXOR、DWXORP…13步

c. 指令说明。逻辑字与指令WAND是将两个源操作数按位进行与运算，结果送指定元件。逻辑字与指令WAND的使用说明如图5-53（a）所示。

当X000=ON时，源元件S1（·）指定的D10和源元件S2（·）指定的D12内数据按各位对应进行逻辑字与运算，结果存于目标元件D（·）指定的D14中。

例如：D10中的数据为0101 0011 1100 1011，D12中的数据为1100 0011 1010 0111，则执行逻辑字与指令后的结果为0100 0011 1000 0011存入D14中。

逻辑字或指令WOR是将两个源操作数按位进行或运算，结果送指定元件。

逻辑字或指令WOR的使用说明如图5-53（b）所示。

当X001=ON时，源元件S1（·）指定的D10和源元件S2（·）指定的D12内数据，按各位对应进行逻辑字或运算，结果存于目标元件[D·]指定的元件D14中。

例如：D10中的数据为0101 0011 1100 1011，D12中的数据为1100 0011 1010 0111，则执行逻辑字或指令后的结果为1101 0011 1110 1111存入D14中。

逻辑字异或指令WXOR是将两个源操作数按位进行异或运算，结果送指定元件。

逻辑字异或指令WXOM的使用说明如图5-53（c）所示。

当X002=ON时，源元件S1（·）指定的D10和源元件S2（·）指定的D12内数据，按各位对应进行逻辑字异或运算，结果存于目标元件D（·）指定的元件D14中。

例如：D10中的数据为0101 0011 1100 1011，D12中的数据为1100 0011 1010 0111，则执行逻辑字异或指令后的结果为1001 0000 0110 1100存入D14中。

逻辑字与、或、异或指令的源操作数可取所有数据类型，目标操作数可取KnY、KnM、KnS、T、C、D、V、Z。

逻辑字与、或、异或指令16位运算占7个程序步，32位运算占13个程序步。

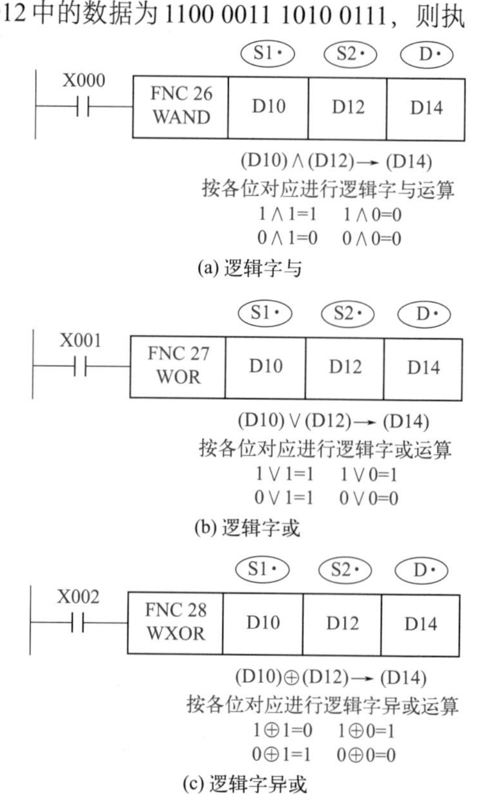

图5-53 逻辑指令使用说明

② 求补码指令

a. 指令表。求补码指令的指令名称、指令代码、助字符、操作数、程序步如表5-32所示。

表5-32 求补码指令表

指令名称	指令代码位数	助记符	操作数范围	程序步
			D（·）	
求补码指令	FNC29（16/32）	NEG、NEG（P）	KnY、KnM、KnS、T、C、D、V、Z、U□/G□	NEG、NEGP…3步，DNEG、DNEGP…5步

b. 指令说明。求补码指令仅对负数求补码，其使用说明如图5-54所示。

图5-54 求补码指令使用说明

当X000由OFF变为ON时，由D（·）指定的元件D10中的二进制负数按位取反后加1，求得的补码存入D10中。

例如：若执行指令前D10中的二进制数为1001 0011 1100 1110，则执行完NEGP指令后D10中的二进制数变为0110 1100 0011 0010。

使用连续指令时，则在各个扫描周期都执行求补运算。

（3）四则运算与逻辑运算指令的应用

① 四则运算指令的应用　彩灯正序、反序的循环控制。

a. 控制要求。一组彩灯有12盏，用加1、减1指令及变址寄存器Z来完成彩灯循环控制功能。各彩灯状态变化的时间单位为1s，用M8013实现。

b. 程序说明。梯形图如图5-55所示，图中X001为彩灯控制开关，X001=OFF时，禁止输出继电器M8034=1，使12个输出Y000～Y014为OFF。M1为正、反序控制触点。

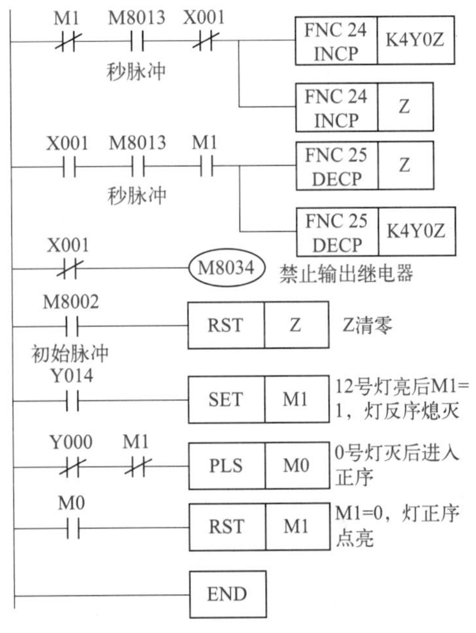

图5-55 彩灯循环控制梯形图

② 逻辑运算指令的应用

a. 控制要求。某节目有两位评委和若干选手，评委需对每位选手评价，看是过关还是淘汰。两位评委均按1键，选手方可过关，否则将被淘汰，过关绿灯亮，淘汰红灯亮，试设计程序。

b. 程序设计。I/O分配表如表5-33所示。

表5-33 I/O分配表

输入量		输出量	
A评委1键	X0	过关绿灯	Y0
A评委0键	X1	淘汰红灯	Y1
B评委1键	X2		
B评委0键	X3		
主持人键	X4		
停止按钮	X5		

程序设计如图5-56所示。

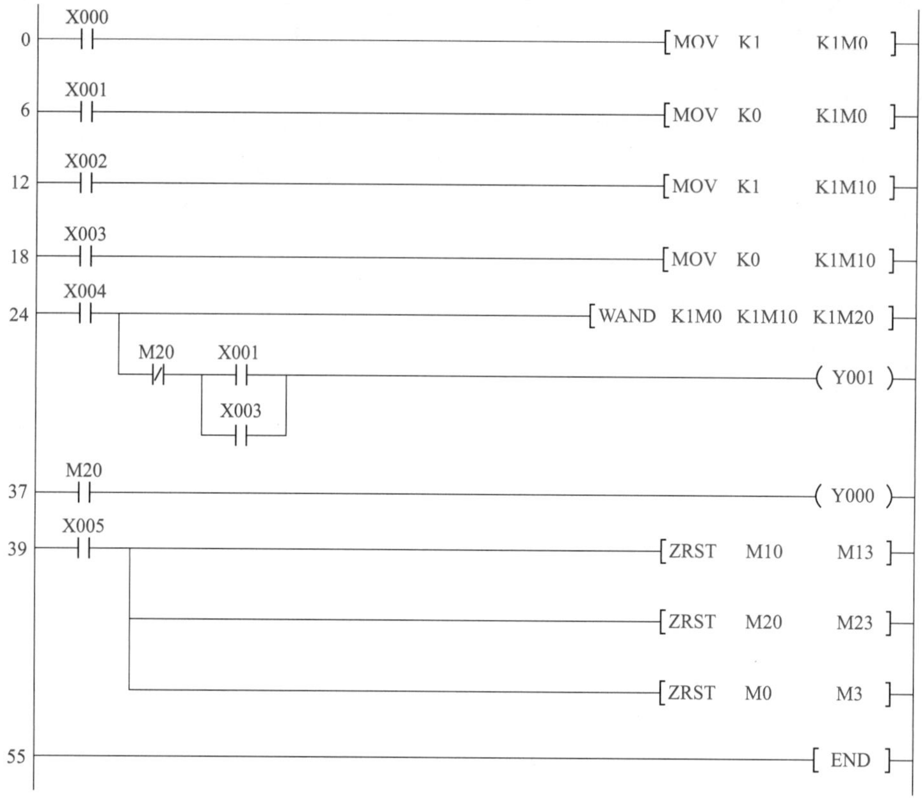

```
0   X000                          [MOV  K1    K1M0 ]
6   X001                          [MOV  K0    K1M0 ]
12  X002                          [MOV  K1    K1M10]
18  X003                          [MOV  K0    K1M10]
24  X004                          [WAND K1M0  K1M10 K1M20]
        M20   X001                ( Y001 )
              X003
37  M20                           ( Y000 )
39  X005                          [ZRST M10   M13]
                                  [ZRST M20   M23]
                                  [ZRST M0    M3 ]
55                                [ END ]
```

图5-56 逻辑运算指令应用举例

5.2.4 循环与移位指令

FX PLC循环与移位指令有循环移位、位移位、字移位及先入先出的FIFO指令等10种，其中循环移位分为带进位循环及不带进位循环、位或字移位有左移位和右移位之分，指令见表5-34。

从指令的功能来说，循环移位是指数据在本字节或双字内的移位，是一个环形移位。而非循环移位是线性移位，数据移出部分将丢失，移入部分从其他数据获得。移入指令可用于数据的2倍乘除处理，形成新数据。字移位和位移位不同，它可用于字数据在存储空间里的位置调整等功能。先入先出的FIFO指令可用于数据的管理。

表5-34 循环与移位指令

指令代码	助字符	功能	指令代码	助字符	功能
30	ROR	循环右移	35	SFTL	位左移
31	ROL	循环左移	36	WSFR	字右移
32	RCR	带进位循环右移	37	WSFL	字左移
33	RCL	带进位循环左移	38	SFWR	移位写入 [先入先出/先入后出控制用]
34	SFTR	位右移	39	SFRD	移位读出 [先入先出控制用]

（1）循环右移指令和循环左移指令

循环右移指令ROR是将16位数据或32位数据向右循环移位。

循环左移指令ROL是将16位数据或32位数据向左循环移位。

① 指令表　该指令的名称、指令代码、助字符、操作数、程序步如表5-35所示。

表5-35 循环右移、左移指令表

指令名称	指令代码位数	助记符	操作数范围		程序步
			D（·）	n	
循环右移	FNC 30（16/32）	ROR、ROR（P）	KnY、KnM、KnS、T、C、D、V、Z	K、H 移位量，n≤16（16位），n≤32（32位）	ROR、RORP…5步，DROR、DRORP…9步
循环左移	FNC 31（16/32）	ROL、ROL（P）			ROL、ROLP…5步，DROL、DROLP…9步

② 指令说明

a. 循环右移指令ROR如图5-57（a）所示。

b. 在图5-57（a）中，当X000从OFF→ON时，D（·）指定的元件内各位数据向右移n位，最后一次从低位移出的状态存于进位标志M8022中。

c. 循环左移指令ROL如图5-57（b）所示。

d. 当X000从OFF→ON时，D（·）指定的元件内各位数据向左移n位，最后一次从高位移出的状态存于进位标志M8022中。

e. 使用连续指令执行时，循环移位操作每个周期执行一次。

f. 目标操作数可取KnY、KnM、KnS、T、C、D、V、Z，目标元件中指定位软元件的组合只有在K4（16位指令）或K8（32位指令）时有效，如K4Y0、K8M0。

g. 16位运算占5个程序步，32位运算占9个程序步。

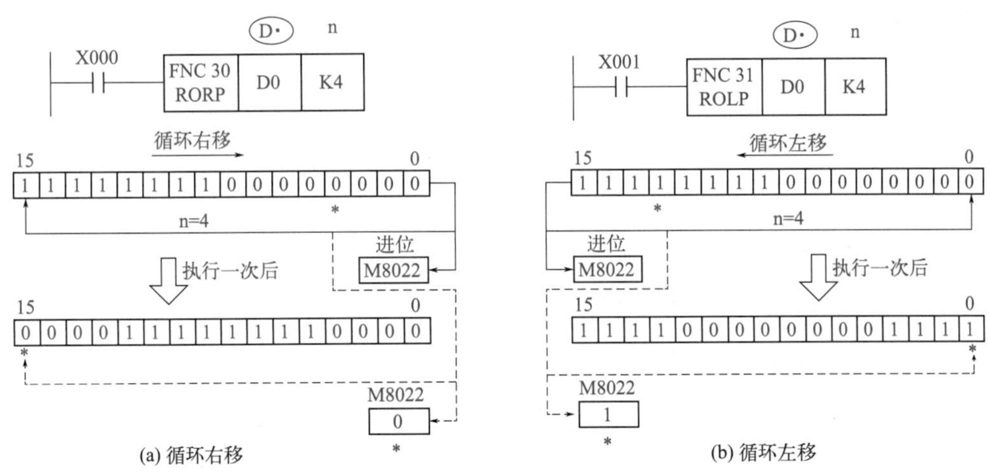

图5-57 循环移位指令使用说明

（2）带进位循环右移指令和带进位循环左移指令

带进位循环右移指令是可以带进位使16位数据或32位数据向右循环移位。

带进位循环左移指令是可以带进位使16位数据或32位数据向左循环移位。

① 指令表　该指令名称、指令代码、助记符、操作数、程序步如表5-36所示。

表5-36 带进位循环右移、左移指令表

指令名称	指令代码位数	助记符	操作数范围		程序步
			D（·）	n	
带进位循环右移	FNC 32（16/32）	RCR、RCR（P）	KnY、KnM、KnS、T、C、D、V、Z	K、H 移位量， n≤16（16位）， n≤32（32位）	RCR、RCRP…5步，DRCR、DRCRP…9步
带进位循环左移	FNC 33（16/32）	RCL、RCL（P）			RCL、RCLP…5步，DRCL、DRCLP…9步

② 指令说明

a. 带进位循环右移指令RCR的使用说明如图5-58（a）所示。

b. 在图5-58（a）中，当X000从OFF→ON时，M8022驱动之前的状态，首先被移入D（·），且D（·）内各位数据向右移n位，最后一次从低位移出的状态存于进位标志M8022中。

c. 带进位循环左移指令RCL的使用说明如图5-58（b）所示。

d. 当XO01从OFF→ON时，M8022驱动之前的状态首先被移入D（·），且D（·）内各位数据向左移n位，最后一次从高位移出的状态存于进位标志M8022中。

e. 使用连续指令执行时，循环移位操作每个周期执行一次。

f. 目标操作数可取KnY、KnM、KnS、T、C、D、V、Z，目标元件中指定位软元件的组合只有在K4（16位指令）或K8（32位指令）时有效，如K4Y0、K8M0。

g. 16位运算占5个程序步，32位运算占9个程序步。

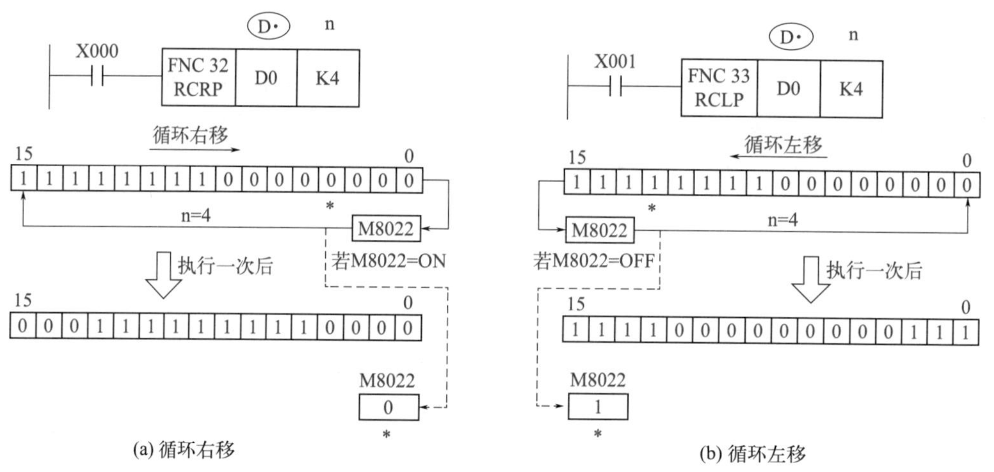

图5-58 带进位循环移位指令使用说明

（3）位右移指令和位左移指令

① 指令表 该指令的名称、指令代码、助记符、操作数、程序步如表5-37所示。

表5-37 位移位指令表

指令名称	指令代码位数	助记符	操作数范围				程序步
			S（·）	D（·）	n1	n2	
位右移	FNC 34（16）	SFTR、SFTR（P）	X、Y、M、S	Y、M、S	K、H，n2≤n1≤1024		SFTR、SFTRP…9步
位左移	FNC 35（16）	SFTL、SFTL（P）					SFTL、SFTLP…9步

② 指令说明

a. 位右移指令SFTR的使用说明如图5-59（a）所示。

b. 位右移指令SFTR是对D（·）所指定的n1个位元件连同S（·）所指定的n2个位元件的数据右移n2位。

c. 在图5-59（a）中，当XO10从OFF→ON时，D（·）内MO～M15的16位数据连同S（·）内X000～X003的4位元件的数据向右移4位。即X000～X003的4位数据从D（·）的高端移入，而D（·）的低4位M0～M3数据移出（溢出）。

d. 位左移指令SFTL的使用说明如图5-59（b）所示。

e. 位左移指令SFTL是对D（·）所指定的n1个位元件连同S（·）所指定的n2个位元件的数据左移n2位。

f. 当X010从OFF→ON时，D（·）内M0～M15的16位数据连同S（·）内X000～X003的4位元件的数据向左移4位。即X000～X003的4位数据从D（·）的低端移入，而D（·）的高4位M12～M15数据移出（溢出）。

g. 源操作数可取X、Y、M、S，目标操作数可取Y、M、S。

h. 只有16位操作，占9个程序步。

i. 若程序中n2=1，则每次只进行1位移位。

j. 若用脉冲指令时，X010从OFF→ON每变化一次，则指令执行一次，进行n2位移位。而用连续指令执行时，移位操作在每个扫描周期执行一次。

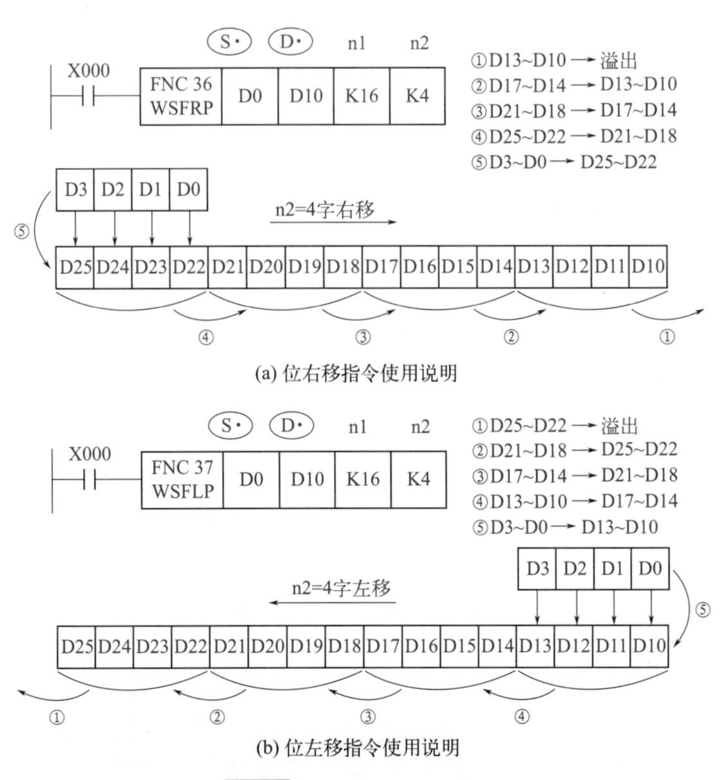

图5-59 位移位指令使用说明

（4）字右移指令和字左移指令

① 指令表　该指令的名称、指令代码、助记符、操作数、程序步如表5-38所示。

表5-38 字移位指令表

指令名称	指令代码位数	助记符	操作数范围				程序步
			S（·）	D（·）	n1	n2	
字右移	FNC 36（16）	WSFR、WSFR（P）	KnX、KnY、KnM、KnS、T、C、D、	KnY、KnM、KnS、T、C、D、	K、H，n2≤n1≤512		WSFR、WSFRP…9步
字左移	FNC 37（16）	WSFL、WSFL（P）					WSFL、WSFLP…9步

② 指令说明

a. 字右移指令WSFR是对D（·）所指定的n1字元件连同S（·）所指定的n2个字元件右移n2个字数据。如图5-60（a）所示。

b. 在图5-60（a）中，当X000从OFF→ON时，D（·）内D10～D25的16个字数据连同S（·）内D0～D3的4个字数据向右移4个字，则D0～D3的4个字数据从D（·）高位端移入，而D10～D13的4个字数据从D（·）的低位端移出（溢出）。

c. 字左移指令WSFL是对D（·）所指定的n1个字元件连同S（·）所指定的n2字元件左移n2个字数据，如图5-60（b）所示。

d. 在图5-60（b）中，当X000从OFF→ON时，D（·）内D10～D25的16个字数据连同S（·）内D0～D3的4个字数据向左移4个字，则D0～D3的4个字数据从D（·）的低端移入，而D22～D25的4个字数据从D（·）的高位端移出（溢出）。

e. 若程序中n＝1，则每次只进行1位字移位。

f. 若用脉冲指令时，X000从OFF→ON每变化一次，则指令执行一次，进行n2位字移位。而用连续指令执行时，字移位操作在每个扫描周期执行一次。

g. 源操作数可取KnX、KnY、KnM、KnS、T、C、D，目标操作数可取KnY、KnM、KnS、T、C、D。

h. 指令只有16位操作，占9个程序步。

i. n1和n2的关系为n2≤n1≤512。

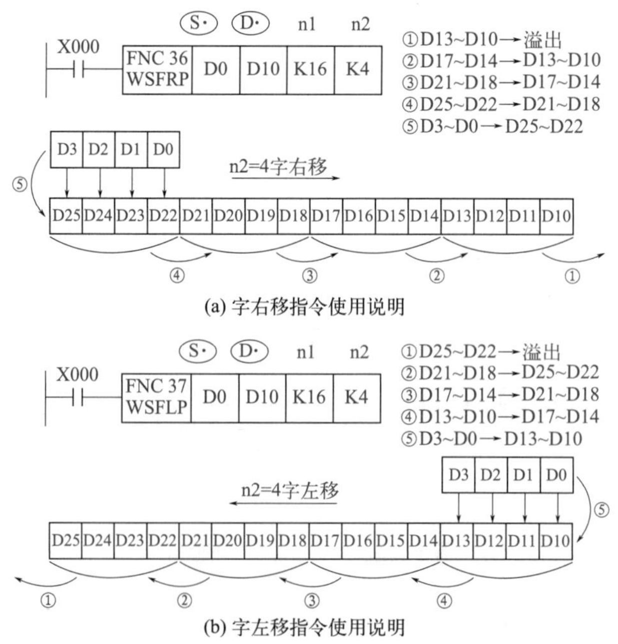

图5-60 字移位指令使用说明

（5）写入/读出指令

① 指令表　该指令的名称、指令代码、助记符、操作数、程序步如表5-39所示。

表5-39　FIFO写入/读出指令表

<table>
<tr><th rowspan="2">指令名称</th><th rowspan="2">指令代码位数</th><th rowspan="2">助记符</th><th colspan="4">操作数范围</th><th rowspan="2">程序步</th></tr>
<tr><th>S（·）</th><th>D（·）</th><th>n1</th><th>n2</th></tr>
<tr><td>先进先出写入</td><td>FNC 38（16）</td><td>SFWR、SFWR（P）</td><td>K、H
KnX、KnY、KnM、KnS、T、C、D、V、Z</td><td>KnY、KnM、KnS、T、C、D</td><td rowspan="2" colspan="2">K、H，n2≤n1≤512</td><td>SFWR、SFWRP…7步</td></tr>
<tr><td>先进先出读出</td><td>FNC 39（16）</td><td>SFRD、SFRD（P）</td><td>KnX、KnY、KnM、KnS、T、C、D</td><td>KnY、KnM、KnS、T、C、D、V、Z</td><td>SFRD、SFRDP…7步</td></tr>
</table>

② 指令说明

a. 先进先出写入指令SFWR是将数据写入，其指令的使用说明如图5-61（a）所示。

b. 由图5-61（a）可知，n＝10表示D（·）中从D1开始到D10有10个连续软元件，D1中内容被指定为数据写入个数指针，初始应置0。源操作数S（·）指定的软元件D0存储源数据。

c. 在图5-61（a）中，当X000从OFF→ON时，则将S（·）所指定的D0中的数据存储到D2中，而D（·）所指定的指针D1的内容改为1。

若改变D0中的数据，当X000再从OFF→ON时，则将D0中的数据存入D3中，D1的内容改为2。

依此类推，当D1中的数据超过n−1时，则上述操作不再执行，进位标志M8022动作。

若是连续指令执行时，则在各个扫描周期按顺序写入。

d. 先进先出读出指令SFRD是将数据读出，其指令的使用说明如图5-61（b）所示。

e. 由图5-61（b）可知，n=10是表示S（·）中从D1～D10有10个连续软元件，而D1中的内容被指定作为数据读出个数指针，初始置设为n−1。D（·）的指定软元件D20是目标软元件。

f. 在图5-61（b）中，当X000从OFF→ON时，将D2中的内容传送到D20内，与此同时，指针D1的内容减1，D3～D10的内容向右移。

当X000再从OFF→ON时，D2的内容（即原来D3中的内容）传送到D20内，D1中的内容再减1。

依此类推，当D1的内容减为0时，则上述操作不再执行，零位标志M8020动作。

若是连续指令执行时，则在每个扫描周期按顺序写入或读出。

g. 源操作数可取所有的数据类型，目标操作数可取KnY、KnM、KnS、T、C、D。

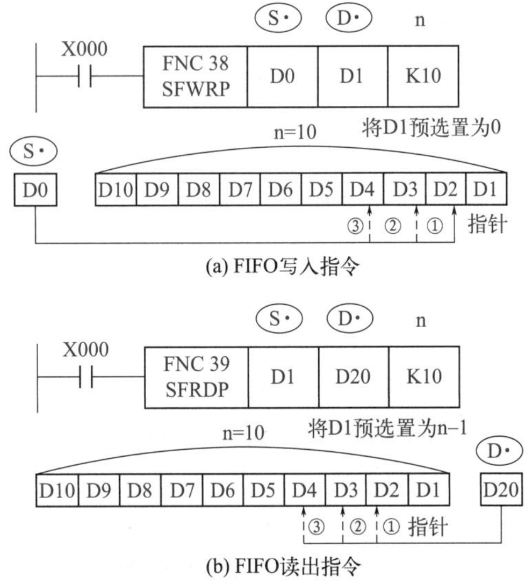

图5-61　FIFO写入/读出指令使用说明

h. 指令只有16位操作，占7个程序步。

（6）循环移位指令应用实例

① 轮流点亮循环灯程序设计

a. 控制要求。八只灯分别接于K2Y000，要求当X000为ON时，灯每隔1s轮流亮，并循环。即第一只灯亮1s后灭，接着第二只灯亮1s后灭……当第八只灯亮1s后灭，再接着第一只灯亮，如此循环。

当X000为OFF时，所有灯都灭。

b. 设计思路。用位左循环指令来编写程序，但因该指令只对16位或32位进行循环操作，所以用K4M10来进行循环，每次移2位。然后用M10控制Y000，M12控制Y001，M14控制Y002……M24控制Y007。

c. 程序设计。控制程序如图5-62所示。

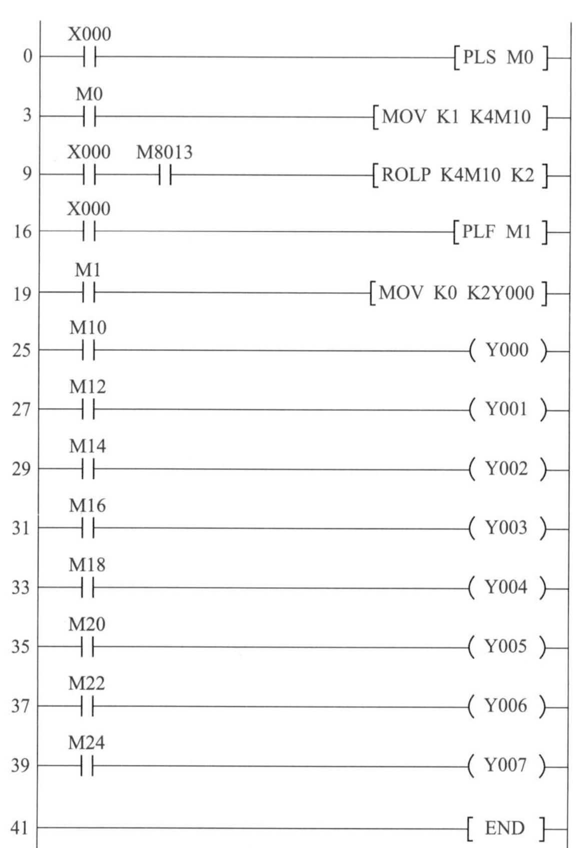

图5-62 轮流点亮循环灯程序

② 八只灯顺序点亮逆序熄灭程序设计

a. 控制要求。有八只灯分别接于Y000～Y007，要求八只灯每隔1s顺序点亮，逆序熄灭，再循环。即当X000为ON时，第一只灯亮，1s后第二只灯也亮，再过1s后第三只灯也亮，最后全亮。当第八只灯亮1s后，从第八只灯开始灭，过1s后第七只灯也灭，最后全熄灭。当第一只灯熄灭1s后再循环上述过程。

当X000为OFF时，所有灯都灭。

b. 设计思路。八只灯顺序点亮时用SFTL指令，每隔1s写入一个为1的状态。逆序熄灭时用SFTR指令，每隔1s写入一个为0的状态。

c. 程序设计。控制程序如图5-63所示。

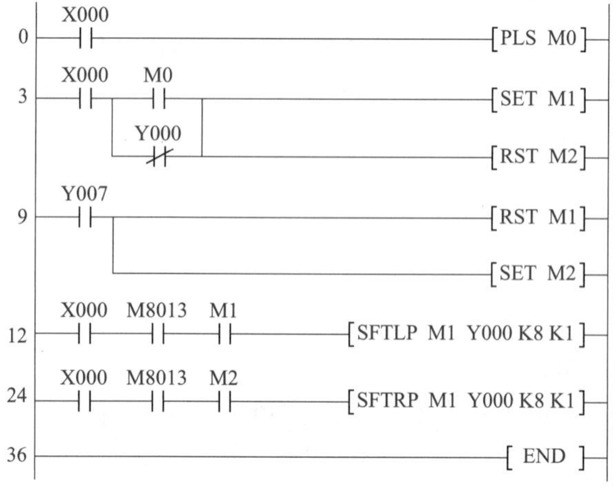

图5-63 八只灯顺序点亮逆序熄灭程序

③ 步进电机的控制

a. 控制要求。应用左、右位移指令SFTR和SFTL实现步进电动机正反转和速度调整的控制。

b. 设计思路。X000＝0时为正转，X000＝1时为反转。X002为启动按钮，X003为减速调整按钮，X004为增速调整按钮。以三相三拍步进电机为例，脉冲列由Y010、Y011、Y012送出，作为步进电机驱动电源功率电路的输入。

程序中采用积算型定时器T246为脉冲发生器，设定值为K2～K500，设定时间2ms～500ms可调，实现步进电机可获得500步/s～2步/s的速度调整。

c. 程序设计。控制程序如图5-64所示。

d. 控制程序工作原理。现以正转为例说明步进电机控制程序工作原理。

程序开始运行时，设M0＝0，M0提供移入Y010、Y011、Y012的“1”或“0”的值，在T246的作用下最终形成011、110、101的三拍循环。T246为移位脉冲产生环节，INC指令及DEC指令用于调整T246产生的脉冲频率，T0为频率调整时间限制。

调整时按住X003或X004，观察D0的变化，当变化值是所需速度值时，释放按钮。

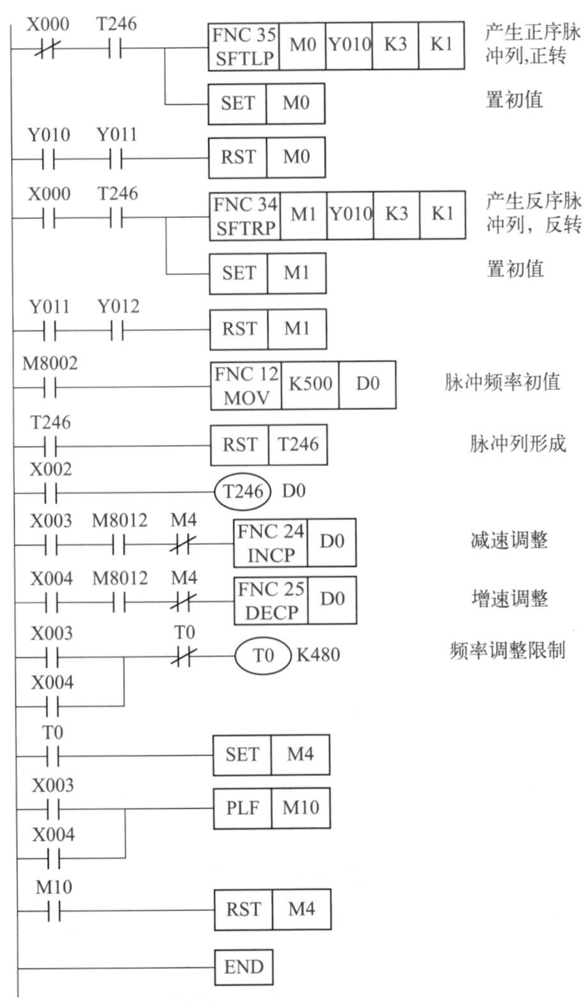

图5-64 步进电机控制梯形图

5.2.5 数据处理指令

数据处理指令有批复位指令、编码、译码指令及平均值计算指令等。数据处理指令见表5-40。

表5-40 数据处理指令

指令代码	助字符	功能	指令代码	助字符	功能
40	ZRST	批复位	45	MEAN	平均值
41	DECO	译码	46	ANS	信号报警器置位
42	ENCO	编码	47	ANR	信号报警器复位
43	SUM	ON位数统计	48	SQR	二进制数据开方运算
44	BON	ON位判别	49	FLT	二进制整数与二进制浮点数转换

（1）批复位指令

批复位指令又称区间复位指令，它将指定范围内的同类元件成批复位，可用于数据区的初始化。

① 指令表　该指令的名称、指令代码、助记符、操作数、程序步如表5-41所示。

表5-41 批复位指令表

指令名称	指令代码	助记符	操作数范围		程序步
			D1（·）	D2（·）	
批复位指令	FNC 40（16）	ZRST、ZRST（P）	Y、M、S、T、C、D（D1元件号≤D2元件号）	Y、M、S、T、C、D（D1元件号≤D2元件号）	ZRST、ZRSTP…5步

② 指令说明

a. D1（·）和D2（·）可取Y、M、S、T、C、D，且应为同类元件。

b. D1（·）的元件号应小于D2（·）的元件号。若D1（·）的元件号大于D2（·）的元件号，则只有D1（·）指定元件被复位。

c. 其指令的使用说明如图5-65所示。当M8002由OFF变为ON时，执行批复位指令。

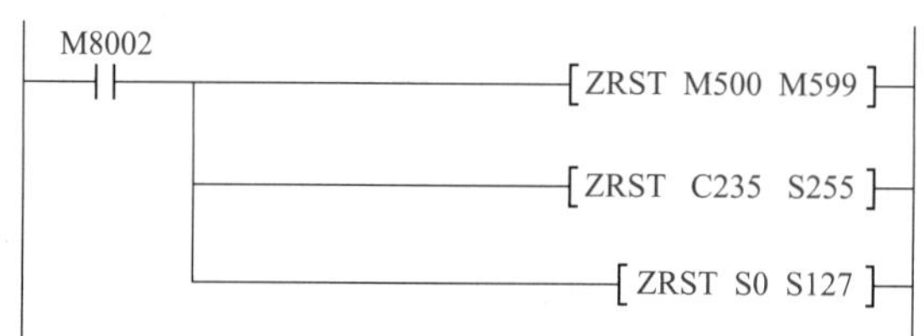

图5-65 批复位指令使用说明

d. 位元件M500 ～ M599成批复位，字元件C235 ～ C255成批复位，状态器S0 ～ S127成批复位。

e. ZRST指令只有16位运算，占5个程序步。但D1（·）、D2（·）也可以指定32位计数器。需要注意的是不能混合指定，即要么全部是16位计数器，要么全部是32位计数器。

（2）译码指令

① 指令表　该指令的名称、指令代码、助记符、操作数、程序步如表5-42所示。

表5-42 译码指令表

指令名称	指令代码	助记符	操作数范围			程序步
			S（·）	D（·）	n	
译码指令	FNC 41（16）	DECO、DECO(P)	K、H、X、Y、M、S、T、C、D、V、Z	Y、M、S、T、C、D	K、H，n=1 ～ 8	DECO、DECO（P）…7步

② 指令说明

a. 位源操作数可取X、T、M、S，位目标操作数可取Y、M、S，字源操作数可取K、H、T、C、D、V、Z，字目标操作数可取T、C、D。

b. 译码指令的使用说明如图5-66所示。

c. 当D（·）是Y、M、S位元件时，译码指令根据S（·）指定的起始地址的n位连续的位元件所表示的十进制码值Q，对D（·）指定的2^n位目标元件的第Q位（不含目标元件位本身）置1，其他位置0。使用说明如图5-66（a）所示。

在图5-66（a）中，n=3表示S（·）源操作数为3位，即为X000、X001、X002，其状态为二进制数，当值为011时相当于十进制数3，则由目标操作数M17～M10组成的8位二进制数的第三位M13被置1，其余各位为0。

如果为000，则M10被置1。

当n=0时，程序不操作。当n=1～8以外时，出现运算错误。当n=8时，D（·）的位数为2^8=256。

驱动输入为OFF时，不执行指令，上一次译码输出置1的位保持不变。

d. 当D（·）是字元件时，译码指令根据S（·）指定的字元件的低n位所表示的十进制码值Q，对D（·）指定的目标字元件的第Q位（不含最低位）置1，其他位置0。使用说明如图5-66（b）所示。图中源数据是3，因此D1的第3位置1。

当源数据是0时，第0位置1。

当n=0时，程序不操作。当n=1～4以外时，出现运算错误。当n≤4时，则在D（·）的位数为2^4=16位范围译码。当n≤3时，则在D（·）的位数为2^3=8位范围译码，高8位均为0。

驱动输入为OFF时，不执行指令，上一次译码输出置1的位保持不变。

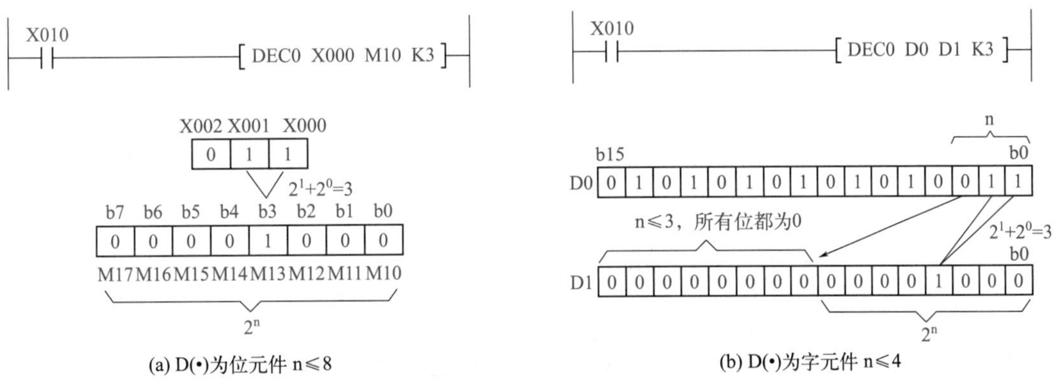

图5-66 译码指令使用说明

e. 译码指令为16位指令，占7个程序步。

（3）编码指令

① 指令表　该指令的名称、指令代码、助记符、操作数、程序步如表5-43所示。

表5-43 编码指令表

指令名称	指令代码	助记符	操作数范围			程序步
			S（·）	D（·）	n	
编码指令	FNC 42（16）	ENCO、ENCO（P）	X、Y、M、S、T、C、D、V、Z	T、C、D、V、Z	K、H，n=1～8	ENCO、ENCO（P）…7步

② 指令说明

a. 位源操作数可取X、Y、M、S，字源操作数可取T、C、D、V、Z。目标操作数可取T、C、D、V、Z。

b. 编码指令的使用说明如图5-67所示。

c. 当S（·）是位元件时，以源操作数S（·）指定的位元件为首地址、长度为2^n的位元件中，指令将最高置1的位号存放到目标D（·）指定的元件中，D（·）指定元件中数值的范围由n确定。使用说明如图5-67（a）所示。

在图5-67（a）中，源元件的长度为$2^n=2^3=8$位，即M17～M10，其最高置1位是M13，即第3位。将“3”对应的二进制数存放到D10的低3位中。

当源操作数的第一个（即第0位）位元件为1时，即D（·）中存入0。当源操作数中无1时，出现运算错误。

当n=0时，程序不操作。当n>8时，出现运算错误。当n=8时，S（·）的位数为$2^8=256$。

驱动输入为OFF时，不执行指令，上一次编码输出保持不变。

d. 当S（·）是字元件时，在其可读长度为2^n位中，最高置1的位号存放到目标D（·）指定的元件中，D（·）指定元件中数值的范围由n确定。使用说明如图5-67（b）所示。

在图中，源字元件的可读长度为$2^n=2^3=8$位，其最高置1位是第3位。将“3”对应的二进制数存放到D1的低3位中。

当源操作数的第一个（即第0位）字元件为1时，即D（·）中存入0。当源操作数中无1时，出现运算错误。

当n=0时，程序不操作。当n=1～4以外时，出现运算错误。当n=4时，则S（·）中的位数为$2^4=16$。

驱动输入为OFF时，不执行指令，上一次编码输出保持不变。

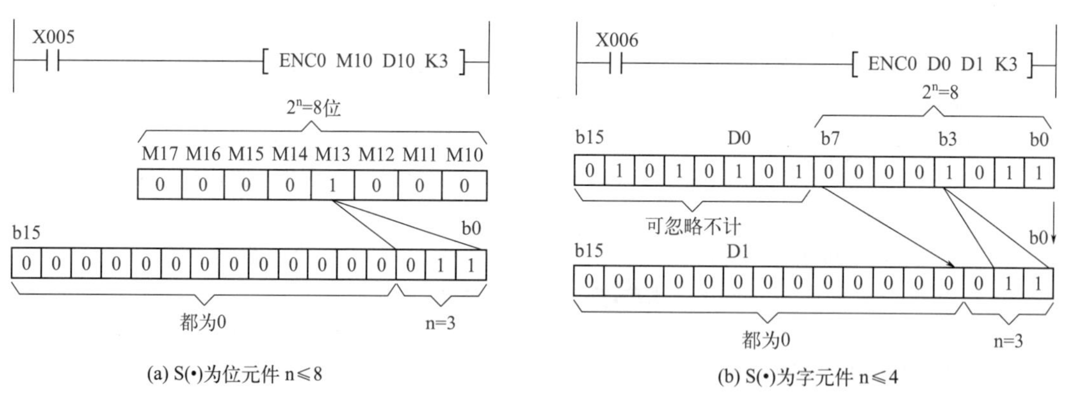

图5-67 编码指令使用说明

e. 译码指令为16位指令，占7个程序步。

（4）ON位数统计指令

该指令用来统计指定元件中1的个数。

① 指令表　该指令的名称、指令代码、助记符、操作数、程序步如表5-44所示。

表5-44 ON位数统计指令表

指令名称	指令代码	助记符	操作数范围		程序步
			S（·）	D（·）	
ON位数统计指令	FNC 43（16/32）	SUM、SUM（P）	K、H、KnX、KnY、KnM、KnS、T、C、D、V、Z	KnY、KnM、KnS、T、C、D、V、Z	SUM、SUM（P）…5步，DSUM、DSUM（P）…9步

② 指令说明

a. 源操作数可取所有数据类型，目标操作数可取KnY、KnM、KnS、T、C、D、V、Z。

b. 该指令是将源操作数S（·）指定元件中1的个数存入目标操作数D（·），无1时零位标志M8020会动作。

c. 使用说明如图5-68所示。图中源元件D0中有9个位为1，当X000为ON时，将D0中1的个数9存入目标元件D2中。若D0中为0，则0标志M8020动作。

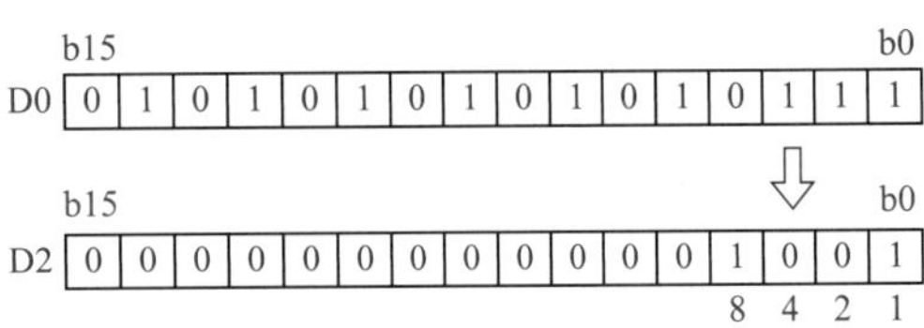

图5-68 ON位数统计指令使用说明

d. DSUM或DSUM（P）指令，是将32位数据中1的个数写入到目标操作数。

e. 16位运算时占5个程序步，32位运算时占9个程序步。

（5）ON位判别指令

该指令用来检测指定元件中的指定位是否为1。

① 指令表 该指令的名称、指令代码、助记符、操作数、程序步如表5-45所示。

表5-45 ON位判别指令表

指令名称	指令代码	助记符	操作数范围		程序步
			S（·）	D（·）	
ON位判别指令	FNC 44（16/32）	BON、BON（P）	K、H、KnX、KnY、KnM、KnS、T、C、D、V、Z	Y、M、S	BON、BON（P）…7步，DBON、DBON（P）…13步

② 指令说明

a. 源操作数可取所有数据类型，目标操作数可取Y、M、S。

b. 使用说明如图5-69所示。在图中，当X000有效时，执行BON指令，由K15决定检测的是源操作数D10的第15位，若为1，则目标操作数M0=1，否则M0=0。X000变为OFF时，M0状态不变化。

c. 16位运算时占7个程序步，n=0～15。32位运算时占13个程序步，n=0～31。

（6）平均值指令

① 指令表 该指令的名称、指令代码、助记符、操作数、程序步如表5-46所示。

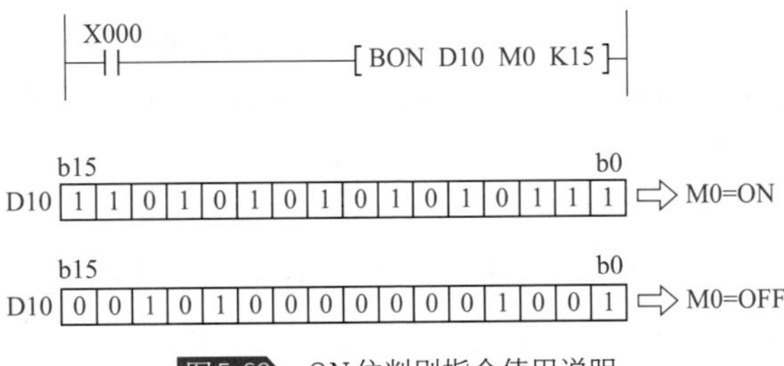

图5-69 ON位判别指令使用说明

表5-46 平均值指令表

指令名称	指令代码	助记符	操作数范围			程序步
			S（·）	D（·）	n	
平均值指令	FNC 45（16/32）	MEAN、MEAN（P）	KnX、KnY、KnM、KnS、T、C、D	KnY、KnM、KnS、T、C、D、V、Z	K、H，n=1 ～ 64	MEAN、MEAN（P）…7步，DMEAN、DMEAN（P）…7步

② 指令说明

a. 该指令的作用是将S（·）指定的n个源操作数据的平均值存入目标操作数D（·）中，舍去余数。使用说明如图5-70所示。

X000 [MEAN D0 D10 K3]

$$\frac{(D0)+(D1)+(D2)}{3} \rightarrow (D10)$$

图5-70 平均值指令使用说明

b. 当n值超出元件规定地址号范围时，n值自动减小。

c. 当n值超出1 ～ 64的范围，将会出错。

（7）信号报警器置位与复位指令

① 指令表 信号报警器置位与复位指令的名称、指令代码、助记符、操作数、程序步如表5-47所示。

表5-47 信号报警器置位与复位指令表

指令名称	指令代码	助记符	操作数范围			程序步
			S（·）	M	D（·）	
信号报警器置位指令	FNC 46（16）	ANS	T，T0 ～ T199	M=1 ～ 32767（100ms单位）	S，S900 ～ S999	ANS…7步
信号报警器复位指令	FNC 47（16）	ANR、ANR（P）				ANR、ANR（P）…1步

② 指令说明

a. ANS指令的源操作数为T0 ～ T199，目标操作数为S900 ～ S999，n=1 ～ 32767，ANR指令无操作数。

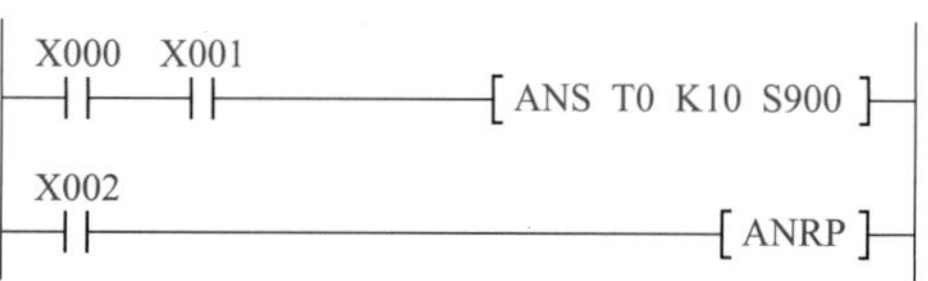

图5-71 信号报警器置位与复位指令使用说明

b. 信号报警器置位指令是驱动信号报警器M8048动作的方便指令。其作用是，当执行条件为ON时，S（·）中定时器定时M（100ms单位）后，D（·）指定的标志状态寄存器置位，同时M8048动作。使用说明如图5-71所示。

在图5-71中，若X000与X001同时接通1s以上，则S900被置位，同时M8048动作，定时器复位。以后即使X000或X001为OFF，S900置位的状态不变。

若X000与X001同时接通不满1s变为OFF，则定时器复位，S900不置位。

c. 信号报警器复位指令的作用是将被置位的标志状态寄存器复位。使用说明如图5-71所示。

在图5-71中，当X002为ON时，则信号报警器S900 ～ S999中正在动作的报警点被复位。如果同时有报警点动作，则复位最新的一个报警点。

若采用ANR指令，则在各扫描周期中按顺序对报警器复位。

d. ANS指令为16位运算指令，占7个程序步。ANR指令为16位运算指令，占1个程序步。

e. ANR指令如果连续执行，则会按扫描周期依次逐个将报警器复位。

（8）二进制数据开方运算指令

① 指令表　该指令的名称、指令代码、助记符、操作数、程序步如表5-48所示。

表5-48　二进制数据开方运算指令表

指令名称	指令代码	助记符	操作数范围		程序步
			S（·）	D（·）	
二进制数据开方运算指令	FNC 48（16/32）	SQR	K、H、D	D	SQR、SQRP…5步，DSQR、DSQRP…9步

② 指令说明

a. 源操作数可取K、H、D，数据需大于0，目标操作数为D。

b. 该指令用于计算二进制平方根。要求S（·）中只能是正数，若为负数，错误标志M8067动作，指令不执行。

c. 使用说明如图5-72所示。计算结果舍去小数取整。例如D10为10，执行该指令后，D12中为3。舍去小数时，借位标志M8021为ON。如果计算结果为0，零标志M8020动作。

d. 16位运算指令占5个程序步，32位运算指令占9个程序步。

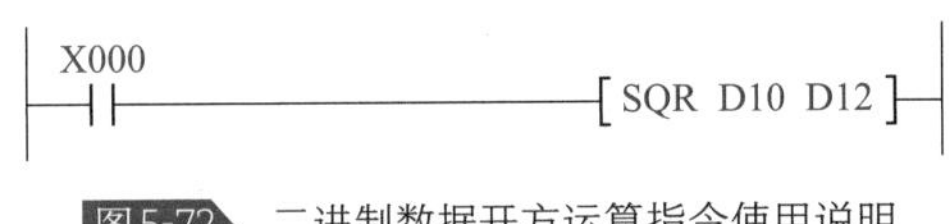

图5-72　二进制数据开方运算指令使用说明

（9）二进制整数与二进制浮点数转换指令

① 指令表　该指令的名称、指令代码、助记符、操作数、程序步如表5-49所示。

表5-49　二进制整数与二进制浮点数转换指令表

指令名称	指令代码	助记符	操作数范围		程序步
			S（·）	D（·）	
二进制整数与二进制浮点数转换指令	FNC 49（16/32）	（D）、FLT（P）	D	D	FLT、FLTP…5步，DFLT、DFLTP…9步

② 指令说明

a. 源操作数和目标操作数均为D。

b. 该指令是二进制整数与二进制浮点数转换指令。

c. 常数K、H在各浮点计算指令中自动转换，在FLT指令中不作处理。

d. 指令的使用说明如图5-73所示。该指令在M8023作用下可实现可逆转换。

图5-73（a）是16位转换指令，若M8023为OFF，当X000接通时，则将源元件D10中的16位二进制整数转换为二进制浮点数，存入目标元件（D13，D12）中。

图5-73（b）是32位转换指令，若M8023为ON，当X000接通时，则将源元件D11、D10中的

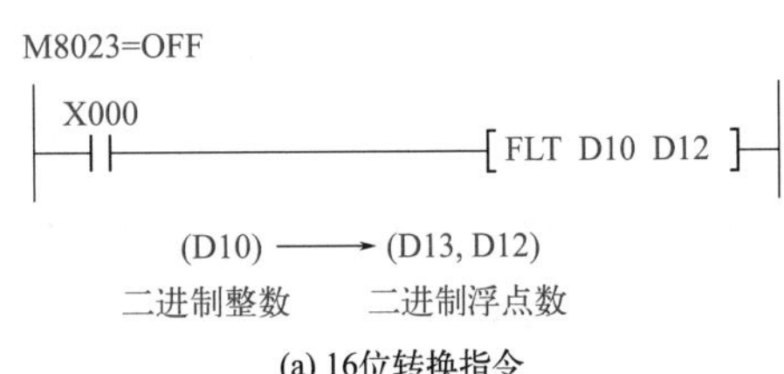

(a) 16位转换指令

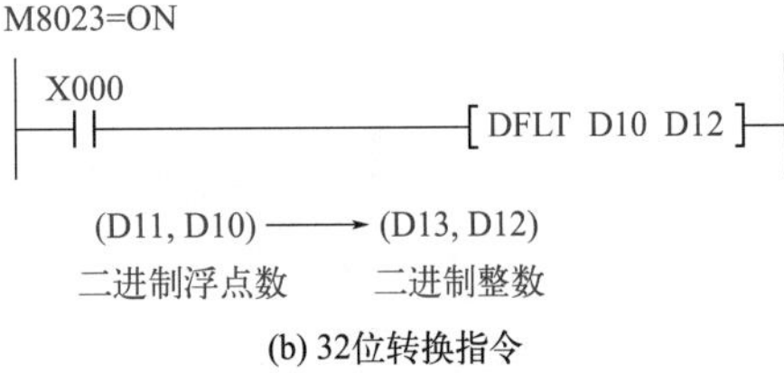

(b) 32位转换指令

图5-73　二进制整数与二进制浮点数转换指令说明

二进制浮点数转换为32位二进制整数，小数点后的数舍去。

e. 16位运算指令占5个程序步，32位运算指令占9个程序步。

5.2.6 高速处理指令

高速处理指令见表5-50。

表5-50 高速处理指令

指令代码	助字符	功能	指令代码	助字符	功能
50	REF	输入输出刷新	55	HSZ	区间比较（高速计数器）
51	REFF	滤波调整	56	SPD	脉冲密度
52	MTR	矩阵输入	57	PLSY	脉冲输出
53	HSCS	比较置位（高速计数器）	58	PWM	脉宽调制
54	HSCR	比较复位（高速计数器）	59	PLSR	可调速脉冲输出

（1）输入输出刷新指令

FX PLC采用集中输入输出的方式，如果需要最新的输入信息以及希望立即输出结果则必须使用该命令。

① 指令表

该指令的名称、指令代码、助记符、操作数、程序步如表5-51所示。

表5-51 输入输出刷新指令表

指令名称	指令代码	助记符	操作数范围		程序步
			D（·）	n	
输入输出刷新指令	FNC 50（16）	REF（P）	X、Y	K、H，n为8的倍数	REF、REFP…7步

② 指令说明

a. 目标操作数是元件编号个位为0的X和Y，n应为8的整倍数。

b. 指令的使用说明如图5-74所示。

在多个输入中，只刷新X010～X017的8点，如图5-74（a）。

在多个输出中，Y000～Y007、Y010～Y017、Y020～Y027的24点被刷新，如图5-74（b）。

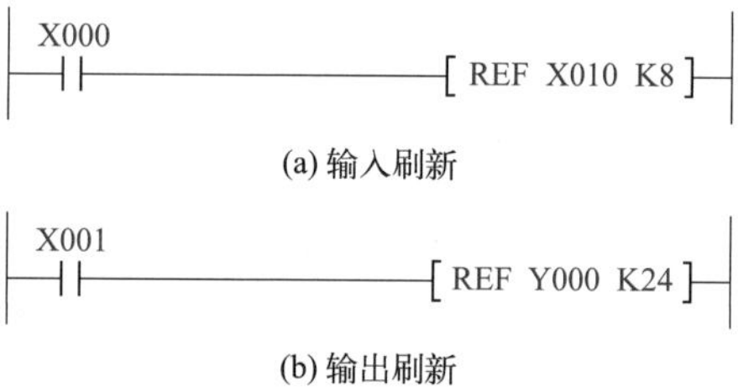

X000 —| |— [REF X010 K8]

(a) 输入刷新

X001 —| |— [REF Y000 K24]

(b) 输出刷新

图5-74 输入输出刷新指令使用说明

c. 16位运算指令占5个程序步。

（2）滤波调整指令

① 指令表 该指令的名称、指令代码、助记符、操作数、程序步如表5-52所示。

表5-52 滤波调整指令表

指令名称	指令代码	助记符	操作数范围	程序步
			n	
滤波调整指令	FNC 51（16）	REFF（P）	K、H，n为0～60ms	REFF、REFFP…7步

② 指令说明

a. 滤波调整指令可用于对X000～X017输入口的输入滤波器D8020D的滤波时间调整。

b. 指令的使用说明如图5-75所示。

当X000～X017的输入滤波器设定初值为10ms时，可用REFF指令改变滤波初值时间，也可以用MOV指令改写D8020滤波时间。

当X000～X017用作高速计数输入时或使用FNC56速度检测指令以及中断输入时，输入滤波器的滤波时间自动设置为50ms。

当X010为ON时，将X000～X017输入滤波器D8020中，滤波时间调整为1ms。

c. 16位运算指令占7个程序步。

X010
REFFP K1
从第0步到该指令作为滤波10ms处理
X010为ON，刷新X000~X017滤波器
D8020中时间为1ms
X000
X001
M8000
REFFP K20
从该指令起，至END或FEND指令，刷新
X000~X017滤波器D8020中时间为20ms
X000
X001
END

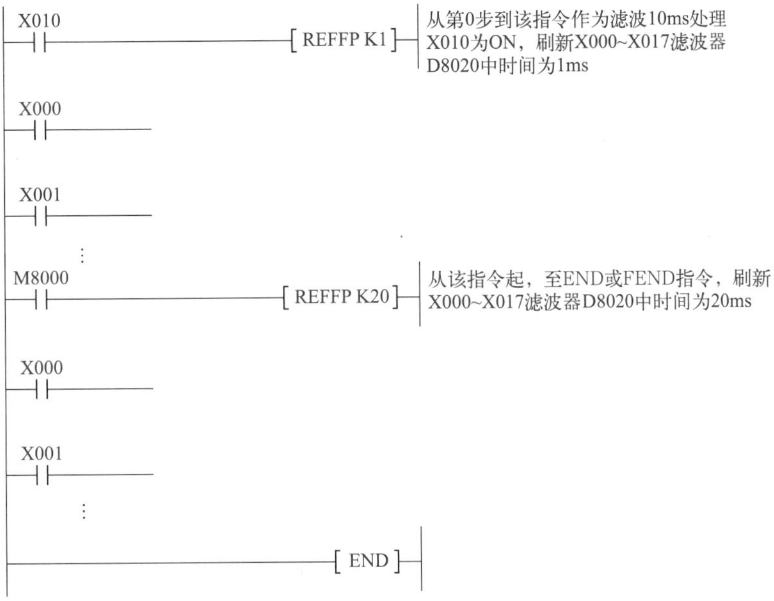

图5-75 滤波调整指令使用说明

（3）矩阵输入指令

矩阵输入指令可以构成连续排列的8点输入与n点输出组成的8列n行的输入矩阵。

① 指令表　该指令的名称、指令代码、助记符、操作数、程序步如表5-53所示。

表5-53 矩阵输入指令表

指令名称	指令代码	助记符	操作数范围				程序步
			S（·）	D1（·）	D2（·）	n	
矩阵输入指令	FNC 52（16）	MTR	X	Y	Y、M、S	K、H，n为2～8	MTR…9步

② 指令说明

a. 源操作数S（·）是元件编号个位为0的X，目标操作数D1（·）是元件编号个位为0的Y，目标操作数D2（·）是元件编号个位为0的Y、M和S，n的取值范围为2～8。

b. 考虑到输入滤波应答延迟为10ms，对于每一个输出按20ms顺序中断，立即执行。

c. 利用该指令通过8点晶体管输出获得64点输入，但读一次64点输入所允许时间为20ms×8=160ms，不适用高速输入操作。

d. 指令的使用说明如图5-76所示。在图中，n=3点的输出Y020、Y021、Y022依次反复ON。每次依次反复获得第1列、第2列、第3列的输入，存入M30 ～ M37、M40 ～ M47、M50 ～ M57。

e. 16位运算指令占9个程序步。

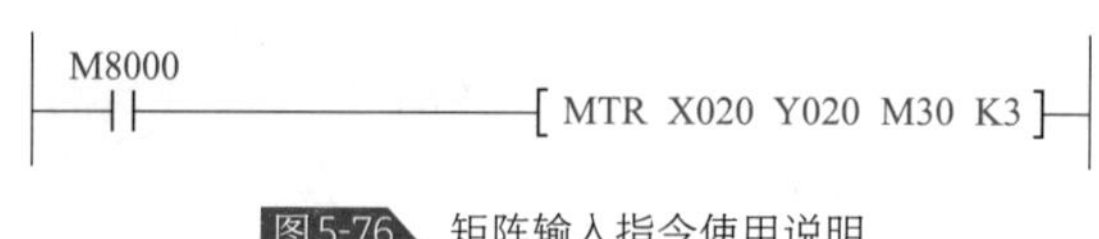

图5-76 矩阵输入指令使用说明

（4）高速计数器比较指令

① 比较置位和比较复位指令

a. 指令表。高速计数器比较置位和比较复位指令的名称、指令代码、助记符、操作数、程序步如表5-54所示。

表5-54 高速计数器比较置位和比较复位指令表

指令名称	指令代码	助记符	操作数			程序步
			S1（·）	S2（·）	D（·）	
比较置位	FNC53（32）	（D）、HSCS	K、H、KnX、KnY、KnM、KnS、T、C、D、Z	C，C=235 ～ 255，高速计数器地址	Y、M、S，I010 ～ I060，计数中断指针	（D）HSCS…13步
比较复位	FNC54（32）	（D）、HSCR			Y、M、S［可同S2（·）］	（D）HSCR…13步

b. 指令说明。高速计数器比较置位指令应用于高速计数器的置位，使计数器的当前值达到预置值时，计数器的输出触点立即动作。

图5-77是高速计数器比较置位指令说明。由图可知，X010为ON时，C255的当前值由99变为100或101变为100时，Y010置1。

图5-78是高速计数器比较复位指令说明。由图可知，当X011为ON时，C255的当前值由199变为200或由201变为200时，Y010置0。

高速计数器比较复位指令还可以用于高速计数器本身的复位。

图5-79 就是使用高速计数器产生脉冲自复位的一个例子。由图可知，上电后，X012闭合，C255的当前值变化增加到200时，C255输出置1，当C255当前值再增加到300时，对C255输出置0。

比较置位和比较复位指令的源操作数S1（·）可取所有数据类型，S2（·）为C235 ～ C255，目标操作数可取Y、M、S。

32位运算指令占13个程序步。

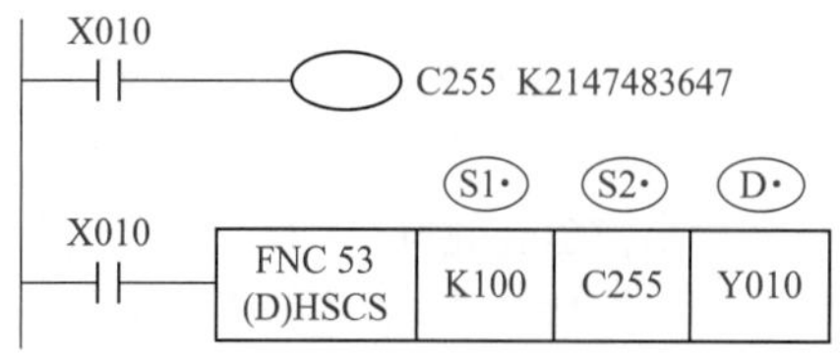

图5-77 高速计数器比较置位指令说明

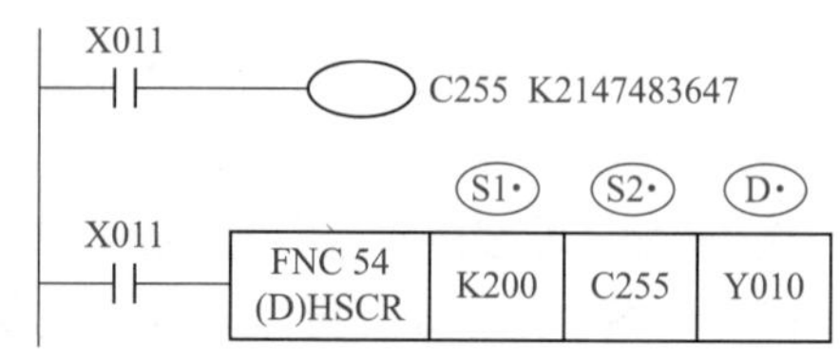

图5-78 高速计数器比较复位指令说明

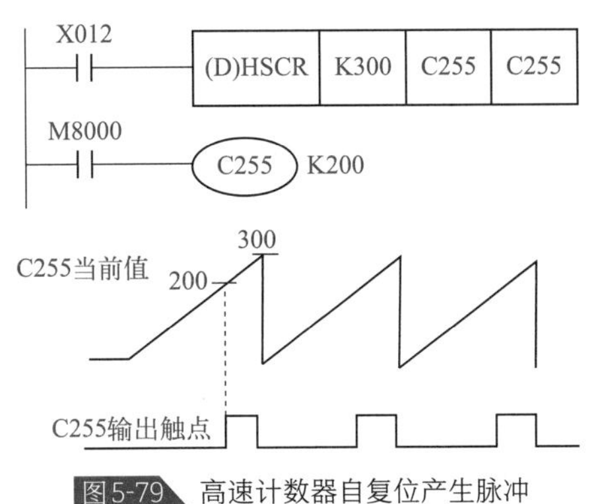

图5-79 高速计数器自复位产生脉冲

② 高速计数器区间比较指令

a. 指令表。该指令的名称、指令代码、助记符、操作数、程序步如表5-55所示。

表5-55 高速计数器区间比较指令表

	指令代码	助记符	操作数			程序步
			S1（·）/S2（·）[S1（·）≤S2（·）]	S（·）	D（·）	
区间比较	FNC55（32）	（D）HSZ	K、H、KnX、KnY、KnM、KnS、T、C、D、Z	C，C=235～255	Y、M、S	（D）HSZ…17步

b. 指令说明。图5-80是高速计数器区间比较指令说明，由图可知，PLC上电后，C251的当前值与K100～K200的区间比较，比较的结果由Y000～Y002显示。

高速计数器区间比较指令S1（·）、S2（·）可取所有数据类型，S（·）为C235～C255，目标操作数可取Y、M、S。

32位运算指令占17个程序步。

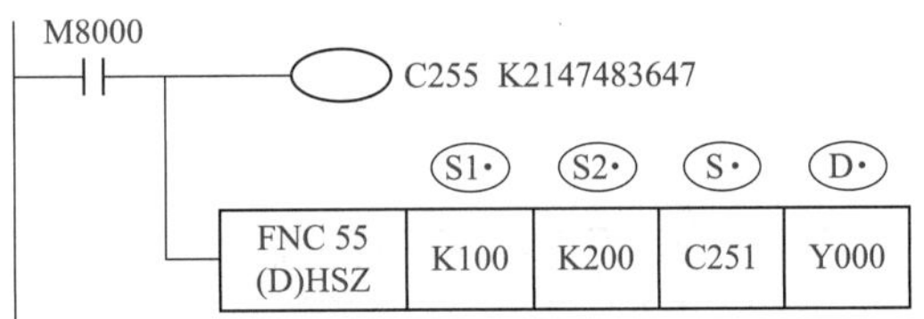

图5-80 高速计数器区间比较指令说明

③ 使用高速计数器比较指令的注意事项　比较置位、比较复位和区间比较这三条指令是高速计数器的32位专用控制指令，使用这些指令时应注意以下几个问题。

a. 梯形图中应含有计数器设置内容，明确某个计数器被选用。当不涉及计数器触点控制时，计数器的设定值可设为计数器最大值或高于控制数值的数据。

b. 在同一程序中如多处使用高速计数器控制指令，其控制对象输出继电器的编号的高2位应相同，以便在同一中断处理过程中完成控制。

c. 特殊辅助继电器M8025为高速计数指令的外部复位标志。PLC上电运行后，M8025置1，同时高速计数器的外部复位端X001若送入复位脉冲（对C241而言），高速计数器比较指令指定的高速计数器立即复位。因而在M8025置1时，高速计数器的外部复位输入端X001

可作为计数器的计数起始控制。

d. 高速计数器比较指令是在外来计数脉冲作用下，以比较现时值与设定值的方式下工作。若无外来计数脉冲时，应该使用传送类指令修改现时值或设定值，指令所控制的触点状态不改变。只有在计数脉冲到来后，才执行比较操作。当存在计数脉冲时，使用传送类指令修改现时值或设定值，在修改后的下一个扫描周期脉冲到来后执行比较操作。

（5）脉冲密度指令

① 指令表　该指令的名称、指令代码、助记符、操作数、程序步如表5-56所示。

表5-56 脉冲密度指令表

指令名称	指令代码	助记符	操作数			程序步
			S1（·）	S2（·）	D（·）	
脉冲密度	FNC56（16）	SPD	X X=X0～X5	K、H、KnX、KnY、KnM、KnS、T、C、D、V、Z	T、C、D、V、Z	SPD…7步

② 指令说明

a. 脉冲密度指令的功能是用来检测给定时间内从编码器输入的脉冲个数，并计算出速度。

b. 图5-81是脉冲密度指令说明。在图中，X010由OFF变为ON时，在S1（·）指定的X000口输入计数脉冲，在S2（·）指定的100ms时间内，D（·）指定D1对输入脉冲计数，将计数结果存入D（·）指定的首地址单元D0中，随之D1复位，再对输入脉冲计数，D2用于测定剩余时间。

c. S1（·）为X000～X005、S2（·）可取所有数据类型，D（·）可取T、C、D、V、Z。

d. 16位运算指令占7个程序步。

图5-81 脉冲密度指令说明

（6）脉冲输出指令

① 指令表　该指令的名称、指令代码、助记符、操作数、程序步如表5-57所示。

表5-57 脉冲输出指令表

指令名称	指令代码	助记符	操作数			程序步
			S1（·）	S2（·）	D(·)	
脉冲输出指令	FNC57（16/32）	（D）PLSY	K、H、KnX、KnY、KnM、KnS、T、C、D、V、Z	K、H、KnX、KnY、KnM、KnS、T、C、D、V、Z	Y001、Y002	PLSY…7步，DPLSY…13步

② 指令说明

a. 脉冲输出指令的功能是用来产生指定数量的脉冲。

b. 图5-82是脉冲输出指令说明。在图中，S1（·）用以指定频率，S2（·）用以指定产生脉冲数量，D（·）用以指定输出脉冲的Y编号。X010为OFF时，输出中断，

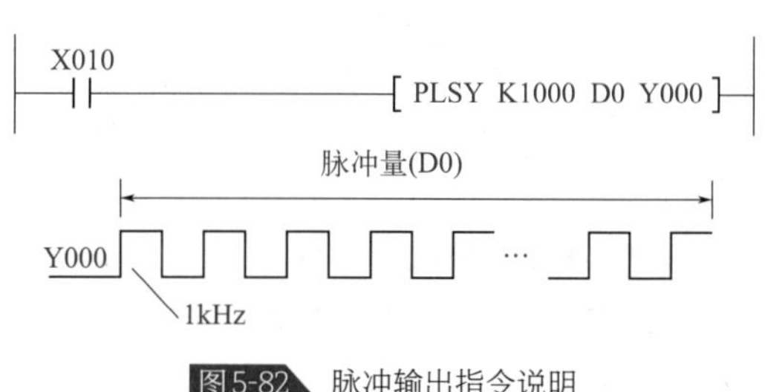

图5-82 脉冲输出指令说明

再置为ON时，从初始状态开始动作。当发生连续脉冲，X010为OFF时，输出也为OFF。

输出脉冲数量存于D8137、D8136中。

c. S1（·）、S2（·）可取所有数据类型，D（·）为Y001和Y002。

d. 16位和32位运算指令，分别占7个和13个程序步。

e. 本指令在程序中只能使用一次。

（7）脉宽调制指令

① 指令表　该指令的名称、指令代码、助记符、操作数、程序步如表5-58所示。

表5-58 脉宽调制指令表

指令名称	指令代码	助记符	操作数			程序步
			S1（·）	S2（·）	D（·）	
脉宽调制指令	FNC58（16）	PWM	K、H、KnX、KnY、KnM、KnS、T、C、D、V、Z	K、H、KnX、KnY、KnM、KnS、T、C、D、V、Z	Y001、Y002	PWM…7步

② 指令说明

a. 脉宽调制指令的功能是用来产生指定脉冲宽度和周期的脉冲串。

b. 图5-83是脉宽调制指令说明。在图中，S1（·）指定D10存放脉冲宽度t，t可在0～32767ms范围内选取，但不能大于其周期。

其中，D10的内容只能在S2（·）指定的脉冲周期T_0=50ms内变化，否则会出现错误，T0可在0～32767ms范围内选取。D（·）指定脉冲输出Y号为Y000。

c. 操作数的类型与PLSY指令相同。

d. 16位运算指令，占7个程序步。

e. S1（·）应小于S2（·）。

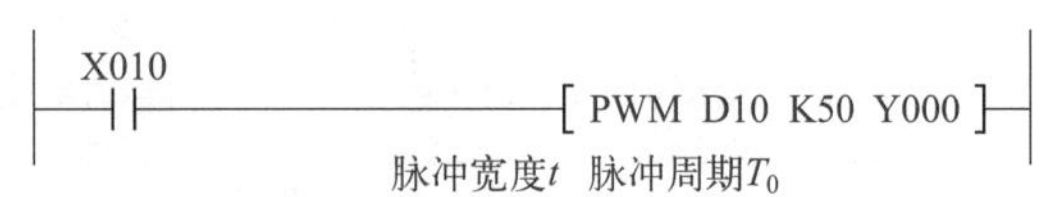

图5-83 脉宽调制指令说明

（8）可调速脉冲输出指令

① 指令表　该指令的名称、指令代码、助记符、操作数、程序步如表5-59所示。

表5-59 可调速脉冲输出指令表

指令名称	指令代码	助记符	操作数				程序步
			S1（·）	S2（·）	S3（·）	D（·）	
可调速脉冲输出指令	FNC59（16/32）	（D）PLSR	K、H、KnX、KnY、KnM、KnS、T、C、D、V、Z			Y000、Y001	PLSR…9步，DPLSR…17步

② 指令说明

a. 可调速脉冲输出指令是带有加减速功能的传送脉冲输出指令。其功能是对所指定的最高频率进行加速，直到达到所指定的输出脉冲数，再进行定减速。

b. 图5-84是可调速脉冲输出指令说明。

S1（·）为最高频率，S2（·）为总输出脉冲数，S3（·）为加减速时间。D（·）指定脉冲输出Y地址号。

在图5-84中，当X010置于OFF时，中断输出，再置为ON时，从初始动作开始定加速，达到所指定的脉冲数时，再进行定减速。

c. 源操作数和目标操作数的类型和PLSY指令相同，只能指定Y000和Y001。

d. 16位和32位运算指令，分别占9个和17个程序步。

e. 该指令只能用一次。

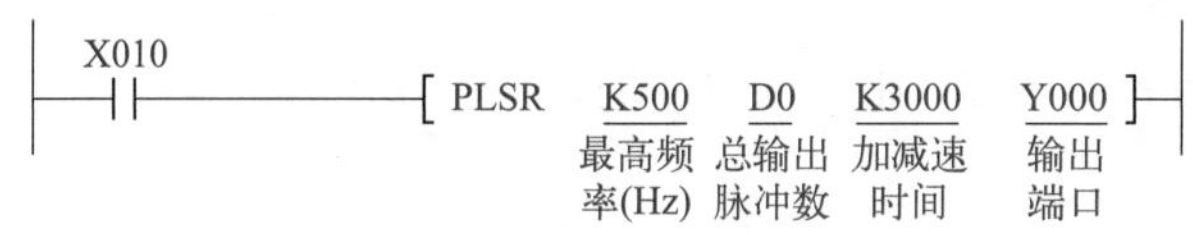

(a) 可调速脉冲输出指令说明

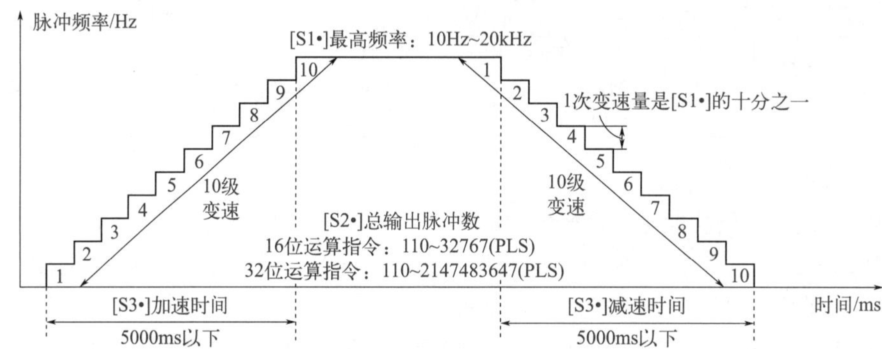

(b) 可调速脉冲输出指令加减速原理

图5-84 可调速脉冲输出指令说明

现将FX3U PLC功能指令列于表5-60中所示，供读者在应用中查阅。

表5-60 FX3U PLC功能指令总表

分类	指令编号FNC	指令助记符	指令格式、操作数（可用软元件）	指令名称及功能简介	D命令	P命令
程序流程	00	CJ	S（·）(指针P0～P127)	条件跳转： 程序跳转到［S（·）］P指针指定处P63为END步序，不需指定		○
	01	CALL	S（·）(指针P0～P127)	调用子程序： 程序调用［S（·）］P指针指定的子程序，嵌套5层以内		○
	02	SRET		子程序返回： 从子程序返回主程序		
	03	IRET		中断返回主程序		
	04	EI		中断允许		
	05	DI		中断禁止		
	06	FEND		主程序结束		
	07	WDT		监视定时器：顺控指令中执行监视定时器刷新		○
	08	FOR	S（·）(W4)	循环开始： 重复执行开始，嵌套5层以内		
	09	NEXT		循环结束：重复执行结束		

续表

分类	指令编号FNC	指令助记符	指令格式、操作数（可用软元件）	指令名称及功能简介	D命令	P命令
传送和比较	010	CMP	S1（·）（W4）　S2（·）（W4）　D（·）（B′）	比较：[S1（·）] 同 [S2（·）] 比较→ [D（·）]	○	○
	011	ZCP	S1（·）（W4）　S2（·）（W4）　S（·）（W4）　D（·）（B′）	区间比较：[S（·）] 同 [S1（·）] ～ [S2（·）] 比较→ [D（·）]，[D（·）] 占3点	○	○
	012	MOV	S（·）（W4）　D（·）（W2）	传送：[S（·）] → [D（·）]	○	○
	013	SMOV	S（·）（W4）　m1（·）（W4″）　m2（·）（W4″）　D（·）（W2）　n（W4″）	移位传送：[S（·）] 第m1位开始的m2个数位移到 [D（·）] 的第n个位置，m1、m2、n＝1～4		○
	014	CML	S（·）（W4）　D（·）（W2）	取反：[S（·）] 取反→ [D（·）]	○	○
	015	BMOV	S（·）（W3′）　D（·）（W2′）　n（W4″）	块传送：[S（·）] → [D（·）]（n点→n点），[S（·）] 包括文件寄存器，n≤512		○
	016	FMOV	S（·）（W4）　D（·）（W2′）　n（W4″）	多点传送：[S（·）] → [D（·）]（1点～n点）：n≤512	○	○
	017	XCH◥	D1（·）（W2）　D2（·）（W2）	数据交换：[D1（·）] ←→ [D2（·）]	○	○
	018	BCD	S（·）（W3）　D（·）（W2）	求BCD码：[S（·）] 16/32位二进制数转换成4/8位BCD→ [D（·）]	○	○
	019	BIN	S（·）（W3）　D（·）（W2）	求二进制码：[S（·）] 4/8位BCD转换成16/32位二进制数→ [D（·）]	○	○
四则运算和逻辑运算	020	ADD	S1（·）（W4）　S2（·）（W4）　D（·）（W2）	二进制加法：[S1（·）]+[S2（·）] →[D（·）]	○	○
	021	SUB	S1（·）（W4）　S2（·）（W4）　D（·）（W2）	二进制减法：[S1（·）]−[S2（·）] →[D（·）]	○	○
	022	MUL	S1（·）（W4）　S2（·）（W4）　D（·）（W2′）	二进制乘法：[S1（·）]×[S2（·）] →[D（·）]	○	○
	023	DIV	S1（·）（W4）　S2（·）（W4）　D（·）（W2′）	二进制除法：[S1（·）]÷[S2（·）] →[D（·）]	○	○
	024	INC◥	D（·）（W2）	二进制加1：[D（·）] + 1→ [D（·）]	○	○
	025	DEC◥	D（·）（W2）	二进制减1：[D（·）]−1→ [D（·）]	○	○
	026	AND	S1（·）（W4）　S2（·）（W4）　D（·）（W2）	逻辑字与：[S1（·）]∧[S2（·）] →[D（·）]	○	○
	027	OR	S1（·）（W4）　S2（·）（W4）　D（·）（W2）	逻辑字或：[S1（·）]∨[S2（·）] →[D（·）]	○	○
	028	XOR	S1（·）（W4）　S2（·）（W4）　D（·）（W2）	逻辑字异或：[S1（·）]⊕[S2（·）] →[D（·）]	○	○
	029	NEG◥	D（·）（W2）	求补码：[D（·）]按位取反+1 →[D（·）]	○	○
循环移位与移位	030	ROR◥	D（·）（W2）　n（W4″）	循环右移：执行条件成立，[D（·）]循环右移n位（高位→低位→高位）	○	○
	031	ROL◥	D（·）（W2）　n（W4″）	循环左移：执行条件成立，[D（·）]循环左移n位（低位→高位→低位）	○	○

续表

分类	指令编号FNC	指令助记符	指令格式、操作数（可用软元件）				指令名称及功能简介	D命令	P命令
循环移位与移位	032	RCR◥	D（·）（W2）	*n*（W4″）			带进位循环右移：[D(·)]带进位循环右移*n*位（高位→低位→+进位→高位）	○	○
	033	RCL◥	D（·）（W2）	*n*（W4″）			带进位循环左移：[D(·)]带进位循环左移*n*位（低位→高位→+进位→低位）	○	○
	034	SFTR◥	S（·）（B）	D（·）（B′）	*n*1（W4″）	*n*2（W4″）	位右移：*n*2位[S(·)]右移→*n*1位的[D(·)]，高位进，低位溢出		○
	035	SFTL◥	S（·）（B）	D（·）（B′）	*n*1（W4″）	*n*2（W4″）	位左移：*n*2位[S(·)]左移→*n*1位的[D(·)]，低位进，高位溢出		○
	036	WSFR◥	S（·）（W3′）	D（·）（W2′）	*n*1（W4″）	*n*2（W4″）	字右移：*n*2字[S(·)]右移→[D(·)]开始的*n*1字，高字进，低字溢出		○
	037	WSFL◥	S（·）（W3′）	D（·）（W2′）	*n*1（W4″）	*n*2（W4″）	字左移：*n*2字[S(·)]左移→[D(·)]开始的*n*1字，低字进，高字溢出		○
	038	SFWR◥	S（·）（W4）	D（·）（W2′）	*n*（W4″）		FIFO写入：先进先出控制的数据写入，2≤*n*≤512		○
	039	SFRD◥	S（·）（W2′）	D（·）（W2′）	*n*（W4″）		FIFO读出：先进先出控制的数据读出，2≤*n*≤512		○
数据处理	040	ZRST◥	D1（·）（W1′、B′）	D2（·）（W1′、B′）			成批复位：[D1(·)]～[D2(·)]复位，[D1(·)]<[D2(·)]		○
	041	DECO◥	S（·）（B，W1、W4″）	D（·）（B′、W1）	*n*（W4″）		解码：[S(·)]的*n*(*n*＝1～8)位二进制数解码为十进制数α→[D(·)]，使[D(·)]的第α位为“1”		○
	042	ENCO◥	S（·）（B、W1）	D（·）（W1）	*n*（W4″）		编码：[S(·)]的2^n（*n*＝1～8）位中的最高“1”位代表的位数(十进制数）编码为二进制数后→[D(·)]		○
	043	SUM	S（·）（W4）	D（·）（W2）			求置ON位的总和：[S(·)]中“1”的数目存入[D(·)]	○	○
	044	BON	S（·）（W4）	D（·）（B′）	*n*（W4″）		ON位判断：[S(·)]中第*n*位为ON时，[D(·)]为ON（*n*=0～15）		○
	045	MEAN	S（·）（W3′）	D（·）（W2）	*n*（W4″）		平均值：[S(·)]中*n*点平均值→[D(·)]（*n*=1～64）		○
	046	ANS	S（·）（T）	*m*（K）	D（·）（S）		标志置位：若执行条件为ON，[S(·)]中定时器定时*m* ms后，标志位[D(·)]置位。[D(·)]为S900~S999		○
	047	ANR◥					标志复位：被置位的定时器复位		○
	048	SOR	S（·）（D、W4″）	D（·）（D）			二进制平方根：[S(·)]平方根值→[D(·)]	○	○
	049	FLT	S（·）（D）	D（·）（D）			二进制整数与二进制浮点数转换：[S(·)]内二进制整数→[D(·)]二进制浮点数	○	○

续表

分类	指令编号FNC	指令助记符	指令格式、操作数（可用软元件）				指令名称及功能简介	D命令	P命令
高速处理	050	REF	D（·） （X、Y）	*n* （W4″）			输入输出刷新：指令执行，[D(·)]立即刷新。[D(·)]为X000、X010、…、Y000、Y010、…，*n*为8，16…256		○
	051	REFF	*n* （W4″）				滤波调整：输入滤波时间调整为*n*ms，刷新X0～X17，*n*=0～60		○
	052	MTR	S（·） （X）	D1（·） （Y）	D2（·） （B′）	*n* （W4″）	矩阵输入（使用一次）：*n*列8点数据以D1(·)输出的选通信号分时将[S(·)]数据读入[D2(·)]		
	053	HSCS	S1（·） （W4）	S2（·） （C）	D（·） （B′）		比较置位（高速计数）：[S1(·)]=[S2(·)]时，[D(·)]置位，中断输出到Y，S2(·)为C235~C255	○	
	054	HSCR	S1（·） （W4）	S2（·） （C）	D（·） （B′ C）		比较复位（高速计数）：[S1(·)]=[S2(·)]时，[D(·)]复位，中断输出到Y，[D(·)]为C时，自复位	○	
	055	HSZ	S1 （·） （W4）	S2(·) （W4）	S（·） （C）	D（·） （B′）	区间比较（高速计数）：[S(·)]与[S1(·)]～[S2(·)]比较，结果驱动[D(·)]	○	
	056	SPD	S1（·） （X0～X5）	S2（·） （W4）	D（·） （W1）		脉冲密度：在[S2(·)]时间内，将[S1(·)]输入的脉冲存入[D(·)]		
	057	PLSY	S1（·） （W4）	S2（·） （W4）	D（·） （Y0或Y1）		脉冲输出（使用一次）：以[S1(·)]的频率从[D(·)]送出[S2(·)]个脉冲：[S1(·)]：1～1000Hz	○	
	058	PWM	S1（·） （W4）	S2（·） （W4）	D（·） （Y0或Y1）		脉宽调制（使用一次）：输出周期[S2(·)]、脉冲宽度[S1(·)]的脉冲至[D(·)]。周期为1～32767ms，脉宽为1～32767ms		
	059	PLSR	S1 （·） （W4）	S2(·) （W4）	S3(·) （W4）	D（·） （Y0或Y1）	可调速脉冲输出（使用一次）：[S1(·)]最高频率10～20000Hz；[S2(·)]总输出脉冲数；[S3(·)]增减速时间5000ms以下；[D(·)]输出脉冲	○	
便利指令	060	IST	S（·） （X、Y、M）	D1（·） （S20～S899）	D2（·） （S20～S899）		状态初始化（使用一次）：自动控制步进顺控中的状态初始化。[S(·)]为运行模式的初始输入；[D1(·)]为自动模式中的实用状态的最小号码；[D2(·)]为自动模式中的实用状态的最大号码		
	061	SER	S1 （·） （W3′）	S2(·) （C′）	D（·） （W2′）	*n* （W4″）	查找数据：检索以[S1(·)]为起始的*n*个与[S2(·)]相同的数据，并将其个数存于[D(·)]	○	○

续表

分类	指令编号FNC	指令助记符	指令格式、操作数（可用软元件）	指令名称及功能简介	D命令	P命令
便利指令	062	ABSD	S1（·）（W3′） S2（·）（C′） D（·）（B′） *n*（W4″）	绝对值式凸轮控制（使用一次）：对应[S2(·)]计数器的当前值，输出[D(·)]开始的*n*点由[S1(·)]内数据决定的输出波形		
	063	INCD	S1（·）（W3′） S2（·）（C） D（·）（B′） *n*（W4″）	增量式凸轮顺控（使用一次）：对应[S2(·)]的计数器当前值，输出[D(·)]开始的*n*点由[S1(·)]内数据决定的输出波形。[S2(·)]的第二个计数器统计复位次数		
	064	TIMR	D（·）（D） *n*（0～2）	示数定时器：用[D(·)]开始的第二个数据寄存器测定执行条件ON的时间，乘以*n*指定的倍率存入[D(·)]，*n*为0～2		
	065	STMR	S（·）（T） *m*（W4″） D（·）（B′）	特殊定时器：*m*指定的值作为[S(·)]指定定时器的设定值，使[D(·)]指定的4个器件构成延时断开定时器、输入ON→OFF后的脉冲定时器、输入OFF→ON后的脉冲定时器、滞后输入信号向相反方向变化的脉冲定时器		
	066	ALT◥	D（·）（B′）	交替输出：每次执行条件由OFF→ON的变化时，[D(·)]由OFF→ON、ON→OFF交替输出	○	
	067	RAMP	S1（·）（D） S2（·）（D） D（·）（B′） *n*（W4″）	斜坡信号：[D(·)]的内容从[S1(·)]的值到[S2(·)]的值慢慢变化，其变化时间为*n*个扫描周期。*n*：1～32767		
	068	ROTC	S（·）（D） *m*1（W4″） *m*2（W4″） D（·）（B′）	旋转工作台控制（使用一次）：[S(·)]指定开始的D为工作台位置检测计数寄存器，其次指定的D为取出位置号寄存器，再次指定的D为要取工件号寄存器，*m*1为分度区数，*m*2为低速运行行程。完成上述设定，指令就自动在[D(·)]指定输出控制信号		
	069	SORT	S（·）（D） *m*1（W4″） *m*2（W4″） D（·）（D） *n*（W4″）	表数据排序（使用一次）：[S(·)]为排序表的首地址，*m*1为行号，*m*2为列号。指令将以*n*指定的列号，将数据从小开始进行整理排列，结果存入以[D(·)]指定的为首地址的目标元件中，形成新的排序表；*m*1：1~32，*m*2：1～6，*n*：1～*m*2		

续表

分类	指令编号FNC	指令助记符	指令格式、操作数（可用软元件）				指令名称及功能简介	D命令	P命令
外部机器I/O	070	TKY	S（·）（B）	D1（·）（W2′）	D2（·）（B′）		十键输入（使用一次）：外部十键键号依次为0～9，连接于[S(·)]，每按一次键，其键号依次存入[D1(·)]，[D2(·)]指定的位元件依次为ON	○	
	071	HKY	S（·）（X）	D1（·）（Y）	D2（·）（W1）	D3（·）（B′）	十六键输入（使用一次）：以[D1(·)]为选通信号，顺序将[S(·)]所按键号存入[D2(·)]，每次按键以BIN码存入，超出上限9999，溢出；按A～F键，[D3(·)]指定位元件依次为ON	○	
	072	DSW	S（·）（X）	D1（·）（Y）	D2（·）（W1）	n（W4″）	数字开关（使用二次）：四位一组($n=1$)或四位二组($n=2$)BCD数字开关由[S(·)]输入，以[D1(·)]为选通信号，顺序将[S(·)]所键入数字送到[D2(·)]		
	073	SEGD	S（·）（W4）	D（·）（W2）			七段码译码：将[S(·)]低四位指定的0～F的数据译成七段码显示的数据格式存入[D(·)]. [D(·)]高8位不变		○
	074	SEGL	S（·）（W4）	D（·）（X）	n（W4″）		带锁存七段码显示（使用二次），四位一组(n=0～3)或四位二组(n=4～7)七段码，由[D·]的第2四位为选通信号，顺序显示由[S(·)]经[D(·)]的第1四位或[D(·)]的第3四位输出的值		○
	075	ARWS	S（·）（B）	D1（·）（W1）	D2（·）（Y）	n（W4″）	方向开关（使用一次）：[S(·)]指定位移位与各位数值增减用的箭头开关，[D1(·)]指定的元件中存放显示的二进制数，根据[D2(·)]指定的第2个四位输出的选通信号，依次从[D2(·)]指定的第1个四位输出显示。按位移开关，顺序选择所要显示位；按数值增减开关，[D1(·)]数值由0～9或9～0变化。n为0~3，选择选通位		
	076	ASC	S（·）（字母数字）	D（·）（W1′）			ASCII码转换：[S(·)]存入微机输入8个字节以下的字母数字。指令执行后，将[S(·)]转换为ASC码后送到[D(·)]		
	077	PR	S（·）（W1′）	D（·）（Y）			ASCII码打印（使用二次）：将[S(·)]的ASC码→[D(·)]		
	078	FROM	$m1$（W4″）	$m2$（W4″）	D（·）（W2）	n（W4″）	BFM读出：将特殊单元缓冲存储器(BMF)的n点数据读到[D(·)]；$m1$=0～7，特殊单元特殊模块号；$m2$=0～31，缓冲存储器(BFM)号码：n=1～32，传送点数	○	○

续表

分类	指令编号FNC	指令助记符	指令格式、操作数（可用软元件）				指令名称及功能简介	D命令	P命令
外部机器I/O	079	TO	*m*1（W4″）	*m*2（W4″）	S（·）（W4）	*n*（W4″）	写入BFM：将可编程控制器[S(·)]的*n*点数据写入特殊单元缓冲存储器(BFM)，*m*1=0～7，特殊单元模块号；*m*2=0～31，缓冲存储器(BFM)号码；*n*=1～32，传送点数	○	○
外部机器SER	080	RS	S（·）（D）	*m*（W4″）	D（·）（D）	*n*（W4″）	串行通信传递：使用功能扩展板进行发送接收串行数据。发送[S(·)]*m*点数据至[D(·)]*n*点数据。*m*、*n*：0～256		
	081	PRUN	S（·）（KnM、KnX）（*n*＝1～8）		D（·）（KnY、KnM）（*n*＝1～8）		八进制位传送：[S(·)]转换为八进制，送到[D(·)]	○	○
	082	ASCI	S（·）（W4）	D（·）（W2′）	*n*（W4″）		HEX→ASCII变换：将[S(·)]内HEX(十六进)制数据的各位转换成ASCII码向[D(·)]的高低8位传送。传送的字符数由*n*指定，*n*：1～256		○
	083	HEX	S（·）（W4′）	D（·）（W2）	*n*（W4″）		ASCII→HEX变换：将[S(·)]内高低8位的ASCII(十六进制）数据的各位转换成ASCII码向[D(·)]的高低8位传送。传送的字符数由*n*指定，*n*：1～256		○
	084	CCD	S（·）（W3′）	D（·）（W1″）	*n*（W4″）		检验码：用于通信数据的校验。以[S(·)]指定的元件为起始的*n*点数据，将其高低8位数据的总和校验检查[D(·)]与[D(·)]+1的元件		○
	085	VRRD	S（·）（W4″）		D（·）（W2）		模拟量输入：将[S(·)]指定的模拟量设定模板的开关模拟值0～255转换为8位BIN传送到[D(·)]		○
	086	WRRD	S（·）（W4″）		D（·）（W2）		模拟量开关设定：[S(·)]指定的开关刻度0～10转换为8位BIN传送到[D(·)]。[S(·)]:开关号码0~7		○
	087								
	088	PID	S1（·）（D）	S2（·）（D）	S3（·）（D）	D（·）（D）	PID回路运算：在[S1(·)]设定目标值；在[S2(·)]设定测定当前值；在[S3(·)]~[S3(·)]+6设定控制参数值；执行程序时，运算结果被存入[D(·)]。[S3(·)]:D0~D975		
	089								
浮点运算	110	ECMP	S1（·）	S2（·）	D（·）		二进制浮点比较：[S1(·)]与[S2(·)]比较→[D(·)]	○	○

续表

分类	指令编号FNC	指令助记符	指令格式、操作数（可用软元件）	指令名称及功能简介	D命令	P命令
浮点运算	111	EZCP	S1（·） S2（·） S（·） D（·）	二进制浮点比较：[S1(·)]与[S2(·)]比较→[D(·)]。[D(·)]占3点，[S1(·)]<[S2(·)]	○	○
	118	EBCD	S（·） D（·）	二进制浮点转换十进制浮点：[S(·)]转换为十进制浮点→[D(·)]	○	○
	119	EBIN	S（·） D（·）	十进制浮点转换二进制浮点：[S(·)]转换为二进制浮点→[D(·)]	○	○
	120	EADD	S1（·） S2（·） D（·）	二进制浮点加法：[S1(·)]+[S2(·)]→[D(·)]	○	○
	121	ESUB	S1（·） S2（·） D（·）	二进制浮点减法：[S1(·)]−[S2(·)]→[D(·)]	○	○
	122	EMUL	S1（·） S2（·） D（·）	二进制浮点乘法：[S1(·)]×[S2(·)]→[D(·)]	○	○
	123	EDIV	S1（·） S2（·） D（·）	二进制浮点除法：[S1(·)]÷[S2(·)]→[D(·)]	○	○
	127	ESOR	S（·） D（·）	开方:[S(·)]开方→[D(·)]	○	○
	129	INT	S（·） D（·）	二进制浮点→BIN整数转换：[S(·)]转换BIN整数→[D(·)]	○	○
	130	SIN	S（·） D（·）	浮点SIN运算：[S(·)]角度的正弦→[D(·)]。0°≤角度<360°	○	○
	131	COS	S（·） D（·）	浮点COS运算：[S(·)]角度的余弦→[D(·)]。0°≤角度<360°	○	○
	132	TAN	S（·） D（·）	浮点TAN运算：[S(·)]角度的正切→[D(·)]。0°≤角度<360°	○	○
数据处理2	147	SWAP	S（·）	高低位变换：16位时，低8位与高8位交换；32位时，各个低8位与高8位交换	○	○
时钟运算	160	TCMP	S1（·） S2（·） S3（·） S（·） D（·）	时钟数据比较：指定时刻[S(·)]与时钟数据[S1(·)]时[S2(·)]分[S3(·)]秒比较，比较结果在[D(·)]显示。[D(·)]占有3点		○
	161	TZCP	S1（·） S2（·） S9（·） D（·）	时钟数据区域比较：指定时刻[S(·)]与时钟数据区域[S1(·)]～[S2(·)]比较，比较结果在[D(·)]显示。[D(·)]占有3点。[S1(·)]≤[S2(·)]		○
	162	TADD	S1（·） S2（·） D（·）	时钟数据加法：以[S2(·)]起始的3点时刻数据加上存入[S1(·)]起始的3点时刻数据，其结果存入以[D(·)]起始的3点中		○

续表

分类	指令编号FNC	指令助记符	指令格式、操作数（可用软元件）			指令名称及功能简介	D命令	P命令
时钟运算	163	TSUB	S1（·）	S2（·）	D（·）	时钟数据减法：以[S1(·)]起始的3点时刻数据减去存入以[S2(·)]起始的3点时刻数据，其结果存入以[D(·)]起始的3点中		○
	166	TRD	D（·）			时钟数据读出：将内藏的实时计算器的数据在[D(·)]占有的7点读出		○
	167	TWR	S（·）			时钟数据写入：将[S(·)]占有的7点数据写入内藏的实时计算器		○
格雷码转换	170	GRY	S（·）	D（·）		格雷码转换：将[S(·)]格雷码转换为二进制值，存入[D(·)]	○	○
	171	GBIN	S（·）	D（·）		格雷码逆变换：将[S(·)]二进制值转换为格雷码，存入[D(·)]	○	○
接点比较	224	LD=	S1（·）	S2（·）		触点形比较指令：连接母线形接点，当[S1(·)]=[S2(·)]时接通	○	
	225	LD>	S1（·）	S2（·）		触点形比较指令：连接母线形接点，当[S1(·)]>[S2(·)]时接通	○	
	226	LD<	S1（·）	S2（·）		触点形比较指令：连接母线形接点，当[S1(·)]<[S2(·)]时接通	○	
	228	LD<>	S1（·）	S2（·）		触点形比较指令：连接母线接点，当[S1(·)]<>[S2(·)]时接通	○	
	229	LD≤	S1（·）	S2（·）		触点形比较指令：连接母线接点，当[S1(·)]≤[S2(·)]时接通	○	
	230	LD≥	S1（·）	S2（·）		触点形比较指令：连接母线形接点，当[S1(·)]≥[S2(·)]时接通	○	
	232	AND=	S1（·）	S2（·）		触点形比较指令：串联形接点，当[S1(·)]=[S2(·)]时接通	○	
	233	AND>	S1（·）	S2（·）		触点形比较指令：串联形接点.当[S1(·)]>[S2(·)]时接通	○	
	234	AND<	S1（·）	S2（·）		触点形比较指令：串联形接点，当[S1(·)]<[S2(·)]时接通	○	
	236	AND<>	S1（·）	S2（·）		触点形比较指令：串联形接点，当[S1(·)]<>[S2(·)]时接通	○	
	237	AND≤	S1（·）	S2（·）		触点形比较指令：串联形接点，当[S1(·)]≤[S2(·)]时接通	○	
	238	AND≥	S1（·）	S2（·）		触点形比较指令：串联形接点，当[S1(·)]≥[S2(·)]时接通	○	
	240	OR=	S1（·）	S2（·）		触点形比较指令：并联形接点，当[S1(·)]=[S2(·)]时接通	○	
	241	OR>	S1（·）	S2（·）		触点形比较指令：并联形接点，当[S1(·)]>[S2(·)]时接通	○	
	242	OR<	S1（·）	S2（·）		触点形比较指令：并联形接点，当[S1(·)]<[S2(·)]时接通	○	

续表

分类	指令编号FNC	指令助记符	指令格式、操作数（可用软元件）		指令名称及功能简介	D命令	P命令
接点比较	244	OR<>	S1（·）	S2（·）	触点形比较指令：并联形接点，当[Sl(·)]<>[S2(·)]时接通	○	
	245	OR≤	S1（·）	S2（·）	触点形比较指令：并联形接点，当[S1(·)]≤[S2(·)]时接通	○	
	246	OR≥	S1（·）	S2（·）	触点形比较指令：并联形接点，当[S1(·)]≥[S2(·)]时接通	○	

注：表中D命令栏中有O的表示可以是32位；P命令栏中有O的表示可以是脉冲执行型的指令。

在表5-60中，表示各操作数可用元件类型的范围符号是：B、B′、W1、W2、W3、W4、W1′、W2′、W3′、W4′、W1″、W4″，其表示范围如图5-85所示。

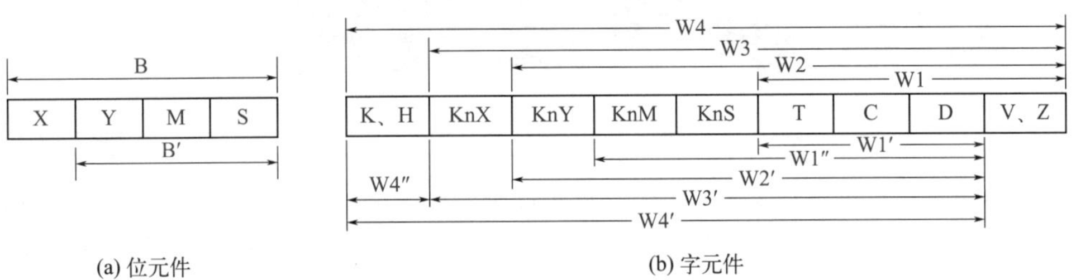

图5-85 操作数可用元件类型的范围符号

FX3U PLC

第6章 FX3U PLC的特殊功能模块及应用

PLC是基于计算机技术发展而产生的数字控制型产品。它本身只能处理开关量信号，可方便可靠地进行逻辑关系的开关量控制，不能直接处理模拟量。但其内部的存储单元是一个多位开关量的组合，可以表示为一个多位的二进制数，称为数字量。模拟量和数字量之间，只要能进行适当的转换，就可以把一个连续变化的模拟量转换成在时间上是离散的，但取值上却可以表示模拟量变化的一连串的数字量，那么PLC就可以通过对这些数字量的处理来进行模拟量控制了。同样，经过PLC处理的数字量也不能直接送到执行器中，必须经过转换变成模拟量后才能控制执行器动作。这种把模拟量转换成数字量的电路叫作模/数（A/D）转换器，把数字量转换成模拟量的电路叫作数/模（D/A）转换器。

6.1 FX3U PLC的特殊功能模块概述

6.1.1 特殊功能模块分类

现代工业控制对PLC提出了许多控制要求，例如：对温度、压力等连续变化的模拟量控制；对直线运动或圆周运动的运动量定位控制；对各种数据完成采集、分析和处理的数据运算、传送、排列和查表功能；等等。这些要求，如果仅用开关量逻辑控制方式是不能完成的。但IT技术和计算机技术的发展，使PLC完成现代工业控制要求成为可能。为了增加PLC的控制功能，扩大PLC的应用范围，PLC生产厂家开发了品种繁多的与PLC相匹配的特殊功能模块。这些功能模块和PLC一起就能完成上述控制要求。

FX3U PLC的特殊功能模块主要可分为：模拟量输入/输出模块、过程控制模块、脉冲输出模块、高速计数器模块、可编程凸轮控制器、通信接口模块和人机界面触摸屏等。

（1）模拟量输入模块

模拟量输入模块用于将温度、压力、流量等传感器输出的模拟量电压或电流信号，转换成数字信号供PLC基本单元使用。FX3U PLC的模拟量输入模块主要有FX3U-2AD型2通道模拟量输入模块、FX3U-4AD型4通道模拟量输入模块、FX3U-4AD-PT型4通道热电阻传感器用模拟量输入模块、FX3U-4AD-TC型4通道热电偶传感器用模拟量输入模块等。

（2）模拟量输出模块

模拟量输出模块主要用于将PLC运算输出的数字信号，转换为可以直接驱动模拟量执行器的标准模拟电压或电流信号。FX3U PLC的模拟量输出模块主要有FX3U-2DA型2通道模拟量输出模块、FX3U-4DA型4通道模拟量输出模块等。

（3）过程控制模块

过程控制模块用于生产过程中模拟量的闭环控制。使用FX3U -2LC过程控制模块可以实现过程参数的PID控制。FX3U-2LC模块的PID控制程序由PLC生产厂家设计并存储在模块中，用户使用时只需设置其缓冲寄存器中的一些参数，使用非常方便，一般使用在大型的过程控制系统中。

（4）脉冲输出模块

脉冲输出模块可以输出脉冲串，主要用于对步进电动机或伺服电动机的驱动，实现多点定位控制。与FX3U PLC配套使用的脉冲输出模块有FX3U-1PG、FX3U-10GM、FX3U-20GM等。

（5）高速计数器模块

利用FX3U PLC内部的高速计数器可进行简易的定位控制，对于更高精度的点位控制，可采用FX3U-1HC型高速计数器模块。高速计数器模块FX3U-IHC适用于FX3U PLC的特殊功能模块。利用PLC的外部输入或PLC的控制程序可以对FX3U-1HC计数器进行复位和启动控制。

（6）可编程凸轮控制器

可编程凸轮控制器FX3U-IRM-SET，是通过主要旋转角传感器F7-720-RSV，实现高精度角度、位置检测和控制的专用功能模块，可以代替机械凸轮开关，实现角度控制。

6.1.2 特殊功能模块应用与编程

（1）特殊功能模块编号

当多个特殊功能模块与PLC相连时，PLC对模块进行的读写操作必须正确区分是对哪一个模块进行操作，这就产生了用于区分不同模块的位置编号。当多个模块相连时，PLC特殊模块的位置编号是这样确定的：从距离基本单元最近的模块算起，由近及远分别是#0、#1、#2……#7特殊模块编号，当其中有扩展单元时，扩展单元不算入编号，见表6-1。

表6-1 特殊功能模块编号

基本单元	扩展模块	A/D	脉冲输出	扩展单元	D/A
FX3U-32MT	16EYS	4AD #0	10PG #1	16EX	2DA #2

一个PLC的基本单元最多能够连接8个特殊功能模块，编号为#0 ～ #7。FX PLC的I/O点数最多是256点，它包含了基本单元的I/O点数、扩展单元的I/O点数和特殊模块所占用的I/O点数。特殊模块所占用的I/O点数可通过查询产品手册得到。

（2）缓冲存储器

每个特殊功能模块里面均有若干个16位存储器，产品手册中称为缓冲存储器（BFM）。

BFM是PLC与外部模拟量进行信息交换的中间单元。输入时，由模拟量输入模块将外部模拟量转换成数字量后先暂存在BFM内，再由PLC进行读取，送入PLC的字软元件进行处理。输出时，PLC将数字量送入输出模块的BFM内，再由输出模块自动转换成模拟量送入外部控制器或执行器中，这是模拟量模块的BFM的主要功能。除此之外，BFM还具有如下功能：

① 模块应用设置功能　模拟量模块在具体应用时，要求对其进行选择性设置，如通道的选择、转换速度、采样等，这些都是针对BFM不同单元的内容来进行设置的。

② 识别和查错功能　每个模拟量模块都有一个识别码，固定在某个BFM单元里，用于进行模块识别。当模块发生故障时，BFM的某个单元会存有故障状态信息。

③ 标定调整功能　当模块的标定不能够满足实际生产需要时，可以通过修改某些BFM单元数值建立的标定关系。

特殊功能模块的BFM数量并不相同，但FX模拟量模块大多为32个BFM缓冲存储单元，它们的编号是BFM#0 ～ BFM#31。每个BFM缓冲存储单元都是一个16位的二进制存储器。在数字技术中，16位二进制数为一个字，因此，每个BFM缓冲存储单元都是以字为单位来存储的。

对特殊功能模块的学习和应用，除了选型、模拟量信号的输入和输出接线以及它的位置编号外，对其BFM缓冲存储单元的学习也是关键，实际上这些模块的应用就是学习这些存储器的读写关系，不管学习哪种模块，其核心都是BFM的内容读写。

（3）PLC与特殊功能模块间的读写操作

FX3U PLC与特殊功能模块间的数据传输和参数设置都是通过读出/写入（FROM/TO）指令实现的。

FROM指令用于读取特殊功能模块BFM中的数据。TO指令用于PLC基本单元将数据写入特殊功能模块BFM中。

缓冲存储器BFM读出/写入指令的名称、指令代码、助记符、操作数、程序步如表6-2所示。

表6-2　BFM读出/写入指令表

指令名称	指令代码	助记符	操作数				程序步
			*m*1	*m*2	D（·)/S（·）	*n*	
BFM读出	FNC78（16/32）	FROM、FROM（P）	K、H，*m*1=0 ～ 31，特殊单元，特殊模块号	K、H，*m*2=0 ～ 31（BFM）号	KnY、KnM、KnS、T、C、D、Z	K、H，*n*=（1 ～ 32）/16位 *n*=（1 ～ 16）/32位 传送字点数	FROM、FROMP…9步，DFROM、DFROMP…17步
BFM写入	FNC79（16/32）	TO、TO（P）			K、H、KnX、KnY、KnM、KnS、T、C、D、Z		TO、TOP…9步，DTO、DTOP…17步

FROM指令具有将特殊功能模块号中的缓冲存储器（BFM）的内容读到可编程控制器的功能。16位BFM读出指令梯形图如图6-1（a）所示。当驱动条件X000=ON时，指令根据m1指定的NO.1特殊模块，对*m*2指定的#29缓冲寄存器（BFM）内16位数据读出并传送到可

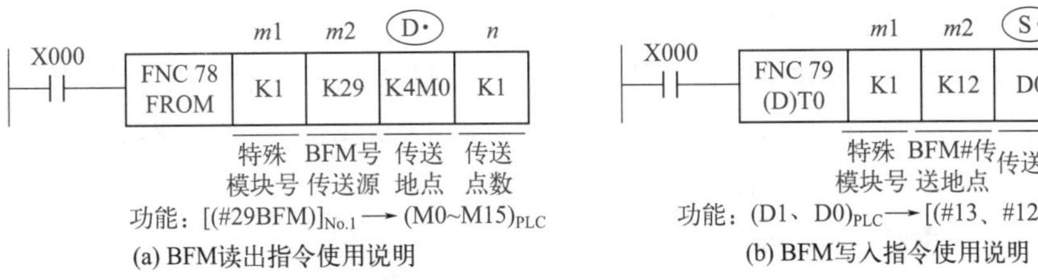

图6-1 FROM和TO指令使用说明

编程控制器的K4M0中。若X000=OFF时，不执行传送，传送地点的数据不变，脉冲型指令FROM（P）执行后也同样处理。

TO指令具有从可编程控制器对特殊模块缓冲存储器（BFM）写入数据的功能。32位BFM写入指令梯形图如图6-1（b），当驱动条件X000=ON时，指令将S（·）指定的（D1、D0）中32位数据写入*m*1指定的N0.1特殊模块中#13、#12缓冲存储器（BFM）。若X000=OFF时，不执行写入传送，传送地点的数据不变，脉冲型指令TO（P）执行后也同样处理。

应该注意：

① 若为16位指令对BFM处理时，传送的点数*n*是点对点的单字传送。图6-2（a）是16位指令，*n*=5的传送示意图。若用32位指令对BFM处理时，指令中*m*2指定的起始号是低16位的BFM号，其后续号为高16位的BFM，传送点数*n*是对与对之间的双字传送。图6-2（b）是32位指令，*n*=2的传送示意图。16位指令的*n*=2和32位指令的*n*=1，具有相同的意义。

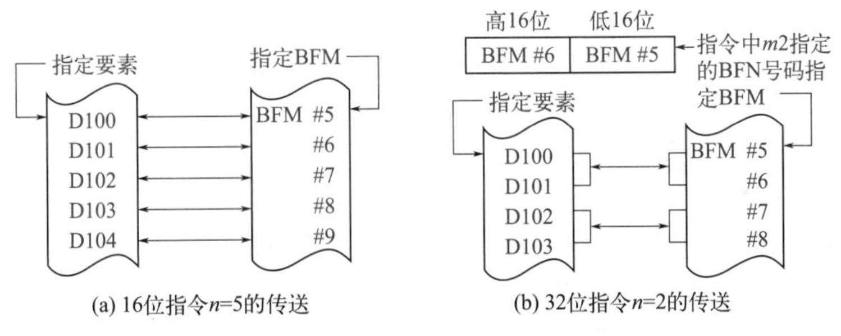

图6-2 对BFM处理时传送点*n*的意义

② FROM/TO指令的执行受中断允许继电器M8028的约束，当M8028=OFF时，FROM/TO指令执行过程中，为自动中断禁止状态，输入中断、定时中断不能执行。此期间程序发生的中断，只有在FROM/TO指令执行完毕后才能立即执行。当M8028=ON时，FROM/TO指令执行过程中，中断发生时，立即执行中断。

【例6-1】试说明指令执行功能含义。

a. FROM　K1　K30　D0　K1

把1#模块的BFM#30单元内容复制到PLC的D0单元中。

b. FROM　K0　K5　D10　K4

把0#模块的（BFM#5 ～ BFM#8）4个单元内容复制到PLC的（D10 ～ D13）单元中。其对应关系是：

（BFM#5）→（D10），（BFM#6）→（D11）

（BFM#7）→（D12），（BFM#8）→（D13）

c. FROM K1 K29 K4M10 K1

用1#模块BFM#29的位值控制PLC的M10～M25继电器的状态。位值为0，M断开，位值为1，M闭合。例如BFM#29中的数值是1000 0000 0000 0111，那么它所对应的继电器M10，M11，M12和M25是闭合的，其余继电器都是断开的。

【例6-2】试说明指令执行功能含义。

DFROM K0 K5 D100 K2

这是FROM指令的32位应用，注意这个K2表示传送4个数据，指令执行功能含义是把0#模块的（BFM#5～BFM#8）4个单元内容复制到PLC的（D100～D103）单元中。其对应关系是:

（BFM#6）（BFM#5）→（D101）（D100）

（BFM#8）（BFM#7）→（D103）（D102）

在32位指令中处理BFM时，指令指定的BFM为低位，编号紧接的BFM为高位。

【例6-3】试说明指令执行功能含义。

a. TOP K1 K0 H3300 K1

把十六进制数H3300复制到1#模块的BFM#0单元中。

b. TOP K0 K5 D10 K4

把PLC的（D10～D13）4个单元中的内容写入到位置编号为0#模块的（BFM#5～BFM#8）4个单元中。其对应关系是:

（D10）→（BFM#5）

（D11）→（BFM#6）

（D12）→（BFM#7）

（D13）→（BFM#8）

c. TOP K1 K4 K4M10 K1

把PLC的M10～M25继电器的状态所表示的16位数据的内容写入到位置编号为1#模块的BFM#4缓冲存储器中。M断开位值为0，M闭合位值为1。

【例6-4】试说明指令执行功能含义。

DTOP K0 K5 D100 K2

这是TO指令的32位应用，注意，这个K2表示传送4个数据，指令执行功能含义是把PLC的（D100～D103）单元中的内容复制到位置编号为0#模块的（BFM#5～BFM#8）的缓冲存储器中。其对应关系是:

（D101）（D100）→（BFM#6）（BFM#5）

（D103）（D102）→（BFM#8）（BFM#7）

TO指令在程序中常用脉冲执行型TOP。

在32位指令中处理BFM时，指令指定的BFM为低位，编号紧接的BFM为高位。

（4）FROM、TO指令应用

① 中断标志位M8028 当M8028=0时，FROM、TO指令执行时自动进入中断禁止状态，在这期间发生的输入中断或定时器中断均不能执行，在FROM、TO指令执行完毕后，立即执行。另外FROM、TO指令可以在中断程序中使用。

当M8028=1时，在FROM、TO指令执行期间，可以进入中断状态，但FROM、TO指令却不能在中断程序中使用。

第6章

② 运算时间延长的处理　当一台PLC直接连接多台特殊功能模块时，可编程控制器对特殊功能模块的缓冲存储器初始化运行时间会变长，运算的时间也会变长。另外，执行多个FROM、TO指令或传送多个缓冲存储器的时间也会变长，过长的运算时间会引起监视定时器超时，为了防止这种情况，可以在程序的初始步加入延长监视定时器时间的程序来解决，也可错开FROM、TO指令执行的时间。

6.2 模拟量输入输出模块

6.2.1　模拟量控制功能概述

（1）模拟量概述

在控制系统中有两个常见的术语，“模拟量和开关量”，对一个PLC控制系统而言，不论输入还是输出，一个参数要么是模拟量，要么是开关量。

① 模拟量　参数是一个在一定范围内变化的连续数值，比如：温度从0～100℃；压力从0～10MPa；液位从1～5m；电动阀门的开度从0～100%；等等，这些量都是模拟量。模拟量也有输入和输出之分，一般输入的模拟量用作反馈监视或者控制计算，输出模拟量一般用于输出控制，例如水位的给定值、负载的给定值等，它主要用于控制设备的开度等。

② 开关量　该参数只有两种状态，如开关的导通和断开的状态、继电器的闭合和断开、电磁阀的通和断等。开关量分为输入开关量和输出开关量。

（2）FX系列模拟量控制概述

FX系列的模拟量控制有模拟量输入（电压/电流输入）、模拟量输出（电压/电流输出）、温度传感器输入3大类。

① 模拟量输入（电压/电流输入）　从流量计、压力传感器等输入电压、电流信号，用PLC监控工件或者设备的状态，如图6-3所示。

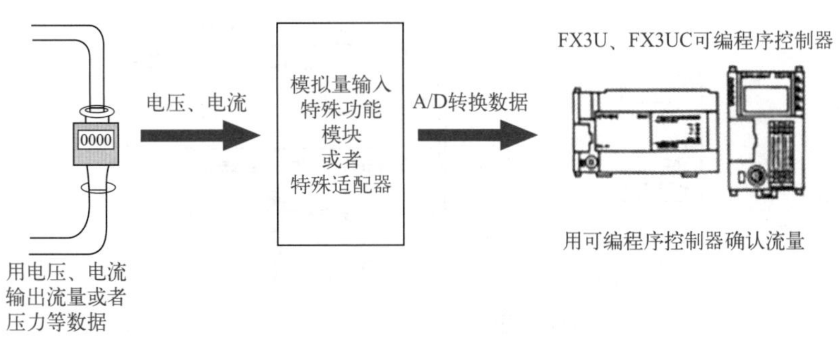

图6-3　模拟量输入（电压/电流输入）

② 模拟量输出（电压/电流输出）　从PLC特殊功能单元/模块输出电压、电流信号，用于变频器频率控制等指令中，如图6-4所示。

③ 温度传感器输入　为了用热电偶或者铂电阻检测工件或者设备的温度数据，而使用本产品，如图6-5所示。

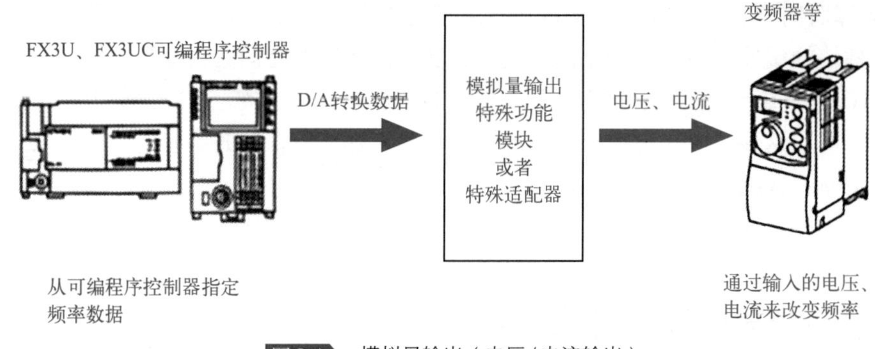

图6-4 模拟量输出（电压/电流输出）

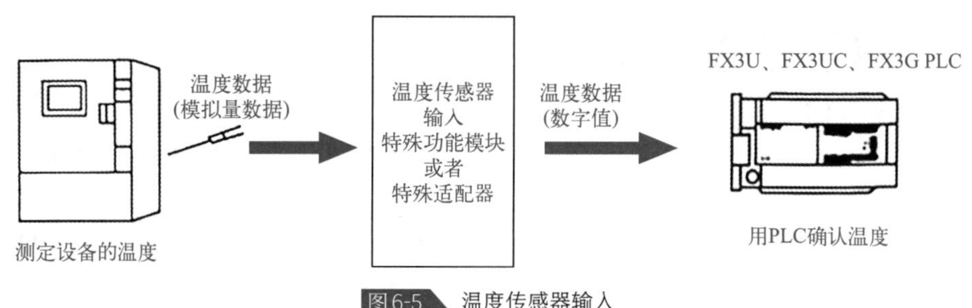

图6-5 温度传感器输入

（3）FX系列的模拟量单元/模块类型

用FX PLC进行模拟量控制时，需要配置模拟量输入输出产品。模拟量输入输出产品有功能扩展板、特殊功能适配器和特殊功能模块3种。

① 功能扩展板　模拟量功能扩展板使用特殊软元件与PLC进行数据交换，如图6-6所示。

a. 连接在FX3G PLC的选件连接用接口上。

b. 模拟量功能扩展板最多可连接2台，FX3G PLC（14点、24点型）只能连接1台，在FX3G PLC（40点、60点型）上连接2台模拟量功能扩展板时，不能使用模拟量特殊功能适配器。

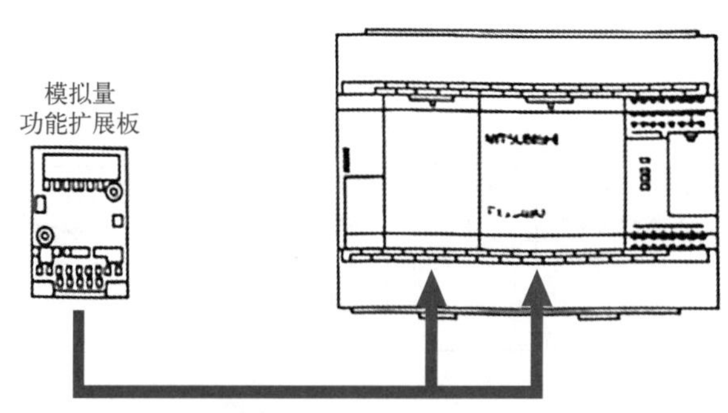

图6-6 PLC与功能扩展板连接

② 特殊功能适配器　模拟量特殊功能适配器使用特殊软元件与PLC进行数据交换。

a. FX3U PLC（见图6-7）：适配器连接在FX3U PLC的左侧；连接特殊适配器时，PLC左侧需要功能扩展板；最多可以连接4台模拟量特殊适配器；使用高速输入输出特殊功能适配器时，请将模拟量特殊功能适配器连接在高速输入输出特殊适配器的左侧。

b. FX3UC PLC（见图6-8）：适配器连接在FX3UC PLC的左侧；连接特殊功能适配器时，

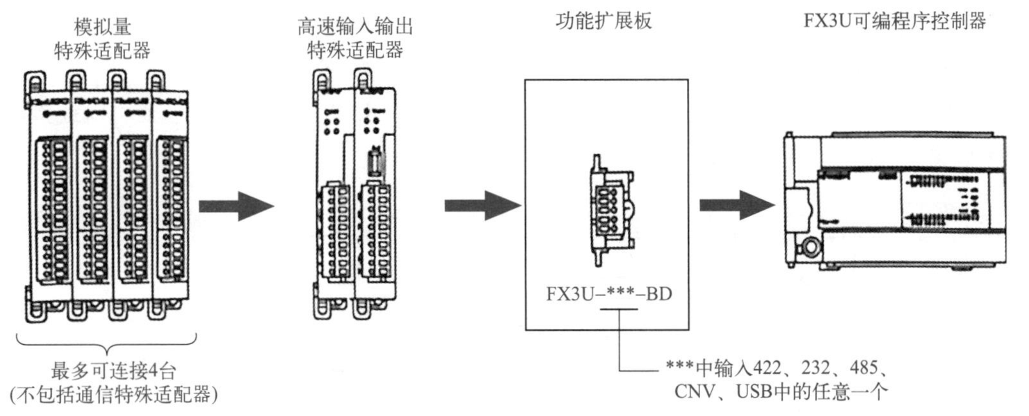

图6-7 FX3U PLC与特殊适配器连接

PLC左侧需要功能扩展板；最多可以连接4台模拟量特殊功能适配器。

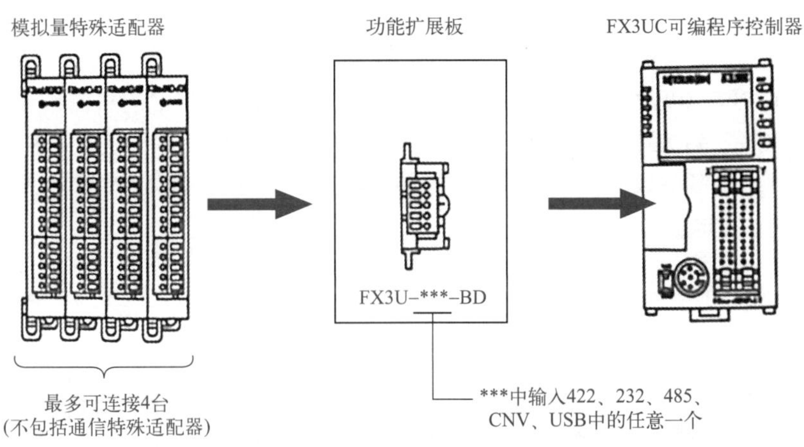

图6-8 FX3UC PLC与特殊适配器连接

c. FX3G PLC（见图6-9）：适配器连接在FX3G PLC的左侧；连接特殊功能适配器时，PLC左侧需要接头转换适配器；模拟量特殊适功能配器最多可连接2台，FX3G PLC（14点、24点型）只能连接1台，在FX3G PLC（40点、60点型）上连接2台模拟量功能扩展板时，不能使用模拟量特殊适配器。

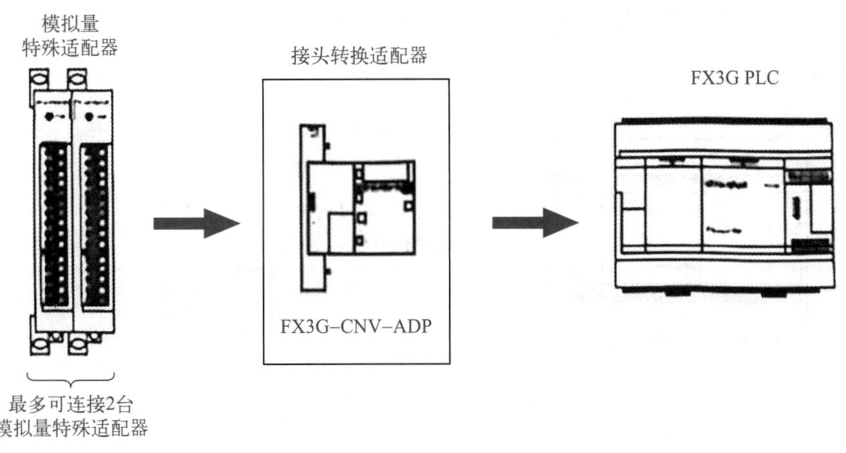

图6-9 FX3G PLC与特殊适配器连接

③ 特殊功能模块

特殊功能模块使用缓冲存储区（BFM），与PLC进行数据交换。

a. FX3U PLC（见图6-10）：特殊功能模块连接于FX3U PLC的右侧；最多可以连接8台特殊功能模块。

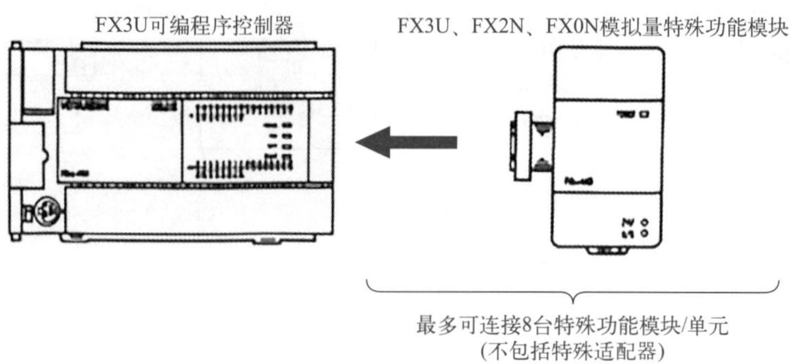

图6-10 FX3U PLC与特殊功能模块连接

b. FX3UC PLC（见图6-11）：特殊功能模块连接于FX3UC PLC的右侧；连接时，需要FX2NC-CNV-IF或者FX3UC-1PS-5V；最多可连接8台特殊功能模块，连接在FX3UC-32MT-LT（-2）上时，最多可以连接7台。选择FX3UC-1PS-5V、FX2NC-CNV-IF时，需要根据构成的消耗电流来决定。

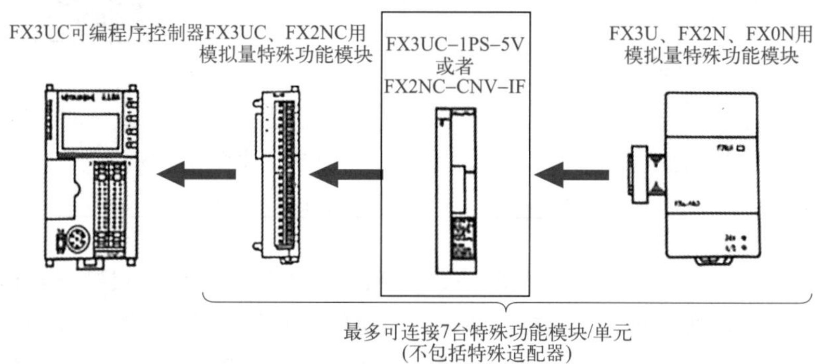

图6-11 FX3UC PLC与特殊功能模块连接

c. FX3G PLC（见图6-12）：特殊功能模块连接在FX3G PLC的右侧；最多可以连接8台特殊功能模块。

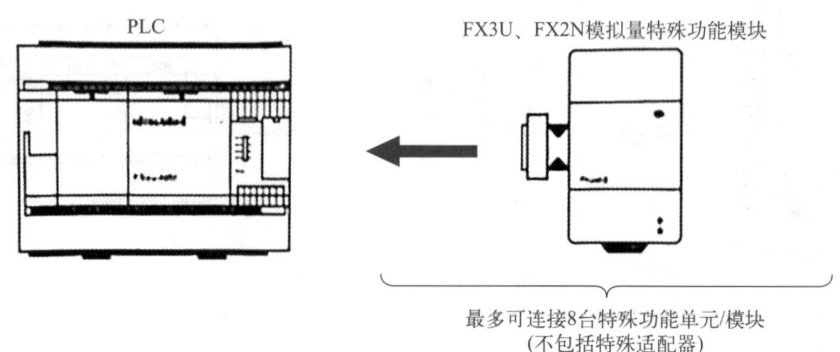

图6-12 FX3G PLC与特殊功能模块连接

6.2.2 模拟量输入模块

（1）FX系列模拟量输入单元/模块

① 模拟量输入扩展板，见表6-3（本书中“○”代表具备此功能，“×”代表不具备此功能）。

表6-3 模拟量输入扩展板

<table>
<tr><th rowspan="2">型号（通道数）</th><th colspan="3">输入规格</th><th rowspan="2">隔离</th><th colspan="7">适用的可编程序控制器</th></tr>
<tr><th>项目</th><th>输入电压</th><th>输入电流</th><th>FX1S</th><th>FX1N</th><th>FX2N</th><th>FX2NC</th><th>FX3G</th><th>FX3U</th><th>FX3UC</th></tr>
<tr><td rowspan="2">FX1N-2DA-BD（2通道）</td><td>输入范围</td><td>电压：DC 0 ～ 10V（输入电阻：300kΩ）</td><td>电流：DC 4 ～ 20mA（输入电阻：250Ω）</td><td rowspan="2">内部-通道间：不隔离。各通道间：不隔离</td><td rowspan="2">○</td><td rowspan="2">○</td><td rowspan="2">×</td><td rowspan="2">×</td><td rowspan="2">×</td><td rowspan="2">×</td><td rowspan="2">×</td></tr>
<tr><td>分辨率</td><td>2.5mV（10V/4000）</td><td>8μA［（20 ～ 4mA）/2000］</td></tr>
<tr><td rowspan="2">FX3G-2AD-BD（2通道）</td><td>输入范围</td><td>电压：DC 0 ～ 10V（输入电阻198.7kΩ）</td><td>电流：DC 4 ～ 20mA（输入电阻：250Ω）</td><td rowspan="2">内部-通道间：不隔离。各通道间：不隔离</td><td rowspan="2">×</td><td rowspan="2">×</td><td rowspan="2">×</td><td rowspan="2">×</td><td rowspan="2">○</td><td rowspan="2">×</td><td rowspan="2">×</td></tr>
<tr><td>分辨率</td><td>2.5mV（10V/4000）</td><td>8μA［（20 ～ 4mA）/2000］</td></tr>
</table>

② 模拟量输入适配器，见表6-4。

表6-4 模拟量输入适配器

<table>
<tr><th rowspan="2">型号（通道数）</th><th colspan="3">输入规格</th><th rowspan="2">隔离</th><th colspan="7">适用的可编程序控制器</th></tr>
<tr><th>项目</th><th>输入电压</th><th>输入电流</th><th>FX1S</th><th>FX1N</th><th>FX2N</th><th>FX2NC</th><th>FX3G</th><th>FX3U</th><th>FX3UC</th></tr>
<tr><td rowspan="2">FX3U-4AD-ADP（4通道）</td><td>输入范围</td><td>电压：DC 0 ～ 10V（输入电阻：194kΩ）</td><td>电流：DC 4 ～ 20mA（输入电阻：250Ω）</td><td rowspan="2">内部-通道间：隔离。各通道间：不隔离</td><td rowspan="2">×</td><td rowspan="2">×</td><td rowspan="2">×</td><td rowspan="2">×</td><td rowspan="2">○①</td><td rowspan="2">○②</td><td rowspan="2">○②</td></tr>
<tr><td>分辨率</td><td>2.5mV（10V/4000）</td><td>8μA［（20 ～ 4mA）/1600］</td></tr>
</table>

① 扩展时需要使用FX3U-CNV-ADP。

② 扩展时需要使用FX3U-CNV-ADP（FX3U-□□MT/D，DSS无须使用）。

③ 模拟量输入模块，见表6-5。

表6-5 模拟量输入模块

型号（通道数）	输入规格			隔离	适用的可编程序控制器						
	项目	输入电压	输入电流		FXIS	FXIN	FX2N	FX2NC	FX3G	FX3U	FX3UC
FX-2AD（2通道）	输入范围	电压：DC 0～10V、DC 0～5V（输入电阻：300kΩ）。2通道特性相同	电流：DC 4～20mA（输入电阻：250Ω）。2通道特性相同	内部-通道间：隔离。各通道间：不隔离	×	×	○	○	×	○	○
	分辨率	2.5mV（10V/4000）、1.25mV（5V/4000）	4μA [（20～4mA）/4000]								
FX2N-4AD（4通道）	输入范围	电压：DC −10～10V（输入电阻 200kΩ）	电流：DC −20～20mA（输入电阻：250Ω）	内部-通道间：隔离。各通道间：不隔离	×	×	○	○	×	○	○
	分辨率	5mV（10V/2000）	20μA（20mA/1000）								
FX2NC-4AD（4通道）	输入范围	电压：DC −10～10V（输入电阻：200kΩ）	电流：DC4～20mA、DC−20～20mA（输入电阻：250Ω）	内部-通道间：隔离。各通道间：不隔离	×	×	×	○	×	×	○
	分辨率	0.32mV（20V/64000）、2.5mV（20V/8000）	1.25mA（40mA/32000）、5.0mA（40mA/8000）								
FX3U-4AD（4通道）	输入范围	电压：DC −10～10V（输入电阻：200kΩ）	电流：DC 4～20mA、DC −20～20mA（输入电阻：250Ω）	内部-通道间：隔离。各通道间：不隔离	×	×	×	×	○	○	○
	分辨率	0.32mV（20V/64000）	1.25μA（40mA/32000）								
FX3UC-4AD（4通道）	输入范围	电压：DC −10～10V（输入电阻：200kΩ）	电流：DC4～20mA、DC −20～20mA（输入电阻：250Ω）	内部-通道间：隔离。各通道间：不隔离	×	×	×	×	×	×	○
	分辨率	0.32mV（20V/64000）、2.5mV（20V/8000）	1.25μA（40mA/32000）、5.0mA（40mA/8000）								

续表

型号（通道数）	输入规格			隔离	适用的可编程序控制器						
	项目	输入电压	输入电流		FXIS	FXIN	FX2N	FX2NC	FX3G	FX3U	FX3UC
FX2N-8AD（8通道）	输入范围	电压：DC −10～10V（输入电阻：200kΩ）	电流：DC −20～20mA、DC 4～20mA（输入电阻：250Ω）	内部-通道间：隔离。各通道间：不隔离	×	×	○	○	×	○	○
	分辨率	0.63mV（20V/32000）、2.50mV（20V/8000）	2.5μA（4mA/16000）、2μA（16mA/8000）、5.0μA（40mA/8000）4μA（16mA/4000）								

（2）FX系列模拟量输入单元/模块的规格

① 模拟量扩展板

a. FX1N-2AD-BD型模拟量输入扩展板，如图6-13所示，规格见表6-6。

表6-6 FX1N-2AD-BD规格

规格	电压输入	电流输入
输入点数	2通道	
模拟量输入范围	DC 0～10V（输入电阻：300kΩ）	DC 4～20mA（输入电阻：250Ω）
最大绝对输入	−0.5V、+15V	−2mA、+60mA
偏置	不可变更	不可变更
增益		
数字量输出	十二进制	
分辨率	2.5mV（10V×1/4000）	8μA（16mA×1/2000）
综合准确度	±1%满量程（0～10V，±0.1V）	±1%满量程（4～20mA，±0.16mA）
转换速度	约30ms（15ms×2通道，在END指令处更新D8112/D8113）	
隔离方式	PLC间、各通道间不隔离	
电源	从内部供电	
输入输出占用点数	0点（与PLC的最大输入输出点数无关）	
输入特性	① 可以混合使用电压输入和电流输入；② 不可以调整输入特性	
	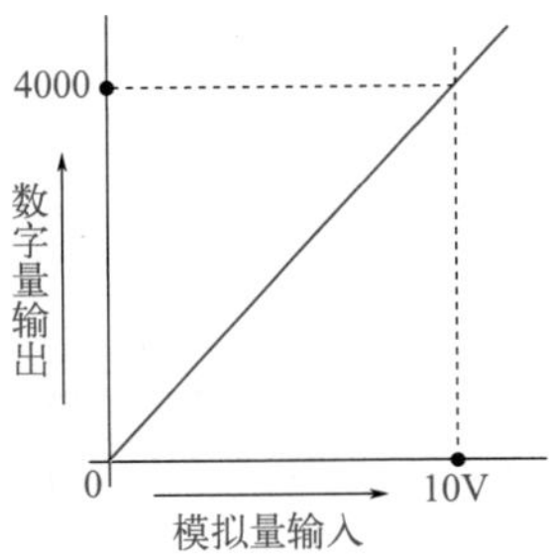 4000 数字量输出 0 10V 模拟量输入	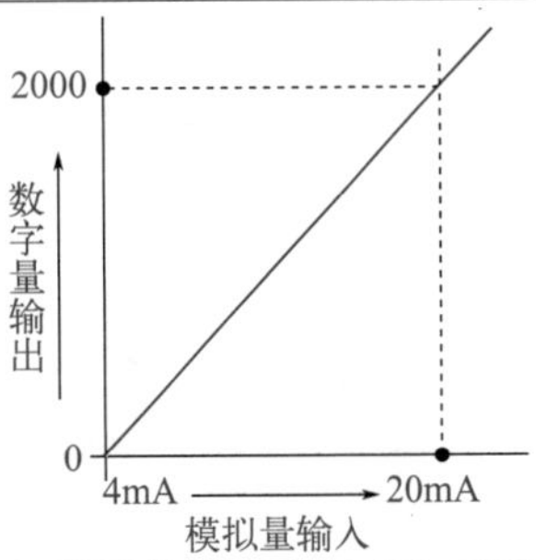 2000 数字量输出 0 4mA 20mA 模拟量输入

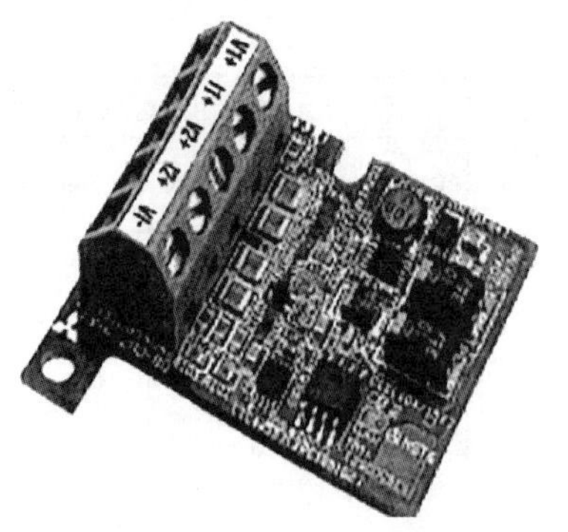
图6-13 FX1N-2AD-BD

图6-14 FX3G-2AD-BD

b. FX3G-2AD-BD型模拟量输入扩展板，如图6-14所示，规格见表6-7。

表6-7 FX3G-2AD-BD规格

规格		电压输入	电流输入
输入点数		2通道	
模拟量 输入范围		DC0 ～ 10V （输入电阻：198.7kΩ）	DC4 ～ 20mA （输入电阻：250Ω）
最大绝对输入		−0.5V、+15V	−2mA、+30mA
偏置		不可变更	不可变更
增益			
数字量输出		十二进制	
分辨率		2.5mV（10V×1/4000）	8μA（16mA×1/2000）
综合准确度	环境温度 25℃ ±5℃	针对满量程：10V ±0.5%（±50mV）	针对满量程：16mA ±0.5%（±80μA）
	环境温度 0 ～ 55℃	针对满量程：10V ±1.0%（±100mV）	针对满量程：16mA ±1.0%（±160uA）
转换速度		180μs（每个运算周期更新资料）	
隔离方式		① 模拟量输入部分和PLC之间不隔离； ② 各ch（通道）间不隔离	
电源		从PLC内部供电	
输入输出占用点数		0点（与PLC的最大输入输出点数无关）	
输入特性		① 可以混合使用电压输入和电流输入； ② 不可以调整输入特性	
		4080 4000 数字量输出 10.2V 0 10V 模拟量输入	2040 2000 数字量输出 20.32mA 0 4mA 20mA 模拟量输入

② 模拟输入适配器 FX3U-4AD-ADP型模拟量输入适配器，如图6-15所示，规格见表6-8。

表6-8 FX3U-4AD-ADP规格

规格		电压输入	电流输入
输入点数		4通道	
模拟量输入范围		DC0 ～ 10V（输入电阻：194kΩ）	DC4 ～ 20mA（输入电阻：250Ω）
最大绝对输入		−0.5V、+15V	−2mA、+30mA
偏置		不可变更	不可变更
增益			
数字量输出		12位二进制	11位二进制
分辨率		2.5mV（10V×1/4000）	10μA（16mA×1/1600）
综合准确度	环境温度 25℃ ±5℃	针对满量程：10V ±0.5%（±50mV）	针对满量程：16mA ±0.5%（±80μA）
	环境温度 0 ～ 55℃	针对满量程：10V ±1.0%（±100mV）	针对满量程：16mA ±1.0%（±160μA）
转换速度		① FX3U/FX3UC PLC：200μs（每个运算周期更新数据）； ② FX3G PLC：250μs（每个运算周期更新数据）	
隔离方式		① 模拟量输入部分和PLC之间，通过光耦隔离； ② 电源和模拟量输入直接，通过DC-DC转换器隔离； ③ 各ch（通道）间不隔离	
电源		① DC5V，15mA（PLC内部供电）； ② DC24V，20% ～ 15%，40mA/DC24V（通过端子外部供电）	
输入输出占用点数		0点（与PLC的最大输入输出点数无关）	
输入特性		① 可以混合使用电压输入和电流输入； ② 不可以调整输入特性	
		4080 4000 数字量输出 0 10V10.2V 模拟量输入	1640 1600 数字量输出 0 4mA 20mA 20.4mA 模拟量输入

③ FX3U-4AD型模拟量输入模块　如图6-16所示，规格见表6-9。

图6-15 FX3U-4AD-ADP

图6-16 FX3U-4AD

表6-9 FX3U-4AD规格

<table>
<tr><th colspan="2">规格</th><th>电压输入</th><th colspan="2">电流输入</th></tr>
<tr><td colspan="2">输入点数</td><td colspan="3">4通道</td></tr>
<tr><td colspan="2">模拟量
输入范围</td><td>DC−10 ～ + 10V
（输入电阻：200kΩ）</td><td colspan="2">DC−20 ～ 20mA，DC4 ～ 20mA
（输入电阻：250Ω）</td></tr>
<tr><td colspan="2">最大绝对输入</td><td>±15V</td><td colspan="2">±30mA</td></tr>
<tr><td colspan="2">偏置</td><td>−10 ～ +9V①②</td><td colspan="2">−20 ～ 17mA①③</td></tr>
<tr><td colspan="2">增益</td><td>−9 ～ +10V①②</td><td colspan="2">−17 ～ 30mA①③</td></tr>
<tr><td colspan="2">数字量输出</td><td colspan="2">带符号16位二进制</td><td>带符号15位二进制</td></tr>
<tr><td colspan="2">分辨率</td><td colspan="2">0.32mV（20V×1/64000）
2.5mV（20V×1/8000）</td><td>1.25μA（40mA×1/32000）
5.00μA（40mA×1/8000）</td></tr>
<tr><td rowspan="2">综合准确度</td><td>环境温度
25℃ ±5℃;</td><td colspan="2">针对满量程：20V
±0.3%（±60mV）</td><td>针对满量程：40mA
±0.5%（±200μA）
4 ～ 20mA输入相同</td></tr>
<tr><td>环境温度
0 ～ 55℃</td><td colspan="2">针对满量程：20V
±0.5%（±100mV）</td><td>针对满量程：40mA
±1.0%（±400μA）
4 ～ 20mA输入相同</td></tr>
<tr><td colspan="2">转换速度</td><td colspan="3">500μs×使用ch（通道）数</td></tr>
<tr><td colspan="2">隔离方式</td><td colspan="3">1）模拟量输入部分和PLC之间，通过光耦隔离；
2）电源和模拟量输入直接，通过DC-DC转换器隔离；
3）各ch（通道）间不隔离</td></tr>
<tr><td colspan="2">电源</td><td colspan="3">1）DC5V，110mA（PLC内部供电）；
2）DC24V，±10%，90mA（外部供电）</td></tr>
<tr><td colspan="2">输入输出占用点数</td><td colspan="3">8点（在可编程序控制器的输入、输出点数中的任意一侧计算点数）</td></tr>
<tr><td colspan="2" rowspan="2">输入特性</td><td colspan="3">可以对各通道分别指定的电压输入或者电流输入</td></tr>
<tr><td colspan="2">输入模式0时
+32640
+32000
+10.2V
−10V
0
+10V
−10.2V
−32000
−32640</td><td>输入模式6时
+16320
+16000
+20.4mA
−20mA
0
+20mA
−20.4mA
−16000
−16320
输入模式3时
16400
16000
20.4mA
0
4mA
20mA</td></tr>
</table>

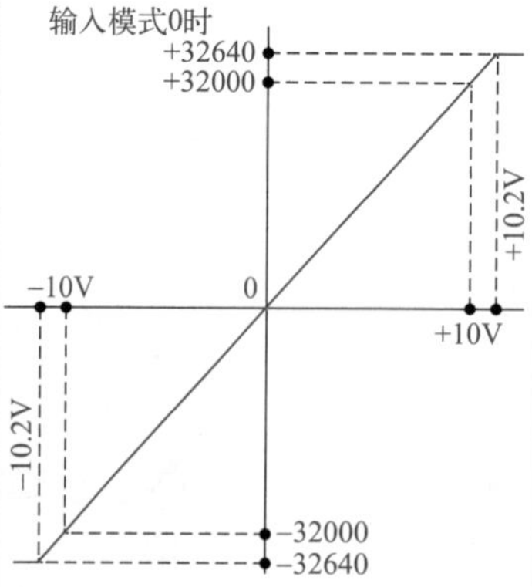

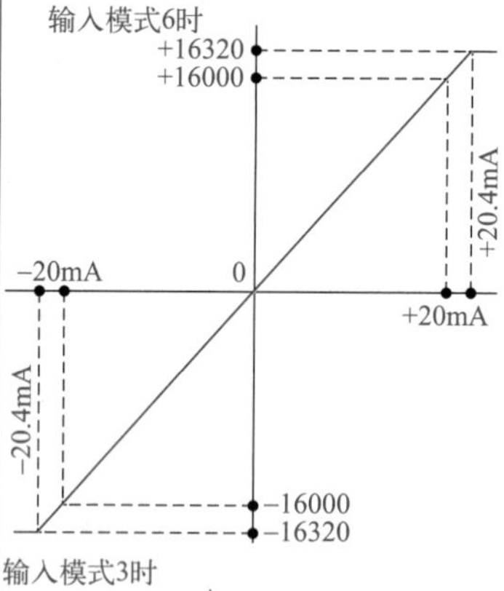

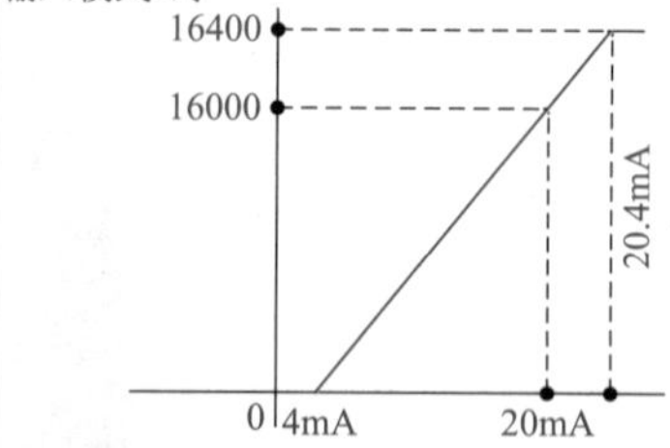

① 即使调整偏置/增益，分辨率也不改变。此外，使用直接显示模式时，不能进行偏置/增益调整。

② 偏置/增益需要满足以下关系：1V ≤（增益−偏置）。

③ 偏置/增益需要满足以下关系：3mA ≤（增益−偏置）≤ 30mA

（3）FX3U-4AD模拟量输入模块详细说明

① 功能概要　FX3U-4AD可配合FX3G/FX3U/FX3UC PLC使用，是获取4通道的电压/电流数据的模拟量特殊功能模块。

a. FX3G/FX3U/FX3UC PLC上最多可以连接8台特殊功能模块（包括其他特殊功能模块的连接台数）；

b. 可以对各通道指定电压输入、电流输入；

c. A-D转换值保存在4AD的缓冲存储区（BFM）中；

d. 通过数字滤波器的设定，可以读取稳定的A/D转换值；

e. 各通道中，最多可以存储1700次A/D转换值的历史记录。

② 系统构成（见图6-17）

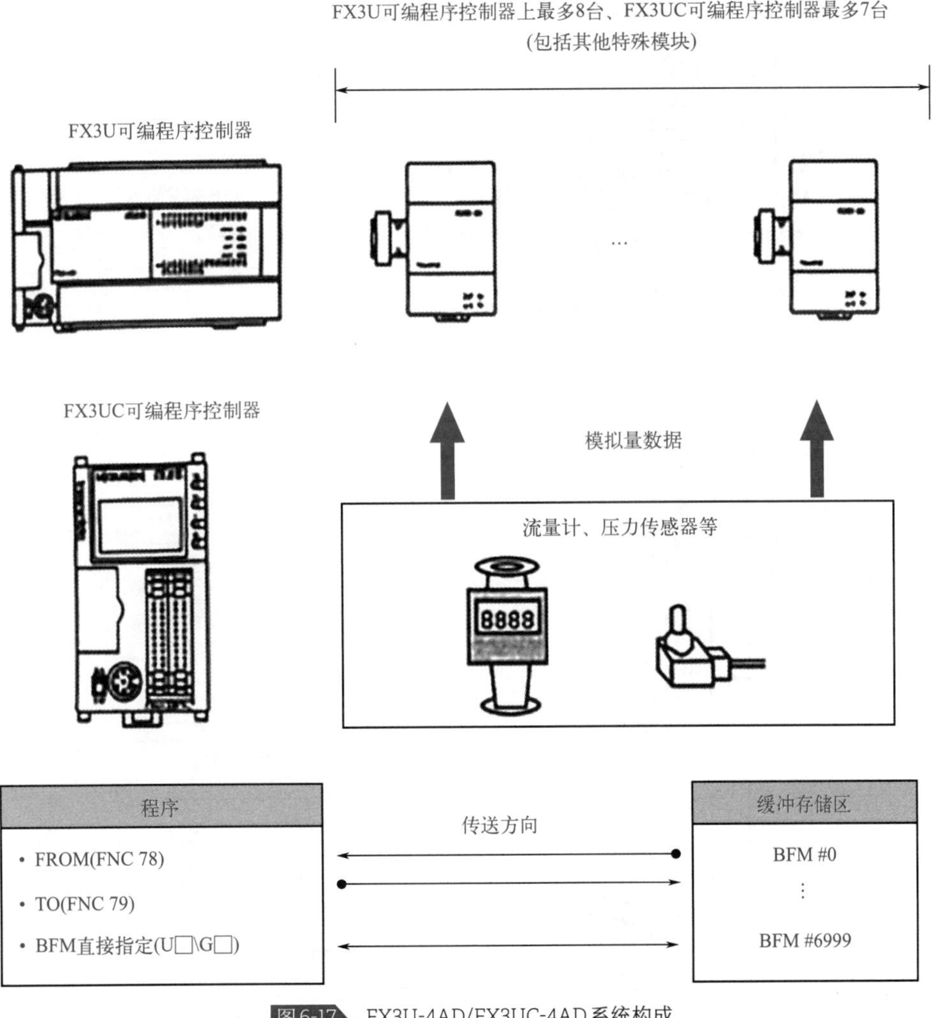

图6-17　FX3U-4AD/FX3UC-4AD系统构成

③ 规格（见表6-10）

④ 接线

a. 端子排列：FX3U-4AD的端子排列如图6-18所示；FX3UC-4AD的端子排列如图6-19所示。

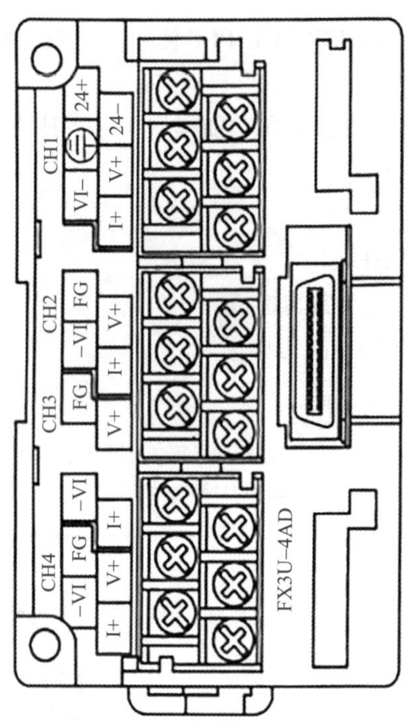

信号名称	用途
24+	DC 24V电源
24−	
⏚	接地端子
V+	通道1模拟量输入
VI−	
I+	
FG	通道2模拟量输入
V+	
VI−	
I+	
FG	通道3模拟量输入
V+	
VI−	
I+	
FG	通道4模拟量输入
V+	
VI−	
I+	

图6-18 FX3U-4AD端子排列

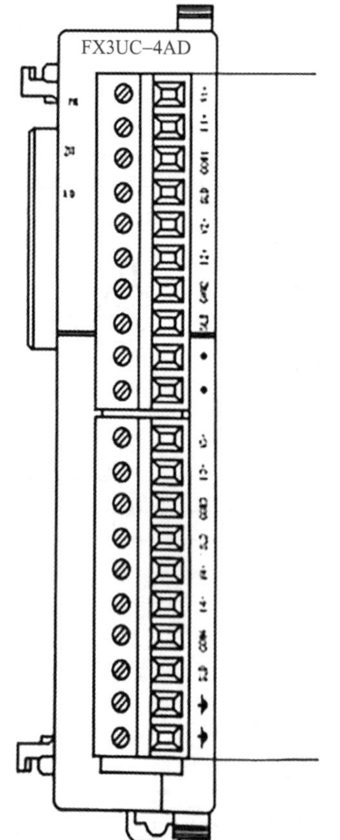

信号名称	用途
VI+	通道1模拟量输入
I1+	
COM1	
SLD	
V2+	通道2模拟量输入
I2+	
COM2	
SLD	
*	请不要接线
*	
V3+	通道3模拟量输入
I3+	
COM3	
SLD	
V4+	通道4模拟量输入
I4+	
COM4	
SLD	
⏚	接地端子
⏚	

图6-19 FX3UC-4AD端子排列

b. 模拟量输入模块配线-模拟量输入的每一个CH（通道）可以用作电压输入或电流输入。FX3U-4AD各通道接线如图6-20所示。

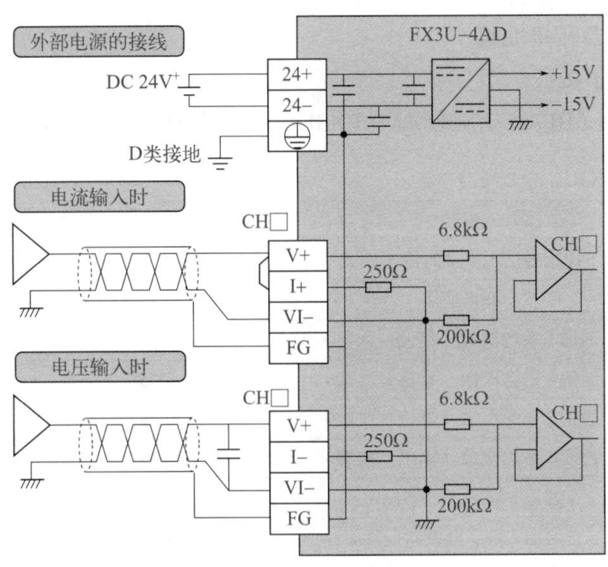

图6-20 FX3U-4AD模拟量输入接线

需要注意的是:

FX3G/FX3U PLC（AC电源型）时，可以使用DC 24V供给电源。

在内部连接FG端子和接地端子。没有通道1用的FG端子。使用通道1时，请直接连接到接地端子上。

模拟量的输入线使用2芯的屏蔽双绞电缆，请与其他动力线或者易于感应的线分开布线。

电流输入时，请务必将V+端子和I+端子短接。

输入电压有电压波动，或者外部接线上有噪声时，请连接0.1 ～ 0.47μF 25V的电容。

FX3UC-4AD的接线如图6-21所示。

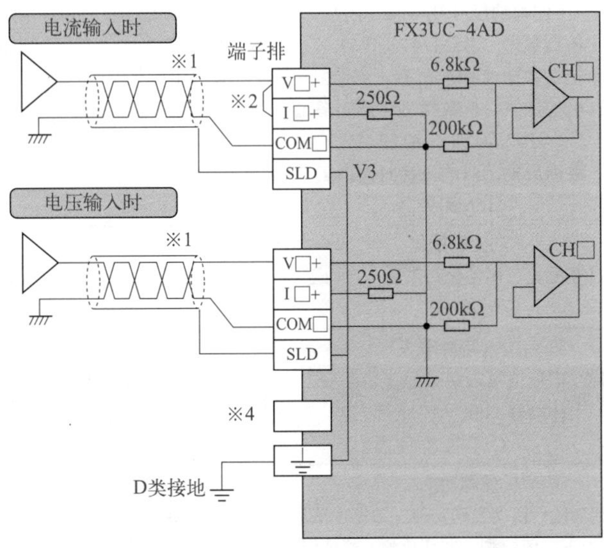

图6-21 FX3UC-4AD模拟量输入接线

需要注意的是:

模拟量的输入线使用2芯的屏蔽线双绞电缆，请与其他动力线或者易于感应的线分开布线。

电流输入时，请务必将V□+端子和1□+端了（□:通道口）短接。

在内部连接SLD和接地端子。

请不要对・端子接线。

⑤ 缓冲存储区（BFM）FX3U-4AD/FX3UC-4AD中的缓冲存储区，见表6-10。

表6-10 FX3U-4AD/FX3UC-4AD缓冲存储区

BFM编号	内容	设定范围	初始值	数据处理
#0[①]	指定通道1～4的输入模式	②	出厂时H0000	十六进制
#1	不可使用	—	—	—
#2	通道1平均次数（单位：次数）	1～4095	K1	十进制
#3	通道2平均次数（单位：次数）	1～4095	K1	十进制
#4	通道3平均次数（单位：次数）	1～4095	K1	十进制
#5	通道4平均次数（单位：次数）	1～4095	K1	十进制
#6	通道1数字滤波器设定	0～1600	K0	十进制
#7	通道2数字滤波器设定	0～1600	K0	十进制
#8	通道3数字滤波器设定	0～1600	K0	十进制
#9	通道4数字滤波器设定	0～1600	K0	十进制
#10	通道1数据（即时值数据或平均值数据）	—	—	十进制
#11	通道2数据（即时值数据或平均值数据）	—	—	十进制
#12	通道3数据（即时值数据或平均值数据）	—	—	十进制
#13	通道4数据（即时值数据或平均值数据）	—	—	十进制
#14-#18	不可使用	—	—	—
#19[①]	设定变更禁止 禁止改变下列缓冲存储区的设定 ・输入模式指定＜BFM#0＞ ・功能初始化＜BFM#20＞ ・输入特性写入＜BFM#21＞ ・便利功能＜BFM#22＞ ・偏置数据＜BFM#41～#44＞ ・增益数据＜BFM#51～#54＞ ・自动传送的目标数据寄存器的指定＜BFM#125～#129＞ ・数据历史记录的采样时间指定＜BFM#198＞	变更许可: K2080。 变更禁止: K2080以外	出厂时 K2080	十进制
#20	功能初始化 用K1初始化。初始化结束后，自动变为K0	K0或者K1	K0	十进制
#21	输入特性写入 偏置/增益值写入结束后，自动变为H0000（b0～b3全部为OFF状态）	③	H0000	十六进制
#22[①]	便利功能 便利功能：自动发送功能、数据加法运算、上下限值检测、突变检测、峰值保持	④	出厂时H0000	十六进制

续表

BFM编号	内容		设定范围	初始值	数据处理
#23 ～ #25	不可使用		—	—	—
#26	上下限值错误状态（BFM#22 b1 ON时有效）		—	H0000	十六进制
#27	突变检测状态（BFM#22 b2 ON时有效）		—	H0000	十六进制
#28	量程溢出状态		—	H0000	十六进制
#29	错误状态		—	H0000	十六进制
#30	机型代码 K2080		—	K2080	十进制
#31 ～ #40	不可使用		—	—	—
#41①	通道1偏置数据（单位：mV或μA）	通过BFM#21写入	·电压输入：−10000 ～ +9000⑤ ·电流输入：−20000 ～ + 17000⑥	出厂时K0	十进制
#42①	通道2偏置数据（单位：mV或μA）	通过BFM#21写入	·电压输入：−10000 ～ +9000⑤ ·电流输入：−20000 ～ + 17000⑥	出厂时K0	十进制
#43①	通道3偏置数据（单位：mV或μA）	通过BFM#21写入	·电压输入：−10000 ～ +9000⑤ ·电流输入：−20000 ～ + 17000⑥	出厂时K0	十进制
#44①	通道4偏置数据（单位：mV或μA）	通过BFM#21写入	·电压输入：−10000 ～ +9000⑤ ·电流输入：−20000 ～ + 17000⑥	出厂时K0	十进制
# 45 ～ # 50	不可使用		—	—	—
#51①	通道1增益数据（单位：mV或μA）	通过BFM#21写入	·电压输入：−9000 ～ +10000⑤ ·电流输入：−17000 ～ + 30000⑥	出厂时K5000	十进制
#52①	通道2增益数据（单位：mV或μA）	通过BFM#21写入	·电压输入：−9000 ～ +10000⑤ ·电流输入：−17000 ～ + 30000⑥	出厂时K5000	十进制
#53①	通道3增益数据（单位：mV或μA）	通过BFM#21写入	·电压输入：−9000 ～ +10000⑤ ·电流输入：−17000 ～ + 30000⑥	出厂时K5000	十进制
#54①	通道4增益数据（单位：mV或μA）	通过BFM#21写入	·电压输入：−9000 ～ +10000⑤ ·电流输入：−17000 ～ + 30000⑥	出厂时K5000	十进制
# 55 ～ # 60	不可使用		—	—	—
#61	通道1加法运算数据（BFM#22 b0 ON时有效）		−16000 ～ +16000	K0	十进制
#62	通道2加法运算数据（BFM#22 b0 ON时有效）		−16000 ～ +16000	K0	十进制
#63	通道3加法运算数据（BFM#22 b0 ON时有效）		−16000 ～ +16000	K0	十进制
#64	通道4加法运算数据（BFM#22 b0 ON时有效）		−16000 ～ +16000	K0	十进制
#65 ～ #70	不可使用		—	—	—
#71	通道1下限值错误设定（BFM#22 b1 ON时有效）		输入范围的最小数值～上限错误设定值	输入范围的最小值	十进制
#72	通道2下限值错误设定（BFM#22 b1 ON时有效）		输入范围的最小数值～上限错误设定值	输入范围的最小值	十进制
#73	通道3下限值错误设定（BFM#22 b1 ON时有效）		输入范围的最小数值～上限错误设定值	输入范围的最小值	十进制
#74	通道4下限值错误设定（BFM#22 b1 ON时有效）		输入范围的最小数值～上限错误设定值	输入范围的最小值	十进制
#75 ～ #80	不可使用		—	—	—

续表

BFM编号	内容	设定范围	初始值	数据处理
#81	通道1上限值错误设定（BFM#22 b1 ON时有效）	下限值错误设定～输入范围的最大数字值	输入范围的最大值	十进制
#82	通道2上限值错误设定（BFM#22 b1 ON时有效）		输入范围的最大值	十进制
#83	通道3上限值错误设定（BFM#22 b1 ON时有效）		输入范围的最大值	十进制
#84	通道4上限值错误设定（BFM#22 b1 ON时有效）		输入范围的最大值	十进制
#85～#90	不可使用	—	—	—
#91	通道1突变检测设定值（BFM#22 b2 ON时有效）	1～满量程50%	满量程的5%	十进制
#92	通道2突变检测设定值（BFM#22 b2 ON时有效）	1～满量程50%	满量程的5%	十进制
#93	通道3突变检测设定值（BFM#22 b2 ON时有效）	1～满量程50%	满量程的5%	十进制
#94	通道4突变检测设定值（BFM#22 b2 ON时有效）	1～满量程50%	满量程的5%	十进制
#95～#98	不可使用	—	—	—
#99	上下限值错误/突变检测错误的清除	⑦	H0000	十六进制
#100	不可使用	—	—	—
#101	通道1峰值（最小）（BFM#22 b3 ON时有效）	—	—	十进制
#102	通道2峰值（最小）（BFM#22 b3 ON时有效）	—	—	十进制
#103	通道3峰值（最小）（BFM#22 b3 ON时有效）	—	—	十进制
#104	通道4峰值（最小）（BFM#22 b3 ON时有效）	—	—	十进制
#105～#108	不可使用	—	—	—
#109	峰值（最小值）复位	③	H0000	十六进制
#110	不可使用	—	—	—
#111	通道1峰值（最大）（BFM#22 b3 ON时有效）	—	—	十进制
#112	通道2峰值（最大）（BFM#22 b3 ON时有效）	—	—	十进制
#113	通道3峰值（最大）（BFM#22 b3 ON时有效）	—	—	十进制
#114	通道4峰值（最大）（BFM#22 b3 ON时有效）	—	—	十进制
#115～#118	不可使用	—	—	—
#119	峰值（最大值）复位	③	H0000	十六进制
#120～#124	不可使用	—	—	—
#125①	峰值（最小：BFM#101～#104。最大：#111～#114）自动传送的目标其实数据寄存器指定（BFM#22 b4 ON时有效、占用连续8个点）	0～7992	出厂时K200	十进制

续表

BFM编号	内容	设定范围	初始值	数据处理
#126[①]	上下限错误状态（BFM#26） 自动传送的目标数据寄存器的指定 （BWM#22 b5 ON时有效）	0～7992	出厂时K200	十进制
#127[①]	突变检测状态（BFM#27） 自动传送的目标数据寄存器的指定 （BWM#22 b5 ON时有效）	0～7992	出厂时K200	十进制
#128[①]	量程溢出状态（BFM#28） 自动传送的目标数据寄存器的指定 （BWM#22 b7 ON时有效）	0～7992	出厂时K200	十进制
#129[①]	错误状态（BFM#29） 自动传送的目标数据寄存器的指定 （BWM#22 b8 ON时有效）	0～7992	出厂时K200	十进制
#130～#196	不可使用	—	—	—
#197	数据历史记录功能的数据循环更新功能的选择	③	H0000	十六进制
#198[①]	数据历史记录的采样时间设定（单位:ms）	0～30000	K15000	十六进制
#199	数据历史记录复位数据历史记录停止	⑧	H0000	十六进制
#200	通道1数据的历史记录（初次的值）	—	K0	十进制
…	…	…	…	十进制
#1899	通道1数据的历史记录（第1700次的值）	—	K0	十进制
#1900	通道2数据的历史记录（初次的值）	—	K0	十进制
…	…	…	…	十进制
#3599	通道2数据的历史记录（第1700次的值）	—	K0	十进制
#3600	通道3数据的历史记录（初次的值）	—	K0	十进制
…	…	…	…	十进制
#5299	通道3数据的历史记录（第1700次的值）	—	K0	十进制
#5300	通道4数据的历史记录（初次的值）	—	K0	十进制
…	…	…	…	十进制
#6999	通道4数据的历史记录（第1700次的值）	—	K0	十进制
#7000～#8063	系统用区域	—	—	—

① 通过EEPROM进行停电保持
② 用十六进制数指定各通道的输入模式，在十六进制的各位数中，用0～8以及F进行指定。
③ 使用b0～b3。
④ 使用b0～b7。
⑤ 偏置/增益必须满足以下关系：增益值－偏置值≥1000。
⑥ 偏置/增益必须满足以下关系：30000≥增益值－偏置值≥3000。
⑦ 使用b0～b2。
⑧ 使用b0～b3以及b8～b11。

部分常用缓冲存储区介绍如下：

① [BFM#0]输入模式的指定　指定通道1～通道4的输入模式。输入模式的指定采用

4位数的HEX码，每4位对应一个通道。通过在各位中设定0～8的数值，可以设置输入模式，如图6-22所示。

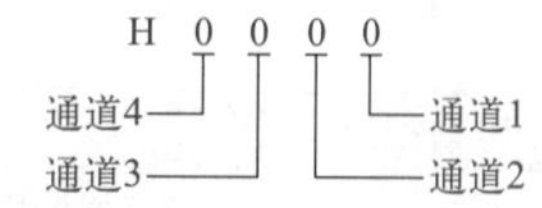

图6-22 各通道输入模式的指定

输入模式的种类，见表6-11。

表6-11 输入模式的种类

设定值（HEX）	输入模式	模拟量输入范围	数字量输出范围
0	电压输入模式	−10～+10V	−32000～32000
1	电压输入模式	−10～+10V	−4000～
2①	电压输入（模拟量值直接显示模式）	−10～+10V	−10000～10000
3	电流输入模式	4～20mA	0～16000
4	电流输入模式	4～20mA	0～4000
5①	电流输入（模拟量值直接显示模式）	4～20mA	4000～20000
6	电流输入模式	−20～+20mA	−16000～16000
7	电压输入模式	−20～+20mA	−4000～4000
8①	电流输入（模拟量值直接显示模式）	−20～+20mA	−20000～20000
9～E	不可设定	—	—
F	通道不可用	—	—

① 不能改变偏置/增益值。

a. 输入模式设定时的注意事项。进行输入模式设定（变更）后，模拟量输入特性会自动变更。此外，通过改变偏置/增益值，可以用特有的值设定特性（分辨率不变），用于特殊设备。

指定为模拟量直接显示（表6-11中的注①）时，不能改变偏置/增益值。

输入模式的指定需要5s。改变了输入模式时，请设计经过5s以上的时间后，再执行各设定的写入。

不能设定所有的CH（通道）都不使用（HFFFF）。

b. EEPROM写入数据。如果向BFM#0、#19、#21、#125～#129以及#198中写入设定值，则是执行向4AD内的EEPROM写入数据。

② [BFM#2～#5]平均次数　希望将通道数据（通道1～4对应BFM#10～#13）从即时值变为平均值时，设定平均值次数（通道1～4对应BFM#2～#5）。关于平均次数的设定值和动作，见表6-12。

表6-12 平均次数的设定值和动作

平均次数（BFM#2～#5）	通道数据（BFM#10～#13）的种类	错误内容
0以下	即时值数据 （每次A/D转换处理时更新通道数据）	设定值变为K0，发生平均次数设定不良（BFM#29 b10）的错误
1（初始值）	即时值数据（每次A/D转换处理时更新通道数据）	—
2～400	平均值数据 （每次A/D转换处理时计算平均值，并更新通道数据）	—

续表

平均次数（BFM#2 ～ #5）	通道数据（BFM#10 ～ #13）的种类	错误内容
401 ～ 4095	平均值数据（每次达到平均值次数，就计算A-D转换数据的平均值，并更新通道数据）	—
4096以上	平均值数据 （每次A-D转换处理时更新通道数据）	设定值变为4096，发生平均次数设定不良（BFM#29 b10）的错误

注：1.用途：在测定信号中含有类似电源频率那样的波动噪声时，可以通过平均化获得稳定的数据。

2.平均次数设定时的注意事项：

a.使用平均次数时，对于使用平均次数的通道，请务必设定其数字滤波器的设定（通道1 ~ 4对应BFM#6 ~ #9）为0。此外，使用数字滤波器功能时，务必将使用通道的平均次数（BFM#2 ~ #5）设定为1。设定为1以外的值，而数字滤波器（通道1 ~ 4对应BFM#6 ~ #9）设定为0以外的值时，会发生数字滤波器设定不良（BFM#29 b11）的错误。

b.如果设定了平均次数，则不能使用数据历史记录功能。

③ [BFM#6 ～ #9]数字滤波器设定通道数据（ch1 ～ 4对应BFM#10 ～ #13）中使用数字滤波器时，在数字滤波器设定（通道1 ～ 4对应BFM#6 ～ #9）中设定数字滤波器值。

如果使用数字滤波器功能，那么模拟量输入值、数字滤波器的设定值以及数字量输出值（通道数据）的关系如下：

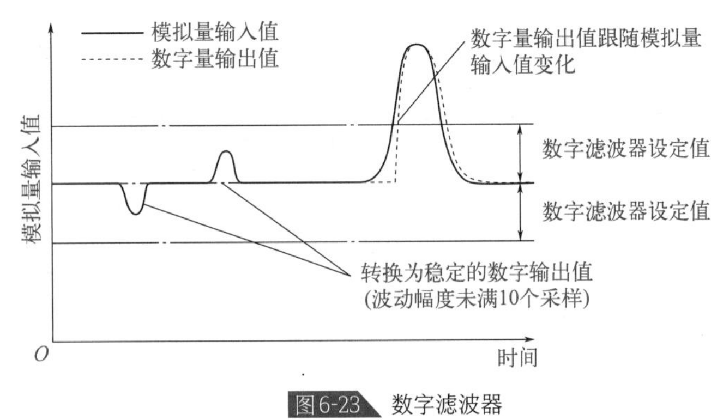

图6-23 数字滤波器

a.数字滤波器（通道1 ～ 4对应BFM#6 ～ #9）>模拟量信号的波动（波动幅度未满10个采样）。

与数字滤波器设定值相比，模拟量信号（输入值）的波动比较小时，转换为稳定的数字量输出值，并保存到通道数据（通道1 ～ 4对应BFM#10 ～ #13）中。

b.数字滤波器值（通道1 ～ 4对应BFM#6 ～ #9）<模拟量信号的波动。与数字滤波器设定值相比模拟量信号（输入值）的波动较大时，将跟随模拟量信号变化的数字量输出值保存到相应通道的通道数据（通道1 ～ 4对应BFM#10 ～ #13）中，如图6-23所示。

设定值与动作的关系，见表6-13。

表6-13 设定值与动作的关系

设定值	动作
未满0	数字滤波器功能无效 设定错误（BFM#29 b11 ON）
0	数字滤波器功能无效
1 ～ 1600	数字滤波器功能有效
1601以上	数字滤波器功能无效 设定错误（BFM#29 b11 ON）

注：1.用途：测定信号中含有陡峭的尖峰噪声等时，与平均次数相比，使用数字滤波器可以获得稳定的数据。

2.数据滤波器设定时的注意事项；

a.请务必将使用通道的平均次数（通道1 ～ 4对应BFM#2 ～ #4）设定为1。平均次数的设定值为1以外的值，而数字滤波器设定为0以外的值时，会发生数字滤波器设定不良

（BFM#29 b11）的错误。

b.如果某一个通道中使用了数字滤波器功能，则所有通道的A/D转换时间都变成5ms。

c.数字滤波器设定在0～1600范围外时，发生数字滤波器设定不良（BFM#29 b11）的错误。

④ [BFM#10～#13]通道数据。保存A-D转换后的数字值。根据平均次数（通道1～4对应BFM#2～#5）或者数字滤波器的设定（通道1～4对应BFM#6～#9），通道数据（通道1～4对应BFM#10～#13）以及数据的更新时序，见表6-14。

表6-14 通道数据

<table>
<tr><th rowspan="2">平均次数（BFM#2～#5）</th><th rowspan="2">数字滤波器功能
（BFM#6～#9）</th><th colspan="2">通道数据（BFM#10～#13）的更新时序</th></tr>
<tr><th>通道数据的种类</th><th>更新时序</th></tr>
<tr><td>0以下</td><td>0
（不使用）</td><td>即时值数据
设定值为0，发生平均次数设定不良
（BFM#29 b11）的错误</td><td rowspan="2">每次A-D转换处理都更新数据更新时序的时间如下：
更新时间=500μs①×使用通道数</td></tr>
<tr><td rowspan="2">1</td><td>0（不使用）</td><td>即时值数据</td></tr>
<tr><td>1～1600（使用）</td><td>即时值数据使用数字滤波器功能</td><td>每次A-D转换处理都更新数据更新时序的时间如下：
更新时间=5ms×使用通道数</td></tr>
<tr><td>2～400</td><td rowspan="3">0（不使用）</td><td>平均值数据</td><td>每次A-D转换处理都更新数据更新时序的时间如下：
更新时间=500μs①×使用通道数</td></tr>
<tr><td>401～4095</td><td>平均值数据</td><td rowspan="2">每次按平均次数处理A-D转换时更新数据更新时序的时间如下：
更新时间=500μs①×使用通道数×平均次数</td></tr>
<tr><td>4096以上</td><td>设定值变为4096，发生平均次数
设定不良（BFM#29 b11）的错误</td></tr>
</table>

⑤ 500μs为A-D转换时间。但是即使1个通道使用数字滤波器功能时，所有通道的A-D转换时间都变成为5ms。

有关缓冲存储器的详细信息请见《FX3G・FX3U・FX3UC系列微型可编程序控制器用户手册（模拟量控制篇）》。

⑥ 程序编程实例

a.系统构成FX3U PLC右侧第1个模块配置为FX3U-4AD。

b.输入模式：设定通道1、通道2为模式0（电压输入为−10V～10V→−32000～32000）；设定通道3、通道4为模式3（电流输入为4～20mA→0～16000）。

c.平均次数。设定通道1、通道2、通道3、通道4为10次。

d.数字滤波器设定。设定通道1、通道2、通道3、通道4的数字滤波器功能无效（初始值）。

e.软元件分配（见表6-15）。

表6-15 软元件的分配

软元件	内容
D0	通道1的A/D转换数字值
D1	通道2的A/D转换数字值
D2	通道3的A/D转换数字值
D3	通道4的A/D转换数字值

⑦ 顺控程序举例

a. 适用于FX3U、FX3UC PLC，如图6-24所示。

b. 适用于FX3G、FX3U、FX3UC PLC时，如图6-25所示。

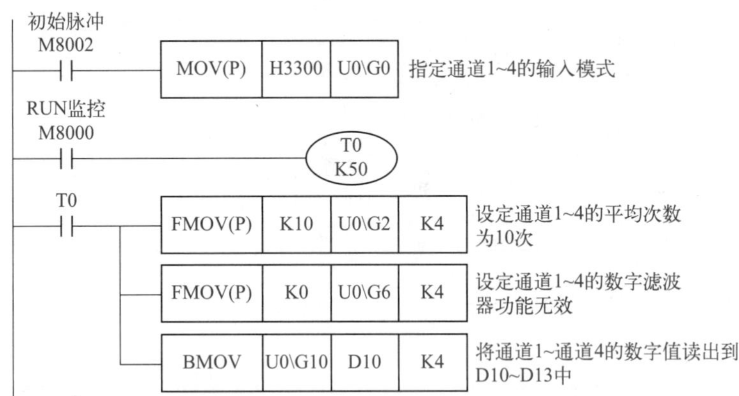

图6-24 程序举例（FX3U、FX3UC PLC）

需要注意的是：

设计输入模式设定后，经过5s以上的时间再执行各设定的写入。但是，一旦指定了输入模式，就会被停电保持。此后如果使用相同的输入模式，则可省略输入模式的指定以及TO K50的等待时间。

数据滤波器的设定使用初始值时，不需要通过顺控程序设定。

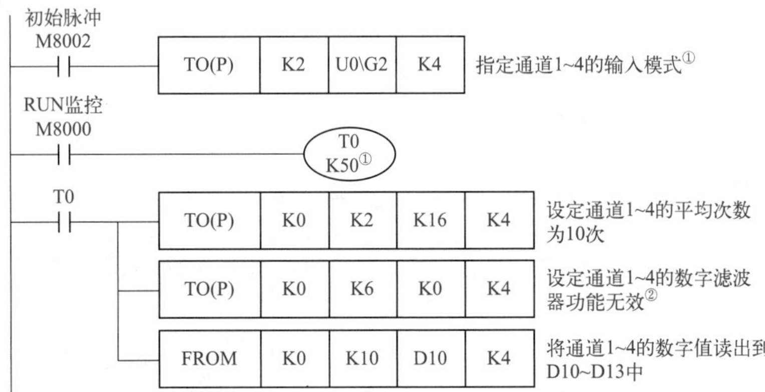

图6-25 程序举例（FX3G、FX3U、FX3UC PLC）

6.2.3 模拟量输出模块

（1）FX系列模拟量输出单元/模块

① 模拟量输出扩展板（见表6-16）

表6-16 模拟量输出扩展板

型号（通道数）	输出规格			隔离	适用的可编程序控制器						
	项目	输出电压	输出电流		FX1S	FX1N	FX2N	FX2NC	FX3G	FX3U	FX3UC
FX1N-1DA-BD（4通道）	输出范围	电压：DC 0～10V（负载电阻：2kΩ～1MΩ）	电流：DC 4～20mA（负载电阻：500Ω以下）	内部-通道间：不隔离。各通道间：无对象	○	○	×	×	×	×	×
	分辨率	2.5mV（10V/4000）	8μA［（20～4mA）/2000］								
FX3G-1DA-BD（1通道）	输出范围	电压：DC 0～10V（负载电阻：2kΩ～1MΩ）	电流：DC 4～20mA（负载电阻：500Ω以下）	内部-通道间：不隔离各通道间：无对象	×	×	×	×	○	×	×
	分辨率	2.5mV（10V/4000）	8μA[（20～4mA）/2000]								

② 模拟量输出适配器（见表6-17）

表6-17 模拟量输出适配器

型号（通道数）	输出规格			隔离	适用的可编程序控制器						
	项目	输出电压	输出电流		FX1S	FX1N	FX2N	FX2NC	FX3G	FX3U	FX3UC
FX3U-4DA-ADP（4通道）	输出范围	电压：DC 0～10V（负载电阻：5kΩ～1MΩ）	电流：DC 4～20mA（负载电阻：500Ω以下）	内部-通道间：隔离。各通道间：不隔离	×	×	×	×	○①	○②	○②
	分辨率	2.5mV（10V/4000）	4μA[（20～4mA）/4000]								

① 扩展时需要使用FX3G-CNV-ADP。
② 扩展时需要使用FX3G-CNV-ADP（FX3UC-□□MT/D，DSS无需使用）。

③ 模拟量输出模块（见表6-18）

表6-18 模拟量输出模块

型号（通道数）	输出规格			隔离	适用的可编程序控制器						
	项目	输出电压	输出电流		FX1S	FX1N	FX2N	FX2NC	FX3G	FX3U	FX3UC
FX-2DA（2通道）	输出范围	电压：DC 0～10V、DC 0～5V（负载电阻：2kΩ～1MΩ）	电流：DC 4～20mA（负载电阻：400Ω以下）	内部-通道间：隔离。各通道间：不隔离	×	×	○	○	×	○	○
	分辨率	2.5mV（10V/4000）1.25mV（5V/4000）	4μA［（20～4mA）/4000]								

续表

型号（通道数）	输出规格			隔离	适用的可编程序控制器						
	项目	输出电压	输出电流		FX1S	FX1N	FX2N	FX2NC	FX3G	FX3U	FX3UC
FX2N-4DA（4通道）	输出范围	电压：DC −10～10V、（负载电阻：2kΩ～1MΩ）	电流：DC 0～20mA（负载电阻：500Ω以下）	内部-通道间：隔离。各通道间：不隔离	×	×	○	○	×	○	○
	分辨率	5mV（10V/2000）	20μA（20mA/1000）								
FX2NC-4DA（4通道）	输出范围	电压：DC −10～10V、（负载电阻：2kΩ～1MΩ）	电流：DC 0～20mA、DC 4～20mA（负载电阻：500Ω以下）	内部-通道间：隔离。各通道间：不隔离	×	×	×	○	×	×	○
	分辨率	5mV（10V/2000）	20μA（20mA/1000）								
FX3U-4DA（4通道）	输出范围	电压：DC −10～10V、（负载电阻：2kΩ～1MΩ）	电流：DC 0～20mA、DC 4～20mA（负载电阻：500Ω以下）	内部-通道间：隔离。各通道间：不隔离	×	×	×	×	○	○	○
	分辨率	0.32mV（20V/64000）	0.63μA（20mA/32000）								

（2）FX系列模拟量输出单元/模块的性能规格

① 模拟量输出扩展板

a. FX1N-1DA-BD型模拟量输出扩展板见图6-26，规格见表6-19。

表6-19 FX1N-1DA-BD规格

规格	电压输出	电流输出
输出点数	1通道	
模拟量输出范围	DC 0～10V（输入电阻：2kΩ～1MΩ）	DC 4～20mA（输入电阻：500Ω以下）
最大绝对输出	−0.5V、+15V	−2mA、+60mA
偏置	不可变更	不可变更
增益		
数字量输入	十二进制	
分辨率	2.5mV（10V×1/4000）	8μA（16mA×1/2000）
综合准确度	针对满量程：10V±1%（±100mV）	针对满量程：16mA±1%（±0.16μA）
转换速度	10ms（在END指令处开始转换。约10ms后输出）	
隔离方式	模拟量输出部分和PLC间不隔离	
电源	从内部供电	

续表

输入输出占用点数	0点（与PLC的最大输入输出点数无关）	
输入输出特性	不能调整输出特性	
	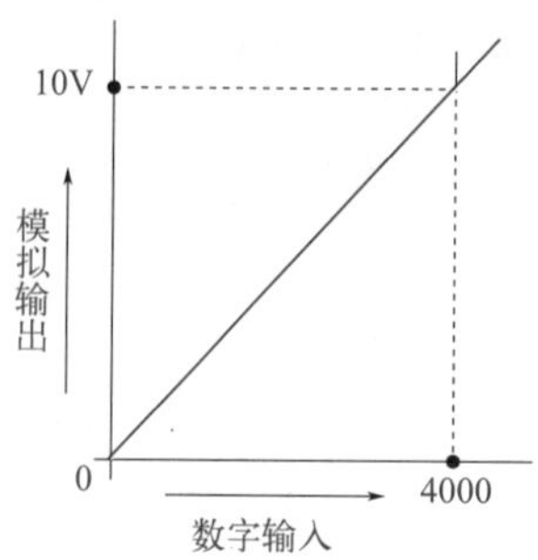	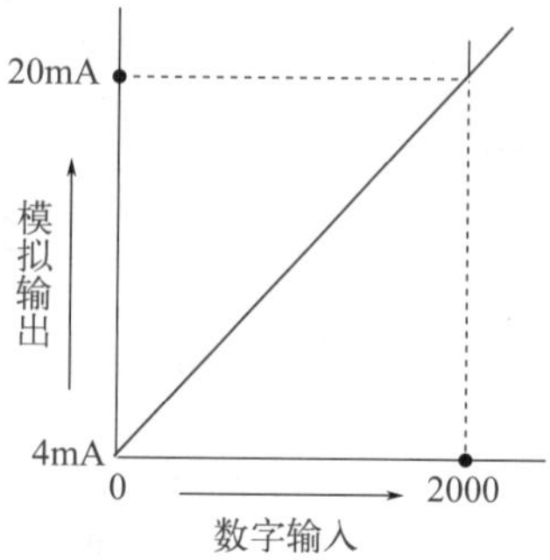

b. FX3G-1DA-BD型模拟量输出扩展板见图6-27，规格见表6-20。

图6-26 FX1N-1DA-BD型模拟量输出扩展板

图6-27 FX3G-1DA-BD型模拟量输出扩展板

表6-20 FX3G-1DA-BD规格

规格		电压输出	电流输出
输出点数		1通道	
模拟量输出范围		DC 0 ～ 10V（输入电阻：2kΩ ～ 1MΩ）	DC 4 ～ 20mA（输入电阻：500Ω以下）
偏置		不可变更	不可变更
增益			
数字量输入		12位二进制	11位二进制
分辨率		2.5mV（10V×1/4000）	8μA（16mA×1/2000）
综合准确度	环境温度25℃ ±5℃	针对满量程：10V±0.5%（±50mV）	针对满量程：16mA±0.5%（±80μA）
	环境温度0 ～ 55℃	针对满量程：10V±1.0%（±100mV）	针对满量程：16mA±1.0%（±160μA）
	备注	外部负载电阻出厂设置为2kΩ。因此，外部负载电阻大于2kΩ时，输出电压会少许变高；外部负载为1MΩ时，输出电压最大提供2%	—
转换速度		60μs（每个运算周期更新资料）	
隔离方式		模拟量输出部分和PLC之间不隔离	

续表

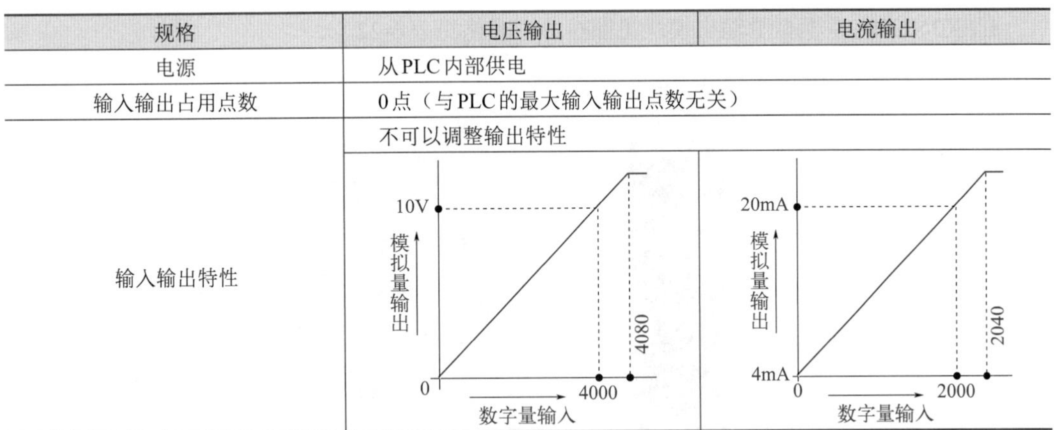

规格	电压输出	电流输出
电源	从PLC内部供电	
输入输出占用点数	0点（与PLC的最大输入输出点数无关）	
输入输出特性	不可以调整输出特性	
	10V；模拟量输出；0；4000；4080；数字量输入	20mA；模拟量输出；4mA；0；2000；2040；数字量输入

② 模拟量输出适配器　FX3U-4DA-ADP型模拟量输出适配器如图6-28，规格见表6-21。

表6-21　FX3U-4DA-ADP规格

规格		电压输出	电流输出
输出点数		4通道	
模拟量输出范围		DC 0 ～ 10V（输入电阻：5kΩ ～ 1MΩ）	DC 4 ～ 20mA（输入电阻：500Ω以下）
偏置		不可变更	不可变更
增益			
数字量输入		12位二进制	
分辨率		2.5mV（10V×1/4000）	4μA（16mA×1/4000）
综合准确度	环境温度25℃ ±5℃	针对满量程：10V±0.5%（±50mV）	针对满量程：16mA±0.5%（±80μA）
	环境温度0℃～ 55℃	针对满量程：10V±1.0%（±100mV）	针对满量程：16mA±1.0%（±160μA）
	备注	外部负载电阻（Rs）不满5kΩ时，增加下述计算部分（每1%增加100mV） $\frac{47\times100}{R_S+47}-0.9(\%)$	—
转换速度		① FX3U/FX3UC PLC : 200μs（每个运算周期更新数据）； ② FX3G PLC : 250μs（每个运算周期更新数据）	
隔离方式		① 模拟量输入部分和PLC之间，通过光耦隔离； ② 电源和模拟量输出直接，通过DC-DC转换器隔离； ③ 各CH（通道）间不隔离	
电源		① DC 5V，15mA（PLC内部供电）； ② DC 24V，±20% ～ 15%，150mA（外部供电）	
输入输出占用点数		0点（与PLC的最大输入输出点数无关）	
输入输出特性		可以对各通道分别指定电压或者电流输出	
		10V；模拟量输出；0；4000；4080；数字量输入	20mA；模拟量输出；4mA；0；2000；4080；数字量输入

③ 模拟量输出模块

a. FX2N-2DA型模拟量输出模块见图6-29，规格见表6-22。

图6-28 FX3U-4DA-ADP型模拟量输出适配器

图6-29 FX2N-2DA型模拟量输出模块

表6-22 FX2N-2DA规格

规格		电压输出	电流输出
输出点数		2通道	
模拟量输出范围		DC 0 ~ 10V DC 0 ~ 5V（输入电阻：2kΩ ~ 1MΩ）	DC 4 ~ 20mA（输入电阻：400Ω以下）
偏置		数字0时 0 ~ 1V①②	数字0时 4mA①②
增益		数字4000时 5 ~ 10V①②	数字4000时 20mA①②
数字量输入		12位二进制	
分辨率		2.5mV（20V×1/4000）②	4μA（40mA×1/4000）②
综合准确度	环境温度25℃±5℃	±0.1V	±0.16mA
	环境温度0 ~ 55℃		
	备注	不包括负载变化	—
转换速度		4ms×使用ch（通道）数（与顺控程序同步动作）	
隔离方式		1）模拟量输入部分和PLC之间，通过光耦隔离； 2）各CH（通道）间不隔离	
电源		1）DC 5V 30mA（PLC内部供电）； 2）DC 24V 85mA（PLC内部供电）	
输入输出占用点数		8点（在PLC的输入、输出点数中的任意一侧计算点数）	
输入输出特性		可以对各通道分别指定的电压输入或者电流输出	
		10V 模拟量输出 0 4000 4095 数字量输入	20mA 模拟量输出 4mA 0 4000 4095 数字量输入

① FX2N-2DA通过电位器调整。

② 调整偏置/增益后，分辨率变化。

b. FX2N-4DA型模拟量输出模块见图6-30，规格见表6-23。

表6-23 FX2N-4DA规格

规格		电压输出	电流输出
输出点数		4通道	
模拟量输出范围		DC −10 ~ +10V（输入电阻：2kΩ ~ 1MΩ）	DC −20 ~ 20mA、DC 4 ~ 20mA（输入电阻：500Ω以下）
偏置		−5 ~ +5V①②	−20 ~ 20mA①③
增益		−4 ~ +15V①②	−16 ~ 32mA①③
数字量输出		带符号12位二进制	10位二进制
分辨率		5mV（10V×1/2000）①	20μA（20mA×1/1000）①
综合准确度	环境温度25℃ ±5℃	针对满量程：20V±1%（±200mV）	针对满量程：20mA±0.1%（±200μA）4 ~ 20mA输出相同
	环境温度0 ~ 55℃		
	备注	不包含负载变化	—
转换速度		2.1ms（与使用的通道数无关）	
隔离方式		1）模拟量输入部分和PLC之间，通过光耦隔离； 2）电源和模拟量输入直接，通过DC-DC转换器隔离； 3）各CH（通道）间不隔离	
电源		1）DC 5V，30mA（PLC内部供电）； 2）DC 24V，±10% ~ 15%，200mA（外部供电）	
输入输出占用点数		8点（在可编程序控制器的输入、输出点数中的任意一侧计算点数）	
输入输出特性		可以对各通道分别指定的电压输入或者电流输出	
		输入模式0时 +10V +2047 −2000 0 +2000 −2048 −10V	输入模式2时 (虚线为模式1时) 20mA 模拟量输出 4mA 1023 0 1000 数字量输入

① 即使调整偏置/增益，分辨率也不变。

② 偏置/增益需要满足以下关系：1V≤（增益−偏置）≤15V。

③ 偏置/增益需要满足以下关系：4mA≤（增益−偏置）≤32mA。

c. FX3U-4DA型模拟量输出模块见图6-31，规格见表6-24。

图6-30 FX2N-4DA型模拟量输出模块

图6-31 FX3U-4DA型模拟量输出模块

表6-24 FX3U-4DA规格

规格		电压输出	电流输出
输出点数		4通道	
模拟量输出范围		DC 10 ～ +10V （输入电阻：2kΩ ～ 1MΩ）	DC 20 ～ 20mA、DC 4 ～ 20mA（输入电阻：500Ω以下）
偏置		−10 ～ +9V①②	0 ～ 17mA①③
增益		−9 ～ +10V①②	3 ～ 30mA①③
数字量输入		带符号16位二进制	15位二进制
分辨率		0.32mV（20V×1/64000）④	0.63μA（20mA×1/32000）④
综合准确度	环境温度25℃ ±5℃	针对满量程：20V±0.3%（±60mV）	针对满量程：20mA±0.3%（±60μA） 4 ～ 20mA输出相同
	环境温度0 ～ 55℃	针对满量程：20V±0.5%（±100mV）	针对满量程：20mA±0.5%（±100μA） 4 ～ 20mA输出相同
	备注	包含负载变化的修正功能	—
转换速度		1ms（与使用的通道数无关）	
隔离方式		1）模拟量输入部分和PLC之间，通过光耦隔离； 2）电源和模拟量输入直接，通过DC-DC转换器隔离； 3）各CH（通道）间不隔离	
电源		1）DC 5V，120mA（PLC内部供电）； 2）DC 24V，±10%，160mA（外部供电）	
输入输出占用点数		8点（在可编程序控制器的输入、输出点数中的任意一侧计算点数）	
输入输出特性		可以对各通道分别指定的电压输入或者电流输出	
		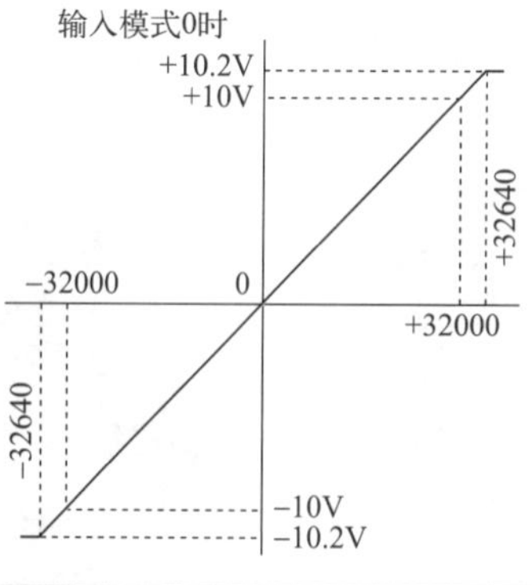 输入模式0时 +10.2V +10V +32640 −32000 0 +32000 −32640 −10V −10.2V	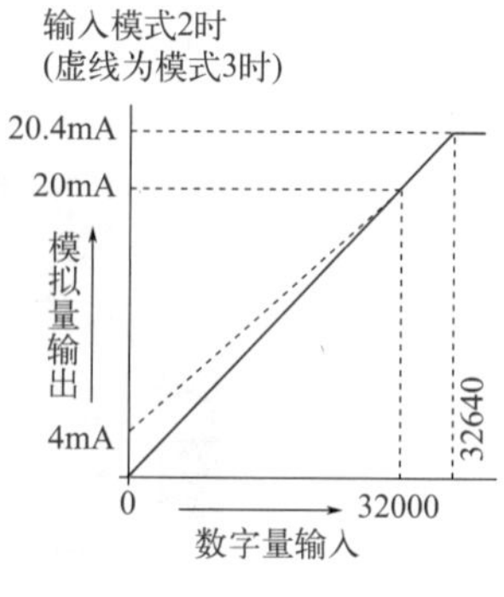 输入模式2时 (虚线为模式3时) 20.4mA 20mA 模拟量输出 4mA 32640 0 32000 数字量输入

① 即使调整偏置/增益，分辨率也不变。此外，使用模拟量指定模式时，不能进行偏置、增益调整。
② 偏置/增益需要满足以下条件：1V ≤（增益 − 偏置）≤ 10V。
③ 偏置/增益需要满足以下条件：3mA ≤（增益 − 偏置）≤ 30mA。
④ 即使调整偏置/增益，分辨率也不变。

（3）FX3U-4DA模拟量输出模块

① 功能概要　FX3U-4DA可配合FX3G/FX3U/FX3UC PLC使用，是将来自PLC的4个通道的数字值转换成模拟量值（电压/电流）并输出的模拟量特殊功能模块。

a. FX3U/FX3U/FX3UC PLC最多可以连接8台特殊功能模块（包括其他特殊功能模块的连接台数）。

b. 可以对模块各通道指定电压输出、电流输出。

c. FX3U-4DA将其缓冲存储区（BFM）中保存的数字值转换成模拟量值（电压/电流），并输出。

d. 可以用数据表格的方式，预先对决定好的输出方式做设定，然后根据数据表格进行模拟量输出。

② 系统构成（见图6-32）

③ 性能规格（见表6-25）

④ 接线

a. FX3U-4DA的端子排列如图6-33所示。

b. 模拟量输出接线 模拟量输出模式中，每个ch（通道）中都可以使用电压输出、电流输出，如图6-34所示。

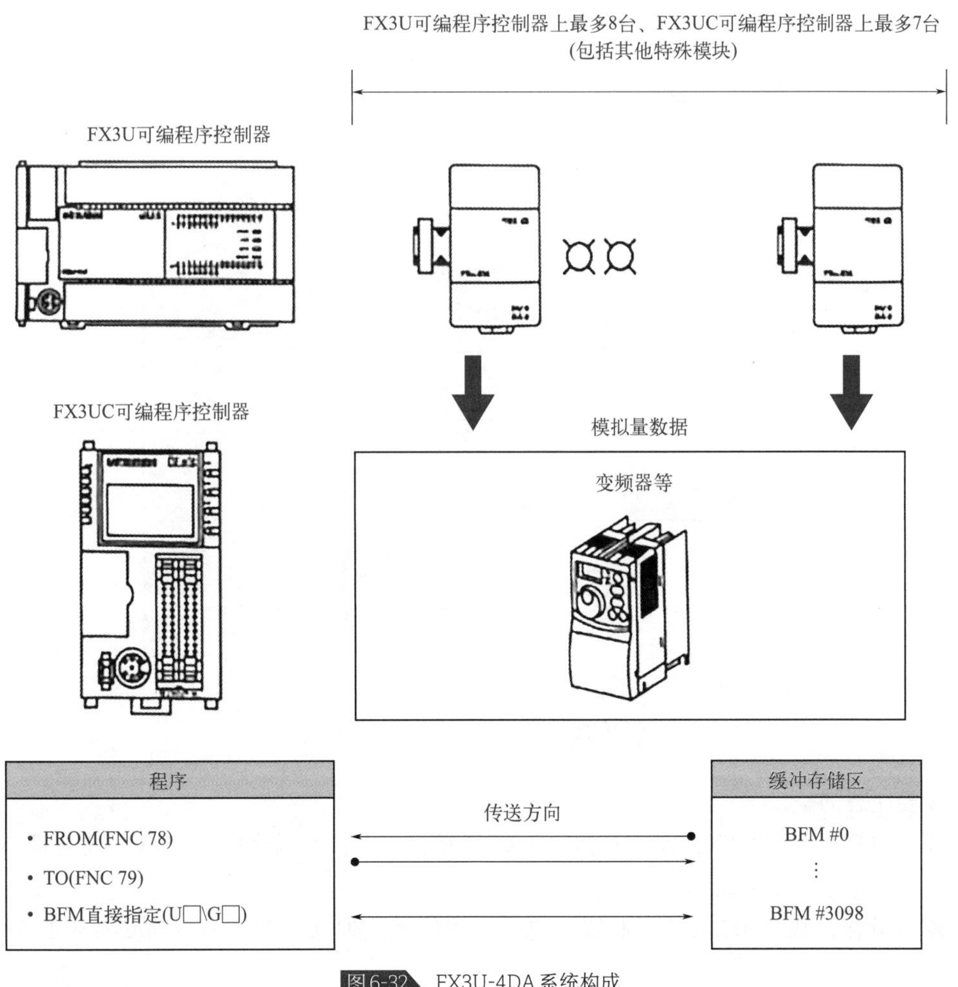

图6-32　FX3U-4DA系统构成

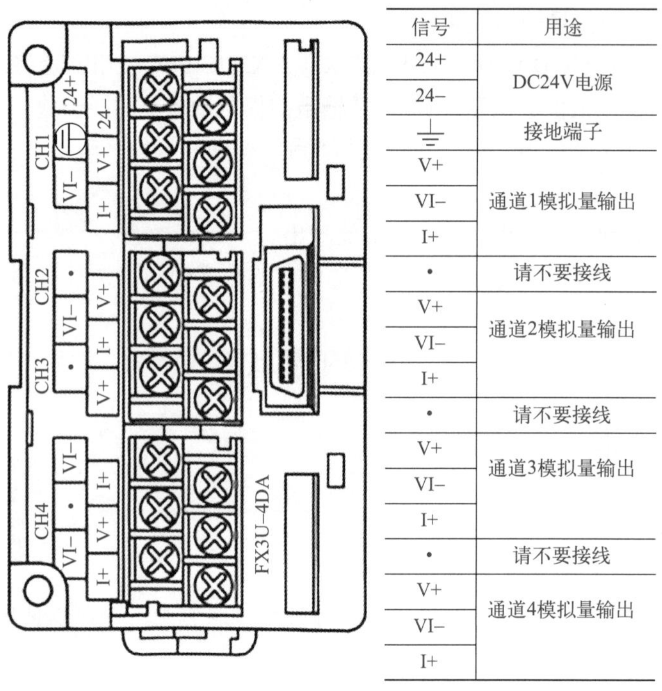

信号	用途
24+	DC24V电源
24–	
⏚	接地端子
V+	通道1模拟量输出
VI–	
I+	
•	请不要接线
V+	通道2模拟量输出
VI–	
I+	
•	请不要接线
V+	通道3模拟量输出
VI–	
I+	
•	请不要接线
V+	通道4模拟量输出
VI–	
I+	

图6-33 FX3U-4DA的端子排列

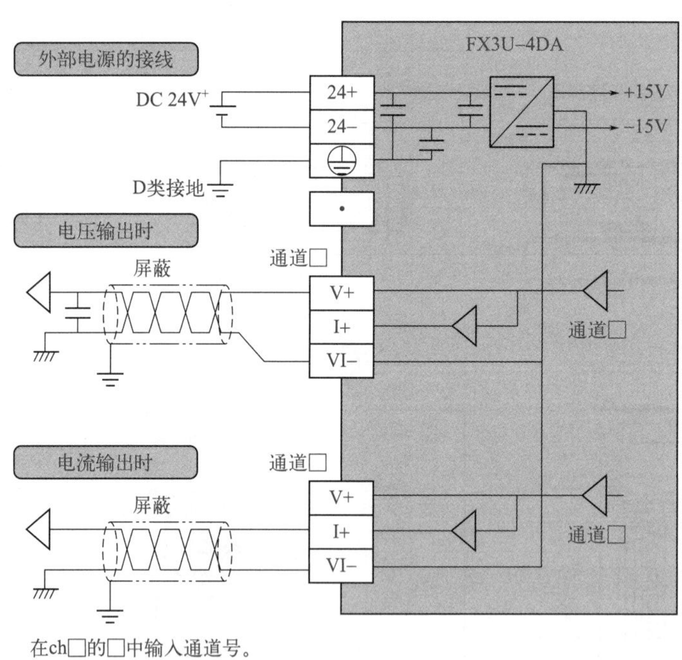

图6-34 FX3U-4DA模拟量输出接线

需要注意的是:

连接的基本单元为FX3C/FX3U PLC（AC电源型）时，可以使用DC 24V供电电源。

请不要对·端子接线。

模拟量输出线使用2芯的屏蔽双绞电缆，请使用其他动力线或者容易受感应的先分开布线。

输出电压有噪声或者波动时，请在信号接收侧附近连接0.1 ～ 0.47μF 25V的电容。请将屏蔽线在信号接收侧进行单侧接地。

⑤ 缓冲存储区（BFM） FX3U-4DA中缓冲存储区见表6-25。

表6-25 缓冲存储区（BFM）

BFM编号	内容	设定范围	初始值	数据处理
#0①	指定通道1 ～ 4的输出模式	②	出厂时H0000	十六进制
#1	通道1的输出数据	根据模式而定	K0	十进制
#2	通道2的输出数据		K0	十进制
#3	通道3的输出数据		K0	十进制
#4	通道4的输出数据		K0	十进制
#5①	当PLC为STOP时的输出设定	③	H0000	十六进制
#6	输出状态	—	H0000	十六进制
#7、#8	不可使用	—	—	—
#9	通道1 ～ 4的偏置、增益设定值的写入指令	④	H0000	十六进制
#10①	通道1偏置数据（单位：mV或μA）	根据模式而定	根据模式而定	十进制
#11①	通道2偏置数据（单位：mV或μA）			十进制
#12①	通道3偏置数据（单位：mV或μA）			十进制
#13①	通道4偏置数据（单位：mV或μA）			十进制
#14①	通道1增益数据（单位：mV或μA）	根据模式而定	根据模式而定	十进制
#15①	通道2增益数据（单位：mV或μA）			十进制
#16①	通道3增益数据（单位：mV或μA）			十进制
#17①	通道4增益数据（单位：mV或μA）			十进制
#18	不可使用	—	—	—
#19①	设置变更禁止	变更许可：K3030 变更禁止：K2080以外	出厂时K3030	十进制
#20	功能初始化用K1初始化。初始化结束后，自动变为K0	K0或者K1	K0	十进制
#21 ～ #27	不可使用	—	—	—
#28	断线检测状态（仅在选择电流模时有效）	—	H0000	十六进制
#29	错误状态	—	H0000	十六进制

续表

BFM编号	内容	设定范围	初始值	数据处理
#30	机型代码K3030	—	K3030	十进制
#31	不可使用	—	—	—
#32[①]	当PLC为SOTP时，通道1的输出数据（仅在BFM#5=H0002时有效）	根据模式而定	K0	十进制
#33[①]	当PLC为SOTP时，通道2的输出数据（仅在BFM#5=H0020时有效）	根据模式而定	K0	十进制
#34[①]	当PLC为SOTP时，通道3的输出数据（仅在BFM#5=H0200时有效）	根据模式而定	K0	十进制
#35[①]	当PLC为SOTP时，通道4的输出数据（仅在BFM#5=H2000时有效）	根据模式而定	K0	十进制
#36、#37	不可使用	—	—	—
#38	上下限值功能设定	⑤	H0000	十六进制
#39	上下限值功能状态	—	H0000	十六进制
#40	上下限值功能状态的清除	⑥	H0000	十六进制
#41	上下限值功能的通道1下限值	根据模式而定	K-32640	十进制
#42	上下限值功能的通道2下限值	根据模式而定	K-32640	十进制
#43	上下限值功能的通道3下限值	根据模式而定	K-32640	十进制
#44	上下限值功能的通道4下限值	根据模式而定	K-32640	十进制
#45	上下限值功能的通道1上限值	根据模式而定	K-32640	十进制
#46	上下限值功能的通道2上限值	根据模式而定	K-32640	十进制
#47	上下限值功能的通道3上限值	根据模式而定	K-32640	十进制
#48	上下限值功能的通道4上限值	根据模式而定	K-32640	十进制
#49	不可使用	—	—	—
#50[①]	根据负载电阻设定修正功能（仅在电压输入时有效）	⑦	H0000	十六进制

续表

BFM编号	内容	设定范围	初始值	数据处理
#51①	通道1的负载电阻值（单位：Ω）	K1000～30000	K30000	十进制
#52①	通道2的负载电阻值（单位：Ω）	K1000～30000	K30000	十进制
#53①	通道3的负载电阻值（单位：Ω）	K1000～30000	K30000	十进制
#54①	通道4的负载电阻值（单位：Ω）	K1000～30000	K30000	十进制
#55～#59	不可使用	—	—	—
#60①	状态自动传送功能的设定	⑧	K0	十进制
#61①	指定错误状态（BFM#29）自动传送的目标数据寄存器（BFM#60 b0 ON时有效）	K0～7999（但是BFM#61、# 62、# 63的值应不同）	K200	十进制
#62①	指定错误状态（BFM#39）自动传送的目标数据寄存器（BFM#60 b1 ON时有效）		K201	十进制
#63①	指定错误状态（BFM#28）自动传送的目标数据寄存器（BFM#60 b2 ON时有效）		K202	十进制
#64～#79	不可使用	—	—	—
#80	表格输出功能的START/STOP	⑨	H0000	十六进制
#81	通道1的输出形式	K1～10	K1	十进制
#82	通道2的输出形式	K1～10	K1	十进制
#83	通道3的输出形式	K1～10	K1	十进制
#84	通道4的输出形式	K1～10	K1	十进制
#85	通道1的表格输出执行次数	K0～32767	K0	十进制
#86	通道2的表格输出执行次数	K0～32767	K0	十进制
#87	通道3的表格输出执行次数	K0～32767	K0	十进制
#88	通道4的表格输出执行次数	K0～32767	K0	十进制
#89	表格输出功能的输出结束标志位	—	H0000	十六进制
#90	表格输出的错误代码	—	K0	十进制
#91	发生表格输出错误的编号	—	K0	十进制

续表

BFM编号	内容	设定范围	初始值	数据处理
#92 ~ #97	不可使用	—	—	—
#98	数据表格的起始软元器件编号	K0 ~ 32767	K1000	十进制
#99	数据表格的传送命令	⑩	K0	十六进制
#100 ~ #398	形式1的数据表格	—	K0	十进制
#399	不可使用	—	—	—
#400 ~ #698	形式2的数据表格	—	K0	十进制
#699	不可使用	—	—	—
#700 ~ #998	形式3的数据表格	—	K0	十进制
#999	不可使用	—	—	—
#1000 ~ #1298	形式4的数据表格	—	K0	十进制
#1299	不可使用	—	—	—
#1300 ~ #1598	形式5的数据表格	—	K0	十进制
#1599	不可使用	—	—	—
#1600 ~ #1898	形式6的数据表格	—	K0	十进制
#1899	不可使用	—	—	—
#1900 ~ #2198	形式7的数据表格	—	K0	十进制
#2199	不可使用	—	—	—
#2200 ~ #2498	形式8的数据表格	—	K0	十进制
#2499	不可使用	—	—	—
#2500 ~ #2798	形式9的数据表格	—	K0	十进制
#2799	不可使用	—	—	—
#2800 ~ #3098	形式10的数据表格	—	K0	十进制

① 通过EEPROM进行停电保持。
② 用十六进制数指定各通道的输出模式，在十六进制的各位数中，用0 ~ 4以及F进行指定。
③ 用十六进制数对各通道在PLC STOP时的输出做设定，在十六进制的各位数中，用0 ~ 2进行指定。
④ 使用b0 ~ b3。
⑤ 用十六进制数指定各通道的上下线功能设定；在十六进制的各位数中，用0 ~ 2进行指定。
⑥ 使用b0、bl。
⑦ 根据各通道的负载电阻，用十六进制数指定其修正功能的设定：在十六进制的各位数中，用0 ~ 2进行指定。
⑧ 使用b0 ~ b3。
⑨ 用十六进制数指定各通道表格输出功能的START/STOP：在十六进制的位数中，用0、1进行指定。
⑩ 用十六进制数指定数据表格的传送指令以及寄存器的种类：在十六进制的低2位中，用（0，1）指定。

部分常用缓冲存储区介绍：

a. [BFM#0]输出模式的指定。指定通道1 ~通道4的输出模式。输出模式的指定采用4位数的16进制（HEX）码，每4位对应1通道。通过在各位中设定0 ~ 4、F的数值，可以改变输出模式，如图6-35所示。输出模式的种类，见表6-26。

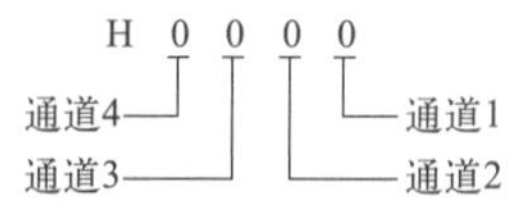

图6-35 各通道输出模式的指定

表6-26 各通道输出模式的种类

设定值［HEX］	输入模式	模拟量输出范围	数字量输出范围
0	电压输出模式	−10 ~ +10V	−32000 ~ +32000
1①	电压输出模拟量值mV指定模式	−10 ~ +10V	−10000 ~ +10000

续表

设定值［HEX］	输入模式	模拟量输出范围	数字量输出范围
2	电流输出模式	0～20mA	0～32000
3	电流输出模式	4～20mA	0～32000
4①	电压输出模拟量值μA指定模式	0～20mA	0～20000
5～E	无效（设定值不变化）	—	—
F	通道不可用		

① 不能改变偏置/增益值。

输出模式设定时的注意事项如下所述。

改变输出模式时，输出停止，输出状态（BFM#6）中自动写入H0000。输出模式的变更结束后，输出模式（BFM#6）自动变为H1111，并恢复输出。

输出模式的设定需要约5s。改变了输出模式时，请设计经过5s以上的时间，再执行各设定的写入。

改变了输出模式时，在以下的缓冲存储区中，针对各输出模式以初始值进行初始化设置：BFM#5（在PLC STOP时的输出设定）；BFM#10～#13（偏置数据）；BFM#14～#17（增益数据）；BFM#28（断线检测状态）；BFM#32～#35（PLC STOP时的输出数据）；BFM#38（上下限功能设定）；BFM#41～#44（上下限功能设定）；BFM#45～#48（上下限功能设定）；BFM#50（根据负载电阻设定输出修正功能）。

不能设定所有通道同时都不能使用（HFFFF的设定）。

EEPROM写入时的注意事项如下所述。

如果向BFM#0、#5、#10～#17、#19、#32～#35、#50～#54以及#60～#63中写入设定值，则是执行向FX3U-4DA内的EEPROM写入数据。

在向这些BFM写入设定值后，请不要马上切断电源。

EEPROM的允许写入次数在1万次以下，所以请不要编写在每个运算周期或者高频率地向这些BFM写入数据这样的程序。

b. [BFM#1～#4]输出数据针对希望输出的模拟量信号，向BFM#1～#4中输入数字值，见表6-27。

表6-27 输出数据

BFM编号	内容	BFM编号	内容
#1	通道1的输出数据	#3	通道3的输出数据
#2	通道2的输出数据	#4	通道4的输出数据

c. [BFM#5]在PLC STOP时的输出设定 可以设定在PLC STOP时，通道1～通道4的输出，如图6-35和见表6-28。

进行PLC STOP时的输出设定时的注意事项；改变设定值时，输出停止；输出状态（BFM#6）中自动写入H0000。变更结束后，输出状态（BFM#6）自动变为H1111，并恢复输出。

表6-28 输出设定

设定［HEX］	输出内容	设定［HEX］	输出内容
1	保持RUN时的最终值	3	输出BFM#32～#35中设定的输出数据
2	输出偏置值①	4～F	无效（设定值无变化）

① 因为输出模式（BFM#0）不同，输出也各异。

⑥ 程序编写实例　条件：记载了根据下面的条件编写的顺控程序举例。

a. 系统构成。在FX3U PLC右侧第1个位置配置FX3U-4DA（单元号：0）。

b. 输出模式设置。设定通道1、通道2为模式0（电压输出，−10～+10V）。设定通道3为模式3（电流输出，4～20mA）。设定通道4为模式2（电流输出，0～20mA）。

适用于FX3U、FX3UC PLC，如图6-36所示。

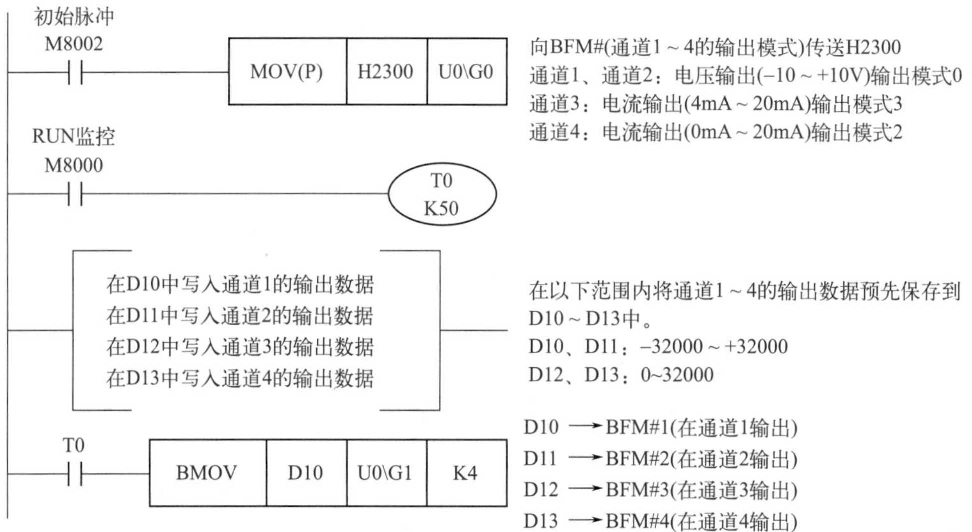

图6-36 编程示例

适用于FX3G、FX3U、FX3UC PLC，如图6-37所示。

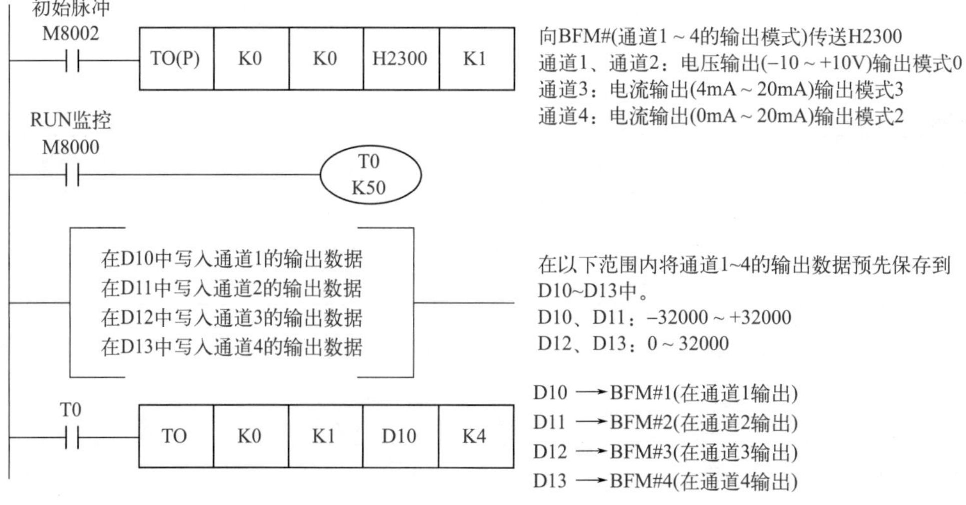

图6-37 编程示例（FX3G、FX3U、FX3UC PLC）

6.3 FX3U PLC的特殊功能模块的应用

（1）混合原料用量的测定

① 系统结构图（见图6-38）

② 动作要求

a. 打开原料阀开关，原料开始混合；

b. 压力传感器（量程：0～1000g）开始计量重量；

c. 当到达设定的压力值时（800g）时，原料阀门关闭；

d. 搅拌器开始工作，30s后搅拌结束，排除阀门打开。

③ I/O分配（FX3G PLC+FX3G-2AD-BD，见表6-29）

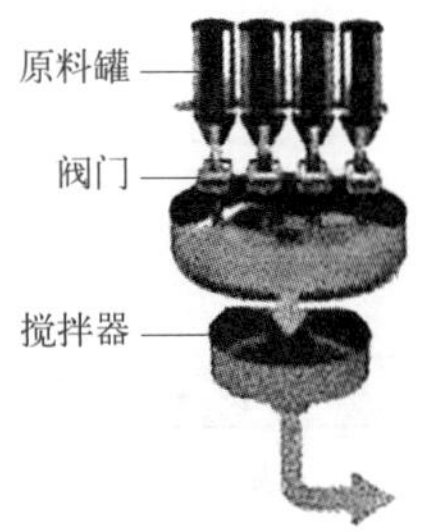

图6-38 混合原料用量的测定

表6-29 I/O分配

输入地址	信号内容	输出地址	信号内容	模拟量输入地址	信号内容
X10	开始按钮	Y10	原料阀门	CH1	称重压力D1
X11	停止按钮	Y11	搅拌器		
		Y12	排出阀门		

④ 程序（见图6-39）

⑤ 程序说明 压力传感器量程0～1000g，对应输出电压为0～10V，通过A/D模块化为0～4000的数字值，所以需要除法运算来整定为相应的压力检测值。

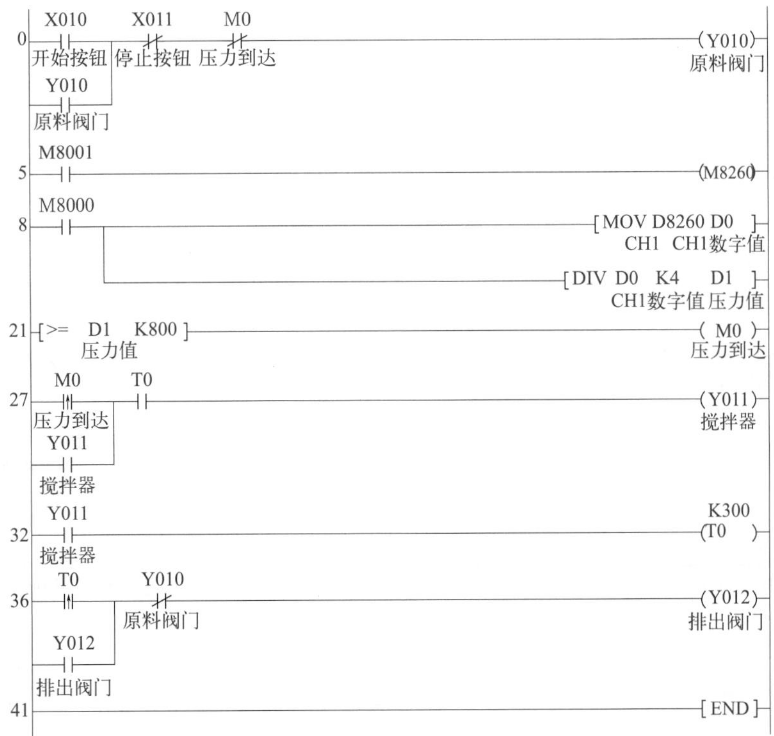

图6-39 混合原料用量的测定程序

（2）饮料水的变频调速搅拌

① 系统结构图（见图6-40）

② 动作要求

a. 打开原料阀门开关，原料开始混合；

b. 变频器开始以10Hz频率的速度搅拌；

c. 当原料注入结束后，变频器驱动搅拌机继续搅拌5min；

d. 排出阀打开，开始灌装。

③ I/0分配（FX3G PLC+FX3G-1DA-BD），见表6-30。

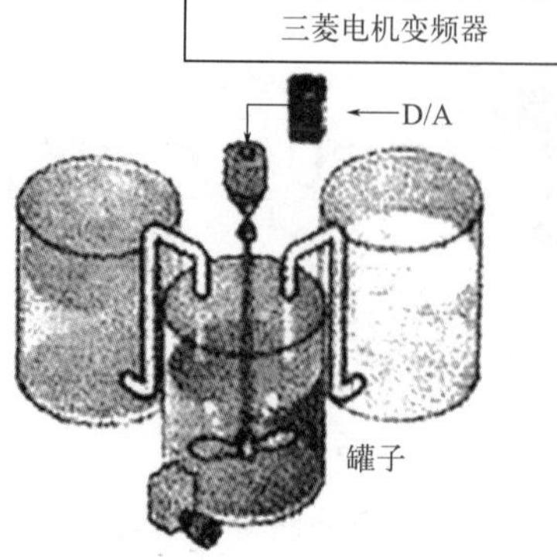

图6-40 饮料水的变频调速搅拌

表6-30 I/O分配

输入地址	信号内容	输出地址	信号内容	模拟量输出地址	信号内容
X10	开始按钮	Y10	原料阀门	CH1	变频器调速 D8280
X11	停止按钮	Y11	变频器启动/停		
X12	原料注入结束	Y12	排出阀门		

④ 程序（见图6-41）

⑤ 程序说明　变频器模拟输入端接收0～10V电压，应对输出0～50Hz调节搅拌器电动机的转速。D/A输出的数字值为0～4000通过换算来对应变频器频率。

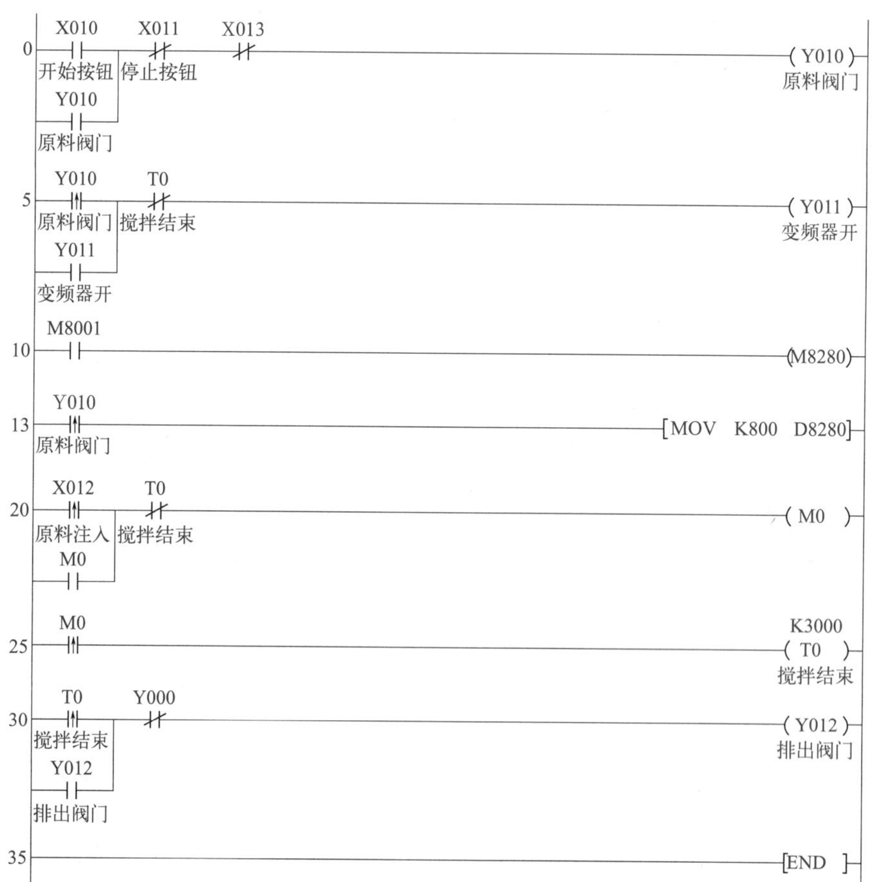

图6-41 饮料水的变频调速搅拌程序

6.4 PID控制

6.4.1 PID控制简介

在工程实际中，常常用到定值控制，即把某个物理量控制在一个设定值上，也就是人们常说的恒温、恒压等。在定值控制中，应用最为广泛的是比例、积分、微分控制，简称PID控制，又称PID调节。PID控制问世已有近70年历史，它以其结构简单、稳定性好、工作可靠、调整方便的特点成为工业控制中定值控制的最主要技术之一。目前，在工业控制领域，尤其是控制系统是底层，PID控制仍然是应用最广泛的工业控制。

PID控制是由偏差、偏差对时间的积分和偏差对时间的微分所叠加而成。它们分别为比例控制、积分作用和微分输出：比例控制将偏差信号按比例放大，提高控制灵敏度；积分控制对偏差信号进行积分处理，缓解比例放大量过大，引起的超调和振荡；微分控制对偏差信号进行微分处理，提高控制的迅速性。把三种控制规律地组合在一起，并根据被控制系统的特性选择合适的比例系数、积分时间和微分时间，就得到了在模拟量控制中应用最广泛并解决了控制的稳定性、快速性和准确性问题的无静差控制——PID控制。

现在以某空调温度调节来说明PID控制过程，假设温度的设置为26℃（设定值X，又称目标值），并希望维持26℃不变。在温度达到设定温度26℃后，房间里进来3个人，这3个人所散发的热量使室内温度升高了，如升高到27℃，这时候由现场检测到的实际温度值（反馈值F，又称测定值）被反馈到输入端，与设定值作比较，比较所产生的偏差送到PID控制器进行处理，处理后的输出值U会调整压缩机的转速，导致制冷量加大使室内温度下降。只要偏差存在，控制过程就一直在进行，直到被控制值与设定值一致，偏差为0才停止。这时，压缩机的转速就维持在这个转速上运行而不会停止。这个控制过程说明PID控制是一个动态平衡过程，只要被控制值与设定值不一致，产生了偏差，控制就开始进行，直到偏差为0（无偏差），到达新的平衡为止，而且其控制过程稳定、快速且控制精度较高。

从上例中可以看出，PID控制是一个模拟量闭环控制，一个PID控制系统的框图如图6-42所示。

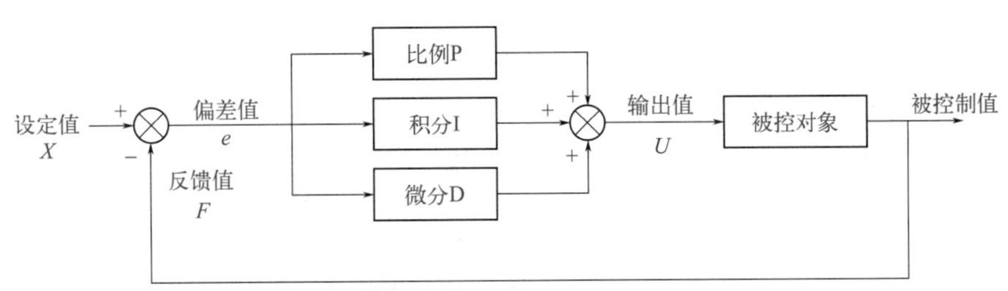

图6-42 PID控制系统原理框图

PID控制具有以下优点：

① 不需要知道被控对象的数学模型。实际上大多数工业对象准确的数学模型是无法取得的，对于这一类系统，使用PID控制可以得到比较满意的效果。据统计，目前PID控制及

变型PID控制占总控制回路数的90%左右。

② PID控制器具有典型的结构，程序设计简单，参数调整方便。

③ 有较强的灵活性和适应性，根据被控对象的具体情况，可以采用各种PID控制的变型和改进的控制方式，如PI、PD、带死区的PID、积分分离式PID、变速积分PID等。随着智能控制技术的发展，PID控制与模糊控制、神经网络控制等现代控制方法相结合，可以实现PID控制器的参数自整定，使PID控制器具有经久不衰的生命力。

在实际应用中，PID控制器可以通过两种方式完成：一种是利用电子元件和执行元件组成PID控制电路，这种方式叫作模拟式控制器、硬件控制电路；另一种是利用数字计算机强大的计算功能，编制PID的运算程序，由软件完成PID控制功能的控制器，这种方式叫作数字式控制器、软件控制器。PLC是一个数字式控制设备，在PLC的模拟量控制中，实现PID控制功能有三种方式：PID控制模块、自编程序进行PID控制和应用PID功能指令。

目前，很多品牌的PLC都提供了PID控制用的PID应用功能指令。PID指令实际上是一个PID控制算法的子程序调用指令。使用者只要根据指令所要求的方式写入设定值、PID控制参数和被控制量的测定值，PLC就会自动进行PID运算，并把运算结果输出值送到指定的存储器。学习和掌握PID控制指令就成为利用PLC进行PID控制应用的主要内容。

当一个模拟量PID控制系统组成之后，控制对象的静态、动态特性都已确定。这时，控制系统能否自动完成控制功能就完成取决于PID的控制参数（比例系数P、积分时间I、微分时间D）的取值了。只有控制参数的选择与控制系统相配合时，才能取得最佳的控制效果。因此，PID的控制参数整定就显得非常重要。

PID的控制参数整定目前多采用试凑法参数现场整定。试凑法整定步骤是“先是比例后积分，最后再把微分加”。PID参数整定还带有神秘性，对于两套看似一样的系统，可能通过调试得到不同的参数值。甚至同一套系统，在停机一段时间后重新启动都要重新整定参数。因此，各种PID参数整定的经验和公式只供参考，实际的PID参数整定值必须在调试中获取。

下面介绍PID在炉温控制系统中的应用。

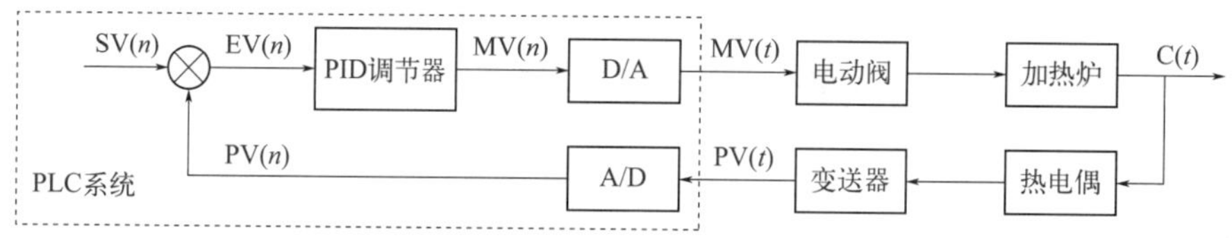

图6-43 炉温控制系统示意图

炉温控制系统的示意图如图6-43所示。在炉温控制系统中，热电偶为温度检测元件，其信号传至变送器转换为标准电压或电流信号，标准信号再送至A/D模块，经A/D转换后的数字量与CPU设定值比较，二者的差值进行PID运算，将运算结果送给D/A模块，D/A模块输出相应的电压或电流信号对电动阀进行控制，从而实现了温度的闭环控制。

图6-43中：SV(n) 为给定量；PV(n) 为反馈量，A/D已经把此反馈量转换为数字量；MV(t) 为控制输出量；令ΔX=SV（n）−PV（n），如果$\Delta X>0$，表明反馈量小于给定量，则控制器输出量MV（t）将增大，使电动阀开度变大，进入加热炉的天然气流量增大，进而炉温上升；如果$\Delta X<0$，表明反馈量大于给定量，则控制器输出量MV（t）将减小，使电动阀开度变小，进入加热炉的天然气流量变小，进而炉温降低；如果$\Delta X=0$，表明反馈量等于给定量，则控制器输出量MV（t）不变，使电动阀开度不变，进入加热炉的天然气流量不变，进而炉温不变。

6.4.2 PID指令

（1）PID指令格式

PID指令格式如图6-44所示。

	S1	S2	S3	D
FNC 88 PID	D0	D1	D100	D150
	目标值(SV)	测定值(PV)	参数	输出值(MV)

图6-44 PID指令格式

在图6-44中：S1为目标值，即设定值；S2为测定值或当前值、实际值；S3为PID参数存储区的首地址，参数区共25个字，各字的含义见表6-31所示；D为执行PID指令计算后得到的输出值或控制输出。

该指令解读如下所述。

当驱动条件成立时，每当到达采样时间后的扫描周期内，把设定值SV与测定值PV的差值用于S3为首址的PID控制参数进行PID运算，运算结果送到MV。

本指令可多次调用，不受限制，但所有的数据区不能重复。在子程序、步进指令中也可使用，但用前要清除S3+7的数据。

表6-31 参数区各字的含义

地址	名称	说明
S3	采用时间（Ts）	1～32767ms（但比运算周期短的时间数值无法执行）
S3+1	动作方向（ACT）	bit0 0：正动作 1：逆动作 bit1 0：输入变化量报警无效 1：输入变化量报警有效 bit2 0：输出变化量报警无效 1：输出变化量报警有效 bit3 不使用 bit4 0：自动调谐不动作 1：执行自动调谐 bit5 0：输出值上下限设定无效 1：输出值上下限设定有效 bit6～bit15 不使用 bit2和bit5不要同时处于ON
S3+2	输入滤波常数（α）	0～99% 0时没有输入滤波
S3+3	比例增益（Kp）	1%～32767%
S3+4	积分时间（Ti）	0～32767（×100ms） 0时作为∞处理（无积分）
S3+5	微分增益（Kd）	0～100% 0时无积分增益
S3+6	微分时间（Td）	0～32767（×10ms） 0时无微分处理
S3+7…S3+19	PID运算的内部处理占用	
S3+20	输入变化量（增侧）报警设定值	0～32767（S3+1<ACT>的bit1=1时有效）
S3+21	输入变化量（减侧）报警设定值	0～32767（S3+1<ACT>的bit1=1时有效）
S3+22	输出变化量（增侧）报警设定值 另外，输出上限设定值	0～32767（S3+1<ACT>的bit2=1，bit5=0时有效） -32768～32767（S3+1<ACT>的bit2=0，bit5=1时有效）
S3+23	输出变化量（减侧）报警设定值 另外，输出下限设定值	0～32767（S3+1<ACT>的bit2=1，bit5=0时有效） -32768～32767（S3+1<ACT>的bit2=0，bit5=1时有效）
S3+24	报警输出	bit0输入变化量（增侧）溢出 bit1输入变化量（减侧）溢出 bit2输出变化量（增侧）溢出（S3+1<ACT>的bit1=1或bit2=1时有效） bit3输出变化量（减侧）溢出 S3+20～S3+24在S3+1<ACT>的bit1=1，bit2=1或bit5=1时被占用

【例6-5】说明图6-5指令执行功能。

```
     X000
0 ──┤├──────────────────────[PID  D0  D10  D100  D20 ]
```

图6-45 PID指令应用梯形图

指令的执行功能是当驱动条件X0闭合时，每当到达采样时间后的扫描周期内把寄存在D0寄存器中的设定值SV与寄存在D10寄存器中的测定值PV进行比较，其差值进行PID控制运算，运算结果为输出值MV，送至D20中，PID运算控制参数（Ts、P、I、D等）寄存在以D100为首址的寄存器群组中。

（2）PID指令控制参数详解

① 采样时间（Ts） 这里的采样时间（Ts）与模拟量采样的采样周期不一样，它所指的是PID指令相邻两次计算的时间间隔。一般情况下，不能小于PLC的一个扫描周期。确定了采样时间后，实际运行时仍然会存在误差，最大误差为－（1个扫描周期+1ms）～＋（1个扫描周期）。因此，当采样时间（Ts）较小时（接近1个扫描周期时或小于1个扫描周期时）可采样定时器中断（I6□□～ I8□□）来运行PID指令或恒定扫描周期工作。

② 动作方向（ACT） 动作方向是指反馈测定值增加时，输出值是增大还是减小。如图6-46所示，当输出值随反馈测定值的增加而增加时，称为正动作、正方向。例如，变频控制空调机温度控制中，温度越高，则要求压缩机的转速也越高。反之，当输出值随反馈测定值的增加而减小时，称为逆动作、反方向。例如，在变频控制恒压供水中，如果一旦发现压力超过设定值，就要求水泵电机的转速要降低。

③ 输入滤波常数（a） 三菱PLC在设计PID运算程序时，使用的是位置式输出的增量式PID算法，控制算法中使用了一阶惯性数字滤波。当由被控对象中所反馈的控制量的测定值输入到PLC后，先进行一阶惯性数字滤波处理，再进行PID运算，这样做，有更好地使测定值变化平滑的控制效果。

一阶惯性数字滤波可以很好地去除干扰噪声。以百分比（0～99%）来表示大小，滤波常数越大，滤波效果越好，但过大会使系统响应变慢，动态性能变差，取0则表示没有滤波。一般可先取50%，待系统调试后，再观察系统的响应情况，如果响应符合要求，可适当加大滤波常数，而如果调试过程始终存在响应迟缓的问题，可先设为0，观察该参数是否影响动态响应，再慢慢由小到大取值。

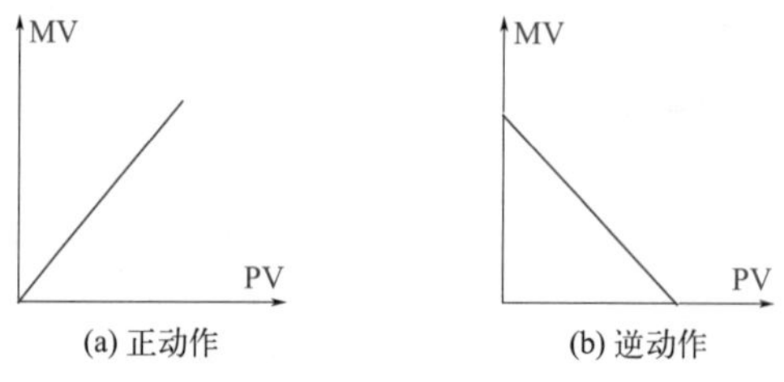

图6-46 PID动作方向图解

④ 比例增益、积分时间、微分时间 这3个参数是PID控制的基本控制参数，其设置值对PID控制效果影响极大。

a. 比例控制是PID控制中最基本的控制，起主导作用。系统一出现误差，比例控制立即产生作用以减少偏差。比例增益Kp越大，控制作用越强，但也容易引起系统不稳定。比例控制可减少偏差，但无法消除偏差，控制结果会产生余差。如图6-47所示。

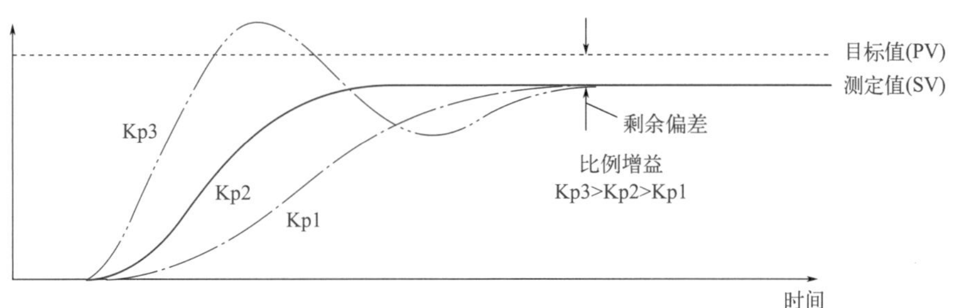

图6-47 比例增益Kp控制作用图解

b. 积分作用与偏差对时间的积分及积分时间I有关。加入积分作用后，系统波动加大，动态响应变慢，但却能使系统最终消除余差，使控制精度得到提高。如图6-48所示。

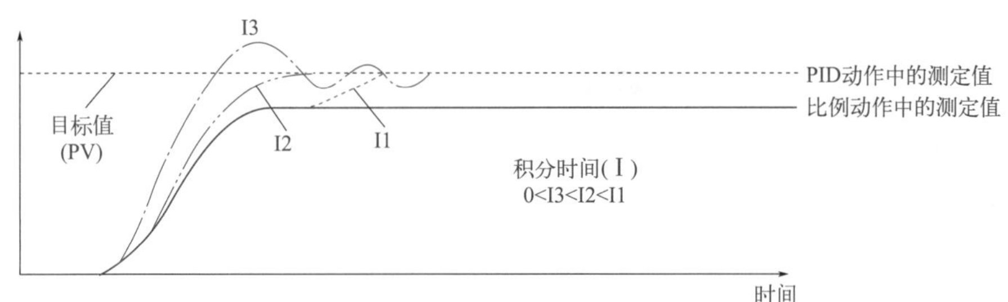

图6-48 积分时间I控制作用图解

c. 微分输出与偏差对时间的微分及微分时间D有关。它对比例控制起到补偿作用，能够抑制超调，减少波动，减少调节时间，使系统保持稳定，如图6-49所示。

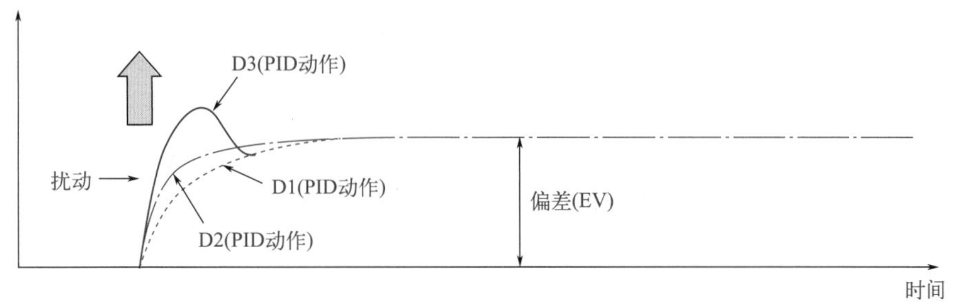

图6-49 微分时间D控制作用图解

⑤ 微分增益 微分增益KD是在进行不完全微分和反馈量微分PID算法中的一个常数（小于1），它和微分时间TD的乘积组成了微分控制的系数，它有缓和输出值激烈变化的结果，但又有产生微小振荡的可能。不加微分控制时，可设为0。

⑥ 输出限定 输出限定的含义是如果PID控制的输出值超过了设定的输出值上限值或输出值下限值，则按照所设定的上、下限定值输出，类似于电子电路中的限幅器。使用输出限定功能时，不但输出值被限幅，而且还有抑制PID控制的积分项增大的效果，如图6-50所示。

图6-50中1处出现了输出值超过上限的情况，在设置输出限定时，输出值按照上限值输出，同时，由于限定抑制了积分项，使后面的输出向前移动了一段时间。当输出值变化至2处时，与1处相同，不但输出按照下限值输出，同时也向前移动一段时间，这就形成了图6-50中所示的输出限定的波形。

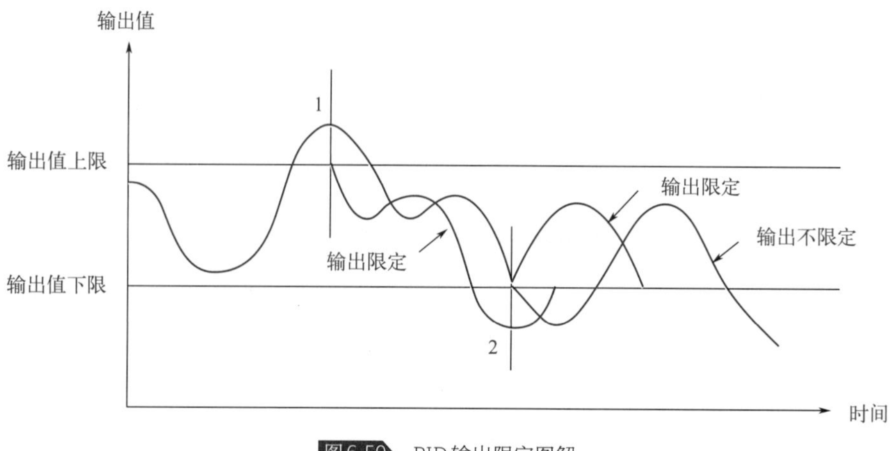

图6-50 PID输出限定图解

⑦ 报警设定

报警设定的含义是当输入或输出发生较大变化量时，可对外进行报警。变化量是指前后两次采样的输入量或输出量的比较，即本次变化量=上次值−本次值。如果这个差值超过报警设定值，则发出报警信号。一般来说，模拟量是连续光滑变化的曲线，前后两次采样的输入值不应相差太大，如果相差太大，则说明输入有较大变化或有较大干扰，严重时会使PID控制出错，甚至失去控制作用。

图6-51为PID指令报警功能示意图。

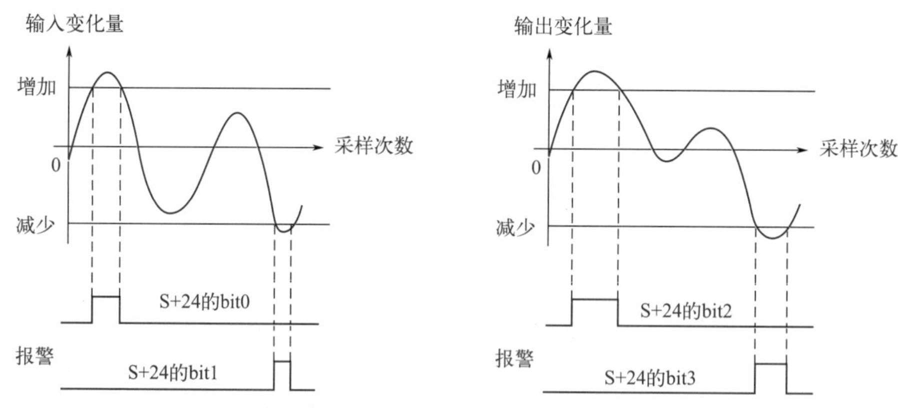

图6-51 PID指令报警功能示意图

（3）PID指令应用错误代码

PID指令应用中如果出现错误，则标志继电器M8067变为ON，发生的错误代码存入D8067寄存器中。为防止错误产生，必须在PID指令应用前，将正确的测定值读入PID的PV中。特别是对模拟量输入模块输入值进行运算时，需注意其转换时间。

D8067寄存器中的错误代码所表示的错误内容、处理状态及处理方法见表6-32。

表6-32 PID指令运用出错代码表

代码	错误内容	处理状态	处理方法
K6705	应用指令的操作数在对象软元件范围外	PID命令运算停止	请确认控制数据的内容
K6706	应用指令的操作数在对象软元件范围外		
K6730	采样时间在对象软元件范围外（T<0）		
K6732	输入滤波常数在对象软元件范围外（a＜0或a≥100）		
K6733	比例增益在对象软元件范围外（P<0）		
K6734	积分时间在对象软元件范围外（I<0）		
K6735	微分增益在对象软元件范围外（P<0）（KD＜0或KD≥201）		
K6736	微分时间在对象软元件范围外（D<0）		
K6740	采样时间≤运算周期	PID命令运算继续	请确认控制数据的内容
K6742	测定值变化量溢出（-32768～32767以外）		
K6743	偏差溢出（-32768～32767以外）		
K6744	积分计算值溢出（-32768～32767以外）		
K6745	由于微分增益溢出，导致微分值也溢出		
K6746	微分计算量溢出（-32768～32767以外）		
K6747	PID运算结果溢出（-32768～32767以外）		
K6750	自动调谐结果不良	自动调谐结束	自动调谐开始时的测定值和目标值的差为150以下或自动调谐开始时的测定值和目标值的差为1/3以上，则结束确认测定值、目标值后，再次进行自动调谐
K6751	自动调谐动作方向不一致	自动调谐继续	从自动调谐开始时的测定值预测的动作方向和自动调谐用输出时实际动作方向不一致，使目标值、自动调谐用输出值、测定值的关系正确后，再次进行自动调谐
K6752	自动调谐动作不良	自动调谐结束	自动调谐中的测定值因上下变化不能正确动作，使采样时间远远大于输出的变化周期，增大输入滤波常数，设定变更后，再次进行自动调谐

6.4.3 PID指令应用程序设计

（1）PID程序设计的数据流程

图6-52为用PID指令执行PID控制的数据流向。对图6-52进行下一步分析，就可以得到PID指令控制程序的结构与内容。

① PID指令控制必须通过A/D模块将模拟量测定值转换成数字量PLC。因此，对于A/D模块的初始化及其采样程序也是必不可少的一部分。

② PID指令的设定值SV及PID控制参数群参数必须在指令执行前送入相关的寄存器。这一部分内容称为PID指令的初始化，PID指令的初始化程序必须在执行PID指令前完成。

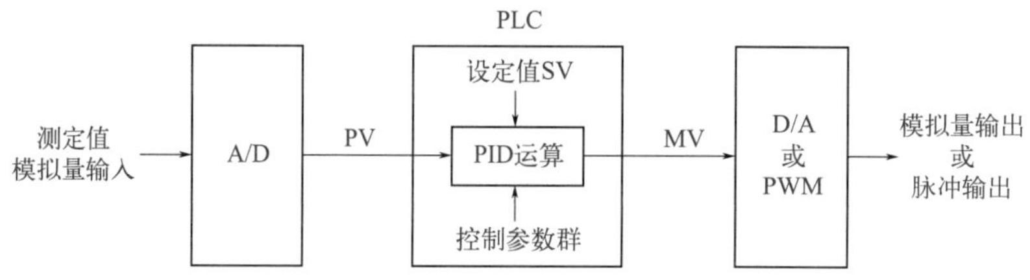

图6-52 PID程序设计的数据流向

③ 用PID指令对设定值SV和测定值PV的差值进行PID运算，并将运算结果送至MV寄存器。

④ 如果是模拟量输出，则还要经过D/A模块将数字量转换成模拟量送到执行器，因此，D/A模块的初始化及其读取程序也是必不可少的一部分。

⑤ 如果是脉冲量输出，则直接通过脉宽调制指令PWM在Y0或Y1输出口输出占空比可调的脉冲串。

综上所述，PID指令的PID控制程序设计框图如图6-53所示。

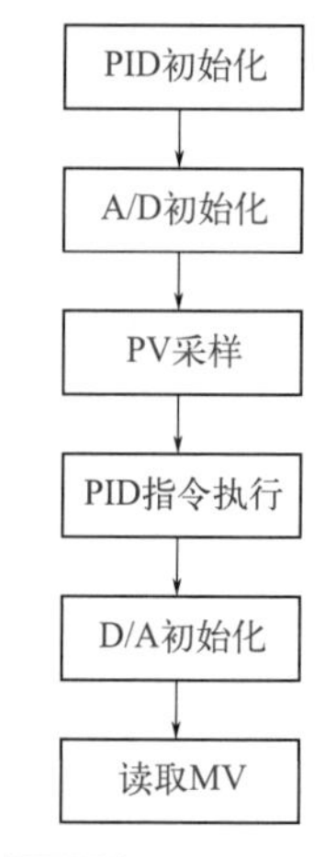

图6-53 PID控制程序设计框图

（2）动作方向字的设定

在PID指令控制参数群中，有一个动作方向寄存器。它的存储内容可称为动作方向字。由于这个字涉及众多内容，这里做进一步讲解。

动作方向字除了确定控制动作方向（这是PID指令必须要求设置的），还与输入/输出变化量报警、输出上下限设定和PID自动调谐有关。在实际应用中，用得最多的是单独确定控制方向，这时正方向动作方向字为H0，反方向为H1。如果还用到输入/输出报警等，动作方向字也随之改变。表6-33以表格的方式列出可能存在的动作方向字，供读者在应用时参考。

表6-33 PID指令动作方向字

正动作	逆动作	输入变化量报警	输出变化量报警	设定输出上下限	执行自动调谐	动作方向字
O						H0000
	O					H0001
O		O	O			H0006
O		O		O		H0022
O				O		H0020

续表

正动作	逆动作	输入变化量报警	输出变化量报警	设定输出上下限	执行自动调谐	动作方向字
	O	O	O			H0007
	O	O		O		H0023
	O			O		H0021
				O	O	H0030

注：1. O表示有该项设置。其中动作方向设置是必须设置项。
2. 输出变化量报警和输出上下限不能同时设置，只能取其一。
3. 自动调谐时，一般要求设定输出上下限，以防止调谐时发生意外。

（3）PID指令程序设计

在了解PID控制的数据流程、程序框图及动作方向字的设置后，PID指令控制程序设计就变得比较简单了。PID指令可以在程序扫描周期内执行也可在定时器中断中执行。其区别是在扫描周期内执行时，采样时间大于扫描周期，而当采样时间Ts较小时，采用定时器中断程序执行。

① PID指令程序设计　在程序样例中，采用了FX3U-2AD模拟量输入模块位置（编号1#）作为测定值PV的输入，并对输入采样值进行了中位值平均滤波处理。PID控制的输出采用脉冲序列输出，用输出值去调制为10s的脉冲序列占空比，以达到控制目的。

中位值平均滤波法相当于“中位值滤波法”+“算术平均滤波法”。中位值平均滤波法算法是连续采样N个数据，去掉一个最大值和一个最小值，然后计算N−2个数据的算术平均值。N值的选取：3～14。它的优点是融合了两种滤波法的优点，这种方法既能抑制随机干扰，又能滤除明显的脉冲干扰。缺点是测量速度较慢，和算术平均滤波法一样，比较浪费内存。

程序中各寄存器分配见表6-34。

表6-34　寄存器分配表

寄存器	内容	寄存器	内容
Z0	采样次数	D100	采样时间
D0	采样值	D101	动作方向
D1～D10	排序前采样值	D102	滤波系数
D11～D20	排序后采样值	D103	比例增益
D200	设定值SV	D104	积分时间
D202	测定值PV	D105	微分增益
D204	输出值MV	D106	微分时间

PID指令执行程序如图6-54所示。

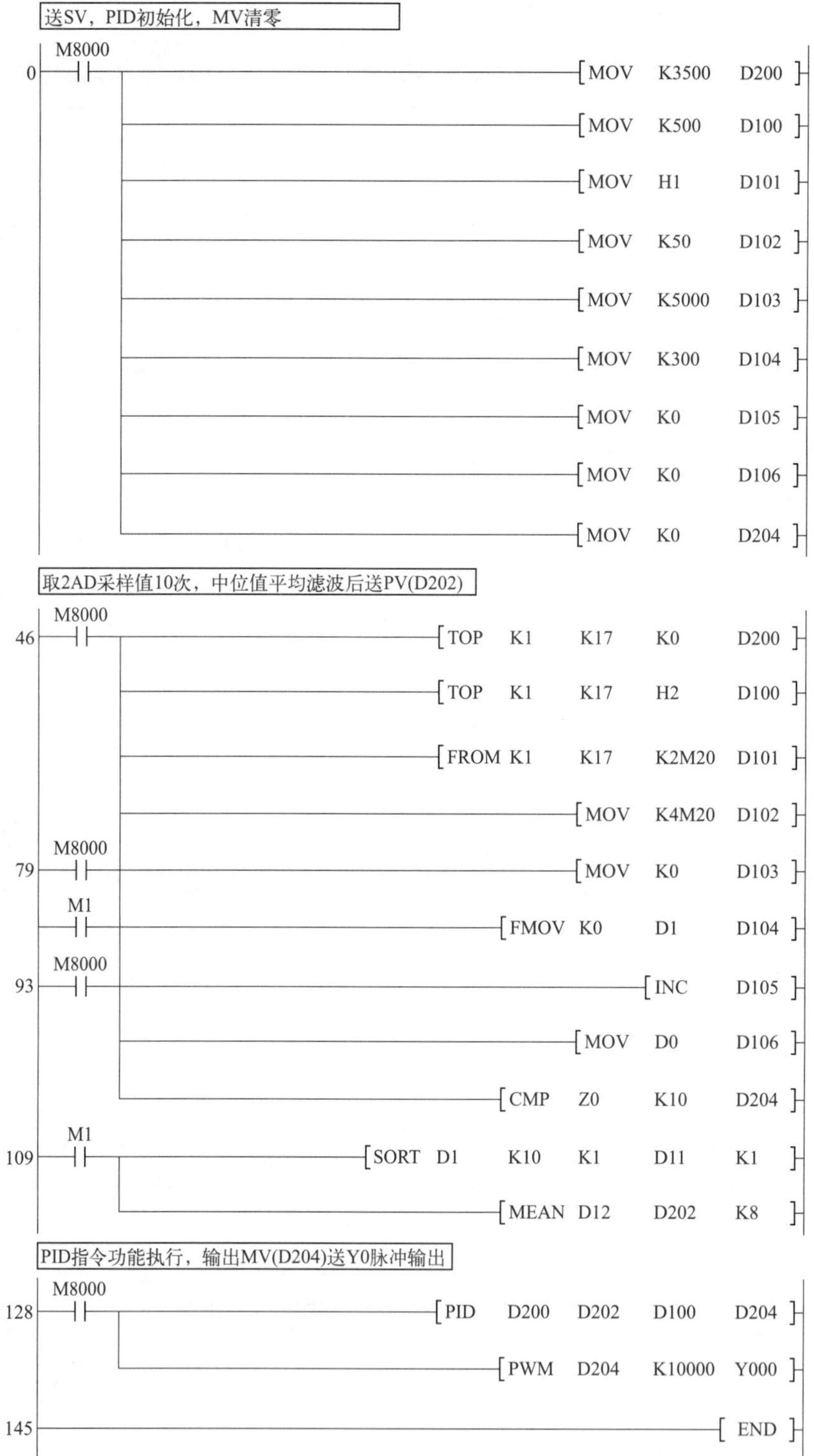

图6-54 PID指令执行程序

② PID指令定时器中断程序设计 PID指令也可在定时器中断中应用。在程序样例中，采用了FX3U-4AD模拟量输入模块（位置编号0#）作为测定值PV的输入，采用了FX3U-4DA（位置编号1#）作为PID控制输出值MV的模拟量输出。中断指针为1690，16表示采用

定时器中断，90表示90ms，也就是说该中断服务子程序每隔90ms就自动执行一次。PID指令的中断执行方式保证了有较快的响应速度。

PID指令中断执行程序如图6-55所示。

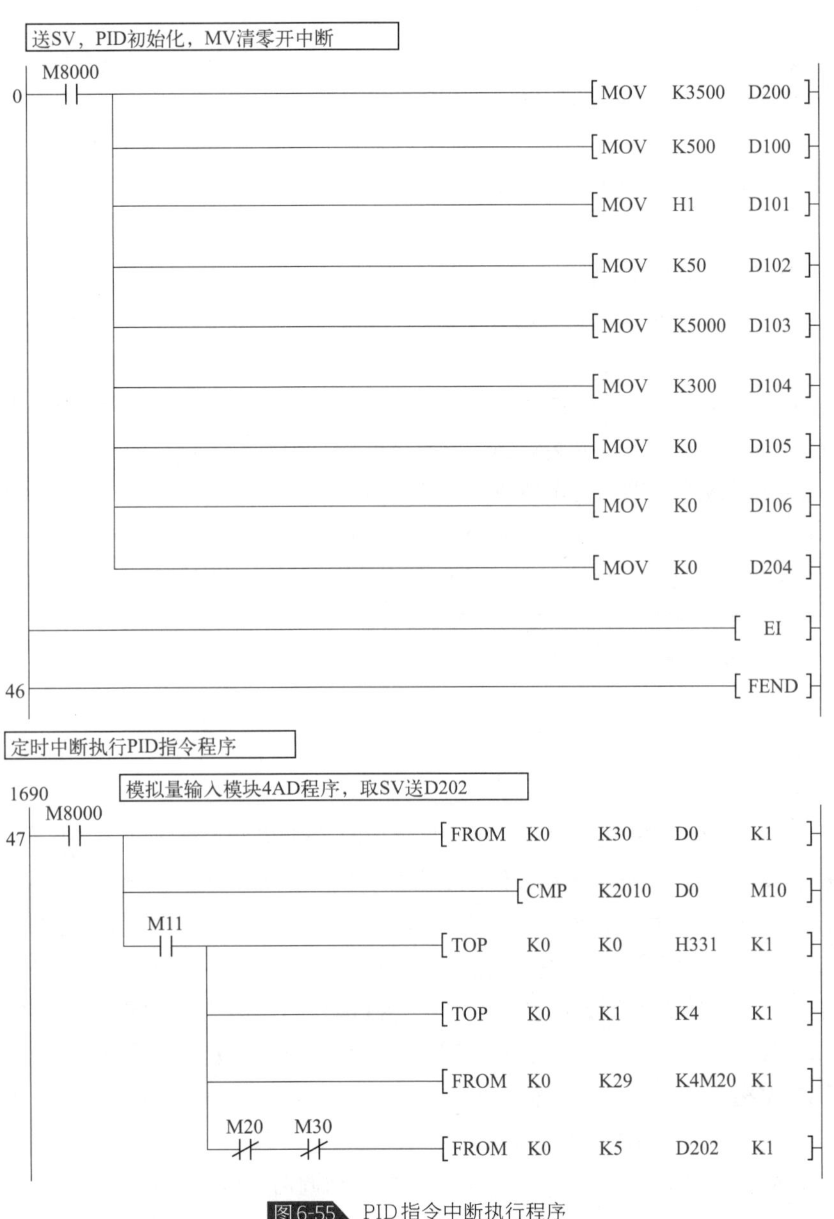

图6-55 PID指令中断执行程序

6.4.4 PID控制参数自整定

当PID控制参数的选择与控制系统的特性和工况相配合时，才能取得最佳控制效果。而控制对象是多种多样的，它们的工况也是千变万化的，PID参数整定方法往往是经验与技巧多于科学。整定参数的选择往往决定于调试人员对PID控制过程的理解和调试经验。因此，参数整定的结果并不是最佳的。在这种情况下就产生了参数整定和自适应的整定方法。

（1）参数自整定和自适应

什么是PID控制参数自整定？自整定是PID控制器的一个功能。这个功能的含义是当按照控制器的说明按下某个控制键（自整定功能键）或在功能参数里设置了自整定方式后，PID控制器能自识别控制对象的动态特性，并根据控制目标，自动计算出PID控制的优化参数，并把它装入控制器中，完成参数整定功能。因为控制参数的整定是由控制器自己完成的，所以称为自整定，自整定功能又称自动调谐功能。

PID控制器的自整定功能是随着计算机技术、人工智能、专家系统技术的发展而发展的。实现PID参数自整定有采用工程阶跃响应法、波形识别法的，也有采用专家智能自整定法的。不管采用哪种方法，都是对控制过程进行多次测定、多次比较和多次校正的结果，当测定结果符合一定要求后自整定结束。

目前，各种智能型的数字显示调节仪表，一般都具有PID参数自整定功能。仪表在初次使用时，就可进行参数自整定，使用也非常方便。通过参数自整定能满足大多数控制系统的要求。对不同的系统，由于特性参数不同，整定的时间也不同，从几分钟到几小时不等。

自整定功能虽然解决了令人头疼的人工整定问题，但其整定值是与控制系统的工况密切相关的，如果工况改变，例如设定值改变、负荷发生变化等，通过自整定的控制参数值在新的工况下就不一定是最优了，因此，就期望出现一种具有能随控制系统的改变不断自动去整定控制参数值以适应控制系统的变化的自整定方法，这种自整定控制方法称为自适应控制。而自整定可以认为是一种简单的自适应控制。目前，自适应PID控制器还在不断发展中。

（2）三菱FX PLC的PID自动调谐

三菱FX PLC的PID指令设置参数自动调谐功能，其自整定的方法是采用阶跃响应法。对系统施加0～100%的阶跃输出，由输入变化识别动作特性（R和L），自动求得动作方向、比例增益、积分时间和微分时间。

自动调谐是通过执行PID指令自动调谐程序完成的，对PID指令自动调谐程序有以下要求:

① 设定自动调谐不能设定的参数值，如采样时间、滤波常数、微分增益和设定值。

② 自动调谐的采样时间必须在1s以上，尽量设置成远大于输出变化周期的时间值。

③ 自动调谐开始的测定值和设定值的差在150以上，否则不能正确自动调谐。如果不是150时，可把自动调谐设定值暂时设置大一些，待自动调谐结束后，再重新调整设定值。

④ 自动调谐时，一般要求设定输出上下限，所以自动调谐动作方向字为H0030。

⑤ 用MOV指令将自动调谐用输出值送入PID指令的输出值寄存器MV中。其值的大小在系统输出值的50%～100%范围内。

上述PID指令自动调谐用初始化程序后，只要自动调谐用PID指令驱动条件成立，就开始执行自动调谐PID指令。在测定值达到自动调谐开始时的测定值与设定值差值的$\frac{1}{3}$以上时[实际测定值=开始测定值+$\frac{1}{3}$（设定值-测定值）]，自动调谐结束，系统自动设置自动调谐为失效状态，并自动将自动调谐的控制参数——动作方向、比例增益、积分时间、微分时间送入相应寄存器中。自动调谐求得的控制参数的可靠性除了取决于编写的自动调谐程序是否正确，还取决于控制系统是否在稳定状态下执行PID指令，如果不在稳定状态下执行，那么求出的控制参数可靠性就差，因此，应该在系统处于稳定状态下投入PID指令自动调谐运行。

执行PID指令自动调谐时如果出错，错误代码见表6-35。

表6-35 错误代码

代码	错误内容	处理状态	处理方法
K6705	应用指令的操作数在对象软元件范围外	PID命令运算停止	请确认控制数据的内容
K6706	应用指令的操作数在对象软元件范围外		
K6730	采样时间在对象软元件范围外（T＜0）		
K6732	输入滤波常数在对象软元件范围外（a＜0或a≥100）		
K6733	比例增益在对象软元件范围外（P＜0）		
K6734	积分时间在对象软元件范围外（I＜0）		
K6735	微分增益在对象软元件范围外（P＜0）（KD＜0或KD≥201）		
K6736	微分时间在对象软元件范围外（D＜0）		
K6740	采样时间≤运算周期	PID命令运算继续	请确认控制数据的内容
K6742	测定值变化量溢出（-32768～32767以外）		
K6743	偏差溢出（-32768～32767以外）		
K6744	积分计算值溢出（-32768～32767以外）		
K6745	由于微分增益溢出，导致微分值也溢出		
K6746	微分计算量溢出（-32768～32767以外）		
K6747	PID运算结果溢出（-32768～32767以外）		
K6750	自动调谐结果不良	自动调谐结束	自动调谐开始时的测定值和目标值的差为150以下或自动调谐开始时的测定值和目标值的差为1/3以上，则结束确认测定值、目标值后，再次进行自动调谐
K6751	自动调谐动作方向不一致	自动调谐继续	从自动调谐开始时的测定值预测的动作方向和自动调谐用输出时实际动作方向不一致，使目标值、自动调谐用输出值、测定值的关系正确后，再次进行自动调谐
K6752	自动调谐动作不良	自动调谐结束	自动调谐中的测定值因上下变化不能正确动作，使采样时间远远大于输出的变化周期，增大输入滤波常数，设定变更后，再次进行自动调谐

很多情况下，由自动调谐求得的控制参数值并不是最佳值。因此，如果在自动调谐后PID控制过渡过程不是很理想，还可以对调谐值进行适当修正，以求得较好的PID控制效果。

（3）PID自动调谐实例

① 系统结构　图6-56为使用PID指令进行温度控制。测温热电偶（K型）通过模拟量温度输入模块FX2N-4AD-TC将加热炉的实测温度差送入PLC。在PLC中设计PID指令控制程序，控制加温炉电热器的通电时间，从而达到控制炉温的目的。

② I/O分配与PID控制参数设置　I/O分配见表6-36，PID控制参数设置及内存分配见表6-37。

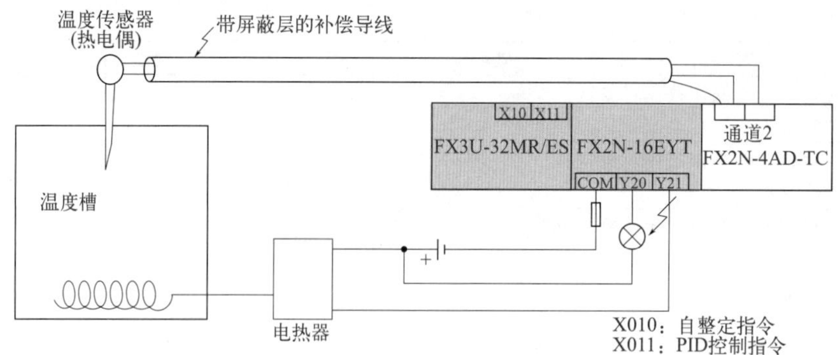

图6-56 PID控制系统

表6-36 I/O分配表

输入		输出	
X10	执行自动调谐	Y20	自动调谐出错指示
X11	执行PID控制	Y21	加热器控制

表6-37 PID控制参数设置及内存分配表

设定内容				自动调谐	PID控制	内存分配
目标值			<S1>	（500+50）℃	（500+50）℃	D200
参数	采样时间 T_s		<S3>	3000ms	500ms	D210
	输入滤波（α）		<S3+2>	70%	70%	D212
	微分增益 K_d		<S3+5>	0%	0%	D215
	输出值上限		<S3+22>	2000（2s）	2000（2s）	D232
	输出值下限		<S3+23>	0	0	D233
	动作方向（ACT）	输入变化量报警	<S3+1 bit1>	无	无	D211
		输出变化量报警	<S3+1 bit2>	无	无	
		输出值上下限设定	<S3+1 bit5>	有	有	
输出值MV				1800（1.8s）	根据运算	D202
测定值PV						D201

③ FX2N-4AD-TC初始化

模块位置编号：0#。

通道字：BFM#0，H3330（CH1：K型热电偶输入，其余关闭）。

温度读取：BFM#5，当前摄氏温度（℃）。

④ 电加热器动作　电加热器采用可调脉宽的脉冲量控制输出进行电加热。设定可调制脉冲序列周期为2s（2000ms）PID控制输出值为脉冲序列的导通时间，如图6-57所示。在自动调谐时，强制输出值为系统输出的50%～100%，这里取90%输出值：2000ms×90%=1800ms，如图6-58所示。

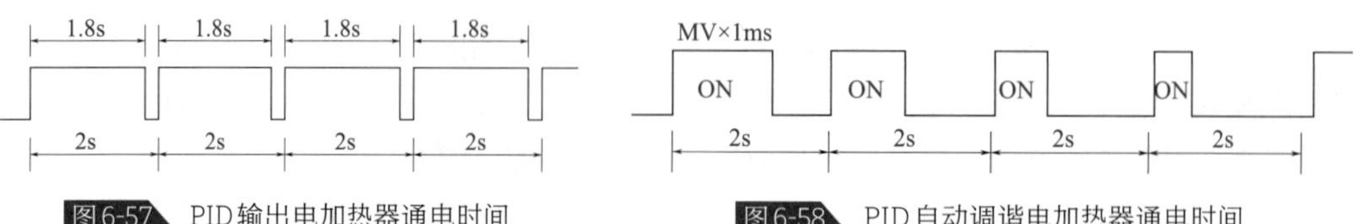

图6-57 PID输出电加热器通电时间　　图6-58 PID自动调谐电加热器通电时间

⑤ 程序设计

a. PID自动调谐程序。PID自动调谐程序如图6-59所示。

```
0    X010 ─┤├─┬──────────────────[MOVP  K500   D200 ]
              │                          设定值50℃
              ├──────────────────[MOVP  K1800  D202 ]
              │                  自动调谐输出值1800ms
              ├──────────────────[MOVP  K3000  D210 ]
              │                      采样时间3000ms
              ├──────────────────[MOVP  H30    D211 ]
              │                          动作方向字
              ├──────────────────[MOVP  K70    D212 ]
              │                        滤波系数70%
              ├──────────────────[MOVP  K0     D215 ]
              │                      微分增益KD=0
              ├──────────────────[MOVP  K2000  D232 ]
              │                            输出上限
              ├──────────────────[MOVP  K0     D233 ]
              │                            输出下限
              └──────────────────[PLS   M0          ]
                                         开始自动调谐
43   M0 ─┤├──────────────────────[SET   M1          ]
                                         PID指令驱动
45   M8002 ─┤├───────────[TO    K0   K0   H3330  K1 ]
                                    FX2N-4AD通道字
55   M8000 ─┤├───────────[FROM  K0   K9   D201   K1 ]
                                         读采样当前值
65   M010 ─┤/├─┬─────────────────[RST   D202        ]
     M1   ─┤/├─┘                             输出清零
70   M1 ─┤├─┬────────────[PID   D200  D201  D210  D202 ]
            │                            自动调谐开始
            ├────────────────────[MOV   D211   K2M10 ]
            │                            取动作方向字
            ├─ M14 ─┤├───────────[PLF   M2          ]
            │                            自动调谐完成
            └─ M2 ─┤├────────────[RST   M1          ]
                                     断开自动调谐驱动
92   M1 ─┤├──────────────────────(T246  K2000 )
                                            加热周期
96   T246 ─┤├─┬──────────────────[RST   T246        ]
     M1   ─┤/├─┘
100  [<  T246  D202 ]── M1 ─┤├───(Y001  )
                                          加热器输出
107  M8067 ─┤├───────────────────(Y000  )
                                          自动调谐有错
109  ────────────────────────────[END   ]
```

图6-59 PID自动调谐程序

b. PID控制+PID自动调谐程序。PID控制+PID自动调谐程序如图6-60所示。

```
     M8002
0  ──┤├──┬──────────────[ MOV  K500   D200  ]
         │                    设定值50℃
         ├──────────────[ MOV  K70    D212  ]
         │                    滤波系数70%
         ├──────────────[ MOV  K0     D215  ]
         │                    微分增益KD=0
         ├──────────────[ MOV  K2000  K232  ]
         │                    输出上限
         └──────────────[ MOV  K0     D233  ]
                              输出下限
     X010
26 ──┤├─────────────────[ PLS  M0  ]
                              开始自动调谐
     X011   M0
29 ──┤/├──┤├──┬─────────[ SET  M1  ]
              │               PID指令驱动
              ├─────────[ MOV  K3000  D210  ]
              │               自动调谐采样时间3000ms
              ├─────────[ MOV  H30    D211  ]
              │               动作方向字
              └─────────[ MOV  K1800  D202  ]
                              自动调谐输出值1800ms
     M1
47 ──┤/├────────────────[ MOV  K500   D210  ]
                              PID控制采样时间500ms
     M8002
53 ──┤├─────────────────[ TO   K0   K0   H3330  K1 ]
                              FX2N-4AD通道字
     M8000
63 ──┤├─────────────────[ FROM K0   K9   D201   K1 ]
                              读采样当前值
     M8002
73 ──┤├─────────┬───────[ RST  D202  ]
     X010  X011 │             输出清零
   ──┤/├──┤/├───┘
     X010
80 ──┤├──┬──────────────[ PID  D200  D201  D210  D202 ]
         │                    PID自动调谐或PID控制开始
     X011│
   ──┤├──┴──────────────( M3 )
     M1
92 ──┤├──┬──────────────[ MOV  D211  K2M10 ]
         │                    取动作方向字
         │  M14
         ├──┤├──────────[ PLF  M2  ]
         │                    自动调谐完成
         │  M2
         └──┤├──────────[ RST  M1  ]
                              断开自动调谐驱动
     M3                          K2000
105──┤├─────────────────( T246 )
                              加热周期
     T246   M3
109──┤├──┬──────────────[ RST  T246 ]
     M3  │
   ──┤/├─┘
113─[<  T246  D202 ]──┤├(M3)──( Y001 )
                              加热器输出
     M8067
120──┤├─────────────────( Y000 )
                              自动调谐有错
122─────────────────────[ END ]
```

图6-60 PID控制+PID自动调谐程序

FX3U PLC

第7章 FX3U 通信及应用

由于PLC的高性能和高可靠性，目前已广泛应用于工业控制领域，并从单纯的逻辑控制发展为集逻辑控制、过程控制、伺服控制、数据处理和网络通信功能于一体的多功能控制器。

计算机网络技术的发展与工厂自动化程度的不断提高，对工控产品的网络通信功能要求越来越高，现在几乎所有的PLC都具有通信及联网的功能。不同的PLC厂家还各自开发出专用的网络系统与通信协议，利用网络通信功能可以很方便地构成集中分散式控制系统。现在各厂家所采用的网络及通信协议不尽相同，但基本原理是一致的，今后的发展趋势是向开放式、多层次、高可靠性、大数据量发展。本章首先介绍通信与网络控制的一些基本概念及所采用的数据传送方式等，然后着重分析三菱PLC的通信功能与协议，最后介绍其通信与网络的基本构成及在工业控制中的工程应用实践。

7.1 数据通信的基础知识

把PLC与PLC、PLC与计算机、PLC与人机界面或PLC与智能装置通过信道连接起来，实现通信，以构成功能更强、性能更好、信息更流畅的控制系统，一般称为PLC联网。PLC联网之后，还可通过中间站点或其他网桥进行网与网互连，以组成更为复杂的网络与通信系统。

PLC与PLC、PLC与计算机、PLC与人机界面以及PLC与其他智能装置间的通信，可提高PLC的控制能力及扩大PLC控制地域，可便于对系统监视与操作，可简化系统安装与维修，可使自动化从设备级发展到生产线级、车间级以至于工厂级，实现在信息化基础上的自动化，为实现智能化工厂及全集成自动化系统提供技术支持。

7.1.1 数据通信方式

PLC网络中的任何设备之间的通信，都是使数据由一台设备的端口（信息发送设备）发出，经过信息传输通道（信道）传输到另一台设备的端口（信息接收设备）进行接收。一般通信系统由信息发送设备、信息接收设备和通信信道构成，依靠通信协议和通信软件的指挥、协调和运作该通信系统硬件的信息传送、交换和处理。数据通信系统的构成框图如图7-1所示。

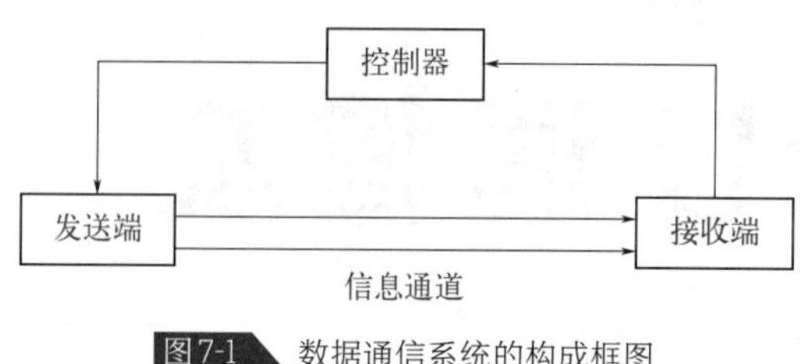

图7-1 数据通信系统的构成框图

PLC与计算机除了作为信息发送与接收设备外也是系统的控制设备。为确保信息发送和接收的正确性和一致性，控制设备必须按照通信协议和通信软件的要求对信息发送和接收过程进行协调。

信息通道是数据传输的通道。选用何种信道媒介应视通信系统的设备构成不同以及在速度、安全、抗干扰性等方面的要求的不同而确定。PLC数据通信系统一般采用有线信道。

通信软件是人与通信系统之间的一个接口，使用者可以通过通信软件了解整个通信系统的运作情况，进而对通信系统进行各种控制和管理。

（1）并行通信和串行通信

按照串行数据时钟的控制方式，串行通信传输可以通过两种方式进行：并行通信和串行通信。

① 并行通信　并行通信是指以字节或字为单位，同时将多个数据在多个并行信道上进行传输的方式，如图7-2所示。

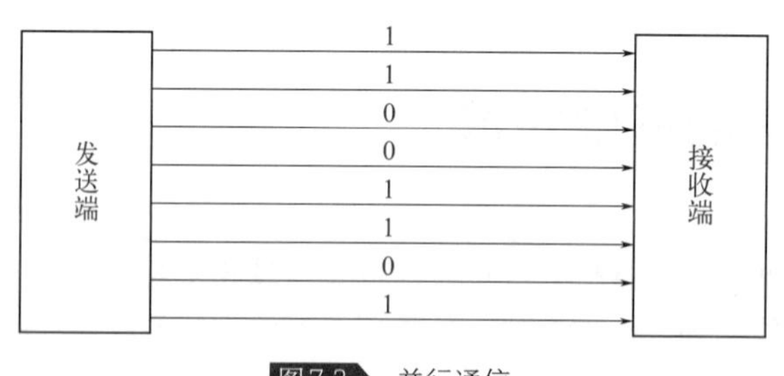

图7-2 并行通信

并行通信传输时，传送几位数据就需要几根线。传输速率较高，但是硬件成本也较高。

并行数据传送的特点是：各数据位同时传送，传送速度快、效率高，多用在实时、快速的场合。

并行传送的数据宽度可以是1～128位，甚至更宽，但是有多少数据位就需要多少条数据线，因此传送的成本高。在集成电路芯片的内部、同一插件板上各部件之间、同一机箱内各插件板之间的数据传送都是并行的。

并行数据传送只适用于近距离的通信，通常小于30m。

② 串行通信　串行通信是指以二进制的位（bit）为单位，对数据一位一位的顺序成串传送的通信传输方式。图7-3是8位数据串行传输示意图。

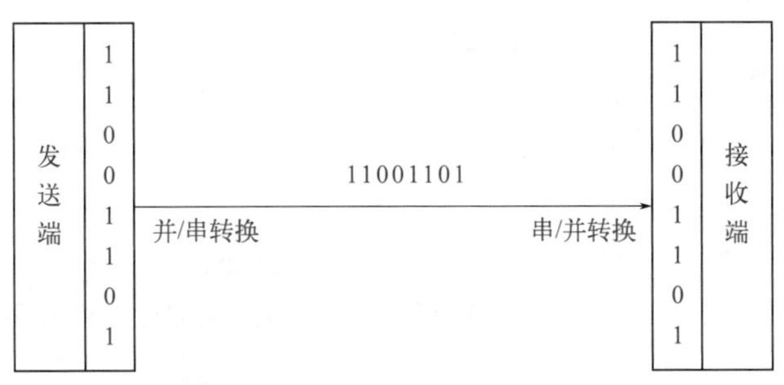

图7-3　8位数据串行传输示意图

串行通信时，无论传送多少位的数据，只需要一根数据线即可，硬件成本较低，但是需要并/串转换器配合工作。

串行数据传送的特点是：数据的传送是按位顺序进行，最少只需要一根传输线即可完成，节省传输线。与并行通信相比，串行通信还有较为显著的优点：传输距离长，可以从几米到几千米；在长距离内串行数据传送速率会比并行数据传送速率快；串行通信的通信时钟频率容易提高；串行通信的抗干扰能力十分强，其信号间的互相干扰完全可以忽略。

正是由于串行通信的接线少、成本低，因此它在数据采集和控制系统中得到了广泛的应用，产品也多种多样。计算机和PLC间都采用串行通信方式。

串行通信按照传送方式又可以分成异步串行通信、同步串行通信两种。

（2）单工、半双工、全双工

通过单线传输信息是串行数据通信的基础。数据通常是在两个站（点对点）之间进行传送，按照数据流的方向可分成三种传送模式：

① 单工形式　单工形式的数据传送是单向的。通信双方中，一方固定为发送端，另一方则固定为接收端。信息只能沿一个方向传送，使用一根传输线，如图7-4所示。

图7-4　单工形式

单工形式一般用在只向一个方向传送数据的场合。例如计算机与打印机之间的通信是单工形式，因为只有计算机向打印机传送数据，而没有相反的数据传送，还有在某些通信信道中，如单工无线发送等。

② 半双工形式　半双工通信使用同一根传输线，既可发送数据又可接收数据，但不能同时发送和接收。在任何时刻只能由其中的一方发送数据，另一方接收数据。因此半双工形式既可以使用一条数据线，也可以使用两条数据线，如图7-5所示。

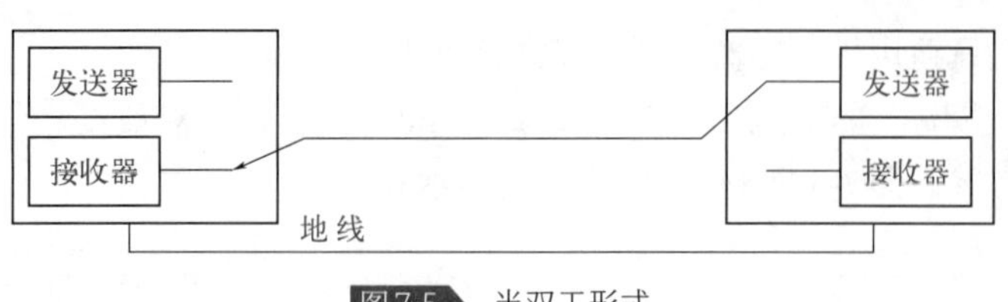

图7-5 半双工形式

半双工通信中每端需有一个收/发切换电子开关，通过切换来决定数据向哪个方向传输。因为有切换，所以会产生时间延迟。信息传输效率低些。

③ 全双工形式　全双工数据通信分别由两根可以在两个不同的站点同时发送和接收的传输线进行传送，通信双方都能在同一时刻进行发送和接收操作，如图7-6所示。

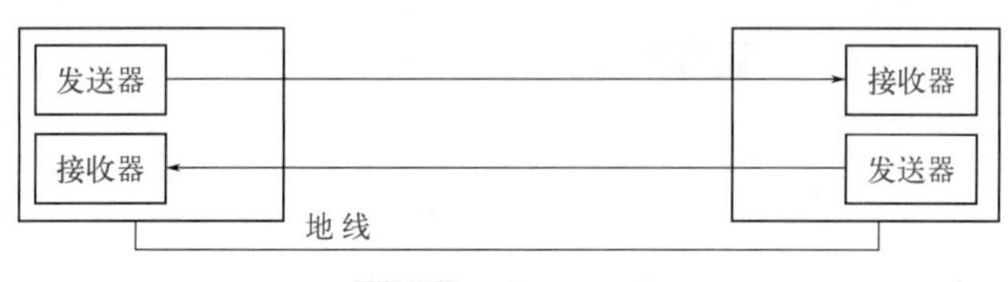

图7-6 全双工形式

在全双工方式中，每一端都有发送器和接收器，有两条传送线，可在交互式应用和远程监控系统中使用，信息传输效率较高。

（3）异步传输与同步传输

串行传输中，数据是一位一位按照到达的顺序依次传输的，每位数据的发送和接收都需要时钟来控制。发送端通过发送时钟确定数据位的开始和结束，接收端则需要在适当的时间间隔对数据流进行采样来正确地识别数据。接收端和发送端的步调必须保持一致，否则数据传输出现差错。为了解决以上问题，串行传输可采用以下两种方法：异步传输和同步传输。

① 异步传输　异步传输方式中，字符是数据传输单位。在通信的数据流中，字符间异步，字符内部各位间同步。异步通信方式的“异步”主要体现在字符与字符之间通信没有严格的定时要求。异步传送中，字符可以是连续地、一个个地发送，也可以是不连续地，随机地进行单独发送。在一个字符格式的停止位之后，立即发送下一个字符的起始位，开始一个新的字符的传输，这叫作连续的串行数据发送，即帧与帧之间是连续的。断续的串行数据传送是指在一帧结束之后维持数据线的“空闲”状态，新的起始位可在任何时刻开始。一旦传送开始，组成这个字符的各个数据位将被连续发送，并且每个数据位持续的时间是相等的。接收端根据这个特点与数据发送端保持同步，从而正确地恢复数据。收/发双方则以预先约定的传输速率，在时钟的作用下，传送这个字符中的每一位。

在串行通信中，数据是以帧为单位传输的，帧有大帧和小帧之分，小帧包含一个字符，大帧含有多个字符。异步通信采用小帧传输，一帧中有10～12个二进制数据位。每一帧由一个起始位、7～8个数据位、1个奇偶校验位（可以没有）和停止位（1位或2位）组成。被传送的一组数据相邻两个字符停顿时间不一致，如图7-7所示。

② 同步传输　同步传输方式中，比特块以稳定的比特流的形式传输，数据被封装成更大的传输单位，称为帧。每个帧含有多个字符代码，而且字符代码与字符代码之间没有间隙以及起始位和停止位。和异步传输相比，数据传输单位的加长容易引起时钟漂移。为了保证接收端能够区分数据流中的每个数据位，收发双方必须通过某种方法建立起同步的时钟。可

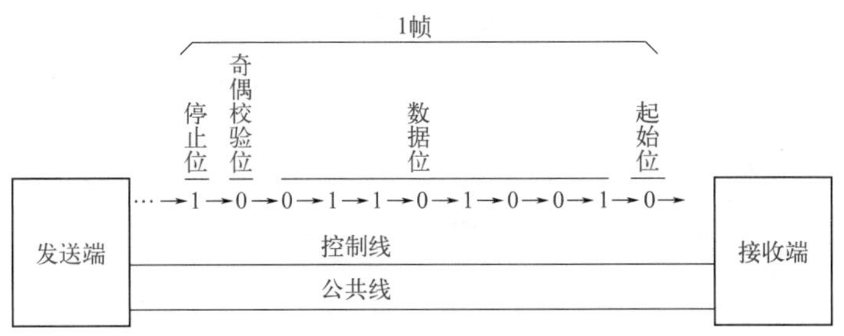

图7-7 串行异步数据传输

以在发送器和接收器之间提供一条独立的时钟线路，由线路的一端（发送器或者接收器）定期地在每个比特时间中向线路发送一个短脉冲信号，另一端则将这些有规律的脉冲作为时钟。

同步通信采用大帧传输数据。同步通信的多种格式中，常用的为HDLC（高级数据链路控制）帧格式，其每一帧中有1个字节的起始标志位、2个字节的收发方地址位、2个字节的通信状态位、多个字符的数据位和2个字节的循环冗余校验位，如图7-8所示。

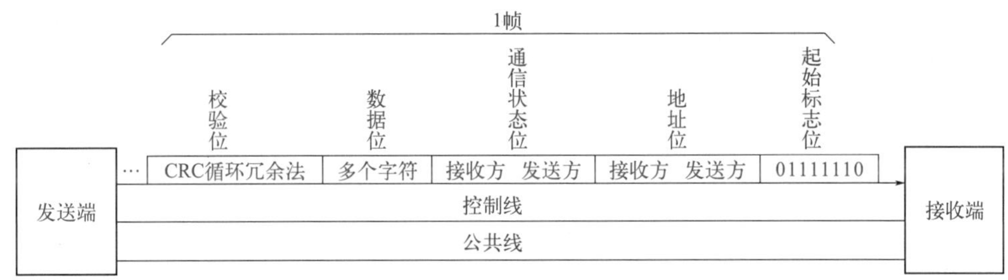

图7-8 串行同步数据传输

（4）基带传输与频带传输

基带传输是按照数字信号原有的波形（以脉冲形式）在信道上直接传输，它要求信道具有较宽的通频带。基带传输不需要调制解调，设备花费少，适用于较小范围的数据传输。基带传输时，通常对数字信号进行一定的编码。常用的数据编码方法有非归零码NRZ、曼彻斯特编码和差动曼彻斯特编码等。后两种编码不含直流分量、包含时钟脉冲，便于双方自同步，所以应用广泛。

频带传输是一种采用调制解调技术的传输形式。发送端采用调制信号，对数字信号进行变换，将代表数据的二进制“1”和“0”，变换成具有一定频带范围的模拟信号，以适应在模拟信道上传输。接收端通过解调手段进行相反变换，把模拟的调制信号复原为“1”或“0”。常用的调制方法有频率调制、振幅调制和相位调制。具有调制、解调功能的装置称为调制解调器，即Modem。频带传输较复杂，传送距离较远，若通过市话系统配备Modem，则传送距离可不受限制。

PLC通信中，基带传输和频带传输两种传输形式都有采用，但一般采用基带传输。

（5）串行通信的基本参数

串行端口的通信方式是将字节拆分成一个接一个的位后再传送出去。接到此电位信号的一方再将此一个一个的位组合成原来的字节，如此形成一个字节的完整传送，在数据传送时，应在通信端口的初始化时设置几个通信参数。

① 波特率　串行通信的传输受到通信双方配备性能及通信线路的特性所左右，收、发双方必须按照同样的速率进行串行通信，即收、发双方采用同样的波特率。我们通常将传输速度称为波特率，指的是串行通信中每秒所传送的数据位数，单位是bps。我们经常可以看到仪器或Modem的规格书上都写着19200 bps、38400 bps等，所指的就是传输速度。例如，在某异步串行通信中，每传送一个字符需要8位，如果采用波特率4800 bps进行传送，则每秒可以传送600个字符。

② 数据位　当接收设备收到起始位后，紧接着就会收到数据位，数据位的个数可以是5、6、7或8位数据。在字符数据传送的过程中，数据位从最低有效位开始传送。

③ 起始位　在通信线上，没有数据传送时处于逻辑“1”状态。当发送设备要发送一个字符数据时，首先发出一个逻辑“0”信号，这个逻辑低电平就是起始位。起始位通过通信线传向接收设备，当接收设备检测到这个逻辑低电平后，就开始准备接收数据位信号。因此，起始位所起的作用就是表示字符传送的开始。

④ 停止位　在奇偶校验位或者数据位（无奇偶校验位时）之后是停止位。它可以是1位、1.5位或2位，停止位是一个字符数据的结束标志。

⑤ 奇偶校验位　数据位发送完之后，就可以发送奇偶校验位。奇偶校验用于有限差错检验，通信双方在通信时约定一致的奇偶校验方式。就数据传送而言，奇偶校验位是冗余位，它表示数据的一种性质，这种性质用于检错，虽然有限但很容易实现。

7.1.2　通信介质

通信介质就是在通信系统中位于发送端与接收端之间的物理通路。通信介质一般可分为导向性和非导向性介质两种：导向性介质有双绞线、同轴电缆和光纤等，这种介质将引导信号的传播方向；非导向性介质一般通过空气传播信号，它不为信号引导传播方向，如短波、微波和红外线通信等。

以下仅简单介绍几种常用的导向性通信介质。

（1）双绞线

双绞线是一种廉价而又广为使用的通信介质，它由两根彼此绝缘的导线按照一定规则以螺旋状绞合在一起的，如图7-9所示。这种结构能在一定程度上减弱来自外部的电磁干扰及相邻双绞线引起的串音干扰。但双绞线在传输距离、带宽和数据传输速率等方面仍有其一定的局限性。

双绞线常用于建筑物内局域网数字信号传输。这种局域网所能实现的带宽取决于所用导线的质量、长度及传输技术。只要选择、安装得当，在有限距离内数据传输速率达到10Mbit/s。当距离很短且采用特殊的电子传输技术时，传输速率可达100Mbit/s甚至1000Mbit/s。

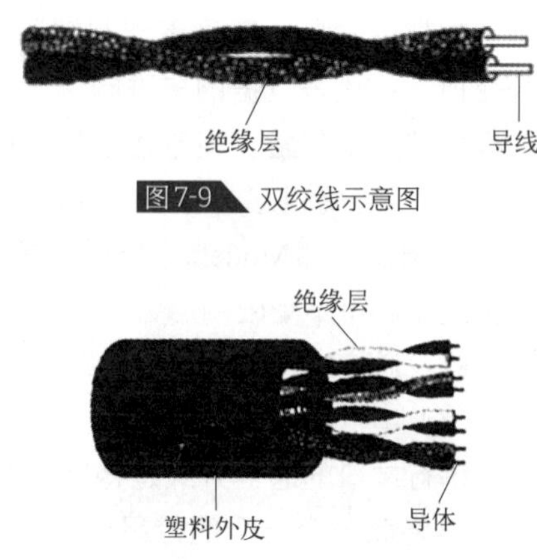

图7-9　双绞线示意图

图7-10　非屏蔽双绞线电缆

在实际应用中，通常将许多对双绞线捆扎在一起，用起保护作用的塑料外皮将其包裹起来制成电缆。采用上述方法制成的电缆就是非屏蔽双绞线电缆，如图7-10所示。为了便于识别导线和导线间的配对关系，双绞线电缆中每根导线使用不同颜色的绝缘层。为了减少双绞线间的相互串扰，电缆中相邻双绞线一般采用不同的绞合长度。非屏蔽双绞线电缆价格便宜、直径小节省空间、使用方便灵活、易于安装，是目前最常用的通信介质。

美国电器工业协会（EIA）规定了6种质量级别的双绞线电缆，其中1类线档次最低，只适于传输语音，6类线档次最高，传输频率可达到250MHz。网络综合布线一般使用3、4、5类线。3类线传输频率为16MHz，数据传输速率可达10Mbit/s，4类线传输频率为20MHz，数据传输速率可达16Mbit/s，5类线传输频率为100MHz，数据传输速率可达100Mbit/s。

非屏蔽双绞线易受干扰，缺乏安全性。因此，往往采用金属包皮或金属网包裹以进行屏蔽，这种双绞线就是屏蔽双绞线。屏蔽双绞线抗干扰能力强，有较高的传输速率，100m内可达到155Mbit/s。但其价格相对较贵，需要配置相应的连接器，使用时不是很方便。

（2）同轴电缆

如图7-11所示，同轴电缆由内、外层两层导体组成。

内层导体是由一层绝缘体包裹的单股实心线或绞合线（通常是铜制的），位于外层导体的中轴上。外层导体是由绝缘层包裹的金属包皮或金属网。同轴电缆的最外层是能够起保护作用的塑料外皮。同轴电缆的外层导体不仅能够充当导体的一部分，而且还起到屏蔽作用。这种屏蔽层一方面能防止外部环境造成的干扰，另一方面能阻止内层导体的辐射能量干扰其他导线。

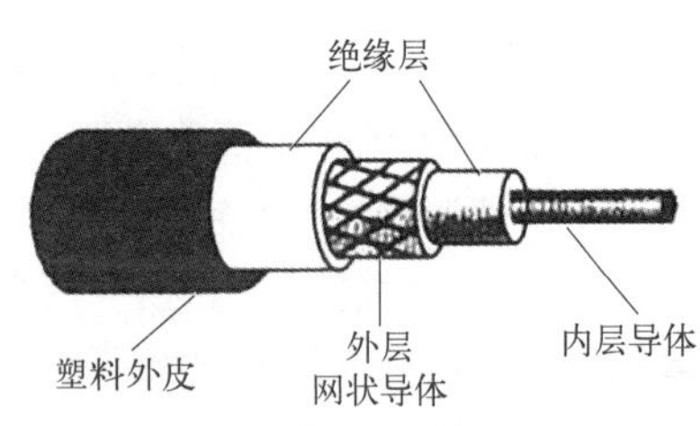

图7-11 同轴电缆

与双绞线相比，同轴电线抗干扰能力强，能够应用于频率更高、数据传输速率更快的情况。对其性能造成影响的主要因素来自衰损和热噪声，采用频分复用技术时还会受到交调噪声的影响。虽然目前同轴电缆大量被光纤取代，但它仍广泛应用于有线电视和某些局域网中。

目前得到广泛应用的同轴电缆主要有50Ω电缆和75Ω电缆这两类。50Ω电缆用于基带数字信号传输，又称基带同轴电缆。电缆中只有一个信道，数据信号采用曼彻斯特编码方式，数据传输速率可达10Mbit/s，这种电缆主要用于局域以太网。75Ω电缆是CATV系统使用的标准电缆，它既可用于传输宽带模拟信号，也可用于传输数字信号。对于模拟信号而言，其工作频率可达400MHz。若在这种电缆上使用频分复用技术，则可以使其同时具有大量的信道，每个信道都能传输模拟信号。

（3）光纤

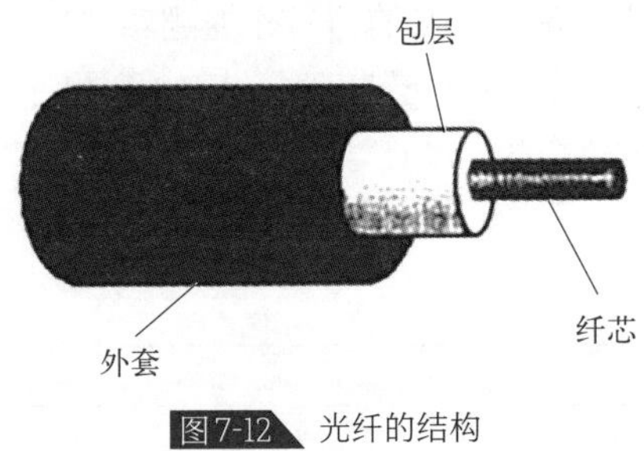

图7-12 光纤的结构

光纤是一种传输光信号的传输媒介。光纤的结构如图7-12所示，处于光纤最内层的纤芯是一种横截面积很小、质地脆、易断裂的光导纤维，制造这种纤维的材料可以是玻璃也可以是塑料。纤芯的外层裹有一个包层，它由折射率比纤芯小的材料制成。正是由于在纤芯与包层之间存在着折射率的差异，光信号才得以通过全反射在纤芯中不断向前传播。在光纤的最外层则是起保护作用的外套。通常都是将多根光纤扎成束并裹以保护层制成多芯光缆。

从不同的角度考虑，光纤有多种分类方式：根据制作材料的不同，光纤可分为石英光纤、塑料光纤、玻璃光纤等；根据传输模式不同，光纤可分为多模光纤和单模光纤；根据纤芯折射率的分布不同，光纤可以分为突变型光纤和渐变型光纤；根据工作波长的不同，光纤可分为短波长光纤、长波长光纤和超长波长光纤。

单模光纤的带宽最宽，多模渐变光纤次之，多模突变光纤的带宽最窄。单模光纤适于大容量远距离通信，多模渐变光纤适于中等容量中等距离的通信，而多模突变光纤只适于小容量的短距离通信。

在实际光纤传输系统中，还应配置与光纤配套的光源发生器件和光检测器件。目前最常见的光源发生器件是发光二极管（LED）和注入激光二极管（ILD）。光检测器件是在接收端能够将光信号转化成电信号的器件，目前使用的光检测器件有光敏二极管（PIN）和雪崩光敏二极管（APD），光敏二极管的价格较便宜，然而雪崩光敏二极管却具有较高的灵敏度。

与一般的导向性通信介质相比，光纤具有很多优点：

① 光纤支持很宽的带宽，其范围在10^{14}～10^{15}Hz之间，这个范围覆盖了红外线和可见光的频谱。

② 具有很快的传输速率，当前限制其所能实现的传输速率的因素来自信号生成技术。

③ 光纤抗电磁干扰能力强，由于光纤中传输的是不受外界电磁干扰的光束，而光束本身又不向外辐射，因此它适用于长距离的信息传输及安全性要求较高的场合。

④ 光纤衰减较小，中继器的间距较大。采用光纤传输信号时，在较长距离内可以不设置信号放大设备，从而减少了整个系统中继器的数目。

当然光纤也存在一些缺点，如系统成本较高、不易安装与维护、质地脆易断裂等。

7.1.3 串行通信的接口标准

串行通信应用十分广泛，串口已成为计算机的必需部件和接口之一。串行接口一般包括RS-232/422/485，其技术简单成熟、性能可靠、价格低廉，所要求的软硬件环境或条件都很低，广泛应用于计算机及相关领域，遍及调制解调器（modem）、各种监控模块、PLC、摄像头云台、数控机床、单片机及相关智能设备。PLC通信主要采用串行异步通信。

（1）RS-232C

RS-232C是美国电子工业协会EIA于1969年公布的通信协议，它的全称是“数据终端设备（DTE）和数据通信设备（DCE）之间串行二进制数据交换接口技术标准”。RS-232C接口标准是目前计算机和PLC中最常用的一种串行通信接口。

RS-232C采用负逻辑，用−5～−15V表示逻辑1，用+5～+15V表示逻辑0。噪声容限为2V，即要求接收器能识别低至+3V的信号作为逻辑“0”，高到−3V的信号作为逻辑“1”。RS-232C只能进行一对一的通信，RS-232C可使用9针或25针的D形连接器，表7-1列出了RS-232C接口各引脚信号的定义以及9针与25针引脚的对应关系。PLC一般使用的是9针连接器。

表7-1 RS-232C接口各引脚信号的定义

引脚号（9针）	引脚号（25针）	信号	方向	功能
1	8	DCD	IN	数据载波检测
2	3	RxD	IN	接收数据
3	2	TxD	OUT	发送数据
4	20	DTR	OUT	数据终端装置（DTE）准备就绪
5	7	GND		信号公共参考地

续表

引脚号（9针）	引脚号（25针）	信号	方向	功能
6	6	DSR	IN	数据通信装置（DCE）准备就绪
7	4	RTS	OUT	请求传送
8	5	CTS	IN	清除传送
9	22	CI（RI）	IN	振铃指示

图7-13（a）所示为两台计算机都使用RS-232C直接进行连接的典型连。图7-13（b）所示为通信距离较近时只需3根连接线。

如图7-14所示，RS-232C的电气接口采用单端驱动、单端接收的电路，容易受到公共地线上的电位差和外部引入的干扰信号的影响，同时还存在以下不足之处：

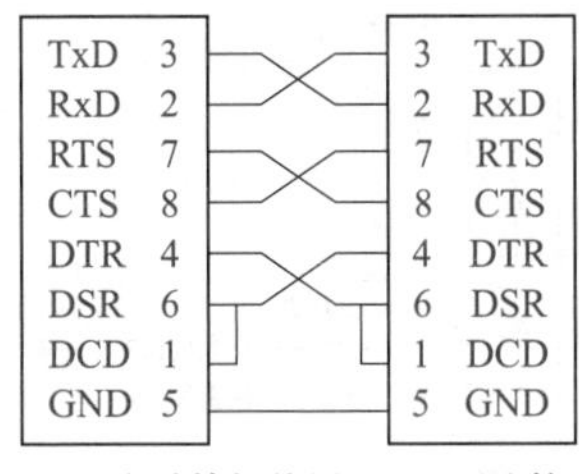

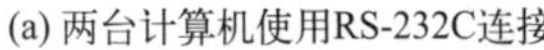
(a) 两台计算机使用RS-232C连接

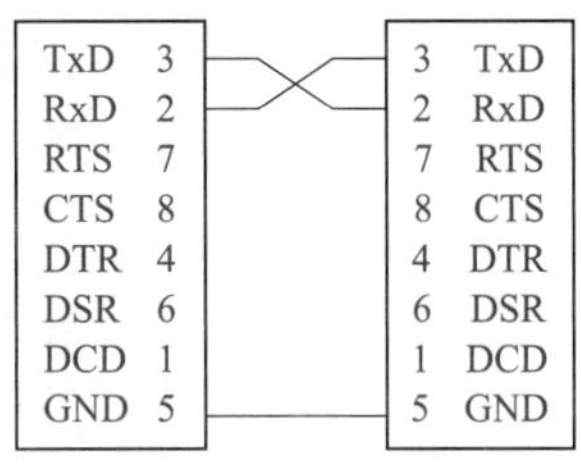

(b) 近距离通信接线

图7-13 两个RS-232C数据终端设备的连接

MC1488 MC1489

图7-14 单端驱动单端接收的电路

① 传输速率较低，最高传输速度速率为20kbit/s。

② 传输距离短，最大通信距离为15m。

③ 接口的信号电平值较高，易损坏接口电路的芯片，又因为与TTL电平不兼容，故需使用电平转换电路方能与TTL电路连接。

（2）RS-422A

针对RS-232C的不足，EIA于1977年推出了串行通信标准RS-499，对RS-232C的电气特性做了改进，RS-422A是RS-499的子集。

如图7-15所示，由于RS-422A采用平衡驱动、差分接收电路，从根本上取消了信号地线，大大减少了地电平所带来的共模干扰。平衡驱动器相当于两个单端驱动器，其输入信号相同，两个输出信号互为反相信号，图中的小圆圈表示反相。外部输入的干扰信号是以共模方式出现的，两传输线上的共模干扰信号相同，因接收器是差分输入，共模信号可以互相抵消。只要接收器有足够的抗共模干扰能力，就能从干扰信号中识别出驱动器输出的有用信号，从而克服外部干扰的影响。

图7-15 平衡驱动差分接收电路

RS-422在最大传输速率10Mbit/s时，允许的最大通信距离为12m。传输速率为100kbit/s时，最大通信距离为1200m。一台驱动器可以连接10台接收器。

（3）RS-485

RS-485是RS-422A的变形，RS-422A是全双工，两对平衡差分信号线分别用于发送和接收，所以采用RS-422A接口通信时最少需要4根线。RS-485为半双工，只有一对平衡差分信号线，不能同时发送和接收，最少只需两根连线。

如图7-16所示，使用RS-485通信接口和双绞线可组成串行通信网络，构成分布式系统，系统最多可连接128个站。

RS-485的逻辑“1”以两线间的电压差为+（2～6）V表示，逻辑“0”以两线间的电压差为-（2～6）V表示。接口信号电平比RS-232C降低了，就不易损坏接口电路的芯片，且该电平与TTL电平兼容，可方便与TTL电路连接。由于RS-485接口具有良好的抗噪声干扰性、高传输速率（10Mbit/s）、长的传输距离（1200m）和多站能力（最多128站）等优点，所以在工业控制中广泛应用。

RS-422/RS-485接口一般采用使用9针的D形连接器。普通微机一般不配备RS-422和RS-485接口，但工业控制微机基本上都有配置。图7-17所示为RS-232C/RS-422转换器的电路原理图。

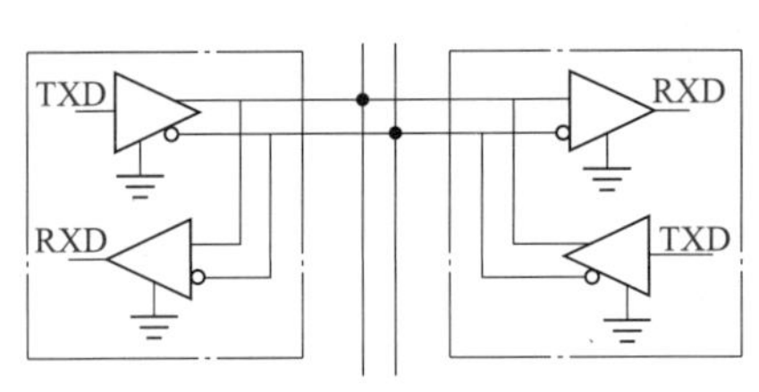

图7-16 采用RS-485的网络

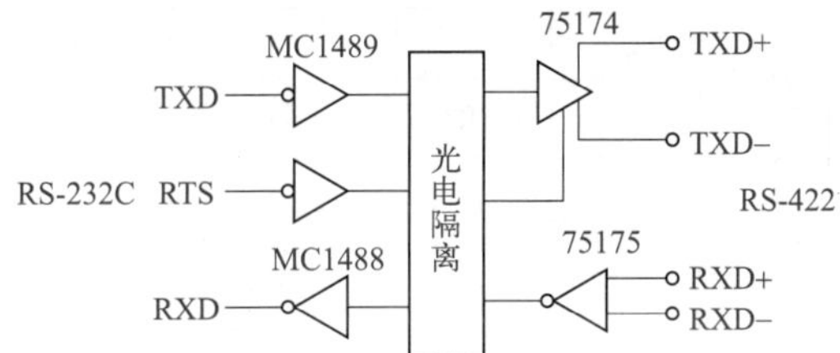

图7-17 RS-232C/RS-422转换器的电路原理图

7.2 FX3U通信基本概况

三菱电机FX PLC具有丰富强大的通信功能，不仅PLC与PLC之间能够进行数据链接，而且也能够实现与上位机、外围设备数据通信。通信功能包括 CC-Link网络功能、N:N网络功能、并联链接功能、计算机链接功能、变频器通信功能、无协议通信功能、编程通信功能和远程维护功能。

7.2.1 FX3U的串行通信

FX PLC、计算机和外部设备通过端口RS-232、RS-422/RS-485进行的通信如下所述。

（1）N:N网络功能

N:N网络功能，通过RS-485通信连接，最多8台FXPLC之间实现进行软元件相互链接的功能。该功能可以实现小规模系统的数据链接以及机械之间的信息交换。

① 根据要链接的点数，有三种模式可以选择。三种模式所支持PLC类型及通信软元件见表7-2，主要区别在于所进行通信的位信息、字信息通信量不同。

② 数据的链接是在FX PLC之间自动更新，PLC最多8台。

③ 总延长距离最大可达500m（仅限于全部由485ADP构成的情况）。

功能：可以在FX PLC之间进行简单的数据链接。

用途：生产线的分散控制和集中管理等。

N:N生产线网络通信如图7-18所示。

表7-2 三种通信模式

可编程程序控制器	模式0	模式1	模式2
FX3UC 系列	○□	○	○
FX3U 系列	○	○	○
FX3G 系列	○	○	○
FX2NC 系列	○	○	○
FX2N 系列	○	○	○
FX1NC 系列	○	○	○
FX1N 系列	○	○	○
FX1S 系列	○	×	×
FX0N 系列	○	×	×

站号		模式0		模式1		模式2	
		位软元件（M）	字软元件（D）	位软元件（M）	字软元件（D）	位软元件（M）	字软元件（D）
		0点	各站4点	各站32点	各站4点	各站64点	各站8点
主站	站号0	—	D0 ~ D3	M1000 ~ M1031	D0 ~ D3	M1000 ~ M1063	D0 ~ D7
从站	站号1	—	D10 ~ D13	M1064 ~ M1095	D10 ~ D13	M1064 ~ M1127	D10 ~ D17
	站号2	—	D20 ~ D23	M1128 ~ M1159	D20 ~ D23	M1128 ~ M1191	D20 ~ D27
	站号3	—	D30 ~ D33	M1192 ~ M1223	D30 ~ D33	M1192 ~ M1255	D30 ~ D37
	站号4	—	D40 ~ D43	M1256 ~ M1287	D40 ~ D43	M1256 ~ M1319	D40 ~ D47
	站号5	—	D50 ~ D53	M1320 ~ M1351	D50 ~ D53	M1320 ~ M1383	D50 ~ D57
	站号6	—	D60 ~ D63	M1384 ~ M1415	D60 ~ D63	M1384 ~ M1447	D60 ~ D67
	站号7	—	D70 ~ D73	M1448 ~ M1479	D70 ~ D73	M1448 ~ M1511	D70 ~ D77

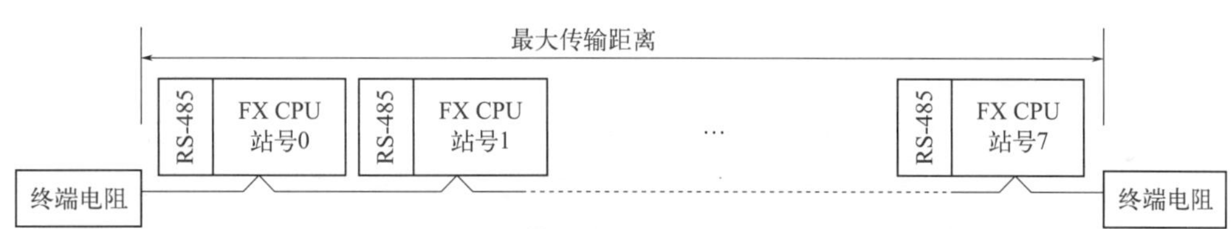

图7-18 N:N网络通信

下面以FX3U PLC（模式2）为例说明8台PLC之间发送、接收软元件数据的原理，系统结构图如图7-19所示。例如，0#站位元件M1000 ~ M1063，字元件DO ~ D7发送的数据，被其他站同样编号的软元件接收，同样7#站位元件M1448 ~ M1511，字元件D70 ~ D77发送的数据，被其他站同样编号的软元件接收。

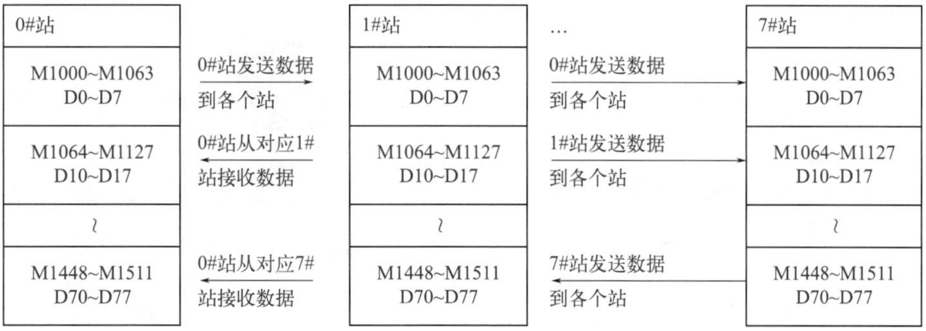

图7-19 8台PLC发送、接收软元件数据关系

（2）并联链接功能概述

并联链接功能是指两台同一系列的FX PLC连接，且其软元件相互链接的功能。

① 根据要链接的点数，可以选择普通模式和高速模式两种模式。

② 在两台FX PLC之间自动更新数据链接。通过位软元件（M）100点和数据寄存器（D）10点进行数据自动交换。

③ 总延长距离最大可达500m（仅限于全部由485ADP构成的情况）。

并联链接可以执行两台同系列FX PLC之间的信息交换。结构如图7-20所示，若为不同系列的FX PLC，建议使用N:N网络，且其规模可以扩展到8台。

并联链接有两种链接模式，根据链接模式的不同，链接软元件的类型和点数不同，见表7-3。

以FX3U PLC（普通并联模式）为例说明并联通信模式中PLC发送、接收软元件数据的原理，如图7-21所示。主站位元件M800 ～ M899、字元件D490 ～ D499发送的数据，被从站同样编号的软元件接收，反之从站位元件M900 ～ M999、字元件D500 ～ D509发送的数据，被主站同样编号的软元件接收。

表7-3　并联链接有两种链接模式

模式	普通并联模式		高速并联模式	
	位软元件（100点）	字软元件（10点）	位软元件（0点）	字软元件（2点）
主站	M800 ～ M899	M490 ～ M499	—	M490 ～ M491
从站	M900 ～ M999	M500 ～ M509	—	M500 ～ M501

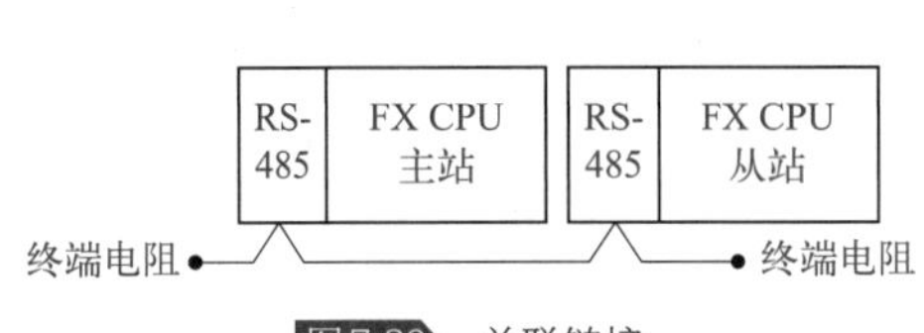

图7-20　并联链接

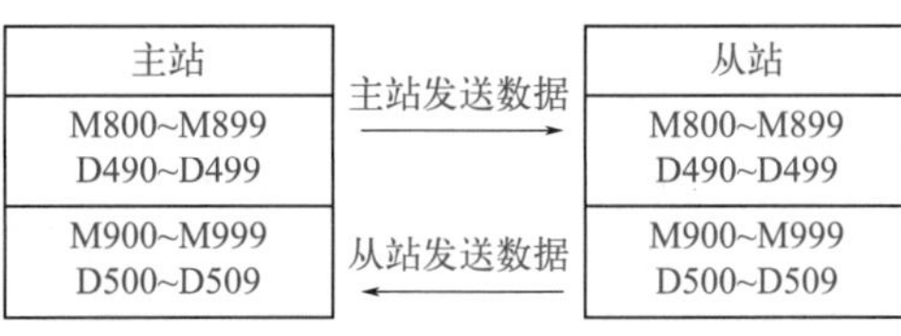

图7-21　并联通信PLC发送、接收软元件数据关系

（3）计算机链接功能概述

计算机链接功能是指以计算机作为主站，最多连接16台FX PLC进行数据链接的功能。

① FX PLC计算机链接最多可以实现16台（Q/APLC-计算机链接最多可以实现32台）。

② 支持MC（MELSEC通信协议）专用协议。

功能：将计算机作为主站，FX PLC作为从站进行连接。计算机侧的通信协议按照指定格式（计算机链接协议格式1、格式4）。

用途：数据的采集和集中管理等。

1：1链接网络和1：N链接网络结构如下：

a. 1：1链接（RS-232C，见图7-22）。

b. 1：N链接（RS-485，见图7-23）。

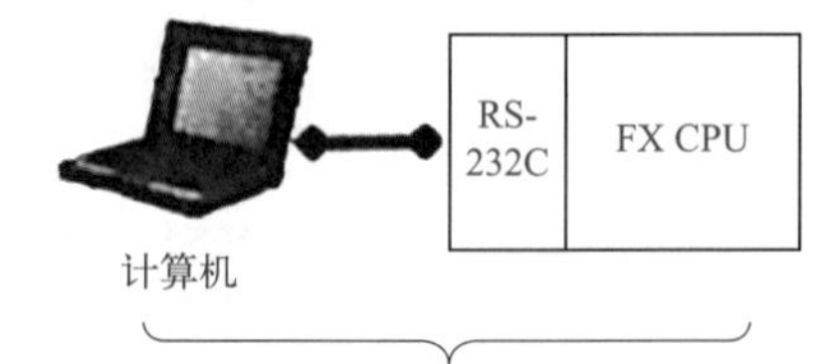

图7-22　1：1链接网络（FX PLC连接台数为1台）
总延长距离最长为15m。

（4）变频器通信功能概述

变频器通信功能是指以RS-485通信方式连接FX PLC与变频器，在PLC用户程序中用专用指令对变频器进行运行控制、监控以及参数的读出/写入进行运行控制、监控以及参数的读

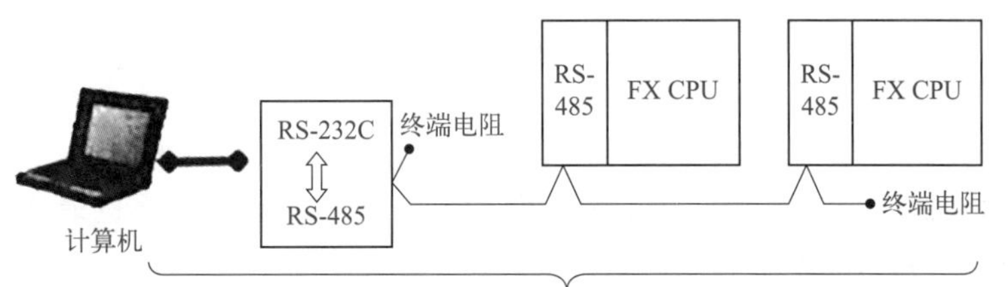

图7-23 1:N链接网络

需要注意的是：FX PLC的连接台数最多为16台；总延长距离最长为500m（485BD混合存在时为50m）。

出/写入的功能。

① 通过专用指令，便可实现变频器控制，对应的PLC见表7-4（FX2NV3.0以上选择FX2N-ROM-E1存储器，但与FX3U专用指令不同，该表只适用于三菱电机变频器）。

表7-4 对应的PLC

PLC	FX2（FX）、FX 2C	FX 0N	FX 1S、FX 1N、FX 1NC	FX 2N	FX 2NC	FX3G	FX 3U、FX3UC
可否对应通信	×	×	×	○（Ver.3.00 ～）	○（Ver.3.00 ～）	○（Ver.1.10 ～）	○

注：○—可以使用。基本单元的对应版本有限定时，×—不可以使用。

② 可以通过RS-485，用RS指令无协议方式进行控制。

③ 可以通过网络进行通信，如CC-Link网络通信。

④ 通过RS-485总延长距离最长可达500m（仅限于由485ADP构成的情况）。变频器RS-485通信结构如图7-24所示。

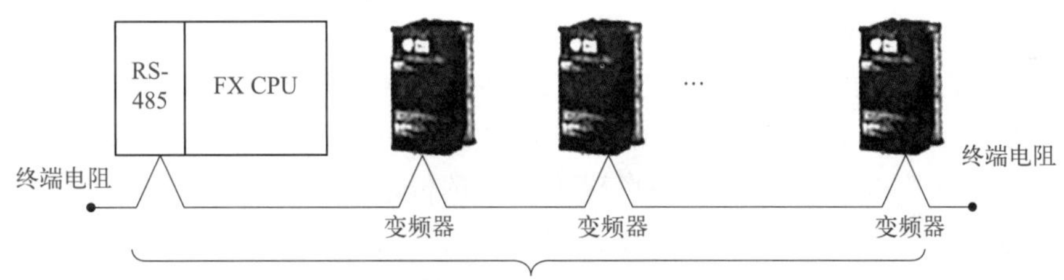

图7-24 变频器通信网络

注：a. 连接的变频器台数：使用变频器专用指令最多为8台，使用无协议通信最多为32台。
b. 总延长距离为500m（加485BD通信板时为50m）。

⑤ 通信对象

a. FX2N、FX2NC PLC的案例：三菱电机S500、E500、A500变频器。

b. FX3U、FX3UC、FX3G PLC的案例：三菱电机S500、E500、A500、F500、V500、D700、E700、A700、F700变频器。

（5）无协议通信功能概述

无协议通信功能是指执行PLC打印机或条形码阅读器等其他外部设备无协议数据通信的功能。在FX PLC中，通过使用RS指令、RS2指令，可以实现无协议通信功能。

RS2指令是FX3G、FX3U、FX3UC PLC的专用指令，通过指定通道，可以同时执行两个通道的通信（FX3GPLC可以同时执行3个通道的通信）。

① 通信数据最多允许发送4096点数据，最多接收4096点数据。但是，发送数据和接收数据的合计点数不能超出8000点。

② 无协议通信方式，支持串行通信的设备即可实现数据的交换通信。

③ RS-232通信的案例总延长距离最长可达15m，RS-485通信的案例最长可达500m（采用485BD连接时，最长为50m）。

RS指令适用于FX2、FX2C、FX0N、FX1S、FX1N、FX2N、FX3G、FX3U、FX1NC、FX2NC、FX3UC等类型的PLC。

功能：可以与具备RS-232C或者RS-485接口的各种设备，以无协议的方式进行数据交换。

用途：与计算机、条形码阅读器、打印机、各种测量仪表之间的数据交换。无协议通信结构如图7-25所示。

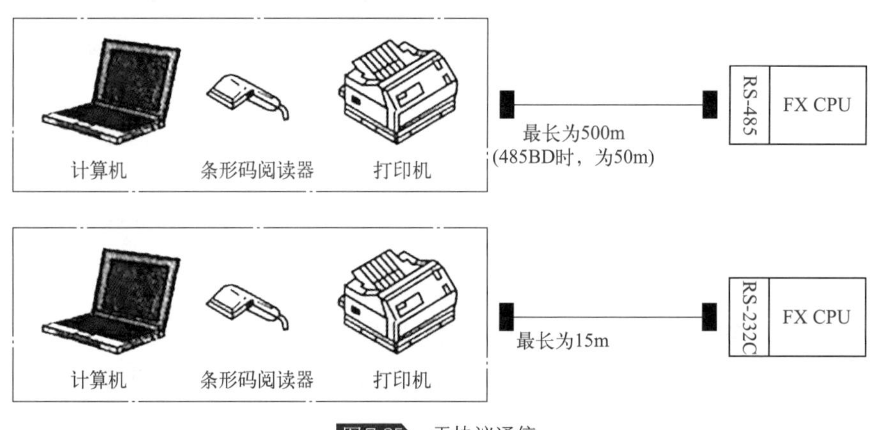

图7-25 无协议通信

（6）编程通信功能概述

① 顺控编程通信功能是指PLC连接编程工具后，执行程序传送以及监控的功能。

a. 可以使用一根电缆直接与计算机的RS-232C连接，执行顺控程序的传送、监控；

b. 可以通过计算机的USB接口，执行顺控程序的传送、监控；

c. 执行软元件监控的同时，还可以更改程序；

d. 可以同时连接两台显示器，或是同时连接显示器与编程工具。

功能：FX PLC除了标准配备的RS-422端口以外，还可以增加RS-232C和RS-422端口。

② 用途　同时连接两台人机界面或者编程工具等。

③ 编程通信结构

a. USB通信设备（计算机），只适合USB接口内置的FX3U、FX3GPLC，其他FX PLC没有USB接口，如图7-26所示。

b. RS-422通信设备（计算机或编程工具），如图7-27所示的编程通信与RS-422设备。

c. RS-232C 通信设备（计算机），如图7-28所示。

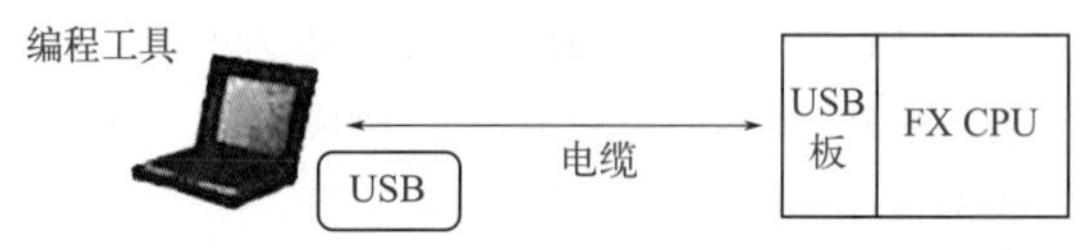

图7-26 编程通信与USB通信

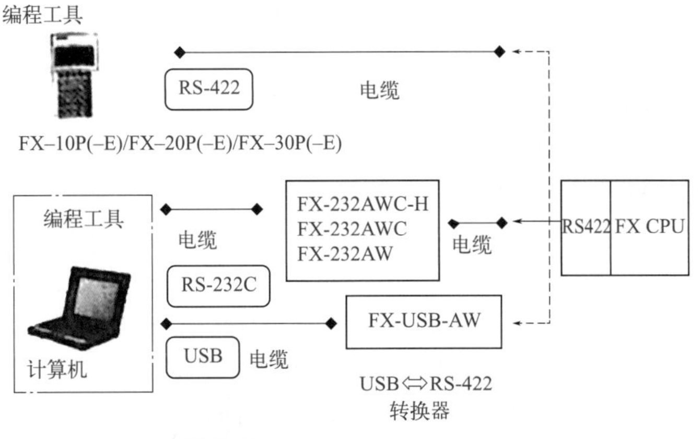

图7-27 编程通信与RS-422设备

图7-28 编程通信与RS-232C设备

7.2.2 CC-Link总线通信

CC-Link是Control&Communication Link（控制与通信链路系统）的简称。作为开放式现场总线，该总线系统具有性能卓越、应用广泛、使用简单和节省成本等突出优点。

CC-Link是一种可以同时高速处理和控制信息数据的现场网络系统，10Mbit/s的通信速率下传输距离达到100m。

CC-Link是唯一起源于亚洲地区的现场总线，相对其他总线，CC-Link有通信速度更快、使用更加简单、数据容量更大、通信稳定性更高、使用范围更加广泛的特点，同时他具有备用主站功能、从站脱离功能、自动上线恢复功能，还具有方便调试的预约站功能等。

CC-Link通信网络结构见图7-29。

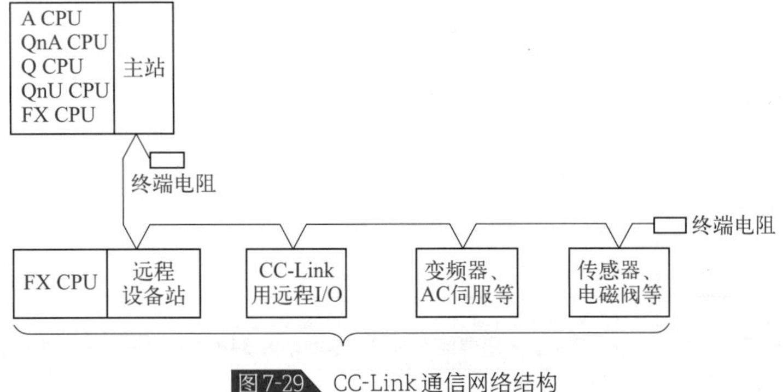

图7-29 CC-Link通信网络结构

需要注意的是：

连接台数：主站为A CPU、QnA CPU、Q CPU、QnU CPU时，最多为64台；主站为FX CPU时，远程I/O站最多为7台，远程设备站最多为8台。

总延长距离为1200m。

（1）CC-Link总线相关知识

① 站　通过CC-Link总线连接的各类模块统称为站，站号范围为0～64（FX最大15个站）。

② 主站　持有控制信息（参数）并控制整个网络数据链接系统的站。每个CC-Link网络中必须有一个主站，站号固定为0。

③ 从站　除主站外的通用站名。

④ 备用主站　主站不起作用时，代替主站进行数据链接的站，FX小型机不支持该功能。

⑤ 本地站　可以同主站或其他本地站进行N:N循环传输和瞬时传输的站。

⑥ 智能设备站　能与主站进行N:1循环传输和瞬时传输的站。

⑦ 远程设备站　可以同时处理包括位信息和字信息的远程站。

⑧ 远程I/O站　仅处理位信息数据的远程站。

⑨ 远程站　远程设备站和远程I/O站统称为远程站。

⑩ 站号　在CC-Link网络系统中，站号0分配给主站，站号1～64分配给从站。根据占用站的站数，必须给从站分配一个唯一的站号，使其不与其他站占用的内存站号发生重叠。

⑪ 占用的站点数　网络中单个从站使用的站点数，根据内存数据量可以设置为1～4（1个内存站表示在CC-Link缓冲区中划分的用于与其他站通信的最小单位）。

⑫ 站数　连接在同一个CC-Link网络中的所有物理设备占用的站点数的总和。

⑬ 模块数　实际连接到一个CC-Link网络上的物理设备数。

⑭ 位数据　表示1个位状态的信息的数据信息。

⑮ 字数据　由16位组成。

（2）CC-Link通信规格（见表7-5）

表7-5　CC-Link通信规格

传输速率	10Mb/s、5Mb/s、2.5Mb/s、625kb/s、156kb/s
通信方式	广播轮询方式
同步方式	帧同步方式
编码方式	NARI（倒转不归零）
传输路径格式	总线型（基于EIA 485）
传输格式	基于HDLC
差错控制系统	CRC（$X^{16}+X^{12}+X^5+1$）
最大连接容量	RX、RY:2048位。 RWw：256字（主站至从站）。 RWr：256字（从站至主站）
每站连接容量	RX、RY:32位。 RWw：256字（主站至从站）。 RWr：256字（从站至主站）
最大占用内存站数	4站
瞬时传输 （每次连接扫描）	最大960B/站， 150B（主站到智能设备站/本地站）；34B（智能设备站/本地站到主站）
连接模块数	a+2b+3c+4d ≤ 64 a：占用1个内存站的模块数。b：占用2个内存站的模块数。 c：占用3个内存站的模块数。d：占用4个内存站的模块数。 A：远程I/O站的模块数，最大64。 B：远程设备站的模块数，最大42。 C：本地站、智能设备站的模块数，最大26

续表

从站号	1～64
RAS功能	自动恢复功能、从站切断功能、数据链接状态诊断功能。 离线测试（硬件测试、总量测试）。 备用主站
连接电缆	CC-Link专用电缆（三芯屏蔽绞线）
终端电阻	110Ω，1/2W×2 在干线两端均要连接中断电阻，每个电阻跨接在DA和DB之间

（3）FX PLC作为CC-Link主站时的案例说明

① FX CC-Link网络配置，如图7-30所示。

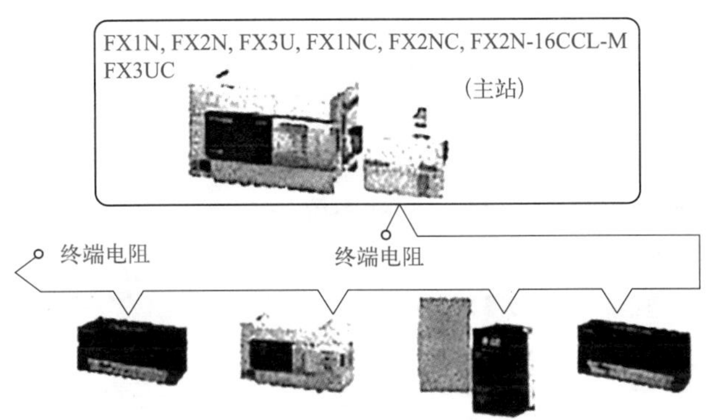

图7-30 FX CC-Link网络配置

② 结构说明。FX PLC作为CC-Link主站时，最多可以连接7个远程VO站，8个远程设备站（不包括主站）。连接时必须满足以下条件:

a. 远程I/O站（最多可以连接7个远程I/O站），见表7-6。

表7-6 远程I/O站的连接

PLC的I/O点数（含主单元和扩展I/O点数）		X点
FX2N-16CCL-M占用的点数		8点
其他特殊功能模块占用的点数		Y点
32X远程I/O站的数量（无论远程I/O站的点数）		Z点
总计点数	对于FX3U、FX3G系列PLC	X+Y+Z+8 X+Y+Z+8 ≤ 384（FX 3U系列PLC） X+Y+Z+8 ≤ 256（FX 2N系列PLC） X+Y+Z+8 ≤ 128（FX 1N系列PLC）

b. 远程设备站（最多可连接8个远程设备站）见表7-7。

表7-7 远程设备站的连接

远程设备占用1个站的情况	1个站X模块数	A站数
远程设备占用2个站的情况	2个站X模块数	B站数
远程设备占用3个站的情况	3个站X模块数	C站数
远程设备占用4个站的情况	4个站X模块数	D站数
总计占用站数		A+2B+3C+4D ≤ 8

（4）CC-Link网络通信方式

① 循环传输　在同一个CC-Link网络内周期性地执行通信。

② 扩展循环传输　在CC-Link版本2中，可以设置扩展循环传输，循环容量可以设置为2倍、4倍或8倍。

根据CC-Link的协议版本和站点类型的不同，CC-Link总线系统所具有的功能也不尽相同。

（5）CC-Lin主站设置

Q PLC、FX PLC、R PLC、计算机等均可以作为CC-Link主站。在配置主站时，FX系列主站模块需要使用编程来实现CC-Link的参数设置，较为复杂，而Q及R系列则不需要用顺控程序指定刷新软元件和数据链接，只需要通过设置网络参数，就可以指定自动刷新软元件和启动数据链接。

① FX2N-16CCL-M主站　FX2N-16CCL-M是FX PLC的CC-Link系统主站模块，FX PLC通过配置该模块可作为CC-Link系统中的主站。

a. 可以连接远程I/O站和远程设备站。

b. 通过使用CC-Link从站模块FX2N-32CCL，两个或两个以上的FX PLC可以作为远程设备站进行连接，形成一个简单的分布式控制系统。

② FX系列CC-Link主要功能

a. 与远程I/O站的通信，如图7-31所示。

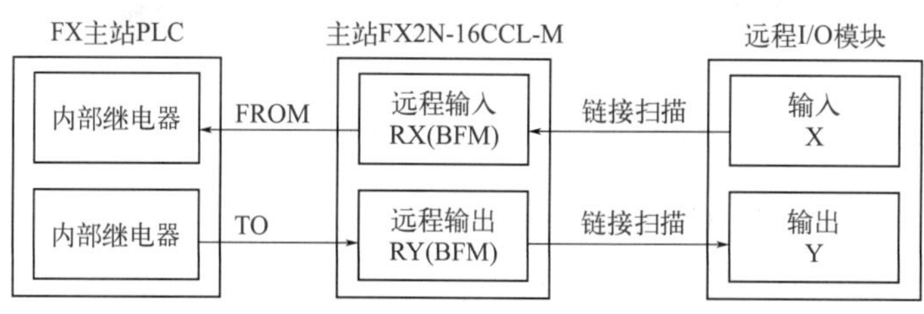

图7-31　与远程I/O站的通信

b. 与远程设备站的通信，如图7-32所示。

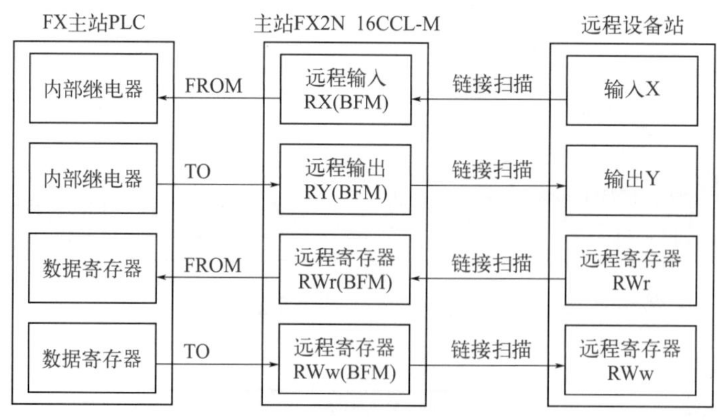

图7-32　与远程设备站的通信

c. 预防系统故障（从站断开功能）系统采用总线连接，可以避免因某个远程站点故障（非断线故障）而造成其他站点通信不畅。

d. 保留站功能。通过设置一个实际上没有连接或将来需要连接的站号为保留站，该站不会作为出故障的站来处理。

e. 出错站功能。由于电源断开等原因造成一个站不能执行数据链接时，在主站中可以 通过将其作为“数据链接出错站”来处理，将该站排除在外。

f. 参数记录到EEPROM中。通过将参数预先记录到EEPROM中，使得每次启动（断电→上电）主站时，不需要每次都进行参数设定，如图7-33所示。

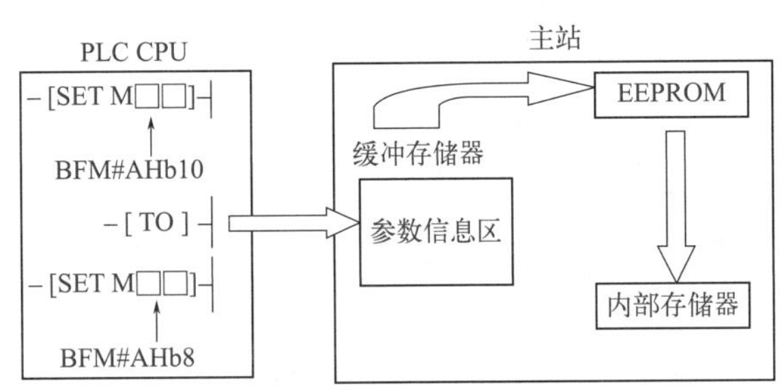

图7-33 参数记录到EEPROM中

g. 主站PLC CPU出现故障时的数据链接状态的设定可以设定在主站PLC CPU出现故障时，数据链接是“继续”。

h. 一个数据链接出错站的输入数据的状态设定　可以设定一个数据链接出错站的输入数据是清除还是保持（在错误出现之前的正常状态）。

i. 通过PLC程序复位模块。当改变开关设定或是模块出错时，可以不需要重新设定PLC，而仅仅通过一段程序来复位模块。

j. RAS功能。具有自动返回、链接数据检查和诊断功能。

③ 主站开关设置及指示灯

a. 硬件开关设置。FXCC-Link主站模块需要设定的开关有站号设定开关、模式设定开关、传输速度设定开关以及条件设定开关，如图7-34所示。

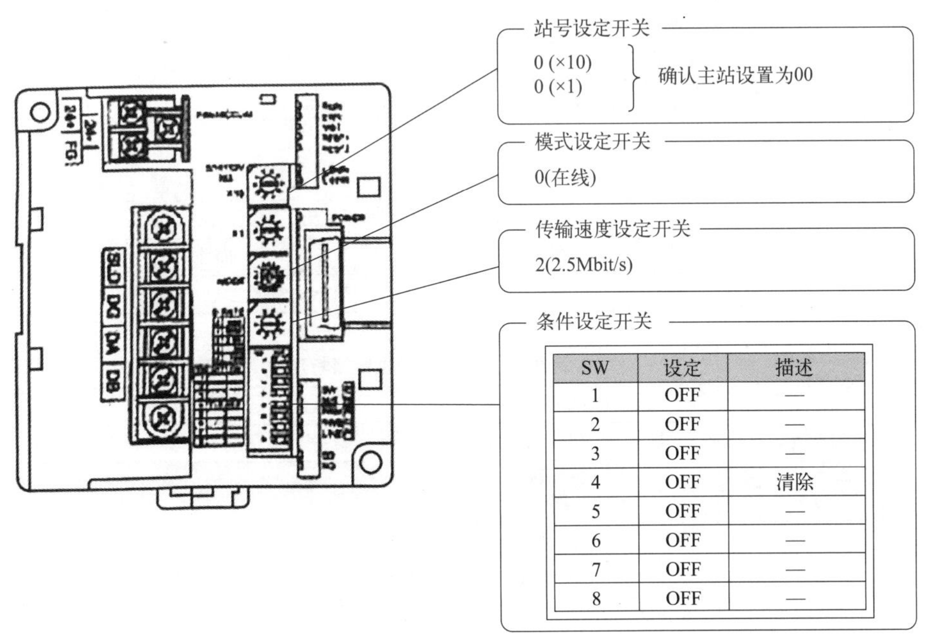

SW	设定	描述
1	OFF	—
2	OFF	—
3	OFF	—
4	OFF	清除
5	OFF	—
6	OFF	—
7	OFF	—
8	OFF	—

图7-34 FX2N-16CCT-M开关设定

b. 主站模块面板设置显示见表7-8。

表7-8 主站模块面板设置显示

序号	名称	LED 名称	描述	LED 状态 正常	LED 状态 出错
1	LED指示灯1	RUN	ON：模块正常工作 OFF：看门狗定时器出错	ON	OFF
		ERR	表示通过参数设置的站的通信状态 ON：通信错误出现在所有的站 OFF：通信错误出现在某些站	OFF	ON 或闪烁
		MST	ON：设置为主站	ON	OFF
		TEST1	测试结果指示	OFF 除了测试过程中	
		TEST2	测试结果指示		
		L RUN	ON：数据链接开始执行（主站）	ON	OFF
		L ERR	ON：出现通信错误（主站） 闪烁：开关（4）到（7）的设置在电源为 ON 的时候被更改	OFF	ON 或闪烁
2	电源指示	POWER	ON：外界 24V 供电	ON	OFF
3	LED指示灯2	ERROR SW	ON：开关设定出错	OFF	ON
		ERROR M/S	ON：主站在同一网络上已经出现	OFF	ON
		ERROR PRM	ON：参数设定出错	OFF	ON
		ERROR TIME	ON：数据链接看门狗定时器启动（所有站出错）	OFF	ON
		ERROR LINE	ON：电缆被损坏或者传输电路受到噪声干扰等	OFF	ON
		SD	ON：数据已经被发送	ON	OFF
		RD	ON：数据已经被接收	ON	OFF
4	站号设定开关 站号 ×10 ×1		设置模块的站号（出厂默认设置为 00） 设定范围： 00（因为 FX2N-16CC1.-M 为主站专用） 设置为其他值时，“SW”“L ERR”LED 灯就会变 ON		
5	模式开关设定 MODE		设置模块运行状态（出厂默认设定为 0）		

序号	名称	描述
0	在线	建立连接到数据链接
1	不可用	
2	离线	设置数据链接断开
3	线测试 1	
4	线测试 2	
5	参数确认测试	
6	硬件测试	
7	不可用	设定出错（SW LED 指示灯变为 ON）
8～A	不可用	不可设置，内部已经使用
B～F	不可用	设定出错（SW LED 指示灯变为 ON）

续表

序号	名称	描述	
6	传输速度设定 B RATE 0 156K 1 625K 2 2.5M 3 5M 4 10M	根据传输线缆距离和需要设置传输速度	
		序号	设定内容
		0	156kbit/a
		1	625kbit/a
		2	2.5Mbit/a
		3	5Mbit/a
		4	10Mbit/a
		5～9	设定出错（SW 和 L ERR、LED 指示灯变为 ON）

④主站模块缓冲存储器的分配见表7-9。

表7-9 主站模块缓冲存储器的分配

BFM 编号		内容	描述	读/写可能性
Hex.	Dec.			
#0H～#9H	#0～#9	参数信息区域	存储信息（参数），进行数据链接	可读/写
#AH～#BH	#10～#11	I/O 信号区域	控制主站模块的 I/O 信号	可读/写
#CH～#1BH	12#～#27	参数信息区域	存储信息（参数），进行数据链接	可读/写
#1CH～#1EH	#28～#30	主站模块控制信号区域	主站模块控制信号区域	可读/写
#20H～#2FH	#32～#47	参数信息区域	存储信息（参数），进行数据链接	可读/写
#E0H～#FDH	#224～#253	远程输入（RX）	存储来自一个远程站的输入状态	只读
#160H～#17DH	#352～#381	远程输出（RY）	将输出状态存储到一个远程站中	可写
#1E0H～#21BH	#480～#538	远程寄存器（RWw）（主站：用于写入）	将传送的数据存储到一个远程站	只写
#2E0H～#31BH	#736～#795	远程寄存器（RWr）（主站：用于接收）	存储从一个远程站接收到的数据	只读
#5E0H～#5FFH	#1504～#1535	链接特殊继电器（SB）	存储数据链接状态	可读/写根据情况决定
#600H～#7FFH	#1536～#2047	链接特殊寄存器（SW）	存储数据链接状态	

⑤ 主站参数的设置。

a. 参数信息缓冲存储器（BFM）区域，见表7-10。

表7-10 参数信息区域

BFM 编号		内容	描述	默认值
Hex.	Dec.			
#01H	#1	链接模块的数量	设置所连接的远程站模块的数量（包括预留站）	8
#02H	#2	重试次数	设置对于一个故障站点重试次数	3
#03H	#3	自动返回的模块数量	设置在一次连接扫描中可以返回到系统中的远程站模块的数量	1
#06H	#6	CPU 停止时的操作	当主站 PLC 出现错误时规定的数据链接状态	0（停止）
#10H	#16	预留站规格	设定预留的站	0（无规格）

续表

BFM 编号		内容	描述	默认值
Hex.	Dec.			
#14H	#20	错误无效站的规格	规格出故障的站	0（无规格）
#1CH	#28	FROM/TO 指令存取出错时的判定时间	设置 FROM/TO 指令存取出错时的判定时间（单位：10ms）	200ms
#1DH	#29	允许外部存取的范围	当对一个不可连接的站或地址进行存取的时候就输入“1”	0
#1EH	#30	模块代码	FX2N-16CCL-M 模块的代码	K7510
#20H ～ 2EH	#32 ～ #46	站类型信息	设定所连接站的类型	站类型：远程 I/O 站。占用站数：1 站号：1 ～ 15

b. I/O 信号一览表。FX2N-16CCL-M 主站→PLC CPU 读取的位信息，见表 7-11。

表 7-11 FX2N-16CCL-M 主站→PLC CPU 读取的位信息

BFM 编号	读取位	读取（当使用 FROM 指令时）
BFM#AH（#10）	b0	模块错误
	b1	上位站的数据链接状态
	b2	参数设置状态
	b3	其他站的数据链接状态
	b4	接收模块复位完成
	b5	（禁止使用）
	b6	通过缓冲存储器的参数启动数据链接正常完成
	b7	通过缓冲存储器的参数启动数据链接异常完成
	b8	通过 EEPROM 的参数启动数据链接正常完成
	b9	通过 EEPROM 的参数启动数据链接异常完成
	b10	将参数记录到 EEPROM 中去的正常完成
	b11	将参数记录到 EEPROM 中去的异常完成
	b12 ～ b14	（禁止使用）
	b15	模块准备就绪

PLC CPU→FX2N-16CCL-M 主站发送的位信息，见表 7-12。

表 7-12 PLC CPU→FX2N-16CCL-M 主站发送的位信息

BFM 编号	读取位	写入（当使用 TO 指令时）
BFM#AH（#10）	b0	刷新指令
	b1	（禁止使用）
	b2	
	b3	
	b4	要求模块复位
	b5	（禁止使用）
	b6	要求通过缓冲存储器的参数来启动数据链接
	b7	（禁止使用）
	b8	要求通过 EEPROM 的参数来启动数据链接
	b9	（禁止使用）
	b10	要求将参数记录到 EEPROM 去
	b11 ～ b15	（禁止使用）

c. 缓冲存储器、EEPROM以及内部存储器之间的关系，如图7-35所示。

d. 参数设定项目，见表7-13。

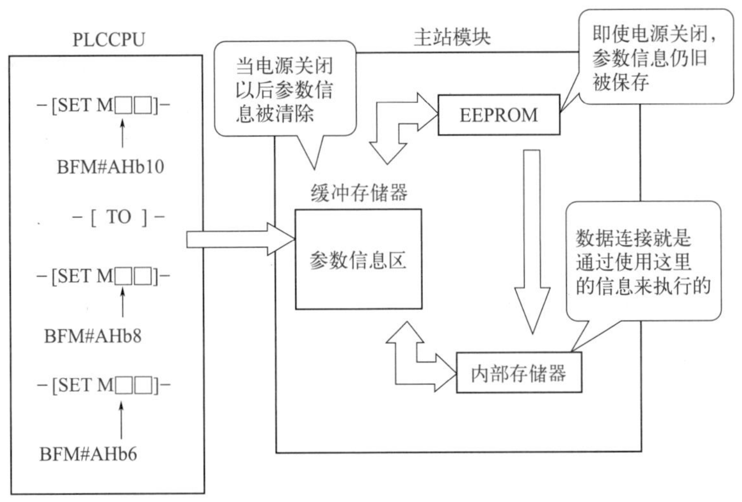

图7-35 缓冲存储器、EEPROM以及内部存储器之间的关系

表7-13 参数设定项目

设置项目	描述	BFM#HEX
已链接的模块数目	设置连接到主站单元的远程模块数目（包括预留单元）默认值：8（个）。 设置范围：1～25（个）	1H
重试次数	设置通信出错时进行重新连接的次数。 默认值：3（次）。 设置范围：1～7（次）	2H
自动恢复的模块数	设置在一次连接扫描中能够被恢复的远程单元数目	3H
CPU 出错时的指定操作	指定主站 CPU 出错时的数据链接状态。 默认值：0（停止）。 设置范围：0（停止），1（保持）	6H
预留站点的指定	指定预留站点。 默认值；0（未设置）。 设置值：设定对应站点号为 ON	10H
无效站点的指定	指定无效站点	14H
站点信息	设置已连接站点的类型。 默认值：20H（远程 I/O 站，占用 1 个站，站号 1）～ 2EH（远程 I/O 站，占用 1 个站，站号 15） 设置范围： B15 ～ b12 / B11 ～ b8 / B7 ～ b0 站类型 / 占用的内存站数 / 站号 站类型——0：远程 I/O 站；1：远程设备站 占用的内存站数——1：占用 1 个站；2：占用 1 个站；3：占用 1 个站；4：占用 1 个站 站号——1 ～ 15（01H ～ 0EH）	20H（第 1 个站点）到 2EH（第 15 个站点）

e. 主站与远程 I/O站、远程设备站的通信关系 以FX3U PLC为主站，配置2个远程站，其中一个为远程 I/O 站，另一个为远程设备站（占用2个站）。

远程输入RX：保存来自远程I/O站和远程设备站的输入RX的状态，如图7-36所示。

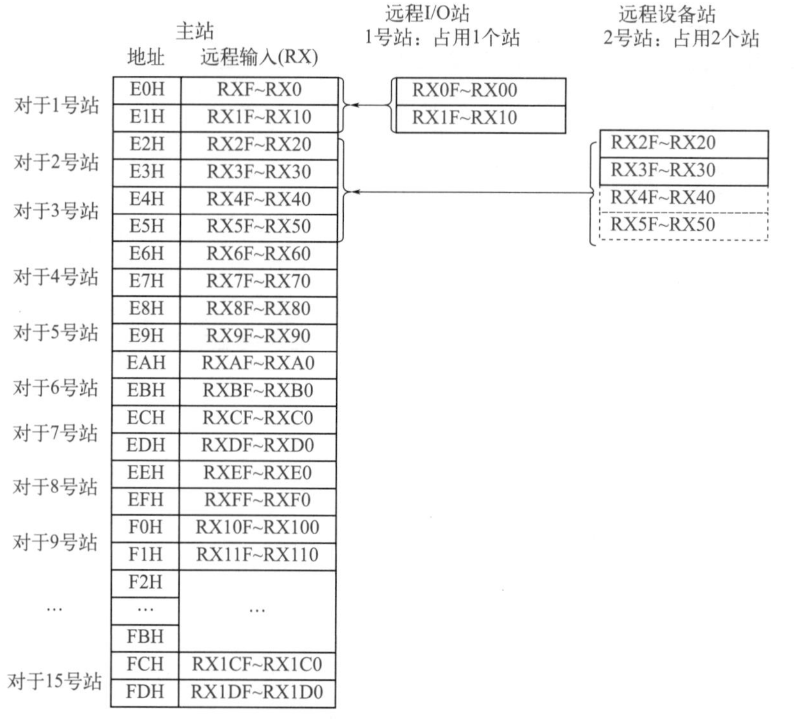

图7-36 远程输入RX

远程I/O站，用远程输入（RX）来读取外部开关ON/OFF 的状态。

远程设备站，握手信号（如出错标志）采用远程输入（RX）进行通信实现的。

远程输出（RY）被分配到FX2N-16CCL-M 中的缓冲存储器（BFM）中，例如远程1号I/O站的输入信号RXO ～ RX1F，32点信号通过CC-Link链接扫描，被配置到缓冲存储器地址E0、E1中，CPU通过FROM指令读取缓冲存储器EO、E1的数据，即1号站的信息。

远程2号站的输入信号RX20 ～ RX5F，64点信号通过CC-Link链接扫描，被配置到缓冲存储器E2 ～ E5中，CPU通过FROM指令读取缓冲存储器E2 ～ E5的数据，即2号站的信息。以此类推，可读取1 ～ 15号站的信息。

远程输出 RY：输送到远程I/O和远程设备站的输出RY的状态，如图7-37所示。

远程 I/O 站，用远程输出（RY）来控制外部设备的 ON/OFF 状态（如指示灯）。

远程设备站，握手信号（如初始请求）采用远程输出（RY）来进行通信实现的。

远程输出（RY）被配置到 FX2N-16CCL-M 中的缓冲存储器（BFM）中，例如远程1号I/O站的输出信号通过TO写到缓冲存储器 H160、H161中，通过CC-Link 链接扫描控制1号站RYO ～ RY1F32点信号，即1号站的信息。

远程2号设备站的输出信号通过TO指令写到缓冲存储器地址为H162 ～ H165中，通过CC-Link 链接扫描控制2号站RY20 ～ RY5F 64点信号，即2号站的信息。

以此类推，可以控制1 ～ 15号站的输出状态。

远程寄存器RWw（写数据）：主站→远程设备站，如图7-38所示。

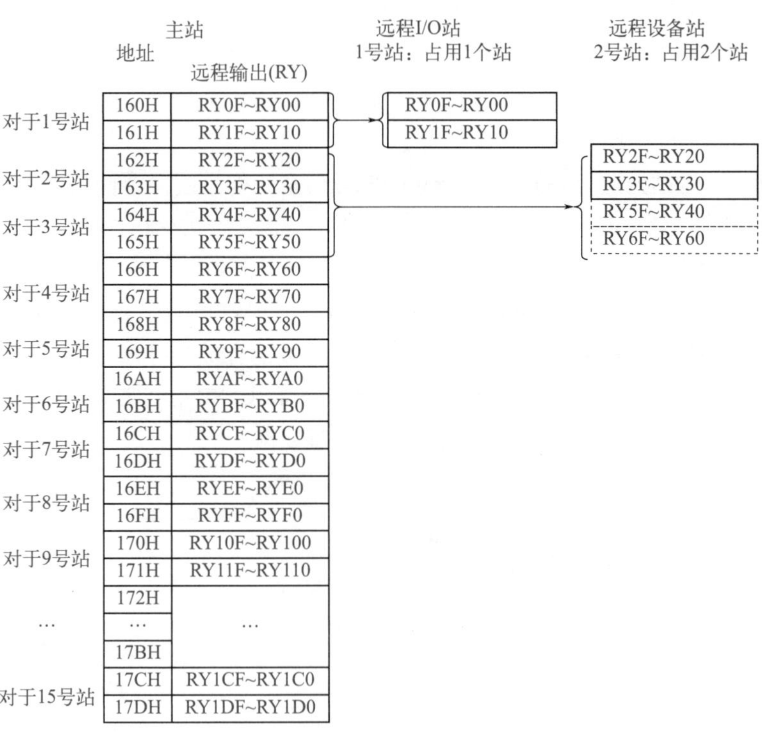

图7-37 远程输出RY

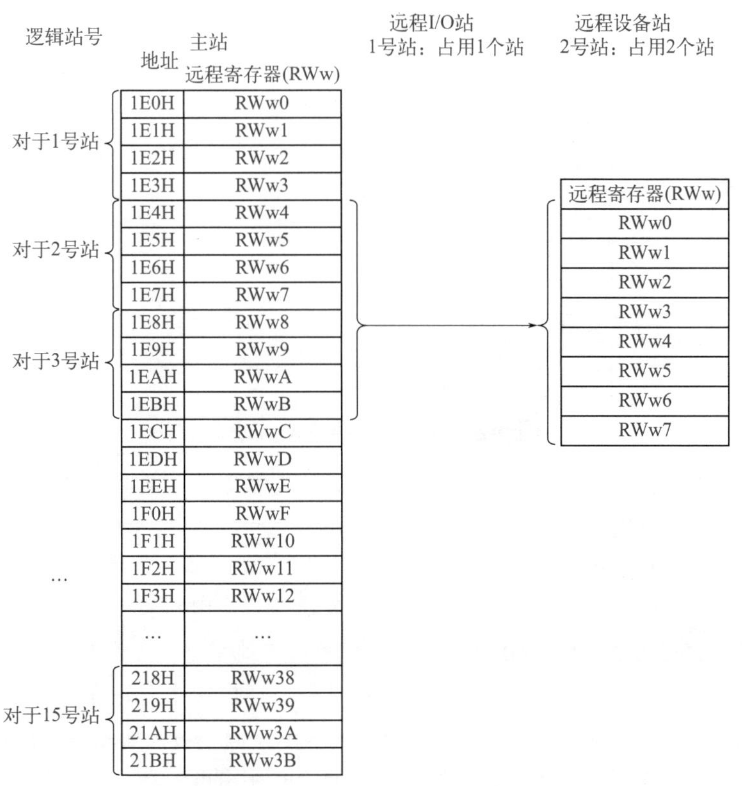

图7-38 远程寄存器RWw（写数据）

PLC CPU 对远程设备站的数据设定通过远程寄存器RWw（写数据）实现。远程寄存器RWw配置到 FX2N-16CCL-M中的缓冲存储器（BFM）中，远程2号设备站的写数据通过TO指令写到缓冲存储器H1E4 ～ E1E11中，通过CC-Link链接扫描，控制2号站 RWw4 ～ RWw118字信息，即2号站的字信息数据。

特别说明：1号站为远程I/O站，无RWw/RWr信息，但是缓冲存储器地址H1E0 ～ E1E3就被预留，不能被2号站占用。

远程寄存器 RWr（读数据）：远程设备站→主站，如图7-39所示。

PLC CPU 对远程设备站的数据读取通过远程寄存器RWR（读数据）实现。

远程寄存器RWr被配置到FX2N-16CCL-M 中的缓冲存储器（BFM）中，远程2号设备站的读数据通过From指令读取到缓冲存储器 H2E4 ～ E2E11中，通过CC-Link链接扫描，读取2号站RWr4 ～ RWr118字信息，即2号站的字信息数据。

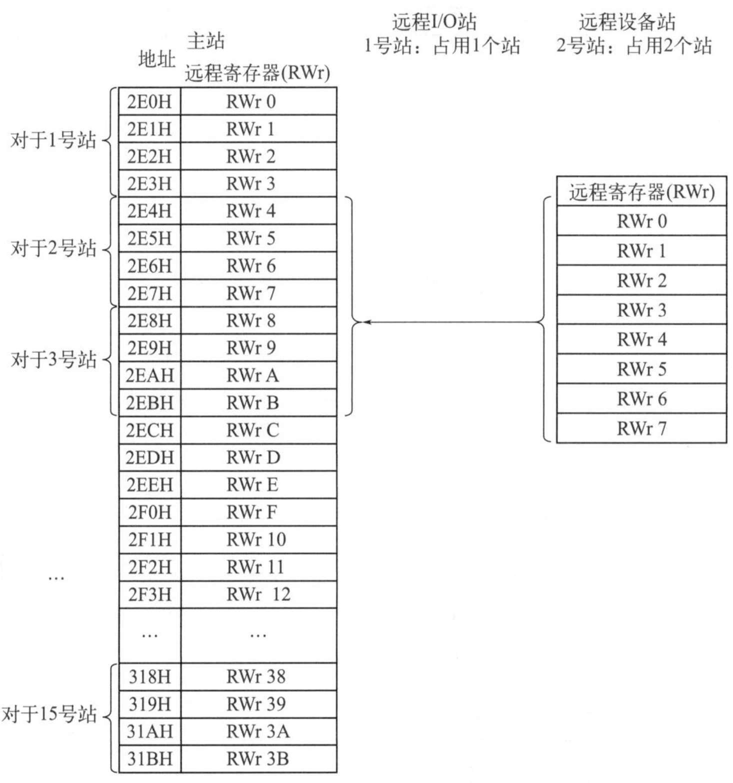

图7-39 远程读寄存器RWr(读数据)

注意：1号站为远程I/O站，无RWw/RWr信息，但是缓冲存储器地址H1E0 ～ E1E3就被预留，不能被2号站占用。

（6）CC-Link 远程站点的设置

① 远程设备站的设置　远程设备站需要设置站号、占用站数、通信速率，需要通过模块上的旋钮开关来设置，如图7-40所示。

② 远程I/O站的设置　远程I/O站需要设置站号、通信速率，同样需要通过模块上的拨码开关，按照十六进制规则，将拨码开关需要置ON的位向上拨，如图7-41所示。

例如：3号站波特率为2.5Mbit/s，将STSTION NO.栏的1、2对应的开关拨到ON 位置，将BRATE栏中的2对应的开关拨到ON。

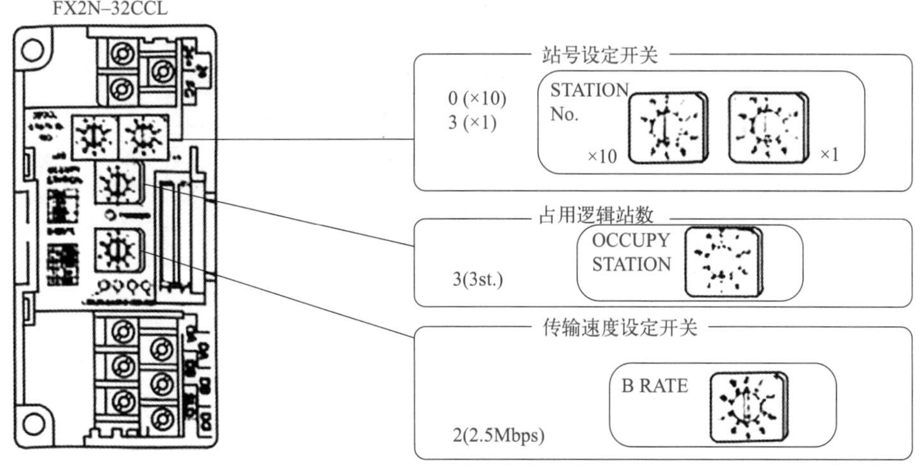

图7-40 远程设备站的设置

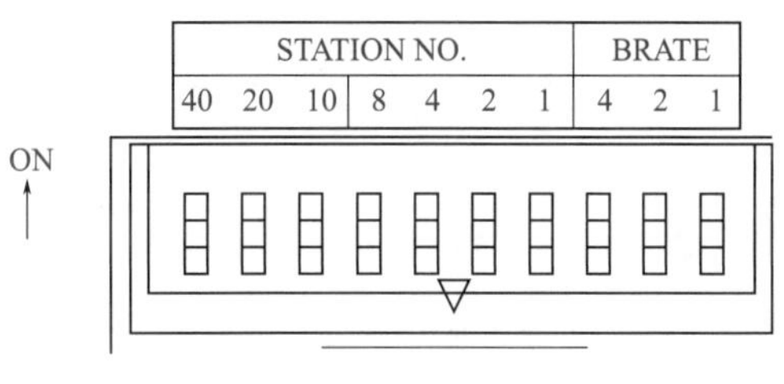

图7-41 远程I/O站的设置

7.3 FX3U PLC通信的接口设备

在FX系列中，使用功能扩展板较经济方便地追加各种通信功能，通过追加功能扩展板，便于实现数据链接以及与外部串行接口设备的通信。功能扩展板特点：

a. 可以在PLC中内置通信功能扩展板。

b. 可以经济地增加通信功能，性价比高。

（1）RS-232C通信端口

RS-232C通信端口选件见表7-14。

表7-14 RS-232C通信端口选件

型号	外观	特点及通信方式	可连接的PLC				
			FX1S	FX1N	FX2N	FX3U	FX3G
FX1N-232-BD		可安装于PLC中的功能扩展板 可以与带有RS-232C接口的计算机或者人机界面等直接连接，其特点如下： ①对象外围设备。 ·计算机（编程软件）； ·RS-232C连接的人机界面。 ②最长传输距离为15m。 ③控制方法为编程通信	最多1台	最多1台			

续表

型号	外观	特点及通信方式	可连接的 PLC				
			FX1S	FX1N	FX2N	FX3U	FX3G
FX2N-232-BD		可安装于 PLC 中的功能扩展板 可以与带有 RS-232C 接口的计算机或者人机界面等直接连接，其特点如下： ①对象外围设备。 · 计算机（编程软件）； · RS-232C 连接的人机界面。 ②最长传输距离为 15m。 ③控制方法为编程通信			最多 1 台		
FX3U-232-BD						最多 1 台	
FX3G-232-BD							最多 2 台
FX2NC-232ADP		连接在 PLC 左侧的特殊适配器可以与带有 RS-232C 接口的计算机或者带有 RS-232 口的人机界面等直接连接，其特点如下： ①对象外围设备。 · 计算机（编程软件）； · RS-232C 连接的人机界面。 ②最长传输距离为 15m。 ③控制方法为编程通信			最多 1 台		
FX3U-232ADP					最多 2 台		最多 2 台

由于FX3U PLC可以扩展到两个通道，因此在使用一个通道的情况下，需要选择通道号。以下为使用不同通道时所选设备（选件）的组合，可以根据自己的实际情况选择适合设备配置。在选择设备（选件）时，可以从扩展设备的接口种类和通信距离综合考虑，选择合适的设备（选件）组合。

使用RS-232C接口时，支持的通信距离见表7-15。

表7-15 使用RS-232C接口时支持的通信距离

FX 系列	通信设备（选件）		总延长距离
FX3U	使用通道 1（CH1）时	通道1 FX3U-232-BD [D-SUB 9针(公头)] (232通信扩展板)	15m
		通道1 FX3U-CNV-BD (转换板) + FX3U-232ADP [D-SUB 9针(公头)] (232通信适配器)	15m

续表

FX 系列	通信设备（选件）		总延长距离
FX3U	使用通道 2（CH2）时	通道1 FX3U-□-BD □中为以下之一，(232, 422, 485, USB)（通信扩展板） + 通道2 FX3U-232ADP [D-SUB 9针(公头)]（232通信适配器）	15m
		FX3U-CNV-BD（转换板） + 通道1 FX3U-□ADP □中为以下之一，(232， 485)（通信适配器） + 通道2 FX3U-485ADP [D-SUB 9针(公头)]（485通信适配器）	15m

（2）RS-422 通信端口

通过安装RS-422通信选件设备，可以扩展与外围设备的连接端口。扩展的端口可以用于连接计算机人机界面（GOT）等设备。RS-422通信选件见表7-16。

表7-16 RS-422通信选件

型号	外观	特点及通信方式	可连接的 PLC				
			FX1S	FX1N	FX2N	FX3U	FX3G
FX1N-422-BD		可安装于 PLC 中的功能扩展板，与 PLC 标配的 RS-422 端口执行相同的通信	最多 1 台	最多 1 台			
FX2N-422-BD					最多 1 台		
FX3U-422-BD						最多 1 台	
FX3G-422-BD							最多 1 台

（3）RS-485 通信端口

RS-485 通信选件见表 7-17。

表7-17 RS-485通信选件

型号	外观	特点及通信方式	可连接的 PLC				
			FX1S	FX1N	FX2N	FX3U	FX3G
FX1N-485-BD	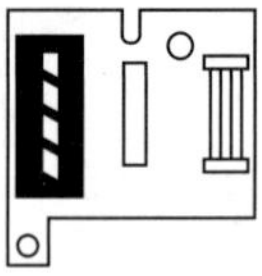	①通信方法：半双工双向。 ②最长传输距离 :50m。 ③控制方法：无协议 RS 指令	最多1台	最多1台			
FX2N-485-BD	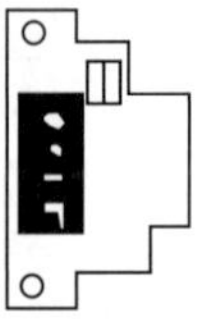	①通信方法：全双工双向。 ②最长传输距离 :50m。 ③控制方法：无协议 RS 指令			最多1台		
FX3U-485-BD	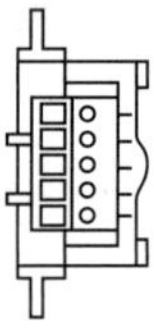	① 通信方法：半双工双向。 ② 最长传输距离：50m。 ③ 控制方法：无协议 RS/RS2 指令				最多1台	
FX3G-485-BD	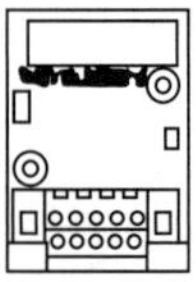	① 通信方法：半双工双向。 ② 最长传输距离：50m。 ③ 控制方法：无协议 RS 指令					最多2台
FX2NC-485ADP	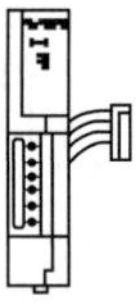	①通信方法：半双工双向。 ② 最长传输距离：500m。 ③ 控制方法：无协议 RS 指令			最多1台		
FX3U-485ADP-MB	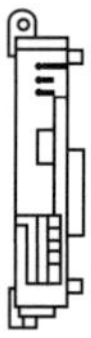				最多2台		最多2台

同样因为FX3U PLC可以扩展到两个通道，因此在使用一个通道的情况下，需要选择通道号。使用RS-485通信选件时，支持的通信距离见表7-18。

表7-18 使用RS-485接口支持的通信距离

FX 系列	通信设备（选件）		总延长距离
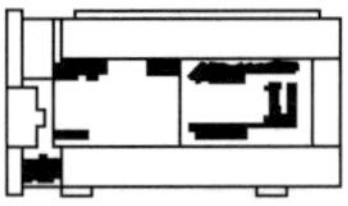 FX3U	使用通道 1（CH1）时	通道1 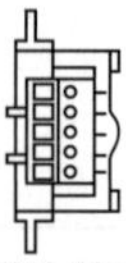 FX3U-485-BD (欧式端子排) (485通信扩展板)	50m

续表

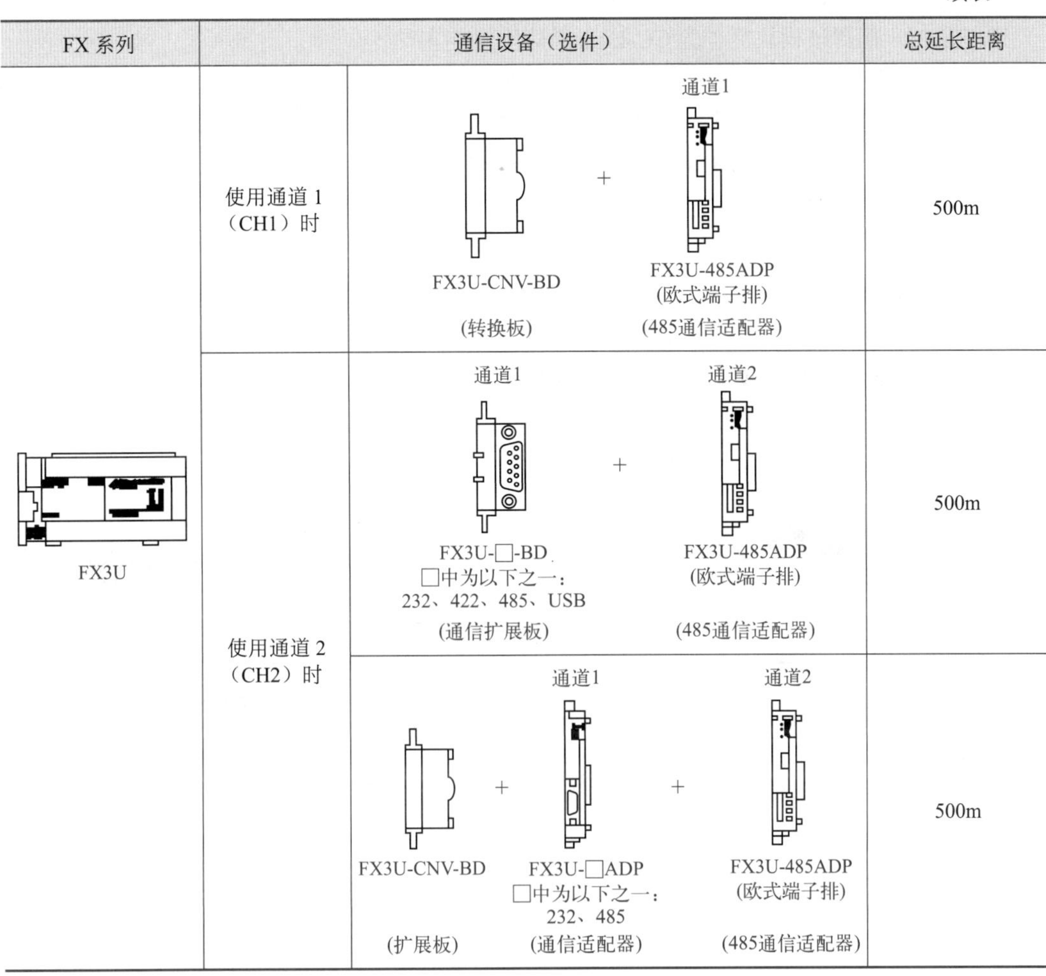

FX 系列	通信设备（选件）		总延长距离
FX3U	使用通道1（CH1）时	FX3U-CNV-BD（转换板）+ 通道1 FX3U-485ADP（欧式端子排）（485通信适配器）	500m
	使用通道2（CH2）时	通道1 FX3U-□-BD □中为以下之一：232、422、485、USB（通信扩展板）+ 通道2 FX3U-485ADP（欧式端子排）（485通信适配器）	500m
		FX3U-CNV-BD（扩展板）+ 通道1 FX3U-□ADP □中为以下之一：232、485（通信适配器）+ 通道2 FX3U-485ADP（欧式端子排）（485通信适配器）	500m

使用RS-485通信选件时，PLC与计算机之间需要增加RS-232/485转换器。

（4）USB通信端口

USB通信选件见表7-19。

表7-19 USB通信选件

型号	外观	特点及通信方式	可连接的 PLC				
			FX1S	FX1N	FX2N	FX3U	FX3G
FX3U-USB-BD		与带有USB接口的计算机连接，执行编程及监控。 ①通道数:1。 ②隔离：有。 ③最大传输距离:5m。 ④控制方法：编程通信				最多1台	

（5）网络通信模块

① FX2N-232IF　FX2N-232IF特殊功能模块（以下简称232IF）是配置于FX2N、FX3U、FX2NC、FX3UC PLC，用于与计算机、条形码阅读器、打印机等配置有RS-232C接口的设备之间进行全双工方式的串行数据通信选件。有关硬件方面的内容，其外形如图7-42所示。

② FX2N-16CCL-M

a. FX PLC配置该模块后作为CC-Link通信网络的主站。

b. 在主站上最多可以连接7个远程I/O站和8个远程设备站。

c. 使用FX2N-32CCL型从站模块，可以将FX PLC作为CC-Link远程设备站来连接。此外，通过连接合作厂商的各种设备，可适用于各种用途的系统。最适用于生产线等设备的控制。

d. FX2N-16CCL-M外形如图7-43所示。

③ FX2N-32CCL

a. FX PLC配置该模块后作为CC-Link的通信网络的远程设备站连接。

b. 使用FX2N-16CCL-M作为系统主站模块，配置FX2N-32CCL模块的FX PLC就可以构建CC-Link系统。FX2N-32CCL外形如图7-44所示。

④ FX3U-64CCL　FX3U-64CCL是CC-Link系统的接口模块，可以使用CC-Link的版本2的功能，例如扩大循环传输，方便多进程数据处理。

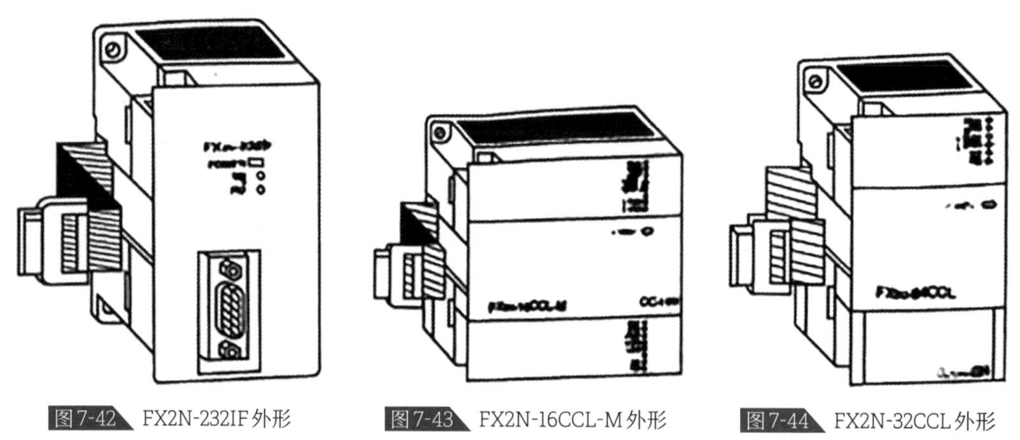

图7-42 FX2N-232IF外形　　图7-43 FX2N-16CCL-M外形　　图7-44 FX2N-32CCL外形

7.4 FX3U PLC通信的应用实践

（1）FX PLC与远程I/O站的通信FX

FX PLC与远程I/O站的通信配置如图7-45所示。

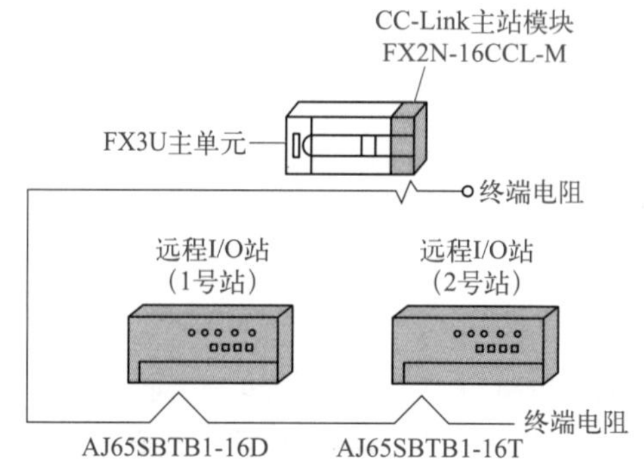

图7-45 FX PLC与远程I/O站的通信

① 功能要求FX3U为CC-Link主站，通过CC-Link连接1号站（远程输入站）和2号站（远程输出站）。通过程序使CC-Link远程I/O站动作：

a. 将1号站（远程输入站）的输入状态读出，将低8位软元器件传送给Y10～Y17指示，这样当远程输入RXO～RX7有输入时，Y10～Y17有输出。

b. PLC CPU控制2号站对应的远程输出RYO～RY7，实现远程输出的功能。

② 输入输出接线

a. 远程输入接线（见图7-46）。

b. 远程输出接线（见图7-47）。

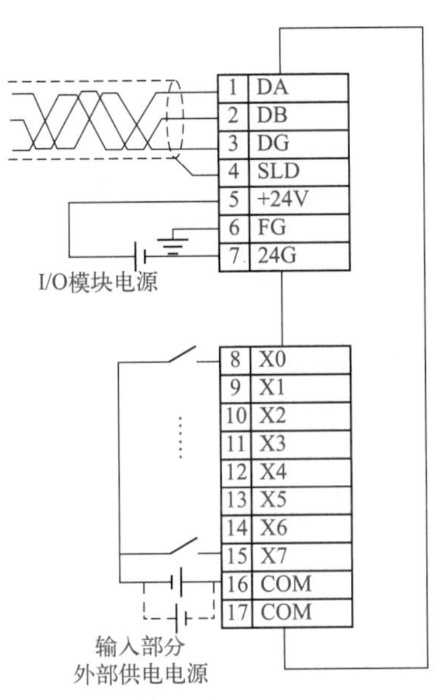

图7-46 输入接线

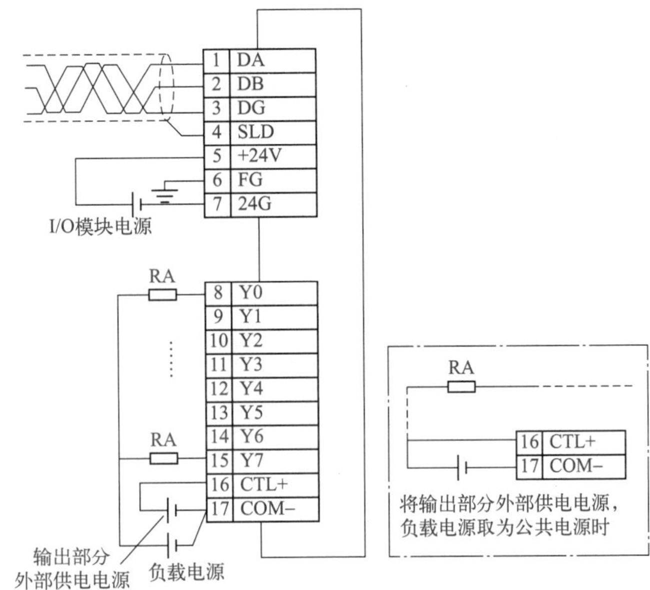

图7-47 输出接线

③ 控制程序及说明

工程名：远程I/O通信。

程序数据名：MAIN。

编写调试程序，如图7-48所示。编写调试用程序，将主站的参数设置写入到EEPRON中，以便运行时从EEPROM启动CC-Link的数据链接。

a. 将主站的状态读到M30～M45的PLC位软元件中。

b. 模块正常且准备就绪，设置链接模块数量为2，CC-Link链接重试次数为7，自动恢复的模块个数为2（全部自动恢复），规定PLC CPU出错时CC-Link停止链接。

c. 注册站点信息，1号站、2号站均为远程I/O站，各占用1个站。

d. 通过缓冲存储器启动CC-Link数据链接，等待数据链接正常结束。

e. 通过M100启动将参数写入到EEPROM中（将M60置ON，即将缓存#0A的b10置ON）。

f. 如果将参数写入到EEPROM正常结束，则复位M60；如果将参数写入EEPROM异常结束，将其错误代码（BFM#6 B9H）读出到D101中，以供错误检查使用，同时也复位M60。

编写操作用程序见图7-49。

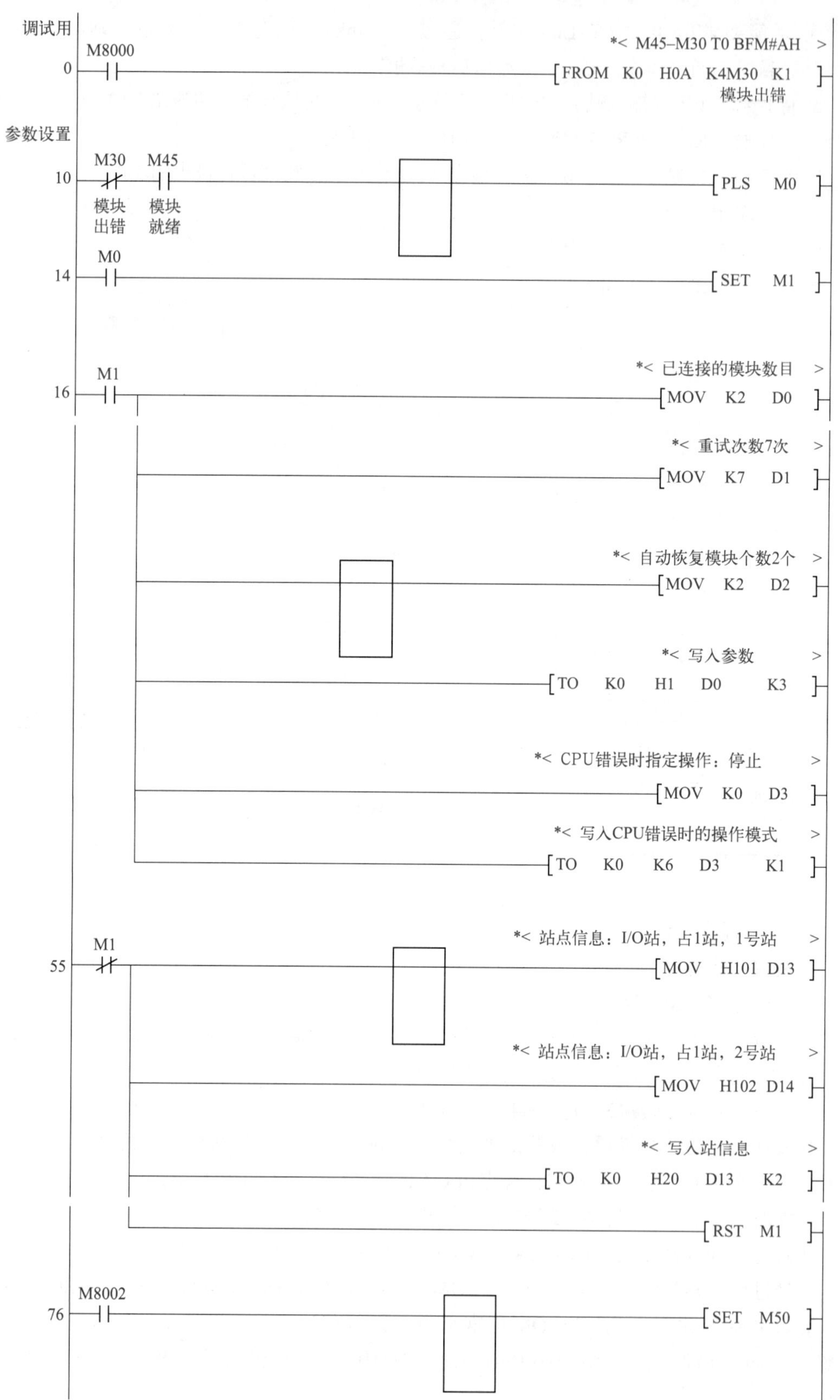

调试用
M8000
0
*< M45–M30 T0 BFM#AH >
FROM K0 H0A K4M30 K1
模块出错
参数设置
M30 M45
10
模块出错
模块就绪
PLS M0
M0
14
SET M1
M1
16
*< 已连接的模块数目 >
MOV K2 D0
*< 重试次数7次 >
MOV K7 D1
*< 自动恢复模块个数2个 >
MOV K2 D2
*< 写入参数 >
TO K0 H1 D0 K3
*< CPU错误时指定操作：停止 >
MOV K0 D3
*< 写入CPU错误时的操作模式 >
TO K0 K6 D3 K1
M1
55
*< 站点信息：I/O站，占1站，1号站 >
MOV H101 D13
*< 站点信息：I/O站，占1站，2号站 >
MOV H102 D14
*< 写入站信息 >
TO K0 H20 D13 K2
RST M1
M8002
76
SET M50

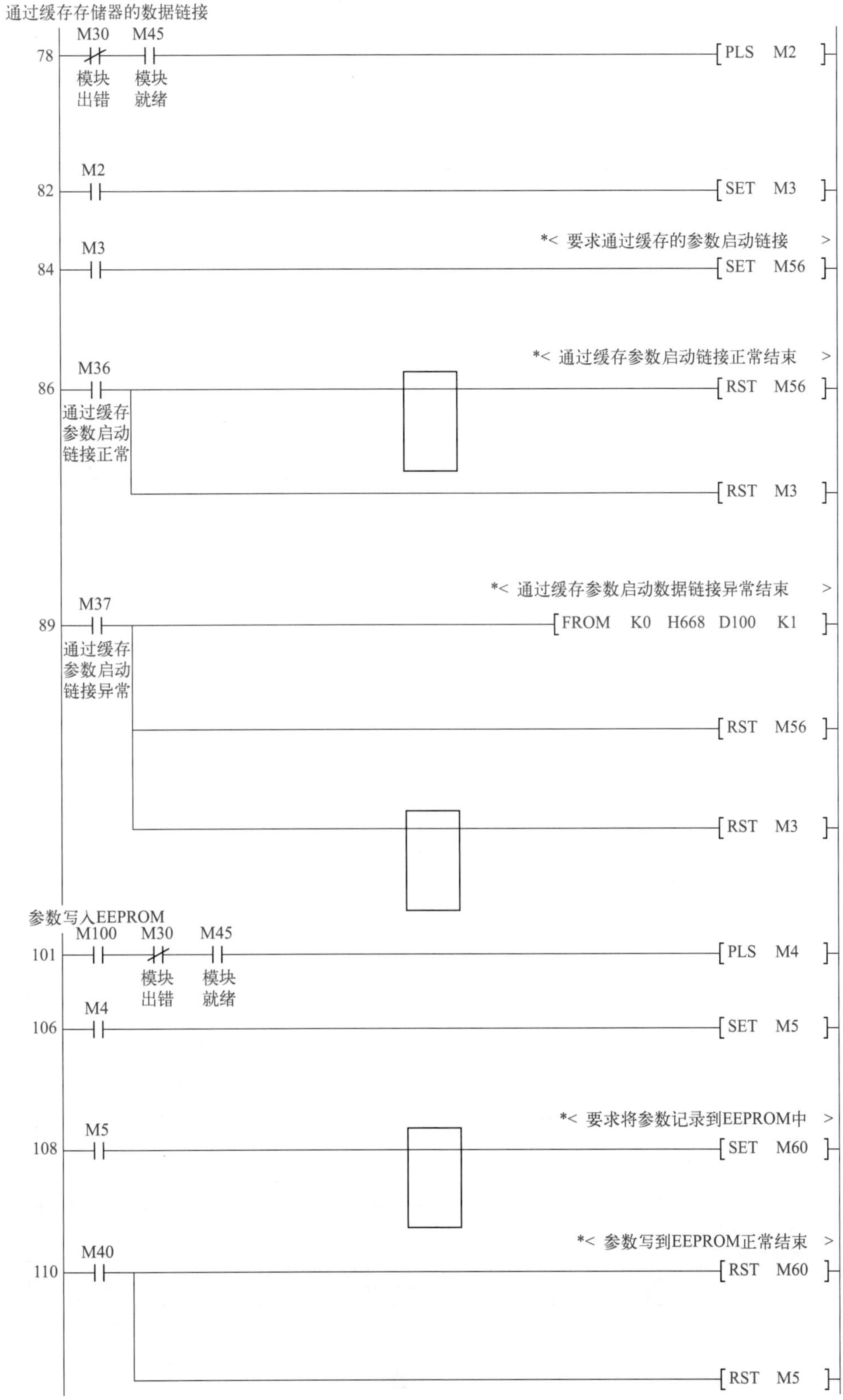

通过缓存存储器的数据链接

78 M30（模块出错，常闭） M45（模块就绪） ——[PLS M2]

82 M2 ——[SET M3]

*< 要求通过缓存的参数启动链接 >

84 M3 ——[SET M56]

*< 通过缓存参数启动链接正常结束 >

86 M36（通过缓存参数启动链接正常） ——[RST M56]
——[RST M3]

*< 通过缓存参数启动数据链接异常结束 >

89 M37（通过缓存参数启动链接异常） ——[FROM K0 H668 D100 K1]
——[RST M56]
——[RST M3]

参数写入EEPROM

101 M100 M30（模块出错，常闭） M45（模块就绪） ——[PLS M4]

106 M4 ——[SET M5]

*< 要求将参数记录到EEPROM中 >

108 M5 ——[SET M60]

*< 参数写到EEPROM正常结束 >

110 M40 ——[RST M60]
——[RST M5]

图7-48

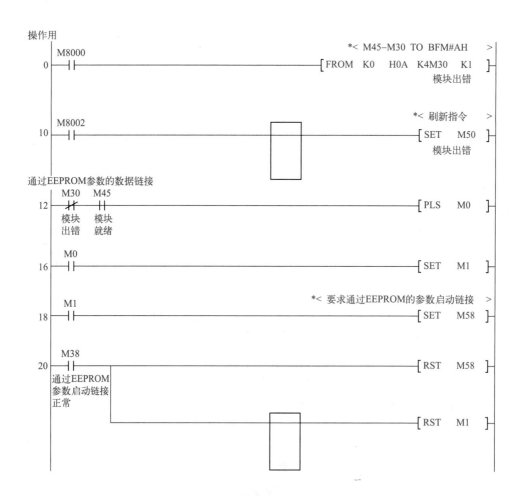

```
                                                  *< 参数写到EEPROM异常结束     >
      M41
113 ──┤├──┬──────────────────────────────────[FROM  K0  H6B9  D101  K1 ]
          │
          ├──────────────────────────────────────────────[RST  M60 ]
          │
          └──────────────────────────────────────────────[RST  M5  ]

                                                  *< M55–M40 T0 BFM#AH     >
      M8000
125 ──┤├─────────────────────────────────────[TO   K0   H0A  K4M50  K1 ]

135 ──────────────────────────────────────────────────────────[END ]
```

图7-48 调试程序

```
操作用
                                                  *< M45–M30 TO BFM#AH     >
      M8000
0   ──┤├─────────────────────────────────────[FROM  K0  H0A  K4M30  K1 ]
                                                               模块出错

                                                           *< 刷新指令   >
      M8002
10  ──┤├──────────────────────────────────────────────[SET   M50 ]
                                                               模块出错

通过EEPROM参数的数据链接
      M30    M45
12  ──┤/├────┤├───────────────────────────────────────[PLS   M0  ]
      模块   模块
      出错   就绪

      M0
16  ──┤├──────────────────────────────────────────────[SET   M1  ]

                                       *< 要求通过EEPROM的参数启动链接   >
      M1
18  ──┤├──────────────────────────────────────────────[SET   M58 ]

      M38
20  ──┤├──────┬───────────────────────────────────────[RST   M58 ]
   通过EEPROM │
   参数启动链接│
   正常       └───────────────────────────────────────[RST   M1  ]
```

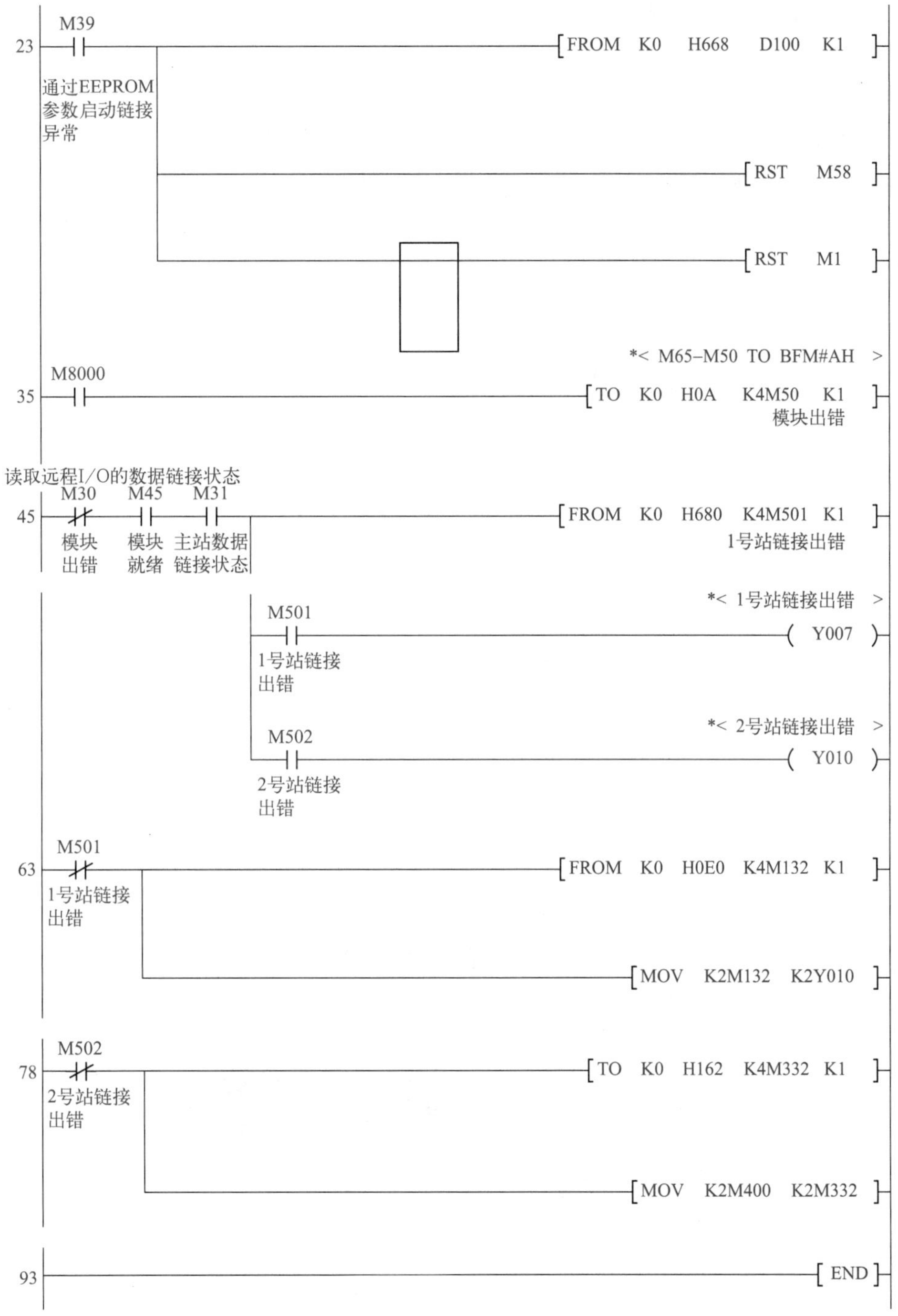

图7-49 操作运行程序

上一步将CC-Link的参数设置写入FX2N-16CCL-M的EEPROM中，这一步是通过注册到EEPROM中的参数来启动数据链接。

a.将主站的状态读出到M30～M45的PLC位软元件中。

b.模块正常，就发出通过EEPROM启动CC-Link数据链接的命令（对BFM#OAH的b8置位），对M58进行置ON。

c. 若通过CC-Link启动数据链接正常，则复位M58。如果通过CC-Link启动数据链接异常，则将错误代码（BFM#668H）读出到D100中，供错误检查用，同时也复位M58。

d. 将远程I/O站的链接状态（BFM#680H）读出，并在主站上指示出来：如果1号站出错（BFM#680H的b1为ON），则输出Y7；如果2号站出错，（BFM#680H的b2为ON），则输出Y10。

e. 将1号站（远程输入站）的输入状态（BFM#OEOH）读出，放到M132～M147的位软元件中，再将M132～M139的8个位软元件传送给Y10～Y17，这样当远程输入RXO～RX7有输入时，对应的Y10～Y17就有输出。

f. 将位软元件M332～M347作为2站（远程输出站）的输出状态（BFM#0162H），再将位软元件M400～M407传送给M332～M339，这样当M400～M407有输出时，对应的远程输出RYO～RY7就有输出，从而实现远程输出的目的。

（2）FX PLC通过CC-Link与远程设备站通信实例（控制A700变频器）

① 功能要求　FX PLC作为CC-Link网络主站功能，控制变频器的运行，并监视其状态。远程控制启停，修改运行频率并监视输出电流。

② 系统构成　如图7-50所示，该传送带上共有3台变频器，使用FX3U PLC作为网络主站，通过CC-Link网络控制变频器运行。FX PLC侧需要安装CC-Link主站模块FX2N-16CCL-M，通过使用该主站模块，最多可连接7个远程I/O站和8个远程设备站。变频器侧需要安装CC-Link接口通信板FA-A7NC（对应A700和F700系列）或FR-A7NC-EKIT（对应E700系列）。

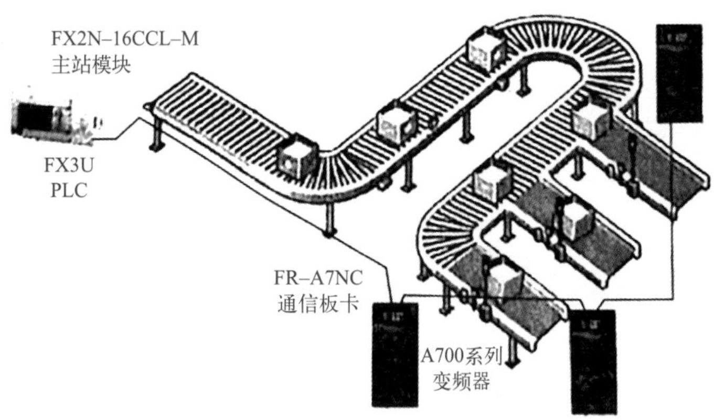

图7-50　CC-Link网络控制变频器

③ I/O信号分配　见表7-20。

表7-20　I/O信号分配

地址	输入信号	输出信号	信号作用
X000	●		变频器正转
X001	●		变频器反转
X002	●		变频器停止
X003	●		速度设定

续表

地址	输入信号	输出信号	信号作用
D101			变频器速度设定
D102			变频器输出电流

④ 变频器参数设定　使用CC-Link网络控制变频器时，首先要将变频器设置为网络控制模式，同时还需要设定站号、通信波特率、通信模式、占用站数、控制信号权限等相关参数，见表7-21。

表7-21 变频器相关参数表

参数号	说明	本实例中设定值
Pr.79	运行模式选择，与Pr.340配合使用	0
Pr.340	通信启动模式选择，与Pr.79配合使用	1
Pr.338	运行指令权，决定启停指令控制权	0（网络控制启停）
Pr.339	速率设定权，决定运行速率的设定权限	0（网络控制速度）
Pr.542	CC-Link站号，根据实际情况设置	1
Pr.543	CC-Link通信波特率，与主站一致	0（156kbits）
Pr.544	CC-Link扩展设定，设定远程寄存器功能	0（A5NC兼容模式）

⑤ 变频器CC-Link I/O、寄存器定义　见表7-22、表7-23。

表7-22 变频器CC-Link I/O定义

设备编号	信号	设备编号	信号
RYn0	正转指令	RXn0	正转中
RYn1	反转指令	RXn1	反转中
RYn2	高速运行指令（端子RH功能）	RXn2	运行中（端子RUN功能）
RYn3	中速运行指令（端子RM功能）	RXn3	频率到达（端子SU功能）
RYn4	低速运行指令（端子RL功能）	RXn4	过负载报警（端子OL功能）
RYn5	点动运行指令（端子JOG功能）	RXn5	瞬时停电（端子PIF功能）
RYn6	第2功能选择（端子RT功能）	RXn6	频率检测（端子FU功能）
RYn7	电流输入选择（端子AU功能）	RXn7	异常（端子ABC1）功能
RYn8	瞬间停止再启动选择（端子CS功能）	RXn8	一（端子ABC2）功能
RYn9	输出停止	RXn9	Pr.313分配功能（D00）
RYnA	启动自动保持选择（端子STOP功能）	RXnA	Pr.314分配功能（D01）
RYnB	复位（端子RES功能）	RXnB	Pr.315分配功能（D02）
RYnC	监视器指令	RXnC	监视
RYnD	频率设定指令（RAM）	RXnD	频率设定完成（RAM）

续表

设备编号	信号	设备编号	信号
RYnE	频率设定指令（RAM、EEPROM）	RXnE	频率设定完成（RAM、EEPROM）
RYnF	命令代码执行请求	RXnF	命令代码执行完成
RY（n+1）0～ RY（n+1）7	保留	RX（n+1）0～ RX（n+1）7	保留
RY（n+1）8	未使用（初始数据处理完成标志）	RX（n+1）8	未使用（初始数据处理完成标志）
RY（n+1）9	未使用（初始数据处理完成标志）	RX（n+1）9	未使用（初始数据处理完成标志）
RY（n+1）A	异常复位请求标志	RX（n+1）A	异常复位请求标志
RY（n+1）B～ RY（n+1）F	保留	RX（n+1）B～ RX（n+1）F	保留

表7-23 变频器CC-Link远程寄存器定义

监视器地址	高8位	低8位	寄存器地址	说明
RWwn	监视器代码2	监视器代码1	RWm	第一监视器值
RWwn+1	设定频率（以0.01Hz为单位）/ 转矩指令		RWm+1	第二监视器值
RWwn+2	H00（任意）	命令代码	RWm+2	应答代码
RWwn+3	写入数据		RWm+3	读取数据

注：关于监视器和监视代码。由于受远程寄存器个数所限，CC-Link控制A700系列变频器时，无法同时监视所有的运行状态。在实际使用中采用监视器及监视代码的方式选择需要监视的状态量。在RWwn中设定好监视器代码，如电流为02H、电压为03H，置位监视器指令标志位（RYnC），即可在监视器值寄存器（RWm、RWm+1）中显示监视对象的值。监视器共两个，可根据实际需要监视不同的对象。当对象大于3个时，也可使用梯形图程序时序进行控制。

⑥ 控制程序及说明　如图7-51所示。

工程名：远程设备站通信。

程序数据名：MAIN。

速度设定通过RWw1写到缓存存储器1E1，D101可以通过外部设定也可以通过人机界面设定，变频器输出电流监视代码H2，通过RWw0的低字节第一监视代码，写到缓存存储器1E0，通过监视第一值RWr0，通过缓存存储器2E0读到D102中。

编写控制变频器程序，见图7-52。

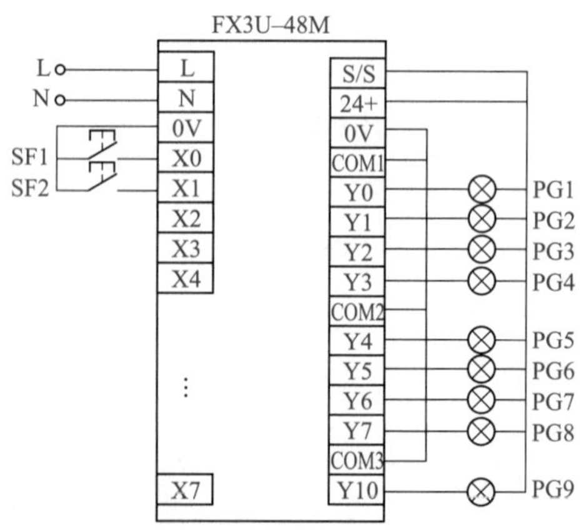

图7-51 CC-Link控制变频器程序

```
                                                            [MOV  K1  D3            ]
                                                             发生错误时的操作
                                                      [TO  K0  H6  D3  K1           ]
                                                             发生错误时的操作
     M1
53 ──┤├──┬──────────────────────────────────────────────[MOV  K0  D4            ]
         │                                                   预留站指定
         ├──────────────────────────────────────────[TO  K0  H10  D4  K1       ]
         │                                                   预留站指定
         ├──────────────────────────────────────────────[MOV  K0  D5            ]
         │                                                   无效站指定
         └──────────────────────────────────────────[TO  K0  H14  D5  K1       ]
                                                             无效站指定
                                              *< 1号站，远程设备，占用1站          >
     M1
82 ──┤├──┬──────────────────────────────────────────[MOV  H1101  D13          ]
         │                                                   第1个模块信息
         ├──────────────────────────────────────────[TO  K0  H20  D13  K1      ]
         │                                                   第1个模块信息
         └──────────────────────────────────────────────[RST     M1             ]

由缓存参数启动链接通信
     M8002
98 ──┤├─────────────────────────────────────────────────[SET     M50            ]
     M30    M45
100──┤/├────┤├──────────────────────────────────────────[PLS     M2             ]
     M2
104──┤├─────────────────────────────────────────────────[SET     M3             ]
     M3
106──┤├─────────────────────────────────────────────────[SET     M56            ]
     M36
108──┤├──┬──────────────────────────────────────────────[RST     M56            ]
         └──────────────────────────────────────────────[RST     M3             ]
     M37
111──┤├──┬──────────────────────────────────[FROM  K0   H668  D100  K1         ]
         │                                                   参数错误代码
         ├──────────────────────────────────────────────[RST     M56            ]
         └──────────────────────────────────────────────[RST     M3             ]
     M8000
123──┤├─────────────────────────────────────────[TO   K0  H0A  K4M50  K1       ]

通信程序
                                              *< 各从站状态，0：正常 1：出错      >
     M8000 M30  M45  M31
133──┤├───┤/├──┤├───┤├──┬───────────────────[FROM  K0   H680  K4M400  K1       ]
                        │                                    1号站通信异常
                        │ M400
                        ├─┤├────────────────────────────────────(Y001           )
                        │ 1号站通信                              1号站异常
                        │ 异常
                        │   M400
                        └─┤/├───────────────────────────────[MC   N0   M500     ]
                          1号站通信
                          异常
```

图7-52

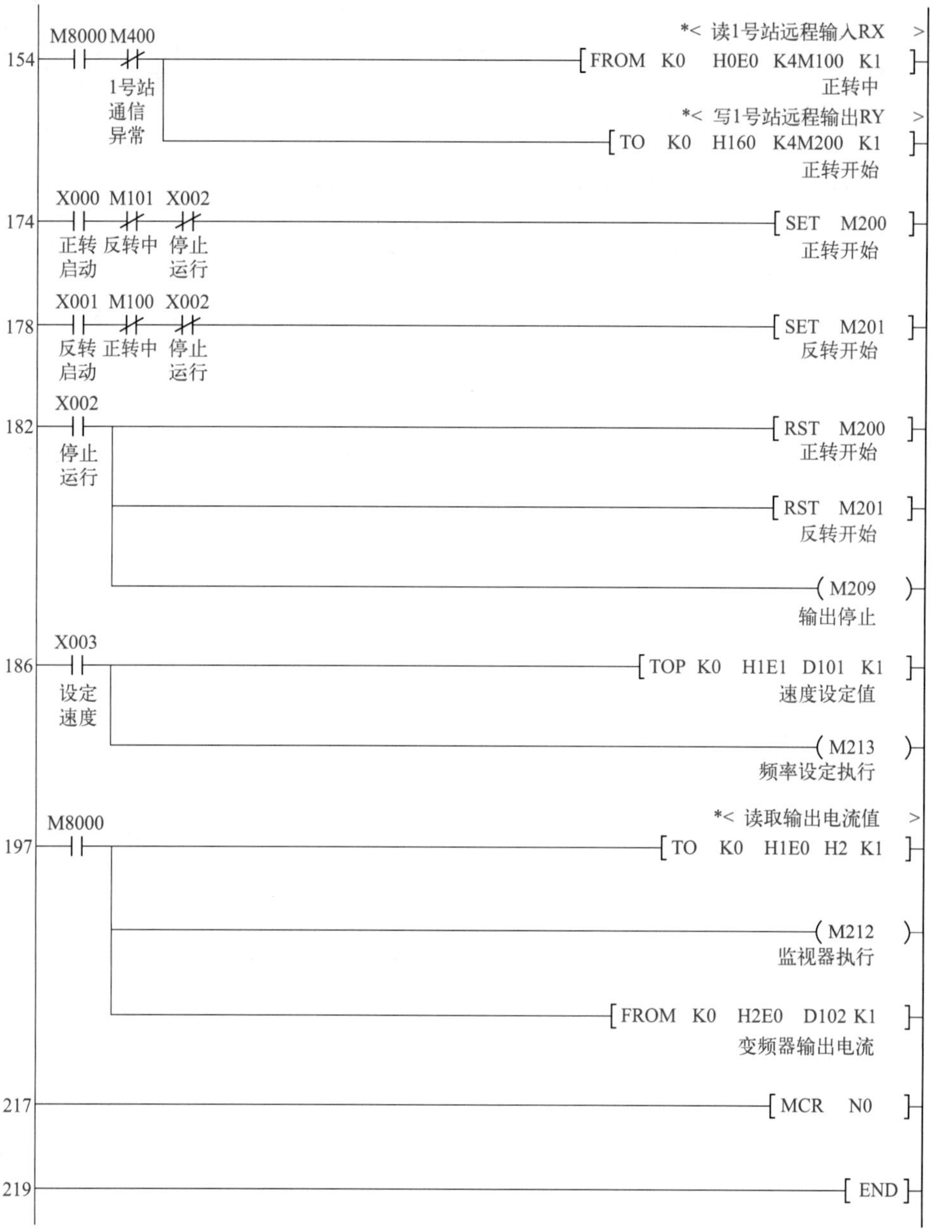

```
154  M8000  M400                                  *< 读1号站远程输入RX >
     ─┤├──┤/├──┬──────────────────────────[FROM  K0  H0E0  K4M100  K1 ]
           1号站 │                                              正转中
           通信  │                           *< 写1号站远程输出RY >
           异常  └──────────────────────────[TO  K0  H160  K4M200  K1 ]
                                                                正转开始
174  X000  M101  X002
     ─┤├──┤/├──┤/├────────────────────────────────────[SET  M200 ]
     正转  反转中 停止                                        正转开始
     启动        运行
178  X001  M100  X002
     ─┤├──┤/├──┤/├────────────────────────────────────[SET  M201 ]
     反转  正转中 停止                                        反转开始
     启动        运行
182  X002
     ─┤├──┬───────────────────────────────────────────[RST  M200 ]
     停止  │                                                正转开始
     运行  ├───────────────────────────────────────────[RST  M201 ]
          │                                                反转开始
          └───────────────────────────────────────────( M209 )
                                                           输出停止
186  X003
     ─┤├──┬─────────────────────────────[TOP  K0  H1E1  D101  K1 ]
     设定  │                                             速度设定值
     速度  └───────────────────────────────────────────( M213 )
                                                       频率设定执行
197  M8000                                    *< 读取输出电流值 >
     ─┤├──┬──────────────────────────────[TO  K0  H1E0  H2  K1 ]
          ├───────────────────────────────────────────( M212 )
          │                                                监视器执行
          └─────────────────────────────[FROM  K0  H2E0  D102  K1 ]
                                                        变频器输出电流
217  ─────────────────────────────────────────────────[MCR  N0 ]
219  ─────────────────────────────────────────────────[END ]
```

图7-52 控制变频器程序

FX3U PLC

第8章 触摸屏和变频器

随着信息技术与计算机技术的迅速发展，人机界面在工业控制中已得到了广泛的应用。工业控制领域通常所说的人机界面包括触摸屏和组态软件。触摸屏又称图形操作终端（graphic operation terminal，GOT），是目前工业控制领域应用较多的一种人机交互设备。变频器（variable-frequency drive，VFD）是应用变频技术与微电子技术，通过改变电机工作电源频率方式来控制交流电动机的电力控制设备。触摸屏与变频器在PLC控制系统中应用非常广泛。

8.1 触摸屏

触摸屏与PLC组成的控制系统，具有操作直观、控制功能强大、使用方便等优点，现已广泛应用于各类电气控制设备中。

8.1.1 触摸屏的特点与功能

触摸屏人机界面，具有坚固、防震、防潮、防尘、耐高温、多插槽和易于扩充等特点、是各种工业控制、交通控制、环保控制和自动化领域中其他各种应用的最佳平台。触摸屏是一种电子操作面板，用来代替鼠标、键盘和控制屏上的开关和按钮等输入设备。

触摸屏的基本原理是用手指或其他物体触摸安装在显示器前端的触摸屏，所触摸的位置（以坐标形式）由触摸屏控制器检测，并通过接口（如RS-232C串行口）送到CPU，然后CPU根据触摸的图标或菜单来定位并选择信息输入。

按照触摸屏的工作原理和传输信息的介质不同，触摸屏分为电阻式、电容式、红外线式以及表面声波式4类。

① 电阻式触摸屏是利用压力感应进行控制。电阻触摸屏的主要部分是一块与显示器表面非常配合的电阻薄膜屏，这是一种多层的复合薄膜，它以一层玻璃或硬塑料平板作为基层，两面涂有一层透明氧化金属（透明的导电电阻）导电层，上面再盖有一层外表面硬化处理、光滑防摩擦的塑料层，它的内表面也有一涂层，在它们之间有许多细小的透明隔离点把

两层导电层隔开绝缘。当手指触摸屏幕时，两层导电层在触摸点位置就有了接触，电阻发生变化，在X和Y两个方向上产生信号，然后将这两个信号送到触摸屏控制器。控制器侦测到这一接触并计算出（X，Y）的位置，再根据模拟鼠标的方式动作，这就是电阻式触摸屏的基本原理。

② 电容式触摸屏是利用人体的电流感觉进行工作。电容式触摸屏是一块四层复合玻璃屏，玻璃屏的内表面和夹层各涂有一层ITO（纳米铟锡金属氧化物），最外层是一层薄的硅土玻璃保护层，夹层ITO涂层作为工作面，四个角上引出四个电极，内层ITO为屏蔽层以保证良好的工作环境。当手指触摸在玻璃保护层上时，由于人体电场，用户和触摸屏表面形成一个耦合电容，对于高频电流来说，电容是直接导体，于是手指从接触点吸走一个很小的电流。电流分别从触摸屏的四角上的电极中流出，并且流经这四个电极的电流与手指到四角的距离成正比，控制器通过对这四个电流比例的精确计算，得出触摸点的位置。

③ 红外线式触摸屏是利用X、Y方向上密布的红外线矩阵来检测并定位用户的触摸。红外线触摸屏在显示器的前面安装一个电路板外框，电路板在屏幕四边排布红外发射管和红外接收管，一一对应形成横竖交叉的红外线矩阵。用户在触摸屏幕时，手指就会挡住经过该位置的横竖两条红外线，所以可以判断出触摸点在屏幕的位置。任何触摸物体都可改变触点上的红外线而实现触摸屏操作。

④ 表面声波是超声波的一种，它是在介质（如玻璃或金属等刚性材料）表面进行浅层传播的机械能量波。通过楔形三角基座（根据表面波的波长严格设计），可以做到定向、小角度的表面声波能量发射。表面声波性能稳定、易于分析，并且在横波传递过程中具有非常尖锐的频率特性。表面声波式触摸屏的触摸屏可以是一块平面、球面或柱面的玻璃平板，安装在CRT、LED、LCD或等离子显示器屏幕的前面。这块玻璃平板只是一块纯粹的强化玻璃，没有任何贴膜和覆盖层。玻璃层的左上角和右下角各固定了竖直和水平方向的超声波发射换能器，右上角则固定了两个相应的超声波接收换能器。玻璃屏的四个周边刻有45°角由疏到密间隔非常精密的反射条纹。在没有触摸的时候，接收信号的波形与参照波形安全一样。当手指触摸屏幕时，手指吸收了一部分声波能量，控制器侦测到接收信号在某一时刻上的衰减，由此可以计算出触摸点的位置。除了一般触摸屏都能响应的X、Y坐标外，表面声波触摸屏的突出特点是它能感知第三轴（Z轴）的坐标，用户触摸屏幕的力量越大，接收信号波形上的衰减缺口就越宽越深，可以由接收信号衰减处的衰减量计算出用户触摸压力的大小。

8.1.2 三菱触摸屏的型号及参数

（1）三菱触摸屏类型

常用的三菱触摸屏（人机界面）主要有三大系列，分别为GOT-A900系列触摸屏、GOT-F900系列触摸屏和GOT1000系列触摸屏。GOT1000系列触摸屏又分为GT10、GT11系列触摸屏和GT15系列触摸屏，其中，GT10是基本型号，外形尺寸较小，GT11触摸屏为标准机型，GT15触摸屏为高性能机型，均采用64位RISC处理器，内置有USB接口。在此基础上，最新的GT1000系列又增加了GT12及GT16系列，GT12系列整合了标准型及基本浓缩型触摸屏功能，内置以太网通信接口及2通道连接方式。GT16是相对于GT15增加内置以太网连接功能及视频输入输出功能。当今三菱最高性能的人机界面是GOT2000系列，与传统的人机界面相比，GOT2000具有以太网等通信功能，简单方便的多点触摸和手势操作，可实现多台机器批量备份及自动备份，针对PLC的梯形图监视和编辑功能，强大的报警功能及简便地搜索报警原因，通过日志功能可简便地收集数据，通过以太网可远程操作，软件具有丰富的部件库。

三菱触摸屏画面设计软件为GT Designer软件，最新的版本GT Designer3支持三菱全系列的触摸屏的画面设计。下面以GOT1000系列触摸屏为例说明其型号与参数。

（2）GOT1000系列触摸屏的型号和参数

GOT1000触摸屏目前常用的有以下几种型号。

① GT10系列　GT10系列包括GT1020和GT1030两种型号，GT1020显示屏如图8-1所示。GT10系列只有两色，外形尺寸较小（3.7英寸和4.5英寸，1英寸≈2.54厘米），功能比较简单，主要有数值设置和监控功能，具有良好的信息显示功能，以及一般的开关信号输入和显示功能。

② GT11系列　GT11系列包括GT1155和GT1150两种型号（5.7英寸），GT1155触摸屏如图8-2所示。有蓝白双色和256色，是应用比较多的型号，GT11是一种具有高级显示功能、操作设置、报警处理能力、维护和自我诊断、系统监视及PLC顺序程序编辑功能的人机界面。

③ GT15系列　GT15系列是三菱GOT1000系列触摸屏的高性能机型，是图形操作终端产品，广泛适用于网络环境或单机环境中。三菱触摸屏GT15系列麾下型号众多，用户可根据它的功能、尺寸和特性来选择最适合自身设备的型号。如图8-3所示是GT1595-XTBA/D（15英寸）。

图8-1　GT1020触摸屏

图8-2　GT1155触摸屏

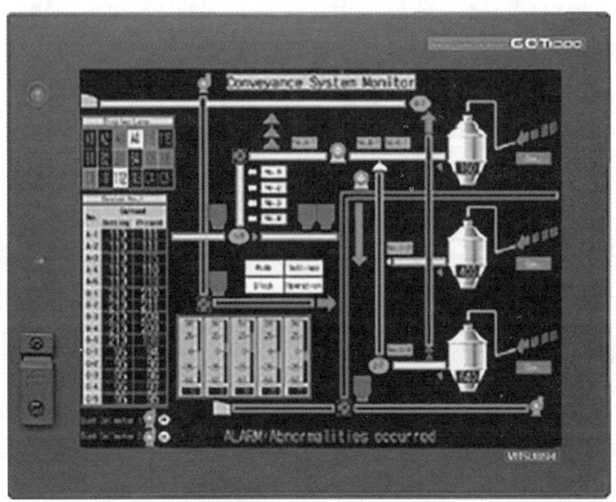

图8-3　GT1595-XTBA/D

（3）GT1000的型号参数

GT1000型号参数提供的信息如下：

GT15 9 5 □ - X T BA/D □

① ②③ ④ ⑤⑥ ⑦ ⑧⑨

其中①～⑨的含义如下：

① 机型：GT15从单机使用到网络，涵盖广泛应用领域的高性能机型；GT11作为单机使用，充实了基本功能的标准机型；GT10外形小巧的基本机型。

② 尺寸：2，3.7型；3，4.5型；5，5.7型；6，8.4型；7，10.4型；8，12.1型；9，15型。

③ 显示屏颜色：0，单色；2，16色；5，256色。

④ 安装型式：V视频/RGB；无，面板型；HS；手持式。

⑤ 分辨率：X，XGA（1024×768）；S，SVGA（800×600）；V，VGA（640×480）；Q，QVGA（320×240）；无，（280×96）（160×64）。

⑥ 显示设备：T，TFT彩色（高亮度、宽视角）；N，NTN彩色；S，STN彩色；L，STN彩色。

⑦ 电源规格：A，AC 100 ～ 200V；D，DC 24V；L，DC 5V。

⑧ 背光灯（GT10）：W，白色；无，绿色。

⑨ 通信接口：Q，Q系列内置总线接口；A，A系列内置总线接口；2，内置RS-232；无，内置RS-422。

8.1.3 三菱触摸屏GT Designer软件的使用

GT Works是一个集成的触摸屏开发套装软件，目前最新版本为GT Works3。GT Works3是GT1000系列的画面设计与制作软件包，包括了GT Designer3、GT Simulator3，GT SoftGOT1000的一个产品集。GT Designer3是用于GT1000系列图形操作终端的画面制作软件，并且集成有GT Simulator3仿真软件，具有仿真模拟功能。GT Designer3是可以进行工程和画面创建、图形绘制、对象配置和设置、公共设置以及数据传输等的软件。GT Simulator3是可以在计算机上模拟GOT运行的仿真软件。下面以GT Designer3为例，讲述触摸屏软件的使用。

（1）新建工程

安装了GT Designer3软件后，执行“开始”→“程序”→“MELSOFT应用程序”→“GT Works3”→“GT Designer3”，即可启动GOT编程软件。

启动GT Designer3软件后，将弹出如图8-4所示的工程选择对话框。在此对话框中，若选择“新建”，将创建新的GOT工程，选择“打开”，将打开已创建的GOT工程。在此单击“新建”按钮，将进入如图8-5所示的新建工程向导对话框。

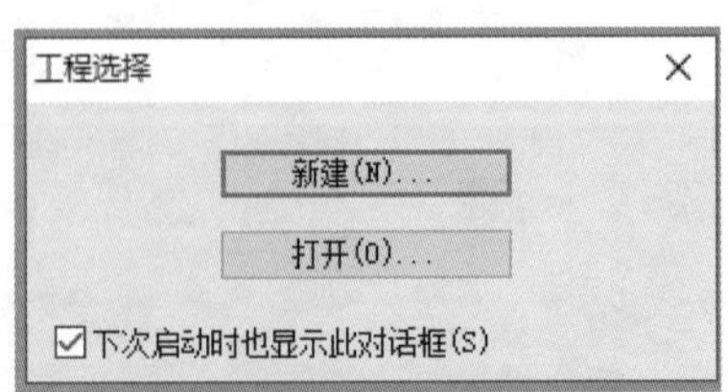

图8-4 工程选择对话框

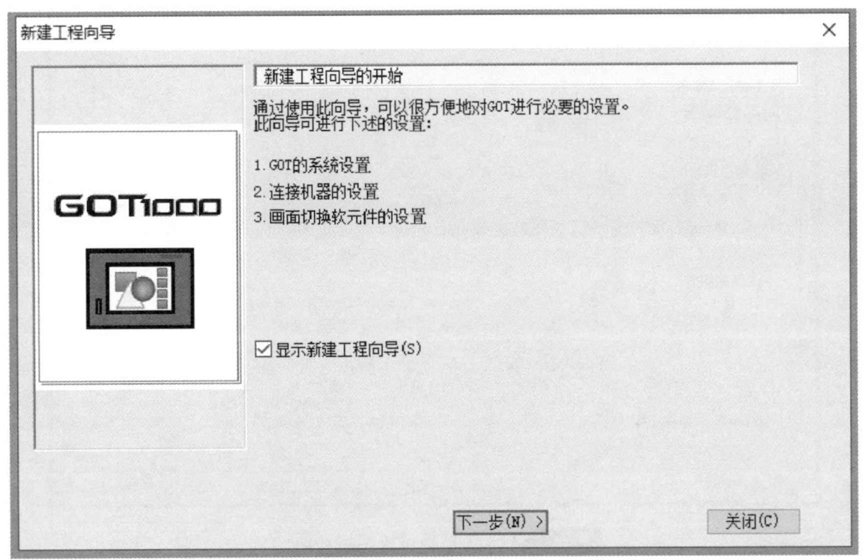

图8-5 新建工程向导对话框

在图8-5中，用户GOT的设置主要包括三个步骤，在此直接单击“下一步”按钮，将弹出如图8-6所示的GOT系统设置对话框。此对话框中的机种中，通过下拉列表可以选择GOT的系列及型号。颜色设置下拉列表中，可以设置GOT的颜色。设置好后，单击“下一步”按钮，将弹出如图8-7所示的GOT系统设置确认对话框。

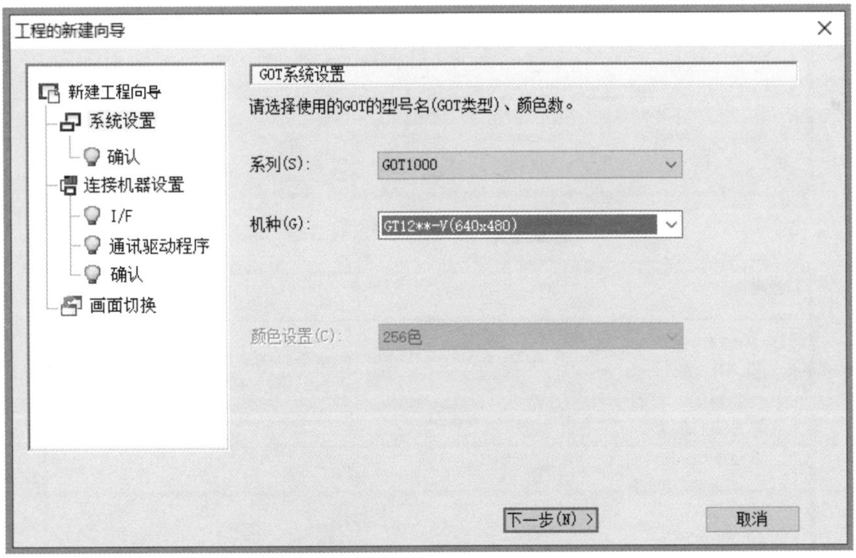

图8-6 GOT系统设置对话框

若需要重新设置，则单击图8-7中的“上一步”按钮，否则单击“下一步”按钮，则弹出如图8-8所示的选择联机设置对话框。在制造商下拉列表中，可以选择触摸屏工作时连接的控制设备系列，在机种下拉列表中，可以选择机种的系列。设置好后，单击“下一步”按钮，将弹出如图8-9所示的联机设备端口设置对话框。

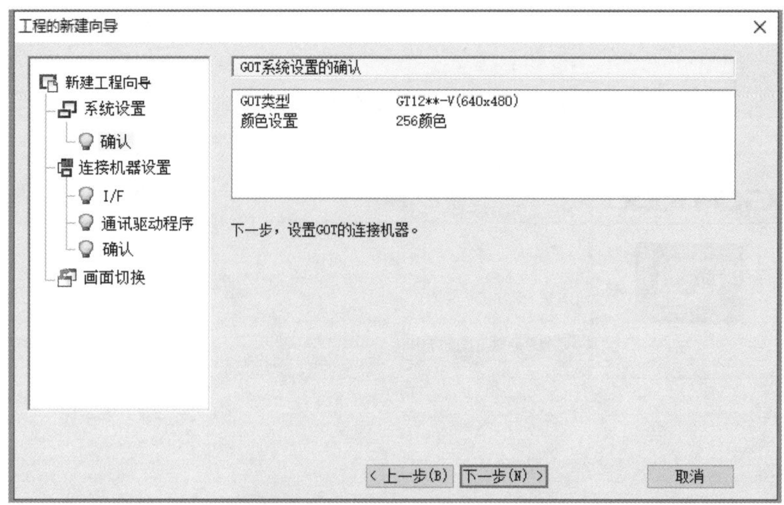

图8-7 GOT系统设置确认对话框

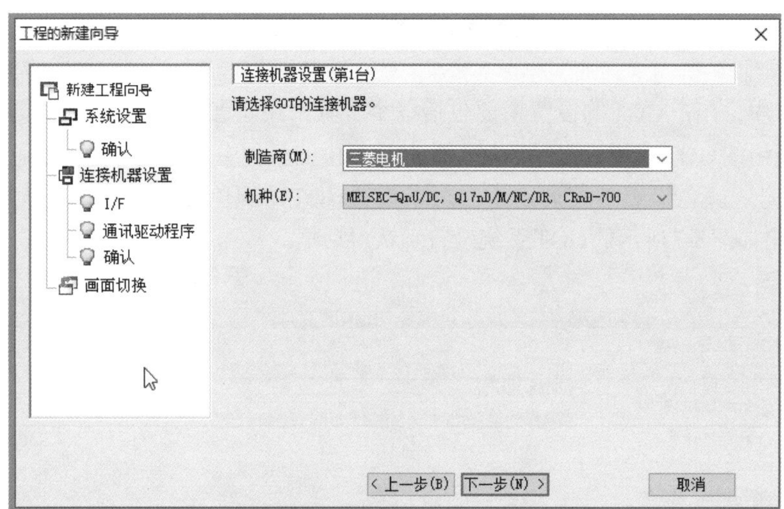

图8-8 选择联机设置对话框

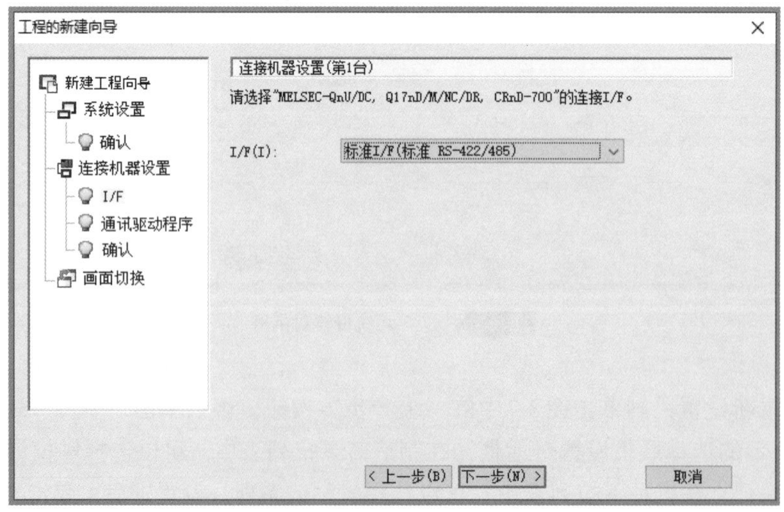

图8-9 联机设备端口设置对话框

在图8-9对话框的I/F下拉列表中，可以选择触摸屏与外部被控设备所使用的端口。设置好后，单击“下一步”按钮，将弹出如图8-10所示的通信驱动程序选择对话框。

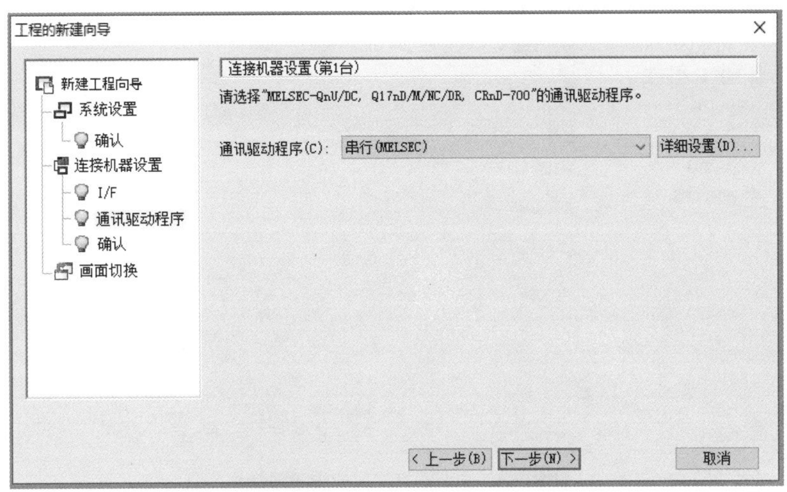

图8-10 通信驱动程序选择对话框

在图8-10中，可以选择通信驱动程序。选择好后，单击“下一步”按钮，系统会自动安装驱动程序，并弹出如图8-11所示的GOT系统连接机器设置确认对话框。

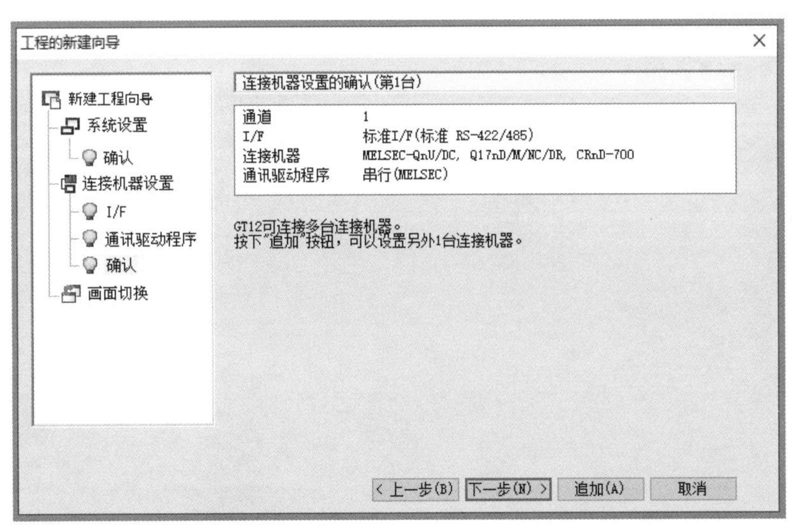

图8-11 GOT系统连接机器设置确认对话框

若需要重新设置，则单击图8-11中的“上一步”按钮。若单击“下一步”按钮，则弹出如图8-12所示的画面切换软元件设置对话框。

在图8-12中，设置画面切换时使用的软元件后，单击“下一步”按钮，将弹出如图8-13所示的向导结束对话框。

在图8-13中，若需重新设置，则单击“上一步”按钮，确认以上操作，则单击“结束”按钮进入GT Designer3软件界面。若设置完成后，需进行工程保存时，在GT Designer3软件界面中执行菜单命令“文件”→“保存”，将弹出如图8-14所示的工程另存为对话框。在此对话框中选择保存路径，并输入工作区名和工程名即可。

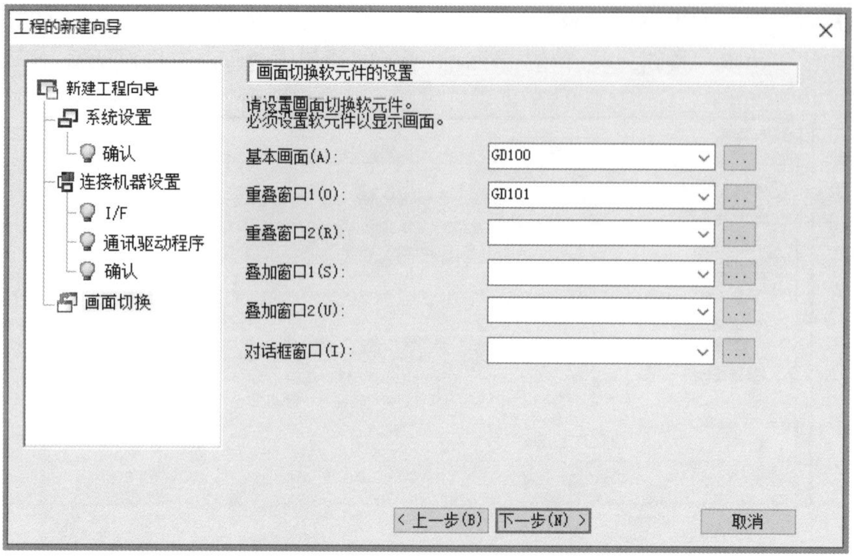

图8-12 画面切换软元件设置对话框

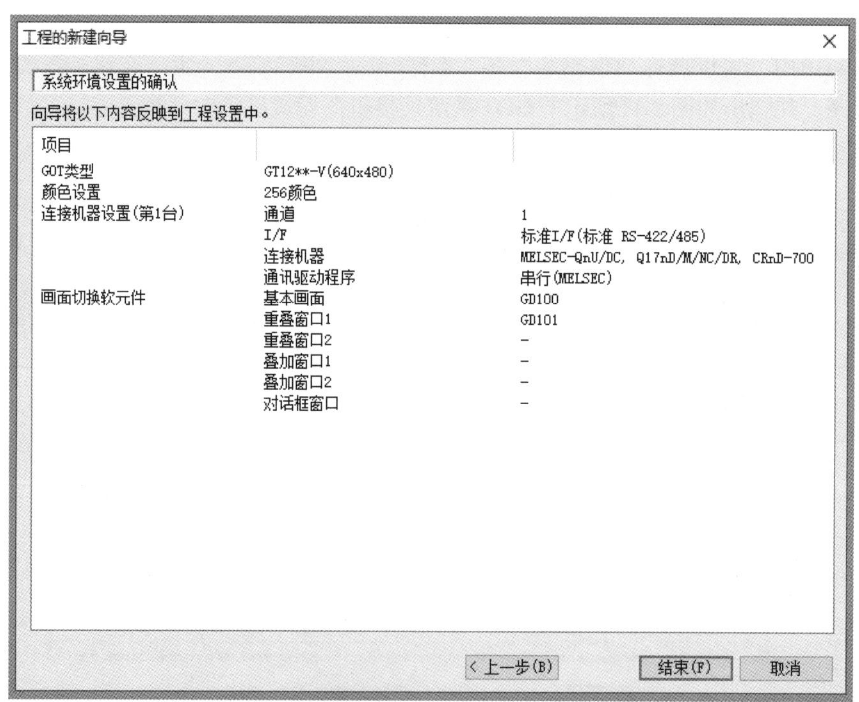

图8-13 向导结束对话框

（2）软件界面

GT Designer3软件界面如图8-15所示，它主要由标题栏、菜单栏、工具栏、编辑区、工程管理器、属性窗口、工程数据表、状态栏等部分组成。

① 标题栏　显示屏幕的标题，将光标移动到标题栏，则可以将屏幕拖动到希望的位置，在GT Designer3中，具有屏幕标题档和应用窗口标题栏。

② 菜单栏　显示GT Designer3 可使用的菜单名称，单击某个菜单，就会出现一个下拉菜单，然后可以从下拉菜单中选择执行各种功能，GT Designer3具有自适应菜单。

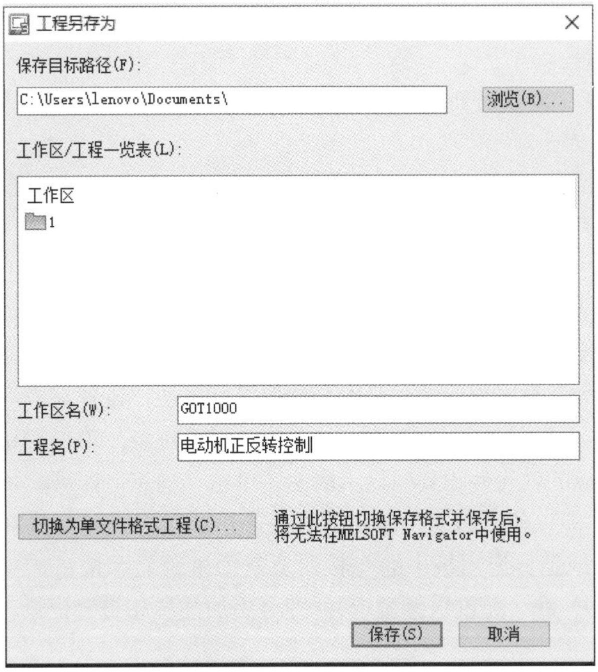

工程另存为

保存目标路径(F):

C:\Users\lenovo\Documents\

浏览(B)...

工作区/工程一览表(L):

工作区

1

工作区名(W): GOT1000

工程名(P): 电动机正反转控制

切换为单文件格式工程(C)...

通过此按钮切换保存格式并保存后，将无法在MELSOFT Navigator中使用。

保存(S) 取消

图8-14 工程另存为对话框

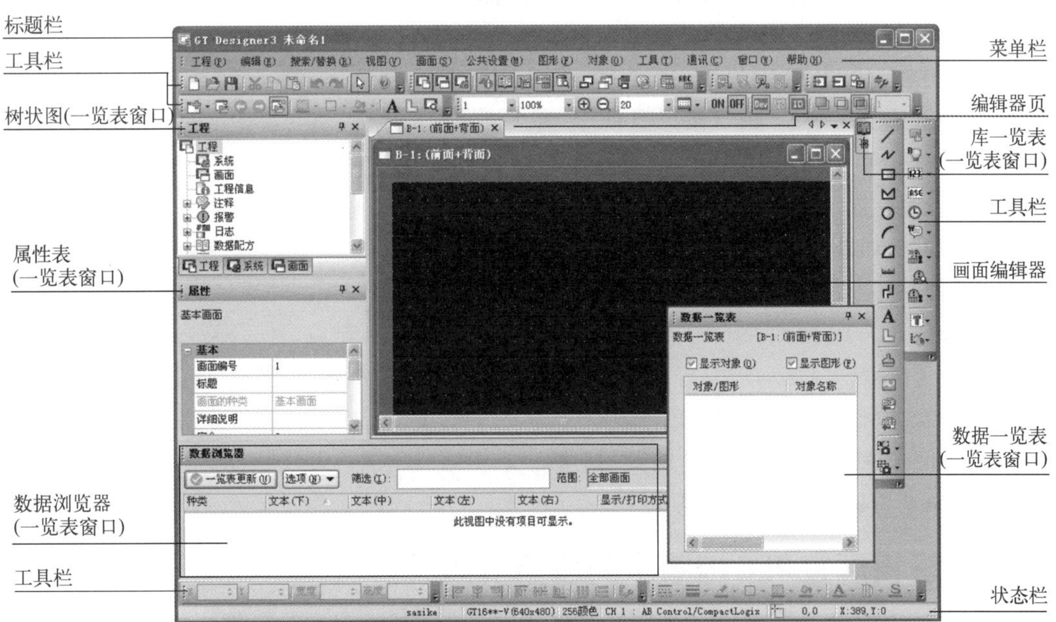

图8-15 GT Designer 3软件界面

③ 工具栏　工具栏包括主工具栏、视图工具栏、图形/对象工具栏、编辑工具栏等。工具栏以按钮形式显示，将光标移动到任意按钮，然后单击，即可执行相应的功能，在菜单栏中，也有相应工具栏按钮所具有的功能。

④ 编辑区　制作图形画面的区域。

⑤ 工程管理器　显示画面的信息，进行编辑两面切换，实现各种设置功能。

⑥ 属性窗口　显示工程中图形、对象的属性，如图形、对象的位置坐标及使用的软元件、状态、填充色等。

⑦ 工程数据表　显示画面中已有的图形、对象，也可以在数据表中选择图形、对象，并进行属性设置。

⑧ 状态栏　显示GOT类型、连接设备类型及图形、对象坐标和光标坐标等。

（3）对象属性设置

① 数值显示功能　实时显示PLC数据寄存器中的数据，数据可以以数字（或数据列表）、ASCII码字符及日期/时刻等显示。单击数值显示的相应图标、或即可以选择相应的功能。然后在编辑区域单击鼠标即生成对象，再按键盘的Esc键，拖动对象到任意需要的位置。双击该对象，设置相应的软元件和其他显示属性，设置完毕再按"确定"键即可。

② 指示灯显示　显示PLC位状态或字状态的图形对象，单击按钮，将对象放到需要的位置，设定好相应的软元件和其他显示属性，单击"确定"即可。

③ 信息显示功能　显示PLC相对应的注释和出错信息，包括注释、报警记录和报警列表。按编辑工具栏或工具选项板中的按钮及三个报警显示按钮（配置扩展报警显示）、（报警记录显示）、（配置报警显示），即可添加注释和报警记录，设置好属性后按"确定"键即可。

④ 动画显示功能　显示与软元件相对应的零件/屏幕，显示的颜色可以通过其属性来设置，同时也可以根据软元件的ON/OFF状态来显示不同颜色，以示区别。

⑤ 图表显示功能　可以显示采集到PLC软元件的值，并将其以图表的形式显示。在编辑对象工具栏中单击图表按钮，通过下拉列表选择（液位）、（面板仪表）、（折线图表）、（趋势图表）、（条形图表）、（统计矩形图）、（统计饼图）、（散点图表）、（记录趋势图表）图标，然后将光标指向编辑区，单击鼠标即生成图表对象，设置好软元件及其他属性后，单击"确定"键即可。

⑥ 触摸键功能　触摸键在被触摸时，能够改变位元件的开关状态、字元件的值，也可以实现画面跳转。添加触摸键需单击编辑对象工具栏中的图标，并通过下拉列表选（开关）、（位开关）、（字开关）、（画面切换开关）、（站点切换开关）、（扩展功能开关）、（按键窗口显示开关）、（键代码开关）图标，将其放置到合适的位置，设置好软元件参数、属性后，单击"确定"键即可。

⑦ 其他功能　其他功能包括硬复制功能、系统信息功能、条形码功能、时间动作功能，还包括屏幕调用功能、安全设置功能等。

8.1.4　触摸屏在PLC控制中的应用实践

以GT1000GOT、FX2N PLC为例，讲述GOT在PLC的电动机正反转控制中的应用。其基本思路为：通过计算机在GT Designer3中制作触摸屏界面，由RS-232C或USB电缆将其写入到GOT中，使GOT能够发出控制命令并显示运行状态和有关运行数据；在GX-Developer中编写PLC控制程序，并将程序下载到PLC中，利用PLC控制功能对电动机进行控制，使用RS-422电缆将触摸屏与PLC连接起来，以构成触摸屏和PLC的联合控制系统，其系统构成如图8-16所示。

该控制系统要注意触摸屏的软元件属性以及与PLC软元件的对应关系，在此设定触摸屏与PLC软元件的地址分配如表8-1所示。

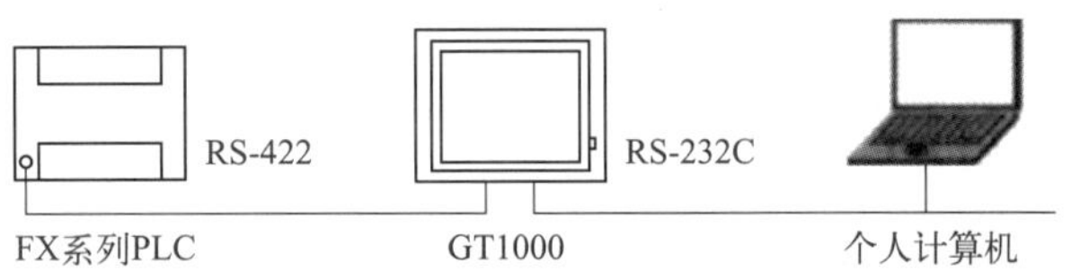

图8-16 触摸屏和PLC的系统构成

表8-1 触摸屏和PLC软元件的地址分配

地址	功能	地址	功能
M100	正转启动（PLC、GOT）	D101	定时器T0的设定值（PLC）
M101	反转启动（PLC、GOT）	D102	运行时间显示（GOT）
M102	停止运行（PLC、GOT）	Y000	正转运行（PLC、GOT）
M103	停止中（GOT）	Y001	反转运行（PLC、GOT）
D100	运行时间设置（GOT）		

（1）触摸屏界面制作

本系统触摸屏界面如图8-17所示，其内容主要包括框架制作、文本对象、注释文本、触摸键、数值输入和数值显示，下面详细叙述其制作方法。

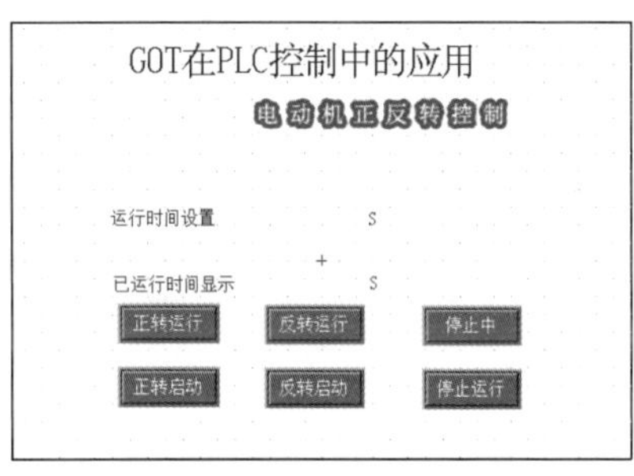

图8-17 触摸屏界面

① 框架制作　选中图形/对象工具栏中的□（矩形）按钮，在编辑区域绘制一个合适大小的矩形。双击矩形框线，将弹出如图8-18所示的矩形设置对话框。在此对话框中设置线形、线宽、线条颜色、填充图标、图样前景色、图标背景色等。

② 文本对象　图8-17中的文本对象主要包括GOT在PLC控制中的应用、电动机正反转控制、运行时间设置、已运行时间显示、S。

a. GOT在PLC控制中的应用。选中图形/对象工具栏中的A（文本）按钮，将弹出如图8-19所示的文本设置对话框。在此对话框的字符串栏中，输入“GOT在PLC控制中的应用”，设置文本尺寸、文本颜色。

b. 电动机正反转控制。选中图形/对象工具栏中的A（文本）按钮，将弹出文本设置对话框。在此对话框的字符串栏中，输入“电动机正反转控制”，然后单击“转换为文字图形”按钮，将弹出如图8-20所示的艺术字设置对话框。在此对话框中，设置字体、文本尺寸、文本颜色、背景色、效果等。

c. 运行时间设置、已运行时间显示、S。选中图形/对象工具栏中的A（文本）按钮，将弹出文本设置对话框。在此对话框的字符串栏中，输入“运行时间设置”，文本尺寸设置为1×1，文本颜色选择为

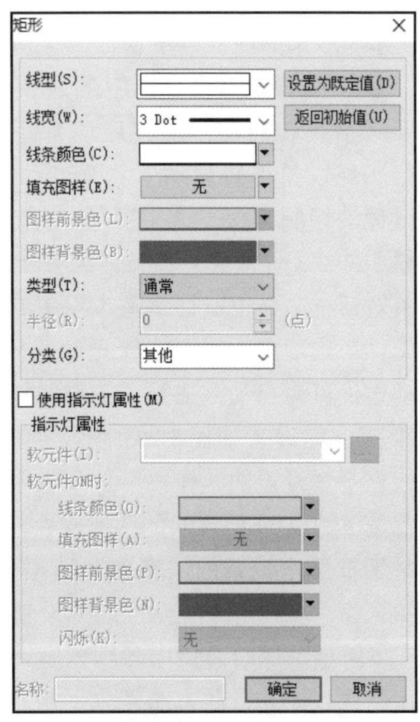

图8-18 矩形设置对话框

紫色。依此方法分别绘制“已运行时间显示”和“S”。文本对象绘制完后，其效果如图8-21所示。

③ 注释文本　图8-17中的注释文本主要包括正转运行、反转运行、停止中。现以“正转运行”的绘制为例讲述注释文本的绘制。选中图形/对象工具栏中的（位注释）按钮，将弹出注释显示（位）对话框。在注释显示（位）对话框基本设置的“软元件/样式”选项卡中，设置注释显示种类为“位”、软元件为“Y000”，图形下拉列表中选择“Square_3D_Fixed Width:Rect_12”，分别设置OFF、ON状态下图形属性中的边框色和底色，注释显示（位）对话框如图8-22所示。

在注释显示（位）对话框基本设置的“显示注释”选项卡中，编辑注释文本为“正转运行”，注释文本为显示为字符串，文本尺寸为1×1，其设置如图8-23所示。详细设置中各项内容可以采用默认状态。依此方法，分别绘制“反转运行”“停止中”。文本注释绘制完后，其效果如图8-24所示。

④ 触摸键　图8-17中的触摸键主要包括正转启动、反转启动、停止运行。现以“正转启动”为例，讲述触摸键的绘制方法。选中图形/对象工具栏中的（位开关）按钮，将弹出位开关对话框。在位对话框基本设置的“软元件”选项卡中，设置软元件为M100，动作设置为点动，选择“按键触摸状态（k）”，其设置如图8-25所示。在位对话框基本设置的“样式”选项卡中，设置按键触摸OFF、ON的图形属性。在位对话框基本设置的“文本”选项卡中，输入字符串“正转启动”，其设置如图8-26所示。详细设置中各项内容可以采用默认状态。依此方法，分别绘制“反转启动”“停止运行”。

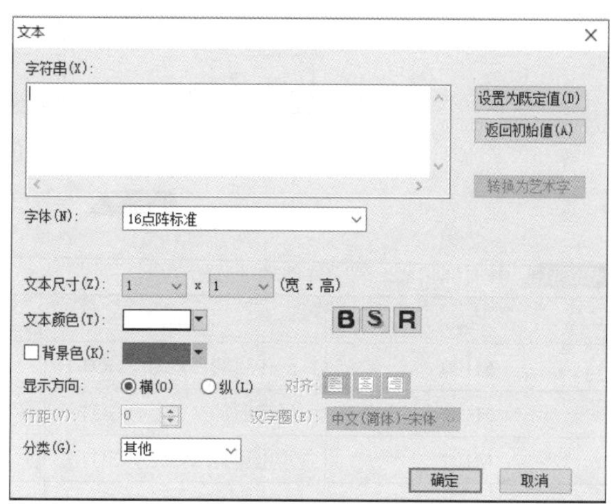

图8-19 文本设置对话框

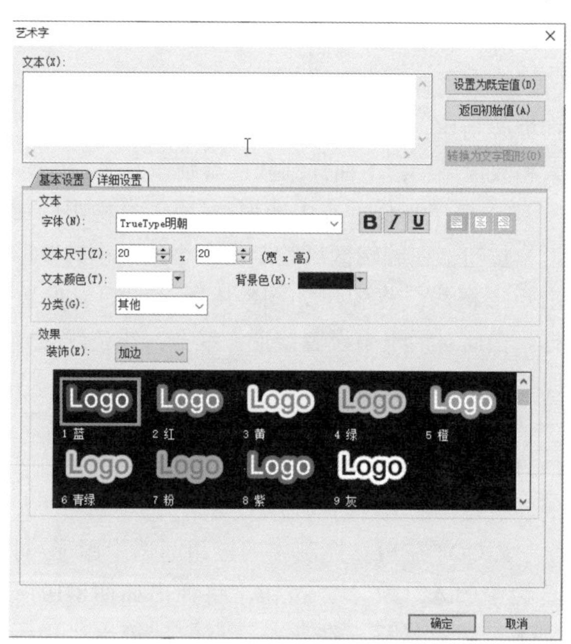

图8-20 艺术字设置对话框

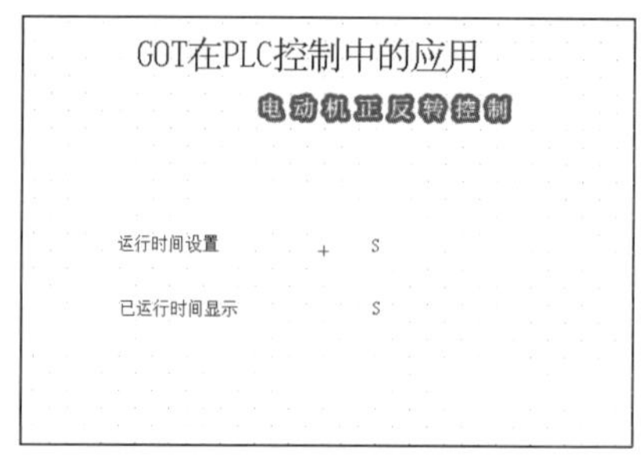

图8-21 文本对象绘制效果

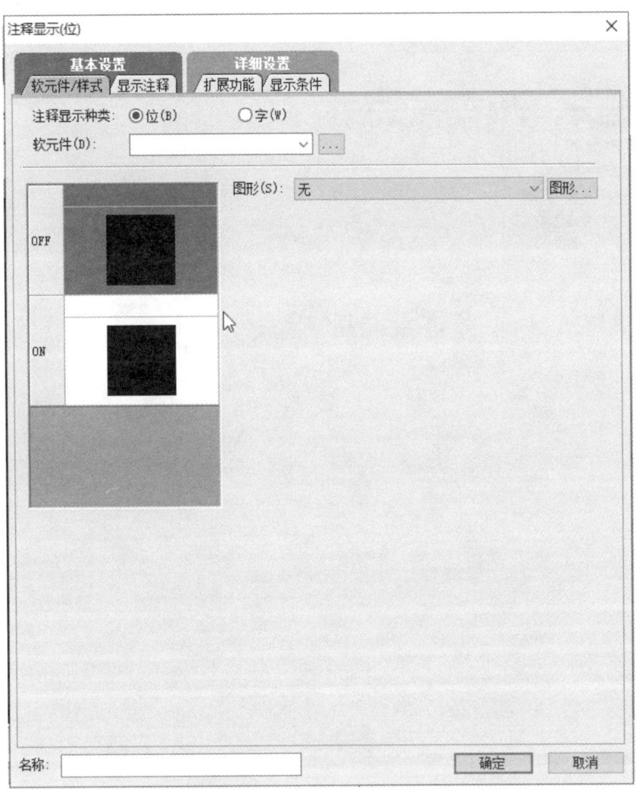

图8-22 注释显示（位）对话框

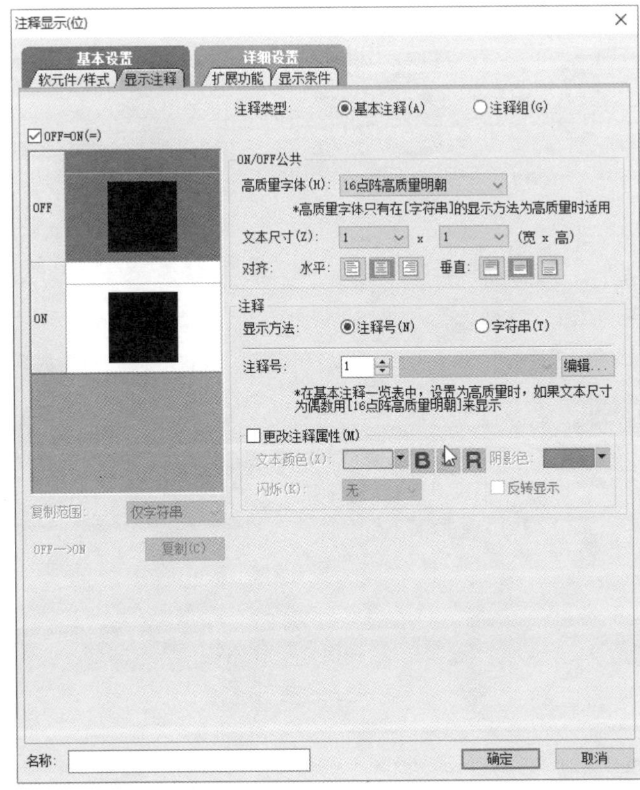

图8-23 注释显示（位）的“显示注释”选项卡设置

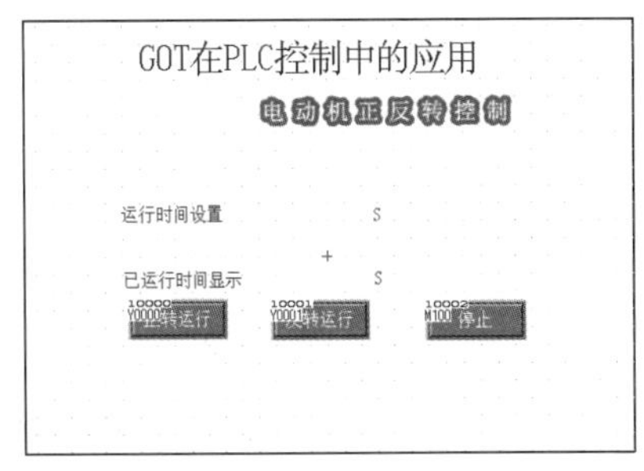

图8-24 文本注释绘制的效果

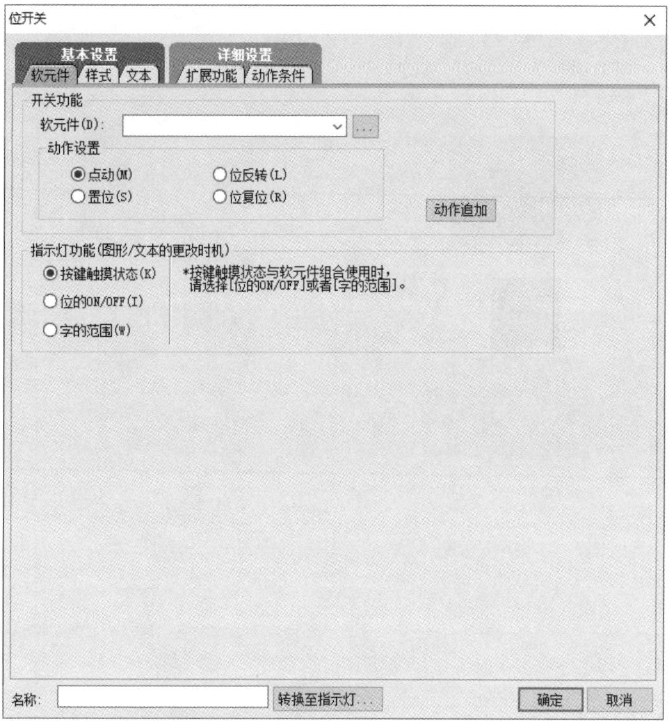

位开关
基本设置 详细设置
软元件 样式 文本 扩展功能 动作条件
开关功能
软元件(D):
动作设置
点动(M) 位反转(L)
置位(S) 位复位(R)
动作追加
指示灯功能(图形/文本的更改时机)
按键触摸状态(K) *按键触摸状态与软元件组合使用时，请选择[位的ON/OFF]或者[字的范围]。
位的ON/OFF(I)
字的范围(W)
名称: 转换至指示灯... 确定 取消

图8-25 位开关的“软元件”选项卡设置

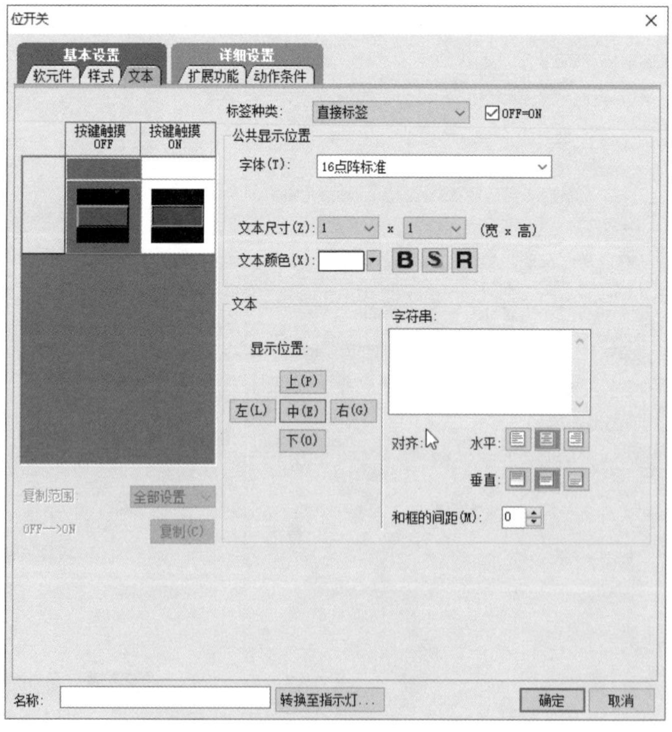

图8-26 位开关的“文本”选项卡设置

⑤ 数值输入和数值显示　“运行时间设置”需要用数值输入对象来实现，单击对象工具栏下的（数值输入）按钮，将弹出数值输入对话框。在数值输入对话框基本设置的“软元件/样式”选项卡中，选择种类为数值输入（I），软元件为D100，数值色为绿色，其余选项采用默认值，如图8-27所示。数值输入对话框的其余选项卡均采用默认值。“已运行时间显示”需要用数值显示对象来实现，单击对象工具栏下的（数值显示）按钮，将弹出数值显示对话框。在数值显示对话框基本设置的“软元件/样式”选项卡中，选择种类为数值显示（P），软元件为D102，数值色为蓝色，其余选项采用默认值，如图8-28所示。数值显示对话框的其余选项卡均采用默认值。

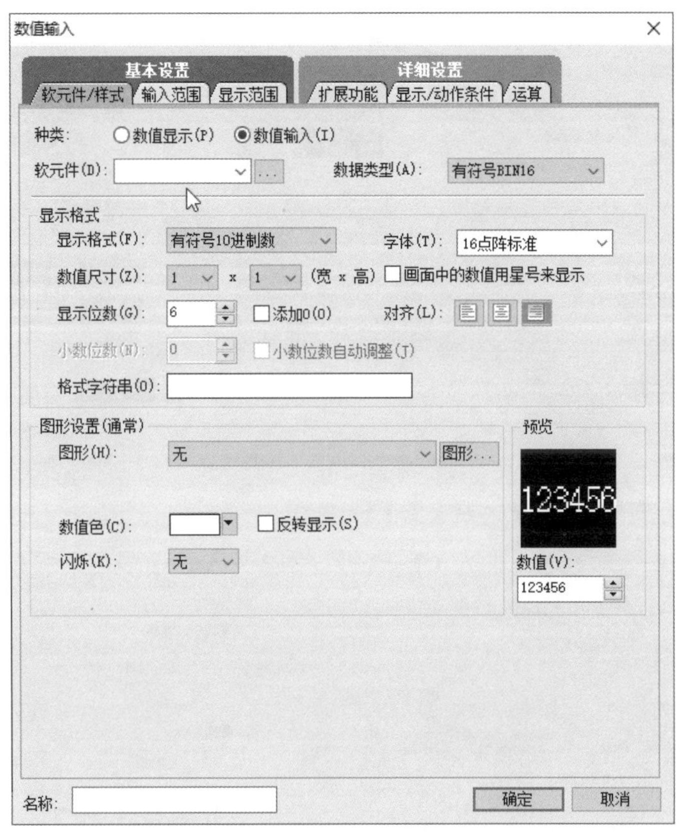

图8-27　数值输入“软元件/样式”选项卡

至此，在GT Designer3软件中已绘制完触摸屏界面，如图8-29所示。将GOT与计算机连接好后，执行菜单命令“通信”→“写入到GOT”，将弹出通信设置对话框。在此对话框中选择合适的连接方法再单击“确定”按钮，将弹出如图8-30所示与GOT的通信对话框，然后单击“GOT写入”按钮，将已绘制完的触摸屏界面下载到GOT中。

（2）PLC程序设计

在GX Developer中编写如图8-31所示的PLC控制电动机正反转程序，并将其下载到FX2N PLC中。

（3）GOT与PLC的联机运行

使用通信电缆将GOT的RS-422接口与PLC编程接口连接后，可以进行GOT与PLC的联机运行（HPP模式）。

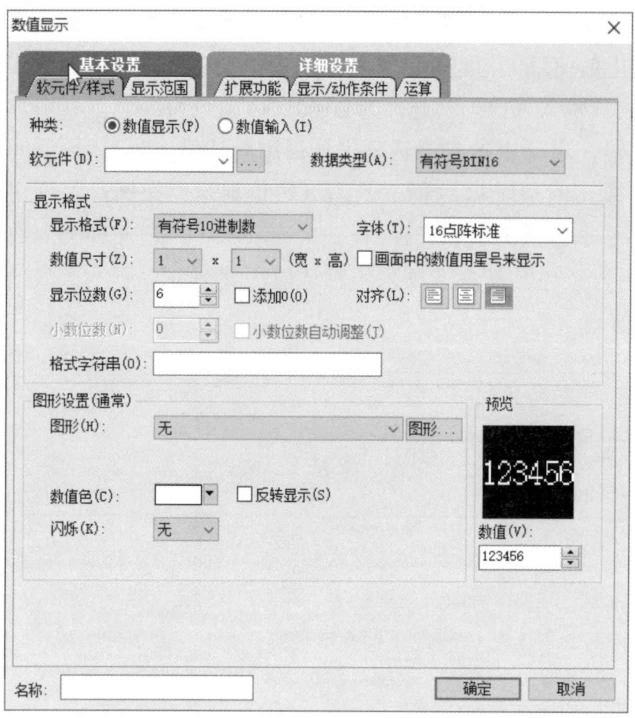

图8-28 数值显示（P）“软元件/样式”选项卡

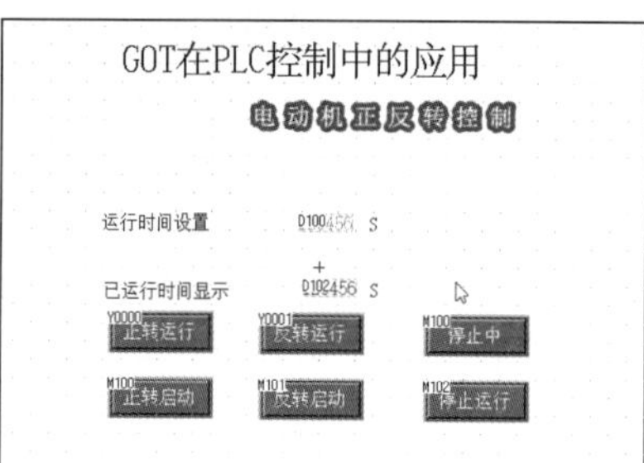

图8-29 绘制完的触摸屏界面

图8-30 与GOT的通信对话框

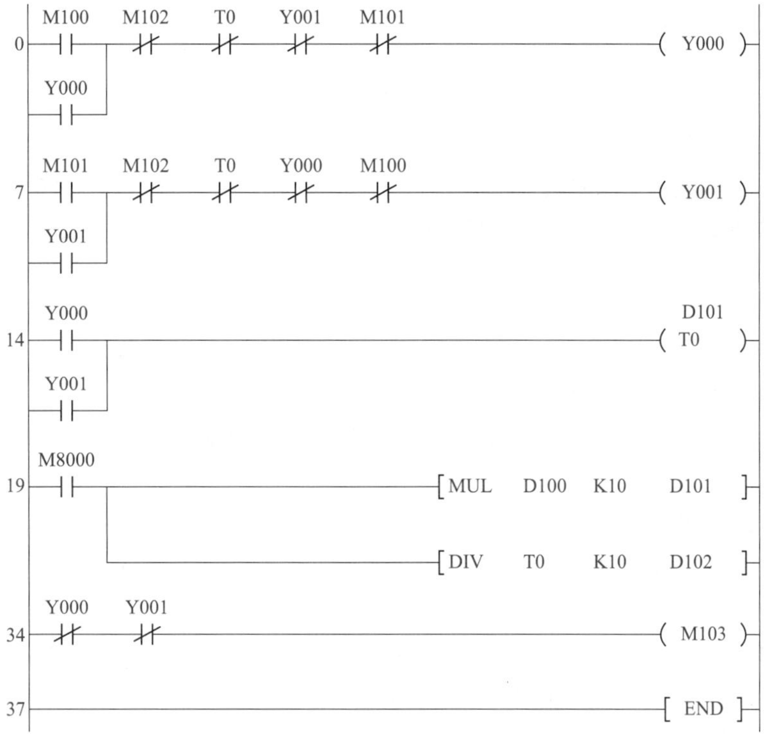

```
     M100   M102   T0    Y001   M101
 0 ──┤ ├──┬──┤/├───┤/├───┤/├───┤/├──────────────( Y000 )─
     Y000 │
   ──┤ ├──┘

     M101   M102   T0    Y000   M100
 7 ──┤ ├──┬──┤/├───┤/├───┤/├───┤/├──────────────( Y001 )─
     Y001 │
   ──┤ ├──┘

     Y000                                           D101
14 ──┤ ├──┬─────────────────────────────────────( T0   )─
     Y001 │
   ──┤ ├──┘

     M8000
19 ──┤ ├──┬──────────────────[ MUL   D100   K10   D101 ]─
          │
          └──────────────────[ DIV   T0     K10   D102 ]─

     Y000   Y001
34 ──┤/├────┤/├─────────────────────────────────( M103 )─

37 ─────────────────────────────────────────────[ END ]─
```

图8-31 PLC控制电动机正反转程序

观察触摸屏显示是否与计算机制作画面一致，如显示“画面显示无效”，则可能是触摸屏中“PLC类型”项不正确，需设置为FX类型，再进入到“HPP状态”，此时应该可以读出PLC程序，说明PLC与触摸屏通信正常。

返回“画面状态”，并将PLC运行开关拨至RUN，在触摸屏上按运行时间设定按钮，输入运行时间，按“正转启动”（或“反转启动”）键，注释文本显示“正转运行”（或“反转运行”），PLC的Y000（或Y001）指示灯亮。在正转运行或反转运行时，触摸屏画面能显示已运行的时间，并且当按“停止”按钮或运行时间到时，正转或反转均复位，注释文本显示“停止中”，Y000、Y001指示灯不亮。

若没有触摸屏与PLC等硬件时，可以在计算机中通过使用GX Simulator软件进行触摸屏与PLC的仿真调试。

8.2 变频器

把工频交流电（或直流电）变换为电压和频率可变的交流电的电气设备称为变频器，变频器主要用于交流电动机的调速控制。

8.2.1 变频器概述

（1）变频器的基本类型

① 按变频器的工作电压，可分为高压变频器和低压变频器。

工作电压380V的为低压变频器，而3kV ～ 10kV的则为高压变频器（又称中压变频器）。

② 按变频器主电路结构可分为交-直-交变频器和交-交变频器。

变频器的输入端输入固定频率的三相交流电，经过全波整流电路整流成直流电，然后又经逆变电路变换成频率和电压任意可调的三相交流电输出作为电动机电源的变频器为交-直-交型。而输入端输入固定频率的三相交流电，未经中间的整流环节，直接变换为频率和电压可调的三相交流电输出的变频器则为交-交型，多用于低速、大功率电机的驱动。

③ 按变频器主回路中整流后的直流环节的结构分为电压型和电流型变频器。

整流电路与逆变电路间并联有大容量电容器，成为电压源给逆变电路供电的称电压型变频器。整流电路与逆变电路间串联有大电抗器，成为电流源给逆变电路供电的称电流型变频器。电压型和电流型变频器的主要特点见前面章节。

④ 按变频器的控制方式可分为V/F恒定控制型、正弦PWM控制型、矢量控制型和直接转矩控制等。

V/F恒定控制是在改变电动机电源频率的同时改变电动机电源电压，使电动机的磁通保持一定，在较宽的调速范围内，电动机的效率、功率因数不下降。此种控制方式多用于风机、泵类机械的节能运行以及对调速范围要求不高的电动机开环运行场合。其主要缺点是低速运行性能较差、电磁转矩减小，为此常采用在低速时适当提升输出电压的方法进行补偿。

为使输出电压尽量地接近正弦，并提高变频器的工作效率，一般采用SPWM控制方法。普通的SPWM控制方法未考虑负载电路参数对转子磁通的影响，使得系统的动、静特性不能满足要求较高的应用场合，例如交流伺服系统。

矢量控制是一种高性能的控制方式，它基于异步电动机的动态数学模型，分别控制电动机的转矩电流和励磁电流，使得交流电动机具有与直流电动机相类似的控制性能。

异步电动机有两套绕组，定子绕组和转子绕组，笼式异步电动机只有定子绕组和外部电源连接，在定子绕组中流过定子电流，转子绕组只是通过电磁感应在绕组中产生转子电流，同时将定子侧的电磁能量转变为机械能供给负载，因此定子电流可分为两个分量：励磁电流分量和转子电流分量。由于励磁电流只是定子电流的一部分，很难像直流电动机那样仅仅控制异步电动机的定子电流即可达到控制电动机转矩的目的，事实上异步电动机的电磁转矩与定子电流并不成比例，定子电流大并不能保证电动机的电磁转矩大，如异步电动机启动时，定子电流几乎是额定电流的5 ～ 7倍，但启动转矩仅仅是额定转矩的0.8 ～ 1.2倍。

如果根据异步电动机的动态数学模型，它具有和直流电动机相同的动态方程式，若再选择合适的控制策略，异步电动机即能得到和直流电动机相类似的控制性能，这就是矢量控制。

直接转矩控制是利用定子电压的空间电压矢量PWM为基准，通过磁链、转矩的直接控制，确定逆变器的开关状态来实现的。而矢量控制则是以转子磁通的空间矢量为基准，故矢量控制方式需要电动机的参数多，要进行复杂的等效变换，调节过程需要若干个开关周期才能完成，故响应时间较长，往往大于100ms。而直接转矩控制只需要电动机的定子电阻一个参数，不必进行等效变换，故动态响应快，只需1 ～ 5ms，适用于需要快速转矩响应的大惯性拖动系统，如电动机车及交流伺服拖动系统等。

⑤ 按变频器的负载类型可分为：恒转矩负载、恒功率负载和二次方律负载型。

恒转矩负载（T为恒值），指即使转速变化，转矩也不大变化的负载，如传送带、搅拌机、提升机等负载。

恒功率负载（T、n的乘积为定值），指转速越高，转矩越小的负载，如机床主轴，轧钢、造纸、塑料薄膜生产线中的卷取机、开卷机等负载。

在各种风机、泵类中，随叶轮的转动，空气或液体在一定的速度范围内所产生的阻力大致与转速n的二次方成正比，称二次方律负载。这类负载所需的功率与速度的三次方成正比。当所需风量、流量减少时，利用变频器通过调速的方式来调节风量、流量，可以大幅度地节约电能。

由于变频器的类型、负载类型的多样性，为具体的控制对象配置一套合适变频系统，是正确设计和选用变频器的一项重要工作。

（2）变频器的基本工作原理

低压交-直-交变频器的内部基本结构框图见图8-32，它由主电路和控制电路两大部分组成。

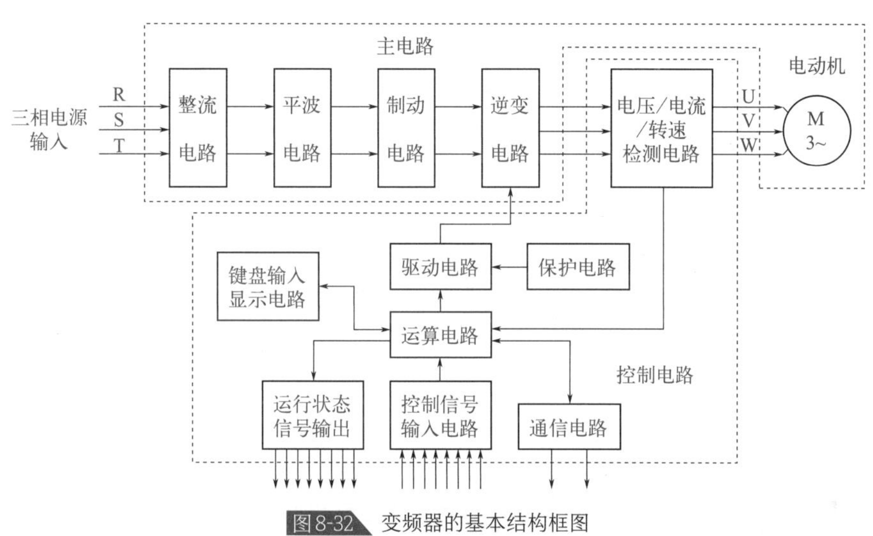

图8-32 变频器的基本结构框图

变频器内部的主电路主要由输入过电压保护电路、整流电路、平波电路、制动电路、逆变电路组成。变频器内部的控制电路则由电压、电流、转速检测电路，运算与控制电路，驱动电路，保护电路，键盘输入与显示电路，模拟与开关量输入、输出电路，运行状态信号输出电路，通信电路等组成。下面分别予以介绍。

某37kW变频器内部主电路的原理电路图见图8-33。

过电压保护电路采用压敏电阻对电源侧的过电压进行吸收，防止电源过电压对变频器造成的损坏。而R1、C1，R2、C2，R3、C3和R7、C4组成吸收电路，对由电网传导过来的高频干扰信号进行吸收，以免干扰变频器的正常工作，同时也将变频器产生的高次谐波电流进行吸收，以防止变频器产生的高次谐波电流对接于同一电源网络中的电子设备产生干扰。

整流电路常采用三相全波桥式不可控整流电路，经滤波后为逆变电路提供530V左右的直流电压。

滤波电容的作用除了储能、滤波外，还在整流电路与逆变器之间起着去耦作用，消除相互间的干扰，同时为具有感性负载特性的电动机提供无功功率。变频器的容量越大，所需滤波电容的容量也就越大，故常用多只电容并联，图8-33电路中的1680μF电容，即通过3只560μF的电解电容并联得到。由于滤波电容两端的直流电压为530V左右，通常的电解电容耐压为400V左右，故采用两只电容串联的方法以提高其耐压，在电容的两端各并联一个阻值相等的均压电阻，使两个串联着的电容各承受直流电压的一半。

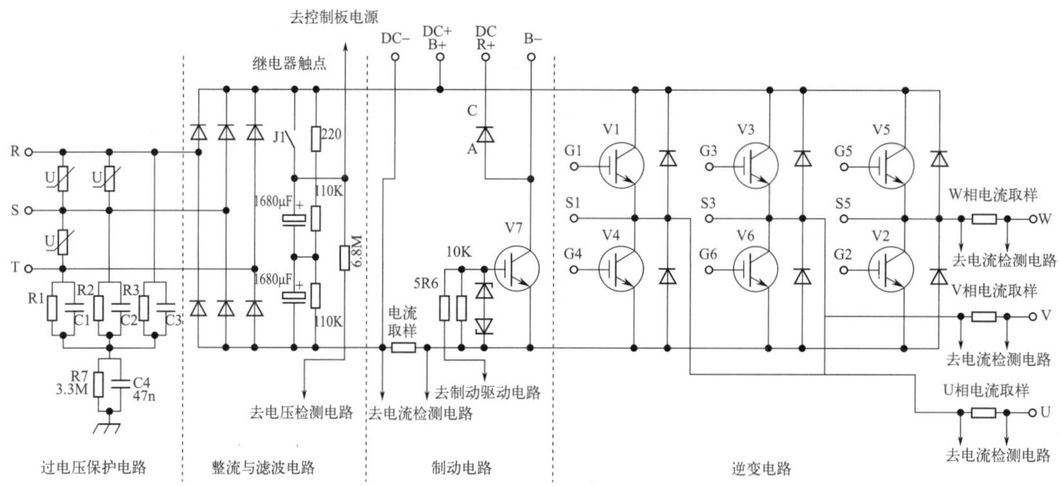

图8-33 主电路原理电路图

由于滤波电容的容量较大，变频器接通电源的瞬间，电容两端的电压为零，电容的充电电流很大，过大的冲击电流会损坏整流桥。为了保护整流桥，在变频器刚接通电源后的一段时间内，整流桥和滤波电容间串接限流电阻以限制充电电流，充电结束后再通过继电器的触点或晶闸管将限流电阻短接。

由V1 ～ V6六个开关器件组成经典的三相逆变电路，将直流电逆变成频率和幅度均可调整的交流电。逆变开关管常采用绝缘栅双极晶体管（IGBT）等。

当变频器的输出频率下降时，电动机转子的转速可能会超过对应此时频率的同步转速，系统处于再生制动工作状态，拖动系统的动能转换为电能反馈到直流回路，使直流回路的电压升高，称为泵升电压。过高的泵升电压将危害变频器的元器件，因此需将反馈到直流电路的能量消耗掉，制动电路即为此而设置。制动电路由开关管V7和接于B+、B-两端的外接制动电阻组成，V7控制通过制动电阻的放电电流，以消耗掉反馈电流，将泵升电压限制在允许的范围内。

为了对主电路的工作状态进行检测，设置了直流电压采样、直流电流采样、交流输出电流采样、逆变开关器件工作温度检测等电路。

（3）控制与驱动电路

变频器的控制功能很完善，其控制核心为单片机，对输入的各种开关量、数字量、模拟量信号进行分析、判断与运算，确定变频器的运行模式、输出频率及幅度。不断检测变频器的工作参数如输入的电源电压和电流、驱动电动机的输出电压和电流、电动机的转速和完成信息通信，用来参与运算处理、显示变频器的工作状态及进行故障保护等工作。

变频器逆变电路、制动电路开关器件（IGBT）的驱动为电压驱动，驱动电路常采用双电源供电方式，驱动电路可由分立元件或专用集成构成。

变频器内部的控制电路、控制软件较复杂，本书不做进一步的介绍。对于初学者来说，整个变频器可看作是一个“黑盒子”，只要掌握其外围电路的接线方法、变频器运行参数的正确设定和常见故障的排除方法，即可满足生产现场的基本要求。

8.2.2 三菱FR-740变频器

三菱变频器是世界知名的变频器之一，由三菱电机株式会社生产，在世界各地占有率都比较高。三菱变频器目前在市场上用量最多的是FR-A700系列和FR-E700系列。FR-A700系列为通用型变频器，适合高启动转矩和高动态响应场合使用，其外形如图8-34所示。FR-E700系列则适合功能要求简单、对动态性能要求较低的场合使用。

FR-A740为FR-A700系列中应用最广泛的变频器，其型号含义如图8-35所示。

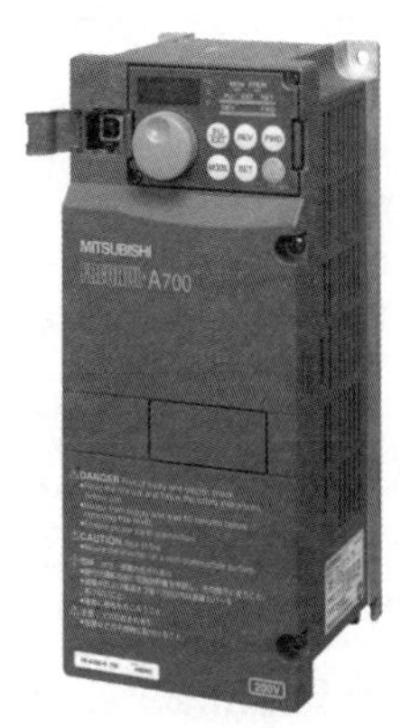

图8-34 三菱FR-A740变频器

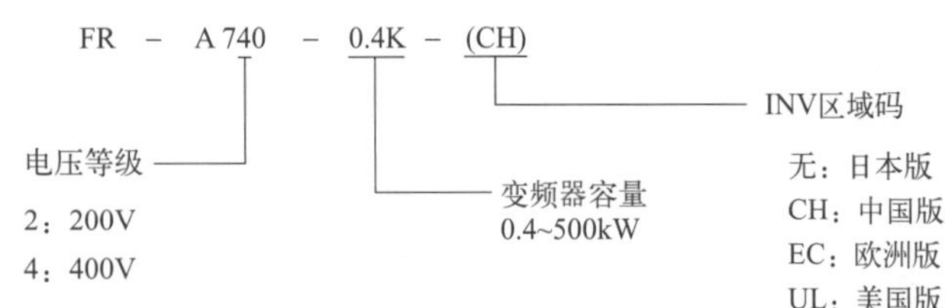

图8-35 FR-A740变频器的型号含义

（1）变频器的接线

FR-A740变频器的端子接线如图8-36所示。FR-A740变频器主要有主回路端子、输入控制端子、输出控制端子等端子，还有PU接口、USB接口和选件接口。主机自带操作面板。

① 主回路端子　主要包括交流电源输入、变频器输出、制动电阻和直流电抗器连接，具体功能说明如表8-2所示。

表8-2 FR-A740变频器的主回路端子及功能说明

端子记号	端子名称	端子功能说明
R/L1、S/L2、T/L3	交流电源输入	连接工频电源。 当使用高功率因数变流器（FR-HC、MT-HC）及共直流母线变流器（FR-CV）时不要连接任何东西
U、V、W	变频器输出	接三相笼型电机
R1/L11、S1/L21	控制回路用电源	与交流电源端子R/L1、S/L2相连。在保持异常显示或异常输出时，以及使用高功率因数变流器（FR-HC、MT-HC），电源再生共通变流器（FR-CV）等时，请拆下端子R/L1-R1/L11、S/L2-S1/L21间的短路片，从外部对该端子输入电源。在主回路电源（R/L1、S/L2、T/L3）设为ON的状态下请勿将控制回路用电源（R1/L11、S1/L21）设为OFF。可能造成变频器损坏。控制回路用电源（R1/L11、S1/L21）为OFF的情况下，请在回路设计上保证主回路电源（R/L1、S/L2、T/L3）同时也为OFF。 15kΩ以下 :60W。18.5kΩ以上 : 80W
P/+、PR	制动电阻器连接（22kΩ以下）	拆下端子PR-PX间的短路片（7.5kΩ以下），连接在端子P/+−PR间连接作为任选件的制动电阻器（FR-ABR）. 22kΩ以下的产品通过连接制动电阻，可以得到更大的再生制动力
P/+、N/−	连接制动单元	连接制动单元（FR-BU、BU、MT-BU5），共直流母线变流器（FR-CV）电源再生转换器（MT-RC）及高功率因素变流器（FR-HC、MT-HC）

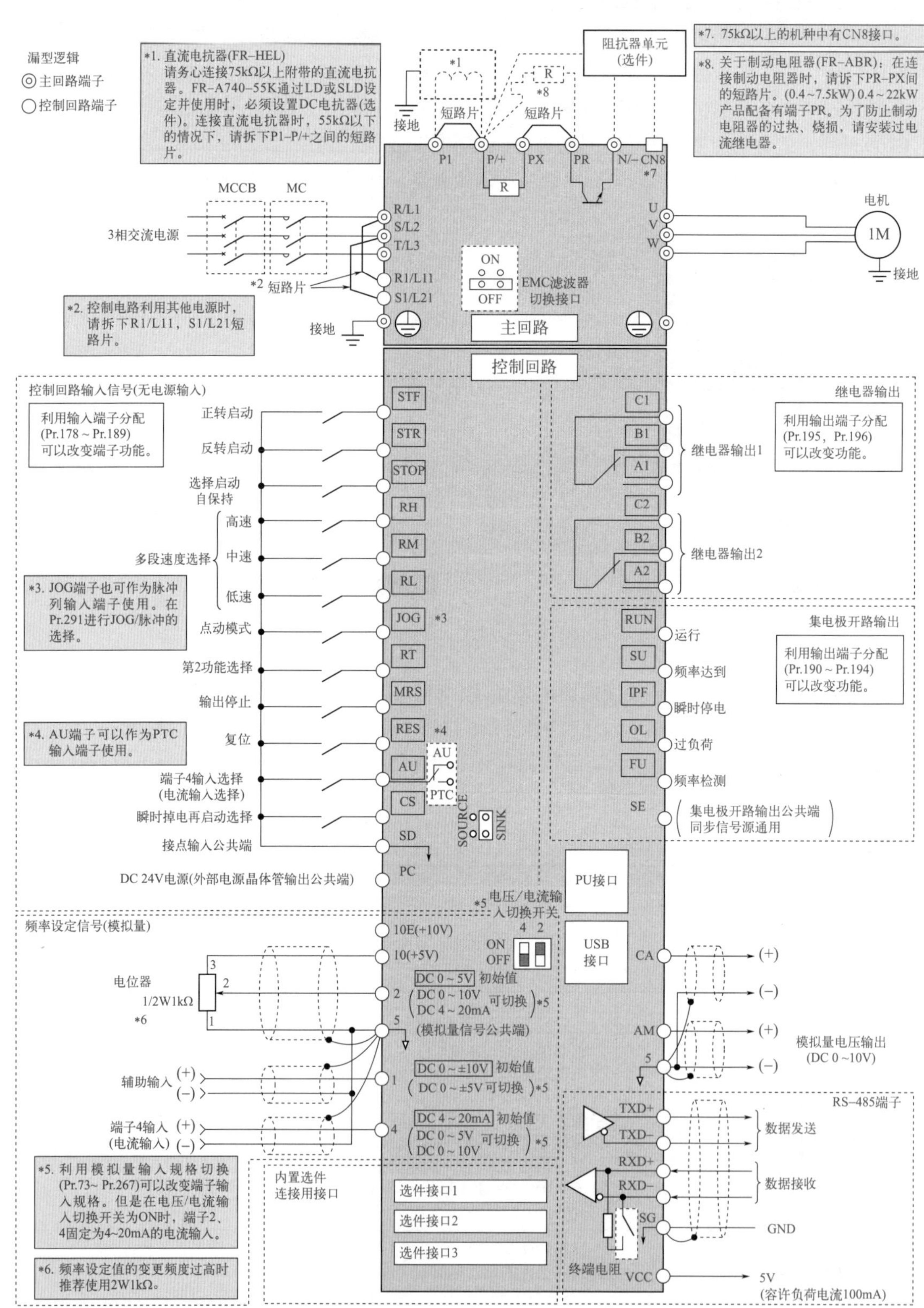

图8-36 FR-A740变频器的端子接线图

续表

端子记号	端子名称	端子功能说明
P/+、P1	连接改善功率因数直流电抗器	对于55kΩ以下的产品请拆下端子P/+−P1间的短路片，连接上DC电抗器。［75kΩ以上的产品已标准配备有DC电抗器，必须连接。FR-A740-55K通过LD或SLD设定并使用时，必须设置DC电抗器（选件）］
PR、PX	内置制动器回路连接	端子PX-PR间连接有短路片（初始状态）的状态下，内置的制动器回路为有效。（7.5kΩ以下的产品已配备）
	接地	变频器外壳接地用，必须接大地

② 输入控制端子　输入控制的功能是向变频器输入各种控制信号，如控制电动机正转、反转、停机和转速等功能，具体说明如表8-3所示。接点输入要注意漏型逻辑或源型逻辑的选择。输入信号出厂时设定为漏型逻辑。漏型逻辑输入信号接线方法如图8-37所示，源型逻辑输入信号接线方法如图8-38所示。

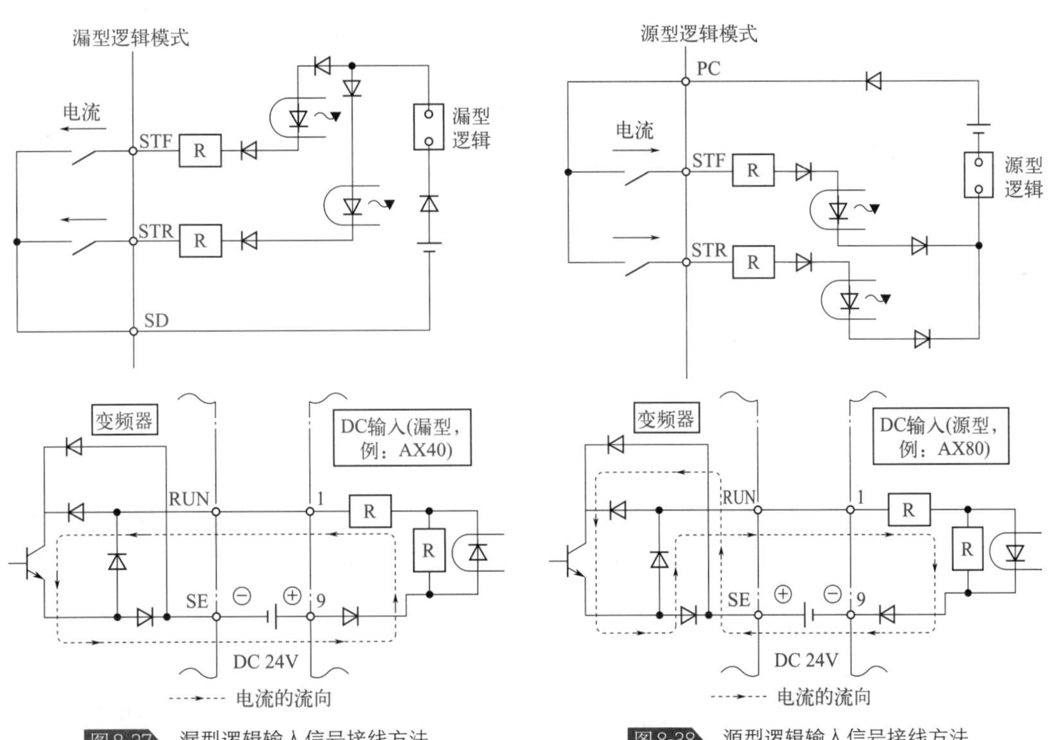

图8-37　漏型逻辑输入信号接线方法

图8-38　源型逻辑输入信号接线方法

表8-3　FR-A740变频器的输入端子及功能说明

种类	端子记号	端子名称	端子功能说明		额定规格
接点输入	STF	正转启动	STF信号处于ON便正转，处于OFF便停止	STF、STR信号同时ON时变成停止指令	输入电阻4.7kΩ开路时电压DC 21～27V 短路时DC 4～6mA
	STR	反转启动	STR信号ON为逆转，OFF为停止		
	STOP	启动自保持选择	使STOP信号处于ON，可以选择启动信号自保持		
	RH、RM、RL	多段速度选择	用RH，RM和RL信号的组合可以选择多段速度		
	JOG	点动模式选择	JOG信号ON时选择点动运行（初期设定），用启动信号（STF和STR）可以点动运行		

续表

种类	端子记号	端子名称	端子功能说明	额定规格
接点输入	JOG	脉冲列输入	JOG 端子也可作为脉冲列输入端子使用。在作为脉冲列输入端子使用时，有必要变更 Pr.291 的设定值。（最大输入脉冲数：100k 脉冲 / 秒）	输入电阻 2kΩ 短路时 DC 8～13mA
	RT	第 2 功能选择	RT 信号 ON 时，第 2 功能被选择。 设定了 [第 2 转矩提升][第 2V/F（基准频率）] 时也可以用 RT 信号处于 ON 时选择这些功能	输入电阻4.7kΩ 开路时电压 DC 21～27V 短路时DC4～6mA
	MRS	输出停止	MRS 信号为 ON（20ms 以上）时，变频器输出停止。用电磁制动停止电机时用于断开变频器的输出	
	RES	复位	复位用于解除保护回路动作的保持状态。 使端子 RES 信号处于 ON 在 0.1s 以上，然后断开。 工厂出厂时，通常设置为复位。根据 Pr.75 的设定，仅在变频器报警发生时可能复位。复位解除后约 1s 恢复	
	AU	端子 4 输入选择	只有把 AU 信号置为 ON 时端子 4 才能用。（频率设定信号在 DC 4～20mA 之间可以操作）AU 信号置为 ON 时端子 2（电压输入）的功能将无效	
		PTC 输入	AU 端子也可以作为 PTC 输入端子使用（保护电机的温度）。用作 PTC 输入端子时要把 AU/PTC 切换开关切换到 PTC 侧	
	CS	瞬停再启动选择	CS 信号预先处于 ON，瞬时停电再恢复时变频器便可自动启动。但用这种运行必须设定有关参数，因为出厂设定为不能再启动。 [参照 Pr.57 再启动自由运行时间使用手册（应用篇）]	
	SD	公共输入端子（漏型）	接点输入端子（漏型）的公共端子。 DC 24V，0.1A 电源（PC 端子）的公共输出端子。与端子 5 及端子 SE 绝缘	—
	PC	外部晶体管输出公共端，DC 24V 电源接点输入公共端（源型）	漏型时当连接晶体管输出（即电极开路输出），例如可编程控制器（PCL）时，将晶体管输出用的外部电源公共端接到该端子时，可以防止因漏电引起的误动作，该端子可以使用 DC 24V，0.1A 电源。当选择源型时，该端子作为接点输入端子的公共端	电源电压范围 DC 19.2～28.8V 消耗电流 100mA
频率设定	10E	频率设定用电源	按出厂状态连接频率设定电位器时，与端子 10 连接。 当连接到 10E 时，请改变端子 2 的输入规格。[参照 Pr.73 模拟输入选择使用手册（应用篇）]	DC 10V 容许负载电流 10mA
	10			DC 5V 容许负载电流 10mA
	2	频率设定（电压）	输入 DC 0～5V（或 0～10V，4～20mA）时，在 5V（10V，20mA）时为最大输出频率，输入输出成比例变化。在电压 / 电流输入切换开关为 OFF（初始设定为 OFF）时，通过 Pr.73 进行 DC 0～5V（初始设定）和 DC 0～10V，4～20mA 输入的切换操作。电压 / 电流输入切换开关为 ON 时，固定为电流输入（有必要将 Pr.73 设定为电流输入）	电压输入的情况下，输入电阻 10kΩ+1kΩ， 最大许可电压 DC 20V。 电流输入的情况下输入电阻 245Ω±5Ω 最大许可电流 30mA×3
	4	频率设定（电流）	如果输入 DC 4～20mA（或 0～5V，0～10V），当 20mA 时成最大输出频率，输出频率与输入成正比。只有 AU 信号置为 ON 时此输入信号才会有效（端子 2 的输入将无效）。4～20mA（初期设定），DC 0～5V，DC 0～10V 的输入切换用 Pr.267 进行控制。在电压 / 电流输入切换开关为 OFF（初始设定为 ON）时。电压 / 电流输入切换开关为 ON 时，固定为电流输入（有必要将 Pr.267 设定为电流输入）。端子功能的切换通过 Pr.858 进行设定。 [参照使用手册（应用篇）]	

续表

种类	端子记号	端子名称	端子功能说明	额定规格
频率设定	1	辅助频率设定	输入 DC 0 ～ ±5 或 DC 0 ～ ±10V 时，端子 2 或 4 的频率设定信号与这个信号相加，用参数单元 Pr.73 进行输入 DC 0 ～ ±5V 或 DC 0 ～ ±10V（出厂设定）的切换。 通过 Pr.868 进行端子功能的切换	输入电阻 10kΩ ±1kΩ，最大许可电压 DC±20V
	5	频率设定公共端	频率设定信号（端子 2，1 或 4）和模拟输出端子 CA，AM 的公共端子，请不要接大地	—

③ 输出控制端子　输出控制端子是变频器向外输出信号，如向外输出变频器出错开关信号，向外输出模拟信号方便外部设备显示变频器的工作频率值等，具体功能说明如表 8-4 所示。

表 8-4　三菱 FR-A740 变频器输出控制端子及功能说明

<table>
<tr><th>种类</th><th>端子记号</th><th>端子名称</th><th colspan="2">端子功能说明</th><th>额定规格</th></tr>
<tr><td rowspan="2">接点</td><td>A1、B1、C1</td><td>继电器输出 1（异常输出）</td><td colspan="2">指示变频器因保护功能动作时输出停止的转换接点。
故障时: B-C 间不导通（A-C 间导通），正常时: B-C 间导通（A-C 间不导通）</td><td rowspan="2">接点容量 AC 230V 0.3A（功率 =0.4）、DC 30V 0.3A</td></tr>
<tr><td>A2、B2、C2</td><td>继电器输出 2</td><td colspan="2">1c 接电出力</td></tr>
<tr><td rowspan="6">集电极开路</td><td>RUN</td><td>变频器正在运行</td><td colspan="2">变频器输出频率为启动频率（初始值 0.5Hz）以上时为低电平，正在停止或正在直流制动时为高电平</td><td rowspan="5">容许负载为 DC 24V 0.1A（打开的时候最大电压下降 2.8V）</td></tr>
<tr><td>SU</td><td>频率到达</td><td>输出频率达到设定频率的 ±10%（出厂值）时为低电平，正在加 / 减速或停止时为高电平</td><td rowspan="4">报警代码（4 位）输出</td></tr>
<tr><td>OL</td><td>过负载报警</td><td>当失速保护功能动作时为低电平，失速保护解除时为高电平</td></tr>
<tr><td>IPF</td><td>瞬时停电</td><td>瞬时停电，电压不足保护动作时为低电平</td></tr>
<tr><td>FU</td><td>频率检测</td><td>输出频率为任意设定的检测频率以上时为低电平，未达到时为高电平</td></tr>
<tr><td>SE</td><td>集电极开路输出公共端</td><td colspan="2">端子 RUN、SU、OL、IPF、FU 的公共端子</td><td>—</td></tr>
<tr><td>脉冲数</td><td>CA</td><td>模拟电流输出</td><td rowspan="2">可以从多种监示项目中选一种作为输出。
输出信号与监示项目的大小成比例</td><td rowspan="2">输出项目:
输出频率
（出厂值设定）</td><td>容许负载阻抗 200Ω ～ 450Ω
输出信号 DC 0 ～ 20mA</td></tr>
<tr><td>模拟</td><td>AM</td><td>模拟信号输出</td><td>输出信号 DC 0 ～ 10V 许可负载电流 1mA（负载阻抗 10kΩ 以上）分辨率 8 位</td></tr>
</table>

④ 通信接口　FR-A740 变频器通信接口有 PU 接口和 USB 接口，其功能说明如表 8-5 所示。

FR-A740 变频器 PU 接口与 FR-PU07 参数单元连接如图 8-39 所示，可以通过 FR-PU07 参数单元来进行变频器的参数读写，控制和监视变频器的工作。

PU 接口用通信电缆连接 PLC 如图 8-40 所示，一台 PLC 可以最多连接 8 台变频器。用户可以通过客户端程序对变频器进行操作、监视或读写参数。

表8-5 三菱FR-A740变频器通信接口及功能说明

<table>
<tr><th>种类</th><th colspan="2">端子记号</th><th>端子名称</th><th>端子功能说明</th></tr>
<tr><td rowspan="6">RS-485</td><td colspan="2">—</td><td>PU 接口</td><td>通过 PU 接口，进行 RS-485 通信。（仅 1 对 1 连接）
・遵守标准：EIA-485（RS-485）
・通信方式；多站点通信
・通信速率：4800-38400bps
・最长距离：500m</td></tr>
<tr><td rowspan="5">RS-485 端子</td><td>TXD+</td><td rowspan="2">变频器传输端子</td><td rowspan="5">通过 RS-485 端子，进行 RS-485 通信。
・遵守标准：EIA-485（RS-485）
・通信方式；多站点通信
・通信速率：300-38400bps
・最长距离：500m</td></tr>
<tr><td>TXD−</td></tr>
<tr><td>RXD+</td><td rowspan="2">变频器接收端子</td></tr>
<tr><td>RXD−</td></tr>
<tr><td>SG</td><td>接地</td></tr>
<tr><td>USB</td><td colspan="2">—</td><td>USB 连接器</td><td>与个人电脑通过 USB 连接后，可以实现 FR-Configurator 的操作。
・接口：支持 USB1.1
・传输速度：12Mbps
・连接器：USB B 连接器（B 插口）</td></tr>
</table>

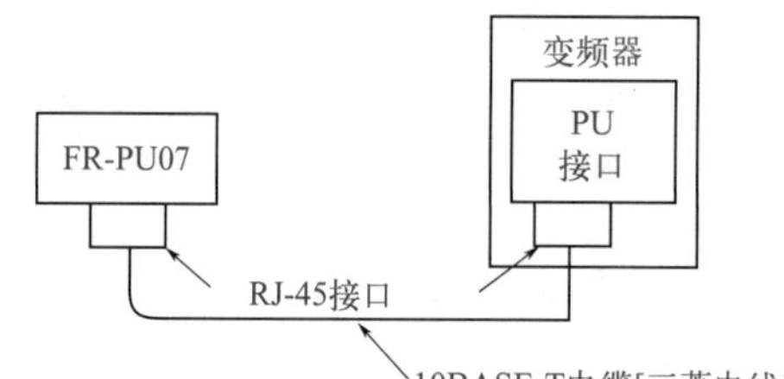

图8-39 FR-A740变频器PU接口与FR-PU07参数单元连接图

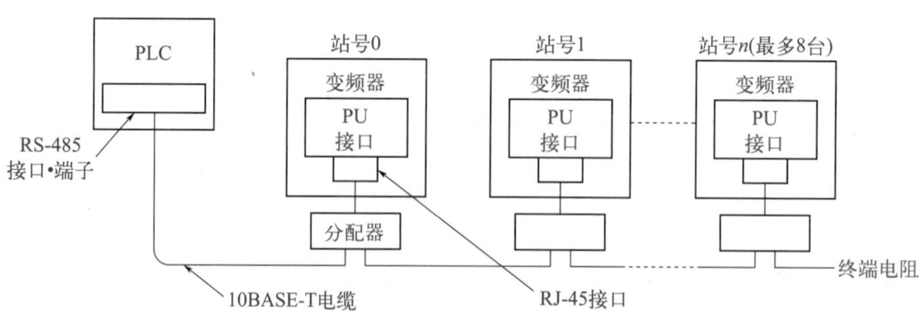

图8-40 PU接口与PLC连接图

变频器和计算机也可用USB电缆连接，通过使用FR Configurator编程，便可简单地实行变频器的设定，详情请参考三菱公司FR Configurator的使用手册。

（2）变频器的操作面板与参数设定

① FR-A740变频器的操作面板　FR-A700系列变频器通常配有FR-DU07操作面板或FR-

PU04-CH参数单元，通过变频器的操作面板可进行运转、功能参数设定和状态监视。FR-A740的操作面板如图8-41所示。

② 操作面板参数设定操作　在FR-A740变频器的操作面板上，通过旋转M旋钮及按下相应的按钮，可以完成出厂时参数值的设定，其基本操作如图8-42所示。

③ FR-A740的运行模式　运行模式是指变频器的启动指令及设定频率的场所。FR-A740变频器有多种运行模式，通过设置参数Pr.79（Pr.79默认为0），可以选择不同的运行模式，如表8-6所示。

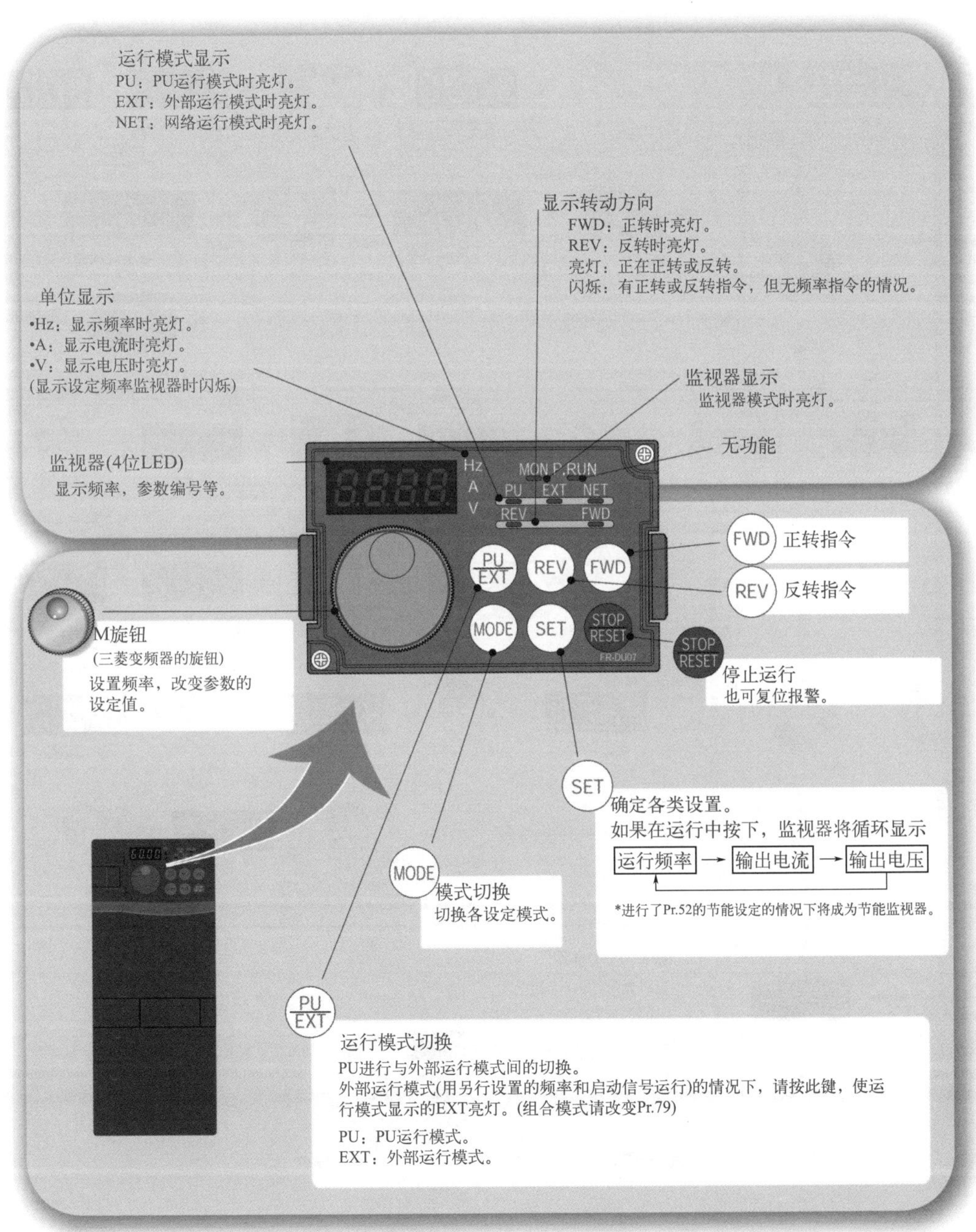

图8-41　FR-A740的操作面板

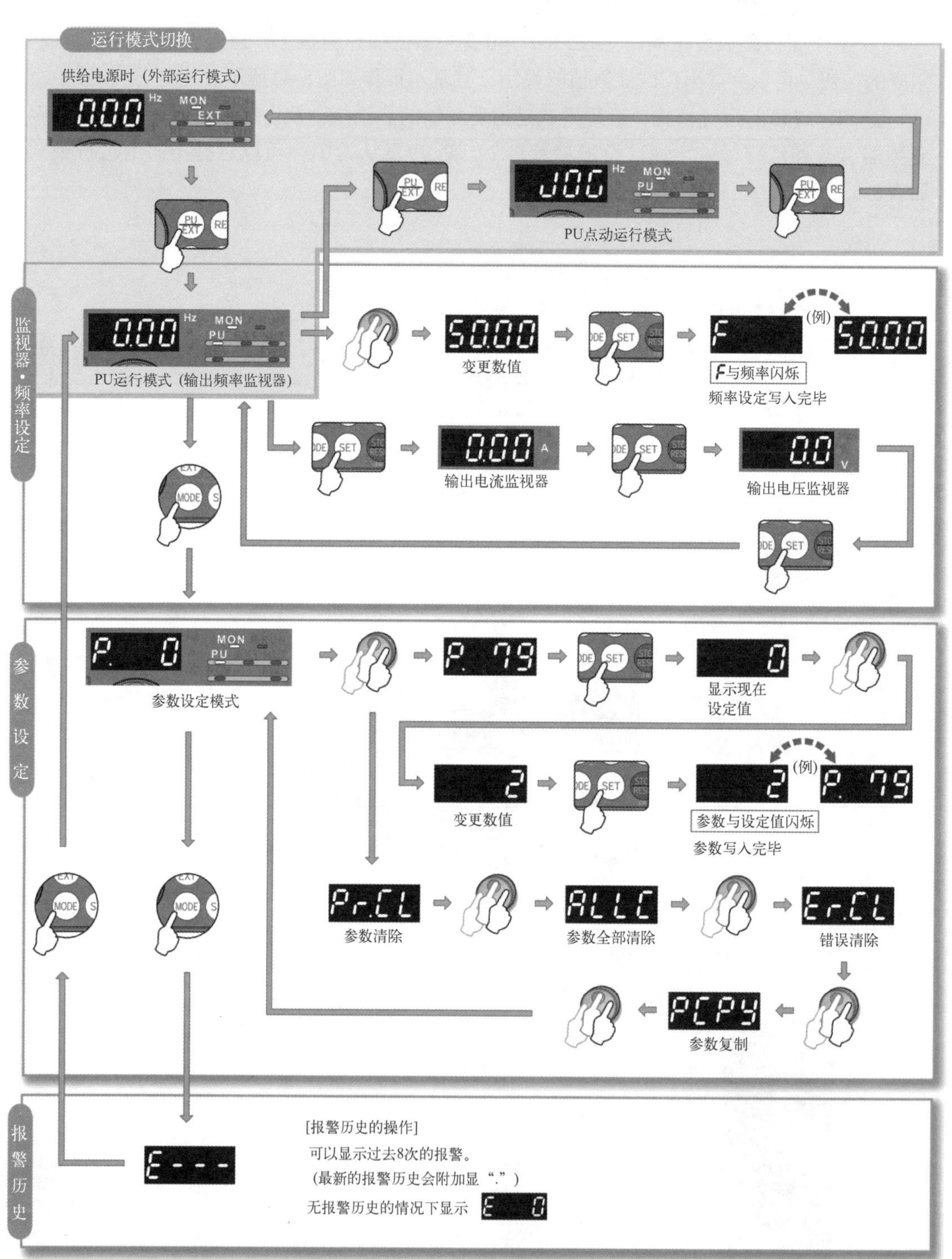

图8-42 FR-A740出厂时设定值的基本操作

表8-6 FR-A740的运行模式

参数	名称	设定	说明
Pr.79	运行模式选择	0	外部 /PU（内部）切换模式
		1	PU 运行模式固定
		2	外部运行模式固定，可以切换外部和网络运行模式
		3	外部 /PU 组合运行模式 1
		4	外部 /PU 组合运行模式 2
		6	切换模式。运行时可进行 PU 操作、外部操作和网络操作的切换
		7	外部运行模式（PU 运行互锁）。X12 信号为 ON 时，可切换到 PU 运行模式；X12 信号为 OFF 时，禁止切换到 PU

基本上使用控制电路端子，在外部设置电位器及开关等时，变频器可设为“外部运行模式”。通过操作面板（FR-DU07）和参数单元（FR-PU04-CH）、PU接口的通信输入启动指令、频率设定时，变频器可设为“PU运行模式”。使用RS-485端子及通信选件时，变频器可设为“网络运行模式”。

（3）FR-A740变频器的基本参数

基本参数可以在初始设定值不作任何改变的状态下实现变频器的变速运行。但一般要根据负荷或运行规格等设定必要的参数，可以在操作面板（FR-DU07）进行参数的设定、变更及确认操作。FR-A740变频器的基本参数见表8-7。

表8-7 FR-A740变频器的基本参数

参数编号	名称	单位	初始值	范围	用途
0	转矩提升	0.1%	6/4/3/2/1%*1	0 ～ 30%	V/F 控制时，想进一步提高启动时的转矩，在负载后电机不转，输出报警（OL），在（OC1）发生跳闸的情况下使用。 *1：初始值因变频器的容量不同而不同。（0.4kW，0.75kW/1.5kW ～ 3.7kW/5.5kW，7.5kW/11kW ～ 55kW/75kW 以上）
1	上限频率	0.01Hz	120/60Hz*2	0 ～ 120Hz	想设置输出频率的上限的情况下进行设定。*2：初始值根据变频器容量不同而不同。（55kW 以下 /75kW 以上）
2	下限频率	0.01Hz	0Hz	0 ～ 120Hz	想设置输出频率的上限与下限的情况下进行设定
3	基底频率	0.01Hz	50Hz	0 ～ 400Hz	请看电机的额定铭牌进行确认
4	3 速设定（高速）	0.01Hz	50Hz	0 ～ 400Hz	想用参数设定运转速度，用端子切换速度的时候进行设定
5	3 速设定（中速）	0.01Hz	30Hz	0 ～ 400Hz	
6	3 速设定（低速）	0.01Hz	10Hz	0 ～ 400Hz	
7	加速时间	0.1s	5s/15s*3	0 ～ 3600s	可以设定加减速时间。 *3：初始值根据变频器的容量不同而不同。（7.5kW 以下 /11kW 以上）
8	减速时间	0.1s	5s/15s*3	0 ～ 3600s	
9	电子过电流保护器	0.01/0.1A*4	变频器额定输出电流	0 ～ 500/0 ～ 3600A*4	用变频器对电机进行热保护。设定电机的额定电流。 *4：单位，范围根据变频器容量不同而不同。（55kW 以下 /75kW 以上）
79	运行模式选择	1	0	0，1，2，3，4，6，7	选择启动指令场所和频率设定场所

续表

参数编号	名称	单位	初始值	范围	用途
125	端子 2 频率设定增益频率	0.01Hz	50Hz	0 ～ 400Hz	改变最大值（5V 初始值）对应的频率
126	端子 4 频率设定增益频率	0.01Hz	50Hz	0 ～ 400Hz	电流最大输入（20mA 初始值）
160	用户参数组读取选择	1	0	0，1，9999	可以限制通过操作面板或参数单元读取的参数

① 输出频率范围（Pr.1、Pr.2、Pr.18） 通过设置变频器输出频率的上限、下限，可以限制与变频器连接的电动机的运行速度。输出频率的设定范围如表8-8所示，其中参数Pr.1为“上限频率”、Pr.2为“下限频率”、Pr.18为“高速上限频率”。

表8-8 输出频率的设定范围

参数	名称	初始值		设定范围	说明
Pr.1	上限频率	55kW 以下	120Hz	0 ～ 120Hz	设定输出频率的上限
		75kW 以上	60Hz		
Pr.2	下限频率	0Hz		0 ～ 120Hz	设定输出频率的下限
Pr. 18	高速上限频率	55kW 以下	120Hz	120 ～ 400Hz	120 Hz 上运行时设定
		75kW 以上	60Hz		

输出频率范围的设定如图8-43所示，在Pr.1上限频率中设定输出频率的上限后，即使输入了大于设定频率的频率指令，输出频率也会被固定于上限频率处。若要输出120kHz以上的频率，需用参数Pr.18设定输出频率的上限。当Pr.18被设定时，Pr.1自动地变为Pr.18的设定值，或者Pr.1被设定，Pr.18自动地切换到Pr.1的频率。在Pr.2下限频率中设定输出频率的下限后，即使设定频率小于Pr.2中的频率值，输出频率也会被钳位于Pr.2处。

② 基准频率、基准频率电压（Pr.3、Pr.19、Pr.47、Pr.113） 基本频率又称为基准频率或基底频率，只有在V/f模式下才设定。根据电动机的额定值可以调整变频器的输出电压及输出频率。使用标准电动机，通常将变频器设定为电动机的额定频率。当需要电动机运行在工频电源（50Hz）与变频器切换时，应将变频器的基准频率设定为与电源频率相同。

基准频率、基准频率电压的设定范围如表8-9所示，其中参数Pr.3为“基准频率”、Pr.19为“基准频率电压”、Pr.47为“第二V/f（基准频率）”、Pr.113为“第三 V/f（基准频率）”。

基准频率、基准频率电压的设定如图8-44所示。用 Pr.3、Pr.47、Pr.113 设定基准频率（电

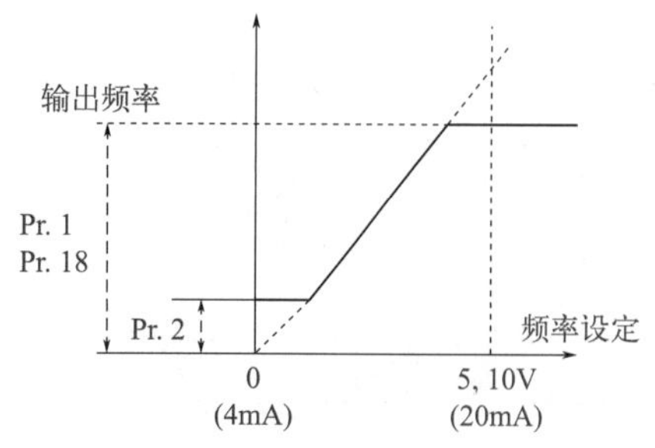

图8-43 输出频率范围的设定

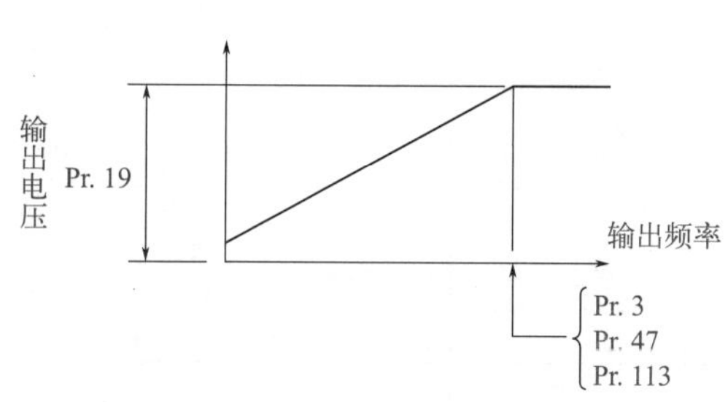

图8-44 基准频率、基准频率电压的设定

动机的额定频率），能设定3种不同的基准频率，这3种基准频率可以切换使用。当RT信号为ON时，P.47“第二V/f（基准频率）”有效。当X9信号为ON时，Pr.113“第三V/f（基准频率）”有效。用Pr.19可以对定基准频率电压（电动机的额定电压等）进行设定，如果所设定的值低于电源电压，则变频器的最大输出电压是Pr.19中设定的电压。

表8-9 基准频率、基准频率电压的设定范围

参数	名称	初始值	设定范围	说明
Pr.3	基准频率	50 Hz	0 ～ 400Hz	设定电动机额定转矩时的频率
Pr.19	基准频率电压	9999	0 ～ 1000V	设定基准电压
			8888	电源电压的 95%
			9999	与电源电压相同
Pr.47	第二 V/f（基准频率）	9999	0 ～ 400Hz	设定 RT 信号 ON 时的基准频率
			9999	第二 V/f 无效
Pr.113	第三 V/f（基准频率）	9999	0 ～ 400Hz	设定 X9 信号 ON 时的基准频率
			9999	第三 V/f 无效

③ 多段调速运行（Pr.4、Pr.5、Pr.6、Pr.24 ～ Pr.27、Pr.232 ～ Pr.239） 变频器的多段调速就是通过变频器参数来设定其运行频率，然后通过变频器的外部端子来选择执行相关参数所设定的运行频率。

多段调速就是变频器的一种特殊的组合运行方式，其运行方式由PU单元的参数来设置，启动和停止由外部输入端子（RH、RM、RL、REX）来控制。

多段速度运行的设定范围如表8-10所示，其中Pr.4、Pr.5、Pr.6为“三段速度设定”、Pr.24 ～ Pr.27为“多段速度设定（4 ～ 7段速度设定）”、Pr.232 ～ Pr.239为“多段速度设定（8 ～ 15段速度设定）”。Pr.24 ～ Pn27、Pr.232 ～ Pr.239设定为9999时，表示未选择该多段速度设定。

表8-10 多段速度运行的设定范围

参数	名称	初始值	设定范围	说明
Pr.4	三段速度设定（高速）	50Hz	0 ～ 400Hz	设定仅 RH 为 ON 时的频率
Pr.5	三段速度设定（中速）	30Hz	0 ～ 400 Hz	设定仅 RM 为 ON 时的频率
Pr.6	三段速度设定（低速）	10Hz	0 ～ 400 Hz	设定仅 RL 为 ON 时的频率
Pr.24	多段速度设定（速度 4）	9999	0 ～ 400Hz，9999	设定 RL、RM 为 ON 时的频率
Pr.25	多段速度设定（速度 5）	9999	0 ～ 400Hz，9999	设定 RL、RH 为 ON 时的频率
Pr.26	多段速度设定（速度 6）	9999	0 ～ 400Hz，9999	设定 RM、RH 为 ON 时的频率
Pr.27	多段速度设定（速度 7）	9999	0 ～ 400Hz，9999	设定 RL、RM、RH 为 ON 时的频率
Pr.232	多段速度设定（速度 8）	9999	0 ～ 400Hz，9999	设定仅 REX 为 ON 时的频率
Pr.233	多段速度设定（速度 9）	9999	0 ～ 400Hz，9999	设定 REX、RL 为 ON 时的频率
Pr.234	多段速度设定（速度 10）	9999	0 ～ 400Hz，9999	设定 REX、RM 为 ON 时的频率
Pr.235	多段速度设定（速度 11）	9999	0 ～ 400Hz，9999	设定 REX、RL、RM 为 ON 时的频率
Pr.236	多段速度设定（速度 12）	9999	0 ～ 400Hz，9999	设定 REX、RH 为 ON 时的频率
Pr.237	多段速度设定（速度 13）	9999	0 ～ 400Hz，9999	设定 REX、RL、RH 为 ON 时的频率
Pr.238	多段速度设定（速度 14）	9999	0 ～ 400Hz，9999	设定 REX、RM、RH 为 ON 时的频率
Pr.239	多段速度设定（速度 15）	9999	0 ～ 400Hz，9999	设定 REX、RL、RM、RH 为 ON 时的频率

从表8-10中可以看出，Pr.24 ～ Pr.27为4 ～ 7段速度设定，实际运行哪个参数设定的频率由端子RH、RM、RL的组合（ON）来决定，如图8-45所示。Pr.232 ～ Pr.239 为8 ～ 15段速度设定，实际运行哪个参数设定的频率由端子RH、RM、RL的组合（ON）来决定，如图8-46所示。REX信号输入所使用的端子，通过Pr.178 ～ Pr.189（输入端子功能选择）中任一个参数设定为“8”来进行端子功能的分配，例如设置Pr.184=8，即将AU端子作为REX使用。

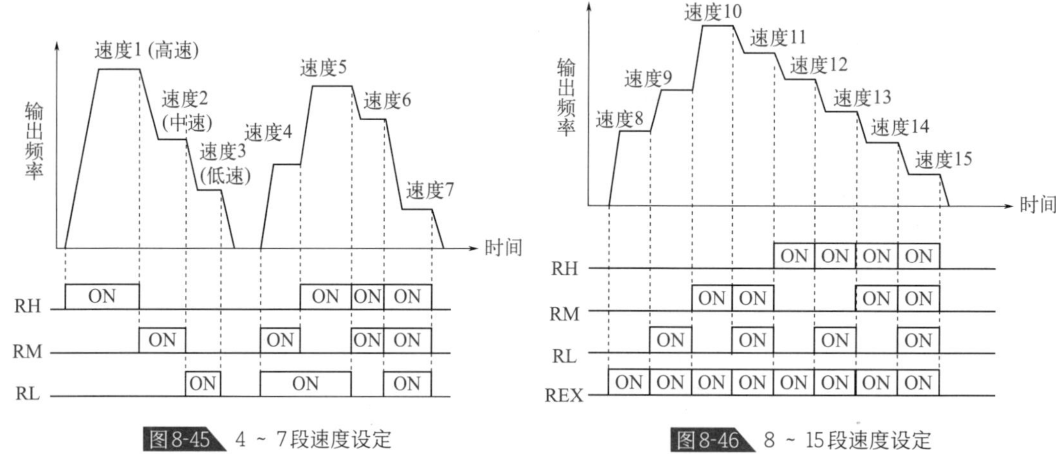

图8-45 4 ～ 7段速度设定

图8-46 8 ～ 15段速度设定

④ 加、减速时间　加、减速参数时间用于设定电动机的加减速时间，其设定范围如表8-11所示。表8-11中，加减时间设定范围为“0 ～ 3600s/0 ～ 360s”，是由Pr.21加减速时间单位的设定值来决定的。初始值设定范围为“0 ～ 3600s”，设定单位为“0.1s”。

表8-11 加、减速时间的设定范围

参数	名称	初始值	设定范围	说明	
Pr.7	加速时间	7.5kW 以下	0 ～ 3600s/0 ～ 360s	设定电动机加速时间	
		11kW 以上			
Pr.8	减速时间	7.5kW 以下	0 ～ 3600s/0 ～ 360s	设定电动机减速时间	
		11kW 以上			
Pr.20	加减速基准频率	50 Hz	1 ～ 400 Hz	设定作为加减速时间基准的频率	
Pr.21	加减速时间单位	0	0	单位 :0.1s。 范围 :0 ～ 3600s	可以改变加减速、时间设定单位和设定范围
			1	单位 :0.01s。 范围 :0 ～ 360s	
Pr.44	第 2 加减速时间	5s	0 ～ 3600s/0 ～ 360s	设定 RT 信号为 ON 时的加减速时间	
Pr.45	第 2 减速时间	9999	0 ～ 3600s/0 ～ 360s	设定 RT 信号为 ON 时的减速时间	
			9999	加速时间 = 减速时间	
Pr.110	第 3 加减速时间	9999	0 ～ 3600s/0 ～ 360s	设定 X9 信号为 ON 时的加减速时间	
			9999	无第 3 加减功能	
Pr.111	第 3 减速时间	9999	0 ～ 3600s/0 ～ 360s	设定 X9 信号为 ON 时的减速时间	
			9999	加速时间 = 减速时间	

加减速时间的设定如图8-47所示。

⑤ 电子过电流保护（Pr.9、Pr.51） 通过设定电子过电流保护的电流值，可以进行电动机过热保护。能够在低速运行时，包含电动机冷却能力降低在内的情况下，也可进行电动机过热保护。

电子过电流保护的设定范围如表8-12所示，其中Pr.9为“电子过电流保护”、Pr.51为“第2电子过电流保护”。

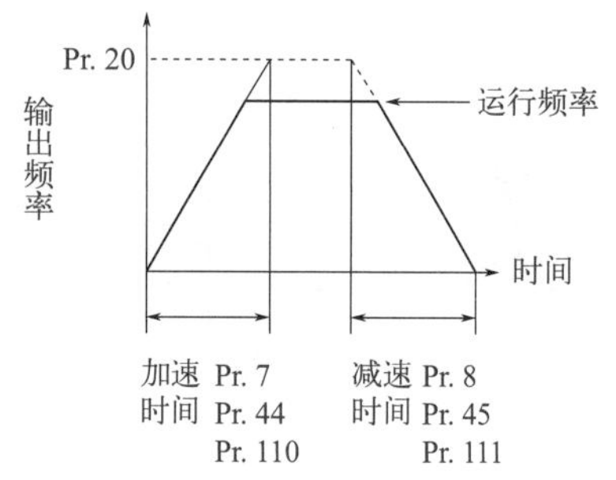

图8-47 加减速时间的设定

表8-12 电子过电流保护的设定范围

参数	名称	初始值		设定范围	说明
Pr.9	电子过电流保护	变频器额定输出电流	55kW 以下	0 ～ 500A	设定电动机额定电流
			75kW 以上	0 ～ 3600A	
Pr.51	第 2 电子过电流保护	9999	55kW 以下	0 ～ 500A	RT 信号为 ON 时有效，设定电动机额定电流
			75kW 以上	0 ～ 3600A	
			9999		第 2 电子过电流无效

⑥ 启动频率和启动时输出保持功能（Pr.13、Pr.571） Pr.13为变频器的启动频率，即启动信号变为ON时的开始频率，Pr.571为启动时输出保持功能，维持Pr.13设定的输出频率，为顺利启动所驱动的电动机而进行初始励磁。这两个参数的设定范围如表8-13所示。

表8-13 Pr.13、Pr.571参数的设定范围

参数	名称	初始值	设定范围	说明
Pr.13	启动频率	0.5Hz	0 ～ 60Hz	启动时的频率能够在 0 ～ 60Hz 的范围内进行设定。设定启动信号变为 ON 时的开始频率
Pr.571	启动时输出保持功能	9999	0.0 ～ 10.0s	设定 Pr.13 启动频率保持时间
			9999	启动时维持功能无效

启动频率的设定如图8-48所示，如果设定频率小于Pr.13“启动频率”的设定值时，变频器不启动。例如当Pr.13设定为5Hz时，只有当频率设定信号达到5Hz时开始变频输出，电动机才能启动运行。

启动时输出保持功能的设定如图8-49所示。启动维持输出中，若启动信号变为OFF，则从启动信号由ON变为OFF开始减速。正反转切换时，启动频率有效，启动时输出保持功能无效。

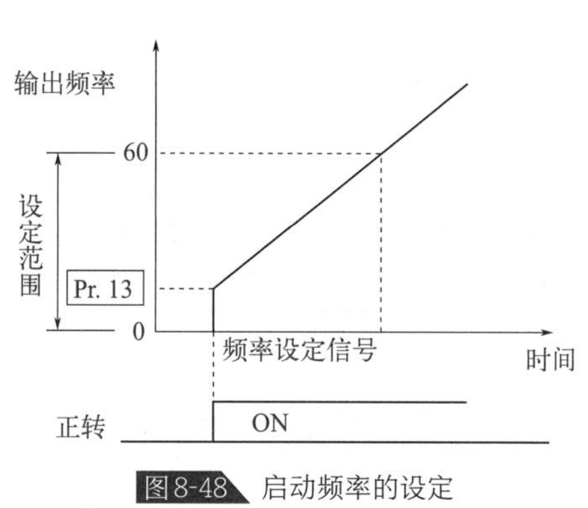

图8-48 启动频率的设定

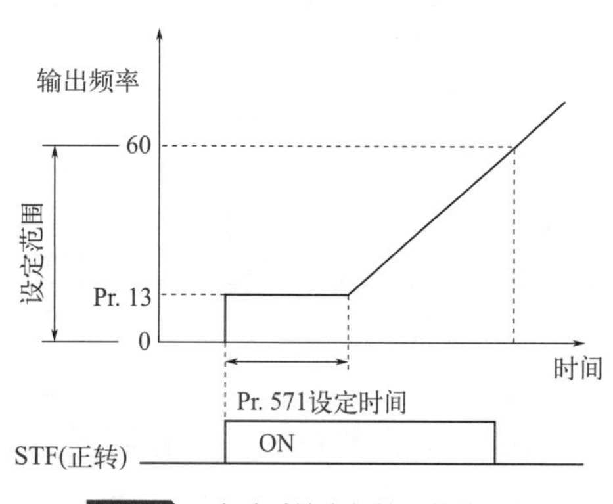

图8-49 启动时输出保持功能的设定

⑦ 适用负荷选择（Pr.14） 适用负荷选择（Pr.14）可以选择符合不同用途和负荷特性的最佳的输出特性（V/f特性）。Pr.14参数的设定范围如表8-14所示。

表8-14 Pr.14参数的设定范围

参数	名称	初始值	设定范围	说明
Pr.14	适用负荷选择	0	0	用于恒转矩负荷
			1	用于变转矩负荷
			2	用于恒转矩升降负荷（反转时提升0%）
			3	用于恒转矩升降负荷（正转时提升0%）
			4	RT（X17）信号为ON时，用于恒转矩负荷； RT（X17）信号为OFF时，用于恒转矩升降负荷（反转时提升0%）
			5	RT（X17）信号为ON时，用于恒转矩负荷； RT（X17）信号为OFF时，用于恒转矩升降负荷（正转时提升0%）

⑧ 参数写入选择（Pr.77） 通过设定Pr.77，可以实现防止参数值被意外改写设定范围和设定值的功能。Pr.77参数的设定范围如表8-15所示。

表8-15 Pr.77参数的设定范围

参数	名称	初始值	设定范围	说明
Pr.77	参数写入选择	0	0	仅限于停止中可以写入参数
			1	不可以写入参数
			2	在所有的运行模式下，不管状态如何都能写入参数

⑨ 转矩提升（Pr.0） 转矩提升的作用是通过补偿电压降以改善电动机在低速范围的转矩降。调整这个参数可以调整低频域电动机转矩使之配合负荷并增大启动转矩。

转矩提升参数有3个，分别为：Pr.0，转矩提升；Pr.46，第二转矩提升；Pr.112，第三转矩提升。通过端子开关能选择3种不同启动转矩中的一种。第二功能参数和第三功能参数需要通过外部输入控制端子（分别为RT和X9端子）分别来激活，如当RT接通时，第二功能参数激活，则变频器所有的第二功能参数都被激活。转矩提升参数的出厂设定与设定范围如表8-16所示。

表8-16 转矩提升参数的出厂设定与设定范围

参数号		出厂设定	设定范围	备注
0	0.4kW、0.75kW	6%	0至30%	—
	1.5kW至3.7kW	4%		
	5.5kW、7.5kW	3%		
	11kW以上	2%		
46		9999	0至30%，9999	9999：功能无效
112		9999	0至30%，9999	9999：功能无效

转矩提升示意图如图8-50所示，转矩提升主要是在低频时提升变频器的输出电压来实现，如果没有转矩提升，则变频器输出频率为0时，对应的输出电压也为0，若设置了转矩提升，则对应的输出电压不为0，实现了低频时的转矩提升。

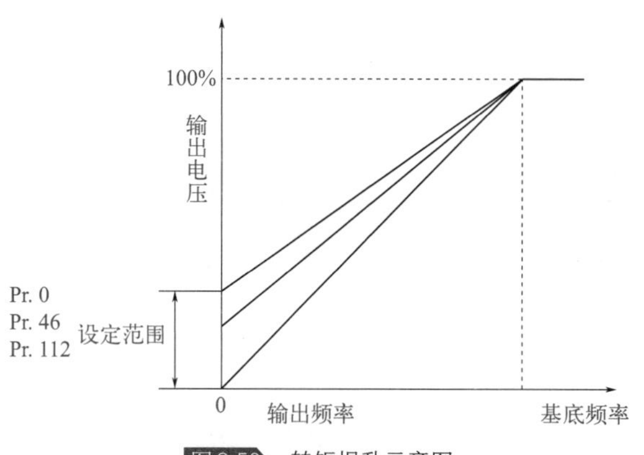

图8-50 转矩提升示意图

8.2.3 变频器在PLC控制中的应用实践

（1）PLC与变频器联机三段速频率控制实例

【例8-1】使用FX3U-48MR和FR-A740变频器的联机，以实现电动机三段速频率运转控制。其控制要求如下：若按下启动按钮SB2，电动机启动并运行在第1段，频率为 10Hz，对应电动机转速为560r/min；延时10s后，电动机反向运行在第2段，频率为 30Hz；再延时15s后，电动机正向运行在第3段，频率为50Hz，对应电动机转速为2800r/min；如果按下停止按钮SB1，电动机停止运行。

电动机的三段速率运转采用变频器的多段速度来控制。变频器的多段运行信号通过PLC的输出端子来提供，也就是通过PLC来控制变频器的RH、RM、RL和STF 端子、SD端子和RES端子的通断。所以，PLC需使用2个输入和5个输出，其I/O分配如表8-17所示。PLC与变频器的接线方法如图8-51所示。

表8-17 PLC与变频器联机三段速频率控制的I/O分配表

输入			输出	
功能	元件	PLC 地址	功能	PLC 地址
停止工作	SB1	X000	接变频器 STF 端子，使电动机正转	Y000
启动运行	SB2	X001	接变频器 RL 端子，使电动机 1 速运行	Y001
			接变频器 RM 端子，使电动机 2 速运行	Y002
			接变频器 RH 端子，使电动机 3 速运行	Y003
			接变频器 RES 端子，使变频器复位	Y004

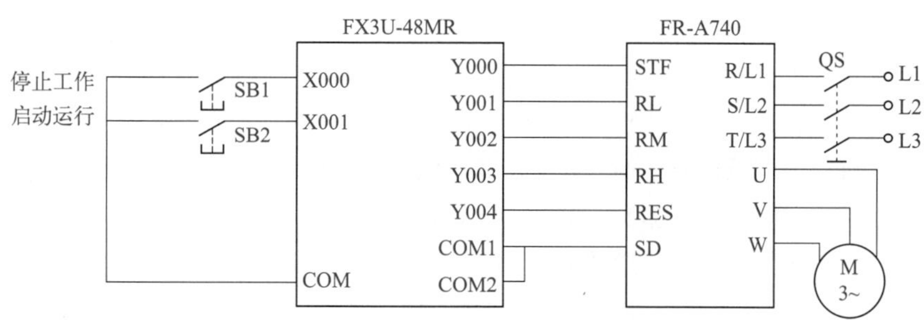

图8-51 PLC与变频器联机三段速频率控制接线图

根据控制要求，除了设定变频器的基本参数外，还必须设定运行模式选择和多段速度设定等参数，具体参数如表8-18所示。

表8-18 变频器参数设置

参数	设置值	说明	参数	设置值	说明
Pr. 1	50Hz	上限频率	Pr. 9	电动机额定电流	电子过电流保护
Pr.2	0Hz	下限频率	Pr.79	3	操作模式选择（外部 /PU 组合模式 1）
Pr.3	50Hz	基准频率	Pr.4	10 Hz	多段速度设定 1
Pr.7	2s	加速时间	Pr. 5	30 Hz	多段速度设定 2
Pr.8	2s	减速时间	Pr. 6	50Hz	多段速度设定 3

根据系统的控制要求可以看出，三段速频率控制属于典型的顺序控制，其状态流程图如图8-52所示。

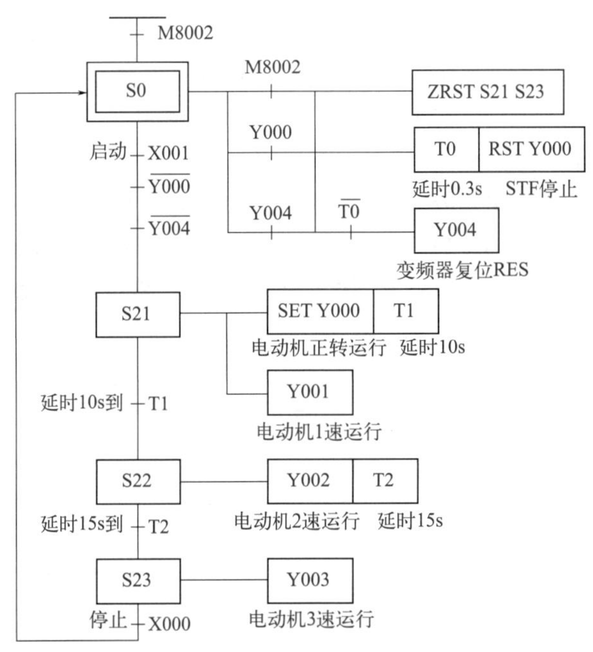

图8-52 PLC与变频器联机三段速频率控制的状态流程图

（2）PLC与变频器联机在物料传送控制中的应用实例

【例8-2】使用FX3U-48MR和FR-A740变频器的联机，以实现物料传送控制。其控制要求如下：按下启动按钮SB，系统进入待机状态，当金属物料经落料口放至传动带，光电传感器检测到物料时，电动机以20Hz频率启动正转运行，拖动传动带载物料向金属传感器方向运动。当物料行至电感传感器时，电动机以30Hz频率加速运行。当物料行至光纤传感器1时，电动机以40Hz频率加速运行。当物料行至光纤传感器2时，电动机以40Hz频率反转带动物料返回。当物料行至光纤传感器1时，电动机以30Hz频率减速运行。当物料行至电感传感器时，电动机以20Hz再次减速运行。当物料行至落料口时，光电传感器检测到物料，重复上述的过程。

从控制要求可以看出，本例实质上也是一个三段速频率控制。变频器的多段运行信号通过PLC的输出端子来提供，也就是通过PLC来控制变频器的RH、RM、RL和STF端子、SD端子和RES端子的通断。所以，PLC需使用6个输入和5个输出，其I/O分配如表8-19所示。PLC与变频器的接线方法如图8-53所示。

表8-19 物料传送控制的I/O分配表

输入			输出	
功能	元件	PLC 地址	功能	PLC 地址
停止工作	SB1	X000	接变频器 STF 端子，使电动机正转	Y000
启动运行	SB2	X001	接变频器 STR 端子，使电动机反转	Y001
检测物料	光电传感器	X002	接变频器 RL 端子 . 使电动机 1 速运行	Y002
检测物料	电感传感器	X003	接变频器 RM 端子，使电动机 2 速运行	Y003
检测物料	光纤传感器 1	X004	接变频器 RH 端子，使电动机 3 速运行	Y004
检测物料	光纤传感器 2	X005		

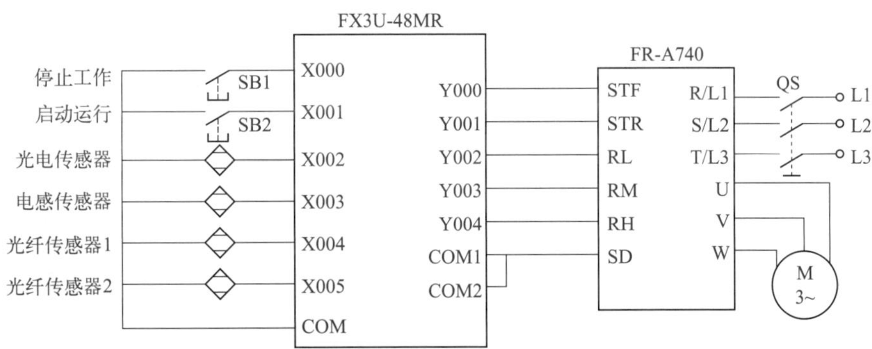

图8-53 PLC与变频器的接线图

根据控制要求，除了设定变频器的基本参数外，还必须设定运行模式选择和多段速度设定等参数，具体参数如表8-20所示。

表8-20 变频器参数设置

参数	设置值	说明	参数	设置值	说明
Pr.l	5GHz	上限频率	Pr. 9	电动机额定电流	电子过电流保护
Pr.2	0Hz	下限频率	Pr.79	3	操作模式选择（外部 /PU 组合模式 1）
Pr. 3	50Hz	基准频率	Pr.4	40Hz	多段速度设定 1
Pr. 7	2s	加速时间	Pr.5	30Hz	多段速度设定 2
Pr.8	1s	减速时间	Pr. 6	20Hz	多段速度设定 3

从系统的控制要求可以看出，物料传送控制属于典型的顺序控制，其状态流程图如图8-54所示。

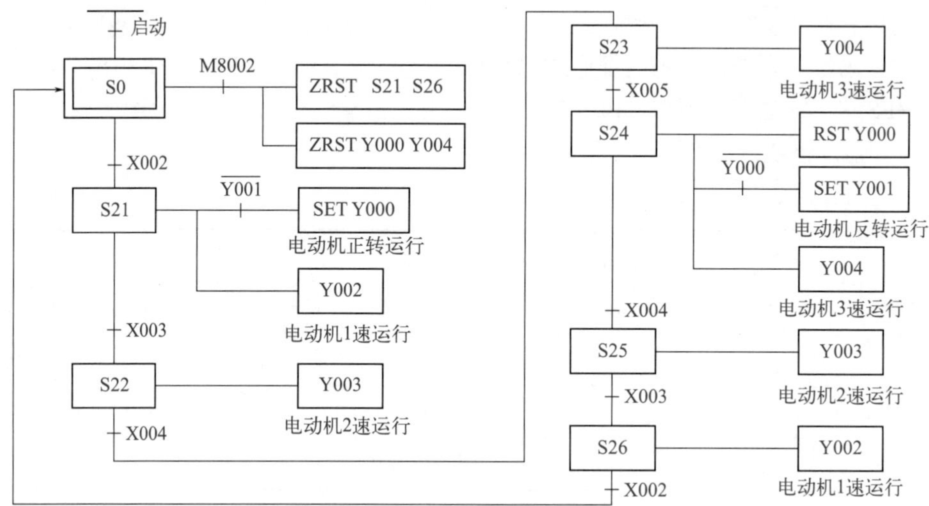

图8-54 物料传送控制的状态流程图

FX3U PLC

第 9 章 三菱 PLC 控制系统综合应用实践

PLC的内部结构尽管与计算机类似，但其接口电路不相同，编程语言也不一致。因此，PLC控制系统与微机控制系统开发过程也不完全相同，需要根据PLC本身特点、性能进行系统设计。

9.1 PLC控制系统的设计

可编程控制器应用方便、可靠性高，大量地应用于各个行业、各个领域。随着可编程控制器功能的不断拓宽与增强，它已经从完成复杂的顺序逻辑控制的继电器控制柜的替代物，逐渐进入过程控制和闭环控制等领域，它所能控制的系统越来越复杂，控制规模越来宏大，因此如何用可编程控制器完成实际控制系统应用设计，是每个从事电气控制技术人员所面临的实际问题。

9.1.1 PLC控制系统的设计原则和内容

任何一种电气控制系统都是为了实现生产设备或生产过程的控制要求和工艺需求，以提高生产效率和产品质量。因此，在设计PLC控制系统时，应遵循以下基本原则:

① 最大限度地满足被控对象提出的各项性能指标。设计前，设计人员除理解被控对象的技术要求外，应深入现场进行实地调查研究，收集资料，访问有关的技术人员和实际操作人员，共同拟定设计方案，协同解决设计中出现的各种问题。

② 在满足控制要求的前提下，力求使控制系统简单、经济、使用及维修方便。

③ 保证控制系统的安全、可靠。

④ 考虑到生产的发展和工艺的改进，在选择PLC容量时，应适当留有余量。

PLC控制系统是由PLC与用户输入/输出设备连接而成的，因此，PLC控制系统设计的

基本内容如下:

① 明确设计任务和技术文件　设计任务和技术条件一般以设计任务的方式给出，在设计任务中，应明确各项设计要求、约束条件及控制方式。

② 明确用户输入设备和输出设备　在构成PLC控制系统时，除了作为控制器的PLC，用户的输入/输出设备是进行机型选择和软件设计的依据，因此要明确输入设备的类型（如控制按钮、操作开关、限位开关、传感器等）和数量，输出设备的类型（如信号灯、接触器、继电器等）和数量，以及由输出设备驱动的负载（如电动机、电磁阀等），并进行分类、汇总。

③ 选择合适的PLC机型　是整个控制系统的核心部件，正确、合理选择机型对于保证整个系统技术经济性能指标起重要的作用。选择PLC，应包括机型的选择、容量的选择、I/O模块的选择、电源模块的选择等。

④ 合理分配I/O端口，绘制I/O接线图　通过对用户输入/输出设备的分析、分类和整理，进行相应的I/O地址分配，并据此绘制I/O接线图。

⑤ 设计控制程序　根据控制任务、所选择的机型及I/O接线图，一般采用梯形图语言（LAD）或语句表（STL）设计系统控制程序。控制程序是控制整个系统工作的软件，是保证系统工作正常、安全、可靠的关键。

⑥ 必要时设计非标准设备　在进行设备选型时，应尽量选用标准设备，如果无标准设备可选，还可能需要设计操作台、控制柜、模拟显示屏等非标准设备。

⑦ 编制控制系统的技术文件　在设计任务完成后，要编制系统技术文件。技术文件一般应包括设计说明书、使用说明书、I/O接线图和控制程序（如梯形图、语句表等）。

9.1.2　PLC控制系统的设计步骤

设计一个PLC控制系统需要以下8个步骤:

（1）分析被控对象并提出控制要求

详细分析被控对象的工艺过程及工作特点，了解被控对象机、电、液之间的配合，提出被控对象对PLC控制系统的控制要求，确定控制方案，拟定设计任务书。被控对象就是受控的机械、电气设备、生产线或生产过程。控制要求主要指控制的基本方式、应完成的动作、自动工作循环的组成、必要的保护和联锁等。

（2）确定输出/输出设备

根据系统的控制要求，确定系统所需的全部输入设备（如按钮、位置开关、转换开关及各种传感器等）和输出设备（如接触器、电磁阀、信号指示灯及其他执行器等），从而确定与PLC有关的输入/输出设备，以确定PLC的I/O点数。

（3）选择PLC

根据已确定的用户I/O设备，统计所需的输入信号和输出信号的点数，选择合适的PLC类型，包括机型的选择、容量的选择、I/O模块的选择、电源模块的选择等。

（4）分配I/O点并设计PLC外围硬件线路

① 分配I/O点　画出PLC的I/O点与输入/输出设备的连接图或对应关系表，该部分也可在（2）中进行。

② 设计PLC外围硬件线路　画出系统其他部分的电气线路图，包括主电路和未进入PLC的控制电路等。由PLC的I/O连接图和PLC外围电气线路图组成系统的电气原理图。到

此为止系统的硬件电气线路已经确定。

（5）程序设计

① 程序设计　根据系统的控制要求，采用合适的设计方法来设计PLC程序。程序要以满足系统控制要求为主线，逐一编写实现各控制功能或各子任务的程序，逐步完善系统指定的功能。除此之外，程序通常还应包括以下内容：

a. 初始化程序。在PLC上电后，一般都要做一些初始化的操作，为启动做必要的准备，避免系统发生误动作。初始化程序的主要内容有：对某些数据区、计数器等进行清零，对某些数据区所需数据进行恢复，对某些继电器进行置位或复位，对某些初始状态进行显示等。

b. 检测、故障诊断和显示等程序。这些程序相对独立，一般在程序设计基本完成时再添加。

c. 保护和连锁程序。保护和连锁是程序中不可缺少的部分，它可以避免由于非法操作而引起的控制逻辑混乱。

② 程序模拟调试　程序模拟调试的基本思想是，以方便的形式模拟产生现场实际状态，为程序的运行创造必要的环境条件。根据产生现场信号的方式不同，模拟调试有硬件模拟法和软件模拟法两种形式。

a. 硬件模拟法是使用一些硬件设备（如用另一台PLC或一些输入器件等）模拟产生现场的信号，并将这些信号以硬接线的方式连到PLC系统的输入端，其时效性较强。

b. 软件模拟法是在PLC中另外编写一套模拟程序，模拟提供现场信号，其简单易行，但时效性不易保证。模拟调试过程中，可采用分段调试的方法，并利用编程器的监控功能。

（6）硬件实施

硬件实施方面主要是进行控制柜（台）等硬件的设计及现场施工。其主要内容有：

① 设计控制柜和操作台等部分的电器布置图及安装接线图。

② 设计系统各部分之间的电气互联图。

③ 根据施工图纸进行现场接线，并进行详细检查。

由于程序设计与硬件实施可同时进行，因此PLC控制系统的设计周期可大大缩短。

（7）联机调试

联机调试是将通过模拟调试的程序进一步进行在线统调。联机调试过程应循序渐进，从PLC只连接输入设备、再连接输出设备、再接上实际负载等逐步进行调试。如不符合要求，则对硬件和程序作调整。通常只需修改部分程序即可。

全部调试完毕后，交付试运行。经过一段时间运行，如果工作正常、程序不需要修改，应将程序固化到EPROM中，以防程序丢失。

（8）编制技术文件

系统调试好后，应根据调试的最终结果，整理出完整的系统技术文件。系统技术文件包括说明书、电气原理图、电器布置图、电气元件明细表、PLC梯形图。

9.1.3　PLC控制系统的硬件设计

PLC硬件系统设计主要包括PLC型号的选择、I/O模块的选择、输入/输出点数的选择、可靠性的设计等内容。

（1）PLC型号的选择

做出系统控制方案的决策之前，要详细了解被控对象的控制要求，从而决定是否选用

PLC进行控制。

随着PLC技术的发展，PLC产品的种类也越来越多。不同型号的PLC，其结构形式、指令系统、编程方式、价格等也各有不同，适用的场合也各有侧重。因此，合理选用PLC，对于提高PLC控制系统的技术经济指标有着重要意义。

① 对输入/输出点的选择　盲目选择点数多的机型会造成一定浪费。要先弄清楚控制系统的I/O总点数，再按实际所需总点数的15%～20%留出备用量（为系统的改造等留有余地）后确定所需PLC的点数。另外要注意：一些高密度输入点的模块对同时接通的输入点数有限制，一般同时接通的输入点不得超过总输入点的60%；PLC每个输出点的驱动能力也是有限的，有的PLC其每点输出电流的大小还随所加负载电压的不同而异；一般PLC的允许输出电流随环境温度的升高而有所降低等。在选型时要考虑这些问题。

PLC的输出点可分共点式、分组式和隔离式几种接法。隔离式的各组输出点之间可以采用不同的电压种类和电压等级，但这种PLC平均每点的价格较高。如果输出信号之间不需要隔离，则应选择前两种输出方式的PLC。

② 对存储容量的选择　对用户存储容量只能做粗略的估算。在仅对开关量进行控制的系统中：可以用输入总点数×10字/点+输出总点数×5字/点来估算；计数器/定时器按3～5字/个估算；有运算处理时按5～10字/量估算；在有模拟量输入/输出的系统中，可以按每输入（或输出）一路模拟量约需80～100字的存储容量来估算；有通信处理时按每个接口200字以上的数量粗略估算。最后，一般按估算容量的50%～100%留有余量。对缺乏经验的设计者，选择容量时留有余量要大些。

③ 对I/O响应时间的选择　PLC的I/O响应时间包括输入电路延迟、输出电路延迟和扫描工作方式引起的时间延迟（一般在2～3个扫描周期）等。对开关量控制的系统，PLC和I/O响应时间一般都能满足实际工程的要求，可不必考虑I/O响应问题。但对模拟量控制的系统特别是闭环系统，就要考虑这个问题。

④ 根据输出负载的特点选型　不同的负载对PLC的输出方式有相应的要求，例如频繁通断的感性负载，应选择晶体管或晶闸管输出型的，而不应选用继电器输出型的。但继电器输出型的PLC有许多优点，如导通压降小、有隔离作用、价格相对较便宜、承受瞬时过电压和过电流的能力较强、负载电压灵活（可交流、可直流）且电压等级范围大等。因此，动作不频繁的交、直流负载可以选择继电器输出型的PLC。

⑤ 对在线和离线编程的选择　离线编程是指主机和编程器共用一个CPU，通过编程器的方式选择开关来选择PLC的编程、监控和运行工作状态。编程状态时，CPU只为编程器服务，而不对现场进行控制。专用编程器编程属于这种情况。在线编程是指主机和编程器各有一个CPU，主机的CPU完成对现场的控制，在每一个扫描周期末尾与编程器通信，编程器把修改的程序发给主机，在下一个扫描周期主机将按新的程序对现场进行控制。计算机辅助编程既能实现离线编程，也能实现在线编程。在线编程需购置计算机，并配置编程软件。采用哪种编程方法应根据需要决定。

⑥ 根据是否联网通信选型　若PLC控制的系统需要联入工厂自动化网络，则PLC需要有通信联网功能，即要求PLC应具有连接其他PLC、上位计算机及显示器等的接口。大、中型机都有通信功能，目前大部分小型机也具有通信功能。

⑦ 对PLC结构形式的选择　在相同功能和相同I/O点数的情况下，整体式比模块式价格低且体积相对较小，所以一般用于系统工艺过程较为固定的小型控制系统中。但模块式具有

功能扩展灵活、维修方便（换模块）、容易判断故障等优点，因此模块式PLC一般适用于较复杂系统和环境差（维修量大）的场合。

（2）I/O模块的选择

在PLC控制系统中，为了实现对生产机械的控制，需将对象的各种测量参数按要求的方式送入PLC。PLC经过运算、处理后再将结果以数字量的形式输出，此时也是把该输出变换为适合于对生产机械控制的量。因此，在PLC和生产机械中，必须设置信息传递和变换的装置，即I/O模块。由于输入和输出信号的不同，因此I/O模块有数字量输入模块、数字量输出模块、模拟量输入模块和模拟量输出模块共4大类。不同的I/O模块，其电路及功能也不同，这些都直接影响的应用范围和价格，因此必须根据实际需求合理选择I/O模块。

选择I/O模块之前，应确定哪些信号是输入信号，哪些信号是输出信号。输入信号由输入模块进行传递和变换，输出信号由输出模块进行传递和变换。

对于输入模块的选择要从三个方面进行考虑。

① 根据输入信号的不同进行选择　输入信号为开关量即数字量时，应选择数字量输入模块。输入信号为模拟量时，应选择模拟量输入模块。

② 根据现场设备与模块之间的距离进行选择　一般5、12、24V属于低电平，其传输出距离不宜太远，如12V电压模块的传输距离一般不超过12m。对于传输距离较远的设备，应选用较高电压或电压范围较宽的模块。

③ 根据同时接通的点数多少进行选择　对于高密度的输入模块，如32点和64点输入模块，能允许同时接通的点数取决于输入电压的高低和环境温度，不宜过多。一般同时接通的点数不得超过总输入点数的60%，但对于控制过程，比如自动/手动、启动/停止等输入点同时接通的概率不大，所以不需考虑。

输出模块有继电器、晶体管和晶闸管三种工作方式。继电器输出适用于交、直流负载，其特点是带负载能力强，但动作频率与响应速度慢。晶体管输出适用于直流负载，其特点是动作频率高、响应速度快，但带负载能力小。晶闸管输出适用于交流负载，其特点是响应速度快，但带负载能力不大。因此，对于开关频繁、功率因数低的感性负载，可选用晶闸管（交流）和晶体管（直流）输出，在输出变化不太快、开关要求不频繁的场合，应选用继电器输出。在选用输出模块时，不但要看一个点的驱动能力，还要看整个模块的满负荷能力，即输出模块同时接通点数的总电流值不得超过模块规定的最大允许电流。对于功率较小的集中设备，如普通机床，可选用低电压高密度的基本I/O模块，对功率较大的分散设备，可选用高电压低密度的基本I/O模块。

（3）输入/输出点数的选择

一般输入点和输入信号、输出点和输出控制是一一对应的。

分配好后，按系统配置的通道与接点号，分配给每一个输入信号和输出信号，即进行编号。在个别情况下，也有两个信号用一个输入点的，那样就应在接入输入点前，按逻辑关系接好线（如两个触点先串联或并联），然后再接到输入点。

① 确定I/O通道范围　不同型号的PLC，其输入/输出通道的范围是不一样的，应根据所选PLC型号，查阅相应的编程手册。

② 内部辅助继电器　内部辅助继电器不对外输出，不能直接连接外部器件，而是在控制其他继电器、定时器/计数器时作数据存储或数据处理用。

从功能上讲，内部辅助继电器相当于传统电控柜中的中间继电器。未分配模块的输入/

输出继电器区以及未使用1：1链接时的链接继电器区等均可作为内部辅助继电器使用。根据程序设计的需要，应合理安排PLC的内部辅助继电器，在设计说明书中应详细列出各内部辅助继电器在程序中的用途，避免重复使用。

③ 分配定时器/计数器　PLC的定时器/计数器数量分配请参阅2.4节。

（4）可靠性的设计

PLC控制系统的可靠性设计主要包括供电系统设计、接地设计和冗余设计。

① 供电系统设计　通常PLC供电系统设计是指CPU工作电源、I/O模板工作电源的设计。

a. CPU工作电源的设计。PLC的正常供电电源一般由电网供电（交流220V，50Hz），由于电网覆盖范围广，它将受到所有空间电磁干扰而在线路上感应电压和电流。尤其是电网内部的变化，开关操作浪涌、大型电力设备的启停、交直流传动装置引起的谐波、电网短路暂态冲击等，都通过输电线路传到电源中，从而影响PLC的可靠运行。在CPU工作电源的设计中，一般可采取隔离变压器、交流稳压器、UPS电源、晶体管开关电源等措施。

PLC的电源模板可能包括多种输入电压（交流220V、交流110V和直流24V），而CPU电源模板所需要的工作电源一般是5V直流电源，在实际应用中要注意电源模板输入电压的选择。在选择电源模板的输出功率时，要保证其输出功率大于CPU模板、所有I/O模板及各种智能模板总的消耗功率，并且要考虑30%左右的余量。

b. I/O模板工作电源的设计。I/O模板工作电源是系统中的传感器、执行机构、各种负载与I/O模板之间的供电电源。在实际应用中，基本上采用24V直流供电电源或220V交流供电电源。

② 接地设计　为了安全和抑制干扰，系统一般要正确接地。系统接地方式一般有浮地方式、直接接地方式和电容接地三种方式。对PLC控制系统而言，它属高速低电平控制装置，应采用直接接地方式。由于信号电缆分布电容和输入装置滤波等的影响，装置之间的信号交换频率一般都低于1MHz，因此PLC控制系统接地线采用一点接地和串联一点接地方式。集中布置的PLC系统适用并联一点接地方式，各装置的柜体中心接地点以单独的接地线引向接地极。如果装置间距较大，应采用串联一点接地方式。用一根大截面铜母线（或绝缘电缆）连接各装置的柜体中心接地点，然后将接地母线直接连接接地极。接地线采用截面积大于20mm^{2}的铜导线，总母线使用截面积大于60mm^{2}的铜排。接地极的接地电阻小于2Ω，接地极最好埋在距建筑物10～15m远处，而且PLC系统接地点必须与强电设备接地点相距10m以上。信号源接地时，屏蔽层应在信号侧接地。不接地时，应在PLC侧接地。信号线中间有接头时，屏蔽层应牢固连接并进行绝缘处理，一定要避免多点接地。多个测点信号的屏蔽双绞线与多芯对绞总屏电缆连接时，各屏蔽层应相互连接好，并经绝缘处理。PLC电源线，I/O电源线，输入、输出信号线，交流线，直流线都应尽量分开布线。开关量信号线与模拟量信号线也应分开布线，而且后者应采用屏蔽线，并且将屏蔽层接地。数字传输线也要采用屏蔽线，并且要将屏蔽层接地。PLC系统最好单独接地，也可以与其他设备公共接地，但严禁与其他设备串联接地。连接接地线时，应注意以下几点：

a. PLC控制系统单独接地。

b. PLC系统接地端子是抗干扰的中性端子，应与接地端子连接，其正确接地可以有效消除电源系统的共模干扰。

c. PLC系统的接地电阻应小于100Ω，接地线至少用20mm^{2}的专用接地线，以防止感应电的产生。

d. 输入、输出信号电缆的屏蔽线应与接地端子端连接，且接地良好。

③ 冗余设计　冗余设计是指在系统中人为地设计某些“多余”的部分，冗余配置代表PLC适应特殊需要的能力，是高性能PLC的体现。冗余设计的目的是在PLC已经可靠工作的基础上，再进一步提高其可靠性，减少出现故障的概率和出现故障后修复的时间。

9.1.4　PLC控制系统的软件设计

（1）PLC软件系统设计方法

PLC软件系统设计就是根据控制系统硬件结构和工艺要求，使用相应的编程语言，编制用户控制程序和形成相应文件的过程。编制PLC控制程序的方法很多，这里主要介绍几种典型的编程方法。

① 图解法编程　图解法编程是靠画图进行PLC程序设计。常见的主要有梯形图法、逻辑流程图法、时序流程图法和步进顺控法。

a. 梯形图法。梯形图法是用梯形图语言编制PLC程序。这是一种模仿继电器控制系统的编程方法。其图形甚至元件名称都与继电器控制电路十分相近。这种方法很容易地就可以把原继电器控制电路移植成PLC的梯形图语言。这对于熟悉继电器控制的人来说，是最方便的一种编程方法。

b. 逻辑流程图法。逻辑流程图法是用逻辑框图表示PLC程序的执行过程，反映输入与输出的关系。这种方法编制的PLC控制程序，逻辑思路清晰，输入与输出的因果关系及联锁条件明确。逻辑流程图会使整个程序脉络清晰，便于分析控制程序，便于查找故障点，便于调试程序和维修程序。有时对一个复杂的程序，直接用语句表和用梯形图编程可能觉得难以下手，则可以先画出逻辑流程图，再为逻辑流程图的各个部分用语句表和梯形图编制PLC应用程序。

c. 时序流程图法。时序流程图法是首先画出控制系统的时序图（即到某一个时间应该进行哪项控制的控制时序图），再根据时序关系画出对应的控制任务的程序框图，最后把程序框图写成PLC程序。时序流程图法很适合以时间为基准的控制系统的编程方法。

d. 步进顺控法。步进顺控法是在顺控指令的配合下设计复杂的控制程序。一般比较复杂的程序，都可以分成若干个功能比较简单的程序段，一个程序段可以看成整个控制过程中的一步。从整体看，一个复杂系统的控制过程是由这样若干个步组成的。系统控制的任务实际上可以认为在不同时刻或者在不同进程中去完成对各个步的控制。为此，不少PLC生产厂家在自己的PLC中增加了步进顺控指令。在画完各个步进的状态流程图之后，可以利用步进顺控指令方便地编写控制程序。

② 经验法编程　经验法编程是运用自己的或别人的经验进行设计。多数是设计前先选择与自己工艺要求相近的程序，把这些程序看成自己的“试验程序”，结合自己工程的情况，对这些“试验程序”逐一修改，使之适合自己的工程要求。

③ 计算机辅助设计编程　计算机辅助设计编程是通过PLC编程软件在计算机上进行程序设计、离线或在线编程、离线仿真和在线调试等。使用编程软件可以十分方便地在计算机上离线或在线编程、在线调试，还可以进行程序的存取、加密以及形成EXE运行文件。

（2）PLC软件系统设计步骤

在了解了程序结构和编程方法的基础上，就要实际地编写PLC程序了。编写PLC程序和编写其他计算机程序一样，都需要经历如下过程。

① 对系统任务分块　分块的目的就是把一个复杂的工程，分解成多个比较简单的小任务。这样可便于编制程序。

② 编制控制系统的逻辑关系图　从逻辑控制关系图上，可以反映出某一逻辑关系的结果是什么，这一结果又应该导出哪些动作。这个逻辑关系可能是以各个控制活动顺序为基准，也可能是以整个活动的时间节拍为基准。逻辑关系图反映了控制过程中控制作用与被控对象的活动，也反映了输入与输出的关系。

③ 绘制各种电路图　绘制各种电路的目的，是把系统的输入/输出所设计的地址和名称联系起来，这是关键的一步。在绘制PLC的输入电路时，不仅要考虑到信号的连接点是否与命名一致，也要考虑到输入端的电压和电流是否合适，还要考虑到在特殊条件下运行的可靠性与稳定条件等问题。特别是要考虑到能否把高压引导到PLC的输入端，若将高压引入PLC的输入端时，有可能对PLC造成比较大的伤害。在绘制PLC输出电路时，不仅要考虑到输出信号连接点是否与命名一致，也要考虑到PLC输出模块的带负载能力和耐电压能力，还要考虑到电源输出功率和极性问题。在整个电路的绘制过程中，还要考虑设计原则，努力提高其稳定性和可靠性。虽然用PLC进行控制方便、灵活，但是在电路设计时仍然需要谨慎、全面。

④ 编制PLC程序并进行模拟调试　在编制完电路图后，就可以着手编制PLC程序了。在编程时，除了注意程序要正确、可靠之外，还要考虑程序简洁、省时、便于阅读、便于修改。编好一个程序块要进行模拟实验，这样便于查找问题，便于及时修改程序。

9.2 恒压供水系统

（1）控制要求

使用PLC、触摸屏、变频器设计一个有7段速度的恒压供水系统。电动机的转速由变频器的7段调速来控制，7段速度与变频器的控制端子的对应关系如表9-1所示。恒压供水系统的速度切换分别由水压上限和水压下限两个传感器完成，如图9-1所示。

表9-1　7段速度与变频器的控制端子的对应关系

速度	1	2	3	4	5	6	7
接点	RH				RH	RH	RH
		RM		RM		RM	RM
			RL	RL	RL		RL
频率 /Hz	15	20	25	30	35	40	45

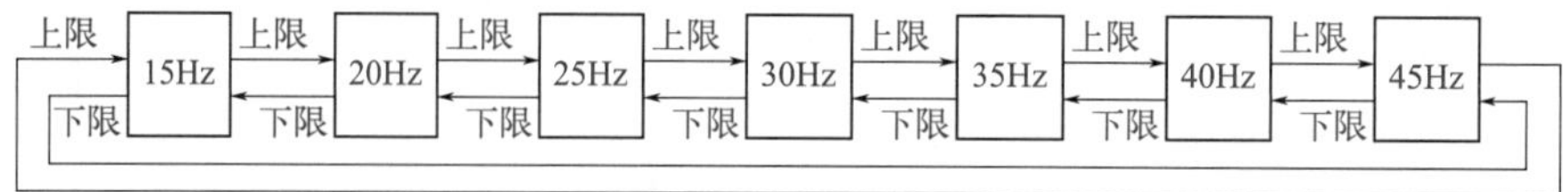

图9-1　7段速度的切换

（2）恒压供水系统的设计思路

恒压供水系统的设计思路为：通过计算机在GT Designer3中制作触摸屏界面，由RS-232C或USB电缆将其写入到GOT中，使GOT能够发出控制命令并显示运行状态和有关运行数据；在GX-Developer中编写PLC控制程序，并将程序下载到PLC中，PLC主要用来控制变频器的运行；变频器与三相异步电动机连接，控制电动机的转速；使用RS-422电缆将触摸屏与PLC连接起来，以构成PLC、触摸屏、变频器的联合控制系统。

（3）PLC的I/O分配表及接线方法

在恒压供水系统中，PLC的输入主要有启动按钮、停止按钮、水压下限、水压上限，而变频器的多段运行信号通过PLC的输出端子来提供，也就是通过PLC来控制变频器的RH、RM、RL和STF端子、SD端子及RES端子的通断。因此，PLC需使用4个输入和5个输出（SD端子与PLC的COM2端子连接），其I/O分配如表9-2所示。PLC与变频器的接线图如图9-2所示。

表9-2 PLC与变频器的I/O分配表

输入			输出	
功能	元件	PLC地址	功能	PLC地址
停止工作	SB1	X000	接变频器STF端子，使电动机正转	Y000
启动运行	SB2	X001	接变频器RH端子	Y001
水压下限	传感器1	X002	接变频器RM端子	Y002
水压上限	传感器2	X003	接变频器RL端子	Y003
			接变频器RES端子，使变频器复位	Y004

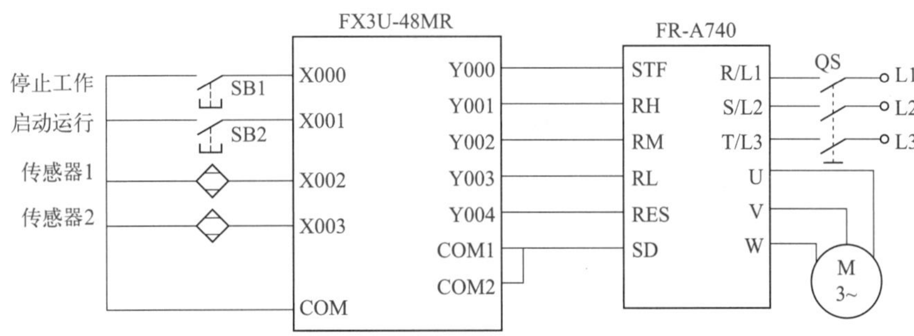

图9-2 PLC与变频器的接线图

（4）变频器的设定参数

根据控制要求，变频器的参数设置如表9-3所示。

表9-3 变频器的参数设置

参数	设定值	说明	参数	设定值	说明
Pr. 1	50 Hz	上限频率	Pr.9	电机额定电流	电子过电流保护
Pr.2	0Hz	下限频率	Pr.79	3	操作模式选择（外部/PU组合模式1）
Pr. 3	50Hz	基准频率	Pr.6	25Hz	多段速度设定3
Pr.7	2s	加速时间	Pr.24	30Hz	多段速度设定4
Pr.8	2s	减速时间	Pr.25	35Hz	多段速度设定5
Pr.4	15Hz	多段速度设定1	Pr.26	40Hz	多段速度设定6
Pr.5	20Hz	多段速度设定2	Pr.27	45 Hz	多段速度设定7

（5）触摸屏画面制作

触摸屏画面中包含多个对象，其对象名称及对应的软元件如表9-4所示，制作的触摸屏画面如图9-3所示。

表9-4 触摸屏画面对象

对象名称	对象类型	软元件	对象名称	对象类型	软元件
GOT 恒压供水系统	文本	—	RM	位指示灯	Y002
当前运行频率	文本	—	RL	位指示灯	Y003
Hz	文本	—	停止按钮	位开关	M100
正转	位指示灯	Y000	启动按钮	位开关	M101
复位	位指示灯	Y004	模拟水压下限	位开关	X002
下限	位指示灯	Y002	模拟水压上限	位开关	X003
上限	位指示灯	Y003	123456	数值显示	D100
RH	位指示灯	Y001	文本框	矩形	—

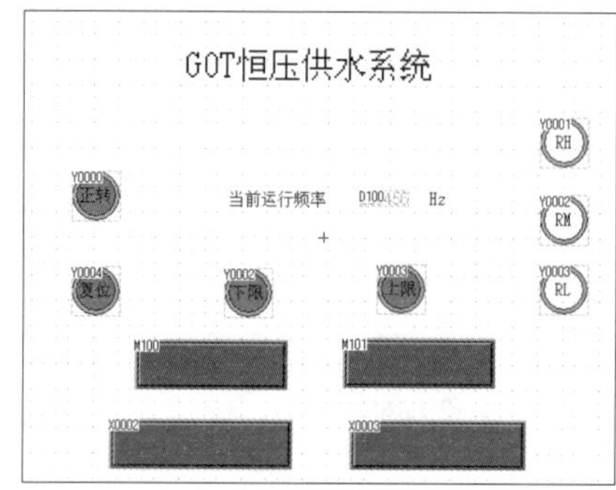

图9-3 恒压供水触摸屏画面

（6）PLC控制程序

从控制要求可以看出，该系统是顺序控制，其状态流程图如图9-4所示，PLC程序图如图9-5所示。

（7）联机模拟仿真

在GX Developer软件中，编写好程序，并执行菜单命令“工具”→“梯形图逻辑测试启动”，启动GX Simulator仿真，进入梯形图逻辑测试状态。在GT Designer3软件中，执行菜单命令“工具”→“模拟器”→“启动”，进入触摸屏的仿真调试界面，按下触摸键“启动按钮”，然后再按下触摸键“模拟水压上限”或“模拟水压下限”，即可进行恒压供水系统的模拟仿真。

9.3 仓储控制系统

① 控制任务机械手能自动将载货台上的工件放入仓库1～4号库位（载货台只提供正确的工件且每个库位只放一个工件），或将1～4号库位里的工件放到载货台上。

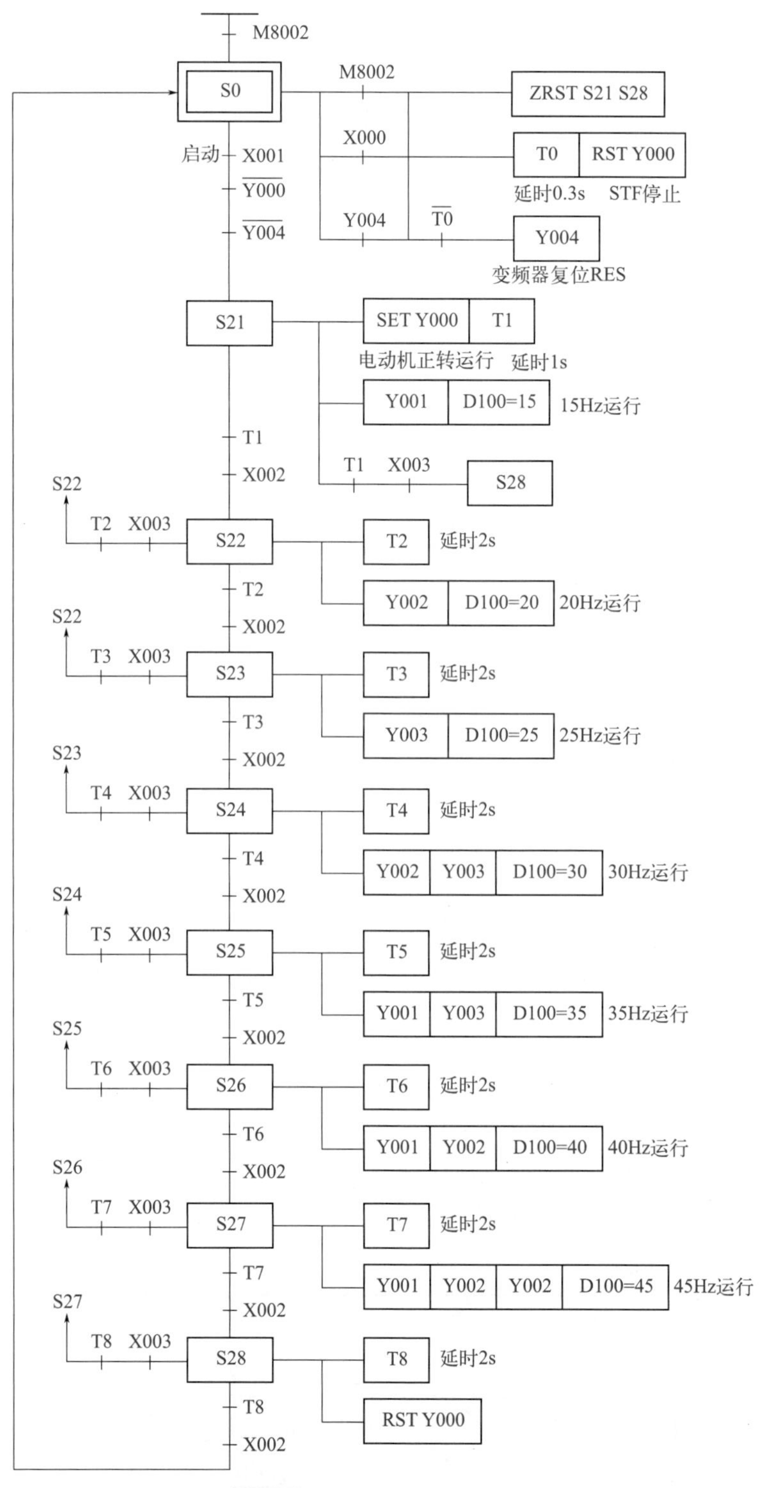

图9-4 恒压供水的状态流程图

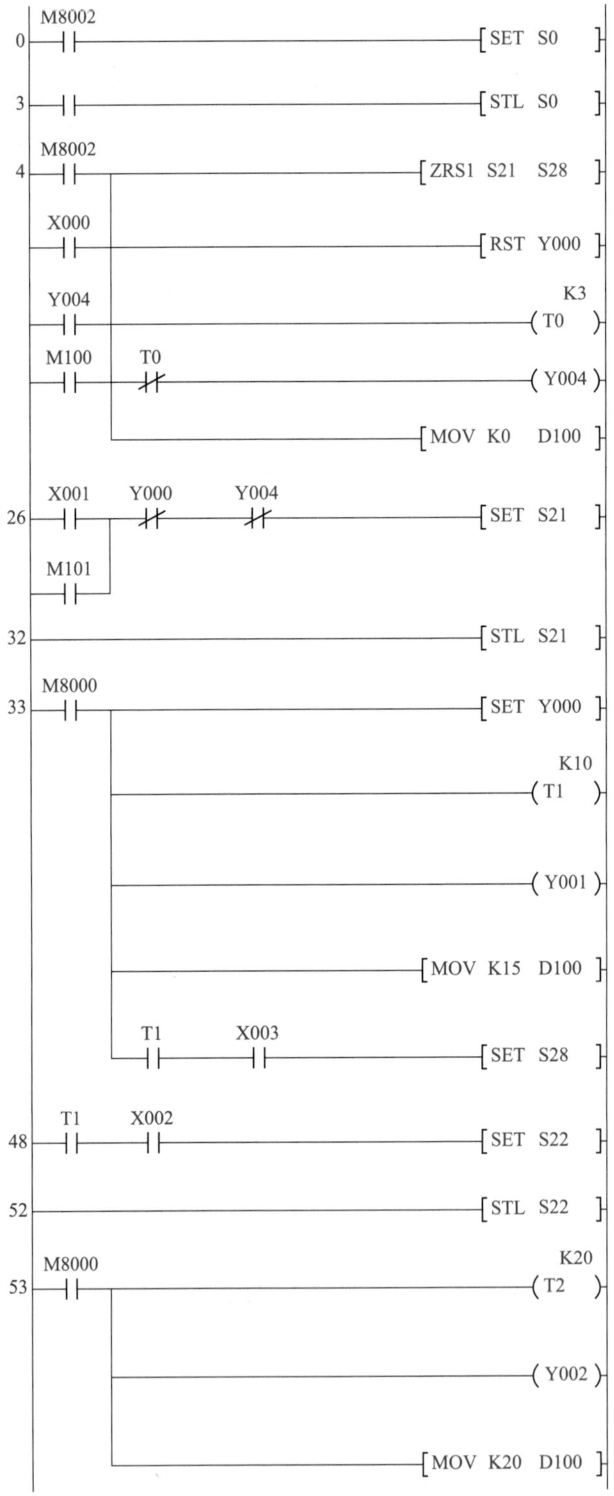

```
0   M8002                              [SET S0]
3                                      [STL S0]
4   M8002                              [ZRS1 S21 S28]
    X000                               [RST Y000]
    Y004                               (T0 K3)
    M100  T0(NC)                       (Y004)
                                       [MOV K0 D100]
26  X001 / M101  Y000(NC)  Y004(NC)    [SET S21]
32                                     [STL S21]
33  M8000                              [SET Y000]
                                       (T1 K10)
                                       (Y001)
                                       [MOV K15 D100]
          T1  X003                     [SET S28]
48  T1  X002                           [SET S22]
52                                     [STL S22]
53  M8000                              (T2 K20)
                                       (Y002)
                                       [MOV K20 D100]
```

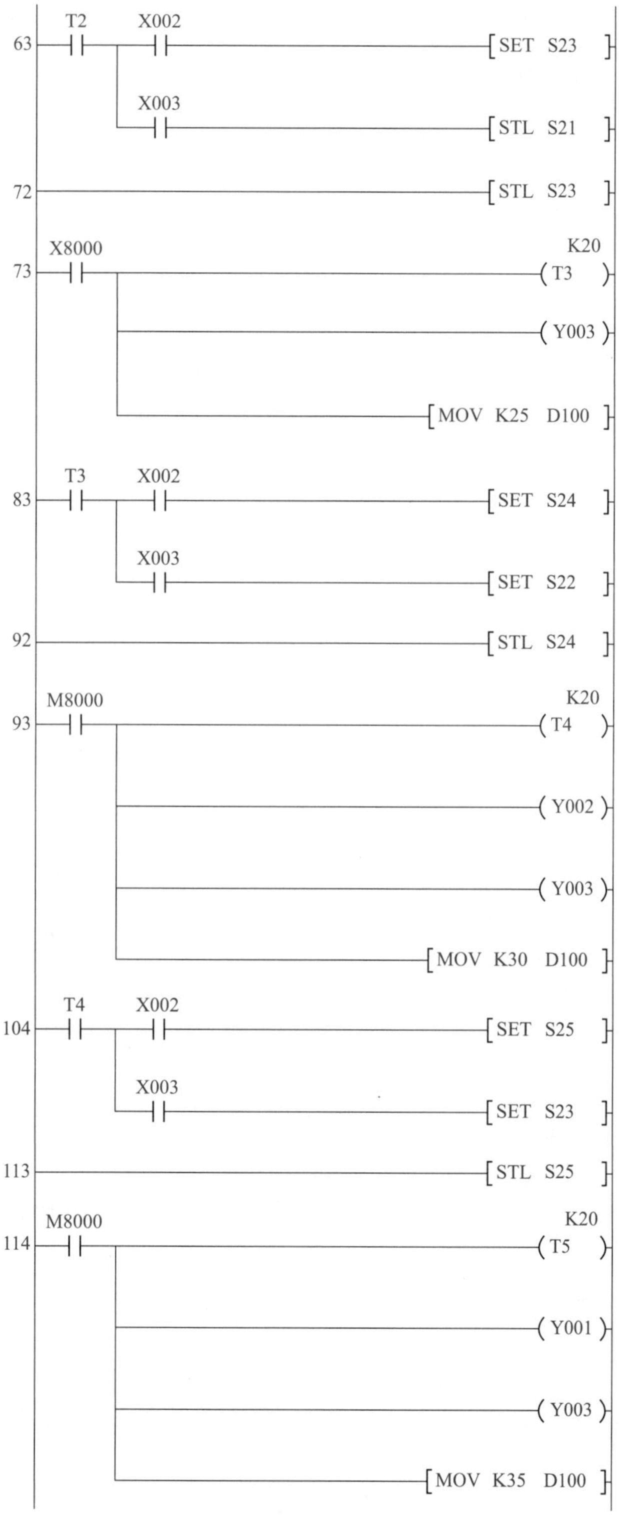

```
63   T2    X002
     ─┤├──┬─┤├──────────────[SET  S23 ]
          │ X003
          └─┤├──────────────[STL  S21 ]

72   ───────────────────────[STL  S23 ]

     X8000                        K20
73   ─┤├──┬──────────────────(T3      )
          ├──────────────────(Y003    )
          └───────────[MOV  K25  D100 ]

83   T3    X002
     ─┤├──┬─┤├──────────────[SET  S24 ]
          │ X003
          └─┤├──────────────[SET  S22 ]

92   ───────────────────────[STL  S24 ]

     M8000                        K20
93   ─┤├──┬──────────────────(T4      )
          ├──────────────────(Y002    )
          ├──────────────────(Y003    )
          └───────────[MOV  K30  D100 ]

104  T4    X002
     ─┤├──┬─┤├──────────────[SET  S25 ]
          │ X003
          └─┤├──────────────[SET  S23 ]

113  ───────────────────────[STL  S25 ]

     M8000                        K20
114  ─┤├──┬──────────────────(T5      )
          ├──────────────────(Y001    )
          ├──────────────────(Y003    )
          └───────────[MOV  K35  D100 ]
```

图9-5

```
       T5      X002
125 ──┤├──┬──┤├──────────────────[SET  S26  ]
          │  X003
          └──┤├──────────────────[SET  S24  ]

134 ─────────────────────────────[STL  S26  ]

      X8000                            K20
135 ──┤├──┬──────────────────────(T6        )
          ├──────────────────────(Y001      )
          ├──────────────────────(Y002      )
          └──────────────────[MOV  K40  D100]

       T6      X002
146 ──┤├──┬──┤├──────────────────[SET  S27  ]
          │  X003
          └──┤├──────────────────[SET  S25  ]

155 ─────────────────────────────[SET  S27  ]

      M8000                            K20
156 ──┤├──┬──────────────────────(T7        )
          ├──────────────────────(Y001      )
          ├──────────────────────(Y002      )
          ├──────────────────────(Y003      )
          └──────────────────[MOV  K45  D100]

      M8000    X002
168 ──┤├──┬──┤├──────────────────[SET  S28  ]
          │  X003
          └──┤├──────────────────[SET  S26  ]

177 ─────────────────────────────[STL  S28  ]
```

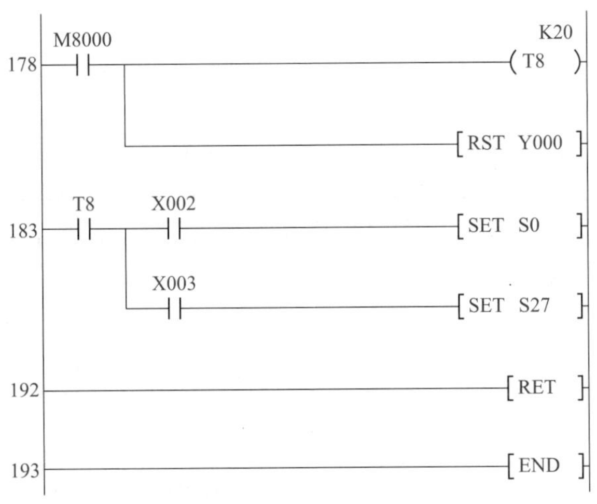

图9-5 PLC程序梯形图

② 仓储系统（TVT-METS3）设备主要部件及其名称设备各部件、器件的名称和安装位置如图9-6所示。

③ 系统的控制要求如下:

a. 运行前，设备应满足一种初始状态。

b. 入库流程。启动后，指示灯提示进入工作状态，若库位有空，供料指示灯发光提示向载货台放工件，机械手将工件取下后送到位置2，由带传输机（带式传送机）运送到位置1，然后反转送回到位置2，同时进行检测，机械手根据检测结果将工件送到相应的库位。若载货台没有工件，机械手在载货台附近等待。当仓库满时，对应指示灯进行提示，机械手自动回原点，若此时载货台上有工件，则蜂鸣器报警提示，直到取走工件。

c. 出库流程。启动后，指示灯提示进入工作状态，若库位有工件，出货指示灯发光提示，机械手按1～4号库位的顺序出货至载货台，并由数码管显示库位号，库位全空时，机械手回原点，出货指示灯提示库位已空。

d. 停止后，停机指示灯点亮提示，机械手运送完成当前工件后，系统回到初始状态。

④ 系统控制流程图如图9-7所示。

⑤ 系统的I/O分配表如表9-5所示，变频器参数的设置如表9-6所示。

表9-5 PLC的I/O分配表

符号	地址	注释	符号	地址	注释
SQ1 A 相	X0	旋转编码器 A 相	SQ10	X12	颜色传感器
SQ1 B 相	X1	旋转编码器 B 相	SQ11	X13	机械手右转限位传感器
SQ2	X2	机械手原点检测传感器	SQ12	X14	机械手左转限位传感器
SQ3	X3	机械手限位检测传感器	SQ19	X17	载货台检测传感器
SQ20	X6	带传输机位置 1 检测传感器	SA1	X20	工作状态选择开关
SQ7	X7	带传输机位置 2 检测传感器	SB1	X26	启动按钮
SQ8	X10	电感传感器	SB2	X27	停止按钮
SQ9	X11	电容传感器	CW	Y0	机械手行走信号 CW（+）
CCW	Y1	机械手行走信号 CCW（−）	HL2	Y12	2 号灯

续表

符号	地址	注释	符号	地址	注释
YV22	Y2	机械手右转气缸控制电磁阀	HL3	Y13	3 号灯
YV21	Y3	机械手左转气缸控制电磁阀	HL4	Y14	4 号灯
YV3	Y4	机械手下降气缸控制电磁阀	HA	Y15	蜂鸣器报警
YV4	Y5	抓手气缸控制电磁阀	B00	Y20	LED 数码管显示
Inverter-Z	Y7	变频器正转运行 40 Hz	B01	Y21	LED 数码管显示
Inverter-F	Y10	变频器反转运行 20Hz	B02	Y22	LED 数码管显示
HL1	Y11	1 号灯	B03	Y23	LED 数码管显示

表9-6 变频器参数设置

参数	设置值	参数	设置值
P01	0.2	P09	5
P02	0.2	P32	20.0
P08	5		

⑥ 系统气动原理图如图9-8所示。

⑦ 系统的电气原理图如图9-9所示。

⑧ 系统的梯形图程序如图9-10所示。

⑨ 程序执行与调试程序的运行与调试说明如下:

a. 初始状态下，带输送机停止运行，机械手停在原点并处于带输送机上方，推料气缸复位，1号灯处于发光状态。若不满足初始状态，可用启动按钮进行复位（按钮SB1兼有复位和启动两个功能）。

b. 入库流程。转换开关SA1在位置1（手柄在左位置），按下启动按钮SB1（启动功能），指示灯HL1变为每秒闪烁一次，提示设备处于工作状态，若1～4号库位有空位，指示灯HL2发光，提示可以向载货台上放工件9，当载货台上传感器检测到有工件时，机械手在直流电动机的拖动下移动到载货台附近，然后将载货台上的工件取下并送到带输送机位置2，机械手放下工件1s后，带输送机在变频器的控制下以40Hz运行，将工件送至带输送机位置1，当位置1检测传感器检测到工件时，带输送机停止转动1s，随后带输送机在变频器的控制下以20Hz反转运行，将工件送至带输送机位置2。在传送过程中经过三个传感器进行检测，判断工件进入仓库的库位号（白色塑料+铝送1号库位，白色塑料+铁送2号库位，黑色塑料+铝送3号库位，黑色塑料+铁送4号库位），当工件到达位置2时，带输送机停止转动，机械手将工件送到相应的库位。若库位仍有空地，而载货台没有工件时，机械手在送完最后一个工件后，在直流电动机的拖动下移动到载货台附近等待。当仓库满时，机械手自动回原点，指示灯HL2每秒闪烁两次，提示库位满，禁止向载货台送工件，若此时继续向载货台送工件，则蜂鸣器报警提示，机械手停在原位，直到取走载货台上的工件，设备恢复正常，等待操作者按下停止按钮。

c. 出库流程。SA1开关在位置2（手柄在右位置），按下启动按钮SB1（启动功能），指示灯HL1变为每秒闪烁一次，提示设备处于工作状态，若1～4号库位有工件，指示灯 HL3发光，提示可以由仓库向载货台出货，机械手将自动按1～4号库位的顺序将工件送到载货台，并由LED数码管显示当前工件的库位号，直到4个库位全为空的，机械手自动回原点，

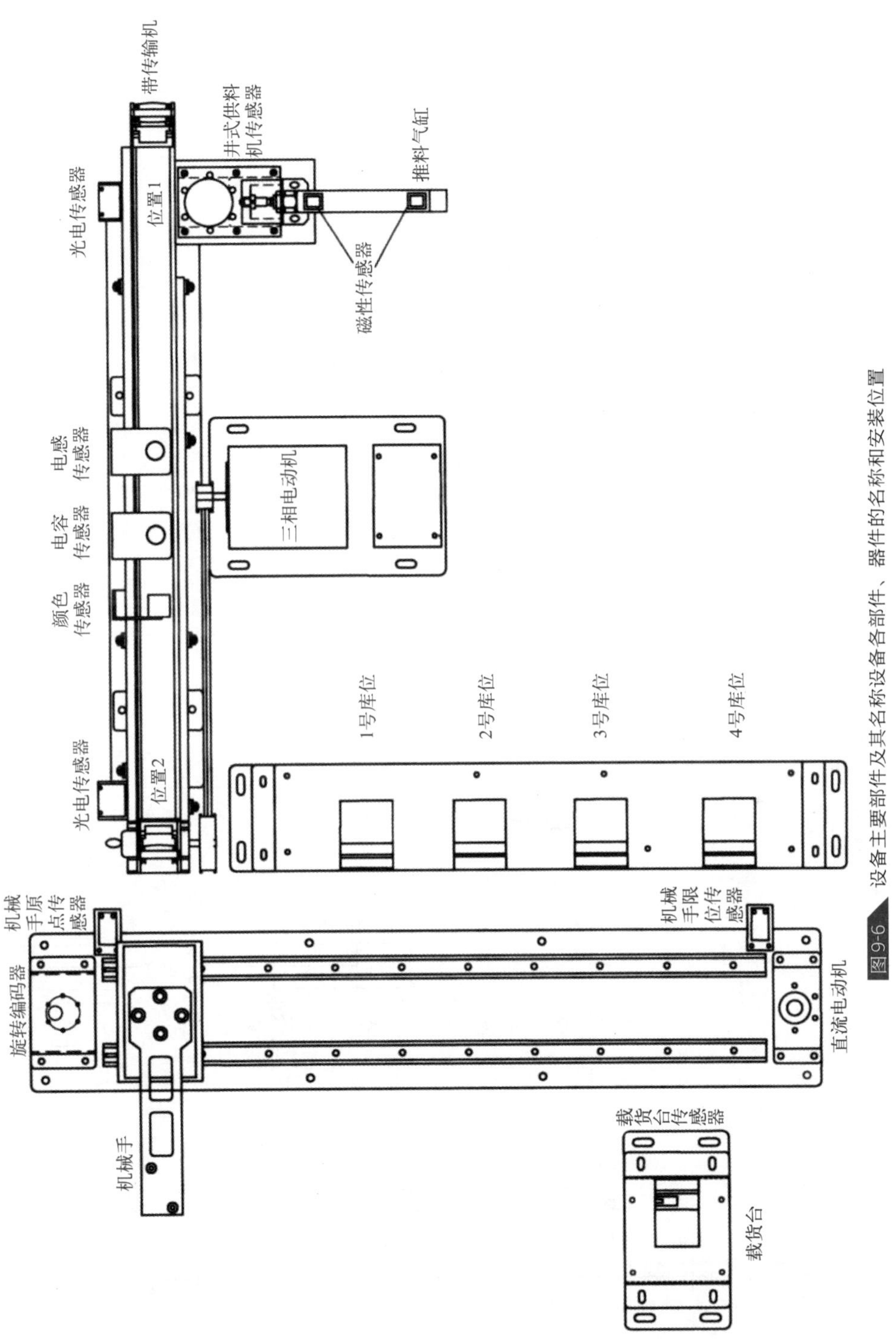

图9-6 设备主要部件及其名称设备各部件、器件的名称和安装位置

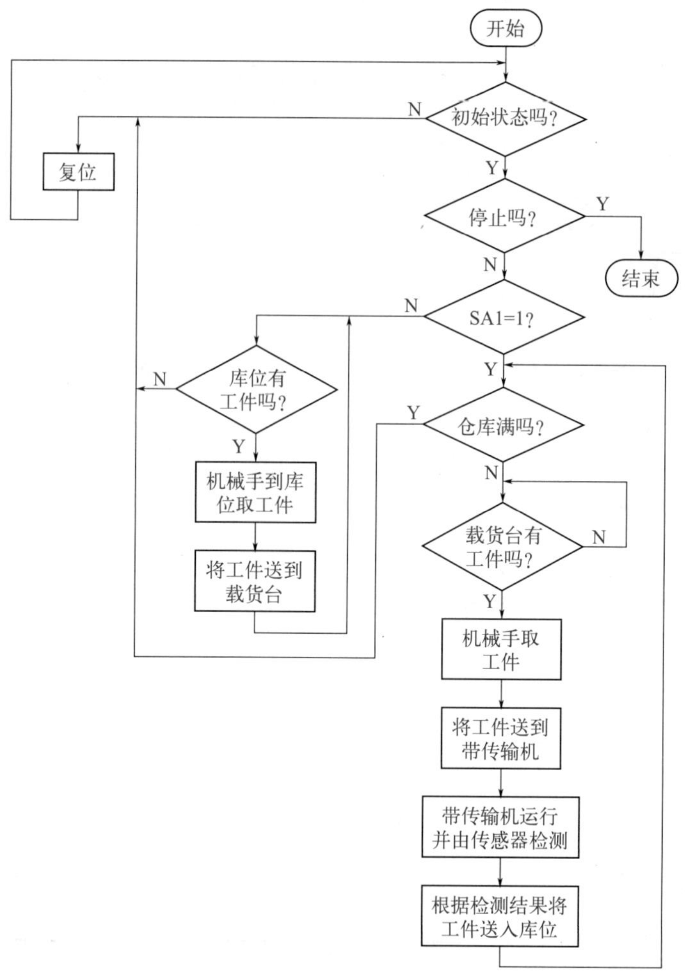

图9-7 系统控制流程图

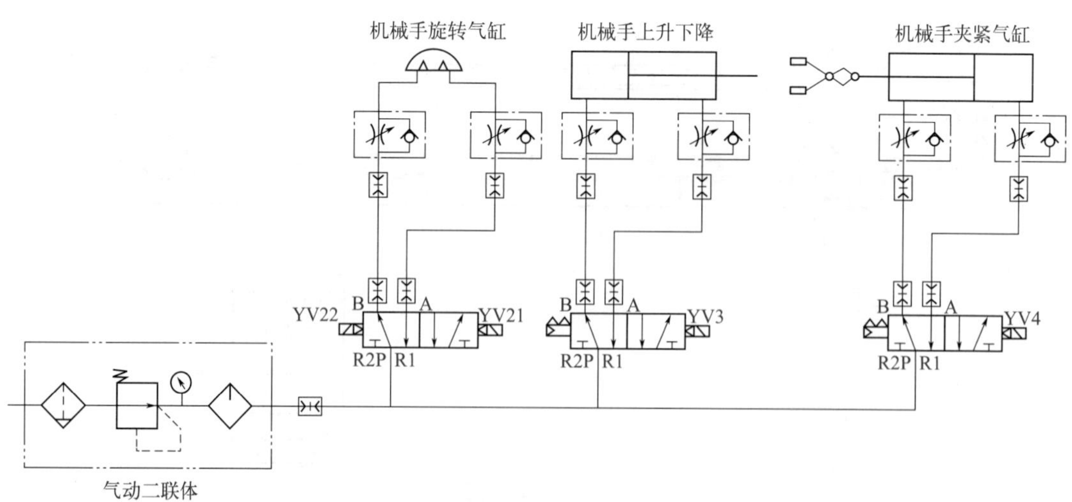

图9-8 系统气动原理图

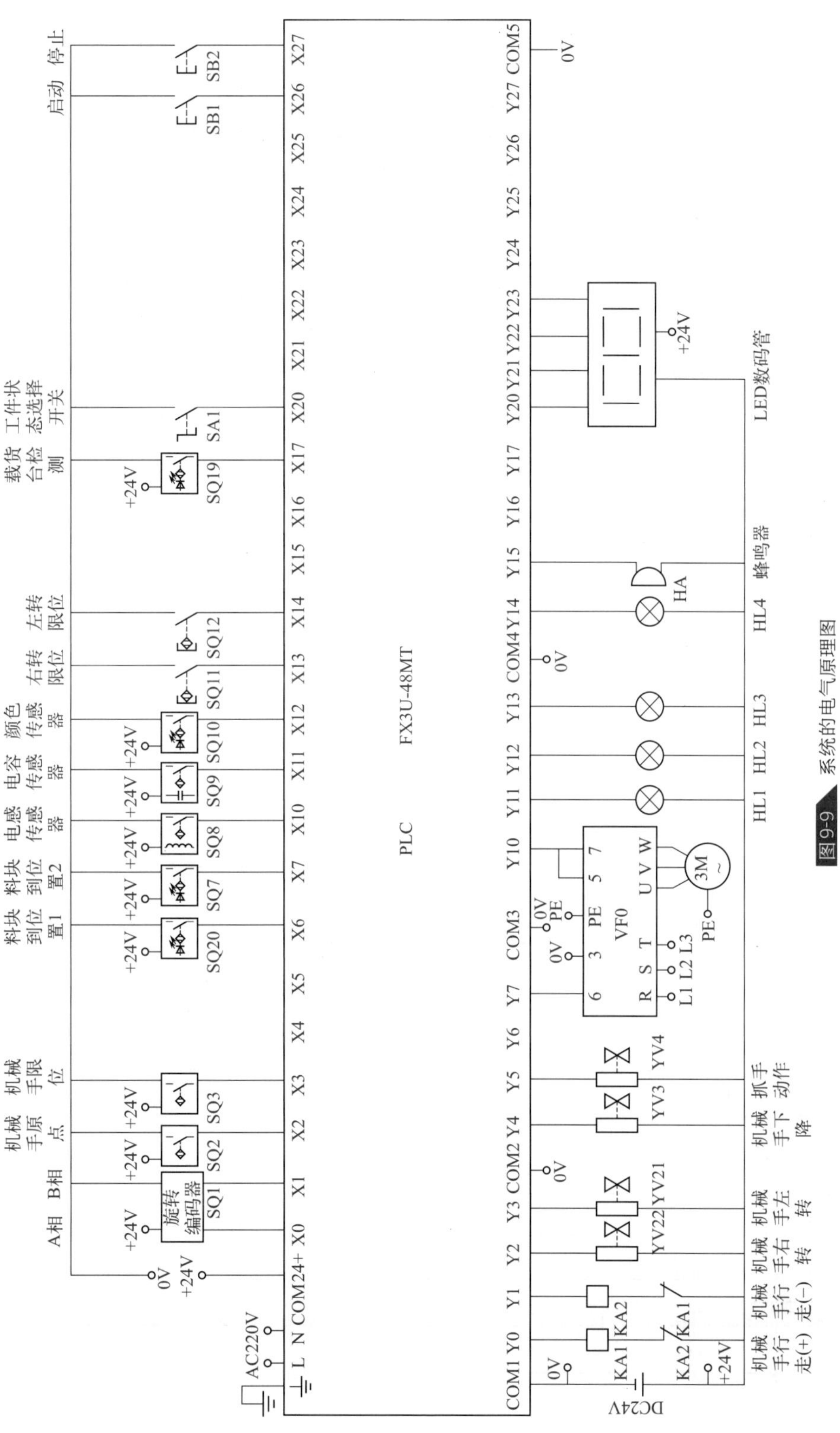

图9-9 系统的电气原理图

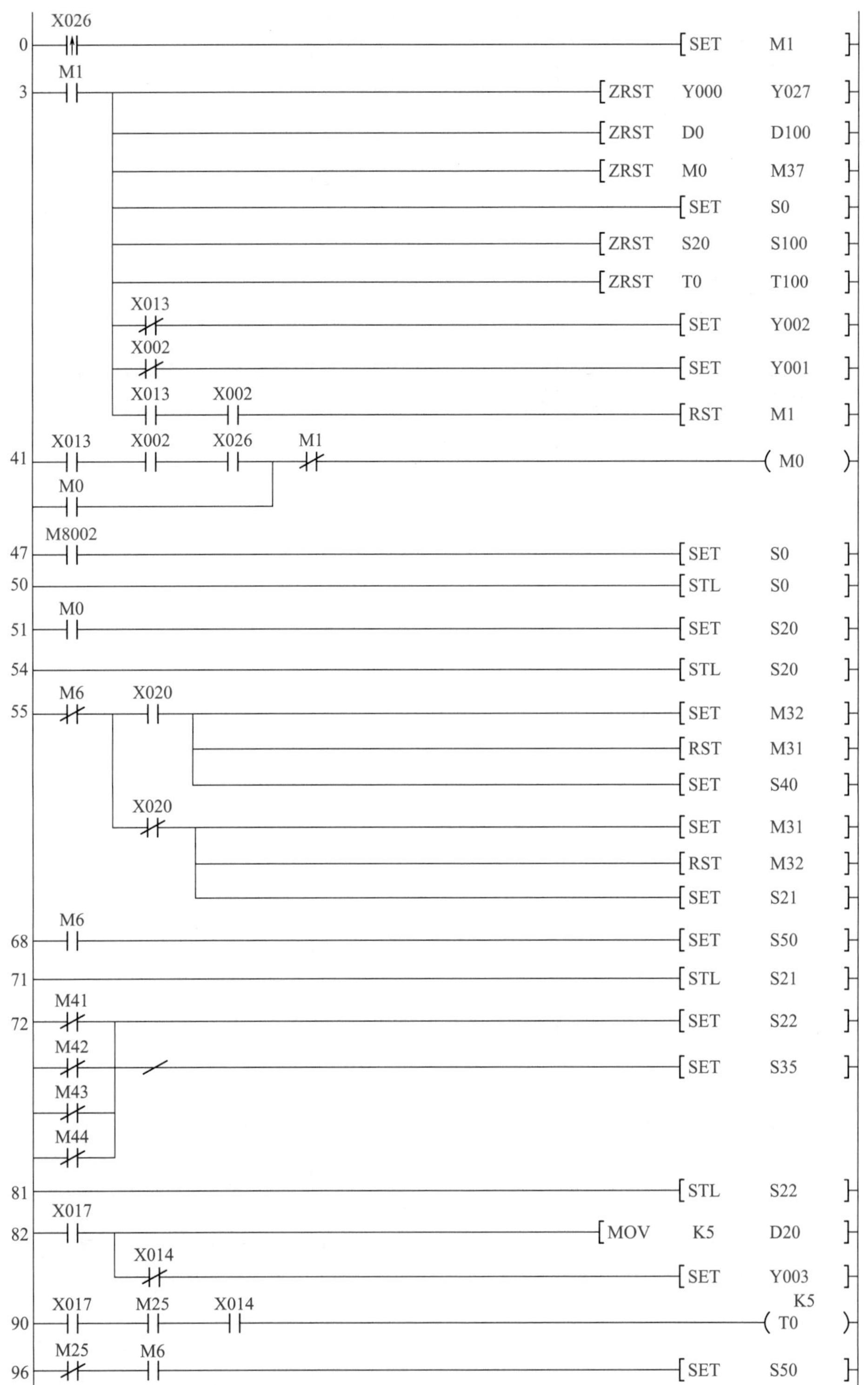
X026
0
SET M1
M1
3
ZRST Y000 Y027
ZRST D0 D100
ZRST M0 M37
SET S0
ZRST S20 S100
ZRST T0 T100
X013
SET Y002
X002
SET Y001
X013 X002
RST M1
X013 X002 X026 M1
41
M0
M0
M8002
47
SET S0
50
STL S0
M0
51
SET S20
54
STL S20
M6 X020
55
SET M32
RST M31
SET S40
X020
SET M31
RST M32
SET S21
M6
68
SET S50
71
STL S21
M41
72
SET S22
M42
SET S35
M43
M44
81
STL S22
X017
82
MOV K5 D20
X014
SET Y003
X017 M25 X014
90
K5
T0
M25 M6
96
SET S50

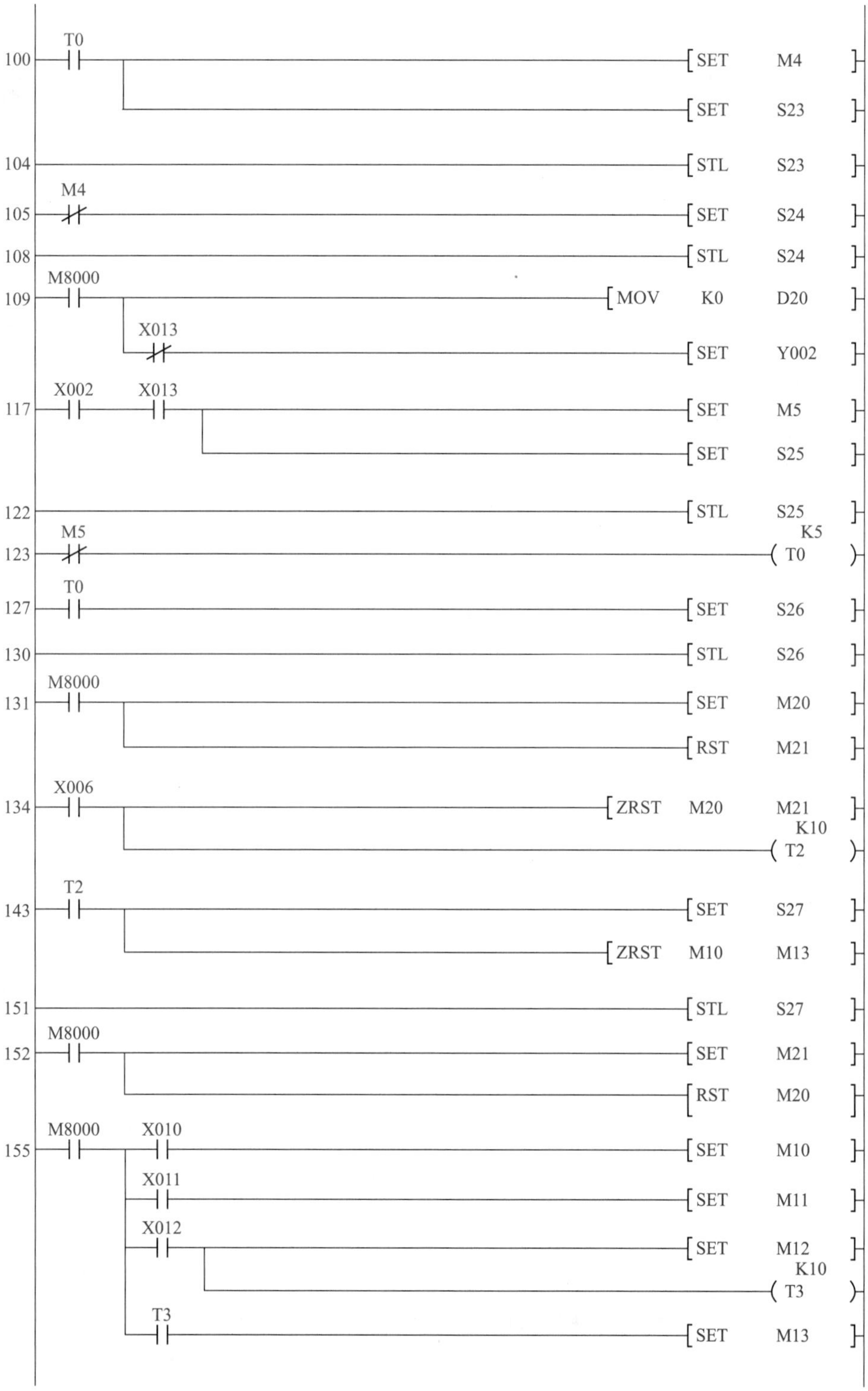

```
100  T0 ─┤├─┬──────────────────[SET  S23  ]  (top branch: [SET M4])
```

100 T0 —[SET M4]
　　　　—[SET S23]

104 —[STL S23]

105 M4 (常闭) —[SET S24]

108 —[STL S24]

109 M8000 —[MOV K0 D20]
　　X013 (常闭) —[SET Y002]

117 X002 X013 —[SET M5]
　　　　—[SET S25]

122 —[STL S25]

123 M5 (常闭) —(T0 K5)

127 T0 —[SET S26]

130 —[STL S26]

131 M8000 —[SET M20]
　　　　—[RST M21]

134 X006 —[ZRST M20 M21]
　　　　—(T2 K10)

143 T2 —[SET S27]
　　　　—[ZRST M10 M13]

151 —[STL S27]

152 M8000 —[SET M21]
　　　　—[RST M20]

155 M8000 X010 —[SET M10]
　　　　X011 —[SET M11]
　　　　X012 —[SET M12]
　　　　　　—(T3 K10)
　　　　T3 —[SET M13]

图9-10

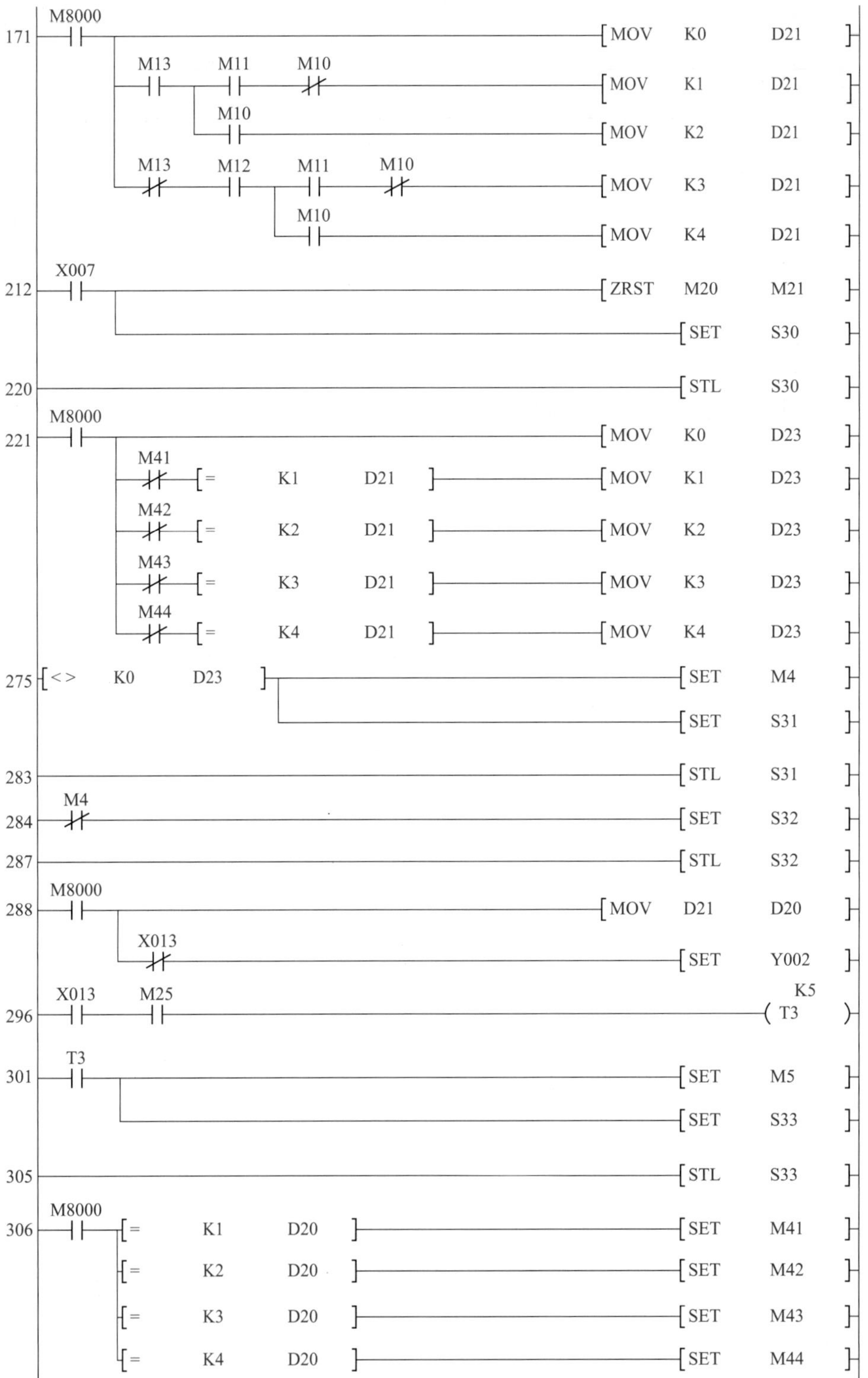
171 M8000 MOV K0 D21
M13 M11 M10 MOV K1 D21
M10 MOV K2 D21
M13 M12 M11 M10 MOV K3 D21
M10 MOV K4 D21
212 X007 ZRST M20 M21
SET S30
220 STL S30
221 M8000 MOV K0 D23
M41 = K1 D21 MOV K1 D23
M42 = K2 D21 MOV K2 D23
M43 = K3 D21 MOV K3 D23
M44 = K4 D21 MOV K4 D23
275 <> K0 D23 SET M4
SET S31
283 STL S31
284 M4 SET S32
287 STL S32
288 M8000 MOV D21 D20
X013 SET Y002
296 X013 M25 K5 T3
301 T3 SET M5
SET S33
305 STL S33
306 M8000 = K1 D20 SET M41
= K2 D20 SET M42
= K3 D20 SET M43
= K4 D20 SET M44

```
335  M5(常闭)  X020(常闭)                        [SET  S34]
               X020                               [SET  S20]
344                                               [STL  S34]
345  M41(常闭)  M6(常闭)                          [MOV  K5   D20]
                          X014(常闭)              [SET  Y003]
     M42(常闭)                                    [SET  S20]
     M43(常闭)                                    [SET  S35]
     M44(常闭)
364                                               [STL  S35]
365  M8000                                        [MOV  K0   D20]
               X013(常闭)                         [SET  Y002]
373  M8000     M6(常闭)   X020                    [SET  S20]
               M6                                 [SET  S50]
383                                               [STL  S50]
384  M8000                                        [MOV  K0   D20]
               X013(常闭)                         [SET  Y002]
392  X002      X013                               [SET  M1]
395                                               [STL  S40]
396  M8000                                        [MOV  K0   D22]
               M44                                [MOV  K4   D22]
               M43                                [MOV  K3   D22]
               M42                                [MOV  K2   D22]
               M41                                [MOV  K1   D22]
430  M8000  [=   K0   D22]                        [SET  S45]
            [<>  K0   D22]                        [SET  S41]
447                                               [STL  S41]
448  M8000                                        [MOV  D22  D20]
               X013(常闭)                         [SET  Y002]
456  X013      M25                                (T0  K5)
461  T0                                           [SET  M4]
                                                  [SET  S42]
465                                               [STL  S42]
```

图9-10

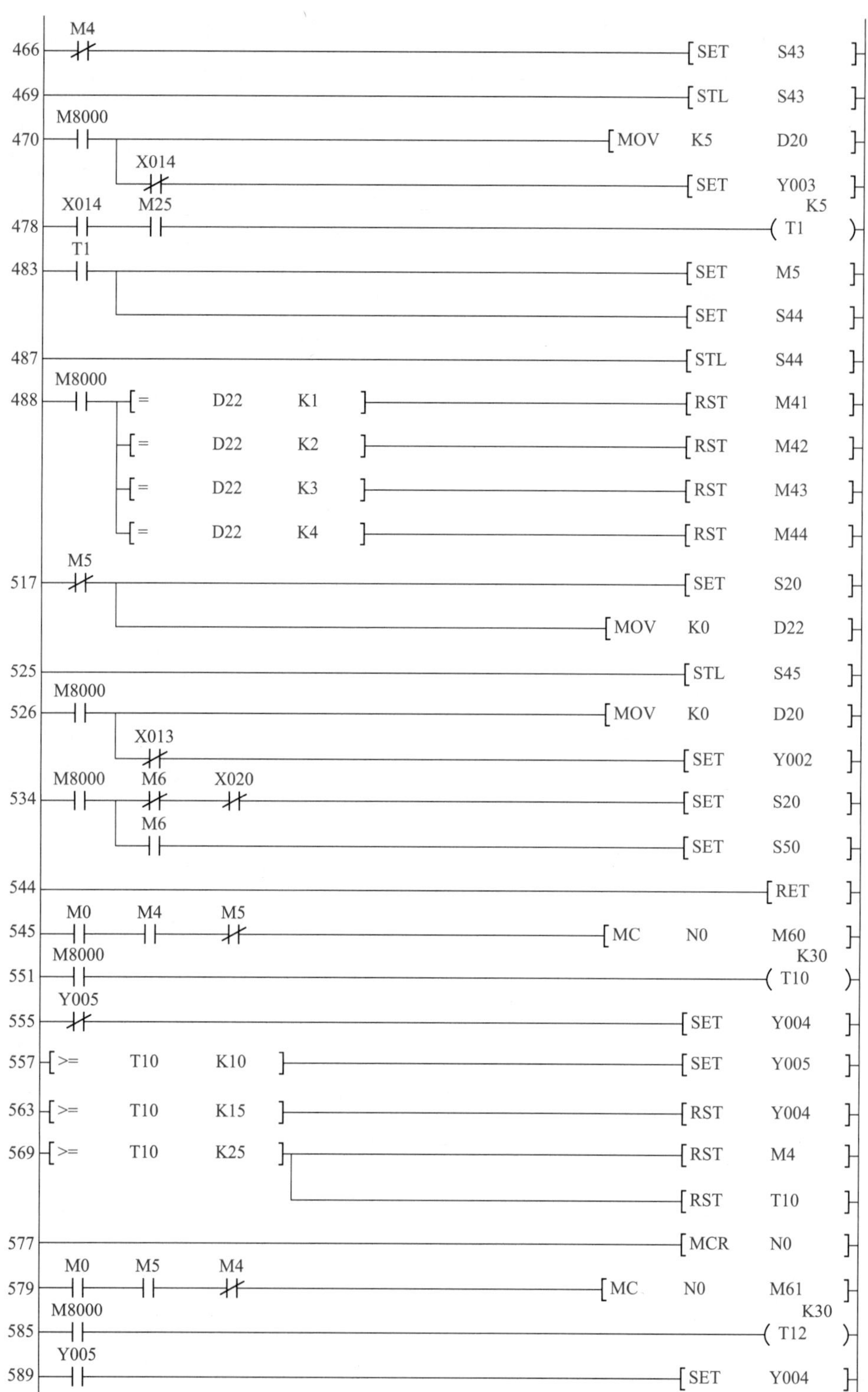
466 M4 SET S43
469 STL S43
470 M8000 MOV K5 D20
X014 SET Y003
478 X014 M25 K5 T1
483 T1 SET M5
SET S44
487 STL S44
488 M8000 = D22 K1 RST M41
= D22 K2 RST M42
= D22 K3 RST M43
= D22 K4 RST M44
517 M5 SET S20
MOV K0 D22
525 STL S45
526 M8000 MOV K0 D20
X013 SET Y002
534 M8000 M6 X020 SET S20
M6 SET S50
544 RET
545 M0 M4 M5 MC N0 M60
551 M8000 K30 T10
555 Y005 SET Y004
557 >= T10 K10 SET Y005
563 >= T10 K15 RST Y004
569 >= T10 K25 RST M4
RST T10
577 MCR N0
579 M0 M5 M4 MC N0 M61
585 M8000 K30 T12
589 Y005 SET Y004

```
591 [>=  T12  K10 ]                                  [RST   Y005 ]
597 [>=  T12  K15 ]                                  [RST   Y004 ]
603 [>=  T12  K25 ]                                  [RST   M5   ]
                                                     [RST   T12  ]
611                                                  [MCR   N0   ]
     M0     M20
613 -| |----| |--------------------------------------( Y007 )
        |   M21
        +---| |--------------------------------------( Y010 )
     M0
620 -| |-------------------------------[MC     N0      M62  ]
624 [=   D20  K0 ]                     [DMOV   K-750   D0   ]
638 [=   D20  K1 ]                     [DMOV   K219    D0   ]
652 [=   D20  K2 ]                     [DMOV   K364    D0   ]
666 [=   D20  K3 ]                     [DMOV   K510    D0   ]
680 [=   D20  K4 ]                     [DMOV   K653    D0   ]
694 [=   D20  K5 ]                     [DMOV   K650    D0   ]
     X002
708 -|↑|-------------------------------[DMOV   K0      D0   ]
     M8000                                             K32767
719 -| |-----------------------------------------------( C252 )
     M8000
725 -| |------------------------[DADD   D0     K2      D2   ]
     M8000
739 -| |------------------[DZCP   D0     D2     C252    M24  ]
     M24
757 -| |-----------------------------------------[SET   Y000 ]
        +----------------------------------------[RST   Y001 ]
     M26
760 -| |-----------------------------------------[SET   Y001 ]
        +----------------------------------------[RST   Y000 ]
     M25
763 -| |-------------------------------[ZRST   Y000    Y001 ]
769                                              [MCR   N0   ]
     X002   X013   M0
771 -| |----| |----|/|--+---------------------------( Y011 )
     M0     M8013       |
    -| |----| |---------+
                                                       K100
778 [<   T200  K50 ]-----------------------------------( T200 )
                     S35      M0     M31
786 [<   T200  K25 ]-| |--+--| |----| |----------------( Y012 )
     S35                  |
    -|/|------------------+
     S35    X017   M0
796 -| |----| |----| |--+---------------------------( Y015 )
                        +--------------[ZRST   Y000    Y001 ]
                     S45      M0     M32
805 [<   T200  K25 ]-| |--+--| |----| |----------------( Y013 )
     S45                  |
    -|/|------------------+
     M6     M0
815 -| |----| |-------------------------------------( Y014 )
     M0
818 -| |-------------------------------[MOV    D22     K1Y020 ]
```

图9-10

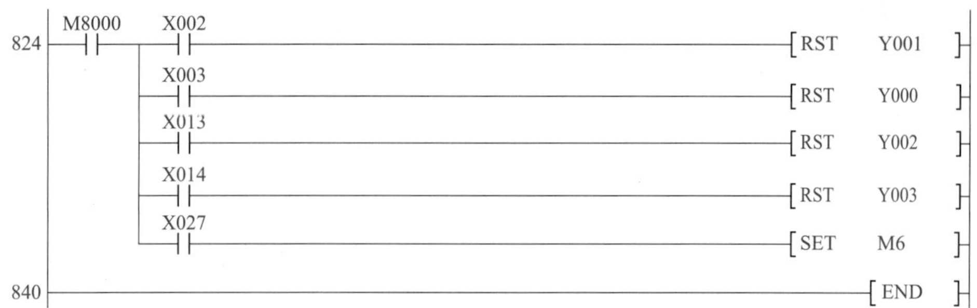

图9-10 系统的梯形图程序

指示灯HL3每秒闪烁两次，提示仓库已空，等待操作者按下停止按钮。

d. 按下按钮SB2。发出设备正常停机指令，指示灯HL4点亮，机械手应完成当前工件的运送，在放下工件并返回初始位置后再停止。系统回到初始状态后，指示灯HL4熄灭，指示灯HL1变为点亮。

⑩ 注意事项系统编程与调试中应该注意的主要问题说明如下:

a. 程序中每次传送新的地址给D20后，都要通过参数M25判断机械手是否到位。因为扫描周期过快，所以会出现机械手还没有移动（参数M25还没有被刷新），却已经判断到位的错误结果。因此，在判断是否到位时，本程序使用了定时器，适当增加延时，以达到机械手必须移动到位后才能继续向下运行的目的。此外，延时还可消除机械手的惯性的影响，保证机械手在停止后进行下一个动作时不会出现偏差。

b. 传感器的位置应尽可能保证当工件经过传感器下方时，传感器与工件同轴。调整颜色传感器时应保证对金属和白色塑料检测有效，对黑色塑料检测无效。

c. 为使每一次检测数据准确，对于公用的标志位在使用后应及时进行复位。

d. 数码管采用4位BCD码输入，程序中使用的数制为十进制，为能够正确显示结果，程序中使用了整数转换为BCD码指令。设备上用于库位检测的传感器偏少，因此，程序中使用标志位来记忆库位内有无工件。

9.4 带式传送机的无级调速系统

（1）带式传送机的PWM调速控制

① 控制要求：利用PLC及变频器实现传送机的PWM调速控制。传送带由三个按钮控制，分别控制电动机的启动、停止和运行速度，当电动机启动后，可以通过转速按钮控制电动机的速度，按住增速按钮不放时转速将会以0.5Hz/s的加速变化，反之按住减速按钮不放转速将会以0.5Hz/s减速变化。

② 系统组成由传送带、交流电动机、变频器、指示与主令单元及PLC主机单元组成带式传送机的PWM调速控制系统，其系统组成如图9-11所示。

③ 带式传送机的PWM调速控制系统的变频器参数设置及其步骤，该系统涉及的变频器参数有P66、P08、P09、P22、P23、P24，具体步骤如下:

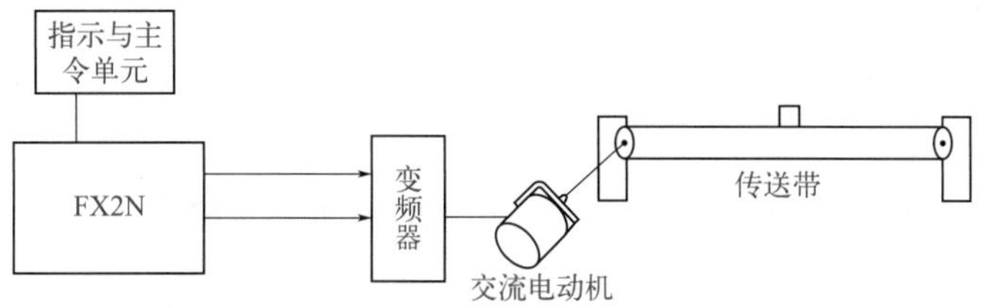

图9-11 带式传送机用PWM控制的系统组成示意图

a. 按图9-12及表9-7进行接线。

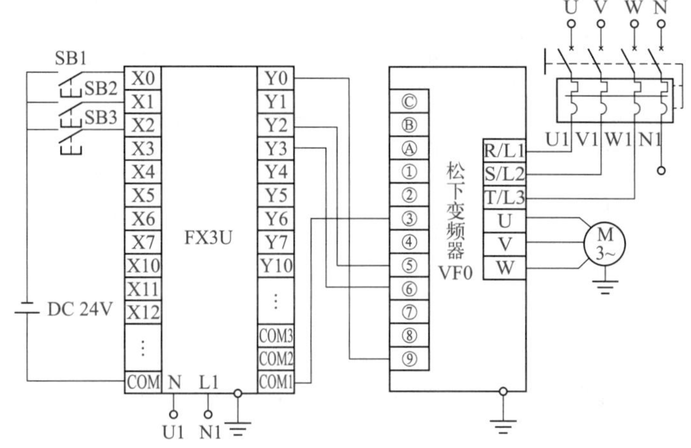

图9-12 带式传送机的PWM调速控制系统原理接线图

表9-7 带式传送机的PWM调速控制系统分配表

电源端子	变频器	电动机	指示与主令单元	PLC主机单元
U	L1	—	—	—
V	L2	—	—	—
W	L3	—	—	—
PE	PE	PE	—	—
—	U	U	—	—
—	V	V	—	—
—	W	W	—	—
0V	3	—	SB1-1、SB2-1、SB3-1	DC电源输入“–”
—	5	—	—	Y2
—	6	—	—	Y3
—	9	—	—	Y0
—	—	—	SB1-2	X0
—	—	—	SB2-2	X1
—	—	—	SB3-3	X3
24V	—	—	—	DC电源输入“+”，数字量输入“COM”

b. 变频器参数初始化：将“P66”设置为“1”。

c. 设定频率：将参数P09设定为“1”。

d. 设定变频器运行方式：将“P08”设定为“2”。

e. 将P22置为“1”。

f. 将P23置为“1”。

g. 将 P24置为“100”。

h. 将写好的PLC程序下载到PLC中，其梯形图程序如图9-13所示。

```
 0  X000 (上升沿)                         [ALT  Y002]
 5  Y002 (上升沿)                         [MOV  K0    D0]
12  Y002                                  [PWM  D0    K100  Y000]
20  Y002   X001   T0 (上升沿)             [INC  D0]
27  Y002  [>  D0  K100]                   [MOV  K100  D0]
38  Y002   X002   T0 (上升沿)             [DEC  D0]
45  Y002  [>  D0  K0]                     [MOV  K0    D0]
56  Y002   T0 (常闭)                      (T0  K10)
61                                        [END]
```

图9-13 带式传送机的PWM调速控制系统梯形图程序

i. 调试运行：SB1是启动/停止按钮，在停止状态下，按下SB1将启动电动机。在运行状态下，按下SB1电动机就会停止运行，SB2加速控制，SB3减速控制。

脉冲宽度调制（PWM）是英文“pulse width modulation”的缩写，简称脉宽调制。它是利用控制器的数字输出来对模拟电路进行控制的一种非常有效的技术，广泛应用于测量、通信、功率控制与变换等许多领域。采用PWM进行电压和频率的控制，该信号由PLC提供，PWM指令可以直接与变频器一起使用，以控制电动机的运行及速度。设置变频器参数时要特别注意：变频器的周期单位要与PLC的周期单位一致，如PLC 输出PWM的周期为1ms，对应变频器的周期也应该设置为1ms。

（2）采用模拟量模块实现带式传送机的无级调速控制

① 控制要求　利用PLC及变频器实现传送机的模拟量调速控制。传送带由两个按钮控制，分别控制电动机的启动与停止。按下启动按钮，电动机启动并以每秒增加0.1Hz的速度运行，直到最大输出频率50Hz后停止运行。在电动机运行期间按下停止按钮，电动机将会停止。

② 系统组成　由传送带、交流电动机、变频器、指示与主令单元、PLC主机及模拟量单元组成带式传送机的无级调速控制系统，如图9-14所示。

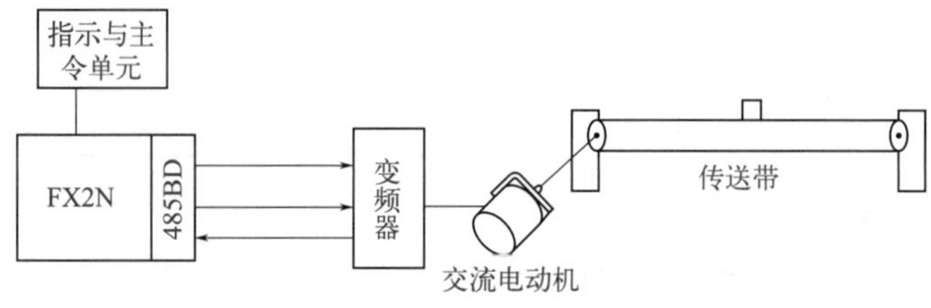

图9-14 调速控制系统组成示意图

③ 模拟量模块实现带式传送机的无级调速控制系统的变频器参数设置及其步骤　该系统涉及的变频器参数有P66、P08、P09，具体步骤如下：

a. 按图9-15及表9-8接好线。

b. 变频器参数初始化：将“P66”设置为“1”。

c. 设定频率：将参数P09设定为“4”。

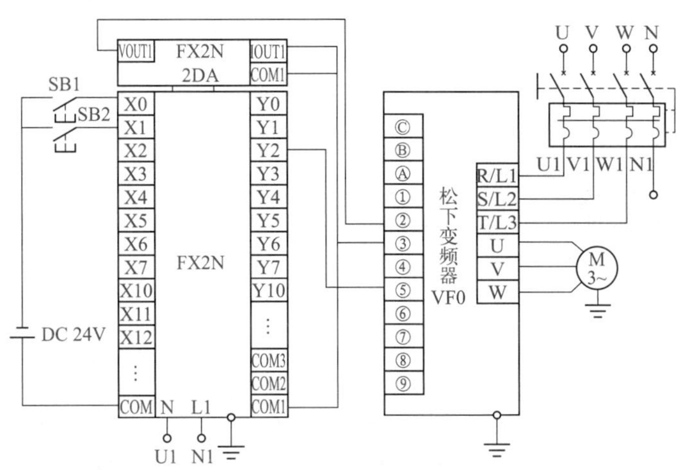

图9-15　带式传送机的无级调速控制系统原理接线图

表9-8　带式传送机的无级调速控制系统分配表

电源端子	变频器	电动机	指示与主令单元	PLC主机单元
U	L1	—	—	—
V	L2	—	—	—
W	L3	—	—	—
PE	PE	PE	—	—
—	U	U	—	—
—	V	V	—	—
—	W	W	—	—
0V	3	—	SB1-1、SB2-1	DC电源输入“−”，数字量输出COM1，扩展模块模拟量的输出COM1、IOUT1
—	5	—	—	Y2
—	2	—	—	VOUT1
—	—	—	SB1-2	X0
—	—	—	SB2-2	X1
24V	—	—	—	DC电源输入“+”，数字量输入“COM”

d. 设定变频器运行方式：将“P08”设定为“2”。

e. 编写PLC程序下载到PLC中，其梯形程序如图9-16所示。

f. 启动：按下SB1，电动机启动并以每秒增加0.1Hz的速度运行，直到最大输出频率50Hz后停止增加。

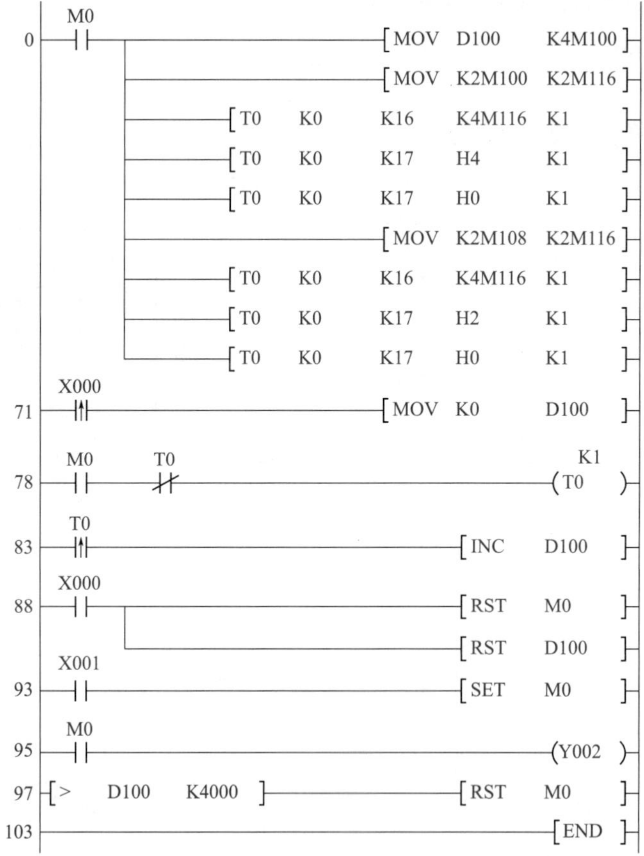

图9-16 带式传送机的无级调速控制系统梯形图程序

g. 在运行过程中，按下SB2，电动机将停止运行。

（3）采用通信协议实现带式传送机的无级调速控制

① 控制要求　系统由两个按钮和一个两位的拨码器控制，按钮分别控制传送带的启动和停止，拨码器作为信号的输入控制变频器的输出频率，变频器输出可以在0 ~ 50Hz之间整数变化。

② 系统组成系统　由指示与主令单元、PLC、变频器、交流电动机及传送带组成，其系统构成示意图如图9-17所示。

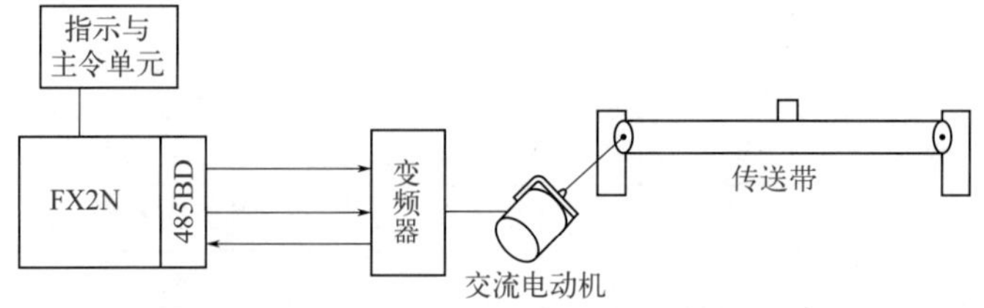

图9-17 采用通信协议实现无级调速控制系统构成示意图

③ 具体步骤如下：

a. 按图9-18及表9-9接好线。

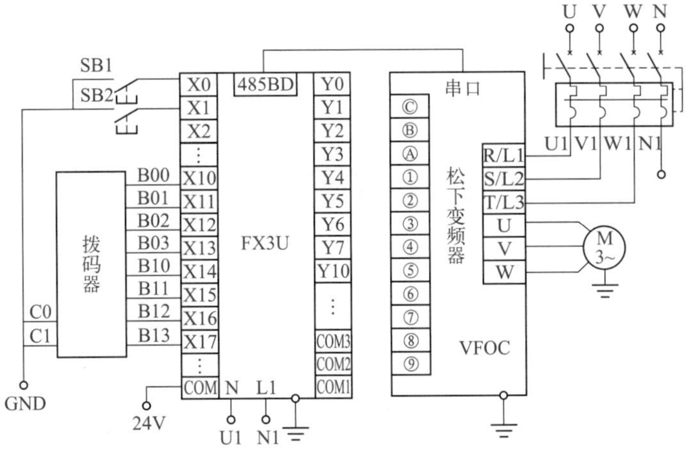

图9-18 采用通信协议实现无级调速控制系统原理接线图

表9-9 采用通信协议实现带式传送机的无级调速控制系统分配表

电源端子	变频器	电动机	指示与主令单元	拨码器	PLC 主机单元
U	L1	—	—	—	—
V	L2	—	—	—	一
W	L3	—	—	—	—
PE	PE	—	—	—	—
—	U	U	—	—	—
—	V	V	—	—	—
—	W	W	—	—	—
0V	3	—	SB1-1、SB2-1	C0、C1	DC 电源输入
—	—	—	—	B00	X10
—	—	—	—	B01	X11
—	—	—	—	B02	X12
—	—	—	—	B03	X13
—	—	—	—	B10	X14
—	—	—	—	B11	X15
—	—	—	—	B12	X16
—	—	—	—	B13	X17
—	—	—	SB1-2	—	X0
—	—	—	SB2-2	—	X1
—	D+	—	—	—	SDA
—	D−	—	—	—	SDB
—	SG	—	—	—	V−
—	D−、E	—	—	—	—
24V	—	—	—	—	DC 电源输入“+”，数字量输入“COM”

b. 变频器参数初始化：将“P93”设置为“1”。

c. 设定频率：将参数P08设定为“1”。

d. 设定变频器运行方式：将“P09”设定为“6”。

e. 编写PLC程序并编译、下载到PLC中，程序如图9-19所示。

f. SB1是停止按钮，SB2是启动按钮，变频器启动后将按照拨码器的数值运行。

```
0    M8002  -| |-                         [MOV   H0C81   D8120]
6    X000   -| |-  (OR X001 -| |-)        [RS    D10   D0   D200   D1]
17   X000   -|↑|-                         [MOV   K17     D0]
     X001   -|↑|-                         [SET   M8122]
28   X001   -|↑|-                         [MOV   H3025   D10]
     X000   -|↑|-                         [MOV   H2331   D11]
                                          [MOV   H4357   D12]
                                          [MOV   H5253   D13]
                                          [MOV   H3532   D14]
                                          [MOV   H3030   D15]
            X001 -|↑|-                    [MOV   H2A31   D16]
            X000 -|↑|-                    [MOV   H2A30   D16]
                                          [MOV   H0D2A   D17]
                                          [MOV   H0A     D18]
89   M8000  -| |-                         [BIN   K4X010  D51]
                                          [MUL   D51   K100   D52]
            [<   K5000   D52]             [MOV   K5000   D52]
                                          [MOV   D52     D53]
                                          [ASCI  D53   K4M10   K4]
                                          [MOV   H38     K2M50]
                                          [MOV   K2M26   K2M58]
                                          [MOV   K4M50   D28]
                                          [MOV   K2M34   K2M70]
                                          [MOV   K2M10   K2M78]
                                          [MOV   K4M70   D29]
                                          [MOV   K2M18   K2M90]
                                          [MOV   K2A     K2M98]
                                          [MOV   K4M90   D30]
180  M8002  -| |-                         [MOV   H3025   D20]
                                          [MOV   H2331   D21]
                                          [MOV   H4457   D22]
                                          [MOV   H3044   D23]
                                          [MOV   H3230   D24]
                                          [MOV   H3833   D25]
                                          [MOV   H3030   D26]
                                          [MOV   H3332   D27]
                                          [MOV   H4538   D28]
                                          [MOV   H3038   D29]
                                          [MOV   H3038   D29]
                                          [MOV   H2A33   D30]
                                          [MOV   H0D2A   D31]
                                          [MOV   H0A     D32]
246  [<>   K2X010   D100]                 [RS    D20   D0   D100   D1]
     Y010   -| |-          T0 -|/|-       (Y010)
                                          K5
                                          (T0)
266  Y010   -|↑|-                         [MOV   K25     D0]
                                          [SET   M8122]
                                          [MOV   K2X010  D100]
280                                       [END]
```

图9-19 带式传送机的无级调速控制系统梯形图程序

9.5 PID过程控制系统应用实践

（1）控制要求

① 共有两台水泵，按设计要求一台运行，另一台备用，自动运行时泵运行累计100h轮换一次，手动时不切换。

② 两台水泵分别由Ml、M2电动机拖动，电动机同步转速为3000r/min，由KM1、KM2控制。

③ 切换后启动和停电后启动需5S报警，运行完可自动切换到备用泵，并报警。

④ PLC采用PID调节指令。

⑤ 变频器（使用三菱FR-A540）采用PLC的特殊功能单元FX0N-3A的模拟输出，调节电动机的转速。

⑥ 水压在0 ～ 100N可调，通过触摸屏（使用三菱F940）输入调节。

⑦ 触摸屏可以显示设定水压、实际水压、水泵的运行时间、转速、报警信号等。

⑧ 变频器的其余参数自行设定。

（2）软件设计

① I/O分配系统　I/O分配说明如下：

a. 触摸屏输入：M500自动启动；M100 手动1号泵；M101 手动2号泵；M102 停止；M103 运行时间复位；M104 清除报警；D500 水压设定。

b. 触摸屏输出：Y0 1号泵运行指示；Y1 2号泵运行指示；T20 1号泵故障；T21 2号泵故障；D101 当前水压；D502 泵累计运行的时间；D102 电动机的转速。

c. PLC输入：X1 1号泵水流开关；X2 2号泵水流开关；X3 过电压保护。

d. PLC输出：Y1 KM1；Y2 KM2；Y4 报警器；Y10 变频器STF。

② 触摸屏画面设计　根据控制要求及I/O分配，按图9-20制作触摸屏画面。

图9-20 触摸屏画面

③ PLC程序　根据控制要求编制的PLC程序，如图9-21所示。

```
                                        * 初始化或停电后再启动标志        >
     M8002
0 ───┤├───┬──────────────────────────────────[SET      M50      ]
          │                     * 设定时间参数                     >
          └──────────────────────────────[MOV    K5       D10      ]
                                    * 设定启动报警时间              >
     M50                                                     K50
7 ───┤├───┬─────────────────────────────────────────────(T1       )
          │  T1
          └──┤├──────────────────────────────[RST      M50      ]
                                 * < 启动报警或过压执行P20程序     >
     M50
13 ──┤├───┬──────────────────────────────────[CJ       P20      ]
     X003 │
  ───┤├───┘
                                   * 读模拟量<                      >
     M8000
18 ──┤├───┬────────────────[T0     K0     K17     K0      K1      ]
          ├────────────────[T0     K0     K17     K2      K1      ]
          └────────────────[FROM   K0     K0      D160    K1      ]
                                   * 写模拟量<                      >
     M8000
46 ──┤├───┬────────────────[T0     K0     K16     K17     K1      ]
          ├────────────────[T0     K0     K17     K4      K1      ]
          └────────────────[T0     K0     K17     K0      K1      ]
                                  * 将读入的压力值校正              >
     M8000
74 ──┤├───┬────────────────────────[DIV    D160    K25     D101    ]
          │                       * 将转速值校正                    >
          └────────────────────────[DIV    D150    K50     D102    ]

                                  *< 写入PID参数单元                >
     M8000
89 ──┤├───┬──────────────────────────────[MOV    K30      D120     ]
          ├──────────────────────────────[MOV    K1       D121     ]
          ├──────────────────────────────[MOV    K10      D122     ]
          ├──────────────────────────────[MOV    K70      D123     ]
          ├──────────────────────────────[MOV    K10      D124     ]
          └──────────────────────────────[MOV    K10      D125     ]
                                  *< PID运算                        >
     M8000
120 ─┤├────────────────────[PID    D500    D160    D120    D150    ]
                                  *< 运行时间统计                   >
     M501      M8014
130 ─┤├───┬───┤├─────────────────────────────[INCP     D501     ]
     M502 │
  ───┤├───┘
```

```
                                        *< 时间换算 >
     M8000
136  ─┤├──────────────────────────[DIV  D501  K60  D502]
                                        *< 运行时间复位 >
     M503
144  ─┤↑├─┬───────────────────────────────[RST  D501]
     M503  │
     ─┤↓├─┤
     M103  │
     ─┤↑├─┘
                                        *< 手动跳转到P10 >
     M100   M500   M102
153  ─┤├─┬──┤/├──┤/├──┬─────────────────────(M501)
     M101│             │
     ─┤├─┤             └─────────────────────[CJ  P10]
     M501│
     ─┤├─┘
                                        *< 自动运行标志 >
     M500
162  ─┤├───────────────────────────────────[ALTP  M502]
                                        *< 没有启动命令跳到结束 >
     M502
166  ─┤/├──────────────────────────────────[CJ  P63]
                                        *< 运行时间到或故障时切换 >
170  [=   D502   K6000]─┬───────────────────[ALTP  M603]
     Y004               │
     ─┤├────────────────┴──────────────[MOV  K10  D10]
                                        *< 无水流指示延时 >
     Y000   X001                                    K30
184  ─┤├───┤/├─────────────────────────────────(T20)
     Y001   X002                                    K30
189  ─┤├───┤/├─────────────────────────────────(T21)
                                        *< 时间到报警 >
     T20
194  ─┤↑├─┬────────────────────────────────[SET  Y004]
           │                            *< 两台同时故障计数 >
     T21   │                                        K2
     ─┤↑├─┴────────────────────────────────────(C100)
                                        *< 清除故障报警 >
     M104
202  ─┤├─┬─────────────────────────────────[RST  Y004]
          └─────────────────────────────────[RST  C100]
                                        *< 1号泵运行 >
     M503   T20    C100
206  ─┤/├──┤/├───┤/├──────────────────────────(Y000)
                                        *< 2号泵运行 >
     M503   T21    C100
210  ─┤├───┤/├───┤/├──────────────────────────(Y001)
                                        *< 延时 >
     Y000                                           D10
214  ─┤├─┬─────────────────────────────────────(T10)
     Y001│
     ─┤├─┘
                                        *< 变频器STF >
     T10
219  ─┤├───────────────────────────────────────(Y010)
221  ──────────────────────────────────────────[FEND]
```

图9-21

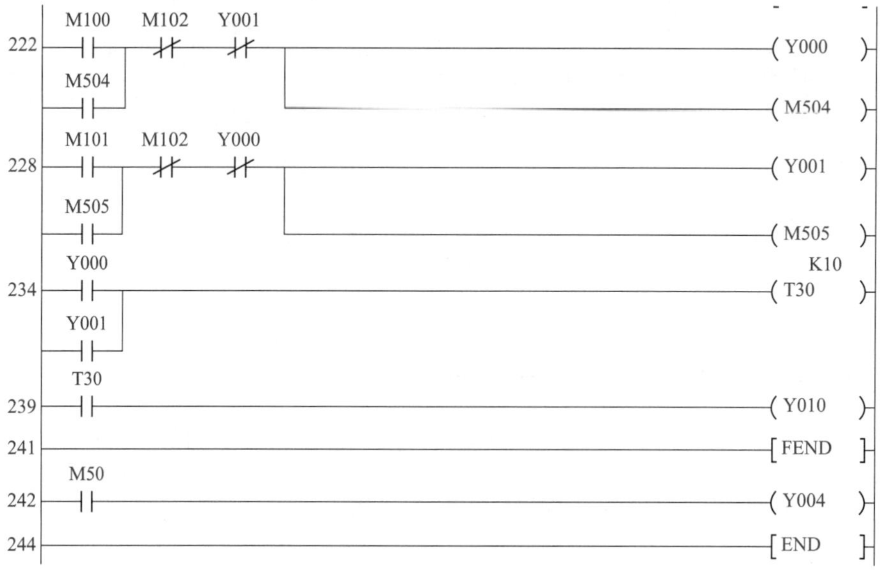

```
222 ─┤├ M100 ─┬─┤/├ M102 ─┤/├ Y001 ─┬─( Y000 )
     ─┤├ M504 ─┘                     └─( M504 )
228 ─┤├ M101 ─┬─┤/├ M102 ─┤/├ Y000 ─┬─( Y001 )
     ─┤├ M505 ─┘                     └─( M505 )
234 ─┤├ Y000 ─┬──────────────────────( T30 K10 )
     ─┤├ Y001 ─┘
239 ─┤├ T30 ─────────────────────────( Y010 )
241 ─────────────────────────────────[ FEND ]
242 ─┤├ M50 ─────────────────────────( Y004 )
244 ─────────────────────────────────[ END ]
```

图9-21 PLC程序

④ 变频器设置　其参数设置如下:

a. 上限频率Pr.l=50Hz;

b. 下线频率Pr.2=30Hz;

c. 基底频率Pr.3=50Hz;

d. 加速时间Pr.7=3s;

e. 加速时间Pr.8=3s;

f. 电子过电流保护Pr.9=电动机的额定电流;

g. 启动频率Pr.13=10Hz;

h. PU面板的第三监视功能为变频器的输出功率Pr.52=14;

i. 模式选择为节能模式Pr.60=4;

j. 设定端子2～5间的频率设定为电压信号0～10V，Pr.73=0;

k. 允许所有参数的读/写Pr.160=0;

l. 操作模式选择（外部运行）Pr.79=2;

m. 其他设置为默认值。

⑤ 系统接线　根据控制要求及I/O分配，其系统接线如图9-22所示。

⑥ 系统调试　其调试步骤如下:

a. 将触摸屏RS-232接口与计算机连接，将触摸屏RS-422接口与PLC变成接口连接，编写好FX0N-3A偏移/增益调整程序，连接好FX0N-3A I/O电路，通过GAIN和OFFSET调整偏移/增益。

b. 按图9-22设计好触摸屏画面，并设置好各控件的属性，编写好PLC程序，并传送到触摸屏和PLC。

c. 将PLC运行开关保持OFF，程序设定为监视状态，按触摸屏上的按钮，观察程序各触点动作情况，如动作不正确，检查触摸屏属性设置和程序是否对应。

d. 系统时间应正确显示。

e. 改变触摸屏输入寄存器值，观察程序对应寄存器的值变化。

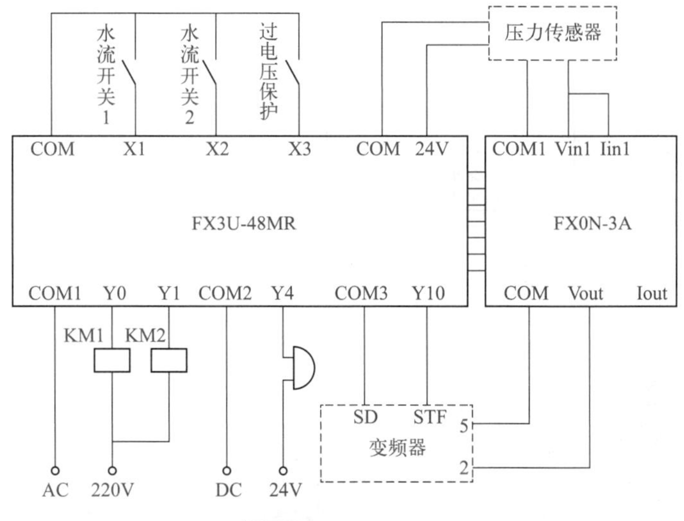

图9-22 系统接线图

f. 按图9-22连接好PLC的I/O线路和变频器的控制电路及主电路。

g. 将PLC运行开关保持ON，设定水压调整为30N。

h. 按手动启动，设备应正常启动，观察各设备运行是否正常，变频器输出频率是否相对平稳，实际水压与设定的偏差。

i. 如果水压在设定值上下剧烈地抖动，则应该调节PID指令的微分参数，将值设定小一些，同时适当增加积分参数值。如果调整过于缓慢，水压的上下偏差很大，则系统比例常数太大，应适当减小。

j. 测试其他功能，是否跟控制要求相符。

9.6 采用伺服驱动的机械手控制系统应用实践

（1）控制要求

系统设有5个控制按钮：一个启动按钮、一个停止按钮和三个速度按钮，三个速度按钮分别控制不同的速度。按下启动按钮后，机械手返回原点。按下速度按钮1，机械手将会以100Hz的频率运行到极限位置，然后以500Hz的频率返回原点。按下速度按钮2，机械手将会以400Hz的频率运行到极限位置，然后以600Hz的频率返回原点。按下速度按钮3，机械手将会以800Hz的频率运行到极限位置，然后以1000Hz的频率返回原点。在机械手运行过程中按下停止按钮，机械手立即停止运动。

（2）系统组成

行走机械手的速度控制系统构成示意图如图9-23所示，该系统由行走机构、伺服电动机、伺服电机驱动器、指示与主令单元及PLC主机单元组成。

（3）调试步骤

伺服电动机驱动器设置及具体步骤如下：

① 按图9-24所示的系统原理接线图进行接线。

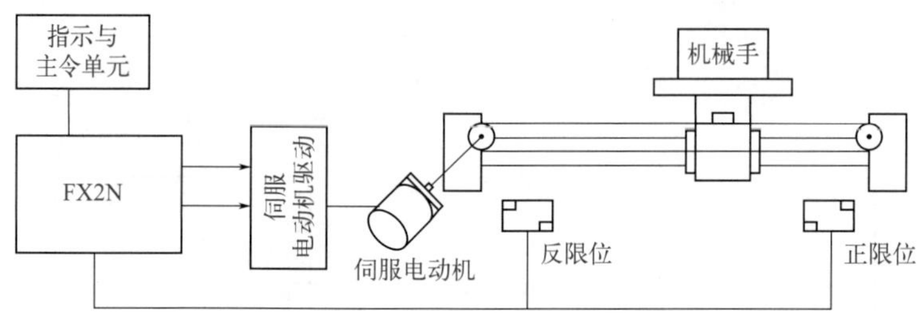

图9-23 行走机械手的速度控制系统构成示意图

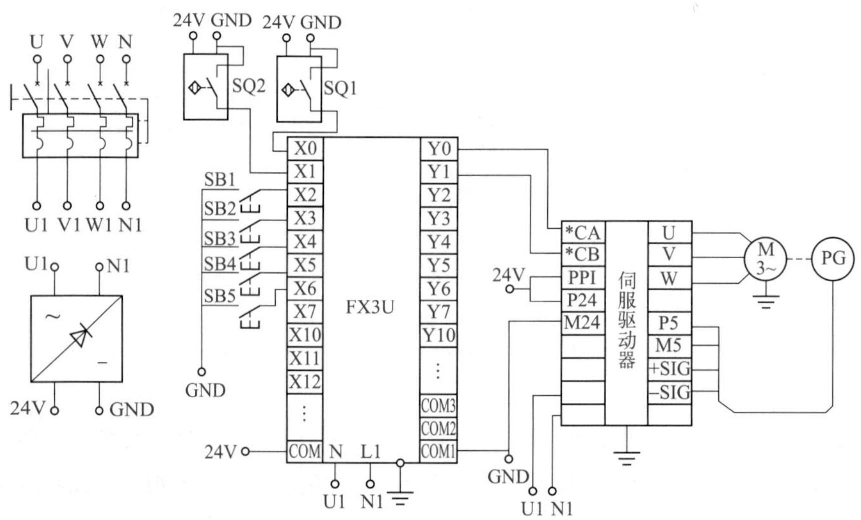

图9-24 行走机械手的速度控制系统原理接线图

② 打开伺服驱动器编程软件，按表9-10所示设置参数，然后下载到驱动器中。

表9-10 伺服驱动器参数设置

序号	设定项目	设定值	设定范围	初始值
1	指令脉冲修正 α	16	1 ～ 32767	16
2	指令脉冲修正 β	1	1 ～ 32767	1
3	脉冲列输入形态	0	0…指令脉冲 / 指令符号；1…正转脉冲 / 反转脉冲	1
4	回转方向 / 输出	0	0…正方向指令时回转方向 /CCW 回转时输出脉冲	0
5	调节模式	0	0…自动调节；1…半自动调节；2…手动调节	0
6	负荷惯性比	5	0 ～ 100	5
7	自动调节增益	10	1 ～ 20	10
8	自动向前增益	5	1 ～ 20	5
9	控制模式切换	0	0…位置；1…速度；2…转矩；3…位置；<=> 速度	0
10	CONT1 信号分配	1	0…无指定；1…RUN；2…RST；3…+OT；4…−OT	1

③ 行走机械手速度控制程序设计流程图如图9-25所示，编写PLC程序并下载到PLC中，其梯形程序如图9-26所示。

④ SB1是停止按钮，SB2是启动按钮，SB3、SB4、SB5分别是三个速度的控制按钮。

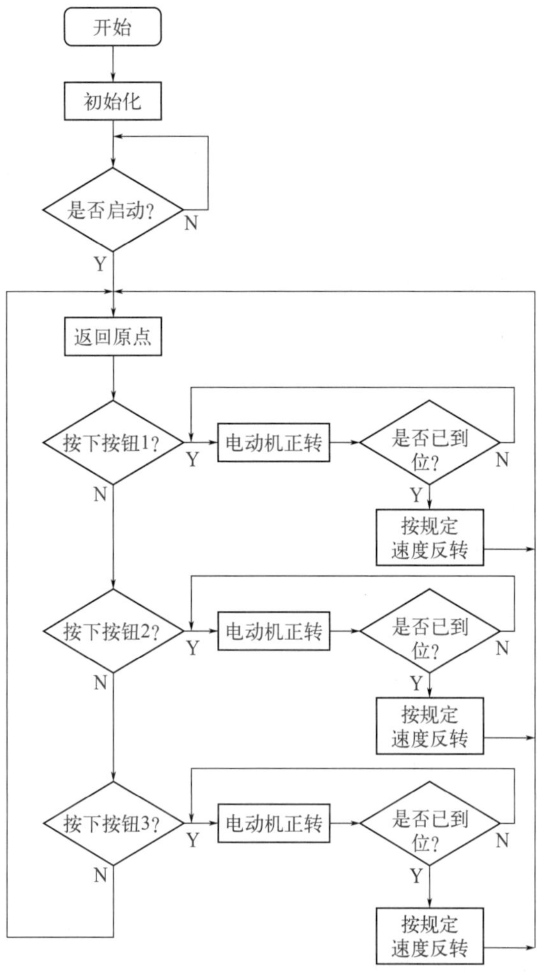

图9-25 行走机械手速度控制程序设计流程图

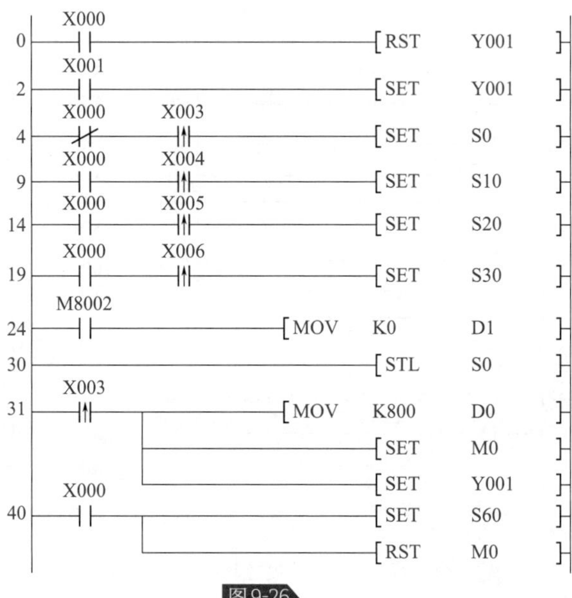

图9-26

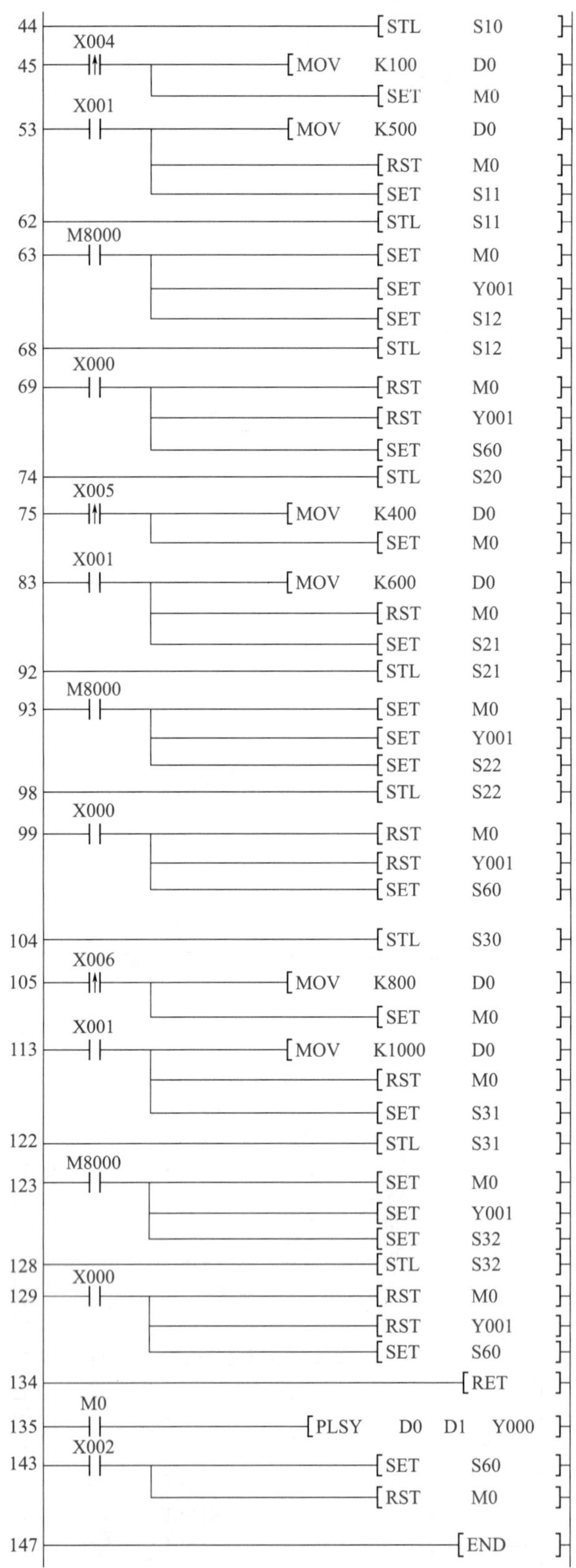
44 STL S10
X004
45 MOV K100 D0
SET M0
X001
53 MOV K500 D0
RST M0
SET S11
62 STL S11
M8000
63 SET M0
SET Y001
SET S12
68 STL S12
X000
69 RST M0
RST Y001
SET S60
74 STL S20
X005
75 MOV K400 D0
SET M0
X001
83 MOV K600 D0
RST M0
SET S21
92 STL S21
M8000
93 SET M0
SET Y001
SET S22
98 STL S22
X000
99 RST M0
RST Y001
SET S60
104 STL S30
X006
105 MOV K800 D0
SET M0
X001
113 MOV K1000 D0
RST M0
SET S31
122 STL S31
M8000
123 SET M0
SET Y001
SET S32
128 STL S32
X000
129 RST M0
RST Y001
SET S60
134 RET
M0
135 PLSY D0 D1 Y000
X002
143 SET S60
RST M0
147 END

图9-26 行走机械手速度控制系统梯形图程序

（4）伺服电动机简介

① 伺服电动机的特点　伺服电动机在自动控制系统中作为执行元件，又称为执行电动机。其接收到的控制信号转换为轴的角位移或角速度输出。改变控制信号的极性和大小，便可改变伺服电动机的转向和转速。这种电动机有信号时就动作，没有信号时就立即停止。伺服电动机具有无自转现象、机械特性和调节特性线性度好、响应速度快等特点。伺服电动机分为交流伺服电动机和直流伺服电动机。

② 交流伺服电动机的工作原理

a. 交流伺服电动机的结构。交流伺服电动机在结构上类似于单相异步电动机。它的定子铁心是用硅钢片或铁铝合金或铁镍合金片叠压而成，在其槽内嵌放空间相差90°电角度的两个定子绕组，一个是励磁绕组，另一个是控制绕组。

交流伺服电动机的转子结构有两种形式：一种是笼型转子，与普通三相异步电动机笼型转子相似，只是外形上细而长，以利于减小转动惯量；另一种是非磁性空心杯形转子。

b. 交流伺服电动机工作原理。交流伺服电动机励磁绕组接单相交流电，在气隙产生脉振磁场，转子绕组不产生电磁转矩，电动机不转。当控制绕组接上相位与励磁绕组相差90°电角度的交流电时，电动机的气隙便有旋转磁场产生，转子便产生电磁转矩并转动。当控制绕组的控制电压信号撤除后，如果是普通电动机，由于转子电阻较小，脉振磁场分解的两个旋转磁场各自产生的转矩的合成结果使总的合成电磁转矩大于零。因此，电动机转子仍然保持转动，不能停止。而伺服电动机，由于转子电阻大，且大到使发生最大电磁转矩的转差率Sm>1。脉振磁场分解的两个旋转磁场各自产生的转矩的合成结果使总的合成电磁转矩小于零，也就是产生的电磁转矩是制动转矩，电动机在这个制动转矩的作用下立即停止转动。伺服系统中，通常在伺服电动机的输出轴上直接连接一个编码器，该编码器将伺服电动机的转动角位移的信号传送给伺服驱动器，从而构成闭环控制。

③ 速度与位置控制的伺服驱动系统构成　速度与位置控制的伺服驱动系统主要由伺服电动机、伺服驱动器、PLC控制单元、光电编码器及指示与主令控制单元等构成，其系统框图如图9-27所示。

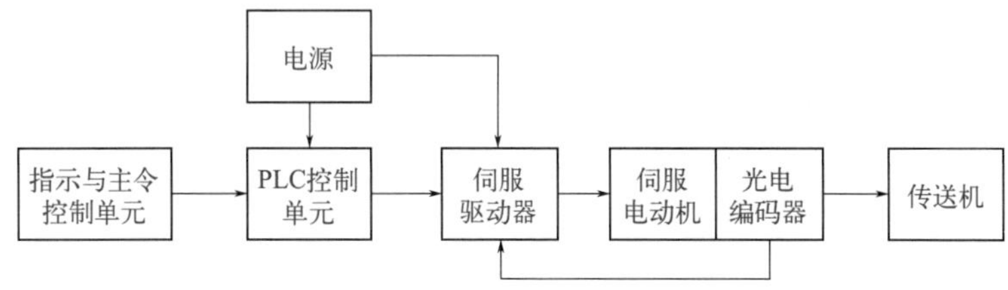

图9-27　伺服驱动系统的速度与位置控制的构成系统框图

④ 伺服驱动系统的速度与位置控制　伺服驱动系统的速度、位置控制与步进驱动系统的速度、位置控制类似，两者都是利用PLC的输出脉冲的数量及频率来控制运动机构的位移大小和运动速度。

参考文献

[1] 阳胜峰, 盖超会. 三菱PLC与变频器、触摸屏综合培训教程（第二版）[M]. 北京：中国电力出版社, 2017.

[2] 胡学明. 三菱FX3U PLC编程一本通[M]. 北京:化学工业出版社, 2020.

[3] 文杰. 三菱PLC电气设计与编程自学宝典[M]. 北京:中国电力出版社, 2015.

[4] 钱厚亮, 田会峰, 鞠勇, 等. 电气控制与PLC原理、应用实践(三菱电机FX3U系列)[M]. 北京:机械工业出版社, 2018.

[5] 黄志坚. 机械电气控制与三菱PLC应用详解[M]. 北京:化学工业出版社, 2017.

[6] 李林涛. 三菱FX3U/5U PLC从入门到精通[M]. 北京:机械工业出版社, 2022.

[7] 王列准. 电气控制与PLC技术[M]. 北京:机械工业出版社, 2010.

[8] 杨博. 伺服控制系统与PLC、变频器、触摸屏应用技术[M]. 北京：化学工业出版社, 2022.

[9] 李金城. 三菱FX3U PLC应用基础与编程入门[M]. 北京：电子工业出版社, 2016.